詳解
確率ロボティクス

Pythonによる基礎アルゴリズムの実装

上田 隆一［著］

講談社

- 本書の執筆にあたって，以下の計算機環境を利用しています：
  macOS High Sierra, Python 3.7, Jupyter Notebook 4.4.

本書に掲載されているサンプルプログラムやスクリプト，およびそれらの実行結果や出力などは，上記の環境で再現された一例です．本書の内容に関して適用した結果生じたこと，また，適用できなかった結果について，著者および出版社は一切の責任を負えませんので，あらかじめご了承ください．

- 本書に記載されているウェブサイトなどは，予告なく変更されていることがあります．本書に記載されている情報は，2019 年 8 月時点のものです．
- 本書に記載されている会社名，製品名，サービス名などは，一般に各社の商標または登録商標です．なお，本書では，™, Ⓡ, Ⓒマークを省略しています．

目次

第 I 部　準備　　1

第 1 章　はじめに　　3

- 1.1 「分からない」を扱う　　3
- 1.2 確率ロボティクスの歴史　　5
- 1.3 本書について　　10
  - 1.3.1 意図と体裁　　10
  - 1.3.2 本書の構成　　11
  - 1.3.3 本書で使用するツールや外部リソース　　13
- 章末問題　　15

第 2 章　確率・統計の基礎　　17

- 2.1 センサデータの収集と Jupyter Notebook 上での準備　　17
- 2.2 度数分布と確率分布　　19
  - 2.2.1 ヒストグラムの描画　　19
  - 2.2.2 頻度，雑音，バイアス　　20
  - 2.2.3 雑音の数値化　　21
  - 2.2.4 （素朴な）確率分布　　24
  - 2.2.5 確率分布を用いたシミュレーション　　26
- 2.3 確率モデル　　27
  - 2.3.1 ガウス分布の当てはめ　　27
  - 2.3.2 確率密度関数　　29
  - 2.3.3 期待値　　31
- 2.4 複雑な分布　　32
  - 2.4.1 条件付き確率　　32
  - 2.4.2 同時確率と加法定理，乗法定理　　35
  - 2.4.3 独立，従属，条件付き独立　　40
  - 2.4.4 確率分布の性質を利用した計算　　41
  - 2.4.5 ベイズの定理　　42
- 2.5 多次元のガウス分布　　45
  - 2.5.1 2 次元ガウス分布の当てはめ　　45
  - 2.5.2 共分散の意味　　49
  - 2.5.3 共分散行列と誤差楕円　　50
  - 2.5.4 変数の和に対するガウス分布の合成　　55
  - 2.5.5 ガウス分布同士の積　　56
- 2.6 まとめ　　57
- 章末問題　　57

第 3 章　自律ロボットのモデル化　　61

- 3.1 想定するロボット　　61

3.2 ロボットの動き 62
- 3.2.1 世界座標系と描画 62
- 3.2.2 ロボットの姿勢と描画 64
- 3.2.3 アニメーションの導入 66
- 3.2.4 ロボットの運動と状態方程式 69
- 3.2.5 エージェントの実装 71
- 3.2.6 離散時刻の設定 73

3.3 ロボットの観測 74
- 3.3.1 点ランドマークの設置 74
- 3.3.2 点ランドマークの観測 76

3.4 コードの保存と再利用 80

3.5 まとめ 82

章末問題 83

第 4 章 不確かさのモデル化　　85

4.1 ノートブックの準備 85

4.2 ロボットの移動に対する不確かさの要因の実装 86
- 4.2.1 移動に対して発生する雑音の実装 87
- 4.2.2 移動速度へのバイアスの実装 88
- 4.2.3 スタックの実装 90
- 4.2.4 誘拐の実装 91
- 4.2.5 状態方程式と確率的な状態遷移モデル 93

4.3 ロボットの観測に対する不確かさの要因の実装 94
- 4.3.1 センサ値に対する雑音の実装 95
- 4.3.2 センサ値に対するバイアスの実装 96
- 4.3.3 ファントムの実装 97
- 4.3.4 見落としの実装 99
- 4.3.5 オクルージョンの実装 99
- 4.3.6 観測方程式と確率的な観測モデル 100

4.4 まとめ 102

章末問題 103

第 II 部　自己位置推定とSLAM　　105

第 5 章 パーティクルフィルタによる自己位置推定　　107

5.1 自己位置推定の問題と解法 107
- 5.1.1 計算すべき確率分布と利用できる情報 107
- 5.1.2 信念 108
- 5.1.3 信念の演算 109

5.2 パーティクルの準備 111

5.3 移動後のパーティクルの姿勢更新 113
- 5.3.1 パーティクルの移動のための状態遷移モデル 113
- 5.3.2 状態遷移モデルの実装 114
- 5.3.3 パラメータの調整 117
- 5.3.4 求めたパラメータによる動作確認 121

5.4 観測後のセンサ値の反映 122
- 5.4.1 準備 122
- 5.4.2 センサ値によるパーティクルの姿勢の評価 123
- 5.4.3 パーティクルの重み 124

  5.4.4 尤度関数の決定 ………………………………………………………………… 125
  5.4.5 尤度関数の実装 ………………………………………………………………… 126
 5.5 リサンプリング …………………………………………………………………………… 128
  5.5.1 単純なリサンプリングの実装 ………………………………………………… 129
  5.5.2 系統サンプリングによるリサンプリングの実装 …………………………… 131
 5.6 出力の実装 ………………………………………………………………………………… 133
 5.7 まとめ ……………………………………………………………………………………… 135
 章末問題 ………………………………………………………………………………………… 136

第 6 章 カルマンフィルタによる自己位置推定　　137

 6.1 信念分布の近似と描画 …………………………………………………………………… 137
 6.2 移動後の信念分布の更新 ………………………………………………………………… 139
  6.2.1 状態遷移モデルの線形化 ……………………………………………………… 140
  6.2.2 信念分布の遷移 ………………………………………………………………… 142
  6.2.3 移動後の更新の実装 …………………………………………………………… 144
 6.3 観測後の信念分布の更新 ………………………………………………………………… 145
  6.3.1 近似前の更新式 ………………………………………………………………… 145
  6.3.2 $XY\theta$ 空間での観測方程式の線形近似 …………………………………… 146
  6.3.3 カルマンゲインによる表現 …………………………………………………… 148
  6.3.4 観測後の更新の実装 …………………………………………………………… 149
 6.4 まとめ ……………………………………………………………………………………… 150
 章末問題 ………………………………………………………………………………………… 152

第 7 章 自己位置推定の諸問題　　153

 7.1 KLD サンプリング ……………………………………………………………………… 153
  7.1.1 パーティクル数の決定問題 …………………………………………………… 153
  7.1.2 対数尤度比の性質によるパーティクル数の決定 …………………………… 155
  7.1.3 MCL への組み込み …………………………………………………………… 158
 7.2 より難しい自己位置推定 ………………………………………………………………… 161
  7.2.1 大域的自己位置推定 …………………………………………………………… 161
  7.2.2 誘拐ロボット問題 ……………………………………………………………… 165
 7.3 推定の誤りの考慮 ………………………………………………………………………… 166
  7.3.1 信念分布が信頼できるかどうかの判断 ……………………………………… 167
  7.3.2 単純リセットの実装 …………………………………………………………… 169
  7.3.3 センサリセットの実装 ………………………………………………………… 170
  7.3.4 センサリセットの問題と adaptive MCL …………………………………… 171
  7.3.5 膨張リセット …………………………………………………………………… 173
  7.3.6 膨張リセットとセンサリセットの組み合わせ ……………………………… 175
 7.4 MCL における変則的な分布の利用 …………………………………………………… 176
 7.5 まとめ ……………………………………………………………………………………… 179
 章末問題 ………………………………………………………………………………………… 179

第 8 章 パーティクルフィルタによる SLAM　　181

 8.1 逐次 SLAM の解き方 …………………………………………………………………… 182
  8.1.1 SLAM の問題と部分問題への分解 ………………………………………… 182
  8.1.2 逐次式への変換（未遂）……………………………………………………… 183
 8.2 パーティクルフィルタによる演算 ……………………………………………………… 184
  8.2.1 移動後の軌跡の更新 …………………………………………………………… 185

目次

- 8.2.2 観測後の地図の更新 ………………………………………………… 185
- 8.2.3 観測後の重みの更新 ……………………………………………………… 186
- 8.2.4 最終的なパーティクルの定義と操作方法 …………………………… 187

8.3 パーティクルの実装 …………………………………………………………… 188

8.4 ランドマークの位置推定の実装 ……………………………………………… 190
- 8.4.1 更新則の導出 ………………………………………………………… 190
- 8.4.2 初期値の設定方法の導出 …………………………………………… 192
- 8.4.3 実装 …………………………………………………………………… 193

8.5 重みの更新の実装 ……………………………………………………………… 195

8.6 FastSLAM 2.0 …………………………………………………………………… 196
- 8.6.1 センサ値を考慮したパーティクルの姿勢の更新 …………………… 197
- 8.6.2 重みの計算 …………………………………………………………… 200
- 8.6.3 FastSLAM 2.0 の実装 ……………………………………………… 201

8.7 まとめ …………………………………………………………………………… 204

章末問題 ………………………………………………………………………………… 205

第9章 グラフ表現による SLAM　207

9.1 問題の定式化 …………………………………………………………………… 208
- 9.1.1 軌跡の算出問題 ……………………………………………………… 208
- 9.1.2 地図の算出問題 ……………………………………………………… 212

9.2 仮想移動エッジによる軌跡の算出 …………………………………………… 213
- 9.2.1 ログの記録と初期化 ………………………………………………… 213
- 9.2.2 仮想移動エッジの作成 ……………………………………………… 217
- 9.2.3 残差の計算 …………………………………………………………… 218
- 9.2.4 マハラノビス距離を決める精度行列の導出 ……………………… 219
- 9.2.5 最適化問題の解法 …………………………………………………… 221
- 9.2.6 仮想移動エッジによる軌跡推定の実装 …………………………… 224

9.3 移動エッジの追加 ……………………………………………………………… 225
- 9.3.1 移動エッジと残差 …………………………………………………… 225
- 9.3.2 ログの追加 …………………………………………………………… 226
- 9.3.3 残差の確率モデルの構築 …………………………………………… 227
- 9.3.4 グラフの精度行列と係数ベクトルに足す値の計算 ……………… 228
- 9.3.5 移動エッジによる処理の実装 ……………………………………… 229

9.4 地図の推定 ……………………………………………………………………… 231
- 9.4.1 ランドマークの姿勢の計算と描画 ………………………………… 231
- 9.4.2 最小二乗問題の構築と実装 ………………………………………… 233

9.5 センサ値が 2 変数の場合 ……………………………………………………… 235
- 9.5.1 センサ値を 2 変数に戻す …………………………………………… 235
- 9.5.2 軌跡の推定失敗への対策 …………………………………………… 238

9.6 まとめ …………………………………………………………………………… 240

章末問題 ………………………………………………………………………………… 241

第III部 行動決定　243

第10章 マルコフ決定過程と動的計画法　245

10.1 マルコフ決定過程 ……………………………………………………………… 245
- 10.1.1 状態遷移と観測 ……………………………………………………… 245
- 10.1.2 評価関数 ……………………………………………………………… 246
- 10.1.3 報酬と終端状態の価値 ……………………………………………… 247

- 10.1.4 方策と状態価値関数 ･･･ 247
- 10.1.5 マルコフ決定過程のまとめ ･･･ 250

10.2 経路計画問題 ･･ 250
- 10.2.1 報酬の設定 ･･ 252
- 10.2.2 エピソードの評価 ･･ 254

10.3 方策の評価 ･･ 257
- 10.3.1 状態空間の離散化 ･･ 257
- 10.3.2 離散状態間の状態遷移と状態遷移に対する報酬 ････････････････････ 260
- 10.3.3 方策評価の実装 ･･ 265
- 10.3.4 計算終了の判定 ･･ 267

10.4 価値反復 ･･ 268

10.5 ベルマン方程式と最適制御 ･･ 273
- 10.5.1 有限マルコフ決定過程 ･･ 273
- 10.5.2 有限マルコフ決定過程におけるベルマン方程式 ････････････････････ 274
- 10.5.3 連続系でのベルマン方程式と最適制御 ････････････････････････････ 274

10.6 まとめ ･･ 275

章末問題 ･･ 276

第11章 強化学習　　279

11.1 Q学習 ･･ 279
- 11.1.1 Q学習の更新則 ･･ 279
- 11.1.2 準備 ･･ 280
- 11.1.3 行動価値関数の設定 ･･ 281
- 11.1.4 ε-グリーディ方策 ･･ 283
- 11.1.5 行動価値関数の更新 ･･ 283
- 11.1.6 試行を繰り返すためのロボットの実装 ････････････････････････････ 285
- 11.1.7 Q学習の結果 ･･ 286

11.2 Sarsa ･･ 287

11.3 n-step Sarsa ･･ 290

11.4 Sarsa(λ) ･･ 294

11.5 まとめ ･･ 297

章末問題 ･･ 298

第12章 部分観測マルコフ決定過程　　301

12.1 POMDP ･･ 301
- 12.1.1 POMDPの問題 ･･ 301
- 12.1.2 状態推定が不確かな場合に起こる問題 ････････････････････････････ 302
- 12.1.3 信念分布を用いる場合のPOMDP ････････････････････････････････ 303

12.2 Q-MDP ･･ 304

12.3 ランドマークの足りない状況でのナビゲーション ････････････････････････ 308
- 12.3.1 準備 ･･ 308
- 12.3.2 価値で重みをつけたQ-MDP ･･････････････････････････････････････ 310

12.4 AMDP ･･ 313
- 12.4.1 信念状態空間の離散化 ･･ 313
- 12.4.2 移動による不確かさの遷移の計算 ････････････････････････････････ 316
- 12.4.3 観測による不確かさの遷移の計算 ････････････････････････････････ 319
- 12.4.4 動作確認 ･･ 321
- 12.4.5 信念状態の遷移に対する報酬 ･･････････････････････････････････････ 324

12.5 まとめ ･･ 326

章末問題 328

付録 A　ベイズ推論によるセンサデータの解析　329

A.1　共役事前分布とベイズの定理による推論 329
A.1.1　ガウス分布のパラメータ推定 329
A.1.2　パラメータの分布のモデル化 330
A.1.3　事前分布の作成 331
A.1.4　事後分布の導出 332
A.1.5　センサ値をわずかに反映したときの挙動 334
A.1.6　センサ値を多く反映したときの挙動 336

A.2　変分推論による混合モデルの解析 338
A.2.1　センサ値の生成モデル 338
A.2.2　パラメータの分布のモデル化 340
A.2.3　KL 情報量によるアプローチ 341
A.2.4　潜在変数の分布形状の特定 343
A.2.5　負担率の初期化 345
A.2.6　パラメータの事後分布の特定 346
A.2.7　パラメータの更新則の実装 350
A.2.8　潜在変数に対する負担率の計算 351

A.3　まとめ 356
章末問題 357

付録 B　計算　359

B.1　ガウス分布と行列の性質 359
B.1.1　対称行列の逆行列は対称行列 359
B.1.2　カルマンフィルタの計算に役立つ変換 359
B.1.3　逆行列の補助定理 359
B.1.4　平方完成 360
B.1.5　半正定値対称行列 361
B.1.6　行列のトレース 361
B.1.7　二次形式の期待値 362
B.1.8　指数部の偏微分 363
B.1.9　変数の和に対するガウス分布の合成 363
B.1.10　ガウス分布の線形変換 366
B.1.11　複数のベクトルを連結したベクトルでのガウス分布の表現 367

B.2　確率分布モデルと特殊関数 369
B.2.1　ガンマ関数とディガンマ関数 369
B.2.2　ガンマ分布，指数分布，カイ二乗分布 371
B.2.3　ディリクレ分布 372

あとがき 375
参考文献 379
索引 385

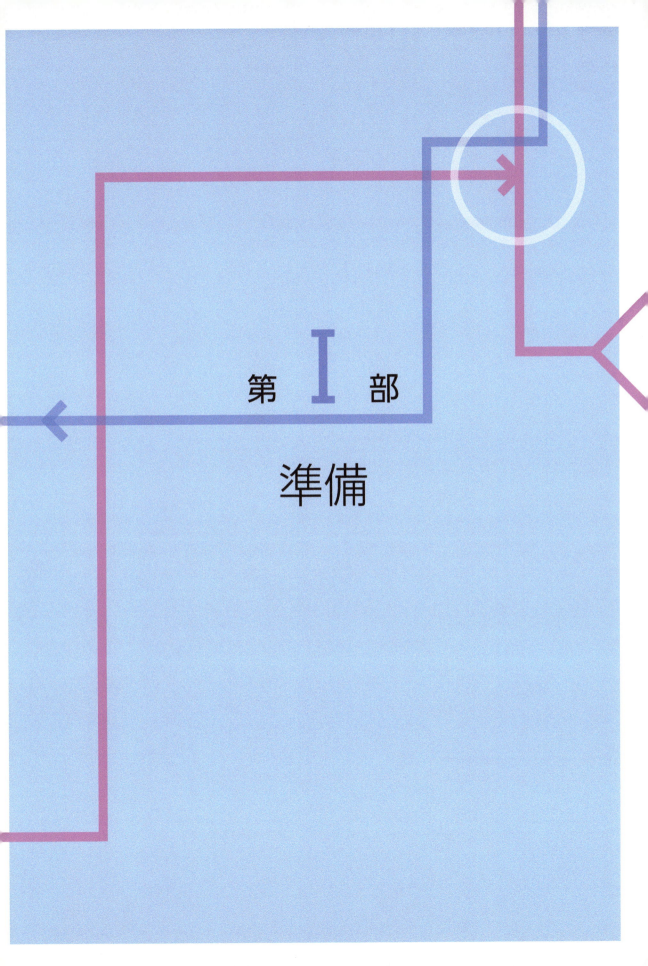

第1章 はじめに

1.1 「分からない」を扱う

　本書は,「確率ロボティクス」と呼ばれる研究分野を理解するための基本的な考え方と代表的なアルゴリズムを学習するための書籍です．移動ロボットを題材に，自己位置推定や地図生成，動的計画法，強化学習などの入門的なアルゴリズムについて，少しくどい程度の解説とコードを準備しました．

　確率ロボティクスは，一言でいうと「分からないことをロボットで扱うための分野」です．もしロボットを工場のように整備された環境から人間や動物が住んでいるような環境に連れ出すと，ロボットはさまざまな「分からないこと」に直面します．そのようなとき，ロボットが賢く動いて仕事をするための方法を，「確率」を道具にして考えようということが，確率ロボティクス分野の目的となります．

● 日常の「分からない」

　世界がどれだけ分からないことだらけなのかを実感するために，我々人間の日常生活の中にある「分からない」を考えてみましょう．他愛もない例ばかりですが，もし人間とまったく同じロボットを創り出したいのであれば，ロボットも解決しなければならない問題といえます．

　まず，人間は見えていない，聞こえていないなど，五感で直接確認できないことは分かりません．例えば，自分がオフィスビルにいるとき，下の階で何が起きているかは分かりません．裏返っているトランプや麻雀牌は，通常は透けて見えません．何か世界のどこかで大きな事件が起きても，我々がそれを知るのはニュースになってテレビやTwitterでその様子が流れた後です．後からそれが嘘だったということもあります．また，「直接確認できた」としても，実は夢だった，ということも実際にあります．そもそも我々が五感で感じているものは幻ではないかということまで考え出すと，きりがありませんが，それもまじめに考える価値はあるでしょう．

　次に，人間は未来のことが分かりません．相撲でどちらが勝つか，競馬でどの馬がくるか，などという話から，どこでどれだけの地震が起こるか，今後A国とB国が戦争するかという話まで，予想はさまざまな話の種になりますが，どうなるかは起こってみないと分かりません．こういう将来の未確定性から時間というものがどういうものかを考えてみると面白いのですが，一般的にこの性質は，もっと俗っぽく，テレビで名前を売りたい論客や筆者のようなギャンブル好きに広く利用されています．また，未来と同じく過去のことも記録が残っていないと，実際に何が起こったか分かりません．こちらの事例については，行政，立法，司法において数々の醜聞がありますので，具体例は省略します．

　「正確に測れない」というのも，「分からない」の一種でしょう．例えば「手で1[m]の幅を示してください」といわれて1[m]をぴったりの幅で作るというのは難しいですし，今いるところから最寄駅までの距離を聞かれてもぴったりと答えることはできません．重さ，時間，面積，体積なども同様です．「力」に至っては，ほとんどの人が数字で表すこともできません．

　さらに，もっと根深い話に，「説明を受けているのに分からない」という「分からない」もあります．小学生に大学の数学の教科書を読ませても理解できるわけはなく，大人でも理解できる人はおそらく

少数派でしょう．筆者も怪しいものです．「理解」の定義が曖昧なのであまり深い議論はできませんが，これはおそらく「何かを理解するためには，それを理解するために別の何かを知っていないといけない」からではないかと考えられます[注1]．

● 「分からない」 ≠ 「行動できない」

　ここで，もう一つ重要な視点として，「分からないことだらけなのに，人間も動物もなんとか生きている」という事実を挙げておきます．動物が言葉をもたないのに環境に適応して生きていることは驚くべきことです．一方，人間の話になると，「駅までの距離も道もよく分からないんだけど，なんとなく駅までいける」，「パソコンが動かなくなったけど，いろいろいじってたら直った」，「あの社長，いつもテレビでおかしなことをいってるけど会社は潰れそうにない（⇒ 問題1.1）」，「あのブロガー，なんかおかしいんだけどファンが多い」，「上田という奴，本当に分かっているか怪しいのにたくさん本を書いてやがる」など，まじめな人たちにはとうてい受け入れにくいようないい加減なことが世間にはあふれています．そして，何かよく分からなくても，あるいは何かを間違えて思い込んでいても，やってみたら何もやらないよりマシだったということも，数多くあります．

　これをロボットで実現しようとすると，かなりの難問となります．これまでの大半のロボットや機械は，「センサや環境を整備し，動くために必要な情報を完全に整えてから動作させる」という方法で運用されてきました．しかし，この方法では，上に書いたような行動選択を実現できそうにありません．人間のように賢くいい加減に動くロボットのプログラムを書きたいと思っているなら，少しやり方を変えなければなりません．

● 確率を使ったアプローチ

　確率は，「分からないこと」を表すための代表的な手段です．ロボットの知能を研究していると自ずと上記のような問題にぶち当たるため，この20年で，ロボットを制御する場合に確率を利用することが一般的になりました．最初は建物の中を移動するロボットがどこにいるかという問題に利用され，その後，地図の生成，探査の戦略などに応用が進みました．さらに，ベイズ統計を利用したより高度な学習理論が情報処理の幅広い分野で応用されるようになり，人間の言葉（自然言語）の理解などの用途でロボットの分野に流れ込んできています．

　ロボットの開発者，研究者になるには機械，計算機，制御に関する勉強も必要なうえ，上記のような状況なので，確率論，統計学の理解も重要になってきています．たくさん勉強しなければならないので「手短に」といいたいところですが，確率というものに実感が持てるまでには実感をともなう頭の訓練が必要です．筆者は学生のとき，確率に対する実感を養うために（実際は家賃込みの月6万円の仕送りを増やすために），学生寮，後楽園，高田馬場あたりの「現場」でかなりの訓練をして仕送りを減らしていましたが，そちらをおすすめするわけにはいきません．そこでロボティクスでよく使われるアルゴリズムを書いて動かしてもらい，実感をもってもらおうと企画したのが本書です．

注1　本書を査読いただいた方から，これが本書と何の関係があるんだと質問があったのですが，これは2章や付録Aなどにおいて，統計データに確率モデルを当てはめるときの事前知識に関係していると考え，記述しました．情報源（統計データとして採取した数字や，誰かの書いた本）が大量にあっても，それを実世界の現象とつなげて解釈するためにはさまざまな知識が必要です．情報源はそのままでも「真実」を表していますが，我々はそれを「解釈」しないと利用できません．もっというと，我々はどんなに勉強しても「真実」には到達できず，得られるのは行動を起こすための解釈だけだと筆者は考えています．

1.2 確率ロボティクスの歴史

過去に「分からないこと」が社会や学問でどのように扱われてきたかを知っておくことは，なぜ確率ロボティクスが誕生して，なぜ重要になったか，そして今後どうなっていくかを理解するために役立ちます．そこで，本節では確率ロボティクスに至るまでの「分からないの歴史」についておさらいをしておきましょう．

● 紀元前〜大航海時代

つい最近まで，人類が最も遠いところにいく手段は船でした．かなり古い時代から，人類は何百，何千キロもの船の旅（というよりは冒険）をしていたようです．船で外洋に出て陸が見えなくなると，船がどこにいるかは肉眼で分からなくなります．どこにいるか分からないと目的地に着けないどころか，自身の命も危ない状況になります．

そのため，人類はさまざまな航海術（ナビゲーション技術）を発展させてきました．例えば，何の電子機器もない時代，外洋に出たときに最も頼りになるのは星の位置です．古くは目視，その後は六分儀などの器具を使った方法で，星の位置関係から船の位置や方角を計算していました．また，未知の海域に出た場合は，新たに発見された陸地を地図に描くという作業も行いました．上陸してもまず行うのは地図作りのための測量ですので，冒険家がやっていることはだいたい本書で扱っているようなことだったということになります．

移動ロボットの用語や慣例には，航海術を由来とするものが多くあります．移動ロボットを目的地まで誘導する制御のことは，そのまま**ナビゲーション**と呼びます．ロボットを未知の領域で活動させることは exploration（探査）といいますが，「大航海時代」も英語では the age of exploration です[注2]．また，ロボットの動きの情報（とコンパス）だけでロボットの位置や向きを推定する方法は dead reckoning（デッドレコニング，推測航法）と呼びます．さらには「coastal navigation（沿岸航法）」というアルゴリズムがあったり [Roy 1999]，本書や [Thrun 2005] では点ランドマークが星で描かれていたりと，さまざまなものを航海術から受け継いでいます．

航海術以外のことも少し書いておきます．古い時代では，占いが権力と密接に関係していたことは，歴史の教科書の最初の方に書いてあります．食料の生産や病気など，命に直結することが人々の関心事だったわけですが，権力者は，その関心に対して（つけこんで）なんらかの答えを与えようとしたようです．この試みの中には今の科学的なアプローチに近いものもあったかもしれませんが，根拠のよく分からないものが大多数なのは教科書の通りです．このような話はあまりにも本書と離れた話題です．しかし，「根拠のよく分からない占いや健康食品」が科学的なものと同じ程度に現在も残っており，信じる人も相当数いて，しかも次々と発明（？）されているということについては，知能を考えるという意味で少し本書と関係があると思います．

一方，そのような俗世間から離れた「分からない」に対する考察も，ソクラテスの「無知の知」にあるようにかなり昔から存在します．ソクラテス的な考え方は，神がすべてを知っており，人はそこには到達できないというもので，「神」を「物理法則」に置き換えると，1.1 節で筆者が述べたようなことと一致します．東洋でも，孔子が「之を知るを之を知ると為し，知らざるを知らざると為す．是れ知るなり」といったそうです．ただしこれはソクラテスの話と少し異なり，「理屈のつかないものは安易に口にしてはいけない」という行動決定の話になります．いずれにしても「自分が分からない状態」だということをきっちり把握することは，簡単そうで常に簡単なわけではないことが，これらの哲学

注2 the age of discovery ともいう．

的な発想の根底にあります．このような「知るを知る」ことは，現在では**メタ認知**（metacognition）[Flavell 1979] という考え方の一種と考えることができます．また，本書でこれから行うように，ロボットにメタ認知に相当するものをもたせるためには，そのようなアルゴリズムを実装する必要があります．

● **産業革命直前〜第一次世界大戦**

ソクラテスや孔子以後も，「分からない」という話は哲学や神学で扱われてきました．また，神学と対極にある賭博や占いにおいても確率が扱われていたことでしょう注3．その中で確率を使って「分からない」を表現し，何か情報が得られるたびに「分からなさ」を小さくしていくというアイデアが 18 世紀の牧師**トーマス・ベイズ**（Thomas Bayes）によって考え出され，書き留められました．ベイズのアイデアは本書で扱うアルゴリズムの根底にある考え方で，**ベイズの定理**が用いられるたびに，我々はその考え方に触れることになります．ベイズのアイデアに関しては，ベイズの死後にリチャード・プライス（Richard Price）によって公表され [Bayes 1763]，現在のような形式の定式化は**ピエール＝シモン・ラプラス**（Pierre-Simon Laplace）によって「逆確率」として行われました．これらの話については [Fienberg 2006] や [マグレイン 2013] に詳しいので，そちらに説明は譲ります．

ただ，1 点だけ歴史上重要なことを書いておくと，このアイデアはすぐに受け入れられたわけではなく，1950 年代頃まで陽の目を見ることはありませんでした．それ以前には高速な計算機がなく，大量の記録を複雑な計算で処理するということができないので，威力は限定的でした．また，ロナルド・エイルマー・フィッシャー（Ronald Aylmer Fisher）など統計学の重鎮が，例えば [フィッシャー 2013] で明記しているように，逆確率という考え方に否定的だったので，なかなか表立って使いにくかったという事情もあったようです．特にフィッシャーの統計学は「確率の計算は調査で得られたデータから出発する」という考え方に基づいていたのですが，これが逆確率の考え方とそぐわないものだったようです．つまり，少なくともその当時は，統計学に 2 つの立場があったということになります．そして，今も少し残っているようです．

本書では「ロボット（エージェント）が頭の中で分からなさを小さくしていくこと」を扱うので，逆確率の考え方を積極的に取り入れます．また，先ほど述べた「分からない」≠「行動できない」のように，実世界の人や動物やロボットについて考えるときには「何の根拠もない判断」（⇒ 問題 1.4）を扱う必要もあり，「調査で得られた客観的なデータ」以外のことも考えないと手がつけられません．さらにいってしまうと，人にも動物にもロボットにも，確率・統計に対する立場や考え方など関係なく「動いたもん勝ち」という側面があります．これは何も理論を否定しているわけではなく，動くことが主で，理屈は動くことのために捧げられるという意味です．「動いているけど理論と違うからけしからん」という考え方はロボティクスにはなく，理論と違うならより理論に忠実で効率もよい方法を探ったり，あるいは従来の理論に足りないことを考えたりすることがロボティクスです．そういう意味では，本書は動かすことを第一の目的にしているので，立場など関係なく，使えるものは何でも利用します．

少し歴史をさかのぼってベイズが没した後あたりから，また別の話をします．上記のような状況でしたので，確率ロボティクスという観点では，ベイズやラプラスの仕事がおおっぴらに活用されるのは 100 年以上後のことになります．一方，この頃イギリスで産業革命が興り，力強く動く機械の時代に突入します．機械を動かすにあたっては，「荒れ狂う強大な力をどのように制して御するか（どう**制御**するか）」ということが問題となります．この頃はまだ電子回路がないので，この問題は機械的に解決が図られました．**ジェームズ・ワット**（James Watt）が蒸気機関のために発明したガバナ（遠心

注 3 「マルチンゲール」という用語が確率論にありますが，この言葉はギャンブル由来です．

調速機，図 1.1 の Q[注4]）は，その代表的なものです．このガバナは蒸気機関の出力が上がって回転軸の回転速度が上がると，軸の両側につけたおもりが遠心力で浮き上がり，その浮き上がった量に応じて蒸気の弁を閉めて出力を弱めるという仕組みで出力を安定化させるものでした．ワットは，出力の量を使って入力の量を加減するという**フィードバック制御**を実用レベルで実現したのでした．

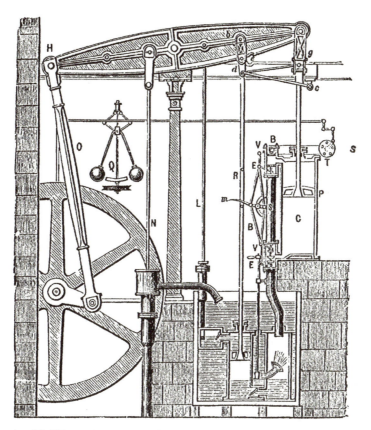

図 1.1　ワットの蒸気機関．By Robert Henry Thurston (1839-1903) [Public domain], via Wikimedia Commons．図中の Q がガバナ．

● 第二次世界大戦前後

　20 世紀に入ると，フィードバック制御に簡単な電気回路や電子回路が使えるようになりました．ガバナのような機械を使った制御装置に加え，センサ，アクチュエータが電気的に接続されたものが使われるようになりました．接続を担う電気回路は制御の複雑さに合わせて複雑になっていき [Mindell 1995]，最終的には計算機（コンピュータ）になりました．

　制御が複雑になると，センサから計算機へ送られる電気信号は，「情報」として扱うことが適切になります．単にセンサとアクチュエータを機械要素や単純な回路でつなぐだけならそこまで考える必要はありませんが，コンピュータという主体があるとすると，コンピュータにとって，センサは情報を教えてくれる装置（情報源）です．コンピュータは，情報を左から右に流すだけでなく，事前に与えられた情報や数秒前，数ミリ秒前の情報をためて，それを再利用することができます．センサからの情報には雑音が含まれますが，これに対処するためには，最新の情報と，その前のいくつかの情報を平均化して使うことが有効です．さらにはコンピュータは，情報源から人間の手に負えない量のデー

注 4　だいたいどのような制御の教科書でも必ずこの図が出てくるので「またか」と思っていましたが，自分で書いてもそうなりました．

タの集計や計算を実行できます．この場合，結果はアクチュエータだけではなく，紙やディスプレイを通じて，人間に提示されることにもなります．

このようなことをしようとすれば，コンピュータで情報を扱うための理論が有用となります．1930年代後半には**クロード・シャノン**（Claude Elwood Shannon）がスイッチのオン・オフで計算するディジタル回路を考案し，1940年代後半には情報理論を確立します．情報理論では，「分かってないことがどれだけ分かるか」ということを情報量として定義しており，自然にベイズの考え方が拡張されています．また，同時期に**ノーバート・ウィーナー**（Norbert Wiener）が「サイバネティックス」[Wiener 1961]を記し，その中で，生物や機械のように現実で動作するものにおけるフィードバック制御と情報理論の役割を言語化しました．さらにウィーナーは，現在**ウィーナーフィルタ**と呼ばれる，信号から雑音を除去するためのアルゴリズムを考案しています．このアルゴリズムは，雑音の統計的性質を使い，雑音の混入する前の信号を推定するものです．その後，1950年代に**リチャード・ベルマン**（Richard Ernest Bellman）が「Dynamic Programming（動的計画法）」[Bellman 1957]を考案します．その成果として，ベルマン方程式，ハミルトン–ヤコビ–ベルマン方程式が誕生しました．これらの方程式は制御を究極的に一般的したものであり，強化学習などの理論の基礎になっています．これらコンピュータの黎明期の仕事が，確率ロボティクスの理論の源流となっています．

● 冷戦期

その後，確率ロボティクスの直接の祖ともいえる**カルマンフィルタ**が**ルドルフ・カルマン**（Roudolf Emil Kalman）によって考案されました[Kalman 1960]．カルマンフィルタは，周波数領域で考えられたウィーナーフィルタを時間領域で定式化しなおしたもので，アポロ計画において，宇宙船の軌道推定に利用されました[Grewal 2000]．カルマンフィルタを使うと，時系列で入ってくる情報から現在の状態（宇宙船なら宇宙船の位置・姿勢や速度・角速度）を逐次推定していくことができます．その際，入ってくる情報の不確かさが考慮されます．

1960年代には，すでに移動ロボットの研究も始まっていました[Watson 2005]．カルマンフィルタは，ロボットの自己位置推定においても利用されるようになりました[中村 1983, 小森谷 1993]．ただ，ロボットの場合，空中に浮いた宇宙船よりも，周囲のもの（建物の壁や路面の凹凸，道路の縁など）との干渉が多く，カルマンフィルタを利用するには工夫が必要となり，さまざまな改良が試みられました[登内 1994]．このような試みは，1980年代から1990年代中頃にかけて多く見られました．

カルマンフィルタは現在もさまざまなものに用いられていますが，その理由は，ベイズの定理などの確率の計算を小さい行列の数回の計算で終わらせることができるからです．一方，乱数を使って行列の計算を数値計算で置き換えて一般化した**北川源四郎**の「モンテカルロフィルタ」[北川 1996]や**ネリ・ゴードン**（Neli J. Gordon）らの「ブートストラップフィルタ」[Gordon 1993]が1990年代中頃に提案されています．しかしこれらは最低でもカルマンフィルタの数十倍は計算量が必要なアルゴリズムで，まだロボットには計算量的に重たすぎる状況だったと考えられます．モンテカルロフィルタやブートストラップフィルタは，現在，**パーティクルフィルタ**と呼ばれるものの原型となっていますので，以後，本書ではパーティクルフィルタと呼びます．

● PC普及期〜「Probabilistic ROBOTICS」の出版

セバスチャン・スラン（Sebastian Burkhard Thrun），**ウルフラム・バーガード**（Wolfram Burgard），**ディーター・フォックス**（Dieter Fox）らの「Probabilistic ROBOTICS [Thrun 2005]」（「確率ロボティクス [スラン 2007]」）で扱われているものの多くは，1995〜2005年の技術です．本書で紹介されるアルゴリズムも，この頃に確立されたものです．

1995年というとMicrosoft Windows 95が発売された年ですが，この前後で計算機が家庭に普及するようになり，CPUの価格に対する性能が急激に進歩し始めました．これはつまり，ロボットで使えるCPUパワーが増大したことを意味します．この流れで見ると必然性がありますが，1999年，カルマンフィルタではなくパーティクルフィルタを使った位置推定手法「**Monte Carlo localization（MCL）**」が考案されました [Dellaert 1999, Fox 1999]注5．MCLは，1995年に始まっていたRoboCup（ロボットサッカー・ワールドカップ）[浅田 2000]において，多くのチームで採用されました．また，これによりMCLがサッカーという激しいリアルタイム環境で動作することを多くの研究者が知ることになり，以後起こる確率ロボティクスのブームの先駆けとなりました注6．

また，同じ頃，人間が見たり，ロボットが位置推定に使ったりする地図をロボットで作れないだろうか，ということが研究者の間で大きな関心となっていました．この問題は**地図生成**（map building）や**SLAM**（simultaneous localization and mapping）と呼ばれています．地図生成の問題は1980年代中頃から扱われ [Smith 1986, Chatila 1985]，その後も，当時の扱いにくいセンサで研究が進められました．1980年代から1990年代にかけての研究については，Luらの論文 [Lu 1997] からたどることができます．Grisettiの解説記事 [Grisetti 2010] によると，SLAMが研究者の間でブームになったのは論文 [Lu 1997] の数年後であったようです．この頃からロボットに搭載できるレーザスキャナ（LiDAR）が研究者の間で普及し，さらに小型化 [油田 2005] が進みました．

SLAMはサッカーロボットよりも広い領域を自律走行する自動車や移動ロボットに需要があります．2004，2005年に行われたDARPA主催のGrand Challenge注7，2007年のDARPA Urban Challenge注8では，自動車の自律走行の競技会が行われ，屋外の広い領域でのSLAMや自己位置推定が課題として扱われました [Thrun 2006]．また，日本では屋外での移動ロボットの自律走行を課題として扱う「つくばチャレンジ」が2007年から始まり [油田 2018]，やはりSLAMが主要な課題となっています．

また，時間を少し巻き戻すと，**リチャード・サットン**（Richard S. Sutton）らによる強化学習の教科書「Reinforcement Learning: An Introduction」[Sutton 1998] が1998年に出版されています．強化学習も（ベイズの定理は出てきませんが），学習する主体（エージェント）が，確率的に行動を選択し，統計を駆使して動的計画法を解いていく手法です．本書では確率ロボティクスの一部として扱います．

● 「Probabilistic ROBOTICS」以後

「Probabilistic ROBOTICS」出版の1年後，2006年には機械学習の定番教科書であるクリストファー・ビショップ（Christopher M. Bishop）の「Pattern Recognition and Machine Learning」[Bishop 2006] が出版されています．こちらは本書で扱うよりも深くベイズ理論を扱っています．この教科書で扱われている手法は自然言語の理解などロボットに応用できるものが多く，また，「Probabilistic ROBOTICS」の出版もあって，自律ロボットを扱う場合には，ベイズ理論の理解は必須となりました．

注5 歴史のほんの片隅のことなので脚注として書きますが，研究室の先輩がMCLをロボットに実装したのを筆者が面白がって無邪気にも半ば強引に引き継いだとき，周囲の先生たちからは「なんでカルマンフィルタを使わないの？」という質問を多く受けました．これは先生たちからすると興味があってそういう質問をしたのだと思うのですが，学生がそれに返答するのはなかなか大変で，プレッシャーに感じました．世の中の先駆的な人は，さまざまな抵抗にあったみたいなことをいう人が多いのですが，多くの場合，周囲には悪意はないのであまり勧善懲悪のような話にするものではないと考えています．

注6 当事者だったので客観的に見られないのですが，「ロボカップから確率ロボティクスのブームが」というのは多少偏った主張かもしれません．

注7 https://www.darpa.mil/about-us/timeline/-grand-challenge-for-autonomous-vehicles．DARPAはアメリカ国防高等研究計画局（Defense Advanced Research Projects Agency）．

注8 https://www.darpa.mil/about-us/timeline/darpa-urban-challenge

第 1 章 はじめに

そして，本書で扱わないからといって触れないわけにはいかない大きな出来事ですが，2010 年代に入ってから，多層のニューラルネットワーク（ディープニューラルネットワーク，DNN）が主に画像処理の用途で急速に応用範囲が広がっています [Hinton 2006a, LeCun 1998]．DNN は，強化学習の関数近似にも応用されています [Mnih 2015]．また，ロボットの行動決定への利用も進んでいます [Pierson 2017]．

さらに，もう一つ重要なこととして，GitHub (https://github.com/) や ROS (Robot Operating System, http://www.ros.org/) の登場が挙げられます．これらの登場により，インターネット上からダウンロードしてソフトウェアを利用することが非常に簡単になりました．それまでも研究者は自身のウェブサイトでソフトウェアを公開していましたが，それぞれライセンスの問題や互換性の問題が残っており，扱いにくいものがほとんどでした．GitHub や ROS は単にサービスやツールなのですが，これらの登場以降，ソフトウェアを互いに利用し合う場合に何が重要なのか，ということがより意識されるようになり，ソフトウェアを利用する側にとっては便利になりました．現在主流の確率ロボティクス関係のソフトウェアやディープニューラルネットワークのフレームワークなどは，プログラミングスキルと環境構築スキルが少しあれば，簡単に利用できるようになっています．

1.3 本書について

1.3.1 意図と体裁

● 本書の狙い

現在はさまざまなソフトウェアを手軽に利用できる時代です．数式が分からなくても自分のロボットに自己位置推定や SLAM を組み込めます．筆者も，自前にはこだわらず，使えるコードは使うことを推奨しています [上田 2018]．

ただ，そのような状況であっても，そのようなソフトウェアの作者になるには自分でアルゴリズムを考えて実装しなければなりません．単なるお客さんのままではこれは無理です．また，冒頭で書いたように，確率というものの感覚を身につけるには，残念ながら少し時間をかける必要があります．そこで，「基礎中の基礎のアルゴリズムを実際に書いてみて，確実に基礎を理解し，確率の感覚を身につける」ことを目的として本書を執筆しました．さらに余計なことを書いておくと，人間は「分かったつもりになっていても分かってない」という状態に陥りやすく（⇒ 問題 1.5），一般にそういう状態の人は（当人には小銭が入るかもしれませんが）社会的には厄介な存在になります．そういう存在にならないためには，とにかくたくさん手を動かすことが大切です．

一方，あんまり修行じみても学習効率がよくありません．例えば C++ などでロボットに搭載できるレベルでコードを本格的に書いていくと時間がかかります．逆に主要な数式だけ実装して数字やグラフだけで出力を観察しても実感がつかめません．そこで，本書では，そこそこ実感がつかめて，そこそこ雑に書ける方法をということで，**Jupyter Notebook**（日本語ではジュピターノートブック，あるいはジュパイターノートブックと発音）の上にシミュレータを作り，シミュレータの中のロボットのために，**Python** でコードを書くという方式をとりました．実機には及ばないものの，シミュレータのロボットは，実装がちゃんとしていないと動きませんので，自身の理解度を試すのには十分手強い相手となります．

● 本書の体裁や癖

本書では，理論をコードにしながら解説をしていくという体裁をとっています．各章では最初に扱

う問題を定義して，数式で解き方を示しています．その後，少し理論を説明しては「実装してみましょう」といってコードの例[注9]を示しています．コードの後ろには実装レベルまでかなり細かい説明が入っています．

しかしこの構成には，欠点1) 先に抽象的な話や抽象的な数式が出てきて，初めて学ぶ人が問題やアルゴリズムを理解しにくい，欠点2) さっと把握したい人にはコードの説明がくどい，という欠点があります．理路整然と書こうとすれば欠点1) については致し方なく，読者の方に工夫をしてもらうことにしました．具体的には，**順番に読まない**ということが必要になります．我々が理論を実感として得ていくときは，人の書いたコードと数式と説明の文章を行ったり来たりするものです．特に数式が難しいときほど，コードやインターネット上の情報に頼って断片的に理解していき，十分に機が熟してから数式を見て全体を把握し，コードが書けるようになるという順序をとるものです．ですので，必ずしも書いてある順番にはこだわらず，コードを先に読むなど行ったり来たりして読んでいただければと思います．欠点2) については，本書がコードをしっかり書いていただくことを前提としている以上，そのまま放置すべきであり，そのまま放置してあります．

● **本書で扱っていないこと**

ここの記述は主に詳しい人向けですが，レーザスキャナやRGB-Dカメラなどが出力する，いわゆる「点群」のような密なデータの処理は本書では扱っていません．また，人工ニューラルネットワークを使った実装は，本書では扱っていません．これらを扱うためには本書の内容とは別にたくさんのアルゴリズムを理解する必要があり，筆者の経験も乏しいため，別のテキストにお任せした方がよいという判断です．もちろん，本書の内容はこれらの道具を使うときにも基礎となります．

また本書では，ランドマークが互いに識別できないという問題は扱っていません．これはできれば本書で扱いたかった問題ではありますが，「識別できる場合と識別できない場合」を全アルゴリズムで扱っていると分量的に無理が生じると判断しました．これも，確率ロボティクス [Thrun 2005, スラン 2007] やほかの書籍，論文に説明を託します．

Pythonのコードに関しては，基本的に説明しやすいことを第一に考えて書いていますので，「お手本通り」と主張する気はありません．継承の可能性のあるクラスに関しては比較的きっちり実装していますが，継承されないクラス（例えば最後の12章のものなど）は，引数にすべきものをコードの中に埋め込むなど少し雑な実装になっています．また，オブジェクトの属性をプライベートにすると解析のときに面倒なのですべて，パブリックになっています．

1.3.2 本書の構成

本書は3部構成になっています．第1部は準備です．1章は本章で，2章ではJupyter Notebookに慣れつつ確率・統計の基礎を抑えていきます．3章では雑音を考慮しないときのロボットの運動と観測を定式化して，それらの式からシミュレータを構築します．そして，4章でロボットの運動と観測に雑音を加えます．

第2部では自己位置推定とSLAMを扱います．5章ではパーティクルフィルタ（Monte Carlo localization, MCL），6章ではカルマンフィルタによる自己位置推定を扱います．7章ではMCLの改良やより難しい問題への適用を考えます．8章，9章ではSLAMを扱います．8章でFastSLAM，9章でgraph-based SLAMを実装します．

注9 コードはほぼすべて掲載されている代わりに字が小さいので，読みにくい場合は（読みにくくなくても）後述のGitHubを利用してください．

第3部では行動決定を扱います．10章はマルコフ決定過程と動的計画法，11章は強化学習の主要なアルゴリズムを実装します．これらの話はロボットの自己位置が既知という前提で進めますが，12章ではこの前提を取り払います．

付録にはAとBがあります．付録Aでは発展的課題としてベイズ推論を扱います．付録としていますが，本編の章と同様の体裁で書いてあります．付録Bは計算の補足です．

1章と付録Bを除く各章には図1.2のような依存関係があります．2章の確率・統計の内容は前提知識の説明のための章で独立していますが，付録Aで再度，ベイズ的に扱ってみます．シミュレータ作りから自己位置推定までの3, 4, 5, 6, 7章はそのままの順番で前の章のコードとアイデアに依存しています．8章のFastSLAMのコードでは5, 6章のMCLとカルマンフィルタのコードとアイデアを用います．9章のgraph-based SLAMは6章のコードとアイデアに依存します．10, 11章の内容は5～9章と独立しています．ただし図には矢印がありませんが，シミュレーションする際に6章のカルマンフィルタを自己位置推定のために用います．12章では7章以前と10章のコード・アイデアを組み合わせます．

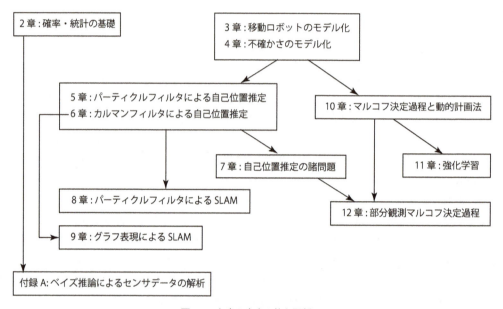

図1.2 各章の内容の依存関係．

また，各章の最後に，その章に関係する問題を出題しました．ただ問題の多くが，計算問題というより禅問答みたいになっており，答えがないようなものになっています．問題中に使われている言葉の定義もはっきりしていません．ロボットとは直接関係ないものもあります．各章で学んだ枠組みを否定しているような問題もあります．この意図ですが，筆者のふざけた部分が抑えきれずに漏れ出てしまったという面もあります．しかし一方で，ロボティクスで新しいことをしようとすれば，その答えはロボティクスの外にあるため，それに言及したいという考えの表れでもあります．余計なお世話になる可能性も高いのですが，問いかけをきっかけに，本書を読んだ人の視点がなるべく外に外に向けば幸いです．なお [小林 2020] に，筆者が問いかけたかったことの多くがまとめられています．

1.3.3 本書で使用するツールや外部リソース

● **Jupyter Notebook**

コードは Jupyter Notebook (`https://jupyter.org/`) で記述し，実行します．Jupyter Notebook は，「ウェブブラウザで，プログラムを記述したノートブックと呼ばれるファイルを作成・閲覧・実行するためのツール」です．図 1.3(a) に，Jupyter Notebook で書かれたノートブックの例を示します．このノートブックには，まず「ノートの例」という見出しがあり，その次に Python のコードが書かれ，実行した結果出力されるグラフが描画されています．さらにその下には「数式」という見出しとメモ書き，そしてきれいに成形された数式が表示されています．このノートブックは，実行後，実行結果ごとファイルに保存でき，再度開いて閲覧できます．

また，ノートブックの左に `In[1]` や `Out[1]` とありますが，`In[数字]` の右側のグレーの領域が入力，その下の `Out[数字]` の右側が出力になります．プログラムを入力するグレーの領域は「セル (cell)」と呼ばれます．Jupyter Notebook を使うと，「数式と動くコードを併記できるノート」が記述できるため，使い方次第ではアルゴリズムを理解するときに役に立ちます．そのため，ここ数年，Jupyter Notebook を利用した教科書がいくつか出版されています [伊藤 2018, 赤石 2019]．本書も，素直にその流れに乗ったものとなっています．

Jupyter Notebook のインストールについては，もしあまり Python やその周辺の環境構築に詳しくなければ Anaconda (`https://www.anaconda.com/`) を使うことをおすすめします．普通の PC にインストールするのであれば，Python 3.7 version の 64 ビット版か，それより新しいものをダウンロードします．Anaconda を利用すると Jupyter Notebook に加え，Python や本書で使うライブラリも丸ごとインストールされます．Anaconda は，Windows, macOS, Linux に対応しています．

Jupyter Notebook を実行するブラウザについては，公式ページの情報 (`https://jupyter-notebook.readthedocs.io/en/stable/notebook.html#browser-compatibility`) に記述があります．執筆時点でサポートしているのは「Chrome, Safari, Firefox の最新バージョン」とのことです．

● **Python のバージョンとライブラリ**

プログラミング言語である Python の処理系は，バージョン 3.6 以降のものを使います．Python についての説明は `https://www.python.jp/` などほかに譲りますが，ROS などとともにロボティクスにおいてもよく使われる言語です．また，統計学や機械学習，深層学習のライブラリを利用するときにもよく用いられるので，覚えておいて損はしない言語です．

注意事項ですが，バージョンが 2 台の Python では本書のコードは動きません．Jupyter Notebook では 2 系の Python も動いてしまうので，2 系を使わないようにどのバージョンが動いているか確認しましょう．確認は，ノートブックのセルで次のように打って行います．

```
In [2]:  1  import sys
         2  sys.version
Out[2]: '3.7.0 (default, Oct  2 2018, 09:20:07) \n[Clang 10.0.0 (clang-1000.11.45.2)]'
```

Python のライブラリ（モジュール）についてはさまざまなものを使いますが，Anaconda ですべて揃います．詳しい人は，例えば Linux では `pip3` などを使い，個別にインストールするとよいでしょう．また，pyenv を利用すると，システムと切り離して本書の内容を試すだけのための環境を作るこ

第 1 章 はじめに

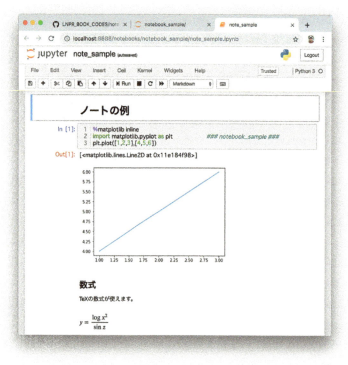

(a)

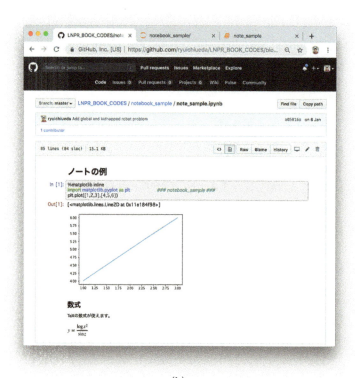

(b)

図 1.3 ノートブックの例． (a)： Jupyter Notebook 上で閲覧． (b)： GitHub 上で閲覧．

とができますが，この説明はほかに譲ります．

● **GitHub のリポジトリ**

　本書に登場するコードは，すべて GitHub というサービスのサイトで公開されています．GitHub の細かい使い方については本書では説明しませんが，コードの閲覧やダウンロードが自由に行えるサイトの一つです．また，コードをおく側にとってはコードのバージョン管理，公開，議論などを行う重要な場の一つです．本書になぞって書いたコードは，GitHub か，同様なサービス（Git ホスティングサービス）のサイトで人に見せた状態で管理することをおすすめします．一部や全部のコードが本書のものと同じになってもまったくかまいません．

　コード閲覧の際は，https://github.com/ryuichiueda/LNPR_BOOK_CODES にいくとフォルダの一覧が表示されます．見たい章のフォルダをクリックするとノートブックの一覧が表示されます．ノートブックのうち，どれかをクリックすると図 1.3(b) のように，Jupyter Notebook 上とほぼ同様にノートを閲覧することができます（操作はできません）[注10]．完成までの過程を示すため，GitHub 上には途中のコードもすべてアップロードしてあります．ノートブックには `mcl1.ipynb`，`mcl2.ipynb`，... と番号が打ってあり，番号が進むにしたがって完成に近づきます．本書中で記載されたコードの前には，「⇒`mcp5.ipynb` [4]」と記し，どのノートブックのどのセルに対応するかを表示しました．本書に掲載したコードは分量が多く，字が小さめなので，ぜひネット上のコードも活用してください．コードをダウンロードして動かす場合，通常はバージョン管理ソフトの Git を使いますが，zip ファイルでもダウンロードできます．具体的な方法は README をご覧ください．

　ところで，このサイトのコードは実装途中のノートブックが満載で，本書がないと何がどうなっているかよく分かりません．そこで，途中のコードをおいていないもう一つのページ：https://github.com/ryuichiueda/LNPR を用意しました．完成したコードだけを読んで動かしたい場合は，こちらを使用するとよいでしょう．

章末問題

問題 1.1

　一つのサイコロの目を当てて，当たったら掛け金の 6 倍のお金が戻ってくるギャンブルを考えます．ここに，「サイコロの目は 1 しか出ない」と（違う目が出たのを直接見たとしても）頑なに信じている A さんと，それぞれのサイコロの目が出る確率は 1/6 だと信じている B さんがいます．何度も少しずつお金を賭けてこのギャンブルをした場合，どちらが勝つでしょうか．また，この結果からどのような教訓が得られるでしょうか．

問題 1.2

　問題 1.1 をさらに考えてみます．A さんと同じ考えの人たち（A グループ）が 100 人，B さんと同じような考えの人たち（B グループ）が 100 人いたとします．実はサイコロは少し重心がずれていて，各目が出る確率が違います．また，A グループの人たちが信じている出目は，各人でバラバラです．何度も少しずつお金を賭けてこのギャンブルをした場合，この 200 人の運命はどうなるでしょう

注 10　データ（画像）の多いノートブックは開けないことがあります．

か．Aグループの人たちを見て，Bグループの人たちは何を感じるでしょうか．

問題 1.3

物理学者がパチンコ店に入り，さまざまな計測，分析を行った後にパチンコを打ち出す，という筒井康隆の「パチンコ必勝原理」という小説があります [筒井 2006]．結果を調べて，パチンコに勝つにはどのような情報が必要だったのかを考察してみましょう．

問題 1.4

個人差はありますが，やたら悲観的になったり，直前に得た情報に引きずられたりと，人間はしばしば不合理なものの考えをもつことがあります．このような思考上の癖は，心理学で「認知バイアス」と呼ばれます．ところで，ここで使った「不合理」という言葉は，いったい何を意味するのでしょうか．また，認知バイアスの具体例を調べてみましょう．特に自分自身について，事例を考えてみましょう．また，認知バイアスが生きる上で役立つ例を考えてみましょう．

問題 1.5

「分かったつもりになっていても分かってない」という状態を確率ロボティクス的に分析してみましょう．また，そういう状態に陥った人が小銭を稼ぐ方法について，行動決定という観点から分析してみましょう．さらに，筆者をそういう目で見たとき，あなたは本書とどう向き合うべきでしょうか．間違いが含まれているかもしれない情報源から，自身に有用かつ正しい情報を得るためにはどのような能力が必要でしょうか．また，ある書籍や著者を聖書や聖人のように盲信してしまうタイプの人たちがどんな問題行動を起こしているか，インターネット上で調べてみましょう．

問題 1.6

フィッシャーの頃の統計学は，「優生学」と深い関係があります．この優生学は現在タブー視されており，筆者もとうてい受け入れにくいと考えています．優生学（および優生思想）について調査してみましょう[注11]．

注 11 センシティブな話なので少しコメントしておくと，「何が優れているか」という問いに統計学自体が答えをもっているわけではありませんし，「優」の定義も明確ではなくて状況によって変わります．フィッシャーのような，当時一流といわれていた学者であってもそのような間違いを犯すわけで，何か勉強したからといってそれを特定の思想のために振り回すのは危険です．

第2章 確率・統計の基礎

　本章では，実際のロボットから得られたデータを扱い，データに対して確率・統計の考え方がどのように適用されるかを確認していきます．扱うのはセンサから送られてくる計測値（以後，センサ値と表記）です．

　多くの統計の教科書では，例として扱う統計データは「適正に」得られたものとして話が進みます．しかしながら，たかが一つのセンサの値であっても，それは人間がセンサをどうおいたか，周囲で何が起きたか，センサの内部に何が起こったか，などさまざまな影響を受けて出力されます．その点を心に留めながら，基本事項を確認していきましょう．

　本章の構成は，次のようになっています．2.1節では本章で扱うデータがどのように採取されたかを説明し，データをJupyter Notebook上で確認します．2.2節ではデータを解析して度数分布，雑音，平均値などの基本事項を確認します．2.3節ではデータの分布にガウス分布を当てはめてみます．2.4節ではもっと複雑なデータの分布を解析します．2.5節では多次元のガウス分布を扱います．2.6節はまとめです．

2.1 センサデータの収集とJupyter Notebook上での準備

　本章で扱うデータを得るために，図2.1のように，移動ロボットを壁に向けておき，ロボットがもっているセンサで壁までの距離を計測する実験をしました．

　このロボットは2種類のセンサをもっています．一方は，図中に「光センサ」と書いたセンサです．この光センサは，赤外線LEDを前方の壁に向けて照射し，反射してきた赤外線の強さをフォトトラン

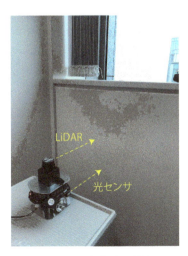

図2.1　センサデータの採取．

ジスタで受けて，それを数値化するものです．もう一方の「LiDAR」と書いたセンサは，水平にレーザ光線をスキャンして周囲の環境の2次元形状を計測するものです．このようなセンサは（2次元の）LiDAR，レーザレンジファインダ，測域センサなどさまざまな呼び名を持ちますが，本書では「2次元の **LiDAR**」あるいは図のように単に「LiDAR」と呼ぶことにします．LiDAR は上記のように各方向の障害物の距離を一度に出力できますが，本章では前方の1点の値のみを採取したデータを使います．

　採取したデータは，本書リポジトリの `sensor_data` というディレクトリの下におかれています．本書リポジトリについては，1.3.3項に説明があります．`sensor_data_*.txt` というファイルがあり，`*`の部分の数字はロボットと壁との距離（単位は [mm]）を表しています．いくつもの距離で得られたデータのファイルが入っていますが，本章で使うものは一部です．

　試しにリポジトリをダウンロード（クローン）し，ディレクトリの中で Jupyter Notebook を立ち上げてブラウザからファイルを見てみましょう．図 2.2 は，距離 200[mm] のときのデータ `sensor_data_200.txt` を閲覧したときの様子です．図のようにテキスト形式，スペース区切りで数字が並んでいます．ヘッダはないのですが，左から順にセンサ値を採取した日付，時刻，光センサからのセンサ値，LiDAR からのセンサ値です．

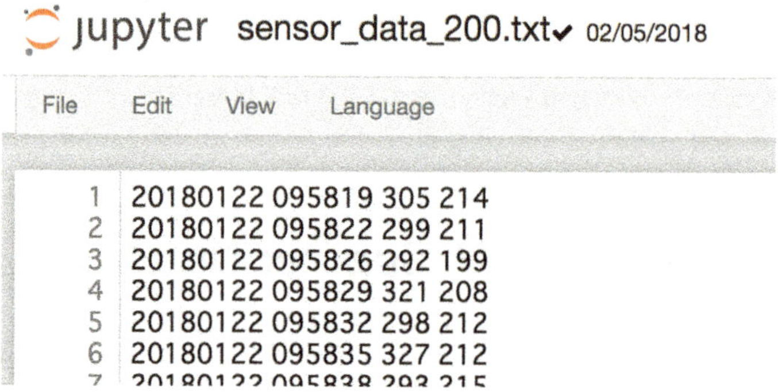

図 2.2　sensor_data_200.txt

　この実験データを Python のコードで扱うために，ノートブック内に読み込みましょう．以下しばらく，先ほど閲覧した `sensor_data_200.txt` を用います．一番上のディレクトリに，`section_sensor` というディレクトリを作り，そこに `sensor_data_200.txt` をコピーします[注1]．

　そして，このディレクトリの中に，ノートブックを作ってデータを読み込みます．ノートブックの名前は何でもよいですが，ここでは `lidar_200.ipynb` としましょう．データを読み込む方法はいくつかありますが，ここでは Pandas というモジュールを使って次のように読み込みます（Anaconda を使っていない場合はインストールが必要です）．（⇒`lidar_200.ipynb` [1]）

注1　ダウンロードしたリポジトリの中で作業する場合は，「`my_section_sentor`」などと名前を変えてディレクトリを作ります．

```
In [1]: 1  import pandas as pd
        2  data = pd.read_csv("sensor_data_200.txt", delimiter=" ",
        3           header=None, names = ("date","time","ir","lidar"))
        4  data
```

Out[1]:

	date	time	ir	lidar
0	20180122	95819	305	214
1	20180122	95822	299	211
2	20180122	95826	292	199
3	20180122	95829	321	208
4	20180122	95832	298	212

モジュールとは，コードの中で使える便利な関数などをまとめたもので，セルの1行目のように`import`を使って読み込みます．`pandas`がモジュールの名前で，`pd`が，このモジュールを使うときに関数名などの頭につける接頭語になります．

2行目では`read_csv`というPandasの関数を使い，`data`という変数にデータを読み込んでいます[注2]．`read_csv`に与えた引数は4つありますが，前の二つでファイル名と，区切り文字が半角スペースであることを指定しています．後の二つは，前者が元のデータにヘッダの行がないことを指定し，後者が各列に名前を与えています．

4行目では確認のために`data`を出力しています．出力を見ると，データのほかに行番号，列のラベルが付加されていること分かります．`data`の型は`DataFrame`（データフレーム）というものです．

この処理の後，LiDARのセンサ値は

```
In [2]: 1  print(data["lidar"][0:5])
        0   214
        1   211
        2   199
        3   208
        4   212
        Name: lidar, dtype: int64
```

というように取得できるようになります（⇒`lidar_200.ipynb` [2]）．この例では`data["lidar"]`から先頭の5個の値を出力しています．LiDARからの出力は，整数であることが分かります．

2.2 度数分布と確率分布

`sensor_data_200.txt`のLiDARの値について，何か規則性がないか調べてみましょう．

2.2.1 ヒストグラムの描画

まずはLiDARのセンサ値をヒストグラムにしてみます．ノートブックに次のようにコードを書き足します．（⇒`lidar_200.ipynb` [3]）

注2 本来は「オブジェクトを作って`data`という名前にバインドし…」などと説明すべきかもしれませんが，ラフに書いています．

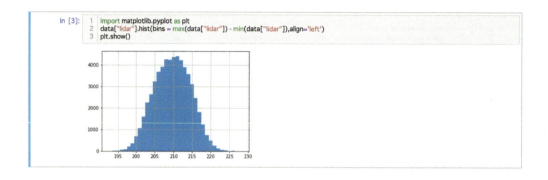

1行目はグラフを描画するためのモジュールの読み込みです．Matplotlibというモジュールの下にあるpyplotというモジュールを指定しています．2行目が関数histを使ってヒストグラムを作っている行です．引数binsは横軸の各区間（ビン）の数のことで，ここでは区間の幅を1にするために，リストに入っている値の最大値と最小値の差を代入しています．align="left"は，各区間の中央の値がLiDARからの値になるようにするための補正のための引数です．LiDARのセンサ値は整数なので，例えばセンサ値が200以上201未満の区間には，値が200のデータしかないのですが，区間の中央の値が200.5になってしまうので，それを強制的に200にしています．作ったヒストグラムは，3行目のshowで出力されます．

2.2.2 頻度，雑音，バイアス

先ほど出力されたヒストグラムを図2.3にもう一度示します．横軸がセンサ値，縦軸がそのセンサ値が得られた回数です．この回数は統計の用語で**頻度**と呼ばれます．

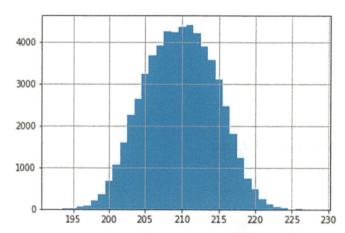

図2.3 LiDARのセンサ値のヒストグラム（200[mm]）．横軸：センサ値，縦軸：頻度．

このヒストグラムを見ると，

- 194[mm]から226[mm]までの範囲の値が得られた
- 210[mm]あたりの頻度が大きい
- 高頻度の部分からセンサ値が左右に離れるほど頻度が低くなる

などと読み取ることができます．ここで1点注意ですが，ロボットは筆者が手で適当においたので，正確に壁から200[mm]という保証はありません．また，LiDARが出す数字の基準点（原点）がどこにあるかも，この実験ではあまり気にしませんでしたので，一番頻度の高い値が200[mm]ではなく210[mm]になることは特におかしなことではありません．

ヒストグラムからはさまざまなことが読み取れますが，ロボットがまったく動かない状態でもセンサ値は毎回違うということにまず注目しましょう．例えば，次の値は図2.3のヒストグラムの元となったセンサ値の，最初の10個を並べたものです．

$$214, 211, 199, 208, 212, 212, 215, 218, 208, 217, \ldots$$

センサ値の変動が，210[mm]から±10[mm]くらいの範囲であることが分かります．この変動は，センサ（この場合はLiDAR）の外から入ってくる外乱光や電気回路中の電圧や電流を乱す何かが影響して起こります．このような値の変動を工学では**雑音**（ノイズ）と呼びます．本書では以後「雑音」と記述します．また，何か測りたいものの「真の」値とセンサ値の差は**誤差**と呼ばれます．そして，雑音によって発生する誤差は**偶然誤差**（accidental error, random error）と呼ばれます．

雑音が大きい場合，センサの値を一つとってきても，そのセンサで調べたいものが正確に測れないということになります．そこで，雑音の原因が何であるかを調べて誤差を抑えたいところですが，まじめに調べて検証し，対策を立てるのはかなり大変です．そして，たいていの場合，原因は複数あって互いに影響し合っています．さらに，その検証作業がすべて完了したとしても，対策が立てられる保証もありません．

また，雑音をすべて除去してセンサが常に同じセンサ値を出力し始めたとしても，もしかしたらその値は「真の」値とずれているかもしれません．例えば，上のLiDARの例でいうと，センサ値が常に210[mm]だったとしても，実際にレーザが飛んだ距離は205[mm]かもしれませんし，215[mm]かもしれません．また，ロボットを制御する際に実際に欲しい値はレーザの飛んだ距離でなく，ロボットと壁の距離のはずですが，LiDARとロボットの取り付けが少しずれていたり，ロボット自身が常に傾いていたら，さらに値はずれるはずです．このようなずれは，**偏り**（**バイアス**）と呼ばれます．本書では以後，「バイアス」と記述します．また，バイアスによって発生する定常的な誤差は**系統誤差**（systematic error）と呼ばれます．

系統誤差の量は，センサ値から推定することはできません．別の（たいていは高価な）センサや計測方法で突き止める必要があります．ただ，その「別の計測方法」にも，依然として雑音やバイアスが存在しています．また，本書に以後登場するアルゴリズムでも一部を除き系統誤差に対しては直接対策がとれず，アルゴリズムの出力に悪影響を及ぼします．対策はとれなくても，我々は常にバイアスや系統誤差の存在を頭の隅においてロボットのアルゴリズムを考える必要があります．

2.2.3 雑音の数値化

雑音の原因を突き止めたり除去したりするのは上記のように困難な場合が多いです．そこで，原因は分からないままにしておき，とりあえず雑音の傾向だけ把握してみましょう．「分からないことは放っておく」というのは勉強ではよくないといわれるかもしれませんが，確率・統計では正しい態度です．

ここではまず最初に，センサ値の**平均値**を求めます．その次に，各センサ値がどれだけばらついているかを表す**分散**や**標準偏差**を求めます．

その前に，説明は数式で行うので，リスト`data["lidar"]`を数式で表しておきましょう．次のように，

$$\mathbf{z}_{\text{LiDAR}} = \{z_i | i = 0, 1, 2, \ldots, N-1\} \tag{2.1}$$

と表します．本書ではリストをこのように斜字でない太字で表します．斜字の太字はベクトルを表します．$\mathbf{z}_{\text{LiDAR}}$ は数式上でノートブック上のリスト `data["lidar"]` を表し，z_i は `data["lidar"]` の（0 番から数えて）i 番目の値を表すこととします．また，N はリストの要素数とします．

まず，センサ値の平均値を求めてみましょう．集合の要素の値をすべて足して，要素数で割ったものが平均値です．$\mathbf{z}_{\text{LiDAR}}$ 内の値の平均値 μ は，次の式で与えられます．

$$\mu = \frac{1}{N} \sum_{i=0}^{N-1} z_i \tag{2.2}$$

ノートブック上では，次のように計算できます．（⇒`lidar_200.ipynb` [4]）

```
In [4]:  1  mean1 = sum(data["lidar"].values)/len(data["lidar"].values)
         2  mean2 = data["lidar"].mean()
         3  print(mean1,mean2)
         209.737132976 209.737132976
```

1 行目が Python の通常のリストから平均値を求める方法です．`data["lidar"].values` でセンサ値のリストを取り出し[注3]，値を合計して，リストの長さで割っています．2 行目は Pandas を使った方法で，平均値（mean）を計算するメソッド `mean()` が準備されているので，それを使っています．当然ですが，両者の値は一致します．

ヒストグラムの上に平均値を書き込んでみましょう．以前に書いたコードと一部重複しますが，セルに次のようにコードを書いて実行します．（⇒`lidar_200.ipynb` [5]）

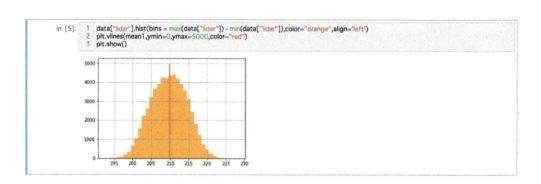

1 行目は先ほどヒストグラムを描画したときのコードに色の指定（`color="orange"`）を追加したもの，2 行目は平均値のところに縦線を引く処理です．ヒストグラムの山の頂上付近に平均値があることが分かります．

次に，分散 σ^2 を求めます．分散には二種類あります．一つは**標本分散**で，各値と平均値の差を二乗したものの平均値として，

$$\sigma^2 = \frac{1}{N} \sum_{i=0}^{N-1} (z_i - \mu)^2 \quad (N > 0) \tag{2.3}$$

注3 `.values` は，なくても計算可能です．

のように定義されます．「各値と平均値の差を二乗したもの」は，各値と平均値が離れているほど大きくなるので，分散は，リストの値が互いに大きく異なるほど大きくなります．

もう一つ，式 (2.3) の割り算の分母が N ではなく $N-1$ の**不偏分散**

$$\sigma^2 = \frac{1}{N-1} \sum_{i=0}^{N-1} (z_i - \mu)^2 \quad (N > 1) \tag{2.4}$$

というものがあります．

標本分散と不偏分散は，N の値が小さいときに違いが大きくなります．実際，2, 3 個のセンサ値をセンサから得て標本分散を計算すると，もっと多くのセンサ値から標本分散を計算したときよりも小さくなるという現象があり，不偏分散ではこれが是正されています（⇒ 問題 2.1）．ただ，N が 1000 というような大きな値になる場合は，両者の大きさはほとんど変わりませんし，本書ではこのような場合がほとんどです．不偏分散は通常 s^2 と表記されることが多いのですが，記号を区別すると煩雑になるので，本書では標本分散と同じ σ^2 で表記します．

これらの分散をノートブックで計算したものを示します．（⇒`lidar_200.ipynb [6]`）

```
In [6]:  1  # 定義から計算
         2  zs = data["lidar"].values
         3  mean = sum(zs)/len(zs)
         4  diff_square = [ (z - mean)**2 for z in zs]
         5
         6  sampling_var = sum(diff_square)/(len(zs))    # 標本分散
         7  unbiased_var = sum(diff_square)/(len(zs)-1)  # 不偏分散
         8
         9  print(sampling_var)
        10  print(unbiased_var)
        11
        12  # Pandasを使用
        13  pandas_sampling_var = data["lidar"].var(ddof=False) # 標本分散
        14  pandas_default_var = data["lidar"].var()   # デフォルト（不偏分散）
        15
        16  print(pandas_sampling_var)
        17  print(pandas_default_var)
        18
        19  # NumPyを使用
        20  import numpy as np
        21
        22  numpy_default_var = np.var(data["lidar"])  # デフォルト（標本分散）
        23  numpy_unbiased_var = np.var(data["lidar"], ddof=1)  # 不偏分散
        24
        25  print(numpy_default_var)
        26  print(numpy_unbiased_var)

23.407709770274106
23.408106598555441
23.4077097702742
23.408106598554504
23.4077097702742
23.408106598554504
```

上から順に定義から自前で計算したもの，これまで使ってきた Pandas で計算したもの，NumPy という数値計算モジュールで求めたものです[注4]．14 行目にコメントを入れたように，Pandas の var メソッドはデフォルトで不偏分散を返してきます．また，22 行目のコメントのように，NumPy の var メソッドはデフォルトで標本分散を返してきます．

補足ですが，4 行目にある `[(z - mean)**2 for z in zs]` というのは Python の**リスト内包表記**で記述したものです．この記述では，リストの zs から一つずつ要素を z に取り出して，新たに `(z - mean)**2` のリストを作っています．

次は，**標準偏差**を求めてみましょう．標準偏差は，分散の正の平方根なので，分散を求めた後であ

注4 自前の計算とほかでは少し値が違いますが，これは丸め誤差が原因だと考えられます．

れば，次の 4, 5 行目のように簡単に計算できます．（⇒`lidar_200.ipynb [7]`）

```
In [7]:   1  import math
          2
          3  #定義から計算
          4  stddev1 = math.sqrt(sampling_var)
          5  stddev2 = math.sqrt(unbiased_var)
          6
          7  # Pandasを使用
          8  pandas_stddev = data["lidar"].std()
          9
         10  print(stddev1)
         11  print(stddev2)
         12  print(pandas_stddev)

4.838151482774605
4.83819249292072
4.83819249292
```

値の比較から分かるように，Pandas は不偏分散を使って標準偏差を求めています．

標準偏差を使うと，元のデータがどれくらいばらついているかを説明するとき，分散よりも簡単に説明できます．分散の次元は元のセンサ値の二乗になっていますが，その平方根である標準偏差は，元のデータと次元が揃うからです．例えば，今扱っているデータの場合，「平均値が 209.7[mm] で標準偏差が 4.8[mm] でばらつく」ということになり，

$$209.7 \pm 4.8 [\mathrm{mm}] \tag{2.5}$$

などと表記できます．

2.2.4　（素朴な）確率分布

今度は，センサ値のリスト $\mathbf{z}_{\mathrm{LiDAR}} = \{z_i | i = 0, 1, 2, \ldots, N-1\}$ から，N 回目以降に採取されるセンサ値 $z_N, z_{N+1}, \ldots$ がどうなるかを予測する問題を考えてみましょう．もし実験の条件が変わっていなければ，図 2.3 のヒストグラムで頻度が大きいところの値が出やすいと予測されます．この「値の出やすさ」を数値化したものが**確率**です．例えば「センサ値 x が N 回目に $P(x)$ の確率で出る」といった場合，「N 回目のセンサ値の採取」を仮に 100 回やったら $100 P(x)$ 回出るだろう，ということを意味します．「N 回目のセンサ値の採取」は 1 回しかできないので，あくまで「仮に」です．

ここで確率を厳密に定義したいところですがそれは大変ですので，まずはセンサ値 $\mathbf{z}_{\mathrm{LiDAR}}$ から，「素朴」に確率というものを考えてみましょう．「素朴に考える」というのは，0 回目から $N-1$ 回目まで記録されたセンサ値に，ある値 z が m 個含まれていたら，その値の出る確率を $P(z) = m/N$ と考える，というものです．

この計算をノートブック上でやってみましょう．まず，各センサ値の頻度を集計します．（⇒`lidar_200.ipynb [8]`）

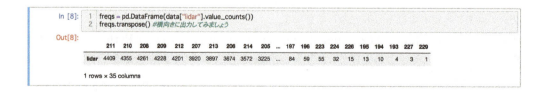

`value_counts` で `lidar` 列の各センサ値の頻度を数えて，それを `pd.DataFrame` でデータフレーム

にしています．次に，freqs に，確率の列を追加してみましょう．（⇒lidar_200.ipynb [9]）

1 行目で，lidar 列に入っているそれぞれの頻度を，data の要素数で割っています[注5]．出力を見ると，例えば最も頻出したセンサ値 211 は 0.075 程度の確率で発生と分かります．また，次のようにすると，確率の合計が 1 になっていることが確認できます．（⇒lidar_200.ipynb [10]）

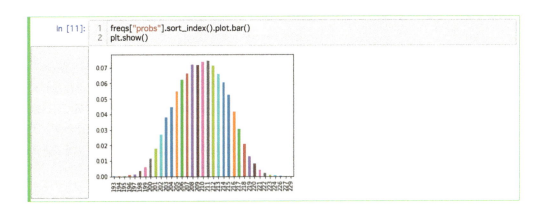

さらに，セル [9] の出力結果をセンサ値で並び替えて，横軸にセンサ値，縦軸に確率を描いてみましょう．（⇒lidar_200.ipynb [11]）

このようにヒストグラムと似たグラフが描けますが，縦軸が頻度から確率に変わっています．これは，個別の確率 $P(z)$ を与える関数 P 全体を描いたものといえます．この関数は**確率質量関数**と呼ばれるものです[注6]．また，各変数に対して確率がどのように分布するのかを表す実体が P と考えることもでき，この場合 P は**確率分布**と呼ばれます．本書でも P を確率分布と呼びます．

確率分布は何でも P で表すことが多いですが，さまざまな確率分布が数式に登場すると区別をつけたくなります．その場合，区別のために変数を明記して $P(z)$ と表記したり，由来を右下につけて $P_{z_{\mathrm{LiDAR}}}$ と表現したりします．$P(z)$ と書くと z を指定して得られる具体的な値のようにも見えますが，確率分布を表していることもあるので文脈に応じて判断する必要があります．

注 5　1 列目の名前が lidar なのは少し変ですが，ここでは気にしないことにしましょう．
注 6　確率質量関数は離散的な変数に対してのみ定義されます．変数が連続的な場合は，確率質量関数に相当するものは後述の確率密度関数となります．

2.2.5 確率分布を用いたシミュレーション

確率分布が求まると，ソフトウェアでセンサ値の発生をシミュレーションできるようになります．ここでは，そのようなシミュレーションを実装してみましょう．後から構築するシミュレータでもセンサを実装しますが，この際も確率分布を用います．

実装するシミュレーションは，先ほど求めた確率分布（$P_{\mathbf{z}_\text{LiDAR}}$ と表記しましょう）にしたがって z を選ぶというものとなります．Pandas では，`sample` メソッドを使うと，確率分布から値を選ぶことができます．$N-1$ 回までのセンサ値で作った分布から，z_N を発生させてみましょう．（⇒ `lidar_200.ipynb` [12]）

`sample` の引数は n が選ぶ個数，`weights="probs"` がデータフレームの `"probs"` の列に選ぶときの確率が入っていることを意味します[注7]．`sample` の後ろにくっついている `.index[0]` は，データフレームのレコードの名前（この場合センサ値）を取り出すためのもので，これでセンサ値が得られます．

この処理は，数式の上では

$$z_N \sim P_{\mathbf{z}_\text{LiDAR}} \tag{2.6}$$

と表現します．左辺の z_N が実際に選ばれた値を表しています．この処理のことは**ドロー** (draw)，あるいは「ドローする」などと表現します．トランプやカードゲームで，カードを引くときに使われる表現です．また，似た言葉に**サンプリング**（標本抽出）というものがあります．話し言葉だと区別をつけないことがありますが，サンプリングという言葉は個々のものを抽出するときには使わず，正確には新聞社がやるような電話アンケートのときのように，母集団から集団の一部を抽出することを指します．ですので，サンプリングとドロー（イング）を本書では区別します[注8]．

上で作った `drawing` を使ってシミュレーションを実行し，得られたセンサ値でヒストグラムを描いてみましょう．この処理は負荷が高く遅いため，シミュレーションの回数は最初 1000 程度から始めるとよいでしょう．うまくいったら，N 回（つまり `data` の要素数）にして，処理が終わるのを待ちます．得られたデータでヒストグラムを描くと，実際のセンサ値で作ったヒストグラムとほぼ同じものが描かれます．（⇒ `lidar_200.ipynb` [13]）

注 7　実は `sample` メソッドを使うと，確率でなく頻度を指定しても同じ結果になりますが，せっかくなので確率を使っています．
注 8　逆に，描画の意味のドローと区別がつかなくなっているので，本書を読むときにはご注意ください．

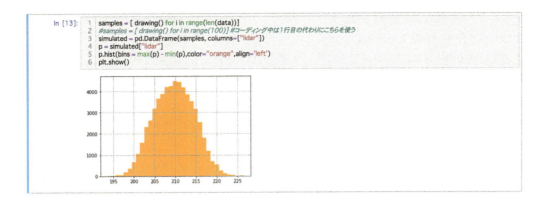

2.3 確率モデル

さて，これで我々は図 2.3 のデータからセンサのシミュレータを作ることができたのですが，これは「完璧な」シミュレータでしょうか？ 意地悪く考えると，次のような疑問が生じます．

> 図 2.3 では $z = 225$ となった場合がなかったが，$P_{\mathbf{z}_\text{LiDAR}}(225) = 0$ とするのははたして正しいのだろうか．同様に，$P_{\mathbf{z}_\text{LiDAR}}(230) = 0$ や，$P_{\mathbf{z}_\text{LiDAR}}(1000) = 0$ も正しいのだろうか．

この疑問に対しては，おそらく多くの人が，

- $P_{\mathbf{z}_\text{LiDAR}}(225) = 0$ はおかしい
- $P_{\mathbf{z}_\text{LiDAR}}(230) = 0$ も，完全に 0 はおかしいかもしれない
- $P_{\mathbf{z}_\text{LiDAR}}(1000) = 0$ は，0 でもよさそう

などと考えるのではないかと，筆者は思います．

ここで，「このように人が考える理由は何だろう」という新たな疑問が発生します．人はセンサの値に対して「常識」あるいは「理屈」みたいなものをもっていて，それを用いて，「真の確率分布の姿」みたいなものを想像しているようです．図 2.3 を見ると，センサの値は平均値を中心に左右に広がって分布しており，値が平均値から離れるほど出現する頻度が小さくなっています．おそらく我々のそのような想像は，この頻度の分布の形から発生するようです．

2.3.1 ガウス分布の当てはめ

このような形を見たとき，確率・統計を一通り勉強した人の多くは，センサ値のばらつきが**ガウス分布**に従っていると考えます（⇒ 問題 2.2）．ここでは，それを正しいとして話を進めます．LiDAR の返すセンサ値は整数の値しかとらないのですが，話の都合上，ここでは連続値（ミリ以下も 200.1，209.1234 のように出力してくる）を仮定します（⇒ 問題 2.3）．

ガウス分布は，例えばセンサの値 z が a 以上 b 未満に入る確率を，

$$P(a \leq z < b) = \int_a^b p(z) dz \tag{2.7}$$

$$\text{ここで } p(z) = \frac{1}{\sqrt{2\pi\sigma^2}} \exp\left\{-\frac{(z-\mu)^2}{2\sigma^2}\right\} \tag{2.8}$$

で表すものです．ここで，σ^2 は分散，μ は平均値です．ガウス分布は**正規分布**とも呼ばれますが，本書ではガウス分布で表記を統一します．

　この式の意味や性質の説明は後回しにして，まず，先ほど求めたセンサ値の平均値 $\mu = 209.7$[mm]，分散 $\sigma^2 = 23.4$ を代入して，式 (2.7), (2.8) を描画してみましょう．式 (2.8) は，次のように関数として実装します．（⇒`lidar_200.ipynb` [14]）

```
In [14]: 1  def p(z, mu=209.7, dev=23.4):
         2      return math.exp(-(z - mu)**2/(2*dev))/math.sqrt(2*math.pi*dev)
```

これをグラフにするときは，次のように記述します．（⇒`lidar_200.ipynb` [15]）

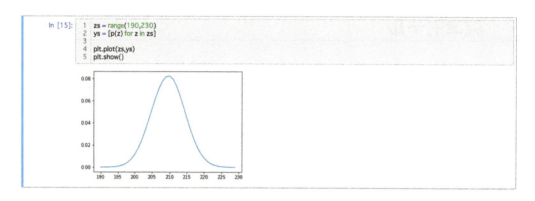

`zs` は横軸の数値のリストになり，それに対応する `ys` は関数 `p` の値のリストになります．これを Pyplot モジュールを使って描画しているのが 4, 5 行目です．図 2.3 のヒストグラムと似た形状（つりがね型）になっていることが分かります．

　さらに `p` を積分して，センサ値が整数に限定される場合の確率分布を作ってみましょう．センサの値 x に対し，区間 $[x - 0.5, x + 0.5)$ [注9] の範囲で積分します．ただ，式 (2.8) は簡単に積分できないので，ここでは台形公式で近似しています．（⇒`lidar_200.ipynb` [16]）

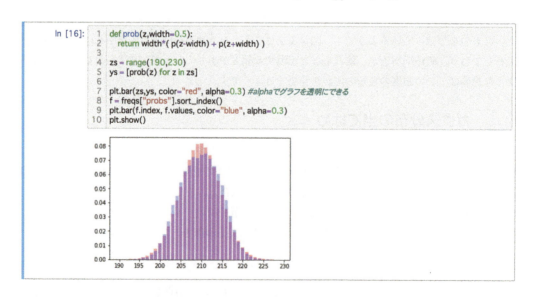

注9　$[a, b)$ は a 以上 b 未満の範囲を表します．

1, 2行目が台形公式で確率を求める関数で，4, 5行目で横軸，縦軸の値を作り，7行目で赤色の棒グラフにしています．8, 9行目は比較のためのもので，センサ値の頻度から求めた確率を青色の棒グラフで描くためのコードです．図を見ると，ガウス分布として作った確率分布は中央部が少し高く周辺が低いものの，頻度から求めた確率分布と似ていることが分かります．

ガウス分布は，μ, σ^2 を決めると形状が決まってしまうので，式を記述する必要がなければ

$$\mathcal{N}(z|\mu, \sigma^2) \text{ あるいは } \mathcal{N}(\mu, \sigma^2) \tag{2.9}$$

などと略記されます．具体的な計算も，例えばガウス分布同士なら計算方法が決まっているので，公式に当てはめるだけで済んでしまいます．後で説明しますが，$\mathcal{N}(z|\mu, \sigma^2)$ の縦棒は，右側がパラメータで，左側が変数であることを意味します[注10]．また，このようにある現象を説明するために適切な確率分布の数式をもってきてパラメータを求めることは，**モデル化**と呼ばれます．また，モデル化で分布に当てはめられる数式は**確率モデル**と呼ばれます．

2.3.2 確率密度関数

先ほどグラフを描いたときに使った式 (2.8) の関数はガウス分布の**確率密度関数** (probability density function, pdf) と呼ばれます．確率密度関数は積分すると確率になる関数で，その値は**密度**と呼ばれます．センサ値が実数の場合，例えば値がぴったり200になる，あるいはぴったり200.0000001になるということは，桁が無限にある宝くじに当たるようなもので，基本的に確率はゼロです．そのため，確率は式 (2.7) のように，値の範囲に対して与えることになります．この範囲を微小にして微分したものが確率密度関数です．

今の話は，物体の体積から質量を計算する話と，基本的には同じです．つまり，物体の座標1点（原子1個ではなく空間の1点）を取り出しても，その質量はゼロですが，塊で取り出すと質量はゼロではありません．これは，密度を持ち込むと解釈できます．ある物質の各点 $\boldsymbol{x}$ の密度を $\rho(\boldsymbol{x})$ とすると，物体の一部分 A の質量 m との関係は，

$$m = \int_{\boldsymbol{x} \in A} \rho(\boldsymbol{x}) d\boldsymbol{x} \tag{2.10}$$

となります[注11]．このとき，たとえ $\rho(\boldsymbol{x}) > 0$ であっても $\boldsymbol{x}$ 1点でこの積分を計算するとゼロになります．

ガウス分布などの確率密度関数をノートブックで扱うときは，科学計算用のモジュール SciPy が便利です．このモジュールの下にあるサブモジュール stats には，ガウス分布の確率密度関数 norm.pdf が実装されています．先ほどセル [14] で実装した関数 p の代わりに norm.pdf を利用することで，次のように確率密度関数のグラフを出力できます．（⇒ lidar_200.ipynb [17]）

注10 $\mathcal{N}(\mu, \sigma^2)$ はそのような書き方になっていませんが，$\mathcal{N}(z|\mu, \sigma^2)$ をさらに略記したものと解釈するとよいでしょう．
注11 ここでは実数の範囲でなくて集合に対する積分を用いました．これをベクトルの区間にするとリーマン積分と解釈することもできますが，ルベーグ積分と考えた方が自然です．本書で以後出てくる積分は，ほとんどがルベーグ積分の意味での積分になります．ただ，おそらく本書の内容の場合はルベーグ積分を知らなくても直観的に理解できると思われるため，説明は省きます．確率に関する議論では，ルベーグ積分や測度論という分野の数学が使われます．

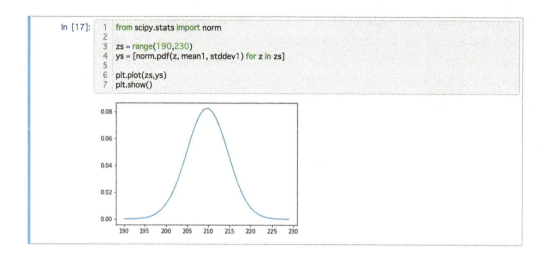

変数 z が実数のとき，確率密度分布 p を次のように積分したものは，**累積分布関数**（cumulative distribution function, cdf）と呼ばれます．

$$P(z < a) = \int_{-\infty}^{a} p(z) dz \tag{2.11}$$

ガウス分布の累積分布関数は `stats` に実装されていますので，使ってみましょう．次のようにグラフを描くと，x の増加で 1 に近づくことが分かります．（⇒`lidar_200.ipynb` [18]）

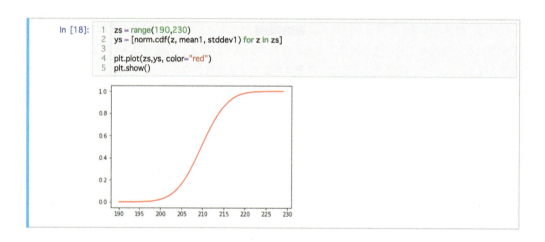

そして，先ほど台形公式で実装した式 (2.7) の確率の計算は，

$$\begin{aligned}
P(a \leq z < b) &= \int_a^b p(z) dz \\
&= \int_{-\infty}^b p(z) dz - \int_{-\infty}^a p(z) dz \\
&= P(z < b) - P(z < a)
\end{aligned} \tag{2.12}$$

と，確率の差に置き換えることができます．では，式 (2.12) を使って確率分布を描いてみましょう．（⇒`lidar_200.ipynb` [19]）

```
In [19]:  1  zs = range(190,230)
          2  ys = [norm.cdf(z+0.5, mean1, stddev1) - norm.cdf(z-0.5, mean1, stddev1) for z in zs]
          3
          4  plt.bar(zs,ys)
          5  plt.show()
```

確率密度関数は，確率質量関数が大文字 P と表記されるのに対し，多くの場合，区別のために小文字 p と表記されます．ただし，P と p はどちらも分布を表す関数なので，本書ではどちらも「確率分布」と呼ぶことがあります．さらに，ドローについても $x \sim p$ や $x \sim p(x)$ などと確率密度関数を使って表現することがあります．

2.3.3 期待値

ある変数がある確率分布に従うとき，その変数の**期待値**が計算できます．期待値は，分布 P について $z \sim P(z)$ を無限に繰り返した場合に，z の値の平均値がどれくらいになるかを表す値です．期待値は，z が離散的な場合，

$$\sum_{z=-\infty}^{\infty} zP(z) \tag{2.13}$$

で計算できます．また，連続的な場合は

$$\int_{-\infty}^{\infty} zp(z)dz \tag{2.14}$$

となります．蛇足かもしれませんが，これらの期待値の定義では，z が整数や実数全域の値をとることになっています．実際にはセンサ値のようにある範囲内に収まるデータがほとんどですが，範囲外のデータについては $P(z) = p(z) = 0$ となるので，この定義で大丈夫です．

期待値は具体的な値をドローしなくても，分布が決まっていると式 (2.13), (2.14) で計算できます．例えば，各目が 1/6 の確率で出るサイコロの出目の期待値は，

$$\sum_{x=1}^{6} x\frac{1}{6} = \frac{21}{6} = 3.5 \tag{2.15}$$

です．一方，定義通りに，値を何回もドローして値をサンプリングし，平均をとることでも期待値を近似的に求めることができます．次の例は，サイコロを 10000 回振って値の平均を求めるコードです．($\Rightarrow$ `expectation.ipynb` [1])

```
In [1]:  1  import random
         2
         3  samples = [ random.choice([1,2,3,4,5,6]) for i in range(10000) ]
         4  sum(samples)/len(samples)
Out[1]:  3.5252
```

$z \sim p(z)$ や $z \sim P(z)$ のとき，z の期待値は

$$E_{p(z)}[z], E_{P(z)}[z] \qquad \text{あるいは} \qquad \langle z \rangle_{p(z)}, \langle z \rangle_{P(z)}$$

と表記されます．筆者の主観ですが，右の $\langle \cdot \rangle$ の方がすっきりしているので，本書ではこちらの表記を用います．

期待値をもっと一般化して，$z \sim p(z)$ から計算される関数の値 $f(z)$ の期待値を考えることができます．これは

$$\langle f(z) \rangle_{p(z)} = \int_{-\infty}^{\infty} f(z)p(z)dz \tag{2.16}$$

と定義できます．このような計算は，ある確率モデルから別の確率モデルのパラメータを求めるときに頻出します．

関数の線形和の期待値は，関数の期待値の線形和と一致します．これは計算で確認できます．例えば，

$$\begin{aligned}\langle f(z) + \alpha g(z) \rangle_{p(z)} &= \int_{-\infty}^{\infty} p(z)\{f(z) + \alpha g(z)\}dz \\ &= \int_{-\infty}^{\infty} p(z)f(z)dz + \alpha \int_{-\infty}^{\infty} p(z)g(z)dz \\ &= \langle f(z) \rangle_{p(z)} + \alpha \langle g(z) \rangle_{p(z)} \end{aligned} \tag{2.17}$$

となります．つまり期待値の計算には線形性があります．

また，$p(z)$ がガウス分布などの既知のモデルで表される場合，$\langle f(z) \rangle_{p(z)}$ がどのような値になるかも分かることがあります．例えばガウス分布では，期待値は分布の中心になるので，

$$\langle z \rangle_{\mathcal{N}(z|\mu,\sigma^2)} = \mu \tag{2.18}$$

$$\langle z - \mu \rangle_{\mathcal{N}(z|\mu,\sigma^2)} = 0 \tag{2.19}$$

が成り立ちます．また，分散の定義[注12] から，

$$\langle (z-\mu)^2 \rangle_{\mathcal{N}(z|\mu,\sigma^2)} = \sigma^2 \tag{2.20}$$

となります．

2.4 複雑な分布

ここで，ここまでの説明を一度覆してみます．実世界は，一つの確率分布のモデルで表現できるほど単純ではありません．ロボットが実世界で賢く振る舞うには，実世界の起こす複雑な現象を克服する必要があります．

2.4.1 条件付き確率

下に示すのは，sensor_data_600.txt の LiDAR のデータからヒストグラムを描画するコード

注12 これは標本の数 N が無限大という扱いなので，不偏分散，標本分散の違いはありません．

です．`sensor_data_600.txt`には，ロボットを壁から600[mm]離して図2.1の実験をして採取したセンサ値が記録されています．コードを書くときはノートブックを新たに作りましょう[注13]．(⇒`lidar_600.ipynb[1]`)

```
In [1]: 1  import pandas as pd
        2  import matplotlib.pyplot as plt
        3
        4  data = pd.read_csv("sensor_data_600.txt", delimiter=" ",
        5                     header=None, names = ("date","time","ir","lidar"))
        6
        7  data["lidar"].hist(bins = max(data["lidar"]) - min(data["lidar"]),align='left')
        8  plt.show()
```

このコードの出力は，図2.4のようになります．このヒストグラムには，ピークが二つあり，そして二つの値が欠けて頻度ゼロになっています．

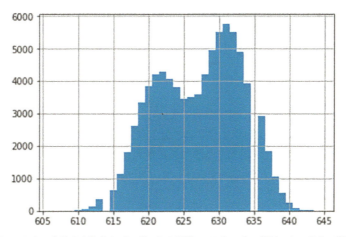

図2.4　LiDARのセンサ値の度数分布（ロボットの位置：600[mm]）．横軸：センサ値，縦軸：頻度．

　二つの値が欠けるのはおそらくセンサの内部で計算するときの事情でしょうから，あまりこれ以上議論しません．ただ，内部でディジタル処理をするさまざまなセンサで起こりうることだとは頭に入れておいた方がよいでしょう．面白いことに，おそらくこれを見てしまった人の何割かは，「実は図2.3の225[mm]の頻度がゼロというのは，偶然ではないのではないか」と考えるようになるでしょう．確率ロボティクスの例としては適切かどうかは分かりませんが，人間は入ってきた情報で考えを修正します（⇒問題2.9）．

　ここでは，もう一つの特徴である「ピークが二つある」の方を大きく扱います．このようにピークが2個以上ある分布は「**マルチモーダル**な（多峰性の）分布」といわれます[注14]．「モーダル（modal）」は「**モード**（mode）」の形容詞です．名詞の「モード」を統計の用語として日本語に訳すと「**最頻値**」となります．

　図2.3の場合，最頻値は211[mm]となり，ほぼ平均値と一致します．しかし，図2.4のように分布の形が複雑だと，一致はしません．そして，図2.4の場合，最頻値は631[mm]ですが，622[mm]も周囲より頻度が高くなっています．そして，二つのモードの周囲は，ガウス分布のような形状をし

[注13] 1回実行しただけだとグラフが出てこないかもしれません．その場合はもう1回実行します．あるいは冒頭に`%matplotlib inline`と記述します．
[注14] モードが二つの分布のことは特に「バイモーダル」と呼ばれます．また，ロボットが多数のセンサをもっていてそれを使うことや，一つのことをさまざまな手段で実現すること（例えば輸送に陸海空路を準備することなど）もマルチモーダルといわれます．

ています．

このような確率分布を表現する場合，2.2.4 項のように度数分布から確率分布を作る方法だと簡単ですが，モデル化を試みようとすると，なぜこのような分布になるのか考察する必要が出てきます．少し解析してみましょう．

とりあえず，次のように全センサ値を時系列順にグラフに描き出してみましょう．横軸が取得順にセンサ値につけた番号で，縦軸がセンサ値です．(⇒lidar_600.ipynb [2])

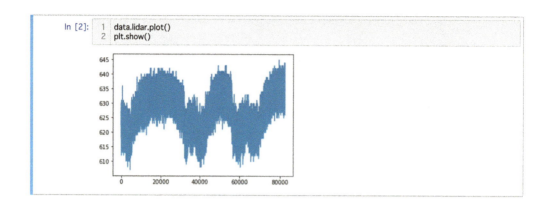

グラフを見ると，センサ値が規則的に上下に変動していることが分かります．sensor_data_600.txt を得たとき，センサを3日間（2018年2月2日午前11時〜5日午前8時40分）連続で稼働させていたのですが，対応するように山と谷が三つずつあります．時間帯が関係していそうです．

今度は，センサ値を時間ごとにグループ分けして，各グループの平均値をグラフにしてみます．(⇒lidar_600.ipynb [4])

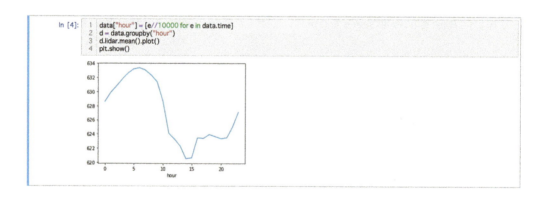

このコードは少し難しいですが，1行目でデータフレームに hour という列を追加しています．値は，時刻（時分秒の6桁）を10000で割ったもので，これで時の部分だけ残したものになります．「//」は小数点以下を切り捨てる割り算です．例えば 104530//10000 は 10 になります．2行目では，hour 列の値ごとに各レコードをグループ分けした新たなデータフレーム d を生成しています．3, 4行目は描画処理です．出力されるグラフについては，横軸が時間帯，縦軸がセンサ値になります．グラフを見ると，明け方に最も値が大きくなり，昼過ぎに値が小さくなっていることが分かります．

値が一番大きい/小さい時間帯を取り出してヒストグラムを作ってみましょう．6時台（オレンジ）と14時台（青）のヒストグラムを描いてみます．(⇒lidar_600.ipynb [5])

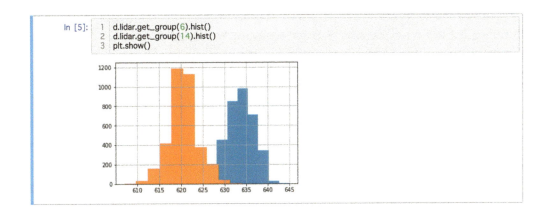

このように，どちらの時間帯も，ヒストグラムがガウス分布のような形状になることが分かります．割愛しますが，ほかの時間帯のヒストグラムも同様です．

結局，図 2.4 のヒストグラムは，ガウス分布が時刻によって左右に動きながらできたものだと分かります．時間帯で**条件づけ**することで，このような性質が分かりました．このような条件づけを明示的に表現したい場合，例えば 6 時台のセンサ値の確率分布を

$$P(z|t \in 6 \text{時台}) \tag{2.21}$$

というように，縦棒の右側に条件を書いて表記します．t が時刻，z がセンサ値で，「$t \in 6$ 時台」は「t が 6 時台に含まれる」という意味です．

一般的に，このようにある変数 x で条件づけられる別の変数 y の確率分布は，

$$P(y|x) \tag{2.22}$$

と表現されます．この縦棒は，ガウス分布の表記 $\mathcal{N}(z|\mu, \sigma^2)$ にもありました[注15]．この表記が用いられるとき，その確率は**条件付き確率**と呼ばれます．

ここで一つ頭に入れておかなくてはならないことは，$P(z|t)$ と書いたときに「時刻 t が分布を変えている直接の原因を表しているわけではない」ことです．条件付き確率は変数間の直接の因果を表すものではありません．筆者がこの実験をしたのは窓際でしたが，直接の原因として窓からの光が考えられます．あるいは温度や湿度も原因かもしれません．ただ，筆者は光の強さも室温も湿度も記録していなかったので，ここでは記録した時刻 t を頼りに $P(z|t)$ を考えています．

2.4.2 同時確率と加法定理，乗法定理

モデル化を進めます．時刻を指定すると $P(z|t)$ はガウス分布になると分かったので，時間帯ごとにガウス分布を作ります．ここではしばらく，センサ値 z は整数，時刻 t は t 時台を表す整数であるとして話を進めます．

この作業の準備のために，まず確率 $P(z=a, t=b)$ を考えます．これは，センサ値が a，時刻が b ということが同時に起こるという**事象**[注16] に対する確率で，$z=a$ と $t=b$ の**同時確率**と呼ばれます．

注15 ただし，ガウス分布の縦棒は条件というよりはパラメータの意味合いが強いものになります．また，パラメータ x で定まる y の確率分布は一般的に縦棒でなくセミコロンで $P(y;x)$ と表記されます．ただ，本書ではパラメータと条件を区別する必要はないので，すべて縦棒で表記します．

注16 定義せずに使ってしまいましたが，これは確率論の用語で，確率の計算の対象となる現象を意味します．

センサ値を採取する時刻は筆者が決めてしまっているので，パラメータではなく変数で扱うという考え方にピンとこないかもしれませんが，計算してみましょう[注17]．次のように，グループごとにセンサ値の頻度を集計して，全体の頻度で割ると確率になります．（⇒ lidar_600.ipynb [6]）

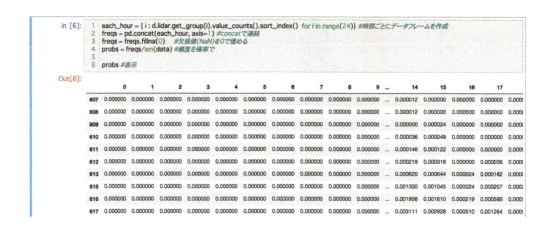

each_hour は辞書型の変数で，時間帯を辞書のキーにして時間ごとの頻度のデータフレームが 24 個入ります．d.lidar.get_group(i).value_counts().sort_index() は，時間 i におけるセンサ値の個数を数え，センサ値順に並べてデータフレームを返します．その後，24 個のデータフレームを 1 個に連結（concat）して時間，センサ値ごとの頻度表を作り，さらにそこから同時確率 $P(z, t)$ の表 probs を作っています．

$P(z, t)$ は，次のようにコーディングすると視覚的に図示できます．seaborn というモジュールを使って描画しています．説明の関係で二種類の方法で描画しています．上下の図では縦軸の値が反転していることに注意してください．（⇒ lidar_600.ipynb [7]-[8]）

注 17　筆者がどの時間に実験するかの傾向を示す変数と解釈できます．

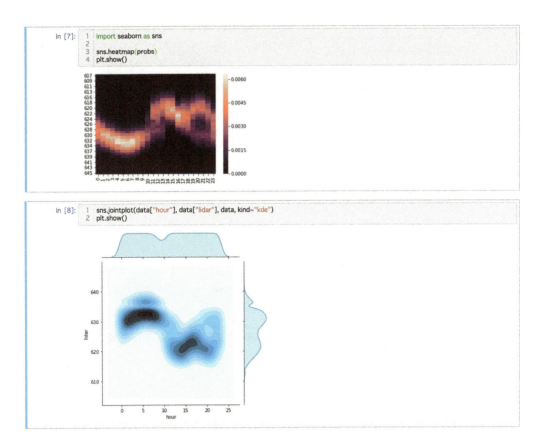

セル [7] の方法は seaborn の heatmap を使ったもので，色が明るいところが高い確率を示します．横軸が時間，縦軸がセンサ値になっています．セル [8] の図は元の data を使って描画したヒストグラムで，描画には seaborn の jointplot を使っています．これはヒストグラムですが特に値が入っていないので，確率分布を描いたものと考えてもかまわないでしょう．この確率分布は同時確率の分布なので，そのまま**同時確率分布**あるいは**結合確率分布**と呼ばれます．

ところでセル [8] の図には，右側と上側に，$P(z,t)$ をセンサ値，時間帯ごとに合計したグラフが表示されています[注18]．これはそれぞれ $P(z)$, $P(t)$ を示します．式でこの処理を表すと，

$$P(t) = \sum_z P(z,t) \qquad (2.23)$$

$$P(z) = \sum_t P(z,t) \qquad (2.24)$$

となります．$P(z)$ のグラフは，（平滑化されていますが）図 2.4 とまったく同じ形状をしています．また，$P(t)$ のグラフからは，8〜10 時頃のデータが少ないことが分かりますが，これはデータを採取した日時（2018 年 2 月 2 日午前 11 時〜5 日午前 8 時 40 分）の情報と一致しています．

セル [6] で作った同時確率の表 probs から，$P(z)$, $P(t)$ の値を計算してみましょう．（⇒lidar_600.ipynb [9-12]）

注 18　グラフが平滑化されており，本来は値がゼロのところがゼロになっていないことに注意しましょう．

第 2 章 確率・統計の基礎

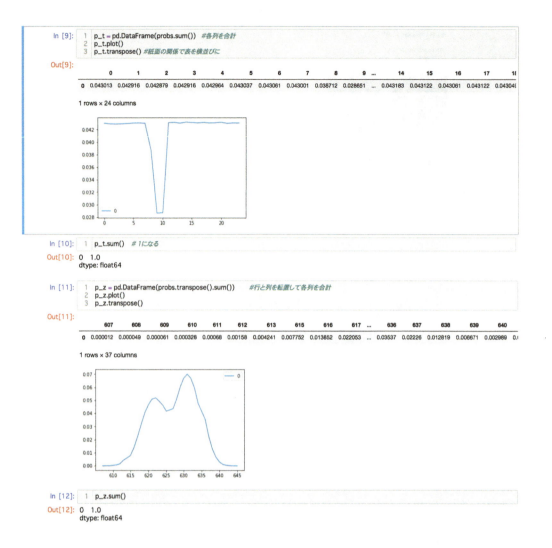

出力された `p_t` と `p_z` のリストを，それぞれセル [8] の図の上側，右側の分布と比較してみましょう．

この例にかかわらず，二つの変数に対しては，一般的に

$$P(x) = \sum_{y \in \mathcal{Y}} P(x, y) \qquad (\mathcal{Y}：y \text{ の定義域}) \tag{2.25}$$

が成り立ちます．連続的な変数 $x, y \in \mathbb{R}$ に対しては

$$p(x) = \int_{-\infty}^{\infty} p(x, y) dy \tag{2.26}$$

です．

この関係は，**確率の加法定理**と呼ばれます．また，$P(x, y)$ から変数 (次元) を落として作った $P(x)$ や $P(y)$ の値を**周辺確率**といいます．この操作は**周辺化**，周辺化してできた分布 $P(x), P(y)$ は**周辺分布**と呼ばれます．周辺確率からは，消し去った変数の情報が消えています．例えば，今出力した `p_z` のグラフからは，9〜10 時頃のデータがほかの時間帯より少ないということは読み取れません．

また，本書では周辺化を表す記号として，

$$[\![f(x, y)]\!]_y = \sum_{y \in \mathcal{Y}} f(x, y) \tag{2.27}$$

$$\llbracket f(x,y) \rrbracket_y = \int_{-\infty}^{\infty} f(x,y) dy \tag{2.28}$$

を導入します．この表記を使うと，周辺分布は確率質量関数，確率密度関数に対して，

$$P(x) = \llbracket P(x,y) \rrbracket_y \tag{2.29}$$
$$p(x) = \llbracket p(x,y) \rrbracket_y \tag{2.30}$$

と表現できます[注19]．

ここで改めて同時確率 $P(z,t)$ と条件付き確率 $P(z|t)$ の関係について考えてみましょう．例えば $t=0$ と固定したとき，$P(z|t=0)$ の分布は，$P(z,t)$ の分布の $t=0$ である部分と形状が同じになります．ただし，$P(z,t)$ の $t=0$ の部分は，$P(z|t=0)$ に対して $P(t=0)$ の分だけ値が割り引かれています．これは任意の t にも成り立ちますので，

$$P(z|t) = P(z,t)/P(t) \tag{2.31}$$
$$P(z,t) = P(z|t)P(t) \tag{2.32}$$

となります．

式 (2.31) に基づき，$P(z,t)$（コード内では probs）から $P(z|t)$ を作ってみましょう．次のように操作します．（⇒ lidar_600.ipynb [13]）

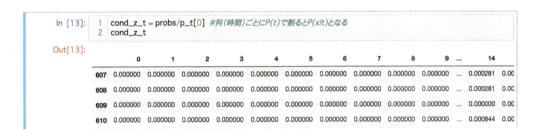

セル [14] の図は，今作った変数 cond_z_t から確率分布 $P(z|t=6)$, $P(z|t=14)$ を出力したものです．（⇒ lidar_600.ipynb [14]）

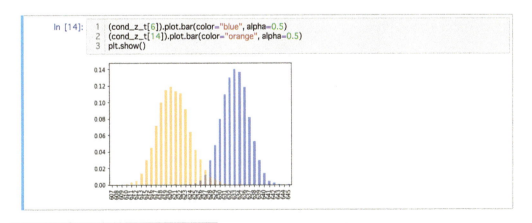

注 19　これは単なる積分なのでむやみに記号を増やすのはよくないのですが，計算中で期待値 $\langle \cdot \rangle$ と $\llbracket \cdot \rrbracket$ を交換することが多く，そのたびに $\int_{-\infty}^{\infty} \dots dx$ と書くのが不格好なので導入しました．

これで，各時間帯における $P(z|t)$ が求まりました．$P(z|t)$ が求まっていて時間帯 t が分かると，単に $P(z)$（図 2.4）を眺めているよりもセンサ値 z に対してより細かい予測ができます．

式 (2.31), (2.32) はセンサ値の例の文脈で書きましたが，この関係は**確率の乗法定理**と呼ばれる定理であり，一般に，

$$P(x,y) = P(x|y)P(y) = P(y|x)P(x) \tag{2.33}$$

が成り立ちます．また，この関係を使うと，式 (2.29) の周辺化の計算を次のように行えます．

$$P(x) = [\![P(x,y)]\!]_y = [\![P(x|y)P(y)]\!]_y = \langle P(x|y) \rangle_{P(y)} \tag{2.34}$$

同様に式 (2.30) も

$$p(x) = [\![p(x,y)]\!]_y = \langle p(x|y) \rangle_{p(y)} \tag{2.35}$$

と計算できます．

2.4.3 独立，従属，条件付き独立

式 (2.33) の乗法定理の式

$$P(x,y) = P(x|y)P(y) \tag{2.36}$$

において，もし事象 y が事象 x にまったく影響を与えない場合，

$$P(x|y) = P(x) \tag{2.37}$$

が成り立ちます．例えばこの式の x がセンサ値で，y がアメリカで蝶が羽ばたいたという事象を表しているとすると，おそらく x は y に影響を受けないものと思われますので，上の式が成り立ちます．

このような場合，上の二つの式を組み合わせると，

$$P(x,y) = P(x)P(y) \tag{2.38}$$

が成り立ちます．このように互いに無関係な事象は，次のような記号で表現されます．

$$x \perp\!\!\!\perp y \tag{2.39}$$

この表記は，「事象 x と事象 y が**独立**」と呼ばれます．

一方，本節では，センサ値が時刻で変わるという現象を扱っています．このとき，例えば時刻 t とセンサ値 z の関係は独立ではなく，$z \perp\!\!\!\perp t$ とは書けません．$z \not\!\perp\!\!\!\perp t$ と表記することになります．このように事象が独立でないことは，従属といいます．

話が前後しますが，後の 2.5 節では，光センサのセンサ値と LiDAR のセンサ値を比較しています．そこでは，全時間帯では一方が大きいと他方が小さいけど，ある時間帯に限定した場合，光センサのセンサ値と LiDAR のセンサ値に関係性が見られない例を扱っています．この場合，二つのセンサの値は全時間帯では独立とはいえないのですが，「ある時間帯に限ると」互いに独立しています．このように条件がつくときの独立性は，条件付き確率と同じ縦棒を用い，

$$z \perp\!\!\!\perp y \mid t \tag{2.40}$$

のように表記します．この例では，t は時刻，z, y はそれぞれ LiDAR と光センサのセンサ値です．

このような条件付きの独立関係は**条件付き独立**と呼ばれます．式 (2.40) の関係が成り立つ場合，一般に，

$$P(z, y|t) = P(z|t)P(y|t) \tag{2.41}$$

が成り立ちます．

2.4.4 確率分布の性質を利用した計算

加法定理，乗法定理，独立を利用すると，確率分布の絡んだ積分の計算を簡単にできることがあります．例えば $x \perp\!\!\!\perp y$, $x \in \mathbb{R}$, $y \in \mathbb{R}$ のとき，

$$\boldsymbol{z} = \begin{pmatrix} x \\ y \end{pmatrix} \tag{2.42}$$

というベクトル $\boldsymbol{z} \in \mathbb{R}^2$ を考え，次のような積分

$$\int_{\boldsymbol{z} \in \mathbb{R}^2} p(\boldsymbol{z})\{f(x) + \alpha g(y)\}d\boldsymbol{z} = \big[p(\boldsymbol{z})\{f(x) + \alpha g(y)\}\big]_{\boldsymbol{z}} \tag{2.43}$$

を考えてみましょう．この式は，x と y の独立性を考えると，

$$\begin{aligned}
\big[p(\boldsymbol{z})\{f(x) + \alpha g(y)\}\big]_{\boldsymbol{z}} &= \langle f(x) + \alpha g(y) \rangle_{p(\boldsymbol{z})} \\
&= \langle f(x) \rangle_{p(\boldsymbol{z})} + \alpha \langle g(y) \rangle_{p(\boldsymbol{z})} \quad (\text{式 (2.17) から}) \\
&= \langle f(x) \rangle_{p(x)p(y)} + \alpha \langle g(y) \rangle_{p(x)p(y)} \quad (\text{式 (2.38) から})
\end{aligned} \tag{2.44}$$

と変形できます．最後の式を見ると，左側の項の $p(y)$ と，右側の項の $p(x)$ は消去でき，

$$\big[p(\boldsymbol{z})\{f(x) + \alpha g(y)\}\big]_{\boldsymbol{z}} = \langle f(x) \rangle_{p(x)} + \alpha \langle g(y) \rangle_{p(y)} \tag{2.45}$$

となります．

分布が消去できる理由を説明しておきます．期待値 $\langle f(x) \rangle_{p(x)p(y)}$ は，分布 $p(x)p(y)$ から x, y を無限にドローし，$f(x)$ の平均値をとった値です．この操作を考えたとき，ドローされた y の値は一切使われません．これを考えると，期待値 $\langle f(x) \rangle_{p(x)p(y)}$ は，x だけ $p(x)$ からドローして求めた期待値 $\langle f(x) \rangle_{p(x)}$ と一致します．つまり，

$$x \perp\!\!\!\perp y \implies \langle f(x) \rangle_{p(x)p(y)} = \langle f(x) \rangle_{p(x)} \tag{2.46}$$

が成り立ちます．この計算は積分から直接できるのですが，積分の順序の入れ替えを厳密にやろうとすると自明ではなく，ルベーグ積分やフビニの定理などを考慮する必要があります．しかし，期待値の意味を考えると，普段はそのようなややこしい話を避けることができます．

今度は次のような積分

$$\int_{\mathbb{R}^2} p(\boldsymbol{z})f(x)g(y)d\boldsymbol{z} = \langle f(x)g(y) \rangle_{p(\boldsymbol{z})} \quad (\boldsymbol{z} = (x\ y)^\top) \tag{2.47}$$

を考えてみましょう．（z の積分を x, y の積分に分解してよいなら）左辺の積分は，

$$
\begin{aligned}
\int_{\mathbb{R}^2} p(\boldsymbol{z}) f(x) g(y) d\boldsymbol{z} &= \int_{\mathbb{R}} \int_{\mathbb{R}} p(x) p(y) f(x) g(y) dy dx \\
&= \int_{\mathbb{R}} p(x) \int_{\mathbb{R}} p(y) f(x) g(y) dy dx \\
&= \int_{\mathbb{R}} p(x) \langle f(x) g(y) \rangle_{p(y)} dx \\
&= \langle \langle f(x) g(y) \rangle_{p(y)} \rangle_{p(x)} \\
&= \langle f(x) \langle g(y) \rangle_{p(y)} \rangle_{p(x)} \\
&= \langle g(y) \rangle_{p(y)} \langle f(x) \rangle_{p(x)}
\end{aligned}
\tag{2.48}
$$

となります．また，今の結果を x, y の順を変えてさかのぼっていくと，

$$
\langle g(y) \rangle_{p(y)} \langle f(x) \rangle_{p(x)} = \langle \langle f(x) g(y) \rangle_{p(x)} \rangle_{p(y)}
\tag{2.49}
$$

となります．これらの計算から，$x \perp\!\!\!\perp y$ のとき，

$$
\langle g(y) \rangle_{p(y)} \langle f(x) \rangle_{p(x)} = \langle \langle f(x) g(y) \rangle_{p(x)} \rangle_{p(y)} = \langle \langle f(x) g(y) \rangle_{p(y)} \rangle_{p(x)} = \langle f(x) g(y) \rangle_{p(x) p(y)}
\tag{2.50}
$$

が成り立ちます．

また，本項の式は x, y のどちらか一方，あるいは両方をベクトルに変えても成り立ちます．本書の後半では，非常に次元の高いベクトルを扱いますが，そこでは期待値の余計な変数の消去を利用して，計算に必要な変数だけを残すというような操作を使います．

2.4.5 ベイズの定理

先ほどの乗法定理の式 (2.33) の中辺，右辺からは，

$$
P(x|y) = \frac{P(y|x) P(x)}{P(y)}
\tag{2.51}
$$

という式が導出できます．また，x のとりうる値の集合を $\mathcal{X}$ とすると，加法定理から

$$
P(y) = \sum_{x \in \mathcal{X}} P(x, y)
\tag{2.52}
$$

が成り立つので，これを式 (2.51) に代入すると，

$$
P(x|y) = \frac{P(y|x) P(x)}{\sum_{x' \in \mathcal{X}} P(x', y)} = \frac{P(y|x) P(x)}{\sum_{x' \in \mathcal{X}} P(y|x') P(x')} = \frac{P(y|x) P(x)}{\langle P(y|x') \rangle_{P(x')}}
\tag{2.53}
$$

が成り立ちます．式 (2.51), (2.53) は，**ベイズの定理**と呼ばれます[注20]．ベイズの定理は x, y が連続でも成り立ち，さらにはベクトルでも成り立ちます．連続なベクトル $\boldsymbol{x}, \boldsymbol{y}$ を使ってベイズの定理を表記すると，$\boldsymbol{x} \in \mathcal{X}$ のとき，

注20 分母の $P(x')$ は分子の $P(x)$ と同じ分布ですが，左辺の x と識別するために x にアポストロフィーをつけています．

$$p(\boldsymbol{x}|\boldsymbol{y}) = \frac{p(\boldsymbol{y}|\boldsymbol{x})p(\boldsymbol{x})}{p(\boldsymbol{y})} = \frac{p(\boldsymbol{y}|\boldsymbol{x})p(\boldsymbol{x})}{\int_{\mathcal{X}} p(\boldsymbol{y}|\boldsymbol{x}')p(\boldsymbol{x}')d\boldsymbol{x}'} = \frac{p(\boldsymbol{y}|\boldsymbol{x})p(\boldsymbol{x})}{\langle p(\boldsymbol{y}|\boldsymbol{x}')\rangle_{p(\boldsymbol{x}')}} \tag{2.54}$$

となります．

さらに，y が決まっていると式 (2.53) の分母は定数なので，

$$P(x|y) = \eta P(y|x)P(x) \tag{2.55}$$

と表記することもあります．式 (2.54) の場合は，

$$p(\boldsymbol{x}|\boldsymbol{y}) = \eta p(\boldsymbol{y}|\boldsymbol{x})p(\boldsymbol{x}) \tag{2.56}$$

です．最終的に分布を積分したら 1 になるように η を選べばよいという考えです．この η は，**正規化定数**と呼ばれ，確率の計算にしばしば登場します．分布の形状に影響を与えない変数，定数をすべて η に押し込むという使われ方をするので，途中で値が変わることがあります．分布を積分したら 1 になるように η の数字を定めることは（確率分布の）**正規化**と呼ばれます．

次のコードは，$P(z=630|t=13)$ について，セル [13] の `cond_z_t` で計算したものと，式 (2.51) のベイズの定理から計算したものを比較した例です．（⇒ `lidar_600.ipynb` [15]）

```
In [15]: cond_t_z = probs.transpose()/probs.transpose().sum() #行と列を入れ替えて同様に計算するとP(t|z)となる

print("P(z=630) = ", p_z[0][630]) #センサ値が630になる確率（何時かの情報はない）
print("P(t=13) = ", p_t[0][13]) #時間が13時である確率
print("P(t=13 | z = 630) = ", cond_t_z[630][13])
print("Bayes P(z=630 | t = 13) = ", cond_t_z[630][13]*p_z[0][630]/p_t[0][13])

print("answer P(z=630 | t = 13) = ", cond_z_t[13][630]) #13時にセンサ値が630

P(z=630) = 0.06694936878045224
P(t=13) = 0.043024993620976656
P(t=13 | z = 630) = 0.023230490018148822
Bayes P(z=630 | t = 13) = 0.036147980796385204
answer P(z=630 | t = 13) = 0.036147980796385204
```

このように，両者は一致します．

また，ベイズの定理を使うと，得られているデータから原因を推定することができます．本書で扱う自己位置推定アルゴリズムは，このような推定方法を用いてセンサ値（データ）からロボットの姿勢（原因）を推定します．`sensor_data` ディレクトリの中のファイルにはさまざまな距離から得られたセンサ値が収録されているので，これらのデータを使うとこのような推定が可能です（⇒ 問題 2.8）．ただ，これをやりだすと長くなってしまうので，ここでは今扱ってるデータを使って，「センサ値から計測をした時間帯を推定する」という問題に取り組んでみましょう．

まず，次のような関数を作ります．（⇒ `lidar_600.ipynb` [16]）

```
In [16]: def bayes_estimation(sensor_value, current_estimation):
    new_estimation = []
    for i in range(24):
        new_estimation.append(cond_z_t[i][sensor_value]*current_estimation[i])
    
    return new_estimation/sum(new_estimation) #正規化
```

この関数は，時間帯 t ごとに $P(t)$ の値を受け取り，4 行目で $P(t|z) = \eta P(z|t)P(t)$ の $P(z|t)P(t)$ を計算し，6 行目で正規化して $P(t|z)$ を返します．

センサ値「630」が得られたとき $P(t|z)$ は次のように計算できます．（⇒ `lidar_600.ipynb` [17]）

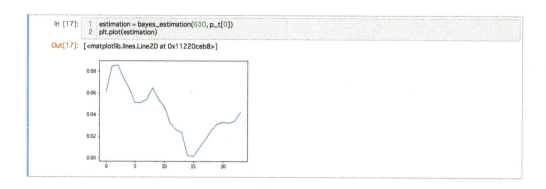

この図から，このセンサ値は，日中ではなく夜中に得られた可能性が高いと推定されたことが分かります．

さらに，630 の次に 632, 636 と続けてセンサ値が得られたとします．これらの値を z_1, z_2, z_3 と表すと，ベイズの定理から，

$$P(t|z_1, z_2, z_3) = \eta P(z_1, z_2, z_3|t)P(t) \tag{2.57}$$

となります．z_1, z_2, z_3 をひとまとめの事象とみなしています．これで，もし z_1, z_2, z_3 が時間帯 t を固定したときに互いに独立だと仮定すると，式 (2.41) から，

$$\begin{aligned}
P(t|z_1, z_2, z_3) &= \eta P(z_1, z_2, z_3|t)P(t) \\
&= \eta P(z_1|t)P(z_2, z_3|t)P(t) \\
&= \eta P(z_1|t)P(z_2|t)P(z_3|t)P(t)
\end{aligned} \tag{2.58}$$

となるので，$P(z|t)$ をただ掛け算していくだけで，z_1, z_2, z_3 を得た時間帯 t を推定していくことができます．これをコードにしたものを示します．（⇒`lidar_600.ipynb` [18]）

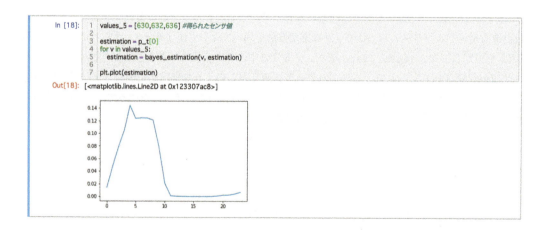

3 時から 8 時あたりの確率が 0.1 を超えています．実は 630, 632, 636 という並びは，`sensor_data_600.txt` の 5 時台のデータを三つ連続で拾ってきたものなのですが，それを（大雑把ですが）推定できています．

ただ，この推定方法はその日の天候に影響を受けるものと考えられるので，少しツメが甘いといわ

ざるを得ません．次の例は sensor_data_600.txt からある日の 11 時台のデータを三つ連続で選んできたものですが，出力されたグラフを見ると確率が高いのは 13, 14, 15 時となっており，推定が少し外れています．（⇒lidar_600.ipynb [19]）

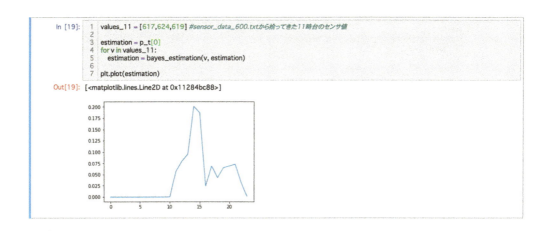

その後，さらにセンサ値を追加して推定を繰り返してみましたが，15 時くらいに結果が収束しました．

2.5 多次元のガウス分布

ガウス分布は 1 次元だけでなく 2 次元以上に拡張できます．本節では光センサ，LiDAR の 2 種類のセンサデータから 2 次元ガウス分布を作り，その性質を調べます．

2.5.1 2 次元ガウス分布の当てはめ

新しくノートブックを用意して次のようなコードを書いてみましょう．sensor_data_700.txt は sensor_data ディレクトリからコピーします．（⇒multi_gauss1.ipynb [1]）

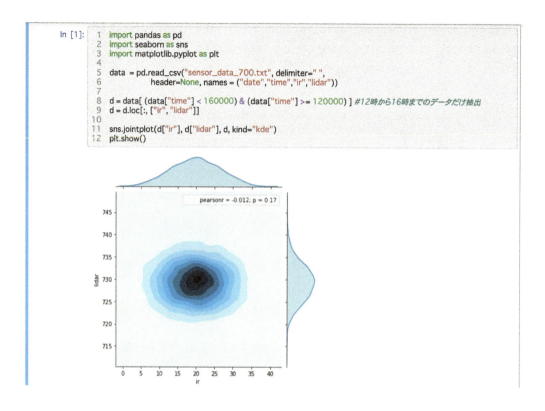

　このコードは，壁から700[mm]の距離にロボットをおいたときのLiDARと光センサのセンサ値について，正午から午後4時までのデータを抜き出して2次元のヒストグラムにするものです．LiDARのセンサ値，光センサのセンサ値がともにガウス分布にほぼ従う時間帯を筆者が恣意的に選びました（⇒ 問題2.5）．

　ここでは，このヒストグラムを同時確率分布 $P(x,y)$ と解釈して，それをガウス分布の式に当てはめるという課題に取り組みます．$P(x,y)$ の x,y については，上のヒストグラムに合わせて，x が光センサ（横軸のir）の値，y がLiDARの値（縦軸のlidar）を表す変数とします．各時刻に記録された光センサとLiDARのセンサ値ペアをベクトル

$$\boldsymbol{z}_{\mathrm{IR,Li}} = \{\boldsymbol{z}_i = (x_i \ y_i)^\top | i = 0, 1, 2, \ldots, N-1\} \tag{2.59}$$

で表します．このとき，同時確率分布 $P(x,y)$ は，ベクトル $\boldsymbol{z}$ の分布 $P(\boldsymbol{z})$ と解釈されます．$^\top$ は行列の転置を表します．

　一般に，多次元のガウス分布の確率密度関数は，変数を並べたベクトル $\boldsymbol{x} = (x_1 \ x_2 \ x_3 \ldots x_n)^\top$ に対して次のような式で表されます．

$$p(\boldsymbol{x}) = \frac{1}{(2\pi)^{\frac{n}{2}}\sqrt{|\Sigma|}} \exp\left\{-\frac{1}{2}(\boldsymbol{x}-\boldsymbol{\mu})^\top \Sigma^{-1}(\boldsymbol{x}-\boldsymbol{\mu})\right\} \tag{2.60}$$

また，1次元の場合と同様，次のように記述されます．

$$\mathcal{N}(\boldsymbol{x}|\boldsymbol{\mu}, \boldsymbol{\Sigma}) \text{ あるいは } \mathcal{N}(\boldsymbol{\mu}, \boldsymbol{\Sigma}) \tag{2.61}$$

$\boldsymbol{\mu}$ は，各ベクトル $\boldsymbol{x}_0, \boldsymbol{x}_1, \boldsymbol{x}_2, \ldots, \boldsymbol{x}_{n-1}$ の平均ベクトルです．Σ は，**分散共分散行列**あるいは単に**共分散行列**と呼ばれるもので，本書では共分散行列と呼びます．$|\Sigma|$ は共分散行列の行列式です．共分

散行列に関しては説明を後回しにしますが，$n=1$ として Σ を σ^2 に置き換えると，式 (2.60) は式 (2.8) と一致することが分かります．つまり，Σ は分布の広がりを表すものだと考えられます．

$\mathbf{z}_{\text{IR,Li}}$ に対し，最もよく当てはまるガウス分布を求めてみましょう．ガウス分布のパラメータは共分散行列 Σ と平均値 $\boldsymbol{\mu}$ しか存在しないので，これは $\Sigma, \boldsymbol{\mu}$ を求めることと等価です．

共分散行列は次のような行列です．

$$\Sigma = \begin{pmatrix} \sigma_x^2 & \sigma_{xy} \\ \sigma_{xy} & \sigma_y^2 \end{pmatrix} \tag{2.62}$$

σ_x^2, σ_y^2 はそれぞれ x, y の分散です．σ_{xy} は，次の式で計算される**共分散**というものです．

$$\sigma_{xy} = \frac{1}{N-1} \sum_{i=0}^{N-1} (x_i - \mu_x)(y_i - \mu_y) \tag{2.63}$$

ここで μ_x, μ_y はそれぞれリスト $\mathbf{z}_{\text{IR,Li}}$ 中の x, y の平均値で，$\boldsymbol{\mu}$ の要素です．この式は x と y を入れ替えても成り立つので，$\sigma_{xy} = \sigma_{yx}$ となります．式 (2.62) 中の二つの σ_{xy} は，どちらかは σ_{yx} と書くべきなのですが，値が同じになるので両方とも σ_{xy} となっています．

$\sigma_{xy} = \sigma_{yx}$ なので，共分散行列は対称行列になります．また，共分散行列の逆行列を Λ とすると，

$$\Lambda = \Sigma^{-1} = \frac{1}{\sigma_x^2 \sigma_y^2 - \sigma_{xy}^2} \begin{pmatrix} \sigma_y^2 & -\sigma_{xy} \\ -\sigma_{xy} & \sigma_x^2 \end{pmatrix} \tag{2.64}$$

となり，Λ も対称行列となります．Λ は，**精度行列**あるいは**情報行列**と呼ばれます．共分散行列，精度行列の対称性は，3 次元以上の分布でも成り立ちます．

$\mathbf{z}_{\text{IR,Li}}$ から分散 σ_x^2, σ_y^2，共分散 σ_{xy} をそれぞれ求めると，次のようになります．共分散は式 (2.63) から計算しています．（⇒`multi_gauss1.ipynb` [2]）

```
In [2]:  1  print("光センサの計測値の分散:", d.ir.var())
         2  print("LiDARの計測値の分散:", d.lidar.var())
         3
         4  diff_ir = d.ir - d.ir.mean()
         5  diff_lidar = d.lidar - d.lidar.mean()
         6
         7  a = diff_ir * diff_lidar
         8  print("共分散:", sum(a)/(len(d)-1))
         9
        10  d.mean()

光センサの計測値の分散: 42.1171263677
LiDARの計測値の分散: 17.7020264692
共分散: -0.31677803385436953

Out[2]:  ir        19.860247
         lidar    729.311958
         dtype: float64
```

実は，上記のように計算しなくても，共分散行列は次のように簡単に求めることができます．（⇒`multi_gauss1.ipynb` [3]）

```
In [3]:  1  d.cov()

Out[3]:              ir         lidar
         ir     42.117126    -0.316778
         lidar  -0.316778    17.702026
```

以上で，求めるべき平均値と共分散行列は，

$$\boldsymbol{\mu} = \begin{pmatrix} 19.9 \\ 729 \end{pmatrix}, \quad \Sigma = \begin{pmatrix} 42.1 & -0.317 \\ -0.317 & 17.7 \end{pmatrix} \tag{2.65}$$

と分かりました．

これらの値を使い，ガウス分布を描画してみましょう．セル [1] で描いた 2 次元ヒストグラムのように，等高線で密度の値を表現します．多次元ガウス分布のオブジェクトは，`scipy.stats` の `multivariate_normal` を使って，次のように生成します．（⇒`multi_gauss1.ipynb` [4]）

```
from scipy.stats import multivariate_normal

irlidar = multivariate_normal(mean=d.mean().values.T, cov=d.cov().values)
```

`d.mean().values.T` が $\boldsymbol{\mu}$，`d.cov().values` が Σ に相当します．さらに，次のようにコードを書いて等高線を描画します．（⇒`multi_gauss1.ipynb` [5]）

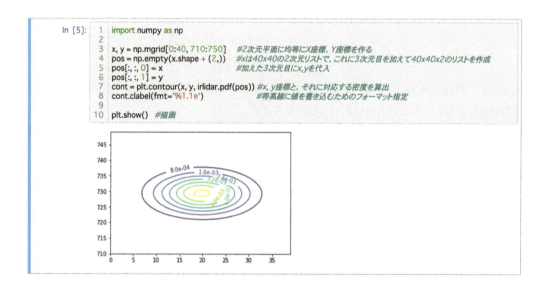

コードの意味はコメントの通りですが，x,y は次のようなリストで，同じ位置にある値を組み合わせると XY 座標になることを補足しておきます．（⇒`multi_gauss1.ipynb` [6]）

```
print("X座標:", x)
print("Y座標:", y)
```

```
X座標: [[ 0  0  0 ...,  0  0  0]
 [ 1  1  1 ...,  1  1  1]
 [ 2  2  2 ...,  2  2  2]
 ...,
 [37 37 37 ..., 37 37 37]
 [38 38 38 ..., 38 38 38]
 [39 39 39 ..., 39 39 39]]
Y座標: [[710 711 712 ..., 747 748 749]
 [710 711 712 ..., 747 748 749]
 [710 711 712 ..., 747 748 749]
 ...,
 [710 711 712 ..., 747 748 749]
 [710 711 712 ..., 747 748 749]
 [710 711 712 ..., 747 748 749]]
```

描画された楕円状の等高線は，セル [1] のヒストグラムと形状が対応していることが分かります．

2.5.2 共分散の意味

さて，ガウス分布を図示はしましたが，Σ とガウス分布の形状の関係は，まだよく分かりません．特に共分散とは何を意味するのでしょうか．

式 (2.63) を見ると，足される数 $(x_i - \mu_x)(y_i - \mu_y)$ は，平均値に対して x_i, y_i がともに大きいか小さいと正になり，どちらかが大きくてどちらかが小さいと，負になります．したがって，リスト $\mathbf{z}_{\text{IR,Li}}$ 内のデータの多くが，「光センサのセンサ値が大きい（小さい）と LiDAR のセンサ値が大きい（小さい）」という傾向をもっていると，σ_{xy} は正の大きな数になります．また，一方が大きいときにもう一方が小さければ，負の大きな数になります．そのどちらでもないとき，つまり，両方の値の大小に関係がない場合はゼロに近くなります．

先ほど作ったガウス分布の共分散を少しいじってみましょう．次のように，共分散行列の σ_{xy} に 20 を足してもう一度描画してみます．（⇒`multi_gauss1.ipynb` [7]）

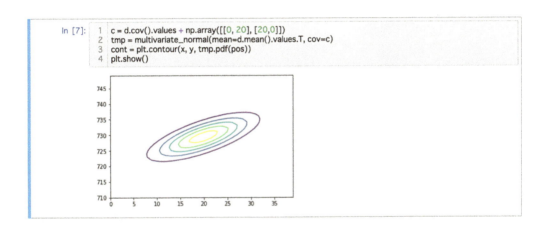

`np.array` は NumPy で行列を定義するときに利用するメソッドで，本書ではよく用います．引数には，行の数字の並びをリストにしたものをさらにリストにして行列の各要素を指定します．コードの 1 行目では，行列

$$\begin{pmatrix} 0 & 20 \\ 20 & 0 \end{pmatrix} \tag{2.66}$$

を生成しています．

図を見ると等高線の長軸方向が右肩上がりになりました．この等高線の示す値は頻度に比例したものなので，「光センサのセンサ値が大きい，かつ LiDAR のセンサ値も大きい，という場合の頻度が相対的に高い[注21]」ということを意味する分布になっています．

今度は，実データでこのようなどちらかの肩が上がったガウス分布を出してみます．`sensor_data_200.txt` を使い，新しいノートブックで次のようにコードを書いてみましょう．
（⇒`multi_gauss2.ipynb` [1]-[3]）

[注21] どっちが原因でどっちが結果かという因果関係の話ではないことに注意しましょう．

第 2 章 確率・統計の基礎

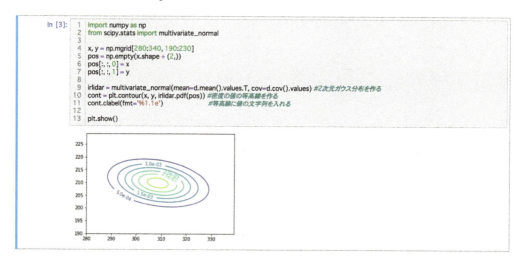

これらのセルでは，24 時間のデータにむりやりガウス分布を当てはめるということをしています．それが良いのか悪いのかはともかく，得られた共分散は $\sigma_{xy} = -13.4$ と負の値で，描画されたガウス分布の長軸は右肩下がりになっています．実際のデータ `sensor_data_200.txt` の光センサのセンサ値と LiDAR のセンサ値は，片方が平均値より大きい場合に，もう片方は平均値より小さいことが多いということが分かりました．

2.5.3 共分散行列と誤差楕円

次のコードと出力の図は，三つの 2 次元ガウス分布を描画したものです[22]．（⇒multi_gauss3.

注 22　1 行目の `%matplotlib inline` は，図をノートブックに埋め込むことを明示的に指定するものです．（本章の注 13 の問題が起きたため記述しましたが，このシートにのみ残っています．）

ipynb [1]）

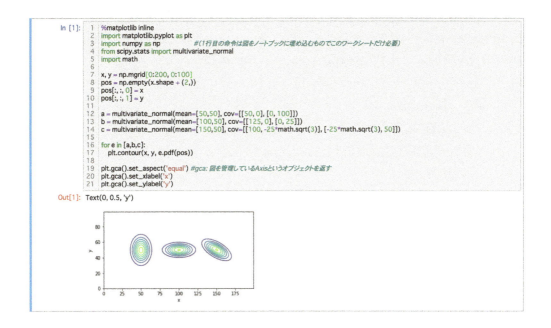

ガウス分布は12〜14行目でそれぞれa,b,cとして生成されており，それぞれを$\mathcal{N}$で表記すると

$$a(x,y) = \mathcal{N}\left[\boldsymbol{\mu} = \begin{pmatrix} 50 \\ 50 \end{pmatrix}, \Sigma = \begin{pmatrix} 50 & 0 \\ 0 & 100 \end{pmatrix}\right] \tag{2.67}$$

$$b(x,y) = \mathcal{N}\left[\boldsymbol{\mu} = \begin{pmatrix} 100 \\ 50 \end{pmatrix}, \Sigma = \begin{pmatrix} 125 & 0 \\ 0 & 25 \end{pmatrix}\right] \tag{2.68}$$

$$c(x,y) = \mathcal{N}\left[\boldsymbol{\mu} = \begin{pmatrix} 150 \\ 50 \end{pmatrix}, \Sigma = \begin{pmatrix} 100 & -25\sqrt{3} \\ -25\sqrt{3} & 50 \end{pmatrix}\right] \tag{2.69}$$

となります．図では，a, b, cは左から順に並んでいます．

図を見ると，分散σ_x^2, σ_y^2の大きさが各軸の等高線の広がりに対応しており，共分散σ_{xy}に値があると，前項で述べたように等高線が回転することが分かります．また，証明は省きますが，2次元ガウス分布の等高線は楕円形をしています．

ガウス分布cの傾きについて調べてみましょう．まず，次のようにΣの固有値と固有ベクトルを求めてみます．（⇒`multi_gauss3.ipynb` [2]）

```
In [2]: 1  eig_vals, eig_vec = np.linalg.eig(c.cov)
        2
        3  print("eig_vals: ", eig_vals)
        4  print("eig_vec: ", eig_vec)
        5  print("固有ベクトル1: ", eig_vec[:,0])  #eig_vecの縦の列が固有ベクトルに対応
        6  print("固有ベクトル2: ", eig_vec[:,1])

eig_vals: [ 125.  25.]
eig_vec: [[ 0.8660254  0.5      ]
 [-0.5        0.8660254]]
固有ベクトル1: [ 0.8660254 -0.5      ]
固有ベクトル2: [ 0.5        0.8660254]
```

出力がややこしいですが，固有値が $\ell_1 = 125$, $\ell_2 = 25$，それぞれに対応する固有ベクトルが $\boldsymbol{v}_1 = (\sqrt{3}/2 \quad -1/2)^\top$, $\boldsymbol{v}_2 = (1/2 \ \sqrt{3}/2)^\top$ となります（$0.866... = \sqrt{3}/2$）．また，このコードで使った NumPy の `linalg.eig` は，固有ベクトルを長さ 1 で返してきます．

この計算結果を使い，ベクトル $\sqrt{\ell_1}\boldsymbol{v}_1$ と $\sqrt{\ell_2}\boldsymbol{v}_2$ を，c の等高線の上に描いてみましょう．ベクトルの始点は分布の中心とします．（⇒`multi_gauss3.ipynb` [3]）

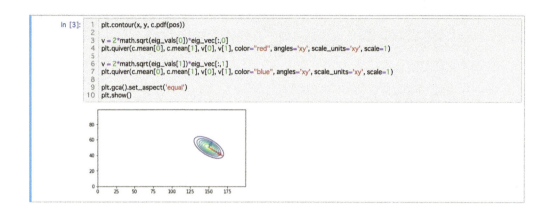

4, 7 行目の `quiver` が矢印を描くためのメソッドで，引数は順に始点の x, y 座標，ベクトルの x, y 座標での長さです．後の引数は色と，ベクトルを図の縮尺通りに出力するためのパラメータです．この例では，ベクトルが小さく描かれてしまうので，見やすいように 3, 6 行目で 2 倍の長さにしています．図を見ると分かるように，ベクトル 2 本はそれぞれ分布の長軸，短軸方向に向いていて，長さの比は長軸と短軸の長さの比と一致しています．

数式上で，このようになる意味を考えてみましょう．まず，元の共分散行列 Σ と，固有値，固有ベクトルは互いに

$$\Sigma = VLV^{-1} \tag{2.70}$$

という関係があります．ここで，

$$V = (\boldsymbol{v}_1 \ \boldsymbol{v}_2) \tag{2.71}$$

$$L = \begin{pmatrix} \ell_1 & 0 \\ 0 & \ell_2 \end{pmatrix} \tag{2.72}$$

です．L のように対角線上の要素以外がゼロの行列は**対角行列**と呼ばれます．V は固有ベクトルを二つ並べた 2×2 の行列です．

c について式 (2.70) が成り立っているかどうかは，次のように調べられます．（⇒`multi_gauss3.ipynb` [4]）

```
In [4]:  1  V = eig_vec   #eig_vecには固有ベクトルが並んでいるのでそのまま使える
         2  L = np.diag(eig_vals) #np.diagで対角行列を作成
         3
         4  print("分解したものを計算:\n", V.dot(L.dot(np.linalg.inv(V))))
         5  print("元の共分散行列:\n", np.array([[100, -25*math.sqrt(3)], [-25*math.sqrt(3), 50]]))

分解したものを計算:
 [[ 100.         -43.30127019]
 [ -43.30127019  50.        ]]
元の共分散行列:
 [[ 100.         -43.30127019]
 [ -43.30127019  50.        ]]
```

ここで行った計算は,

$$\Sigma = \begin{pmatrix} \sqrt{3}/2 & 1/2 \\ -1/2 & \sqrt{3}/2 \end{pmatrix} \begin{pmatrix} 125 & 0 \\ 0 & 25 \end{pmatrix} \begin{pmatrix} \sqrt{3}/2 & 1/2 \\ -1/2 & \sqrt{3}/2 \end{pmatrix}^{-1} \tag{2.73}$$

というものです. ここで,

$$R_\theta = \begin{pmatrix} \cos\theta & -\sin\theta \\ \sin\theta & \cos\theta \end{pmatrix} \tag{2.74}$$

という表記を使うと,

$$\Sigma = R_{-\pi/6} \begin{pmatrix} 125 & 0 \\ 0 & 25 \end{pmatrix} R_{-\pi/6}^{-1} \tag{2.75}$$

となります.

R_θ は**回転行列**というもので,例えば XY 座標の点 (x, y) を図 2.5 のように,原点まわりに θ 回転して (x', y') に移す役割をします. このときの式は,

$$\begin{pmatrix} x' \\ y' \end{pmatrix} = R_\theta \begin{pmatrix} x \\ y \end{pmatrix} \tag{2.76}$$

です. これは, $(x, y) = (r\cos\varphi, r\sin\varphi)$ のように (x, y) を極座標で表すと,次のように確認できます.

$$\begin{pmatrix} x' \\ y' \end{pmatrix} = r \begin{pmatrix} \cos(\theta+\varphi) \\ \sin(\theta+\varphi) \end{pmatrix}$$
$$= r \begin{pmatrix} \cos\theta\cos\varphi - \sin\theta\sin\varphi \\ \sin\theta\cos\varphi + \cos\theta\sin\varphi \end{pmatrix}$$
$$= r \begin{pmatrix} \cos\theta & -\sin\theta \\ \sin\theta & \cos\theta \end{pmatrix} \begin{pmatrix} \cos\varphi \\ \sin\varphi \end{pmatrix} = R_\theta \begin{pmatrix} x \\ y \end{pmatrix} \tag{2.77}$$

また, 回転行列には,

$$R_\theta^{-1} = R_{-\theta} = R_\theta^\top \tag{2.78}$$

という性質があります.

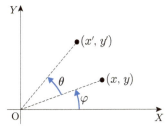

図 2.5 点の回転.

先ほど，ガウス分布の等高線は楕円になると述べましたが，式 (2.75) と，b, c のガウス分布の図を見比べると，c が b の分布を $-\pi/6$ だけ回転したものであることが分かります．

以上，直観的な説明でしたが，c の共分散行列は，固有値で作った対角行列 L の両側を，固有ベクトルで作った回転行列 $R_{-\pi/6}, R_{-\pi/6}^{-1}$ で挟んだもので，c の分布は長軸を x 軸から $-\pi/6$ だけ傾けたものになることが分かりました．また，ベクトル $2\sqrt{\ell_1}\boldsymbol{v}_1, 2\sqrt{\ell_2}\boldsymbol{v}_2$ の長さが描画された等高線の外縁と一致していたのは，長軸と短軸と長さの比が，標準偏差 $\sqrt{\ell_1}, \sqrt{\ell_2}$ の比と同じになるからです．

なぜ共分散行列の両側を回転行列で挟むと分布が回転するのかをもう少し考えてみましょう．まず，共分散行列を，次のように表現します．

$$\Sigma = R_\theta L R_\theta^{-1} \tag{2.79}$$

この式は，式 (2.70) の V を R_θ に置き換えたものです．逆行列は，

$$\Sigma^{-1} = R_\theta L^{-1} R_\theta^{-1} \tag{2.80}$$

となります．式 (2.79) と式 (2.80) の両辺をかけると証明ができます．

上の式と，分布の次元 $n=2$ を式 (2.60) に代入します．

$$p(\boldsymbol{x}) = \frac{1}{(2\pi)\sqrt{|R_\theta L R_\theta^{-1}|}} \exp\left\{-\frac{1}{2}(\boldsymbol{x}-\boldsymbol{\mu})^\top R_\theta L^{-1} R_\theta^{-1} (\boldsymbol{x}-\boldsymbol{\mu})\right\} \tag{2.81}$$

ここで，行列式の性質から，

$$|R_\theta L R_\theta^{-1}| = |R_\theta||L||R_\theta^{-1}| = |L| \tag{2.82}$$

となります．また，

$$\boldsymbol{x}' = R_\theta^{-1}(\boldsymbol{x}-\boldsymbol{\mu}) \tag{2.83}$$

とすると，転置の性質より，

$$\begin{aligned}\boldsymbol{x}'^\top &= (\boldsymbol{x}-\boldsymbol{\mu})^\top (R_\theta^{-1})^\top \\ &= (\boldsymbol{x}-\boldsymbol{\mu})^\top R_\theta \qquad \text{(式 (2.78) から)}\end{aligned} \tag{2.84}$$

となり，式 (2.81) は，

$$p(\boldsymbol{x}') = \frac{1}{(2\pi)\sqrt{|L|}} \exp\left\{-\frac{1}{2}\boldsymbol{x}'^\top L^{-1} \boldsymbol{x}'\right\} = \mathcal{N}(\boldsymbol{x}', L) \tag{2.85}$$

と変換できます．

式 (2.83) による，$\boldsymbol{x}$ から $\boldsymbol{x}'$ への変換は座標変換になっています．図 2.6 のように，ガウス分布に座標系を作ってその座標系で点 $\boldsymbol{x}$ を見ると，元の座標系の原点から見たときと比べて，ガウス分布の中心からは $\boldsymbol{\mu}$ の分だけ近く見え，また，軸が θ だけ傾いている分だけ $-\theta$ が引かれた方角に見えます．

2 次元のガウス分布は，しばしば**誤差楕円**として描画されます．誤差楕円は，先ほどから描いている等高線のうち，その内側を積分すると，0.99 などのきりのよい値になるもの，あるいは長軸と短軸が固有ベクトルを何倍かしたものから選ばれます．本書では後者の方法をとり，セル [3] で描いた二つのベクトルを軸として誤差楕円を描くことにします．セル [3] では $2\sqrt{\ell_1}\boldsymbol{v}_1, 2\sqrt{\ell_2}\boldsymbol{v}_2$ を描きました

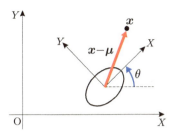

図 2.6 ガウス分布と点の関係.

が，楕円を描くときは $3\sqrt{\ell_1}\boldsymbol{v}_1, 3\sqrt{\ell_2}\boldsymbol{v}_2$（標準偏差の 3 倍）を基準にします（⇒ 問題 2.7）．具体的な方法は 6 章で説明します．ちなみに，2 次元のガウス分布ではこの方法で描いた誤差楕円の内側の積分値は 0.989 となります．3 次元以上のガウス分布を描くときは，軸を二つ選んで平面に描くことにしますが，これも 6 章で説明します．

2.5.4 変数の和に対するガウス分布の合成

今度は，変数 $\boldsymbol{x}_1$ と $\boldsymbol{x}_2$ が，それぞれガウス分布に従って生成されるときに，$\boldsymbol{x}_3 = \boldsymbol{x}_1 + \boldsymbol{x}_2$ のばらつきがどのような分布になるかを考えてみましょう．これは，例えば「ロボットが 1[m] 動いた[注23]後の位置のばらつきがガウス分布で説明できるとき，1[m] ずつ 2 回動いたら（つまり 2[m] 動いたら）最終的な位置はどのような分布になるでしょうか」という問題に対応し，5 章で実際に出てきます．

この問題は，分布の形状と連続か離散かの違いを気にしなければ，サイコロを二つ振ったときに合計値がどれだけばらつくかという問題と同じです．頭を整理するために，一時的にこの問題を考えてみましょう．二つのサイコロにそれぞれサイコロ 1，サイコロ 2 と名前をつけて，それぞれのサイコロの出目に関する確率分布 P_1, P_2 を考えます．それぞれのサイコロの目を変数 x_1, x_2 とすると，その合計 $x_3 = x_1 + x_2$ を変数とする確率分布 $P_3(x_3)$ は，

$$P_3(x_3) = \sum_{x_1 \in \{\text{出目のとりうる値}\}} P_2(x_3 - x_1) P_1(x_1) = \bigl[P_2(x_3 - x_1) P_1(x_1)\bigr]_{x_1} \tag{2.86}$$

となります．この式は，サイコロ 1 の目を列挙し，それらの目に対してサイコロ 2 の目 $x_2 = x_3 - x_1$ を列挙して，確率 $P_2(x_3 - x_1) P_1(x_1)$ を全部足し合わせるという計算で $P_3(x_3)$ が求まることを表しています．

この式を元の問題に適用してみましょう．$\boldsymbol{x}_1, \boldsymbol{x}_2$ の分布 p_1, p_2 を

$$p_1(\boldsymbol{x}_1) = \mathcal{N}(\boldsymbol{x}_1 | \boldsymbol{\mu}_1, \Sigma_1) \tag{2.87}$$

$$p_2(\boldsymbol{x}_2) = \mathcal{N}(\boldsymbol{x}_2 | \boldsymbol{\mu}_2, \Sigma_2) \tag{2.88}$$

とすると，式 (2.86) から，

$$p_3(\boldsymbol{x}_3) = \bigl[p_2(\boldsymbol{x}_3 - \boldsymbol{x}_1) p_1(\boldsymbol{x}_1)\bigr]_{\boldsymbol{x}_1} \tag{2.89}$$

という式になります．これにガウス分布の式 (2.60) を代入すると，

注 23 実際には位置がばらつくので，ぴったり 1[m] 動くわけではありません．

$$
\begin{aligned}
&p_3(\boldsymbol{x}_3) \\
&= \eta \left[\!\!\left[\exp\left\{-\frac{1}{2}(\boldsymbol{x}_3 - \boldsymbol{x}_1 - \boldsymbol{\mu}_2)^\top \Sigma_2^{-1}(\boldsymbol{x}_3 - \boldsymbol{x}_1 - \boldsymbol{\mu}_2)\right\} \exp\left\{-\frac{1}{2}(\boldsymbol{x}_1 - \boldsymbol{\mu}_1)^\top \Sigma_1^{-1}(\boldsymbol{x}_1 - \boldsymbol{\mu}_1)\right\} \right]\!\!\right]_{\boldsymbol{x}_1} \\
&= \eta \left[\!\!\left[\exp\left\{-\frac{1}{2}(\boldsymbol{x}_3 - \boldsymbol{x}_1 - \boldsymbol{\mu}_2)^\top \Sigma_2^{-1}(\boldsymbol{x}_3 - \boldsymbol{x}_1 - \boldsymbol{\mu}_2) - \frac{1}{2}(\boldsymbol{x}_1 - \boldsymbol{\mu}_1)^\top \Sigma_1^{-1}(\boldsymbol{x}_1 - \boldsymbol{\mu}_1)\right\} \right]\!\!\right]_{\boldsymbol{x}_1}
\end{aligned}
\tag{2.90}
$$

となります．指数部以外はすべて η という定数にまとめました．η は正規化定数です．

この式から積分を取り去って $\boldsymbol{x}_3$ を変数とするガウス分布にするには付録 B.1.9 のように非常に長い計算が必要ですが，最終的には

$$
\begin{aligned}
p_3(\boldsymbol{x}_3) &= \eta \exp\left\{-\frac{1}{2}(\boldsymbol{x}_3 - \boldsymbol{\mu}_1 - \boldsymbol{\mu}_2)^\top (\Sigma_1 + \Sigma_2)^{-1}(\boldsymbol{x}_3 - \boldsymbol{\mu}_1 - \boldsymbol{\mu}_2)\right\} \\
&= \mathcal{N}(\boldsymbol{x}_3 | \boldsymbol{\mu}_1 + \boldsymbol{\mu}_2, \Sigma_1 + \Sigma_2)
\end{aligned}
\tag{2.91}
$$

となります．つまり，$\boldsymbol{x}_3$ の分布の平均値は，$\boldsymbol{x}_1, \boldsymbol{x}_2$ の分布の平均値を足し合わせたものになります．共分散行列も，$\boldsymbol{x}_1, \boldsymbol{x}_2$ の分布の共分散行列を足し合わせものという分かりやすいものになります．

2.5.5 ガウス分布同士の積

今度は，A さんが $\boldsymbol{x} \in \mathcal{X}$ の分布について P_1 だと主張し，B さんが P_2 だと主張しているとき，$P_1(\boldsymbol{x})$ と $P_2(\boldsymbol{x})$ の積で両者の主張を取り込んだ確率分布 P_3 を作るという問題を考えてみます[注24]．A さんと B さんの主張の理由は互いに独立しており，さらに A, B さんの主張する分布はガウス分布だと仮定し，それぞれ，

$$
p_1(\boldsymbol{x}) = \mathcal{N}(\boldsymbol{\mu}_1, \Sigma_1) \tag{2.92}
$$
$$
p_2(\boldsymbol{x}) = \mathcal{N}(\boldsymbol{\mu}_2, \Sigma_2) \tag{2.93}
$$

とします．

さっそくガウス分布の積を作ると，

$$
\begin{aligned}
p_3(\boldsymbol{x}) &= \eta \int_{\mathcal{X}} \exp\left\{-\frac{1}{2}(\boldsymbol{x} - \boldsymbol{\mu}_1)^\top \Sigma_1^{-1}(\boldsymbol{x} - \boldsymbol{\mu}_1)\right\} \exp\left\{-\frac{1}{2}(\boldsymbol{x} - \boldsymbol{\mu}_2)^\top \Sigma_2^{-1}(\boldsymbol{x} - \boldsymbol{\mu}_2)\right\} d\boldsymbol{x} \\
&= \eta \int_{\mathcal{X}} \exp\left\{-\frac{1}{2}(\boldsymbol{x} - \boldsymbol{\mu}_1)^\top \Sigma_1^{-1}(\boldsymbol{x} - \boldsymbol{\mu}_1) - \frac{1}{2}(\boldsymbol{x} - \boldsymbol{\mu}_2)^\top \Sigma_2^{-1}(\boldsymbol{x} - \boldsymbol{\mu}_2)\right\} d\boldsymbol{x}
\end{aligned}
\tag{2.94}
$$

となり，指数部の 2 次の項は，

$$
-\frac{1}{2}\boldsymbol{x}^\top (\Sigma_1^{-1} + \Sigma_2^{-1})\boldsymbol{x} \tag{2.95}
$$

となります．付録 B.1.4 の議論により，$p_3(\boldsymbol{x})$ の共分散行列は，

$$
\Sigma_3 = (\Sigma_1^{-1} + \Sigma_2^{-1})^{-1} \tag{2.96}
$$

となります．この式を精度行列で考えると，

[注24] 単純に掛け算すれば P_3 になるのかという議論は，ここではしないことにします．

$$\Lambda_3 = \Lambda_1 + \Lambda_2 \tag{2.97}$$

というように単純な足し算になります．

1次の項については，

$$\boldsymbol{x}^\top \Sigma_1^{-1} \boldsymbol{\mu}_1 + \boldsymbol{x}^\top \Sigma_2^{-1} \boldsymbol{\mu}_2 \tag{2.98}$$

となります．付録B.1.4で示したように，この係数に共分散行列をかけると平均値 $\boldsymbol{\mu}_3$ が求まるので，

$$\boldsymbol{\mu}_3 = \Sigma(\Sigma_1^{-1}\boldsymbol{\mu}_1 + \Sigma_2^{-1}\boldsymbol{\mu}_2) = (\Sigma_1^{-1} + \Sigma_2^{-1})^{-1}(\Sigma_1^{-1}\boldsymbol{\mu}_1 + \Sigma_2^{-1}\boldsymbol{\mu}_2) = (\Lambda_1 + \Lambda_2)^{-1}(\Lambda_1\boldsymbol{\mu}_1 + \Lambda_2\boldsymbol{\mu}_2) \tag{2.99}$$

となります．得られた式は難しそうに見えますが，例えば1次元で考えると，

$$\mu_3 = \frac{\lambda_1^2}{\lambda_1^2 + \lambda_2^2}\mu_1 + \frac{\lambda_2^2}{\lambda_1^2 + \lambda_2^2}\mu_2 \qquad (\lambda_i^2 = \sigma_i^{-2}：精度) \tag{2.100}$$

というように，μ_3 は μ_1 と μ_2 を精度で重み付き平均したものになっています．すなわち，p_1 と p_2 の分布を掛け算すると，新たな中心は，p_1 と p_2 の中心の間で，精度の大きい方寄りにできるということが分かります．

2.6 まとめ

　本章では実際のセンサ値を使い，本書を理解するために必要な確率・統計の事項について説明しました．本章で見てきたように，センサの値というものはさまざまな原因で絶えず雑音の影響を受けます．また，本章では扱えませんでしたがロボットの動きにもさまざまな雑音が混入します．このような雑音に対して頑健な（ロバストな）認識，行動決定の手法を考えることが，確率ロボティクスの目的となります．

　本章で説明した用語のほかにも統計学，確率論にはさまざまな用語があります．本書は厳密な定義に対して少しルーズですが，本来，確率をしっかり定義するときには**根元事象**，**確率変数**，**完全加法族**，**ボレル集合族**などの用語が必ず出てきます．これらについては，大学生向けの確率・統計の教科書で抑えておくと深い洞察ができるようになります[野田1992]．また，Pythonを使ったテキストとしては，[馬場2018]などがあります．

章末問題

問題 2.1

　図2.3のデータから作ったガウス分布から，n 個の値を標本抽出する関数を書いてみましょう．さらに，この関数を使い，次のコードを書いてください．

a. $n=3$ で標本を抽出し，標本分散を求めてみましょう．
b. a を 10,000 回程度繰り返し，標本分散の平均値を求めてみましょう．

第 2 章 確率・統計の基礎

- **c.** $n = 3$ で標本を抽出し，不偏分散を求めてみましょう．
- **d. c** を 10,000 回程度繰り返し，不偏分散の平均値を求めてみましょう．

求めた標本分散，不偏分散の平均値から何がいえるでしょうか．

また，$n = 1000$ でも上記の操作を行い，標本分散，不偏分散の平均値を比較してみましょう．

問題 2.2

次のようにセンサの雑音をノートブック上でシミュレートしてみましょう．

1. サイコロを 10 個振る
2. 値の合計に 200 を足す
3. 手順 1, 2 を 10000 回繰り返し，ヒストグラムを描く

この手続きでできたヒストグラムと図 2.3 を比較して，よく形状が似ていることを確認してください．また，サイコロ 1 個の値の平均値と分散，センサの値の平均値と分散にはどのような関係があるでしょうか．

この問題は，**中心極限定理**の一例となっています．中心極限定理は，次のような操作

> （分布の形状によらず）平均が μ，分散が σ^2 の確率分布から $x_1, x_2, x_3, \ldots, x_n$ と標本抽出を n 回繰り返して数字を得て，さらにその平均値 $\bar{x} = \frac{1}{n}\sum_{i=1}^{n} z_i$ を算出

を繰り返し，$\bar{x}$ を何度も求めると，n の値が大きい場合，$\bar{x}$ の分布が平均値 μ，分散 σ^2/n のガウス分布に近似的に従うというものです．

センサ値のばらつきがガウス分布に従うことが多い背景には，この中心極限定理があります．ばらつきの要因一つ一つから生じる雑音はさまざまな分散や偏りをもちますが，他より極端に大きな雑音の要因がないかぎり，最終的にはばらつきはガウス分布に近づく傾向にあります．

問題 2.3

LiDAR の返してきたセンサ値は整数の離散的なものでした．先ほどはこれをガウス分布でモデル化しましたが，むしろ，離散的な確率分布である**二項分布**でモデル化すべきかもしれません．

二項分布は，例えば成功率 p の試行を n 回行ったとき，x 回成功する確率を表す確率分布です．式は，次のようになります．

$$P(\text{成功 } x \text{ 回}) = {}_nC_x p^x (1-p)^{n-x} \qquad (x = 0, 1, 2, \ldots, n) \tag{2.101}$$

ここで，n 回の試行は互いに独立と仮定されています．また，この分布の平均値 μ，分散 σ^2 は，

$$\mu = np \tag{2.102}$$
$$\sigma^2 = np(1-p) \tag{2.103}$$

となります．

z_{LiDAR} のセンサ値の平均値，分散はそれぞれ 209.7[mm]，23.4 でした．センサ値を式 (2.101) の成功回数 x に見立てて，二項分布を当てはめ，描画してみましょう．

問題 2.4

図 2.3 のヒストグラムが，ガウス分布を当てはめたときより頂点が平らになるのはなぜでしょうか．2.4.1 項の議論を踏まえて考察しましょう．また，2.4.1 項の議論をしなかったら，どんな考察になったかを考察しましょう．この話題は付録 A.2 でも扱います．

問題 2.5

2 章ではあまり触れませんでしたが，光センサのセンサ値のヒストグラムも LiDAR のセンサ値と同様に（それ以上に）マルチモーダルになります．この原因を解析して，何がいえるかを調べてみてください．筆者は，マルチモーダルになる原因は何も分かりませんでした．

問題 2.6

テストの成績のヒストグラムを作ると，ガウス分布と似ていない形状になったり，マルチモーダル（多くの場合二つのモードをもつ分布）になったりします．一方で，テストの成績は偏差値（度数分布を標準偏差で正規化してガウス分布を作ったときに，平均値からどれだけ外れているかを数値化したもの）で出てきますが，これにはどれだけ妥当性があるでしょうか．また，マルチモーダルになる場合，何か原因がある（条件付き確率になる）はずですが，この原因を考えてみましょう．

問題 2.7

多次元ガウス分布では，変数の次元が増えるほど，すべての変数が各変数の標準偏差の 3σ 範囲に入る確率が下がっていきます．この理由について，なるべく簡単に（立ち話で相手が嫌がらない程度に）説明してください．

また，何か実験をして多くの種類の値を記録していると，この現象のおかげでなかなか「きれいな」実験結果が得られないような気がするときがあります．こういう場合，不正にならないようにするにはどう記録を扱うべきでしょうか．

問題 2.8

`sensor_data` ディレクトリの中のファイルを使い，センサ値がどの距離から計測されたものかを推定するコードを書いてみましょう．

問題 2.9

他人の考えを聞いたり，行動を見たりしていると，ときどき非常におろかに感じることがありますが，この理由を情報の有無から考えてみましょう．また，過去の自身や他人の考えや行動を振り返っても明らかに間違っていたと感じることがありますが，このような過ちについて，我々は堂々と非難したりバカにしたりしてよいものでしょうか．

第3章 自律ロボットのモデル化

本章と次章では5章以降で用いる自律移動ロボットのシミュレータを作ります．本章では確率から離れて，ロボットの動きにもセンサ値にも雑音が混入しない理想的な状況をシミュレートします．ロボットの動き，センシングのシミュレーションでは運動学，幾何学を使います．また，オブジェクト指向で移動ロボットや環境をモデル化していきます．

本章ではまず，どんなロボットを想定するのか3.1節で確認します．3.2節では，世界座標系を設定してロボットの動きを実装します．3.3節では，ロボットがセンサを使って環境を観測するという現象をモデル化，実装します．また，3.2, 3.3節ではそれぞれ**状態方程式**，**観測方程式**を定義します．3.4節では本章のコードを次章以降で使用するための作業を行います．3.5節で本章の内容をまとめます．

3.1 想定するロボット

本書では**自律移動ロボット**を扱います．**自律ロボット**というのは，自身のセンサで情報を得て，自身のコンピュータや身体に備わった仕組みで情報を処理し，自身の動きを決めるロボットを指します．この条件に合えば，車輪で動き回るロボットであっても，脚がついているロボットであっても「自律ロボット」と呼んでよいことになります．**移動ロボット**という言葉は，脚や車輪で動き回るロボットを指します．もう少し細かく説明すると，台やレールなどに固定，半固定されておらず，障害がなければ際限なく遠くまでいけるものを指すことが一般的です．

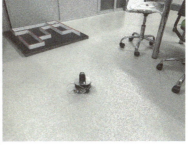

図3.1 移動ロボットの例．左：つくば市内を走る移動ロボット（千葉工業大学未来ロボティクス学科林原研究室）．右：研究室を走り回る移動ロボット（アールティ社製 Raspberry Pi Mouse）．

図 3.1 に，本書を執筆するにあたって筆者が思い浮かべた自律移動ロボット 2 例を示します．これらのロボットは，**対向 2 輪型ロボット**（differential wheeled robot）と呼ばれる最も基本的なものです．いずれのロボットも，モータにつながった動く車輪（駆動輪）が二つついており，二つの駆動輪の回転速度を変えることで，その場での回転や，曲線を描きながらの移動を実現できます．自動車と似ていますが，対向 2 輪型ロボットはその場で回転できるため，高速で走らないかぎりは制御が簡単です．図 3.2(a) に対向 2 輪型ロボットを上から見た図を示します．このようなロボットを制御する場合，直接的な制御指令は駆動輪に与えるトルクになりますが，本書で扱うようなレベルの問題ではトルクや加速度は考慮されず，ロボットに速度，角速度を直接指令できるという仮定のもとで定式化されます（⇒ 問題 3.1）．また，対向 2 輪型ロボットは，しばしば図 3.2(b) のように丸と線で記号化されて表現されることがあります．本書もこの記号を使います．

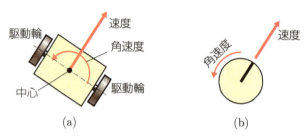

図 3.2 対向 2 輪型ロボット．(a)：基本的な構造（さらに，機体の水平を保つために補助輪がつく）．(b)：記号化したもの．

3.2 ロボットの動き

本節では，環境とロボット，そしてロボットの動きを Jupyter Notebook 上で再現する作業を行います．

3.2.1 世界座標系と描画

まず，ロボットが動き回る**環境**に，**世界座標系**を定義しましょう．といっても XY 座標系を作るだけです．移動ロボットの多くは坂道を走ることができます．しかし，本書のような入門書の場合，環境は 2 次元平面として定式化されます．本書でも，そのようにすることとします．世界座標系を表す記号を Σ_{world} としておきます．コーディングは，section_sentor のとなり（同じ階層）に，section_robot というディレクトリを作り，その中にノートブックを作って行います．

まず次のように，クラス World を記述します．このクラスは，世界座標系の上にあるものを管理し，描画するためのものです．（⇒ideal_robot1.ipynb [1]-[2]）

```
In [1]: 1  import matplotlib.pyplot as plt

In [2]: 1  class World:
        2    def __init__(self):
        3      self.objects = []       # ここにロボットなどのオブジェクトを登録
        4
        5    def append(self,obj):     # オブジェクトを登録するための関数
        6      self.objects.append(obj)
        7
        8    def draw(self):
        9      fig = plt.figure(figsize=(8,8))   # 8x8 inchの図を準備
       10      ax = fig.add_subplot(111)          # サブプロットを準備
       11      ax.set_aspect('equal')             # 縦横比を座標の値と一致させる
       12      ax.set_xlim(-5,5)                  # X軸を-5m x 5mの範囲で描画
       13      ax.set_ylim(-5,5)                  # Y軸も同様に
       14      ax.set_xlabel("X",fontsize=20)     # X軸にラベルを表示
       15      ax.set_ylabel("Y",fontsize=20)     # 同じくY軸に
       16
       17      for obj in self.objects: obj.draw(ax)  # appendした物体を次々に描画
       18
       19      plt.show()
```

このコードの説明は後回しにして，先に，次のように実行してみましょう．（⇒ `ideal_robot1.ipynb` [3]）

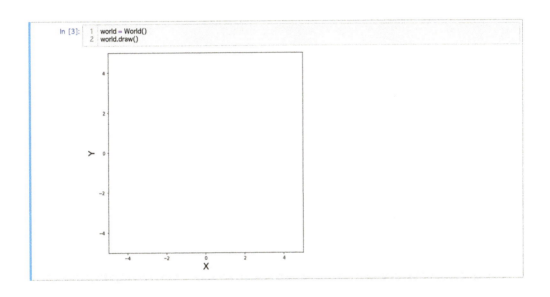

このように，XY 座標を描いた画像が出力されます．

コードの説明をします．セル [1] では，描画のためのモジュール `matplotlib.pyplot` をインポートしています．この行後半の `as plt` というのは，読み込んだ関数や変数の頭に `plt` という接頭語をつけて用いるという意味になります．`plt` はセル [2] の 9, 19 行目で使われてます．

セル [2] の 2, 3 行目で記述されている `__init__` メソッドでは，空の `objects` というリストを生成しています．このリストの中に，世界座標系の上におくものを放り込みます．放り込むときのメソッドは 5, 6 行目の `append` メソッドです．8〜19 行目は，描画のためのメソッドです．まず，9 行目では図を描画するためのオブジェクト `fig` を準備しています．`fig` は画像全体の入れ物みたいな位置づけで，その中に座標系を描くには，中に「サブプロット」というオブジェクトを作る必要があります．この手続きは 10 行目で行われています．`add_subplot` メソッドの引数の 111 は，「`fig` の中にサブプロットを 1 行 1 列で並べて，今作っているのはその 1 番目だ」という意味です．つまり `fig` の中に唯一のサブプロットを作っているという意味になります．11〜15 行目はサブプロットの `ax` オブジェクトに細かい設定をしている部分です．何をしているかは，コメントに書いた通りです．17 行目は，`self.objects` にあるオブジェクトの `draw` メソッドを次々に呼び出して，図の上に描画をしていく

処理です．

セル [3] は，World クラスのオブジェクトを生成して，draw メソッドを実行しています．1 行目で，World クラスのオブジェクト world を作っています．draw メソッドでは self.objects の各 draw メソッドが呼び出されていますが，まだ self.objects が空なので，何も実行されません．そして，エラーにもなりません．

3.2.2 ロボットの姿勢と描画

次に，世界座標系の上にロボットをおきましょう．Σ_{world} 上でのロボットの位置を (x, y)，向きを θ で表します．これらをまとめて，次のようなベクトル $\boldsymbol{x}$ を考えます．

$$\boldsymbol{x} = \begin{pmatrix} x \\ y \\ \theta \end{pmatrix} \tag{3.1}$$

θ は X 軸の方向を 0[rad] として，反時計回り側を正としましょう．この式には X 座標を表す x と太字の $\boldsymbol{x}$ があって紛らわしいですが，太字の $\boldsymbol{x}$ がロボットの位置と向きを表す記号となります．本書では「位置と向き」を一言で「**姿勢**」と表現します[注1]．あるいは，制御の用語で「**状態**」と呼ぶこともあります．

姿勢 $\boldsymbol{x}$ としてとりうる値の集合 $\mathcal{X}$ を考えます．例えば，平面上で長方形の範囲内で自由に動くロボットの姿勢に対する $\mathcal{X}$ は，

$$\mathcal{X} = \{\boldsymbol{x} = (x\ y\ \theta)^\top | x \in [x_{\min}, x_{\max}], y \in [y_{\min}, y_{\max}], \theta \in [-\pi, \pi)\} \tag{3.2}$$

と定義できます．本書ではこの集合のことを文脈によって「姿勢（状態）の集合」や「**状態空間**」などと表現します．

では，ロボットのクラスを作り，描画のメソッドを記述しましょう．まず，セル [1] の 2〜4 行目に import 文を足します．（⇒`ideal_robot2.ipynb` [1]）

```
In [1]: 1  import matplotlib.pyplot as plt
        2  import math                      #2-4行目を追加
        3  import matplotlib.patches as patches
        4  import numpy as np
```

次に，World クラスの下にセルを設けて，次のように IdealRobot クラスを実装します．（⇒`ideal_robot2.ipynb` [3]）

```
In [3]:  1  class IdealRobot:
         2      def __init__(self, pose, color="black"):
         3          self.pose = pose          # 引数から姿勢の初期値を設定
         4          self.r = 0.2              # これは描画のためなので固定値
         5          self.color = color        # 引数から描画するときの色を設定
         6
         7      def draw(self, ax):
         8          x, y, theta = self.pose                    # 姿勢の変数を分解して3つの変数へ
         9          xn = x + self.r * math.cos(theta)          # ロボットの鼻先のx座標
        10          yn = y + self.r * math.sin(theta)          # ロボットの鼻先のy座標
        11          ax.plot([x,xn], [y,yn], color=self.color)  # ロボットの向きを示す線分の描画
        12          c = patches.Circle(xy=(x, y), radius=self.r, fill=False, color=self.color)
        13          ax.add_patch(c)    # 上のpatches.Circleでロボットの胴体を示す円を作ってサブプロットへ登録
```

注1 もしかしたら「(x, y) が位置で θ が姿勢」とする方が一般的かもしれませんが，本書のように位置も姿勢の一部として「姿勢」とまとめてしまう流派も存在します．

このクラスについては後で詳細を説明します．

IdealRobot を実装したら，先ほど World クラスのオブジェクトを作成したセルに，4〜8 行目のように書き足して実行します．このセルは，ノートブックの一番下のセルになるようにします．（⇒`ideal_robot2.ipynb` [4]）

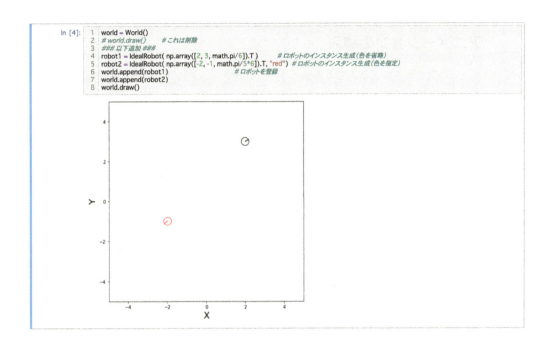

このコードでは，4, 5 行目でロボットのオブジェクトが 2 台作られ，World クラスに実装した append メソッドで世界座標系に登録されています．その後，world.draw() で描画されています．

IdealRobot クラスの説明の前に，セル [1] で新たにインポートしたモジュールについて説明しておきます．まず，2 行目の math は数学関係のモジュールで，IdealRobot クラスの draw メソッドの中で，math.cos, math.sin のように三角関数の計算に使用されています．3 行目の matplotlib.patches は図形を描画するときに使うモジュールで，セル [3] の 12 行目で円を描くために使われています．4 行目の numpy は前章にも出てきました．セル [4] の 4, 5 行目で，ロボットの姿勢を指定するために使用されています．この使用例では，行に x,y,theta を並べ，それを .T で転置して縦ベクトルにしています．

では，IdealRobot クラスの実装をセル [3] の上から見ていきます．まず，`__init__` メソッドでは，ロボットの姿勢 (pose)，半径 (r)，色 (color) を定義しています．このうち姿勢と色は引数で指定されたものを代入しています．この引数は，セル [4] の 4 行目の例のようにオブジェクトを作るときに IdealRobot への引数として指定します．半径については，描画だけのために使いますので，0.2 で固定値にしています．また，色については color="black" とあるように，デフォルト値に黒を指定しています．セル [4] の 4 行目のようにオブジェクト生成時に第二引数を省略すると，ロボットは黒で描画されます．

draw メソッドでは，引数にサブプロット ax をとって，ax に対して描画の指令を加えていきます．移動ロボットは図 3.2(b) の記号で描画します．針（図 3.2(b) 中の太線）の向きがロボットの向き，円の中心がロボットの位置を示します．コードの中で針を描いているのは 11 行目で，plot というメソッドの引数に，線の端点のリストを X 軸，Y 軸ごとにそれぞれ第一，第二引数に指定します．こ

の例では 1 本しか線分を引かないのでリストには端点の座標 2 点を指定しています．円周側の端点の座標 xn, yn は 9, 10 行目で計算されています．12, 13 行目はロボットの記号の円周部分を描くための処理です．12 行目で `matplotlib.patches` から `Circle` というクラスを持ち出してきて，オブジェクト c を作り，それを 13 行目でサブプロットに登録しています．`matplotlib.patches` の図形のオブジェクトは `add_patch` というメソッドを使って登録します．

3.2.3 アニメーションの導入

今度はロボットの動きをプログラムしてみましょう．ノートブックにアニメーション機能を実装し，その後，ロボットの動きを実装してみます．

まず，world クラスを「アニメ化」します．matplotlib の nbagg という機能を使うと Jupyter Notebook 上でパラパラ漫画を作ることができます．nbagg を使うには，セル [1] の一番上に，次の 3 行を追加します．（⇒ideal_robot3.ipynb [1]）

```
In [1]: 1  import matplotlib                         #追加
        2  matplotlib.use('nbagg')                   #追加
        3  import matplotlib.animation as anm        #追加
```

2 行目がアニメーションを表示するという宣言，3 行目がアニメーションを扱うためのモジュールをインポートする処理です．

次に，World クラスに加筆します．（⇒ideal_robot3.ipynb [2]）

```
In [2]: 1  class World:
        2      def __init__(self, debug=False):  #デバッグ用のフラグを追加
        3          self.objects = []
        4          self.debug = debug  #追加
```

アニメーションさせるとエラーメッセージがノートブック上に出てこなくなり，コーディングが難しくなるので，`__init__` の引数に debug を加え，True のときはアニメーションを切るようにします．

次に，draw メソッドを書き換え，draw メソッドから呼ばれるメソッド one_step を次のように実装します．（⇒ideal_robot3.ipynb [2]）

```
 9      def draw(self):
10          fig = plt.figure(figsize=(4,4))    #10~16行目はそのまま
11          ax = fig.add_subplot(111)
12          ax.set_aspect('equal')
13          ax.set_xlim(-5,5)
14          ax.set_ylim(-5,5)
15          ax.set_xlabel("X",fontsize=10)
16          ax.set_ylabel("Y",fontsize=10)
17
18          elems = []
19
20          if self.debug:
21              for i in range(1000): self.one_step(i, elems, ax) #デバッグ時はアニメーションさせない
22          else:
23              self.ani = anm.FuncAnimation(fig, self.one_step, fargs=(elems, ax), frames=10, interval=1000, repeat=False)
24              plt.show()
25
26      def one_step(self, i, elems, ax):
27          pass
```

one_step はアニメーションを 1 コマ進めるメソッドです．また，今後アニメーションの 1 コマを離散時刻の 1 ステップと考えるので，one_step はこの環境の時刻を 1 ステップずつ進めるメソッドともいえます．このメソッドにはまだ何もさせないので，pass と一言書いておきます．これで one_step

は呼ばれるだけで何もしないメソッドになります．one_step の引数は，ステップの番号 i と，描画する図形のリスト elems，サブプロット ax です．

アニメーションは draw メソッドで仕掛けます．23 行目のように anm.FuncAnimation というクラスのオブジェクトを作り，self.anm という変数に結びつけています．この変数を作っておくと，24 行目の plt.show() でアニメーションが開始します．anm.FuncAnimation に渡している引数は，順に図のオブジェクトの fig，1 ステップ時刻を進めるメソッド one_step, one_step に渡す引数，描画する総ステップ数 frame, ステップの周期 interval（単位：ms），繰り返し再生するかどうかのフラグ repeat です．one_step に渡す引数は 18 行目で作った空のリスト elems と，サブプロット ax です．ステップの番号は自動で渡すのでここでは渡しません．21 行目は 20 行目で self.debug が True のときに one_step を繰り返し呼び出す処理です．繰り返す回数 1000 は今のところ適当です．

これでセルを上から実行しなおす，あるいは Jupyter Notebook の画面のメニューで「kernel」→「Restart & Run All」を選ぶと図 3.3 のように，空の世界座標系が描かれた子画面がノートブック上に出現します．「Restart & Run All」の操作は以後，「再実行」と表現します．

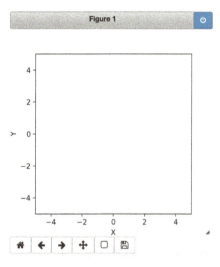

図 3.3 空のアニメーション画面．

アニメーションは非同期で動くので，直感と違うことがたびたび起こるようになります．また，コードにバグを埋め込むと何も描画されなくなります．こういう場合は，World のオブジェクトを作る際に，World(debug=True) と記述してデバッグします．

次に，one_step メソッドにこの世界の時刻を 1 ステップ進めるコードを書いてみましょう．まず，アニメーション画面の左上に時刻を表示するコードを書きます．one_step の pass を消して，次のようにコードを書き換えましょう．再実行後，出力されるアニメーションの左上に「t = 0」と表示され，一秒ごとにカウントアップして「t = 9」で止まったら成功です．（⇒ideal_robot4.ipynb [2]）

```
27    def one_step(self, i, elems, ax):
28        while elems: elems.pop().remove()
29        elems.append(ax.text(-4.4, 4.5, "t = "+str(i), fontsize=10)) #座標ベタ書きが気になるなら変数に
```

このコードの 28 行目は，二重の描画を防ぐために elems のリストにある図形をいったんクリアする処理です．pop はリストの一番後ろからオブジェクトを取り出してリストから消す関数, remove は elems

に入っているオブジェクトのメソッドで，オブジェクト自身を消去する関数です．29 行目が，`elems` にテキストのオブジェクトを追加するコードで，ここでは `t = ` という文字列に，ステップの番号 `i` を文字列にしてくっつけています．`ax.text` は，作ったオブジェクト（型は `matplotlib.text.Text`）の参照を返し，これがリスト `elems` に追加されます．

ロボットの描画は，`IdealRobot` クラスの `draw` メソッドを少し改造することで実現します．`one_step` メソッドに，次のように 30, 31 行目を加筆します．（⇒`ideal_robot4.ipynb` [2]）

```python
27    def one_step(self, i, elems, ax):
28        while elems: elems.pop().remove()
29        elems.append(ax.text(-4.4, 4.5, "t = "+str(i), fontsize=10)) #座標ベタ書きが気になるなら変数に
30        for obj in self.objects: # 追加
31            obj.draw(ax, elems) # 追加
```

この追加で，`self.objects` に入ったオブジェクトの `draw` メソッドが呼ばれるようになります．

`draw` の引数にはサブプロット `ax` に加え，`elems` も渡していますが，`IdealRobot` クラスの現状の `draw` では `elems` を受け取れないので，受け取れるように変更しましょう．変更したコードを次に示します．（⇒`ideal_robot4.ipynb` [3]．注意：`World` クラスでなく `IdealRobot` クラスの `draw`．）

```python
7    def draw(self, ax, elems):
8        x, y, theta = self.pose
9        xn = x + self.r * math.cos(theta)
10       yn = y + self.r * math.sin(theta)
11       elems += ax.plot([x,xn], [y,yn], color=self.color) # elems += を追加
12       c = patches.Circle(xy=(x, y), radius=self.r, fill=False, color=self.color) # c = を追加
13       elems.append(ax.add_patch(c))   # elem.appendで包む
```

このコードには，まず引数に `elems` が追加されています．そして，描画用の図形を 11, 13 行目で `elems` に追加するようにコードが変更されています．11 行目が `append` でなくリスト同士の足し算になっているのは，`ax.plot` がリストを返してくるからです．`ax.plot` の返すリストのオブジェクトは，`matplotlib.lines.Line2D` という型をもっています．一方，13 行目の `ax.add_patch` は `matplotlib.patches.Circle` という型のオブジェクトを単体で返してきますので，これは `append` します．以上の変更の後，ノートブックを再実行すると，図 3.4 のように描画されます．しかし，まだロボットは動きません．

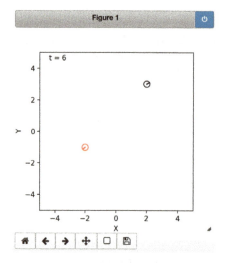

図 3.4 ロボットが描画される．

ここで，時刻について整理しておきましょう．今のシミュレーションでは 1 秒ごとにコマを書き換えました．この書き換えの周期を以後の式中では Δt と表します．また，各コマには i という変数を使って番号をつけましたが，以後，これを使って 0, 1, 2, ... と時刻を離散的にカウントすることにします．式中では離散時刻を（i ではなく）t で表記します．さらに，あるコマの時刻を t，次のコマの時刻を $t+1$ などと表記します．一方，アニメーション中では t=... と秒数を描いていますが，これは実際の（連続的な）時刻を表すので t とは異なるものとなります．

3.2.4 ロボットの運動と状態方程式

ある時刻にロボットが動いたときに，次のステップにロボットの姿勢がどうなるか求めてみましょう．なんらかの制御器がロボットに与える指令は，図 3.5(a) のように，ロボットの前方方向の速度 ν[m/s] とロボットの中心の角速度 ω[rad/s] とします．二つまとめて記述するときはベクトル $\boldsymbol{u} = (\nu\ \omega)^\top$ で表すことにします．制御器（後述のエージェント）がロボットに対して与える（指令する）という意味で，$\boldsymbol{u}$ のことを**制御指令**と呼びます[注2]．$\boldsymbol{u}$ の具体的な値のことは制御指令値と呼びます．制御指令は離散時刻ごとにしか変えられないことにします．時刻 $t-1$ から t までの制御指令を $\boldsymbol{u}_t = (\nu_t\ \omega_t)^\top$ と表記します．

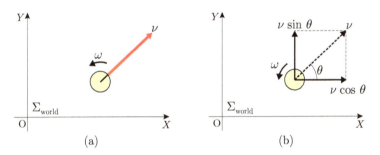

図 3.5 (a)：ロボットへの制御指令．(b)：世界座標系と制御指令の関係．

制御指令 $\boldsymbol{u}$ でどのようにロボットが運動するかを計算しましょう．$\boldsymbol{u}$ を世界座標系での速度 $\dot{\boldsymbol{x}} = (\dot{x}\ \dot{y}\ \dot{\theta})^\top$ に変換すると，ν は図 3.5(b) のように，X 軸，Y 軸方向に分解でき，

$$\begin{pmatrix} \dot{x} \\ \dot{y} \end{pmatrix} = \begin{pmatrix} \nu \cos\theta \\ \nu \sin\theta \end{pmatrix} \tag{3.3}$$

となります．角速度 ω はそのまま

$$\dot{\theta} = \omega \tag{3.4}$$

となります．

$\dot{\boldsymbol{x}}$ が求まったので，時刻 $t-1$ と次の時刻 t の姿勢の関係を求めてみましょう．姿勢 $\boldsymbol{x}_{t-1}$ に $\dot{\boldsymbol{x}}$ を Δt 秒間積分したものを足すと $\boldsymbol{x}_t$ になります．向き θ_t は式 (3.4) から，

$$\theta_t = \theta_{t-1} + \int_0^{\Delta t} \omega_t dt = \theta_{t-1} + \omega_t \Delta t \tag{3.5}$$

となります．また，$t-1$ から t までの θ の変化を考えると，式 (3.3) から，

注 2　制御では「制御入力」が一般的ですが，エージェントにとっては出力になるので「指令」としました．

$$\begin{pmatrix} x_t \\ y_t \end{pmatrix} = \begin{pmatrix} x_{t-1} \\ y_{t-1} \end{pmatrix} + \begin{pmatrix} \int_0^{\Delta t} \nu_t \cos(\theta_{t-1} + \omega_t t) dt \\ \int_0^{\Delta t} \nu_t \sin(\theta_{t-1} + \omega_t t) dt \end{pmatrix} \tag{3.6}$$

が成り立ちます．$\omega_t = 0$ の場合にこれを解くと，

$$\begin{pmatrix} x_t \\ y_t \end{pmatrix} = \begin{pmatrix} x_{t-1} \\ y_{t-1} \end{pmatrix} + \begin{pmatrix} \int_0^{\Delta t} \nu_t \cos \theta_{t-1} dt \\ \int_0^{\Delta t} \nu_t \sin \theta_{t-1} dt \end{pmatrix} = \begin{pmatrix} x_{t-1} \\ y_{t-1} \end{pmatrix} + \begin{pmatrix} \Delta t \nu_t \cos \theta_{t-1} \\ \Delta t \nu_t \sin \theta_{t-1} \end{pmatrix} \tag{3.7}$$

となり，$\omega_t \neq 0$ の場合，

$$\begin{pmatrix} x_t \\ y_t \end{pmatrix} = \begin{pmatrix} x_{t-1} \\ y_{t-1} \end{pmatrix} + \nu_t \omega_t^{-1} \begin{pmatrix} \left[\sin(\theta_{t-1} + \omega_t t) \right]_0^{\Delta t} \\ -\left[\cos(\theta_{t-1} + \omega_t t) \right]_0^{\Delta t} \end{pmatrix}$$

$$= \begin{pmatrix} x_{t-1} \\ y_{t-1} \end{pmatrix} + \nu_t \omega_t^{-1} \begin{pmatrix} \sin(\theta_{t-1} + \omega_t \Delta t) - \sin \theta_{t-1} \\ -\cos(\theta_{t-1} + \omega_t \Delta t) + \cos \theta_{t-1} \end{pmatrix} \tag{3.8}$$

となります．式 (3.5) とまとめると，

$$\begin{pmatrix} x_t \\ y_t \\ \theta_t \end{pmatrix} = \begin{pmatrix} x_{t-1} \\ y_{t-1} \\ \theta_{t-1} \end{pmatrix} + \begin{cases} \begin{pmatrix} \nu_t \cos \theta_{t-1} \\ \nu_t \sin \theta_{t-1} \\ \omega_t \end{pmatrix} \Delta t & (\omega_t = 0) \\ \begin{pmatrix} \nu_t \omega_t^{-1} \{ \sin(\theta_{t-1} + \omega_t \Delta t) - \sin \theta_{t-1} \} \\ \nu_t \omega_t^{-1} \{ -\cos(\theta_{t-1} + \omega_t \Delta t) + \cos \theta_{t-1} \} \\ \omega_t \Delta t \end{pmatrix} & (\omega_t \neq 0) \end{cases} \tag{3.9}$$

が得られます．この式は ω_t で場合分けされていますが，ω_t を 0 に近づける極限の計算をすると，場合分けした二つの式が一致することが分かります．

このように，ロボットの中では最も簡単な部類の対向 2 輪型ロボットであっても，動きを忠実に計算するとそこそこ複雑な式になります．ただ，式 (3.9) は，

$$\boldsymbol{x}_t = \boldsymbol{f}(\boldsymbol{x}_{t-1}, \boldsymbol{u}_t) \qquad (t = 1, 2, 3, \dots) \tag{3.10}$$

というように関数で表現できるので，関数 $\boldsymbol{f}$ を一度コードで実装してしまえば，あとはブラックボックスにしておいて $\boldsymbol{f}$ の中身を思い出せばよいということになります．関数 $\boldsymbol{f}$ は，$\boldsymbol{u}_t$ でロボットの姿勢（状態）が $\boldsymbol{x}_{t-1}$ から $\boldsymbol{x}_t$ に遷移することを表すので，**状態遷移関数**と呼ばれます．また，状態が $\boldsymbol{x}_0, \boldsymbol{x}_1, \boldsymbol{x}_2, \dots$ と変化していくことは**状態遷移**と呼ばれます．そして，式 (3.10) は**状態方程式**と呼ばれます．

では，状態遷移関数 $\boldsymbol{f}$ をノートブックに組み込んでロボットを動かしてみましょう．`IdealRobot` クラスに，`state_transition` という名前で実装します．（⇒`ideal_robot5.ipynb` [3]）

```python
@classmethod
def state_transition(cls, nu, omega, time, pose):
    t0 = pose[2]
    if math.fabs(omega) < 1e-10: #角速度がほぼゼロの場合とそうでない場合で場合分け
        return pose + np.array( [nu*math.cos(t0),
                                 nu*math.sin(t0),
                                 omega ] ) * time
    else:
        return pose + np.array( [nu/omega*(math.sin(t0 + omega*time) - math.sin(t0)),
                                 nu/omega*(-math.cos(t0 + omega*time) + math.cos(t0)),
                                 omega*time ] )
```

この関数は，引数で与えられた pose に姿勢の変化量を足して，移動後の姿勢を返します．メソッドの上につけた @classmethod は，オブジェクトを作らなくてもこのメソッドを実行できるようにするための 1 行です．Python の「デコレータ」という機能を使っています．この場合，state_transition の最初の引数は self でなくてクラスそのものを指す cls を記述しておきます．

state_transition を IdealRobot のオブジェクトの外で使うときは，次のようにクラス名を頭につけます．動作確認も兼ねて次のように呼び出してみましょう．（⇒ideal_robot5.ipynb [6]-[8]）

```
In [6]:  1  ## 原点から0.1[m/s]で1[s]直進 ##
         2  IdealRobot.state_transition(0.1, 0.0, 1.0, np.array([0,0,0]).T)
Out[6]: array([0.1, 0. , 0. ])

In [7]:  1  ## 原点から0.1[m/s], 10[deg/s]で9[s]移動 ##
         2  IdealRobot.state_transition(0.1, 10.0/180*math.pi, 9.0, np.array([0,0,0]).T)
Out[7]: array([0.5729578 , 0.5729578 , 1.57079633])

In [8]:  1  ## 原点から0.1[m/s], 10[deg/s]で18[s]移動 ##
         2  IdealRobot.state_transition(0.1, 10.0/180*math.pi, 18.0, np.array([0,0,0]).T)
Out[8]: array([7.01670930e-17, 1.14591559e+00, 3.14159265e+00])
```

3.2.5 エージェントの実装

次に，ロボットの制御指令を決める**エージェント**のクラスを作ります．本書のコードでは，ロボットはあくまで乗り物で，そこにエージェントが乗って操縦するという体裁をとります（⇒ 問題 3.3）．「考える主体」のことを，ロボティクスや人工知能の研究分野ではエージェントと呼びます．

IdealRobot クラスの下にセルを追加して Agent クラスを実装しましょう．エージェントは本書の後にいくほど賢くなっていきますが，今の段階ではただ一定時間ごとに固定値の ν, ω を返すというものにします．コードの例を示します．（⇒ideal_robot5.ipynb [4]）

```
In [4]:  1  class Agent:
         2      def __init__(self, nu, omega):
         3          self.nu = nu
         4          self.omega = omega
         5  
         6      def decision(self, observation=None):
         7          return self.nu, self.omega
```

decision メソッドの引数 observation はセンサ値の受け渡しに使われますが，ここではまだ使われていません．

このエージェントをロボットに搭載できるようにします．IdealRobot クラスの __init__ メソッドに 6, 7 行目のように加筆します．（⇒ideal_robot5.ipynb [3]）

```
In [3]:  1  class IdealRobot:
         2      def __init__(self, pose, agent=None, color="black"):  # agentという引数を追加
         3          self.pose = pose
         4          self.r = 0.2
         5          self.color = color
         6          self.agent = agent    # 追加
         7          self.poses = [pose]   # 軌跡の描画用．追加
```

ロボットの軌跡を描くために，IdealRobot の draw メソッドにも次のように 17, 18 行目を加筆します．（⇒ideal_robot5.ipynb [3]）

```
 9    def draw(self, ax, elems):
10        x, y, theta = self.pose    #ここから15行目までは変えなくて良い
11        xn = x + self.r * math.cos(theta)
12        yn = y + self.r * math.sin(theta)
13        elems += ax.plot([x,xn], [y,yn], color=self.color)
14        c = patches.Circle(xy=(x, y), radius=self.r, fill=False, color=self.color)
15        elems.append(ax.add_patch(c))
16
17        self.poses.append(self.pose) #以下追加．軌跡の描画
18        elems += ax.plot([e[0] for e in self.poses], [e[1] for e in self.poses], linewidth=0.5, color="black")
```

アニメーションを実行するセルでは，エージェントをロボットに乗せる処理を追加します．次のように少し加筆します．（⇒ `ideal_robot5.ipynb` [5]）

```
In [5]:  1  world = World()
         2  straight = Agent(0.2, 0.0)              # 0.2[m/s]で直進
         3  circling = Agent(0.2, 10.0/180*math.pi)  # 0.2[m/s], 10[deg/s](円を描く)
         4  robot1 = IdealRobot( np.array([ 2, 3, math.pi/6]).T,  straight )
         5  robot2 = IdealRobot( np.array([-2, -1, math.pi/5*6]).T, circling, "red")
         6  robot3 = IdealRobot( np.array([ 0, 0, 0]).T, color="blue")     #エージェントを与えないロボット
         7  world.append(robot1)
         8  world.append(robot2)
         9  world.append(robot3)
        10  world.draw()
```

実行して，ロボットが三つ描画されることを確認しましょう．

次に，エージェントの `decision` メソッドを使ってロボットを動かすメソッドを `IdealRobot` クラスに実装します．名前は `one_step` にして，次のように実装します．引数 `time_interval` は離散時間 1 ステップ分が何秒であるかを指定するものです．あとから描画にあわせて設定します．（⇒ `ideal_robot5.ipynb` [3]）

```
32    def one_step(self, time_interval):
33        if not self.agent: return
34        nu, omega = self.agent.decision()
35        self.pose = self.state_transition(nu, omega, time_interval, self.pose)
```

`one_step` は，エージェントが存在する場合にはエージェントからロボットの速度，角速度を受け取り，姿勢を更新する処理をします．

ロボットの動きをアニメーションに反映しましょう．`World` クラスの `one_step` メソッドの下で `one_step` メソッドを呼び出します．（⇒ `ideal_robot5.ipynb` [2]）

```
26    def one_step(self, i, elems, ax):
27        while elems: elems.pop().remove()
28        elems.append(ax.text(-4.4, 4.5, "t = "+str(i), fontsize=10))
29        for obj in self.objects:
30            obj.draw(ax, elems)
31            if hasattr(obj, "one_step"): obj.one_step(1.0)     #追加
```

`hasattr` は，オブジェクトにメソッドがあるかどうかを調べる関数です．`obj.one_step` に与えた 1.0 秒という間隔は，Δt に相当します．ここは 1.0 と数字をベタ書きせずに変数にすべきですが，それは後にして描画を先に確認します．また，些細な話ですが，描画のあとに `one_step` を実行するのは，初期状態がアニメーションの最初に描かれるようにするためです．

これでノートを再実行して，ロボットの動きがアニメーションされることを確認します．図 3.6 のように描画されるはずです．

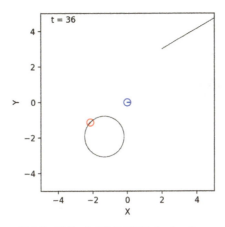

図 3.6　ロボットの動きのアニメーション．

3.2.6　離散時刻の設定

最後に，`IdealRobot.one_step` に与える時間を変数にします．まず，`World` のオブジェクトを作るときに，何秒間シミュレーションするか（`time_span`）と Δt（`time_interval`）を指定できるようにします．（⇒`ideal_robot6.ipynb` [2]）

```
In [2]:  1  class World:
         2      def __init__(self, time_span, time_interval, debug=False): #time_span, time_intervalを追加
         3          self.objects = []
         4          self.debug = debug
         5          self.time_span = time_span          # 追加
         6          self.time_interval = time_interval  # 追加
```

次に，`World` クラス内のメソッドの引数，`World` のオブジェクトを作るときの引数を，数字ベタ書きから変数を使ったコードに変更します．（⇒`ideal_robot6.ipynb` [2]）

```
        11      def draw(self):                                                            ...
        22          if self.debug:
        23              for i in range(1000): self.one_step(i, elems, ax)
        24          else:
        25              ### FuncAnimationのframes, intervalを変更 ###
        26              self.ani = anm.FuncAnimation(fig, self.one_step, fargs=(elems, ax),
        27                  frames=int(self.time_span/self.time_interval)+1, interval=int(self.time_interval*1000), repeat=False)
        28              plt.show()
        29
        30      def one_step(self, i, elems, ax):
        31          while elems: elems.pop().remove()
        32          time_str = "t = %.2f[s]" % (self.time_interval*i)   # 時刻として表示する文字列
        33          elems.append(ax.text(-4.4, 4.5, time_str, fontsize=10))
        34          for obj in self.objects:
        35              obj.draw(ax, elems)
        36              if hasattr(obj, "one_step"): obj.one_step(self.time_interval)      # 変更
```

そして，アニメーションを実行するセルで `world` オブジェクトを作っている部分に引数を追加します．（⇒`ideal_robot6.ipynb` [5]）

```
In [5]:  1  world = World(10, 1)   # 引数を追加
```

以上で変更は完了です．ノートを再実行してアニメーションが図 3.6 のように動くかを確かめましょ

う．また，Worldの引数でtime_intervalの値を変えてもロボットの軌跡が変わらないことも確認しましょう．

3.3 ロボットの観測

次に，ロボットにセンサを搭載し，センサで観測する対象を環境におきます．本書では，カメラで何か目印となる物体を見て，その物体の距離と見える向きを測定するという観測を考えます．移動ロボットのセンサというと，最近では2章で出てきたLiDARがよく利用されています．LiDARを扱わないのは最近の移動ロボットの教科書としては問題がないことはないのですが，確率を主題にしたときに，LiDAR用の数多くのアルゴリズムを多く説明することが冗長になってしまいますので，ほかの教科書に説明を譲ります．

3.3.1 点ランドマークの設置

まず，**点ランドマーク**を環境におきましょう．点ランドマークというのは，例えば人間にとっては星や遠くに見えるタワー，床に目印としてつけた丸や正方形のシールなど，位置に関する情報を与え，かつその位置（座標）を点で表現できるものを指します．ロボットでも，カメラを搭載し，点ランドマークを認識する画像処理を実装することで，点ランドマークが利用できます．

図3.7, 3.8に点ランドマークの例を示します．図3.7では，ロボットサッカーフィールドの周囲に色分けされたポールが立てられています．これをロボットから観測すると，画像上でのポールの位置と大きさから，ロボット座標系におけるポールの向きと位置が（だいたい）分かります．本書では，このようなタイプの点ランドマークを扱います．ただ，図3.7は古典的すぎるので，より新しく，もっと多次元の情報が得られる点ランドマークの例を図3.8に掲載します．この図で部屋に貼られている2次元バーコードは「ARマーカ」という拡張現実用のマーカです．ARマーカをカメラで撮影して専用のソフトウェアに送ると，3次元空間中でのカメラとマーカの（だいたいの）相対姿勢を簡単に取得できます．

図3.7 2002年ごろのロボカップ4足ロボットリーグのサッカーフィールド．周囲にあるランドマーク（手前の赤の丸で囲んだポールが色違いで6本立っている）．

図3.8 ARマーカ（赤の丸囲み）．

点ランドマークをシミュレータ中におきましょう．環境中にランドマークはN_m個あるとします．

それぞれ 0 から $N_\mathrm{m} - 1$ までの ID をもつこととして，ID として番号 j をもつランドマークを m_j と表記することとします．また，全ランドマークの位置を記録した**地図**を

$$\mathbf{m} = \{\mathrm{m}_j | j = 0, 1, 2, \dots, N_\mathrm{m} - 1\} \tag{3.11}$$

と表記します．ランドマーク m_j の世界座標系での座標は，太字のイタリックで $\boldsymbol{m}_j = (m_{j,x}\ m_{j,y})^\top$ と表します．ここで $m_{j,x}\ m_{j,y}$ は，それぞれ X 座標，Y 座標を表します．また，ランドマークに向きがあったり，ランドマークを 3 次元空間上に配置したりすれば，ランドマークの位置姿勢を表すパラメータは $m_{j,x}\ m_{j,y}$ のほかにも加わることになります．9 章では，ランドマークの向きのパラメータを加えています．

まず，ランドマークを表すクラス Landmark を次のように作ります．（⇒ideal_robot7.ipynb [5]）

```
In [5]:  1  class Landmark:
         2      def __init__(self, x, y):
         3          self.pos = np.array([x, y]).T
         4          self.id = None
         5
         6      def draw(self, ax, elems):
         7          c = ax.scatter(self.pos[0], self.pos[1], s=100, marker="*", label="landmarks", color="orange")
         8          elems.append(c)
         9          elems.append(ax.text(self.pos[0], self.pos[1], "id:" + str(self.id), fontsize=10))
```

メソッドは `__init__` と `draw` を実装します．7 行目の `scatter` は，散布図[注3] に点を打つためのメソッドです．ここでは，ランドマークの座標と，点を星型 (`marker="*"`)，点のサイズ[注4] を s=100，色をオレンジという指示を引数で受け取っています．

次に，このランドマークを登録する地図のクラス Map を次のように作ります．（⇒ideal_robot7.ipynb [6]）

```
In [6]:   1  class Map:
          2      def __init__(self):
          3          self.landmarks = []               # 空のランドマークのリストを準備
          4
          5      def append_landmark(self, landmark):  # ランドマークを追加
          6          landmark.id = len(self.landmarks) + 1  # 追加するランドマークにIDを与える
          7          self.landmarks.append(landmark)
          8
          9      def draw(self, ax, elems):            # 描画（Landmarkのdrawを順に呼び出し）
         10          for lm in self.landmarks: lm.draw(ax, elems)
```

メソッドは三つ実装されていますが，役割は図中のコメントの通りです．

これで，地図を world に追加すると，ランドマークが描画されます．セル [7] の，world オブジェクトを作ったすぐ下で，3〜8 行目のように地図のオブジェクト m にランドマークを登録し，m を world に追加します．実行してアニメーションが始まり，図 3.9 のようにランドマークが星マークで三つ描かれたらバグのないコードが記述できています．（⇒ideal_robot7.ipynb [7]）

注3 XY 座標で点の分布を表すための図．
注4 幅ではなく幅（単位：ポイント）の 2 乗で指定します．

```
In [7]:  1  world = World(10, 0.1)
         2
         3  ### 地図を生成して3つランドマークを追加 ###
         4  m = Map()
         5  m.append_landmark(Landmark(2,-2))
         6  m.append_landmark(Landmark(-1,-3))
         7  m.append_landmark(Landmark(3,3))
         8  world.append(m)           # worldに地図を登録
        ...
        20  ### アニメーション実行 ###
        21  world.draw()
```

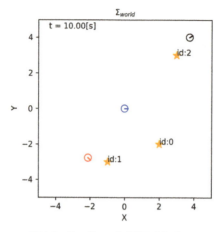

図 3.9　ランドマークが描画される.

3.3.2　点ランドマークの観測

　今度はロボットが点ランドマークを観測するということをコードにしましょう．ロボットはカメラをもっていて，視界に入った点ランドマーク m_j を観測できることとします．また，話を単純にするために，カメラの姿勢はロボットの姿勢に一致しているとしましょう．カメラはステレオカメラではなく単眼のものを想定していますが，ランドマーク m_j のカメラ画像中での大きさと位置から，カメラからの距離 ℓ_j と向き φ_j が計算できることとします．図 3.10 に，ロボット，ランドマークと ℓ_j, φ_j の関係を描きました．φ_j の符号については，図中の矢印の方向を正とします．

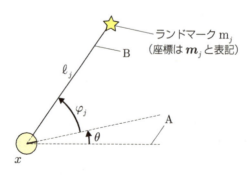

図 3.10　ロボット，ランドマーク，センサ値の関係.

　ℓ_j, φ_j を合わせて $z_j = (\ell_j\ \varphi_j)^\top$ と表し，「センサ値」と呼びます．また，センサ値の得られた時刻を明記する場合は，ロボットが時刻 t (u_t で移動した直後) に m_j を観測して得たものを $z_{j,t} = (\ell_{j,t}\ \varphi_{j,t})^\top$

と表記します．センサ値に混入する雑音については 4 章で扱います．

ランドマークは同時に複数個観測されることがあります．時刻 t に得られた複数のセンサ値をリストにまとめて $\boldsymbol{z}_t$ と表記することとします．センサ値がゼロ個の場合も空のリストと解釈して $\boldsymbol{z}_t$ と表記します．地図 $\boldsymbol{m}$ もそうですが，本書ではブロック体の太字は集合やリストを表します．

点ランドマークの座標 $\boldsymbol{m}_j = (m_{j,x}\ m_{j,y})^\top$，ロボットの姿勢 $\boldsymbol{x} = (x\ y\ \theta)^\top$ から，センサ値 $\boldsymbol{z}_j = (\ell_j\ \varphi_j)^\top$ を求めてみましょう．図 3.10 の作図で求めます．

まず ℓ_j は，ロボットとランドマークの間の距離ですので，

$$\ell_j = |\boldsymbol{m}_j - \boldsymbol{x}| = \sqrt{(m_{j,x}-x)^2 + (m_{j,y}-y)^2} \tag{3.12}$$

となります．φ_j は，ロボットの向き θ と φ_j を足すと，図中の線分 A, B のなす角になるので

$$\varphi_j + \theta = \mathrm{atan2}(m_{j,y}-y, m_{j,x}-x)$$
$$\varphi_j = \mathrm{atan2}(m_{j,y}-y, m_{j,x}-x) - \theta \tag{3.13}$$

となります．atan2 は正接（タンジェント）の逆関数 arctan のことです．arctan の値域は $(-\pi/2, \pi/2)$ となりますが，多くのプログラミング言語には atan2 という関数が用意されていて，これを使うと値域が $[-\pi, \pi)$ まで広くなります．具体的には，XY 座標で X 軸方向に対し，座標 (x,y) がどちらの方角にあるかを $-\pi$ から π の範囲で返します．本書では数式でも atan2 を使います．以上，まとめると

$$\begin{pmatrix} \ell_j \\ \varphi_j \end{pmatrix} = \begin{pmatrix} \sqrt{(m_{j,x}-x)^2 + (m_{j,y}-y)^2} \\ \mathrm{atan2}(m_{j,y}-y, m_{j,x}-x) - \theta \end{pmatrix} \tag{3.14}$$

となります．

ところで式 (3.14) は

$$\boldsymbol{z}_j = \boldsymbol{h}(\boldsymbol{x}, \boldsymbol{m}_j) \tag{3.15}$$

$$\boldsymbol{h}(\boldsymbol{x}, \boldsymbol{m}_j) = \begin{pmatrix} \sqrt{(m_{j,x}-x)^2 + (m_{j,y}-y)^2} \\ \mathrm{atan2}(m_{j,y}-y, m_{j,x}-x) - \theta \end{pmatrix} \tag{3.16}$$

という関数を使った表現で記述できます．あるいは，ランドマーク m_j に特化した関数 $\boldsymbol{h}_j$ を考えて，

$$\boldsymbol{z}_j = \boldsymbol{h}_j(\boldsymbol{x}) \qquad (\boldsymbol{h}_j \text{の式は式 (3.16) の右辺と同じ}) \tag{3.17}$$

というように表せます．関数 $\boldsymbol{h}$, $\boldsymbol{h}_j$ を使った方程式は，制御の教科書では，**出力方程式**あるいは**観測方程式**という名前で記載されています[注5]．我々の扱っている問題の場合，観測方程式と呼ぶほうがよいでしょう．また本書では，$\boldsymbol{h}$ や $\boldsymbol{h}_j$ のことを観測関数と呼びます．

IdealCamera というクラスを作り，その中に観測関数 $\boldsymbol{h}$ の計算を実装しましょう．Map クラスの下にセルを作り，次のように実装します．（⇒ideal_robot8.ipynb [7]）

```python
class IdealCamera:
    def __init__(self, env_map):
        self.map = env_map
        
    def data(self, cam_pose):
        observed = []
        for lm in self.map.landmarks:
            p = self.observation_function(cam_pose, lm.pos)
            observed.append((p, lm.id))
            
        return observed
    
    @classmethod
    def observation_function(cls, cam_pose, obj_pos):
        diff = obj_pos - cam_pose[0:2]
        phi = math.atan2(diff[1], diff[0]) - cam_pose[2]
        while phi >= np.pi: phi -= 2*np.pi
        while phi < -np.pi: phi += 2*np.pi
        return np.array( [np.hypot(*diff), phi] ).T
```

注5 $\boldsymbol{u}_t$ も変数に加わることがあります．

このクラスは`__init__`の引数に地図のオブジェクトをとっています．センサに地図をもたせるのが妥当かどうかという議論がありそうですが，実世界と違い，シミュレータの場合は観測対象の情報がないとセンサ値が作れないので，このような構造にしました．

式(3.16)の変換を行っているのは13行目以下の`observation_function`メソッドです．引数の`cam_pose`, `obj_pos`はそれぞれカメラの姿勢（=ロボットの姿勢）と物体（=ランドマーク）の位置を表します．15行目で$m_{j,x} - x, m_{j,y} - y$を要素にもつベクトル`diff`を計算し，`diff`とθから16行目でφ_jを計算しています．17, 18行目は計算したφ_jが$[-\pi, \pi)$の範囲に入るように正規化しています．19行目の`np.hypot(*diff)`はℓ_jの計算です．`hypot(x,y)`は$\sqrt{x^2 + y^2}$を返す関数で，`*diff`で`diff`の各要素$m_{j,x} - x, m_{j,y} - y$がx,yとして`hypot`に渡ります．

5～11行目の`data`は，すべてのランドマークの観測結果を返すためのメソッドです．あとから視界に入らないランドマークの計測結果は除外しますが，それはデバッグの関係で後回しにします．このメソッドではセンサ値を入れる`observed`というリストに，センサ値ℓ_j, φ_jとランドマークのIDjをセットにして順に追加しています．`append`の括弧内の(a,b)という書き方はPythonのタプルという型のオブジェクトを作るときのもので，(a,b)は「変数aと変数bをペアにする」という意味合いになります．[a,b]とリストにしてもよいのですが，リストを使うと，データの数が可変長なので「aとbがペアだ」という意味合いが薄れてしまいます．

`IdealCamera`クラスが正しくランドマークのセンサ値を返してくるかは，ノートブックの一番下でカメラのオブジェクトを作ってロボットの姿勢を`data`メソッドに渡すことで，確かめることができます．(⇒`ideal_robot8.ipynb` [9])

```
In [9]:  1  cam = IdealCamera(m)
         2  p = cam.data(robot2.pose)
         3  print(p)

[(array([ 4.12310563, 2.26829546]), 1), (array([ 2.23606798, 1.40612541]), 2), (array([ 6.40312424, -3.09
517024]), 3)]
```

アニメーションが終わったときのロボットの姿勢と`print`の出力を見比べ，値が正しく出力されるかを確認しましょう[注6]．

値が正しければ，計測の様子を図示してみましょう．まず，次のように，センサ値を描画する`draw`メソッドを`IdealCamera`クラスに追加します．(⇒`ideal_robot9.ipynb` [7])

```
23      def draw(self, ax, elems, cam_pose):  # 追加
24          for lm in self.lastdata:
25              x, y, theta = cam_pose
26              distance, direction = lm[0][0], lm[0][1]
27              lx = x + distance * math.cos(direction + theta)
28              ly = y + distance * math.sin(direction + theta)
29              elems += ax.plot([x,lx], [y,ly], color="pink")
```

また，この描画のために，最後に計測したときの結果を`self.lastdata`という名前で参照できるようにセル[7]の4,12行目にコードを追加します．(⇒`ideal_robot9.ipynb` [7])

注6 慣れないとラジアンの値の理解が難しいですが，1がだいたい60[deg]と考えるとよいでしょう．

3.3 ロボットの観測

```
In [7]: 1  class IdealCamera:
        2      def __init__(self, env_map):
        3          self.map = env_map
        4          self.lastdata = []      # 追加
        5
        6      def data(self, cam_pose):
        7          observed = []
        8          for lm in self.map.landmarks:
        9              z = self.observation_function(cam_pose, lm.pos)
       10              observed.append((z, lm.id))
       11
       12          self.lastdata = observed    # 追加
       13          return observed
```

セル [7] の draw メソッドの中ではセンサ値 $(\ell_i \ \varphi_i)^\top$ から世界座標系でのランドマークの位置を計算しなおし，ロボットとランドマークの間にピンク色の線分を引いています．線分を引くときに self.map 内に記録されたランドマークの位置を使ってもいいのですが，それだとセンサ値を描いていることにならないので，センサ値から再度計算しています．

今度は IdealRobot クラスに加筆をします．次のように，__init__ の引数でセンサを指定できるようにします．(⇒ideal_robot9.ipynb [3])

```
In [3]: 1  class IdealRobot:
        2      def __init__(self, pose, agent=None, sensor=None, color="black"):  # 引数を追加
        3          self.pose = pose
        4          self.r = 0.2
        5          self.color = color
        6          self.agent = agent
        7          self.poses = [pose]
        8          self.sensor = sensor    # 追加
```

そして，draw メソッドで IdealCamera.draw を呼び出すように，19～20 行目に加筆します．(⇒ideal_robot9.ipynb [3])

```
10      def draw(self, ax, elems):
11          x, y, theta = self.pose
12          xn = x + self.r * math.cos(theta)
13          yn = y + self.r * math.sin(theta)
14          elems += ax.plot([x,xn], [y,yn], color=self.color)
15          c = patches.Circle(xy=(x, y), radius=self.r, fill=False, color=self.color)
16          elems.append(ax.add_patch(c))
17          self.poses.append(self.pose)
18          elems += ax.plot([e[0] for e in self.poses], [e[1] for e in self.poses], linewidth=0.5, color="black")
19          if self.sensor and len(self.poses) > 1:         #追加
20              self.sensor.draw(ax, elems, self.poses[-2])  #追加
```

self.sensor.draw には，センサ値を得た時刻の姿勢 self.poses[-2] を渡します．

one_step では，self.sensor.data を次のように呼び出します．返ってきたセンサ値は obs に代入して decision に渡します．(⇒ideal_robot9.ipynb [3])

```
34      def one_step(self, time_interval):
35          if not self.agent: return
36          obs = self.sensor.data(self.pose) if self.sensor else None  #追加
37          nu, omega = self.agent.decision(obs)   #引数追加
38          self.pose = self.state_transition(nu, omega, time_interval, self.pose)
```

最後に，ロボットのオブジェクトを作っているところでロボットにカメラをもたせます．(⇒ideal_robot9.ipynb [8])

```
10  ### ロボットを作る ###
11  straight = Agent(0.2, 0.0)
12  circling = Agent(0.2, 10.0/180*math.pi)
13  robot1 = IdealRobot( np.array([ 2, 3, math.pi/6]).T, sensor=IdealCamera(m), agent=straight )    # 引数にcameraを追加、整理
14  robot2 = IdealRobot( np.array([-2, -1, math.pi/5*6]).T, sensor=IdealCamera(m), agent=circling, color="red")  #robot3は消しました
15  world.append(robot1)
16  world.append(robot2)
17
18  ### アニメーション実行 ###
19  world.draw()
```

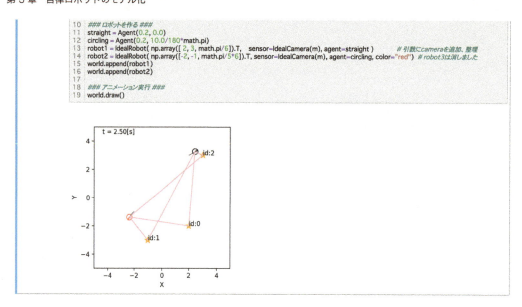

実行すると，このセルの出力のように，ロボットとランドマークの間に線分が描画されます．

さらに，カメラの観測範囲を限定してみましょう．次のように，計測可能な $z_j = (\ell_j\ \varphi_j)^\top$ の範囲を `__init__` の引数に記述し，8, 9 行目のようにクラス内に取り込みます．（⇒`ideal_robot10.ipynb` [7]）

```
In [7]:
1  class IdealCamera:
2      def __init__(self, env_map, \
3                   distance_range=(0.5, 6.0),
4                   direction_range=(-math.pi/3, math.pi/3)):
5          self.map = env_map
6          self.lastdata = []
7
8          self.distance_range = distance_range   #追加
9          self.direction_range = direction_range #追加
10
11     def visible(self, polarpos):  # ランドマークが計測できる条件
12         if polarpos is None:
13             return False
14
15         return self.distance_range[0] <= polarpos[0] <= self.distance_range[1] \
16                and self.direction_range[0] <= polarpos[1] <= self.direction_range[1]
17
18     def data(self, cam_pose):
19         observed = []
20         for lm in self.map.landmarks:
21             z = self.relative_polar_pos(cam_pose, lm.pos)
22             if self.visible(z):          # 条件を追加
23                 observed.append((z, lm.id))   # インデント
24
25         self.lastdata = observed
26         return observed
```

そして，センサ値が計測範囲に収まっているかを判定するメソッド `visible` を 11〜16 行目に追加して 22 行目で利用し，計測範囲ならば返すセンサ値のリストに追加するようにします．これで描画の際，計測範囲外にあるランドマークとロボットが線分で結ばれないようになればうまく実装できています．

3.4 コードの保存と再利用

4 章以降のために，もう少しコードを記述します．まず，`IdealRobot` クラスの `draw` メソッ

3.4 コードの保存と再利用

ドの一番下に，エージェントの情報を描画できるように次のように 21, 22 行目を加筆します．（⇒`ideal_robot11.ipynb` [3]）

```
10    def draw(self, ax, elems):
11        x, y, theta = self.pose
12        xn = x + self.r * math.cos(theta)
13        yn = y + self.r * math.sin(theta)
14        elems += ax.plot([x,xn], [y,yn], color=self.color)
15        c = patches.Circle(xy=(x, y), radius=self.r, fill=False, color=self.color)
16        elems.append(ax.add_patch(c))
17        self.poses.append(self.pose)
18        elems += ax.plot([e[0] for e in self.poses], [e[1] for e in self.poses], linewidth=0.5, color="black")
19        if self.sensor:
20            self.sensor.draw(ax, elems, self.poses[-2])
21        if self.agent and hasattr(self.agent, "draw"):     #以下2行追加
22            self.agent.draw(ax, elems)
```

そして，シミュレーションを実行しているセルのコードをすべてインデントして，一番上に，次のように記述します．（⇒`ideal_robot11.ipynb` [8]）

```
In [8]:  1  if __name__ == '__main__':
         2      world = World(30, 0.1)
         3
         4      ### 地図を生成して3つランドマークを追加 ###
         5      m = Map()
```

これで，アニメーションが動作することを確認しておきましょう．

次に，ノートブックを開いた状態で，ブラウザではなく Jupyter のメニューで，「File」→「Download as」→「Python (.py)」を選びます．すると，`ideal_robot11.py` というファイルがダウンロードされます[注7]．Jupyter Notebook で `section_...` のディレクトリと同じ階層に `scripts` というディレクトリを作って，このファイルを `ideal_robot.py` という名前で保存します．

元のノートブックが存在するディレクトリ内で，`ideal_robot.py` を読み込んでみます．新しいノートブックに

```
In [1]:  1  import sys
         2  sys.path.append('../scripts/')
         3  from ideal_robot import *
```

と記述して実行し，アニメーションが出現し**ない**ことを確認しましょう（⇒`read_robot_py.ipynb` [1]）．2 行目の `sys.path.append` は，モジュールの置き場となっている場所を追加するためのメソッドです．

そして，その下のセルに，先ほど `if __name__...` を加えたセルをコピーしてきて実行し，アニメーションが実行できることを確認します．これで，これまで作ってきたクラス群を `from ideal_robot import *` ですべてインポートできるようになりました[注8]．

[注7] コードなのでブラウザが「危険」とワーニングを出すことがありますが，無視してダウンロードします．危険ではありません．
[注8] ちょっと書いてみるようなコードでは `import *` でよいのですが，残すコードではなるべく使うものだけを明示的に指定します．

3.5 まとめ

本章では，ロボットのシミュレータを作成しました．まだ雑音を考慮しておらず，確率ロボティクスの本編に入ったわけではありませんが，ロボットの動きと観測について数式で記述し，実装しました．

制御工学の観点から，少し補足をしておきます．制御の用語では，制御対象（実物や数式で作ったモデル）は**制御系**あるいは単に**系**[注9]と呼ばれます．本章で実装した系を書くと，

$$\text{状態方程式}: \boldsymbol{x}_t = \boldsymbol{f}(\boldsymbol{x}_{t-1}, \boldsymbol{u}_t) \tag{3.18}$$

$$\text{観測方程式}: \boldsymbol{z}_{j,t} = \boldsymbol{h}_j(\boldsymbol{x}_t) \tag{3.19}$$

の二つの式で表されます．時刻は連続的な時間で定義されることもありますが，この系では $t = 0, 1, 2, \ldots$ と離散的に定義されます．雑音がまだ考慮されていないのはさておき，この系の性質を少し考えておきます．

まず，この系は時刻 t で法則（具体的には関数 $\boldsymbol{f}$ と $\boldsymbol{h}_j$）が変わりません．このような系は**時不変系**と呼ばれます．実世界では，例えばロボットのモータやセンサが熱をもってきて特性が変わるなど，時がたつにつれて $\boldsymbol{f}$ や $\boldsymbol{h}_j$ が変化することがありますが，本書ではこのような系を扱いません[注10]．

また，時刻が $t = 0, 1, 2, \ldots$ と番号づけされている系は**離散時間系**と呼ばれます．実世界では時間は連続的に流れていますので離散時間系でシステムを扱うということは一種の近似です．しかし，コンピュータをもつロボットを扱う場合，エージェントが行動決定するタイミングは周期的，離散的にやってくるため，たいていは離散時間系で扱えば十分です．

そして，これが一番厄介なのですが，この系は**非線形系**です．現代制御理論の教科書では，状態方程式，観測方程式は最初の方でそれぞれ

$$\boldsymbol{x}_t = A\boldsymbol{x}_{t-1} + B\boldsymbol{u}_t \tag{3.20}$$

$$\boldsymbol{z}_{j,t} = C_j \boldsymbol{x}_t \tag{3.21}$$

というように行列の多項式で記述されています．このような形の系を**線形系**といいますが，我々の扱う系はこのように表現できません（⇒ 問題 3.5）．

線形系を扱う場合，線形代数のさまざまなテクニックを用いることができますが，非線形系の場合はそれができません．ただ，非線形系を「線形化」すると，近似計算になってしまう引き換えにそれが可能となります．本書では，6章から線形化が登場します．

最後に上記の「○○系」を組み合わせると，我々のシミュレータの系は「非線形時不変離散時間系」という系になります．次章で，さらにこの系に雑音が加わり「確率系」になります．

[注9] 「系」というと途端に難しい響きになりますが，単に「システム」を和訳しただけの用語です．
[注10] ただし，特性も変数とすることで，時不変系として扱えます．

章末問題

問題 3.1
左右の車輪に与えるトルクと，速度，角速度の関係を数式で表してみましょう．

問題 3.2
シミュレータに LiDAR や LiDAR で計測するための壁を実装してみましょう．その他，センサやアクチュエータ，ランドマークの種類を増やしてみましょう．もしよろしければ https://github.com/ryuichiueda/LNPR にプルリクエストをください．

問題 3.3
ロボティクスや人工知能の分野では，ロボットの体は本書のように「乗り物」として扱われたり，さらには部屋や机などと同じく「環境にあるもの」あるいは「環境そのもの」として扱われたりします．ロボットではほとんどの場合，エージェントはソフトウェアなので，ハードウェアから切り離して考えることは，そんなに不自然なことではありません．一方，人間の心と体が分離できるか否かという疑問は古くからあり，「心身問題」と呼ばれています．心身問題は主に哲学で扱われています．

では，心身問題の観点から見ると，ロボットの体を環境とみなすことは，心身を分離して考えているともとらえることができます．ただ単にロボットを動かすだけでなく，知能について考えるとき，このような分離を前提とすることに問題があるかないかを議論してみましょう．また，今後ロボットが複雑化していくとすると，研究者たちはこのような分離を以後も続けられるかどうか，考察してみてください．

問題 3.4
本書では複雑な形状のロボットを扱わないのでロボットの運動や観測に関する座標変換をほとんど作図で済ませています．一方，もっとシステマチックに座標変換を行う場合，**同次変換行列**[注11] や**クォータニオン**[注12] を用いると便利です．これらを利用することで状態方程式，観測方程式などを定式化してみましょう．

問題 3.5
なぜ，式 (3.18), (3.19) の系は行列で表現できないのでしょうか．関数 f, h_j の形から考察してみましょう．

[注11] 2 つの座標系 Σ_1, Σ_2 について，向きの違いを表す回転行列 $^1R_2$，位置の違いを表す並進ベクトル $^1\boldsymbol{p}_2$ を組み合わせた行列 $^1T_2 = \begin{bmatrix} ^1R_2 & ^1\boldsymbol{p}_2 \\ 0 & 1 \end{bmatrix}$ が同次変換行列です．詳しくは [吉川 1988] を参照．

[注12] こちらは複素数を拡張した数で，同次変換行列と同様，回転と並進を同時に表すことができます．

第4章 不確かさのモデル化

人間が暮らしている世界は雑多であり，さまざまなことが起こります．そのような環境でロボットを動かすと，ロボットはさまざまな雑音を被ります．さらに「雑音」というには大きすぎる外乱をもしばしば受けることになります．それらの雑音や外乱をシミュレータ内で表現するには限界がありますが，本章ではそれらの中でよく扱われるものや重要とされるものを数式とコードで表現していきます．

本章では 4.1 節でノートブックを準備して，4.2 節，4.3 節でそれぞれ移動，観測に生じる雑音やバイアスなどを実装していきます．また，状態方程式と観測方程式を確率的な表現に改めます．4.4 節はまとめです．

4.1 ノートブックの準備

ノートブックを用意しましょう．プロジェクトに `section_uncertainty` というディレクトリを作り，その下にノートブックを作り，ノートブックの先頭に次のように記述します．(⇒`noise_simulation1.ipynb` [1])

```python
import sys
sys.path.append('../scripts/')
from ideal_robot import *
```

これで 3 章で作成したクラス群が利用できます．

次に，セルを分けて次のように記述します．(⇒`noise_simulation1.ipynb` [2])

```python
class Robot(IdealRobot):
    pass
```

これは，`IdealRobot` クラスを継承した `Robot` クラスを作るという意味になります．このクラスに，ロボットの雑音を実装します．

`Robot` クラスにはまだ何も実装していませんが，`IdealRobot` の属性をすべて有しています．このクラスを使ってロボットを動かしてみましょう．またセルを分けて，次のように記述します．(⇒`noise_simulation1.ipynb` [3])

```
In [3]:  1  world = World(30, 0.1)
         2
         3  for i in range(100):
         4      circling = Agent(0.2, 10.0/180*math.pi)
         5      r = Robot( np.array([0, 0, 0]).T, sensor=None, agent=circling )
         6      world.append(r)
         7
         8  world.draw()
```

これは，100台のロボットを生成して一斉に走らせるためのコードです．まだ雑音が実装されていないので，アニメーションでは，100台のロボットが1台のように見えます．以後，このコードを使い，ロボットの動きを観察します．5行目でロボットを生成するときのクラスが`IdealRobot`でなく`Robot`になっていることを今一度，確認しましょう．

4.2 ロボットの移動に対する不確かさの要因の実装

まず，ロボットの移動に対する不確かさを表現してみましょう．今，ロボットへの制御指令は $u = (\nu\ \omega)^\top$ というように速度，角速度で表現していますが，この入力通りにロボットが動かないようにします．

移動に関する雑音は，さまざまな周期や大きさで現れます．移動ロボットに起きる代表的なものを列挙してみます．**A**は偶然誤差，**C**は系統誤差，**B**はその中間の誤差の原因となります．**D**は雑音と表現するには大きすぎる誤差の原因です．

- **A)** 継続期間が一瞬であるもの：小石への片輪の乗り上げ，走り出し，停止時のロボットの揺れなど
- **B)** 継続期間が数秒から数十秒であるもの：縁石への乗り上げ，走行環境の傾斜
- **C)** 走行中ずっと継続するもの：左右の車輪にかかる荷重のバランスやモータの個体差，タイヤの状態
- **D)** 雑音のレベルを超えたもの：走行不能になるレベルの障害物へのスタック（引っかかり），人間の干渉

原因はこれらのようにさまざまに存在しますが，筆者の経験上，次の4点をシミュレートしておけば自己位置推定や行動決定のアルゴリズムの評価が可能です（上の**A〜D**と一対一には対応していないのでご注意ください）．

- **1)** 雑音：突発的にロボットの向きを少し変化
- **2)** バイアス：制御指令値と実際の出力値を常に一定の大きさだけシフト
- **3)** スタック：ロボットを同じ姿勢に抑留
- **4)** 誘拐：ロボットを別の場所に突然ワープ

例えば**B**のような長い周期の雑音は，**2**のバイアスに対応できるアルゴリズムで対応できますし，**D**のようなものに対応するアルゴリズムの評価実験は，**3**, **4**のような状況を意図的に作り出して行えます．以下，**1〜4**を順に実装していきます．

4.2.1 移動に対して発生する雑音の実装

環境にランダムに何か（仮に小石とします）が落ちていて[注1]，ロボットがそれを踏んだときに向きが少しずれるという想定で，雑音を混ぜてみましょう．次のような処理でこの雑音をシミュレートします[注2]．

1. ロボットが走行する直前あるいは小石を踏んだ直後に，次に小石を踏むまでのロボットの道のりを計算しておく
2. 道のりが1で計算した量に達したら，ロボットの向き θ をランダムにずらす

「ロボットが次に小石を踏むまでの道のり」は毎回同じではなく，運が良いと長くなり，運が悪いと短くなります．つまり，確率的な性質をもつということになります．小石の落ち方に特に恣意的なものがないとすると，この道のりは**指数分布**に従います．指数分布の確率密度関数は次のような式

$$p(x|\lambda) = \lambda e^{-\lambda x} \qquad (x \geq 0) \tag{4.1}$$

で表されます．λ は道のりあたりに踏みつける小石の数の期待値に相当します．逆数の $1/\lambda$ は，小石を一つ踏みつけるまでの道のりの期待値になります．付録B.2.2で指数分布について少し説明をしました．また，分布を描画するコードの例と出力がリポジトリのフォルダ section_uncertainty にあります（⇒exponential.ipynb．掲載は割愛）．

上で決めた雑音を実装してみましょう[注3]．まず，先頭のセルの一番下に次のように1行追加します．（⇒noise_simulation2.ipynb [1]）

```
4  from scipy.stats import expon, norm
```

expon は指数分布の機能を提供するオブジェクトです．そしてRobotクラスに，次のように __init__，noise，one_step メソッドを追加します．（⇒noise_simulation2.ipynb[2]）[注4]

```
1   class Robot(IdealRobot):
2
3       def __init__(self, pose, agent=None, sensor=None, color="black", \
4                    noise_per_meter=5, noise_std=math.pi/60):
5           super().__init__(pose, agent, sensor, color)
6           self.noise_pdf = expon(scale=1.0/(1e-100 + noise_per_meter))
7           self.distance_until_noise = self.noise_pdf.rvs()
8           self.theta_noise = norm(scale=noise_std)
9
10      def noise(self, pose, nu, omega, time_interval):
11          self.distance_until_noise -= abs(nu)*time_interval + self.r*abs(omega)*time_interval
12          if self.distance_until_noise <= 0.0:
13              self.distance_until_noise += self.noise_pdf.rvs() #項末だけど端数を残しておくために=でなく+=
14              pose[2] += self.theta_noise.rvs()
15
16          return pose
17
18      def one_step(self, time_interval):
19          if not self.agent: return
20          obs =self.sensor.data(self.pose) if self.sensor else None
21          nu, omega = self.agent.decision(obs)
22          self.pose = self.state_transition(nu, omega, time_interval, self.pose)
23          self.pose = self.noise(self.pose, nu, omega, time_interval) #追加
```

注1 つくばチャレンジではドングリを踏むことが雑音の原因となるそうです．
注2 環境中に小石をばらまいてもいいのですが，コーディングが大変なので統計を利用して手を抜きます．
注3 この雑音は，地面がロボットに与えるものなので，World クラスを派生して実装するという考え方もありますが，こちらも手抜きをしてロボット側に雑音の処理を実装します．
注4 11行目の abs を忘れていたことに校正段階で気づきました．以後の例では，後退あるいは右に回転するとロボットが雑音を受けるまでの時間が延びるという現象が起きています．シミュレーション結果の考察への影響はないと考えています．

`__init__`は，引数として，IdealRobotクラスで必要なもののほかに，引数`noise_per_meter`，`noise_std`をとります．それぞれ1[m]あたりの小石の数，小石を踏んだときにロボットの向きθ[deg]に発生する雑音の標準偏差を与える変数です．デフォルト値には，それぞれ小石5個，標準偏差3[deg]を指定しました．5行目の`super()`は，派生IdealRobotのメソッドを呼び出すときに使う関数で，IdealRobotの`__init__`を呼び出しています．その下で，Robotのオブジェクト特有の処理をしています．6行目は指数分布のオブジェクト`noise_pdf`を生成する行で，`scale`に小石を踏むまでの平均の道のりを指定しています．`scale`は式(4.1)のλの逆数($1/\lambda$)に相当します．1e-100は10^{-100}のことですが，これは`noise_per_meter`にゼロが指定されたときにゼロで割り算しないようにする小細工です．7行目は，`noise_pdf`を使って，最初に小石を踏むまでの道のりをセットしています．`rvs`はドローのためのメソッドです．8行目は，θに加える雑音を決めるためのガウス分布のオブジェクト`theta_noise`を作っています．

`noise`メソッド内では，まず11行目で，メソッドが呼ばれるたびに，次に小石を踏むまでの道のり`distance_until_noise`を経過時間の分だけ減らしています．直進するときだけではなく，回転するときも車輪は床面を走行するので，直進方向，回転方向の走行距離を`distance_until_noise`から引いています．12行目では，`distance_until_noise`がゼロ以下（小石を踏んだ）かどうか判定しています．小石を踏んだ場合，13行目で次に小石を踏むまでの道のりをセットしなおし，14行目でθに雑音を加えています．

18行目以下の`one_step`メソッドは，`robot.py`のIdealRobotクラスのものをコピーして，Robot用に変更したものです．23行目に，`noise`を実行する行が追加されています．

これでシミュレーションを実行すると，次のように同じ姿勢にいた100台のロボットが移動を始め，ばらけていきます．（⇒`noise_simulation2.ipynb` [3]）

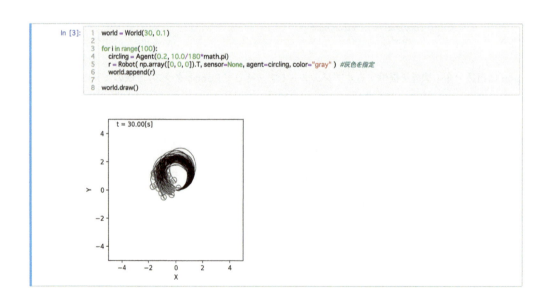

4.2.2 移動速度へのバイアスの実装

制御指令$u = (\nu\ \omega)^\top$の速度νと角速度ωに，それぞれ一定の係数を掛け算してバイアスを発生させます[注5]．これらの係数は，ロボットを生成するときに，ガウス分布からドローして決めることと

注5 さらにνとωに定数を足す，あるいは回転の向きで符号が反転する係数も使うと，より現実に近いバイアスを表現できます．

します．

この方針でバイアスを実装した Robot を次に示します．（⇒noise_simulation3.ipynb [2]）

```python
class Robot(IdealRobot):
    def __init__(self, pose, agent=None, sensor=None, color="black",
                 noise_per_meter=5, noise_std=math.pi/60,
                 bias_rate_stds=(0.1,0.1)):  #引数bias_rate_stdsを追加
        super().__init__(pose, agent, sensor, color)
        self.noise_pdf = expon(scale=1.0/(1e-100 + noise_per_meter))
        self.distance_until_noise = self.noise_pdf.rvs()
        self.theta_noise = norm(scale=noise_std)
        self.bias_rate_nu = norm.rvs(loc=1.0, scale=bias_rate_stds[0])  #追加
        self.bias_rate_omega = norm.rvs(loc=1.0, scale=bias_rate_stds[1])  #追加

    def bias(self, nu, omega):  #追加
        return nu*self.bias_rate_nu, omega*self.bias_rate_omega

    def one_step(self, time_interval):
        if not self.agent: return
        obs = self.sensor.data(self.pose) if self.sensor else None
        nu, omega = self.agent.decision(obs)
        nu, omega = self.bias(nu, omega)  #追加
        self.pose = self.state_transition(nu, omega, time_interval, self.pose)
        self.pose = self.noise(self.pose, omega, nu, time_interval)
```

`__init__` の引数には，バイアスの係数をドローするためのガウス分布の標準偏差 `bias_rate_stds` を加えています．デフォルトの数字は，速度，角速度のバイアスの割合を，それぞれ標準偏差 10[%] で選ぶことを意味してます．これらの標準偏差を使い，10, 11 行目で，ロボット固有のバイアスを決めています．`self.bias_rate_nu`, `self.bias_rate_omega` が使われているのは，21, 22 行目の bias メソッドで，22 行目で速度，角速度にそれぞれの係数をかけています．bias メソッドは 28 行目で，エージェントの指定した制御指令に対して適用されています．

ロボットを動かしてみましょう．まず，バイアスの有無でロボットの挙動がどう変わるかを示します．まず次のように，バイアスも雑音も生じないロボットと，バイアス 20[%]，雑音ゼロのロボットをそれぞれ灰色，赤色で生成し，シミュレーションしてみます．（⇒noise_simulation3.ipynb [3]）

```python
import copy

world = World(30, 0.1)

circling = Agent(0.2, 10.0/180*math.pi)
nobias_robot = IdealRobot( np.array([0, 0, 0]).T, sensor=None, agent=circling, color="gray")
world.append(nobias_robot)
biased_robot = Robot( np.array([0, 0, 0]).T, sensor=None, agent=circling,
                      color="red", noise_per_meter=0, bias_rate_stds=(0.2,0.2))
world.append(biased_robot)

world.draw()
```

得られるアニメーションの一部を図 4.1 に示します．この試行では，Robot クラスのロボット（赤色）が，バイアスをもたない IdealRobot クラスのロボット（灰色）よりも小さな半径を描いて移動しています．雑音と違い，バイアスは試行中ずっと一定なので，両者の姿勢のずれは次第に大きくなっていきます．

また，赤色のロボットの主観で考えると，もし自身の動きを制御指令値だけから推測した場合，赤色のロボットは，自身の姿勢を灰色のロボットの姿勢にあると認識することになります．この認識のずれは，我々も体験することができます．例えば目隠しをして何メートルか「まっすぐ」歩き，目隠しをとってみましょう．自身ではまっすぐ歩いたつもりになっていても，右か左に偏っているはずで

す（⇒ 問題 4.3）．

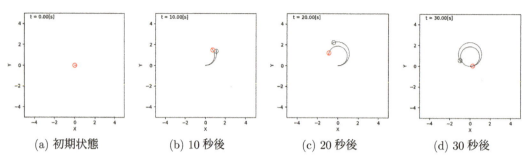

(a) 初期状態　　(b) 10 秒後　　(c) 20 秒後　　(d) 30 秒後

図 4.1　Robot の挙動．赤色が Robot，灰色が IdealRobot（雑音を混入する前のクラス）のロボット．（ロボットを半透明にするために robot.py を一部変更して描画．）

4.2.3 スタックの実装

今度はスタック（ロボットが何かに引っかかって動かなくなる現象）をシミュレートします．これも指数分布で実装しましょう．スタックが起きるまでの時間の期待値，スタックから抜け出すまでの時間の期待値を変数にして，次のように実装します．（⇒`noise_simulation4.ipynb` [2]）

```
In [2]: 1  class Robot(IdealRobot):
        2
        3      def __init__(self, pose, agent=None, sensor=None, color="black", \
        4                   noise_per_meter=5, noise_std=math.pi/60,\
        5                   bias_rate_stds=(0.1,0.1),\
        6                   expected_stuck_time=1e100, expected_escape_time=1e-100): #追加
        ...
        14         self.stuck_pdf = expon(scale=expected_stuck_time) #以下追加
        15         self.escape_pdf = expon(scale=expected_escape_time)
        16         self.time_until_stuck = self.stuck_pdf.rvs()
        17         self.time_until_escape = self.escape_pdf.rvs()
        18         self.is_stuck = False
        ...
        31     def stuck(self, nu, omega, time_interval): #追加
        32         if self.is_stuck:
        33             self.time_until_escape -= time_interval
        34             if self.time_until_escape <= 0.0:
        35                 self.time_until_escape += self.escape_pdf.rvs()
        36                 self.is_stuck = False
        37         else:
        38             self.time_until_stuck -= time_interval
        39             if self.time_until_stuck <= 0.0:
        40                 self.time_until_stuck += self.stuck_pdf.rvs()
        41                 self.is_stuck = True
        42
        43         return nu*(not self.is_stuck), omega*(not self.is_stuck)
        44
        45     def one_step(self, time_interval):
        46         if not self.agent: return
        47         obs = self.sensor.data(self.pose) if self.sensor else None
        48         nu, omega = self.agent.decision(obs)
        49         nu, omega = self.bias(nu, omega)
        50         nu, omega = self.stuck(nu, omega, time_interval) #追加
        51         self.pose = self.state_transition(nu, omega, time_interval, self.pose)
        52         self.pose = self.noise(self.pose, nu, omega, time_interval)
        53         if self.sensor: self.sensor.data(self.pose)
```

`__init__` の引数に，スタックまでの時間の期待値，スタックから脱出するまでの時間の期待値に相当する `expected_stuck_time`, `expected_escape_time` をそれぞれ追加し，14〜15 行目のように確率密度関数を作り，16〜17 行目で時間を初期化します．また，18 行目で `is_stuck` という変数を作っておきます．`is_stuck` はロボットがスタック中かどうかを表すフラグです．これらは 31〜43 行目で実装した `stuck` で利用されています．`stuck` メソッドは 50 行目で利用されています．

`stuck` メソッド内では，32〜41 行目の if 文で上記のスタック状態の解除，開始を行っています．時間の管理については `noise` メソッドのときと同様の処理を行っていますが，`stuck` メソッドでは

is_stuck のフラグ処理が加わっています．この if 文のあと，43 行目で is_stuck の状態に応じて角度，角速度を返しています．Python では整数値に True, False をかけると，それぞれ 1, 0 と解釈されるので，これを利用してスタックしている場合は角度，角速度をゼロにしています．ロボットが何かに引っかかってスタックするとき，衝撃やロボットの慣性力で姿勢が変わってしまうことがありますが，ここでは簡略化のため，スタック時にロボットは完全に停止するという実装にしてあります．

IdealRobot クラスのロボット 1 台，スタックが発動するようにした Robot クラスのロボット 100 台を動作させるシミュレーションのコードと実行結果の画像を次に示します．(⇒`noise_simulation4.ipynb` [3])

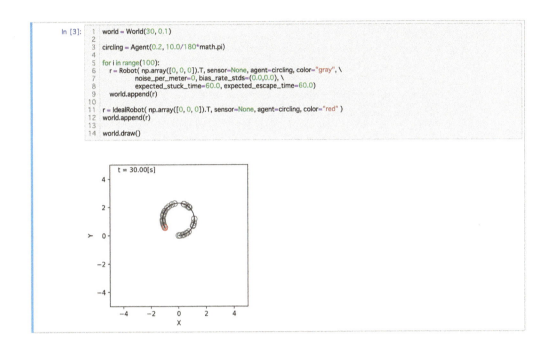

8 行目にあるように，スタックまでの時間の期待値，抜け出すまでの時間の期待値をともに 60[s] にしてあります．出力の画像のように，IdealRobot クラスのロボット（赤色）に比べ，スタックのあるロボット（灰色）は，だんだん遅れていきます．

4.2.4 誘拐の実装

最後は誘拐の実装です．ワンパターンですが，こちらも誘拐が起こるタイミングを指数分布を使ってドローします．誘拐後の姿勢は**一様分布**で選ぶことにします．一様分布は，ある区間の数を同じ確率で発生させる分布で，一次元の場合，次の確率密度関数で表されます．

$$p(x|a,b) = \begin{cases} 1/(b-a) & (a \le x \le b) \\ 0 & (\text{otherwise}) \end{cases}$$

また，ある領域 $X \subset \mathcal{X}$ 内から点 $\boldsymbol{x} \in X$ を選ぶときの確率密度関数は

$$p(\boldsymbol{x}|X) = \begin{cases} \eta^{-1} & (\boldsymbol{x} \in X) \\ 0 & (\boldsymbol{x} \notin X) \end{cases} \qquad (\text{ここで } \eta = \int_{\boldsymbol{x}' \in X} 1 d\boldsymbol{x}') \tag{4.2}$$

となります．一様分布は U を使って表記されることが多く，本書では $\mathcal{U}(a,b)$ という表記を使います．

では，実装しましょう．まず，ヘッダで一様分布を扱うためのオブジェクト uniform を読み込みます．（⇒noise_simulation5.ipynb [1]）

```
4  from scipy.stats import expon, norm, uniform  #追加
```

robot クラス内では，次のように実装します．（⇒noise_simulation5.ipynb [2]）

```
In [2]:  1  class Robot(IdealRobot):
         2
         3      def __init__(self, pose, agent=None, sensor=None, color="black", \
         4              noise_per_meter=5, noise_std=math.pi/60, bias_rate_stds=(0.1,0.1), \
         5              expected_stuck_time=1e100, expected_escape_time = 1e-100,\
         6              expected_kidnap_time=1e100, kidnap_range_x=(-5.0,5.0), kidnap_range_y=(-5.0,5.0)):  #追加
        ...
        20          self.kidnap_pdf = expon(scale=expected_kidnap_time)  #以下追加
        21          self.time_until_kidnap = self.kidnap_pdf.rvs()
        22          rx, ry = kidnap_range_x, kidnap_range_y
        23          self.kidnap_dist = uniform(loc=(rx[0], ry[0], 0.0), scale=(rx[1]-rx[0], ry[1]-ry[0], 2*math.pi ))
        ...
        50      def kidnap(self, pose, time_interval):  #追加
        51          self.time_until_kidnap -= time_interval
        52          if self.time_until_kidnap <= 0.0:
        53              self.time_until_kidnap += self.kidnap_pdf.rvs()
        54              return np.array(self.kidnap_dist.rvs()).T
        55          else:
        56              return pose
        57
        58      def one_step(self, time_interval):
        59          if not self.agent: return
        60          obs =self.sensor.data(self.pose) if self.sensor else None
        61          nu, omega = self.agent.decision(obs)
        62          nu, omega = self.bias(nu, omega)
        63          nu, omega = self.stuck(nu, omega, time_interval)
        64          self.pose = self.state_transition(nu, omega, time_interval, self.pose)
        65          self.pose = self.noise(self.pose, nu, omega, time_interval)
        66          self.pose = self.kidnap(self.pose, time_interval)  #追加
```

__init__ には，誘拐が起こるまでの時間の期待値 expected_kidnap_time，誘拐後におかれるロボットの位置を選ぶ範囲 kidnap_range_x, kidnap_range_y を引数に加えています．__init__ 内では，20〜23 行目で，指数分布 kidnap_pdf と，誘拐までの時間を管理する変数 time_until_kidnap，ロボットの姿勢をドローするための一様分布 kidnap_dist を初期化しています．23 行目の loc の値（rx[0], ry[0], 0.0）は，kidnap_dist の x, y, θ それぞれの下限を表しています．scale の値は上限です．kidnap_dist は，kidnap メソッドの 54 行目で利用されています．kidnap メソッドは，66 行目で利用されています．

次のようなコードで誘拐をシミュレートすると，灰色のロボット 100 台のそれぞれが，平均で 5 秒間に一度，姿勢を瞬時に変えるようになります．（⇒noise_simulation5.ipynb [3]）

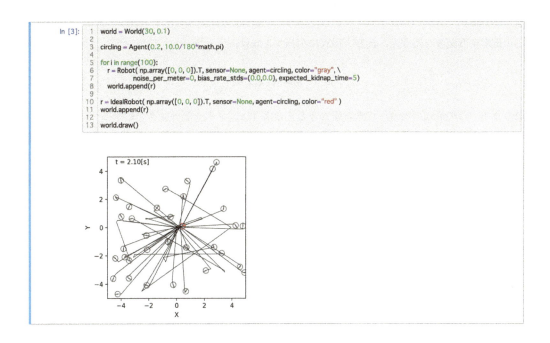

出力の画像のように，すぐに灰色のロボットが環境中に一様に広がることを確認しましょう．また，5 行目の range(100) を range(1) に変更して，ロボットがだいたい 5 秒に 1 回[注6]，姿勢を変えることを確認しましょう．

4.2.5 状態方程式と確率的な状態遷移モデル

本節ではロボットの動きに雑音やバイアスを与えました．雑音やバイアスを状態方程式で扱う場合は，一般に

$$x_t = f(x_{t-1}, u_t) + \varepsilon_t \tag{4.3}$$

という表現が用いられます．ε_t は時刻 t の誤差を表しており，ステップごとに違う値が入り，状態遷移を乱すという前提で問題が解かれます．雑音の性質が分かる場合は，さらに式は細かくなります．

ただ，この状態方程式の表現には，ステップごとに左辺の値が決定する，あるいは表記上，そのように見えてしまうという限界が存在します．例えば状態方程式の x_t は本節で実装したさまざまな外乱を考えると事前には一つに決まりません．次章以降，x_t を一つに定めないまま計算する場面が数多く登場しますが，数式上においても，そのような非決定性を表現できた方が，記述がすっきりします．

そこで，確率的な側面を表に出した状態方程式の表現を考えましょう．以後は，式 (4.3) のような表現と，これから考える表現を適宜使い分けることにします．

まず，状態遷移関数 f に雑音を付けたものを，次のような確率密度関数で置き換えます．

$$p(x|x_{t-1}, u_t) \tag{4.4}$$

これは，状態 x_{t-1} から制御指令 u_t で移動したら次のステップにどの状態にいるかを表す確率密度関数です．f に雑音を足したものと同じことを表していますが，理想的な状態遷移があってそれに雑音が混入するというよりも，理想的な状態遷移など存在せず，x_t は一意に決まらないということを表

注 6 平均が 5 秒であっても，発生するタイミングには大きなばらつきがあります．

現しています．

この確率密度関数を使うと，状態方程式に相当する式は，

$$x_t \sim p(x|x_{t-1}, u_t) \tag{4.5}$$

となります．この形式の場合，状態方程式と考えるよりは，ロボットの動きの確率モデルと考えた方がしっくりきます．そこで，本書では，この式や右辺の確率密度分布を指すときに（確率的な）**状態遷移モデル**という表現を使います[注7]．図 4.2 に，状態方程式による表現と状態遷移モデルのニュアンスの違いを示します．注意しなければならないのは，これは単に解釈の違いであって，本質的にはどちらも同じ現象を扱っていることです．また，状態遷移関数 f も今後多用します．

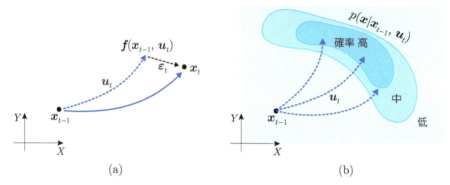

図 4.2　二つの表現のニュアンスの違い．(a)：状態方程式を使うと，f に雑音を混ぜて x_t を決めるニュアンスになる．(b)：確率密度関数を使うと x_t を分布から一つ選ぶというニュアンスになる．さらに，x_t を決定せずに確率分布のまま表現することも可能．

4.3 ロボットの観測に対する不確かさの要因の実装

今度は `IdealCamera` クラスを派生して，さまざまな誤差の原因をセンサ値に混ぜます．センサ値には，偶然誤差，系統誤差，さらに**過失誤差**の原因を与えると現実に起こることをよくシミュレーションできます．統計学の文脈では，過失誤差という用語は，何か実験しているときにデータの記入を間違えるような事象を指します．

本節では，次の 4 種類の事象を実装してみます[注8]．

- A) 雑音：ガウス分布状にセンサ値をばらつかせる
- B) バイアス：常に距離，方角に一定値を加える
- C) ファントム：見えないはずのランドマークを観測する
- D) 見落とし：見えるはずのランドマークを見落とす
- E) オクルージョン：ランドマークの一部が移動する物体に隠されてセンサ値に影響が出る

A が偶然誤差，**B** が系統誤差，**C** が過失誤差に対応します．**E** も偶然誤差ですが，一定時間連続で起こる場合は系統誤差の性質ももつようになります．

注7　[スラン 2007] では「動作モデル」となっており，違う名前にしています．少し一般化した名前にしました．
注8　ファントム (phantom) というのは「幻影」のことです．オクルージョン (occlusion) には「閉塞」，「かみ合わせ」という意味がありますが，上記のような状況に直接対応して広く使われる和訳はなく，そのまま日本語でもオクルージョンといわれます．

Dは誤差とは関係なく，観測データ自体が入らない状況に対応し，本書のアルゴリズムではこの場合，せいぜい自己位置推定の結果が少し不確かになる程度です．しかし一般的に，あるはずのものを見落とすということは何かを判断するときに深刻な影響を与えることがあります．病気の診断が代表的な例です．このように，あるはずのものをないと判定してしまうことを**偽陰性**（false negative）といいます．この逆は**偽陽性**（false positive）で，病気でないのに病気と診断されることに相当します．Cのファントムも，偽陽性の一種といえます．

4.3.1 センサ値に対する雑音の実装

センサ値に雑音を混ぜてみましょう．本書で扱っているような点ランドマークの場合，距離ℓの計測は遠くなるほど曖昧になります．方角φはそれほど曖昧にはなりません．そこで，距離の計測に対しては距離に比例する標準偏差，方角に対しては一定の標準偏差でガウス分布に従う雑音を混ぜます．

次のように Camera クラスを新たに作り，`__init__` をまず書きます．（⇒`noise_simulation6.ipynb` [3]）

```python
class Camera(IdealCamera):
    def __init__(self, env_map,
                 distance_range=(0.5, 6.0),
                 direction_range=(-math.pi/3, math.pi/3),
                 distance_noise_rate=0.1, direction_noise=math.pi/90): #追加
        super().__init__(env_map, distance_range, direction_range) #元のinitを呼び出す
        
        self.distance_noise_rate = distance_noise_rate #追加
        self.direction_noise = direction_noise         #追加
```

`__init__` には，引数 `distance_noise_rate`, `direction_noise` を加えて，それぞれ 8, 9 行目のように取り込んでおきます．これらの引数は，それぞれ距離に加える雑音の標準偏差の割合，方角に加える雑音の標準偏差を表します．

このままでは雑音はシミュレーションできませんが，バグがないことを確かめるために，このクラスを使ってロボットを動かしておきましょう．シミュレーション実行のコードの例を示します．`IdealRobot`, `IdealCamera` ではなく，`Robot` と `Camera` を使います．（⇒`noise_simulation6.ipynb` [4]）

```python
world = World(30, 0.1)

### 地図を生成して3つランドマークを追加 ###
m = Map()
m.append_landmark(Landmark(-4,2))
m.append_landmark(Landmark(2,-3))
m.append_landmark(Landmark(3,3))
world.append(m)

### ロボットを作る ###
circling = Agent(0.2, 10.0/180*math.pi)
r = Robot( np.array([ 0,0,0]).T, sensor=Camera(m), agent=circling)
world.append(r)

### アニメーション実行 ###
world.draw()
```

実行すると，ロボットが走行しながらランドマークを観測しますが，まだ雑音はセンサ値には反映されません．

次に，Camera クラスに `noise`, `data` というメソッドを追加します．（⇒`noise_simulation7.ipynb` [3]）

```
11      def noise(self, relpos):                    #追加
12          ell = norm.rvs(loc=relpos[0], scale=relpos[0]*self.distance_noise_rate)
13          phi = norm.rvs(loc=relpos[1], scale=self.direction_noise)
14          return np.array([ell, phi]).T
15
16      def data(self, cam_pose):
17          observed = []
18          for lm in self.map.landmarks:
19              z = self.relative_polar_pos(cam_pose, lm.pos)
20              if self.visible(z):
21                  z = self.noise(z)               #追加
22                  observed.append((z, lm.id))
23
24          self.lastdata = observed
25          return observed
```

`noise` は新規に書きます．引数 `relpos` で極座標で表現されたセンサ値を受け取り，ガウス分布に従う雑音を混入して極座標で返します．`data` については，3 章のノートブックの `IdealCamera` クラスからコピーして，21 行目のように `noise` を呼び出す行を 1 行足します．

アニメーションを実行すると，図 4.3 のように，センサ値を表す線分の先端がランドマークを正確に指さなくなります．これで，ロボットは正確なランドマークの位置を計測できなくなりました．

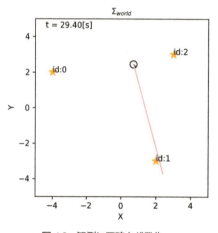

図 4.3 観測に不確かさが発生．

4.3.2 センサ値に対するバイアスの実装

バイアスも加えましょう．距離 ℓ を一定の割合，方角 φ を一定の値だけずらします．雑音と異なり，恒常的にずらします．ずらす量は，ロボットの移動のバイアスを実装したときと同様，ロボットのオブジェクトを生成するときにガウス分布からドローして決定します．実装したものを次に示します．（⇒`noise_simulation8.ipynb` [3]）

```
class Camera(IdealCamera):
    def __init__(self, env_map,
                 distance_range=(0.5, 6.0),
                 direction_range=(-math.pi/3, math.pi/3),
                 distance_noise_rate=0.1, direction_noise=math.pi/90,
                 distance_bias_rate_stddev=0.1, direction_bias_stddev=math.pi/90): #追加
        super().__init__(env_map, distance_range, direction_range)
        
        self.distance_noise_rate = distance_noise_rate
        self.direction_noise = direction_noise
        self.distance_bias_rate_std = norm.rvs(scale=distance_bias_rate_stddev) #追加
        self.direction_bias = norm.rvs(scale=direction_bias_stddev) #追加
```
```
    def bias(self, relpos): #追加
        return relpos + np.array([relpos[0]*self.distance_bias_rate_std,
                                  self.direction_bias]).T
    
    def data(self, cam_pose):
        observed = []
        for lm in self.map.landmarks:
            z = self.relative_polar_pos(cam_pose, lm.pos)
            if self.visible(z):
                z = self.bias(z) #追加
                z = self.noise(z)
                observed.append((z, lm.id))
        
        self.lastdata = observed
        return observed
```

`__init__`の引数にある`distance_bias_rate_stddev`, `direction_bias_stddev`が, バイアスの量を決定するときのガウス分布の標準偏差です. これらは 11, 12 行目で分布を作るときに使われています. バイアスをセンサ値に加えるメソッドは 19〜21 行目の`bias`で, 28 行目のように`data`内で利用します.

この段階でのアニメーションの一例を図 4.4 に示します. この例では, ロボットが 5 個のランドマークを同時に観測していますが, どの観測でも実際より距離が短く計測されており, 系統誤差が疑われる状況になっています. `noise`メソッドを使わないようにすれば, もっと明確に系統誤差が観測できますが, この確認は省略します.

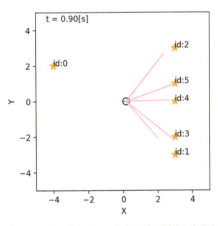

図 4.4 バイアスによって, どのランドマークの距離計測値も実際より短くなった例.

4.3.3 ファントムの実装

ないはずのランドマークが計測されてしまう場合をシミュレーションします. これによって発生する誤差は, 雑音やバイアスと比較して非常に大きいものになります.「ファントムを見てしまう」という現象のシミュレーションはいくつか方法が考えられますが, 簡単な例を示すと次のようになります.

(⇒`noise_simulation9.ipynb [3]`)

```
In [3]:   1   class Camera(IdealCamera):
          2       def __init__(self, env_map,
          3                    distance_range=(0.5, 6.0),
          4                    direction_range=(-math.pi/3, math.pi/3),
          5                    distance_noise_rate=0.1, direction_noise=math.pi/90,
          6                    distance_bias_rate_stddev=0.1, direction_bias_stddev=math.pi/90,
          7                    phantom_prob=0.0, phantom_range_x=(-5.0,5.0), phantom_range_y=(-5.0,5.0)): #追加
         ...
         15           rx, ry = phantom_range_x, phantom_range_y #以下追加
         16           self.phantom_dist = uniform(loc=(rx[0], ry[0]), scale=(rx[1]-rx[0], ry[1]-ry[0]))
         17           self.phantom_prob = phantom_prob
         ...
         28       def phantom(self, cam_pose, relpos): #追加
         29           if uniform.rvs() < self.phantom_prob:
         30               pos = np.array(self.phantom_dist.rvs()).T
         31               return self.relative_polar_pos(cam_pose, pos)
         32           else:
         33               return relpos
         34
         35       def data(self, cam_pose):
         36           observed = []
         37           for lm in self.map.landmarks:
         38               z = self.relative_polar_pos(cam_pose, lm.pos)
         39               z = self.phantom(cam_pose, z) #追加
         40               if self.visible(z):
         41                   z = self.bias(z)
         42                   z = self.noise(z)
         43                   observed.append((z, lm.id))
         44
         45           self.lastdata = observed
         46           return observed
```

追加したのは 7 行目の`__init__`の引数と，引数から一様分布 `self.phantom_dist` と `self.phantom_prob` を作っている 15〜17 行目，28〜33 行目の`phantom`メソッド，そして，`phantom`メソッドを使う 39 行目です．39 行目で呼び出された`phantom`は，`self.phantom_dist` を使って偽のランドマークの位置をドロー し（30 行目），その極座標を返しています（31 行目）．17 行目で定義され，29 行目で使われている `self.phantom_prob` は，各ランドマークのファントムが出現する確率です．この実装ではランドマークの数が多いほどファントムを観測する機会が増えます．また，観測したランドマークのセンサ値をファントムのセンサ値で置き換えることがあります．

引数 `phantom_prob` に 0.5 などの大きな値を指定してシミュレーションを実行すると，ランドマークのない場所を頻繁にピンク色の線が指すようになります．図 4.5 に一例を示します．二つ観測の線分が描かれていますが，一方は何もないところを指しています．

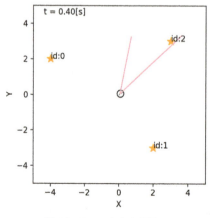

図 4.5　ファントムの出現．

4.3.4 見落としの実装

ランドマークの見落としを実装しましょう．次のように`__init__`の引数に見落とす確率 `oversight_prob` を加え，あとは `phantom` メソッドとよく似た `oversight` メソッドを38〜42行目のように実装し，49行目で呼び出します．（⇒`noise_simulation10.ipynb` [3]）

```python
In [3]:
1   class Camera(IdealCamera):
2       def __init__(self, env_map,
3               distance_range=(0.5, 6.0),
4               direction_range=(-math.pi/3, math.pi/3),
5               distance_noise_rate=0.1, direction_noise=math.pi/90,
6               distance_bias_rate_stddev=0.1, direction_bias_stddev=math.pi/90,
7               phantom_prob=0.0, phantom_range_x=(-5.0,5.0), phantom_range_y=(-5.0,5.0),
8               oversight_prob=0.1): #追加
...
20          self.oversight_prob = oversight_prob #追加
...
38      def oversight(self, relpos): #追加
39          if uniform.rvs() < self.oversight_prob:
40              return None
41          else:
42              return relpos
43
44      def data(self, cam_pose):
45          observed = []
46          for lm in self.map.landmarks:
47              z = self.relative_polar_pos(cam_pose, lm.pos)
48              z = self.phantom(cam_pose, z)
49              z = self.oversight(z)          #追加
50              if self.visible(z):
```

見落としは，40行目のように，`None` を返すことで表現しています．アニメーションの実行例は省略します．

4.3.5 オクルージョンの実装

センサで観測したい対象が別のものに隠されることを，コンピュータビジョンの分野では**オクルージョン**（occlusion）といいます．前項の見落としはオクルージョンが引き起こす現象の一つですが，ここでは「見落としていないけどセンサ値を大きく間違う」という現象を扱います．例えば，観測対象の大きさを画像処理で求めたいときに，通行者や何かに隠れて実際よりも小さく（遠く）見えるという現象や，LiDARと壁の間を通行者がさえぎり，計測した距離が実際より近くなるという現象に相当します．

シミュレータには，ある一定の確率で，センサ値が真の値よりも大きくなってしまう現象を実装しましょう．次のように，Cameraの`__init__`にオクルージョンが起こる確率 `occulusion_prob` を追加して`__init__`の中で `self.occulusion_prob` に記録します．さらに，`occlusion` メソッドを追加します．（⇒`noise_simulation11.ipynb` [3]）

第4章 不確かさのモデル化

```
In [3]:  1  class Camera(IdealCamera):
         2      def __init__(self, env_map,
         3               distance_range=(0.5, 6.0),
         4               direction_range=(-math.pi/3, math.pi/3),
         5               distance_noise_rate=0.1, direction_noise=math.pi/90,
         6               distance_bias_rate_stddev=0.1, direction_bias_stddev=math.pi/90,
         7               phantom_prob=0.0, phantom_range_x=(-5.0,5.0), phantom_range_y=(-5.0,5.0),
         8               oversight_prob=0.1, occulusion_prob=0.0): #occulusion_prob追加
        ...
        21      self.occlusion_prob = occlusion_prob #追加
        ...
        45      def occulusion(self, relpos): #追加
        46          if uniform.rvs() < self.occulusion_prob:
        47              ell = relpos[0] + uniform.rvs()*(self.distance_range[1] - relpos[0])
        48              return np.array([ell, relpos[1]]).T
        49          else:
        50              return relpos
        51
        52      def data(self, cam_pose):
        53          observed = []
        54          for lm in self.map.landmarks:
        55              z = self.relative_polar_pos(cam_pose, lm.pos)
        56              z = self.phantom(cam_pose, z)
        57              z = self.occulusion(z) #追加
        58              z = self.oversight(z)
        59              if self.visible(z):
        60                  z = self.bias(z)
        61                  z = self.noise(z)
        62                  observed.append((z, lm.id))
        63
        64          self.lastdata = observed
        65          return observed
```

occlusionメソッドでは乱数が`self.occulusion_prob`を下回ったとき，現在のセンサ値に雑音を足しています．雑音は，最終的なセンサ値が，現在の値と計測可能な最大距離（6[m]）の間の値になるように一様分布で選んでいます．`data`メソッドでの`occlusion`メソッドの呼び出しは，`oversight`の直前にしておきましょう．図4.6にオクルージョンが発生しているときの例を示します．至近距離からランドマークを観測しているのに，計測された距離が大きくなってピンク色の線が描画の範囲を飛び出しています．

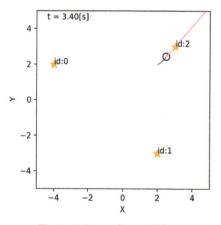

図 4.6 オクルージョンの発生.

これで本章の実装はすべて終わりました．前章と同様，シミュレーションを実行しているセルの冒頭に`if __name__ == '__main__':`を書き入れ，各行をインデントして，`scripts`ディレクトリの下におきます．名前は`robot.py`に変更しておいてください．

4.3.6 観測方程式と確率的な観測モデル

4.2節と同様，観測についても確率密度関数や確率分布で表現できるようにしましょう．雑音を考慮するときの観測方程式は，（時刻の添え字を省略すると）

$$z_j = h_j(x) + \varepsilon_j \tag{4.6}$$

というように表せます．ε_j がセンサ値に混入する雑音です．

これを確率密度関数で表現すると，

$$z_j \sim p_j(z|x) \tag{4.7}$$

となります．つまり，x がロボットの姿勢であるときに，ランドマーク m_j を観測すると，そのセンサ値 z_j は確率密度関数 p_j で表される確率分布に従う，という枠組みで雑音をとらえます．式(4.7)全体，あるいは右辺の確率密度関数を（確率的な）**観測モデル**[注9] と呼びます．

$p_j(z|x)$ を観測モデルといったとき，実世界（シミュレータ）でセンサ値が生成される真の確率モデルを指すこともあるかもしれませんが，むしろエージェントが計算のために使う確率分布のことを指すことの方が多く，この両者は通常異なるので注意が必要です．つまり，「真の」$p_j(z|x)$ と，エージェントの使う $p_j(z|x)$ が存在し，後者には誤りがあるかもしれない（というよりもむしろ必ず誤りがある）ということになります．

これに関連して，観測モデルを扱うときに一つ大切なこととして，**独立同分布** (independent and identically distributed, iid) という概念があります．例えば同じ姿勢 x から，次のように違う時刻にセンサ値を得たとします．

$$z_{j,t} \sim p_j(z|x) \tag{4.8}$$
$$z_{j,t+1} \sim p_j(z|x) \tag{4.9}$$

$z_{j,t}, z_{j,t+1}$ は，それぞれ時刻 $t, t+1$ に得たランドマーク m_j のセンサ値を意味します．このとき，$p_j(z|x)$ が正しければ，$z_{j,t}, z_{j,t+1}$ には同じ $p_j(z|x)$ に従って生成されたという関係性しかありません．もう少し具体的な例で説明すると，細工をしていないサイコロを使っているとき，1回目の出目が3だったからといって，2回目の出目が3になる確率は1/6より大きくも小さくもなりません．これは独立同分布だということになります．

しかし，センサに関しては，エージェントが使う観測モデルに反映できない値のゆらぎがあって，例えば $z_{j,t}$ が実際より大きな値で計測された後，$z_{j,t+1}$ も実際よりも大きな値になりやすいということはよく起こります．このような場合，$z_{j,t}, z_{j,t+1}$ は観測モデルに対して独立同分布でないということになります．ただ，以後のアルゴリズムでは独立同分布であることが前提となっているものがほとんどです．この前提なくアルゴリズムを構築することは前提がある場合より難しくなります．また，独立同分布でないことが独立同分布を前提としたアルゴリズムの出力に対してさまざまに悪影響を与えます．本書では4.3.2項で実装したバイアスによって，この悪影響を再現しています．

話題を変えて，本書のシミュレータの場合，同時にいくつもランドマークを観測することがあるので，これもモデル化しておきましょう．時刻 t に得られたセンサ値のリスト $\mathbf{z}_t$ に対する観測モデルを

$$\mathbf{z}_t \sim p(\mathbf{z}|x_t) \tag{4.10}$$

と表現します．リスト内のセンサ値の数がランドマークの観測数で変わってしまうことには注意が必要ですが，それはコードを実装するときに対応すればよいのでこれ以上細かく考えることはやめてお

注9 こちらも [スラン 2007] では「計測モデル」となっており，違う名前になっています．これも状態遷移モデルと同様，心持ち一般化した表現にしました．情報は必ずしも計って得るものではないからです．

きます．

　同時に得られる複数のセンサ値の雑音が互いに独立な場合，分布 $p(\mathbf{z}|\boldsymbol{x}_t)$ は，分布 $p_j(z|\boldsymbol{x}_t)$ の積

$$p(\mathbf{z}|\boldsymbol{x}_t) = \prod_{j=0}^{N_\mathrm{m}-1} p_j(z|\boldsymbol{x}_t) \tag{4.11}$$

で表されます．本節で実装したシミュレーションの場合，センサ値は一つずつ独立にドローしているので，シミュレータ側ではこの式が成り立ちます．ただし，実世界では同時に得られたセンサ値が独立でない場合がよくあります．例えば，二つのランドマークをカメラで同時に観測したときに，たまたまそのときだけ照明条件が悪くて両方のセンサ値に同じ傾向の雑音が混入した，というような状況です．このような非独立性が無視できない場合は，式 (4.11) を使わず，複数のセンサ値の同時確率分布として $p(\mathbf{z}|\boldsymbol{x}_t)$ を構築する必要があります．

4.4 まとめ

　本章では，ロボットの移動と観測に対してさまざまな雑音，バイアス，外乱を加えました．また，雑音の存在下における状態方程式，観測方程式について，確率密度関数を用いた表現

$$\boldsymbol{x}_t \sim p(\boldsymbol{x}|\boldsymbol{x}_{t-1}, \boldsymbol{u}_t) \tag{4.12}$$

$$\mathbf{z}_t \sim p(\mathbf{z}|\boldsymbol{x}_t) \tag{4.13}$$

を考えました．単に解釈の話ですが，もともとの表現では，「本来の状態遷移や観測に雑音が加わる」ように見えます．一方，状態遷移モデル，観測モデルを用いた式 (4.12), (4.13) は「さまざまな可能性がある中で，偶然 $\boldsymbol{x}_t$ や $\mathbf{z}_t$ が決まる」ように見えます．確率ロボティクスでは，理論を扱うときには後者，理論からアルゴリズムを導出するときには前者の表現がよく使われます．

　本章で実装したバイアスについては，これから登場する手法がロバストに動作することを確認するために用います．以後のシミュレーションでは自己位置推定や SLAM の結果が理論上の結果からずれていることがほとんどですが，これはほとんどの場合，バイアスのせいです．そして，これは実際にロボットを使って実験するときによく見られるずれとよく似ています．論文であまりにもきれいに実験結果が出ている場合，あるいはデモでロボットがきれいに動いている場合，研究者が必死になってチューニングしてバイアスを除去していることを疑ってみることが必要です（ただし，疑うのは大切ですが決めつけはいけません）．ロボットを商品にする場合，過度なチューニングはできなくなるので，ロボットに使用するアルゴリズムには，バイアスへの対策，あるいは対策をしなくてもあまりバイアスに影響されないロバスト性が求められます．さらに人間並みにロボットを動かすことを目指すなら，誘拐やスタック，ファントムなど，より難しい問題への対応が必要となります．

章末問題

 問題 4.1

センサに対する不確かさには，ほかに「ランドマークを取り違える」というものが考えられます．これはファントムと同じく，過失誤差に対応するものです．ランドマークを取り違えるという現象の確率モデルを作り，ランドマークの取り違えを実装してみましょう．確率モデルはどのような確率分布を用いると実装しやすいでしょうか．（本書の終わりの方に出てきます．）

 問題 4.2

問題 3.2 で実装した LiDAR に，雑音やバイアスのモデルを実装してみてください．

問題 4.3

次のような実験をしてみましょう．

1. 床にテープなどで XY 座標を作り，原点から Y 軸方向の先の壁に目印をつける
2. 原点に立ち，目印を見て自身の体を Y 軸方向に向ける
3. 目をつぶり，$n[\mathrm{m}]$ （$n = 1, 3, 5$ など） Y 軸方向に歩く
4. 到達した地点にテープで点を打つ

何度か試行を繰り返し，自身の歩行に生じる偶然誤差と系統誤差を計測しましょう．

問題 4.4

筆者は中学生のときバスケットボール部の補欠でしたが，この前 25 年ぶりにバスケットボールをしたところ，狙って打ったシュートがすべてゴールよりもかなり手前で落ちてしまうという経験をしました．これは本章の文脈では何に相当するのでしょうか．筋力を元に戻す以外に対策する方法はないでしょうか．

その他，人間がスポーツをするとき，自身の内界，外界センサを通じて経験する系統誤差や偶然誤差，過失誤差を挙げてみましょう．球技をしていて，味方のいないとこにパスを出してしまったり，目測を誤って暴投したりという経験を思い出してみましょう．また，これらの誤差をなくすためにどのような練習をしたでしょうか．それをロボットに転用できるでしょうか．

第 II 部

自己位置推定と
SLAM

第5章 パーティクルフィルタによる自己位置推定

自己位置推定（self-localization）は，ロボットが自らの姿勢（位置と向き）を，これまで得た情報から推定することを指す用語です[注1]．自己位置推定は，自律ロボットにとって最も基本的な問題です．ロボット自身がどこにいて，どっちを向いているかということが分からないと，自身がどう動いてよいかを求めるのは（不可能ではないのですが）大変です．また，少し哲学的な話かもしれませんが，外部環境の中で自身を位置づけるということは，自分自身を知るという，高度な知能をもつ者にとって基本的な能力であるともいえます．

自己位置推定は昔から研究されているテーマですが，新たなセンサやロボットが開発されるごとに新しい課題が発生するため，現在もさかんに扱われています．本章で扱う問題は点ランドマークとカメラという古典的な設定ですが，最新の研究を理解するためには必須の内容となります．

本章では，まず5.1節で自己位置推定の問題を定義して，数式上の解法を提示します．5.2節以降では，確率ロボティクスで最も基本となるパーティクルフィルタによる自己位置推定「Monte Carlo localization（MCL）」[Fox 1999, Dellaert 1999] を実装します．5.2節では，MCLで使うパーティクルを実装します．次に，ロボットが動いたときのパーティクルの操作を5.3節，ロボットがランドマークを観測したときのパーティクルの操作を5.4節で実装します．その後，MCLに必要なリサンプリングという処理を5.5節で実装し，計算結果を提示するための変数を5.6節で設けます．5.7節はまとめです．

5.1 自己位置推定の問題と解法

まずは数式の上で自己位置推定の問題を整理します．実感がわかなければ本節は図を眺めるだけにして，少し実装を進めてから戻ってくるとよいでしょう．

5.1.1 計算すべき確率分布と利用できる情報

自己位置推定は，最初の姿勢 x_0，これまでの制御指令値 $u_1, u_2, \ldots, u_t$，これまでのセンサ値のリスト $z_1, z_2, \ldots, z_t$ からエージェントがロボットの姿勢を推定する問題です．自己位置推定を確率的に扱うためには，現在の真の姿勢 x_t^* に関する条件付き確率密度関数

$$p_t(x|x_0, u_1, u_2, \ldots, u_t, z_1, z_2, \ldots, z_t) \tag{5.1}$$

を考えます．これは，x が時刻 t における真の姿勢であるという事象に対して密度を返す関数で，もちろん自明のものではありません．$u_1, u_2, \ldots, u_t$ を $u_{1:t}$，$z_1, z_2, \ldots, z_t$ を $z_{1:t}$ と略記すると，

[注1] 本書の文脈だと，エージェントがロボットの姿勢を推定するので自己ではないかもしれません．

$$p_t(\boldsymbol{x}|\boldsymbol{x}_0, \boldsymbol{u}_{1:t}, \mathbf{z}_{1:t}) \tag{5.2}$$

となります．先ほど「自己位置推定は姿勢を求める問題」と書きましたが，このように確率的に考える自己位置推定では，この分布自体を求めることが目的となります．

ところで，制御指令値 $\boldsymbol{u}_t$ については，本書では単に「エージェントが自分で出力したと把握している量」として扱っていますが，センサを使って指令の結果生じる移動量を計測することも可能で，むしろそれが一般的です．一般的な移動ロボットや自動車では車輪の回転計や，ジャイロ，加速度センサなどが利用されます．この場合でも定式化は同じで，$\boldsymbol{u}_t$ の値を計測した値[注2]に置き換えます．センサを使って得る $\boldsymbol{u}_t$ にも雑音が混入するので，それに応じた状態遷移モデルを作って対応することになります．また，GNSS (global navigation satellite system) からの情報を $\boldsymbol{u}_t$ として利用することも可能ですが，これは $\mathbf{z}_t$ の中のセンサ値として扱うことが一般的です．

また，本章では初期姿勢 $\boldsymbol{x}_0$ が分かっているという問題を扱いますが，$\boldsymbol{x}_0$ が分からないという状況もあります．このような問題は 7 章で扱います．

5.1.2 信念

求める対象である式 (5.2) の分布は特別なので，これに b_t という記号を与え，

$$b_t(\boldsymbol{x}) = p_t(\boldsymbol{x}|\boldsymbol{x}_0, \boldsymbol{u}_{1:t}, \mathbf{z}_{1:t}) \tag{5.3}$$

と表記しましょう．この確率密度関数 b_t を絵に描くと，図 5.1(a) のような状態空間に広がる確率分布として表現できます．ロボットは通常，(b) の実世界を直接認識できるセンサをもっていないので，エージェントがもっている姿勢に関する情報は，(a) のような非決定論的な分布のみとなります[注3]．ところで念のために記述しておくと，(a) では XY 空間に分布を描いていますが，本章で扱うのは $XY\theta$ 空間の 3 次元分布です．

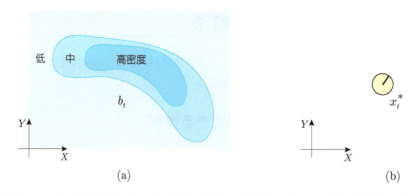

図 5.1 (a)：b_t の分布（θ については省略して 2 次元で表現）．(b)：このときの実世界の様子．

自己位置推定は，この b_t を求める問題となります．また，具体的な計算方法は後述しますが，式 (5.3) の右辺にある条件から姿勢の情報を得るためには，状態遷移モデル，観測モデルが必要となります．つまり，自己位置推定の問題は，

[注2] 状態遷移モデルを作ることができれば，$\boldsymbol{u}_t$ の単位や物理量は速度，加速度，移動量，姿勢など何でもかまいません．
[注3] 人間は (b) を見ているような気になっていますが，あくまで感覚器で間接的に観測しているだけなので，やはり頭の中に (b) のような真実をもっているとはいえません．

- 入力：$\boldsymbol{x}_0, \boldsymbol{u}_{1:t}, \boldsymbol{z}_{1:t}$
- 状態遷移モデル：$\boldsymbol{x}_t \sim p(\boldsymbol{x}|\boldsymbol{x}_{t-1}, \boldsymbol{u}_t)$
- 観測モデル：$\boldsymbol{z}_t \sim p(\boldsymbol{z}|\boldsymbol{x}_t)$

から，b_t を求める問題となります．

ところで，b_t の「b」は **belief**（信念）の頭文字です．「信念」というと文学的な印象を受けるかもしれませんが，確率ロボティクスやベイズ統計では，エージェントがロボットの姿勢についてどのように信じているのかを b_t が表していると考えるため，このような呼び方をします．また，b_t のように推定対象となる確率密度関数やその確率分布のことを，**信念分布**と呼ぶことがあります．

図5.1に加え，図5.2(b)〜(f)にさまざまな信念分布を示します．この図でも信念分布を XY 空間の2次元のものに簡略化しています．実世界の様子は(a)のようになっていることを想定していますが，エージェントはこれが分かりません．代わりにエージェントの頭の中には(b)〜(f)のような分布があり，さまざまに変化します．自己位置推定アルゴリズムには，情報がないときは(c), (d), (f)のように「不確かであるけど間違えていない」分布を出力し，情報があるときは(b)のように真の姿勢に分布の密度を集中させることが求められます．

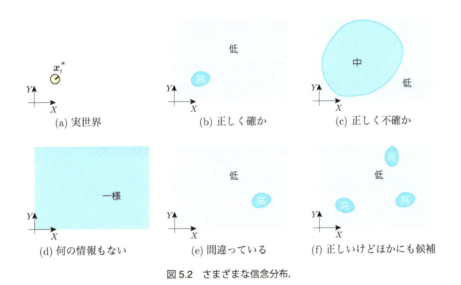

図 5.2　さまざまな信念分布．

5.1.3 信念の演算

信念分布はロボットが動いたり観測したりすると変化します．時刻 $t-1$ から t までロボットが $\boldsymbol{u}_t$ で動くと，姿勢と同様，信念分布も b_{t-1} から遷移します．遷移後の信念分布を $\hat{b}_t$ とすると，この分布は

$$\hat{b}_t(\boldsymbol{x}) = p_t(\boldsymbol{x}|\boldsymbol{x}_0, \boldsymbol{u}_{1:t}, \boldsymbol{z}_{1:t-1}) \tag{5.4}$$

と表されます．b_t との違いは，まだセンサ値 $\boldsymbol{z}_t$ が入力されていないことです．このとき，この遷移に関して

$$\hat{b}_t(\boldsymbol{x}) = \int_{\boldsymbol{x}' \in \mathcal{X}} p(\boldsymbol{x}|\boldsymbol{x}', \boldsymbol{u}_t) b_{t-1}(\boldsymbol{x}') d\boldsymbol{x}' = \langle p(\boldsymbol{x}|\boldsymbol{x}', \boldsymbol{u}_t) \rangle_{b_{t-1}(\boldsymbol{x}')} \tag{5.5}$$

が成り立ちます．$b_{t-1}(\bm{x}')$ は，ある姿勢 $\bm{x}'$ での遷移前の密度です．この密度 $b_{t-1}(\bm{x}')$ は，図 4.2(b) のように，$p(\bm{x}|\bm{x}', \bm{u}_t)$ の分布に従って点から空間に拡散します．そして，全姿勢 $\bm{x}' \in \mathcal{X}$ から拡散した密度を各姿勢で足し合わせているのが式 (5.5) の積分です．積分の結果は，再び信念分布となります．図 5.3 に，この演算を図示します．基本的に，この演算後の $\hat{b}_t$ の分布は，b_{t-1} の分布に比べて広がったものになります．これは例えば，人間が目をつぶって歩くと，自身の姿勢がだんだん分からなくなる現象[注4]に対応しています．

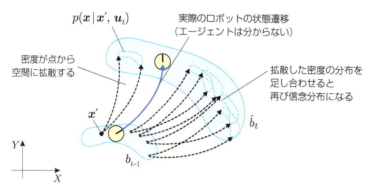

図 5.3 信念分布の遷移．

今度は $\hat{b}_t$ にセンサ値のリスト $\bm{z}_t$ を反映して b_t を計算することを考えましょう．この反映には**ベイズの定理**が利用できます．信念分布 $\hat{b}_t$ が得られている状態で，センサ値のリスト $\bm{z}_t$ が得られた場合，式 (2.54) から次が成り立ちます．

$$b_t(\bm{x}) = \hat{b}_t(\bm{x}|\bm{z}_t) = \frac{p(\bm{z}_t|\bm{x})\hat{b}_t(\bm{x})}{p(\bm{z}_t)} = \eta p(\bm{z}_t|\bm{x})\hat{b}_t(\bm{x}) \tag{5.6}$$

この式の $p(\bm{z}_t|\bm{x})$ は，観測モデルを表します．また，式 (4.11) から，$\bm{z}_t = \{\bm{z}_{j,t}|j=0,1,\ldots,N_\mathrm{m}-1\}$ 内のセンサ値 $\bm{z}_{j,t}$ が互いに独立しているときは，

$$b_t(\bm{x}) = \eta \hat{b}_t(\bm{x}) \prod_{j=0}^{N_\mathrm{m}-1} p_j(\bm{z}_{j,t}|\bm{x}) \tag{5.7}$$

となります．

b_t は，$\hat{b}_t$ と比較すると狭い分布になります．人間にたとえると，目をつぶって歩いた後，目を開いて周囲を見たら，再び自身がどこにいるか分かるようになる現象に対応しています．図 5.4 に，式 (5.7) を図示します．得られたセンサ値のリスト $\bm{z}_t$ の「得られやすさ」を各姿勢 $\bm{x}$ で $p(\bm{z}_t|\bm{x})$ を使って数値化し，その値を $\hat{b}_t(\bm{x})$ とかけることで，新たな値 $b_t(\bm{x})$ が計算できます．

以上をまとめると，自己位置推定は，式 (5.5) と式 (5.6) を交互に用いて信念分布を更新していく手続きで表現できます．このようなアルゴリズムは**ベイズフィルタ**と呼ばれ，フローチャートを書くと図 5.5 のような単純なものになります．本章と次章で扱うパーティクルフィルタとカルマンフィルタは数式上のものであるベイズフィルタをコードのレベルで実装したものです．したがって，このフローチャートは本章のパーティクルフィルタや次章のカルマンフィルタのものと同じです．さらに，推定対象が違いますが 8 章の FastSLAM とも共通しています．

注4 「人間が」と書いていますが，もちろん人間がこの式を厳密に計算しているわけではありません．

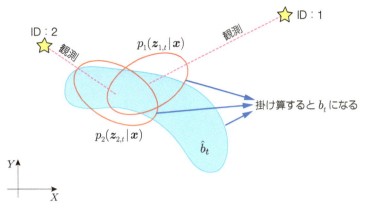

図 5.4 観測による信念分布の更新[注5]．ロボットは描画されていないが，この中のどこかに存在．

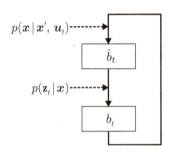

図 5.5 ベイズフィルタに属するアルゴリズムのフローチャート（時刻 t は $\hat{b}_t$ の更新時に一つ進める）．

5.2 パーティクルの準備

MCL（Monte Carlo localization）は，**パーティクル**（粒子）というものを使ってベイズフィルタを実装したものです．細かい理屈の説明は後になりますが，当面「パーティクル＝ロボットの分身」と考えれば十分です．新しいノートブックを準備し，パーティクルを実装しましょう．

まず，ノートブックに次のようにコードを書き，アニメーションさせて画像中央に hoge と描画されるか確認します．（⇒mcl1.ipynb [1]-[3]）

```
In [1]: 1  import sys
        2  sys.path.append('../scripts/')
        3  from robot import *

In [2]: 1  class EstimationAgent(Agent):
        2      def __init__(self, nu, omega):
        3          super().__init__(nu, omega)
        4
        5      def draw(self, ax, elems):
        6          elems.append(ax.text(0, 0, "hoge", fontsize=10))

In [3]: 1  world = World(30, 0.1)
        2
        3  ### 地図を生成して3つランドマークを追加 ###
        4  m = Map()
        5  for ln in [(-4,2), (2,-3), (3,3)]: m.append_landmark(Landmark(*ln))
        6  world.append(m)
        7
        8  ### ロボットを作る ###
        9  initial_pose = np.array([2, 2, math.pi/6]).T
        10 circling = EstimationAgent(0.2, 10.0/180*math.pi)
        11 r = Robot(initial_pose, sensor=Camera(m), agent=circling)
        12 world.append(r)
        13
        14 ### アニメーション実行 ###
        15 world.draw()
```

[注5] この図は模式的なもので $p(z|x)$ を楕円で描いていますが，本書の点ランドマークでは，図 6.4 のようなドーナツ形になります．

第5章 パーティクルフィルタによる自己位置推定

前章で作った `robot.py` をセル[1]でインポートし，セル[2]で `Agent` から派生した `EstimationAgent` クラスを作成しています．

次にパーティクルを準備します．`EstimationAgent` のセルの上にセルを二つ追加して，次のように `Particle` クラスと，それを管理する `Mcl` クラスをそれぞれに実装します．（⇒`mcl2.ipynb` [2]-[3]）

```python
In [2]:
class Particle:
    def __init__(self, init_pose):
        self.pose = init_pose
```

```python
In [3]:
class Mcl:
    def __init__(self, init_pose, num):
        self.particles = [Particle(init_pose) for i in range(num)]
```

`Mcl` クラスは，`__init__` の引数でパーティクル（分身）の初期姿勢 `init_pose` と，パーティクルの数 `num` を受け取り，`Particle` オブジェクトのリストを作ります．

次に，`EstimationAgent` が `Mcl` などの推定器（`estimator`）のオブジェクトを一つ受け取れるようにします．（⇒`mcl2.ipynb` [4]）

```python
In [4]:
class EstimationAgent(Agent):
    def __init__(self, nu, omega, estimator):   #引数を追加
        super().__init__(nu, omega)
        self.estimator = estimator

    def draw(self, ax, elems):
        elems.append(ax.text(0, 0, "hoge", fontsize=10))
```

シミュレーションを実行するセルでは，`EstimationAgent` のオブジェクトを作る前に `Mcl` のオブジェクトを作り，エージェントのオブジェクトに渡します．（⇒`mcl2.ipynb` [5]）

```python
8   ### ロボットを作る ###
9   initial_pose = np.array([2, 2, math.pi/6]).T
10  estimator = Mcl(initial_pose, 100)                          #パーティクルフィルタを作る
11  circling = EstimationAgent(0.2, 10.0/180*math.pi, estimator)  #estimatorを渡す
12  r = Robot(initial_pose, sensor=Camera(m), agent=circling)
13  world.append(r)
```

これでアニメーションを動作させてバグで止まらないことを確認します．

さらに，パーティクルをアニメーション中で描画しましょう．まず，`EstimationAgent` の `draw` メソッドから `Mcl` の `draw` メソッドを呼び出します．（⇒`mcl3.ipynb` [4]）

```python
6   def draw(self, ax, elems):   #追加
7       self.estimator.draw(ax, elems)
```

そして，`Mcl` の `draw` メソッドを次のように実装します．（⇒`mcl3.ipynb` [3]）

```python
5   def draw(self, ax, elems):   #追加
6       xs = [p.pose[0] for p in self.particles]
7       ys = [p.pose[1] for p in self.particles]
8       vxs = [math.cos(p.pose[2]) for p in self.particles]
9       vys = [math.sin(p.pose[2]) for p in self.particles]
10      elems.append(ax.quiver(xs, ys, vxs, vys, color="blue", alpha=0.5))
```

6, 7行目は，全パーティクルの X 座標，Y 座標をリスト化する処理です．8, 9行目は，全パーティ

クルの向きを描画するために，向きをベクトルで表したときの X 座標成分，Y 座標成分のリストを作っています．これらのリストは，10 行目で矢印を描画するメソッド quiver に渡されています．矢印の色は青で，半透明（alpha の値を 0.5）にしています．

これでアニメーションを実行すると，図 5.6 のように，ロボットの初期姿勢に一つの青い矢印（実際は 100 個重なった矢印）が描画されます．これで準備は終わりです．

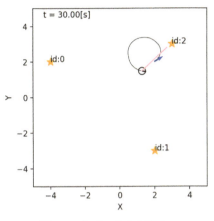

図 5.6　パーティクルの描画.

ここで，時刻 t の各パーティクルの姿勢を

$$\boldsymbol{x}_t^{(i)} \quad (i = 0, 1, 2, \ldots, N-1) \tag{5.8}$$

と表すことにしましょう．i はパーティクルの ID を表します．N はパーティクルの個数です．

5.3 移動後のパーティクルの姿勢更新

　今のところパーティクルは何もせず初期姿勢に留まるだけですが，これをロボットとともに動かしてみます．パーティクルは先述のようにロボットの分身で，ロボットがいそうなところに動かしてやると，ロボットがどこにいそうかエージェントが把握できるようになります．このようにパーティクルを動かすには，前章で作ったロボットの移動のシミュレータをそのまま Mcl クラスに実装してやればよいことになります．例えば，前章では 100 台のロボットを一斉に動かして雑音を観察するということをしましたが，Mcl が内部でこれとまったく同じシミュレーションを行うと，ロボットの姿勢が移動していくにつれて一意に定まらなくなる様子を表現できます．

　ただ，実機の場合を想定すると，シミュレータと異なり，どのような雑音やバイアスが存在するかは自明ではなくなります．実機の状態遷移モデルを作る際は，2 章でセンサに対して行ったように，ロボットの挙動を外から観測して，妥当そうなモデルを自分たちで作って実装する必要があります．

5.3.1　パーティクルの移動のための状態遷移モデル

　そこで，シミュレータをブラックボックス扱いにして，外からロボットの挙動の統計をとって，状態遷移モデルを作ってみましょう．ロボットの動きに生じる雑音の大きさがガウス分布に従い，その分散が移動量（道のりや向きの変化量）に比例するという仮定をおき，パーティクルに雑音を混ぜるこ

とにします．この仮定は今のところ正しいかどうかも定かではなく，あくまで考え方の一例です．ほかにも状態遷移モデルを作る方法は考えられます．

雑音は，次の4つの標準偏差をパラメータとして調節することとします．

- $\sigma_{\nu\nu}$：直進 1[m] で生じる道のりのばらつきの標準偏差
- $\sigma_{\nu\omega}$：回転 1[rad] で生じる道のりのばらつきの標準偏差
- $\sigma_{\omega\nu}$：直進 1[m] で生じる向きのばらつきの標準偏差
- $\sigma_{\omega\omega}$：回転 1[rad] で生じる向きのばらつきの標準偏差

これらの記号を σ_{ab} と一般化すると，b が a に与えるばらつきの標準偏差を表していることになります．後からシミュレータ内でロボットを走らせてこれらの値を計測し，MCL で利用することとします．

σ_{ab} の値を求める前に，パーティクルを動かす速度，角速度にこれらのパラメータの入力に従って雑音を乗せるコードを考えましょう．移動量あたりの雑音を速度あたりの雑音に変換しないといけませんので，少し計算が必要です．まず次のように，上で定義した4つの標準偏差に対応する4つの雑音の大きさをドローします．

$$\delta_{ab} \sim \mathcal{N}(0, \sigma_{ab}^2) \tag{5.9}$$

ドローされた値は，1[m]，1[rad] 移動した場合の雑音の量を意味しています．分散 σ_{ab}^2 は移動量，回転量に比例するとしましたが，この場合，式 (2.20) の分散の性質から，雑音の大きさの二乗 δ_{ab} の期待値も移動量，回転量に比例します．したがって a（速度あるいは角速度）に加える雑音 δ'_{ab}（単位は [m/s] あるいは [rad/s]）を考えると，移動量，回転量あたりの雑音の比から

$$\delta_{ab}^2 : (\delta'_{ab}\Delta t)^2 = 1 : |b|\Delta t \tag{5.10}$$

$$\delta'_{ab} = \delta_{ab}\sqrt{|b|/\Delta t} \tag{5.11}$$

となります．これで a, b に制御指令値 ν, ω を代入すると ν に加えるべき雑音（$\delta'_{\nu\nu}$ と $\delta'_{\nu\omega}$），ω に加えるべき雑音（$\delta'_{\omega\nu}$ と $\delta'_{\omega\omega}$）が求まります．以上で，次の式で計算した $\boldsymbol{u}' = (\nu' \ \omega')^\top$ でパーティクルを動かすと雑音が再現できるということになります．

$$\begin{pmatrix} \nu' \\ \omega' \end{pmatrix} = \begin{pmatrix} \nu \\ \omega \end{pmatrix} + \begin{pmatrix} \delta_{\nu\nu}\sqrt{|\nu|/\Delta t} + \delta_{\nu\omega}\sqrt{|\omega|/\Delta t} \\ \delta_{\omega\nu}\sqrt{|\nu|/\Delta t} + \delta_{\omega\omega}\sqrt{|\omega|/\Delta t} \end{pmatrix} \tag{5.12}$$

ロボットによってはこのような定義では不十分で，速度や角速度の大きさ，あるいは加速度の大きさも雑音に影響を与えますし，動かないように制御指令を与えても勝手に動くことがあります．本書ではそのような場合は扱いませんが，どのような場合でも適切にパラメータを準備して，パーティクルの動きをロボットの動きに近づけてやると，より良い推定ができます．

5.3.2 状態遷移モデルの実装

式 (5.12) を実装しましょう．コードの量が多いので，まずは雑音をドローするためのガウス分布を `Mcl` クラスで使えるようにするまでの実装を示します．

まず `EstimationAgent` の `__init__` に，引数 `time_interval` を加えます．この引数で，`Mcl` に処理の周期を教えます．（⇒mcl4.ipynb [4]）

5.3 移動後のパーティクルの姿勢更新

```
In [4]:  1  class EstimationAgent(Agent):
         2      def __init__(self, time_interval, nu, omega, estimator): #time_intervalを追加
         3          super().__init__(nu, omega)
         4          self.estimator = estimator
         5          self.time_interval = time_interval #追加
```

Mcl クラスには，次のように加筆します．（⇒mcl4.ipynb [3]）

```
In [3]:  1  class Mcl:
         2      def __init__(self, init_pose, num, motion_noise_stds): #引数追加
         3          self.particles = [Particle(init_pose) for i in range(num)]
         4
         5          v = motion_noise_stds #5-7行目追加
         6          c = np.diag([v["nn"]**2, v["no"]**2, v["on"]**2, v["oo"]**2])
         7          self.motion_noise_rate_pdf = multivariate_normal(cov=c)
         8
         9      def motion_update(self, nu, omega, time): #追加
        10          print(self.motion_noise_rate_pdf.cov)
```

まず，__init__に引数 motion_noise_stds を加えます．この変数は，式 (5.9) 中の標準偏差 σ_{ab} に対応しています．5〜7 行目では，この変数から 4 次元のガウス分布のオブジェクトを作っています．この処理のためには，次のようにヘッダ部で multivariate_normal をインポートしておきます．（⇒mcl4.ipynb [1]）

```
In [1]:  1  import sys
         2  sys.path.append('../scripts/')
         3  from robot import *
         4  from scipy.stats import multivariate_normal #追加
```

セル [3] の 6 行目で使われた np.diag は，与えられたリストの要素を対角成分にもつ**対角行列** を作って返してきます．例を示します．

```
In [6]:  1  print(np.diag([1,2]))
            [[1 0]
             [0 2]]
```

上のセル [3] の 9, 10 行目のように，Mcl には motion_update というメソッドを加えます．このメソッドでパーティクルを動かしますが，現時点ではデバッグのため，作ったガウス分布の共分散行列を出力するコードを書いておきます．

以上，書き終わったら一番下の空のセルに，次のようにテスト用のコードを書いて実行します．motion_noise_stds の値は今のところ適当です．（⇒mcl4.ipynb [5]）

```
In [5]:  1  initial_pose = np.array([0, 0, 0]).T
         2  estimator = Mcl(initial_pose, 100, motion_noise_stds={"nn":0.01, "no":0.02, "on":0.03, "oo":0.04})
         3  a = EstimationAgent(0.1, 0.2, 10.0/180*math.pi, estimator)
         4  estimator.motion_update(0.2, 10.0/180*math.pi, 0.1)
            [[0.0001 0.     0.     0.    ]
             [0.     0.0004 0.     0.    ]
             [0.     0.     0.0009 0.    ]
             [0.     0.     0.     0.0016]]
```

この例のように，行列が出力されたら完了です．

続いて，パーティクルを動かす処理を実装します．まず，Mcl の motion_update メソッドを，次のように書き換えます．（⇒mcl5.ipynb [3]）

```python
    def motion_update(self, nu, omega, time):
        for p in self.particles: p.motion_update(nu, omega, time, self.motion_noise_rate_pdf)
```

10 行目で，各パーティクルの motion_update メソッド（直後に実装）を呼び出します．

次に Particle クラス内に motion_update メソッドを実装します．（⇒mcl5.ipynb [2]）

```python
class Particle:
    def __init__(self, init_pose):
        self.pose = init_pose
    
    def motion_update(self, nu, omega, time, noise_rate_pdf): #追加
        ns = noise_rate_pdf.rvs()  #順に nn, no, on, oo
        noised_nu = nu + ns[0]*math.sqrt(abs(nu)/time) + ns[1]*math.sqrt(abs(omega)/time)
        noised_omega = omega + ns[2]*math.sqrt(abs(nu)/time) + ns[3]*math.sqrt(abs(omega)/time)
        self.pose = IdealRobot.state_transition(noised_nu, noised_omega, time, self.pose)
```

motion_update メソッドでは，6 行目で式 (5.9) を実行して，7, 8 行目で式 (5.12) を実行しています．9 行目では，雑音を加えた速度 noised_nu，角速度 noised_omega を，IdealRobot の state_transition に入力し，姿勢を更新しています．

パーティクルの姿勢が更新されているかどうかは，先ほど一番下に書いたコードを少し改変すると確認できます．例を示します．（⇒mcl5.ipynb [5]）

```python
initial_pose = np.array([0, 0, 0]).T
estimator = Mcl(initial_pose, 100, motion_noise_stds={"nn":0.01, "no":0.02, "on":0.03, "oo":0.04})
a = EstimationAgent(0.1, 0.2, 10.0/180*math.pi, estimator)
estimator.motion_update(0.2, 10.0/180*math.pi, 0.1)
for p in estimator.particles:
    print(p.pose)
```

```
[0.02185708 0.00017299 0.01582897]
[0.01929824 0.000117   0.01212551]
[0.01751306 0.00019724 0.02252374]
[0.02028605 0.00020654 0.02036173]
[0.022342   0.00021753 0.01947233]
```

出力の座標が，3 行目の EstimationAgent で指定した時間と速度，角速度と矛盾していなければバグがなく実装できていることになります．この例の場合は，$0.1[s]$, $0.2[m/s]$, $10\pi/180[rad/s]$ を指定しているので，パーティクルの姿勢が $x = 0.02[m]$, $y = 0.00015[m]$, $\theta = 0.017[rad]$ あたりを中心にばらついていれば大丈夫です．

さらに，EstimationAgent に decision メソッドを作り，Mcl の motion_update メソッドを呼ぶようにします．（⇒mcl5.ipynb [4]）

```python
class EstimationAgent(Agent):
    def __init__(self, time_interval, nu, omega, estimator):
        super().__init__(nu, omega)
        self.estimator = estimator
        self.time_interval = time_interval
        
        self.prev_nu = 0.0   #追加
        self.prev_omega = 0.0 #追加
    
    def decision(self, observation=None): #追加
        self.estimator.motion_update(self.prev_nu, self.prev_omega, self.time_interval)
        self.prev_nu, self.prev_omega = self.nu, self.omega
        return self.nu, self.omega
```

decision では，一つ前の制御指令値でパーティクルの姿勢を更新するので，__init__ 内で 7, 8 行

目のように一つ前の制御指令値を記録する `prev_nu`, `prev_omega` を変数として追加しておきます．以上の実装でアニメーションの際に Mcl の `motion_update` メソッドが，毎周期呼ばれるようになります．一番下のセルに次のようにシミュレーションのコードを書くと，パーティクルが動く様子が観察できます．（⇒`mcl5.ipynb` [6]）

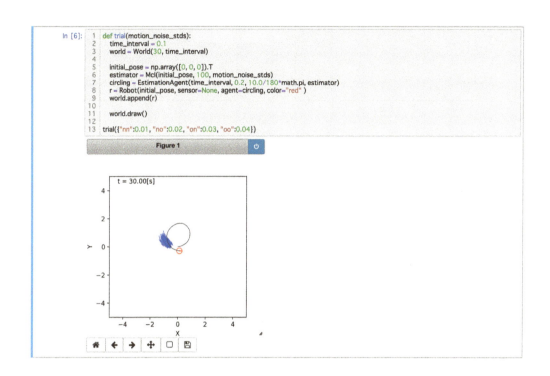

この図を見るときに注意が必要なのは，エージェントはロボットの真の姿勢を知らないということです．図から赤いロボットと軌跡を消したものが，エージェントのもっている知識となります．また，まだ雑音のパラメータがいい加減なので，この例のように，パーティクルとロボットの姿勢が大きく乖離（かいり）する場合があります．

5.3.3 パラメータの調整

　雑音のパラメータがいい加減なままだと推定がどのようになるか，もう少し観察してみましょう．パラメータの値を極端に変えてロボットを走らせ，30秒後にパーティクルの分布を観察したものを図5.7に示します．雑音のパラメータが小さいと (a) のようにロボットの姿勢とパーティクルの姿勢が乖離します．信念分布が狭く，しかも実際の姿勢と離れているという「自信満々に間違えている」状態になっており，これに基づいて行動決定すると思わぬ間違いをしてしまうかもしれません．(b) は雑音のパラメータが大きい場合ですが，パーティクルがほぼランダムな姿勢をとっていてまともな推定ができていません．

　これらのような例を示すまでもなく，雑音のパラメータは適切に設定する必要があります．実は慣れた人間だと「だいたいこれくらいだろう」でパラメータを決めることができます．また，我々は自分自身でシミュレータを作ったので，そこから正確な確率モデルを作ることができます．しかし，ここではシミュレータがブラックボックスだと考え，ロボットの動きから統計をとる実験をして，パーティクルへの雑音のパラメータを決めてみましょう．ロボットを決まった距離だけ何度も動かして，

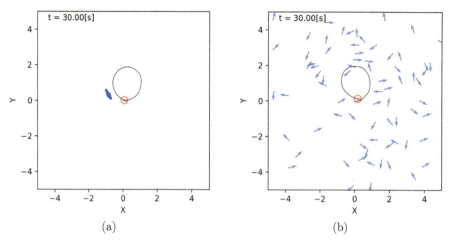

図 5.7 (a)：パーティクルの分布が狭すぎて実機の姿勢が乖離した状態（$\sigma_{\nu\nu}, \sigma_{\nu\omega}, \sigma_{\omega\nu}, \sigma_{\omega\omega} = (0.001, 0.002, 0.003, 0.004)$）．(b)：分布が広すぎて推定できていない場合（$\sigma_{\nu\nu}, \sigma_{\nu\omega}, \sigma_{\omega\nu}, \sigma_{\omega\omega} = (1, 2, 3, 4)$）．

移動後の姿勢の分散を求めてパラメータを決定します．実機の場合，このように実験して統計をとるのはかなり手間がかかりますが，一番確実な方法といえます．MCL のアルゴリズム全体を早く把握したい場合は，本項は飛ばしてかまいません．

まず，新しいノートブックを用意して，次のようなコードを書きましょう．（⇒`motion_test_forward.ipynb` [1]-[2]）

```
In [1]: 1  import sys
        2  sys.path.append('../scripts/')
        3  from robot import *

In [2]: 1  import copy
        2
        3  world = World(40.0, 0.1)
        4
        5  initial_pose = np.array([0, 0, 0]).T
        6  robots = []
        7  r = Robot(initial_pose, sensor=None, agent=Agent(0.1, 0.0))
        8
        9  for i in range(100):
       10      copy_r = copy.copy(r)
       11      copy_r.distance_until_noise = copy_r.noise_pdf.rvs()  #最初に雑音が発生するタイミングを変える
       12      world.append(copy_r)       #worldに登録することでアニメーションの際に動く
       13      robots.append(copy_r)      #オブジェクトの参照のリストにロボットのオブジェクトを登録
       14
       15  world.draw()
```

このコードは，「0.1[m/s] でロボットを 4[m] 走らせて，移動後の姿勢を記録することを同じロボットで 100 回繰り返す」という実験のシミュレーションです．コードではロボットを 100 回走らせず，同じロボットのコピーを 100 台作ることで，同じバイアスをもったロボットを一斉に走らせています．これにより，バイアスを固定した場合における，直進で生じる道のり，向きのばらつきの標準偏差 $\sigma_{\nu\nu}$，$\sigma_{\omega\nu}$ が求まります．

セル [2] では，ただコピーするだけだと最初に雑音を被る（小石を踏む）タイミングが同じになってしまうので，11 行目で最初に小石を踏むタイミングを設定しなおしています．13 行目ではあとから各ロボットの姿勢を出力するために Robot オブジェクトのリストを作っています．

このコードを実行すると，100 台のロボットがばらつきながらだいたい 4[m] 直進します．図 5.8 の

ように，ロボットの向きが雑音（小石の踏みつけ）の影響でばらついて，それが原因で最終的な位置がY軸の左右にばらつきます．

図5.8を見ると，最終的なロボットの姿勢は円弧上に分布し，前後方向にばらついていませんので，仮に$\sigma_{\nu\nu} = 0$としておきます．一方，向きにはばらつきが生じているので，$\sigma_{\omega\nu}$はシミュレーション結果から計算する必要があります[注6]．

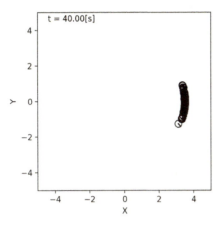 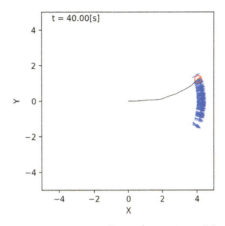

図5.8 $\sigma_{\omega\nu}$を求めるためのシミュレーション（ロボットの軌跡を描画するコードを`ideal_robot.py`からコメントアウトして描画）．

図5.9 求めた$\sigma_{\omega\nu}$を使ったパーティクルの動き．

アニメーションが終わった後[注7]，移動後のロボットのばらつきの統計量を計算します．次のように下のセルにコードを書いて実行します．（⇒ `motion_test_forward.ipynb` [3]）

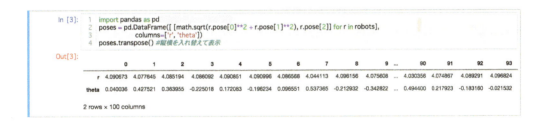

データフレームの`poses`には，ロボットの位置の原点からの距離rと，ロボットの向きθが収められます．rの平均値は$4[\mathrm{m}]$前後，θの平均値はゼロあたりになります[注8]．

これらから$\sigma_{\omega\nu}$を計算すると次のようになります．（⇒ `motion_test_forward.ipynb` [4]）

注6 前後方向にばらつかないのは，4章で実装した小石を踏むモデルでθ方向にしか雑音を足していないからです．
注7 シミュレーションの途中で集計を始めると，途中経過のロボットの姿勢で計算されてしまいます．
注8 バイアス（4.2.2項のもの）が存在するので実際の値はずれます．

出力の1,2行目はθの分散，rの平均値です．分散の大きさがロボットが進んだ道のりに比例するならば，1[m]あたりの分散は1行目を2行目で割った値になり，標準偏差$\sigma_{\omega\nu}$は，その正の平方根となります．コードの3行目で行っているのはこの計算で，出力の0.12943...が$\sigma_{\omega\nu}$の値になります．本書ではこの値を四捨五入した$\sigma_{\omega\nu} = 0.13$を使います．同じ実験を繰り返すと$\sigma_{\omega\nu}$の値は毎回変わりますが，これがもし実機だとすると何セットも実験できないので，出た値を信じましょう．

$\sigma_{\omega\nu} = 0.13$が求まったので，この値を使って，今の実験と同じようにパーティクルを動かしてみましょう（⇒`mcl6.ipynb`．コードは省略）．`motion_noise_stds={"nn":0.001, "no":0.001, "on":0.13, "oo":0.001}`をMclに与え，4[m]だけロボットを直進させます．$\sigma_{\omega\nu} = 0.13$のほかの標準偏差の値0.001は適当な小さな数で，これらを0にするとガウス分布を作るときにエラーが発生します．これでロボットを4[m]直進させると，図5.9のようにパーティクルが動きます．図5.8のロボットの姿勢と比較すると，姿勢の分布がほぼ一致していることが分かります．

さらに，4.2.2項で実装したバイアスを有効にして，バイアス込みの分散も求めてみましょう．実際にそのような実験ができるかどうかは別として，今度は100台の異なるバイアスをもつロボットで統計をとります．先ほどコードでロボットのコピーを作っていたセルを，次のように書き換えます．（⇒`motion_test_forward_bias.ipynb [2]`）

```
In [2]:  1  world = World(40.0, 0.1)
         2
         3  initial_pose = np.array([0, 0, 0]).T
         4  robots = []
         5
         6  for i in range(100):
         7      r = Robot(initial_pose, sensor=None, agent=Agent(0.1, 0.0))  #ここで生成されるロボットは異なるバイアスを持つ
         8      world.append(r)
         9      robots.append(r)
        10
        11  world.draw()
```

コードを読むと分かるように，ロボットをコピーせずに独立で作っています．

これで図5.10のようにロボットを走らせて，その後，先ほどと同様にデータフレームを作って統計量を求めます．$\sigma_{\nu\nu}$は，rの分散をrの平均値で割って平方根をとることで求まります．得られた結果と計算の例を示します．（⇒`motion_test_forward_bias.ipynb [3]-[4]`）

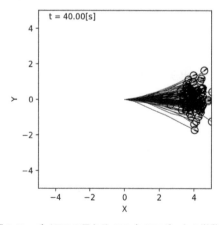

図5.10　バイアスの異なる100台のロボットの挙動．

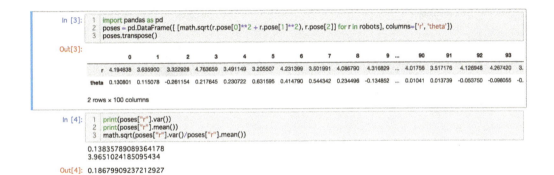

最後の出力を四捨五入すると 0.19 となります．図 5.8 の実験のときは，どのロボットもバイアスが揃っており，雑音がないので $\sigma_{\nu\nu} = 0$ としましたが，バイアスがあらかじめ分からない場合はこちらの $\sigma_{\nu\nu} = 0.19$ が適切な値となります．

$\sigma_{\omega\nu}$ については，この実験から求めなおす必要はなく，この前の実験で求めた $\sigma_{\omega\nu} = 0.13$ のままで大丈夫です．ν に生じるバイアスは，回転量への誤差の原因にはならないことが理由です．

$\sigma_{\omega\omega}$ については，バイアスの揃っていないロボットを 100 台回転させて，θ の分散を θ の平均値で割って平方根をとると求まります（⇒`motion_test_rot_bias.ipynb`．コードは省略）．筆者の実験では，$\sigma_{\omega\omega} = 0.2$ となりました．$\sigma_{\nu\omega}$ については実験をしていませんが，このシミュレータではその場でロボットが回転しても位置は変わりません．そのため，自動的に $\sigma_{\nu\omega} = 0$ となります．

5.3.4 求めたパラメータによる動作確認

これで $\sigma_{\omega\nu} = 0.13$, $\sigma_{\nu\nu} = 0.19$, $\sigma_{\omega\omega} = 0.2$ $\sigma_{\nu\omega} = 0$ が求まりました．これらのパラメータ（0 のものは微小な正の値にする）をデフォルト値として `Mcl` クラスにセットしましょう．（⇒`mcl7.ipynb` [3]）

```
In [3]: 1  class Mcl:
        2      def __init__(self, init_pose, num, motion_noise_stds={"nn":0.19, "no":0.001, "on":0.13, "oo":0.2}):
```

このデフォルト値を使い，制御指令 $\nu = 0.2[\mathrm{m/s}]$, $\omega = 10[\mathrm{deg/s}]$ で 30 秒ロボットを動かして得たパーティクルの分布を図 5.11(a)，ロボットを 100 台，同様の動きをさせたものを (b) に示します（⇒`mcl7.ipynb`）．この図では少しパーティクルの分布の方が大きいように感じられますが，30 秒後の姿勢のばらつきがシミュレートできていることが分かります．

これでロボットの動作をパーティクルで近似できるようになりました．このとき，パーティクルの分布は次のように信念分布を近似しているといえます[注9]．

$$P(\bm{x}_t^* \in X) = \int_{\bm{x} \in X} b_t(\bm{x}) d\bm{x} \approx \frac{1}{N} \sum_{i=0}^{N-1} \delta(\bm{x}_t^{(i)} \in X) \tag{5.13}$$

$\delta(\cdot)$ は括弧の中が真ならば 1，偽ならば 0 を返す関数です．つまりこの式は，X 内にあるパーティクルの割合を計算し，その値をロボットの姿勢が X 内にある確率とするという意味です．例えば図 5.11(a) では，X を $-5 \leq x \leq 5$, $-5 \leq y \leq 5$ の範囲だとすると，$P(\bm{x}_t^* \in X) = 1$ となりますし，X を $0 \leq x$ の範囲だとすると（目視で大雑把ですが）$P(\bm{x}_t^* \in X) = 0.1$ くらいになります．

注 9　ここで b_t は $\hat{b}_t$ と表記してもよいのですが，今のところセンサ値が入力されていないので b_t と $\hat{b}_t$ は同じです．

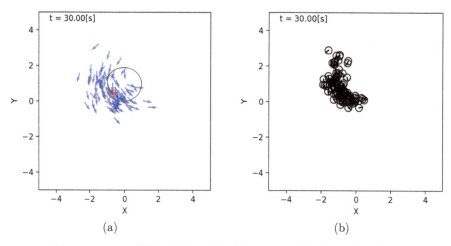

図 5.11 (a)：30 秒後のパーティクルの分布．(b)：ロボット 100 台の分布．

パーティクル数 N を多くすれば多くするほど，パーティクルの分布は信念分布 b_t をよく表すことになります．逆に N が小さい場合には近似性能が落ちることになります．例えば図 5.11(a) で X を $-2 \leq x \leq -2.1, 2.1 \leq y \leq 2.2$ という狭い範囲にとると，パーティクルが範囲内にないので $P(\boldsymbol{x}^* \in X) = 0$，つまり「$X$ の範囲内に真の姿勢は絶対に存在しない」となります．しかし，X 内にパーティクルが偶然存在しないだけかもしれず，確率ゼロというのはあくまで近似の上でのことだろうということになります．

5.4 観測後のセンサ値の反映

今までの実装ではパーティクルはただ拡散していくだけで，ロボットの姿勢はだんだん分からなくなっていきます．そこで本節ではランドマークからの情報をパーティクルの姿勢に反映していきます．

ランドマークを観測することで，エージェントはロボットの姿勢に関してなんらかの情報を得ることになります．一方で，1 回のランドマークの観測からは，ロボットの姿勢が一意に求まるわけではありません．1 回の観測は「部分的なヒント」にしかなりません．この「ヒント」をパーティクルの分布に反映させる適切な方法を考えていきます．数式上は，これは観測モデル $\mathbf{z}_t \sim p(\mathbf{z}|\boldsymbol{x}_t)$ の構築と式 (5.6), (5.7) のベイズの定理の実装に相当します．

5.4.1 準備

まず，次のようなコードを記述してロボットを動かします．（⇒`mcl8.ipynb` [5]）

```python
def trial():
    time_interval = 0.1
    world = World(30, time_interval, debug=False)
    
    ### 地図を生成して3つランドマークを追加 ###
    m = Map()
    for ln in [(-4,2), (2,-3), (3,3)]: m.append_landmark(Landmark(*ln))
    world.append(m)
    
    ### ロボットを作る ###
    initial_pose = np.array([0, 0, 0]).T
    estimator = Mcl(initial_pose, 100)
    a = EstimationAgent(time_interval, 0.2, 10.0/180*math.pi, estimator) #EstimationAgentに
    r = Robot(initial_pose, sensor=Camera(m), agent=a, color="red")
    world.append(r)
    
    world.draw()
    
trial()
```

アニメーションを出力して，パーティクルとランドマーク，そしてセンサ値を示す線分が表示されたら準備完了です．

次に，4章で実装した Camera の出力を Mcl に引き込みましょう．まず，EstimationAgent の decision メソッドに，次のように1行追加します．(⇒mcl8.ipynb [4])

```python
10    def decision(self, observation=None):
11        self.estimator.motion_update(self.prev_nu, self.prev_omega, self.time_interval)
12        self.prev_nu, self.prev_omega = self.nu, self.omega
13        self.estimator.observation_update(observation)   #追加
14        return self.nu, self.omega
```

そして，Mcl と Particle に次のようにそれぞれ observation_update メソッドを追加します．(⇒mcl8.ipynb [2] と [3])

```python
11    def observation_update(self, observation):
12        print(observation)
```

```python
12    def observation_update(self, observation):
13        for p in self.particles: p.observation_update(observation)
```

今のところ Particle に実装した方のメソッドは，受け取ったセンサ値 observation を print するだけです．World のオブジェクトを作るときに debug=True にして，センサ値が print されることを確認しましょう．

5.4.2 センサ値によるパーティクルの姿勢の評価

パーティクルにセンサ値を反映させる方法を考えましょう．反映させるときの考え方は，次の通りです[注10]．しばらく時刻の添え字 t は省略します．

まず，ロボットが一つのランドマーク m_j[注11] を観測したときのセンサ値 $\bm{z}_j = (\ell_j\ \varphi_j)^\top$，二つのパーティクルの姿勢 $\bm{x}^{(i)}$ と $\bm{x}^{(k)}$ を考えます．そして，「$\bm{x}^{(i)}$ と $\bm{x}^{(k)}$ のどちらがどれだけ真の姿勢としてふさわしいか」を評価するという問題を考えます．

これは，適切な観測モデル $p_j(\bm{z}_j|\bm{x})$ を用意することで，次のように数値化できます．

$$\frac{p_j(\bm{z}_j|\bm{x}^{(i)})}{p_j(\bm{z}_j|\bm{x}^{(k)})} \tag{5.14}$$

例えば，$p_j(\bm{z}_j|\bm{x}^{(i)}) = 0.02$，$p_j(\bm{z}_j|\bm{x}^{(k)}) = 0.01$ ならば，$\bm{x}^{(i)}$ は $\bm{x}^{(k)}$ よりも倍，真の姿勢としては尤もらしいと考えます．一つ注意しておかないといけないことは，観測モデル $p_j(\bm{z}_j|\bm{x})$ は自明ではないということで，これは実装のときに考えます．

そして，パーティクルはたくさんあるので，二つごとで比較するのではなく，次のような $\bm{x}$ を変数とする関数を考えます．

$$L_j(\bm{x}|\bm{z}) = \eta p_j(\bm{z}|\bm{x}) \tag{5.15}$$

この関数 L_j で各パーティクルに点数をつけます．正規化定数 η は適当な値でよく，どの二つのパーティクルの点数を比較しても

注10 この項では一般的に説明に用いられる sampling-importance resampling (SIR) の話を避けています．理由や補足は本章のまとめに書いてあります．
注11 再度確認しておくと，m_j という表記はランドマークそのものを指し，$\bm{m}_j$ はランドマークの位置を指します．

$$\frac{L_j(\boldsymbol{x}^{(i)}|\boldsymbol{z}_j)}{L_j(\boldsymbol{x}^{(j)}|\boldsymbol{z}_j)} = \frac{\eta p_j(\boldsymbol{z}_j|\boldsymbol{x}^{(i)})}{\eta p_j(\boldsymbol{z}_j|\boldsymbol{x}^{(j)})} = \frac{p_j(\boldsymbol{z}_j|\boldsymbol{x}^{(i)})}{p_j(\boldsymbol{z}_j|\boldsymbol{x}^{(j)})} \tag{5.16}$$

となって，式 (5.14) が保たれます．L_j において，p_j から $\boldsymbol{z}$ と $\boldsymbol{x}$ の順番を変えたのは，$\boldsymbol{x}$ を変数扱いすることを明示するためです．また，尤度に関しては確率の p ではなく L と表記するのは，「積分して 1」という制約がないからで，これは確率ではないと示す意味もあります．このような関数 L は**尤度関数**と呼ばれます．また，L で計算される値は**尤度**，式 (5.14), (5.16) のような比は**尤度比**と呼ばれます．

つまり，センサ値に対して各パーティクルの姿勢がどれだけ尤もらしいのかを定量的に評価するためには，尤度関数の値の比で比較すればよいということになります．尤度の説明のために少し回りくどくなりましたが，この話はベイズの定理からも導出できます．各パーティクルの姿勢 $\boldsymbol{x}_t^{(i)}$ における信念分布の密度 $\hat{b}_t(\boldsymbol{x}_t^{(i)})$ は，ランドマーク m_j のセンサ値 $\boldsymbol{z}_{j,t}$ から，ベイズの定理を使って

$$b_t(\boldsymbol{x}_t^{(i)}) = \hat{b}_t(\boldsymbol{x}_t^{(i)}|\boldsymbol{z}_{j,t}) = \eta p_j(\boldsymbol{z}_{j,t}|\boldsymbol{x}_t^{(i)})\hat{b}_t(\boldsymbol{x}_t^{(i)}) = \eta' L_j(\boldsymbol{x}_t^{(i)}|\boldsymbol{z}_{j,t})\hat{b}_t(\boldsymbol{x}_t^{(i)}) \tag{5.17}$$

と修正できます．η と η' は正規化定数です．また，時刻の添え字 t を復活させています．つまり，センサ値が入った場合，尤度を各姿勢における信念分布の密度にかけてやれば，そのセンサ値を信念分布に反映できるということになります．

5.4.3 パーティクルの重み

今の計算を実行するために，MCL では個々のパーティクルに，**重み**と呼ばれる変数 w_t をもたせます．MCL のパーティクルは姿勢と重みの二つの変数の組で

$$\xi_t^{(i)} = (\boldsymbol{x}_t^{(i)}, w_t^{(i)}) \tag{5.18}$$

と定義されます．全パーティクルの重みの合計は

$$\sum_{i=0}^{N-1} w_t^{(i)} = 1 \tag{5.19}$$

を保つように実装されます[注12]．重みを使うと，式 (5.13) は

$$P(\boldsymbol{x}_t^* \in X) = \int_{\boldsymbol{x} \in X} b_t(\boldsymbol{x})d\boldsymbol{x} \approx \sum_{i=0}^{N-1} w_t^{(i)} \delta(\boldsymbol{x}_t^{(i)} \in X) \tag{5.20}$$

となります．

センサ値を重みに反映する処理は，重みに尤度をかけるだけのものです．式で表すと，式 (5.17) の密度をそのまま重みに変えて，

$$w_t^{(i)} = L_j(\boldsymbol{x}_t^{(i)}|\boldsymbol{z}_{j,t})\hat{w}_t^{(i)} \tag{5.21}$$

となります．$\hat{w}_t^{(i)}$ はセンサ値を反映する前のパーティクルの重みです．この式では正規化定数をかけていないので，重みは一時的に正規化されていない状態になります．正規化の手続きは後から扱います．

注 12　実際は，計算のつじつまが合えば 1 にしておく必要はありません．

コード中のパーティクルに重みをもたせましょう．変数の名前は weight とします．まず，Particle クラスの __init__ に変数 self.weight を追加し，引数で初期値を受け取れるようにします．(⇒mcl9.ipynb [2])

```
In [2]: 1  class Particle:
        2      def __init__(self, init_pose, weight):
        3          self.pose = init_pose
        4          self.weight = weight
```

そして，Mcl でパーティクルのリストを生成しているところで，引数として重みの初期値 $1/N$（N：パーティクルの個数．コード中では num）を渡します．(⇒mcl9.ipynb [3])

```
In [3]: 1  class Mcl:
        2      def __init__(self, init_pose, num, motion_noise_stds={"nn":0.19, "no":0.001, "on":0.13, "oo":0.2}):
        3          self.particles = [Particle(init_pose, 1.0/num) for i in range(num)]  #引数を追加
```

5.4.4 尤度関数の決定

エージェントに組み込む尤度関数 L_j を作りましょう．ここでは，移動に関するばらつきの標準偏差を求めたときと同様，実験によって作ることとします．

まず，姿勢 $\bm{x}$ においてランドマーク m_j を観測したときのセンサ値 $\bm{z}_j = (\ell_j\ \varphi_j)^\top$ のばらつきが，2次元ガウス分布に従うとします．ばらつきの共分散行列を $\bm{x}$ の関数として $Q_j(\bm{x})$ と表すと，

$$\bm{z}_j \sim \mathcal{N}[\bm{z}|\bm{h}_j(\bm{x}), Q_j(\bm{x})] \tag{5.22}$$

となります．$\bm{h}_j$ は式 (3.17) の観測関数です．$Q_j(\bm{x})$ には，センサ値の偶然誤差と系統誤差を反映します．

$Q_j(\bm{x})$ の中身を

$$Q_j(\bm{x}) = \begin{pmatrix} [\ell_j(\bm{x})\sigma_\ell]^2 & 0 \\ 0 & \sigma_\varphi^2 \end{pmatrix} \tag{5.23}$$

と定義します．$\ell_j(\bm{x})$ は $\bm{h}_j(\bm{x})$ の距離の成分，$\ell_j(\bm{x})\sigma_\ell$，$\sigma_\varphi$ は，はそれぞれ ℓ_j，φ_j に期待されるばらつきの標準偏差です．つまり，この行列では，ℓ_j が距離に比例する標準偏差でばらつくと仮定されています．また，ℓ_j と φ_j の雑音は互いに独立と仮定されています．σ_ℓ と σ_φ の値はどのランドマークでも共通と仮定します．

尤度関数は，ガウス分布をそのまま流用して定義することにしましょう．

$$L_j(\bm{x}|\bm{z}_j) = \mathcal{N}[\bm{z} = \bm{z}_j|\bm{h}_j(\bm{x}), Q_j(\bm{x})] \tag{5.24}$$

右辺のガウス分布はあくまでもセンサ値 $\bm{z}$ の分布ですが，$\bm{z}$ を $\bm{z}_j$ に固定して，姿勢 $\bm{x}$ の関数にしています．

σ_ℓ と σ_φ を求めるために実験しましょう．新たにノートブックを作り，次のようにコードを書きます．(⇒sensor_experiment.ipynb [1])

```
In [1]:  1  import sys
         2  sys.path.append('../scripts/')
         3  from robot import *
         4
         5  m = Map()
         6  m.append_landmark(Landmark(1,0))
         7
         8  distance = []
         9  direction = []
        10
        11  for i in range(1000):
        12      c = Camera(m)    #バイアスの影響も考慮するため毎回カメラを新規作成
        13      d = c.data(np.array([0.0, 0.0, 0.0]).T)
        14      if len(d) > 0:
        15          distance.append(d[0][0][0])
        16          direction.append(d[0][0][1])
        17
        18  import pandas as pd
        19  df = pd.DataFrame()
        20  df["distance"] = distance
        21  df["direction"] = direction
        22  df
```

Out[1]:

	distance	direction
0	1.014872	-0.073061
1	0.811171	0.040348
2	0.784988	0.017991
3	1.119175	0.005638

地図，ランドマークを一つずつ用意し，ランドマークを座標 $(x,y) = (1,0)$，1個1個別のカメラを $(x,y,\theta) = (0,0,0)$ に設置して1000回観測するという実験に相当します．

このセルを実行したら，下のセルで，次のように distance と direction のばらつきを求めましょう．だいたい $\sigma_\ell = 0.14 [\mathrm{m/m}]$，$\sigma_\varphi = 0.05 [\mathrm{rad}]$ 程度になるはずです．以後，この値を用います．（⇒sensor_experiment.ipynb [2]-[3]）

```
In [2]:  1  df.std()
```

Out[2]: distance   0.143729
         direction 0.046686
         dtype: float64

```
In [3]:  1  df.mean()    #平均値は使わないが念のため
```

Out[3]: distance   0.999818
         direction -0.001492
         dtype: float64

5.4.5 尤度関数の実装

式 (5.24) を Particle クラスに実装します．また，センサ値と地図中のランドマークの位置を比較する必要があるため，地図をエージェントにもたせ，Particle クラスから参照できるようにします．

まず，セル [5] の 12 行目で，エージェントに地図を渡します．（⇒mcl10.ipynb [5]）

```
12  estimator = Mcl(m, initial_pose, 100) #地図mを渡す
```

Mcl クラスでは，次のように `__init__`, `observation_update`, `draw` に加筆します．（⇒mcl10.ipynb [3]）

```python
class Mcl:
    def __init__(self, envmap, init_pose, num, motion_noise_stds={"nn":0.19, "no":0.001, "on":0.13, "oo":0.2}, \
                 distance_dev_rate=0.14, direction_dev=0.05):  #2行目でenvmapを追加. 3行目で標準偏差を追加
        self.particles = [Particle(init_pose, 1.0/num) for i in range(num)]
        self.map = envmap  #以下3行追加
        self.distance_dev_rate = distance_dev_rate
        self.direction_dev = direction_dev
        
        v = motion_noise_stds
        c = np.diag([v["nn"]**2, v["no"]**2, v["on"]**2, v["oo"]**2])
        self.motion_noise_rate_pdf = multivariate_normal(cov=c)
        
    def motion_update(self, nu, omega, time):
        for p in self.particles: p.motion_update(nu, omega, time, self.motion_noise_rate_pdf)
        
    def observation_update(self, observation):
        for p in self.particles: p.observation_update(observation, self.map, self.distance_dev_rate, self.direction_dev) #引数を追加
        
    def draw(self, ax, elems):    #次のように変更
        xs = [p.pose[0] for p in self.particles]
        ys = [p.pose[1] for p in self.particles]
        vxs = [math.cos(p.pose[2])*p.weight*len(self.particles) for p in self.particles] #重みを要素に反映
        vys = [math.sin(p.pose[2])*p.weight*len(self.particles) for p in self.particles] #重みを要素に反映
        elems.append(ax.quiver(xs, ys, vxs, vys, \
                     angles='xy', scale_units='xy', scale=1.5, color="blue", alpha=0.5)) #変更
```

`__init__` では，引数 `envmap` で受け取った地図を `self.map` に保持しておきます．また，σ_ℓ, σ_φ に対応する引数 `distance_dev_rate`, `direction_dev` も追加して保持しておきます．`observation_update` では，σ_ℓ, σ_φ を `Particle` クラスの `observation_update` に渡すようにします．`draw` の変更は，重みに比例した長さの矢印でパーティクルを描くためのものです．22, 23 行目のように `vxs`，`vys` の値にパーティクルの重みをかけます．また，後から実装する方法の場合，パーティクルの数が多いほど 1 個あたりの重みの平均値が小さくなるので，パーティクルの数もかけます．24 行目では，矢印の長さが適切に出力されるように `quiver` の引数を変更します．全体の矢印の長さを増減したいときは，`scale` の値で調整します．さらに，`Particle` の `observation_update` が σ_ℓ, σ_φ を受け取れるように，引数を次のように追加します．（⇒mcl10.ipynb [2]）

```python
    def observation_update(self, observation, envmap, distance_dev_rate, direction_dev):  #変更
        print(observation)
```

この段階でアニメーションを実行して，パーティクルが描画されることを確認しておきましょう．

確認が終わったら，`Particle` の `observation_update` の中身を次のように実装します．（⇒mcl11.ipynb [2]）

```python
    def observation_update(self, observation, envmap, distance_dev_rate, direction_dev):
        for d in observation:
            obs_pos = d[0]
            obs_id = d[1]
            
            ###パーティクルの位置と地図からランドマークの距離と方角を算出###
            pos_on_map = envmap.landmarks[obs_id].pos
            particle_suggest_pos = IdealCamera.relative_polar_pos(self.pose, pos_on_map)
            
            ###尤度の計算###
            distance_dev = distance_dev_rate*particle_suggest_pos[0]
            cov = np.diag(np.array([distance_dev**2, direction_dev**2]))
            self.weight *= multivariate_normal(mean=particle_suggest_pos, cov=cov).pdf(obs_pos)
```

この実装では，まず 13 行目で複数のランドマークの観測結果から一つの観測結果を `d` として取り出しています．`d` はすぐに，14, 15 行目でセンサ値 `obs_pos` とランドマークのID `obs_id` に分解されます．17〜19 行目は，地図中のランドマークの位置をパーティクルの姿勢からの極座標に変換する処理です．観測したランドマークのID から地図中の当該のランドマークの位置を `pos_on_map` に読み込み，そこから，`IdealRobot` の `observation_function` メソッドを使って極座標 `particle_suggest_pos` を得ています．

21〜24 行目は尤度をパーティクルの重みに反映している部分です．24 行目の右辺が式 (5.24) の右辺の実装です．

これでアニメーションを実行すると，センサ値が重みに反映されるようになります．描画ではパーティクルの矢印の長さが重みに比例しているので，観測による重みの変化で長さが変わります．ただ，何秒かすると図 5.12 のように極端に矢印の長いパーティクルが数本になり，あとのほとんどのパーティクルの矢印が短くなって点に見える状態になります．その後，すべてのパーティクルが点になってしまいます．

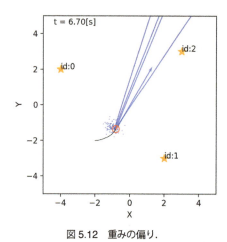

図 5.12　重みの偏り．

5.5 リサンプリング

すべてのパーティクルが点になるのは，全パーティクルの重みが次第に減って 0 に近づいていくからです．式 (5.19) を満たすために重みの合計を 1 に正規化する必要がありますが，これをまだ実装していないため，このような事態が起こります．

ただ，単純に重みの合計を 1 にするだけの実装をしても，図 5.12 で見られた重みの偏りが解消できません．この偏りはそのままにするよりも，重みの大きいパーティクルをいくつかに分割した方が MCL の推定能力は上がります．例えば図 5.13 に，ある姿勢 x_{t-1} からの状態遷移をパーティクル 1 個で表現する場合と 5 個で表現する場合を示しましたが，5 個の方が明らかに遷移後の分布 $p(x|x_{t-1}, u_t)$

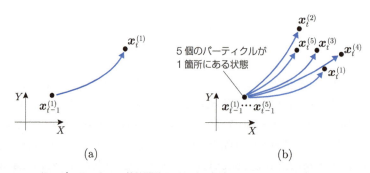

図 5.13　(a)：1 個のパーティクルで状態遷移を近似する場合．(b)：5 個のパーティクルで状態遷移を近似する場合．

をより良く表現しています．逆にいえば，パーティクルの重みが1個のパーティクルに偏ってしまえば，MCLはそのパーティクルの示す姿勢だけを決定論的に追従してしまいます．

この現象を避けるためには，あまりにも重みが小さくなったパーティクルについては消してしまい，重みの大きいパーティクルを分割することで，重みが集中している領域のパーティクルの数を多く保つことが有効です．この処理を実現するために，これから**リサンプリング**という手続きを実装します．

5.5.1 単純なリサンプリングの実装

リサンプリングの基本的なアルゴリズムは次のようなものです．$\Xi_{\text{old}} = \{\xi^{(i)}|i=0,1,2,\ldots,N-1\}$ は古い（リサンプリング前の）パーティクルのリスト，Ξ_{new} は新しい（リサンプリング後の）リストを表します．新しいリストは最初は空で，この操作を N' 回繰り返します．

i. ξ を Ξ_{old} から一つ選択
ii. ξ をコピーして，コピーの重みを $1/N'$ に変更して Ξ_{new} に追加

N' は新しいリスト内のパーティクルの個数です．本章では新旧のリストでパーティクルの数は $N' = N$ として変えませんが，次章のKLDサンプリングでは変わります．Ξ_{old} から選ばれたパーティクルは消さずに Ξ_{old} の中に残しておきます．

上記 i の手続きでは，古いリスト Ξ_{old} 中のパーティクルからランダムに選びます．このとき，あるパーティクルが選ばれる確率が，そのパーティクルの重みに比例するように選びます．図5.14はこのように（恣意的に）リサンプリングした例です．(a) が古いリスト Ξ_{old} を表しており，図中の数字はそれぞれのパーティクルの重みです．重みの和は10になっています．このとき，重み1のパーティクルを1個，重み2のパーティクルを2個，重み0.25のパーティクルを4個につき1個選ぶと (b) のようになります[注13]．また，新しいパーティクルの重みを $1/N' = 0.1$ で正規化すれば，重みの和は1となります．この例の場合，重み0.25の3個のパーティクルの情報が消えてしまいますが，その代わりに，重みの大きなパーティクルがあった場所にはより多くのパーティクルが投入されることになります．

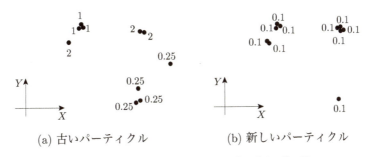

(a) 古いパーティクル　　(b) 新しいパーティクル

図5.14　$N=10, N'=10$ のときのリサンプリングの例．

以上を踏まえ，コードを書きましょう．ヘッダで `random` と `copy` を読み込みます．（⇒`mcl12.ipynb [1]`）

注13　パーティクルの姿勢は変わらないので，(b) では同じ姿勢にある二つのパーティクル同士が重なっているはずですが，見やすさのためにずらして描いてあります．また，この例は正しくリサンプリングすると必ずこのようになるという例ではなく，あくまで一例です．特に消えるパーティクルについては，毎回平等に選ぶ（というよりは選ばない）必要があるため，乱数を使って毎回結果を変える必要があります．

第 5 章 パーティクルフィルタによる自己位置推定

```
In [1]:  1  import sys
         2  sys.path.append('../scripts/')
         3  from robot import *
         4  from scipy.stats import multivariate_normal
         5  import random     #追加
         6  import copy       #追加
```

そして，Mcl クラスの `observation_update` メソッドの下に 19 行目のように `resampling` というメソッドの呼び出しを記述し，その下に `resampling` メソッドを実装します．（⇒`mcl12.ipynb` [3]）

```
16  def observation_update(self, observation):
17      for p in self.particles:
18          p.observation_update(observation, self.map, self.distance_dev_rate, self.direction_dev)
19      self.resampling()  #追加
20
21  def resampling(self):  #追加
22      ws = [e.weight for e in self.particles]       # 重みのリストを作る
23      if sum(ws) < 1e-100: ws = [e + 1e-100 for e in ws]  #重みの和がゼロに丸め込まれるとエラーになるので小さな数を足しておく
24      ps = random.choices(self.particles, weights=ws, k=len(self.particles))  #wsの要素に比例した確率で，パーティクルをnum個選ぶ
25      self.particles = [copy.deepcopy(e) for e in ps]   # 選んだリストからパーティクルを取り出し，重みを均一に
26      for p in self.particles: p.weight = 1.0/len(self.particles)   #重みの正規化
```

resampling メソッドの各行の意味はコメントの通りですが，ややこしいので補足します．22 行目では，各パーティクルから重みを取り出し，ws という重みのリストを作っています．23 行目はもしものためのコードで，もし重みの和が小さすぎると以後のコードでエラーが出るので，微小な重みを全パーティクルに加えています．24 行目は，元のパーティクルの個数だけパーティクルをサンプリングする処理で，ps には選ばれたパーティクルのリストができます．25 行目は，このリストのパーティクルをコピーして新しいパーティクルのリストを作る処理で，26 行目で重みを 1/N に変更しています．

　動かしてみると，先ほどはパーティクルが散らかったまま矢印が縮んでいったのに対し，パーティクルがロボットの姿勢まわりに集まり，矢印の長さも（重みが 1/N にならされてから描画されるので）揃います．図 5.15 に，リサンプリングを実装した MCL で，アニメーションを 3 回試行したときの 30 秒後のパーティクルの分布を示します．パーティクルはロボットの姿勢の近くの狭い範囲に集まります．ただし，たいていの場合，パーティクルの分布と真の姿勢の間には (a), (b) のようにずれが生じます．図 5.16 は移動，計測のバイアスをゼロにした場合の 3 回の試行結果を示しています．バイアスがない方が条件は良いのですが，やはり分布と実際の姿勢には少しずれが生じます．

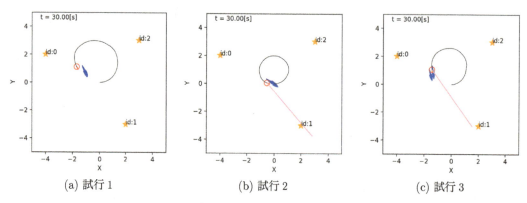

図 5.15　リサンプリングを実装した場合のパーティクルの分布．

5.5 リサンプリング

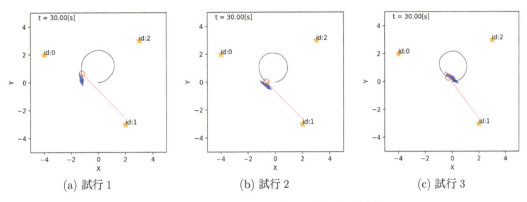

図 5.16　移動，計測のバイアスをゼロにした場合の推定結果．

5.5.2 系統サンプリングによるリサンプリングの実装

リサンプリングは前項のように，Python を使うと簡単に実装できてしまいます．Python 内でどのような処理が行われているかはライブラリの中を読まないと分かりませんが[注14]，ライブラリ任せにしたときは，次の 2 点に注意しましょう．

- 計算量
- サンプリングバイアス

前者の計算量については，前項で示した $\xi \sim \Xi_{\mathrm{old}}$ という手続きをそのまま実装すると，一つのパーティクルを選ぶためにバイナリサーチが必要となり，この計算量は $O(\log N)$ です．これを N 回やると $O(N \log N)$ となります（⇒ 問題 5.2）．つまり，パーティクルの数を 10 倍にすると，計算量は 10 倍よりも余計に増えてしまいます．できれば N に比例する計算量 $O(N)$ まで抑えたいところです．

後者の**サンプリングバイアス**は統計学の用語で，母集団（この場合は古いパーティクルのリスト）からサンプリングした集団（新しいパーティクルのリスト）が母集団の性質を表していないことを意味します．サンプリングバイアスを避けることは正しく統計をとるために重要で，母集団の性質に応じてさまざまな方法があります．ウェブ上[注15]では，工場での抜き取り検査を例にサンプリングバイアスの影響を小さくするサンプリング方法が説明されているページが多く見られます．

この二つの点で問題が少ないリサンプリング方法が，MCL での利用に適しているということになります．そのような方法として，MCL の実装の場合，**系統サンプリング** (systematic sampling) がよく用いられます．系統サンプリングを MCL で利用するときの手続きを図 5.17 に描きました．この図を交えて説明すると，系統サンプリングは次のような手続きになります．重みの合計は正規化されておらず，合計値が W であるとします．

1. 図 5.17(a) のパーティクルの分布から，パーティクルの重みを棒グラフ状に積み上げたリストを図 (b) のように作成

注 14　前項で使用した `random.choices` のコードは https://github.com/python/cpython/blob/master/Lib/random.py にあります．執筆時点のコードでは，サンプリング対象のリストを 2 分木に入れて，そこから一つずつ乱数を使ってデータを取り出すという実装に見えます．計算量は後述のようにリストの長さ N に対して $O(N \log N)$ となります．O はランダウの記号というもので，計算量を示す場合に使われます．

注 15　工場では「リ」サンプリングしているわけではないので，ウェブサイトで調査するときは「リサンプリング」ではなく「サンプリング」で調べるとよいでしょう．

2. $r \sim \mathcal{U}(0, W/N')$ （図中では $W = 10$, $N' = 10$ なので $W/N' = 1$）
3. リストの先頭から重みの累積値が r のところにポインタをおく
4. 以下を N 回繰り返す（図 (c)）
   i. ポインタの指すリストの要素を選び，その要素の元となったパーティクルを選んで新しいリストに追加（重みは $1/N'$ に設定）
   ii. r に W/N' を足す

この手続きを使うと，古いパーティクルの重みにほぼ比例した数のパーティクルを選ぶことができます．r を乱数で選ぶのは，例えば必ず $r = 0$ にしてしまうと，リストの先頭にあるパーティクルが永遠に選択され続けるという不公平な事態が起こるからです．

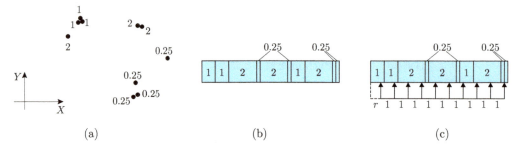

図 5.17　$N = 10$, $N' = 10$ のときの系統サンプリングを使ったリサンプリングの図解．(a)：リサンプリング前の分布，(b)：重みを並べたリスト，(c)：矢印の先の区間に対応するパーティクルを選択．

この処理で特筆すべきは，計算量の問題とサンプリングバイアスの問題が両方解決できていることです．計算量は $O(N)$ となります．そして，例えば古いパーティクルの重みがすべて等しい場合を考えると，サンプリングバイアスの小ささが分かります．この場合，前項の実装で普通に一つずつリストからランダムに選んでいくと 1 回も選ばれないパーティクルが発生しますが，系統サンプリングではそのようなことがなく，全パーティクルが一つずつ選ばれます．

系統サンプリングを実装した `resampling` メソッドを示します．（⇒mcl13.ipynb [3]）

```python
28    def resampling(self):
29        ws = np.cumsum([e.weight for e in self.particles]) #重みを累積して足していく(最後の要素が重みの合計になる)
30        if ws[-1] < 1e-100: ws = [e + 1e-100 for e in ws]  #重みの合計が0のときの処理
31
32        step = ws[-1]/len(self.particles)   #正規化されていない場合はステップが「重みの合計値/N」になる
33        r = np.random.uniform(0.0, step)
34        cur_pos = 0
35        ps = []              #抽出するパーティクルのリスト
36
37        while(len(ps) < len(self.particles)):
38            if r < ws[cur_pos]:
39                ps.append(self.particles[cur_pos])  #もしかしたらcur_posがはみ出るかもしれませんが例外処理は割愛で
40                r += step
41            else:
42                cur_pos += 1
43
44        self.particles = [copy.deepcopy(e) for e in ps]   #以下の処理は前の実装と同じ
45        for p in self.particles: p.weight = 1.0/len(self.particles)
```

図 5.17(b) のリストに相当するものは 29 行目で作っており，`ws` は各重みの値を累積していったリストになります．33 行目で r を選び，37 行目からの while 文でパーティクルを選ぶ処理を繰り返しています．この while 文の処理は，`cur_pos` が指しているリストの中の重みの累積値と r の値（コード中では `r`）の大小を比較して，r が小さければ今 `cur_pos` が指している要素を選び，そうでなければ次の要素に `cur_pos` を移すというものです．

前項のリサンプリングの実装と系統サンプリングの実装を比較してみましょう．ランドマークを環

境から撤去して，ロボットを10秒走らせたものを図5.18に示します．系統サンプリングを使った場合，(b)のようにパーティクルが分布します．一方，前項の実装を使った(a)の場合，パーティクルが(b)と比べて狭い領域に分布しています．また，パーティクルがいくつかのグループに分かれています．これは，何回もリサンプリングを繰り返していった結果，多くのパーティクルが消滅したことが原因です．偶然残った数個のパーティクルから新たなパーティクルが生成されると，このような分布になります．(a)と(b)のどちらがよいかということは本来は定量的に調べないといけませんが，無駄にパーティクルを消去しないという点では，系統サンプリングが有利と考えることができます．

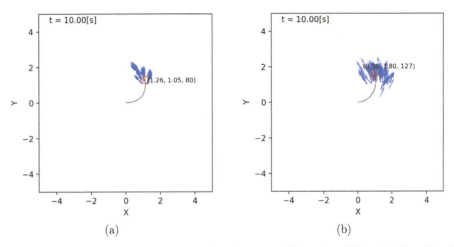

図5.18 (a)：`random.choice`を使ったリサンプリング．(b)：系統サンプリングを使ったリサンプリング．

5.6 出力の実装

　本章最後に，ほかのコードからMCLの結果を利用できるようにしましょう．パーティクルの分布からロボットの姿勢を一つ決めて，クラスの外から参照できるようにします．この姿勢を指定姿勢$\hat{x}$としましょう．といってもMCLの推定結果はパーティクルの分布自体（Mclクラスの`self.particles`）であって，分布があるのにそこから期待値やモードをとるなどして代表値$\hat{x}$を計算してしまうことは，本来好ましくありません（⇒問題5.6）．しかし，自己位置推定の結果を使って行動を決定するアルゴリズムの入力は，分布ではなくて一つのロボットの姿勢であることが多い（例：10章と11章）ので，実用上は代表値を提供する必要があります．分布を入力できる行動決定アルゴリズムは12章で扱います．

　ここでは簡便に，リサンプリング直前に重みが最大のパーティクルの姿勢を$\hat{x}$として外部に提供できるようにしておきます．上で触れたように，パーティクルの姿勢の期待値を出力する方法でもかまいませんが，そうすると，パーティクルの分布が二つ以上に分かれたとき，パーティクルのまったく存在しないところの姿勢が出力されることがあります．つまり期待値をとる方法は計算にひと手間かかる割には絶対的な方法ではないので，ここではもっと簡単な方法をとります．

　まず次のように，`__init__`で`self.ml`（maximum likelihood），`self.pose`という変数を追加し，重み最大の（最尤な）パーティクルへの参照を代入する`set_ml`メソッドを追加します．（⇒`mcl14.ipynb` [3]）

```
In [3]:  1  class Mcl:
         2      def __init__(self, envmap, init_pose, num, motion_noise_stds={"nn":0.19, "no":0.001, "on":0.13, "oo":0.2}, \
        12          self.ml = self.particles[0] #追加
        13          self.pose = self.ml.pose #追加(互換性のため)
        14
        15      def set_ml(self): #追加
        16          i = np.argmax([p.weight for p in self.particles])
        17          self.ml = self.particles[i]
        18          self.pose = self.ml.pose
```

self.pose は self.ml.pose と同じですが，次章で実装するカルマンフィルタと互換性をもたせるために使います．set_ml は observation_update で，リサンプリング前に呼び出します．（⇒mcl14.ipynb [4]）

```
22      def observation_update(self, observation):
23          for p in self.particles:
24              p.observation_update(observation, self.map, self.distance_dev_rate, self.direction_dev)
25          self.set_ml() #リサンプリング前に実行
26          self.resampling()
```

最後に，self.pose の値をアニメーションに表示できるようにしましょう．EstimationAgent の draw メソッドに，次のように追記します．（⇒mcl14.ipynb [4]）

```
16      def draw(self, ax, elems):
17          self.estimator.draw(ax, elems)
18          x, y, t = self.estimator.pose #以下追加
19          s = "({:.2f}, {:.2f}, {})".format(x,y,int(t*180/math.pi)%360)
20          elems.append(ax.text(x, y+0.1, s, fontsize=8))
```

アニメーションの出力は図 5.19 のようになります．（⇒mcl14.ipynb [5]．コードは省略）

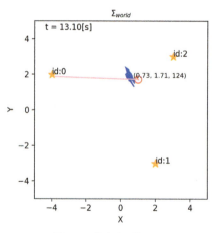

図 5.19　推定値の描画．

パーティクルの横に self.pose の値が出力されているのを確認したら，セル [5] を消去するか，適宜コメントアウトします．そして，scripts の中にノートブックを mcl.py として保存しましょう．

5.7 まとめ

本章ではパーティクルフィルタによる自己位置推定（Monte Carlo localization, MCL）を実装しました．MCL を実用するには想定外の事態への対応のために 7 章のいくつかの手法で拡張する必要があります．しかし，整備された環境では本章のような簡単な実装でもそのまま動作します．

5.3.3 項では，ロボットを動かして雑音のパラメータを求めましたが，パラメータは 5.3.3 項で求めたものが唯一の正解ではないことに注意しましょう．これは，「実験で得たパラメータにも誤差がある」というような細かいことをいっているわけではなく，状況や判断次第で適切なパラメータは変わるという本質的な話です．例えば，バイアスをもし未知として扱うなら，パーティクルの動きには見込まれるバイアスの分だけ雑音を加えなければなりません．本章ではこの方法をとりました．一方，ロボットを動かす直前にバイアスを計測できるならば，パーティクルの動きをバイアスに合わせてチューニングしてから，雑音はバイアスと無関係なものだけ加えれば良いことになります．センサ値も同様です．このように考えると，パーティクルへの雑音の与え方は一つに定まらないことが分かります．

さらに，必ずバイアスを補正すれば良いかというとそうでもありません．例えばバイアスの大きさや原因は，次の日になると（最悪の場合，数分後には[注16]）変わるかもしれません．誤差の見積もりを小さくして，それが実際から外れていると，ロボットを動かしたときに図5.7(a)のような状況（ロボットとパーティクルの姿勢が離れた状況）に陥ります．また，一応バイアスの補正はしたけれど，少し誤差の見積もりには余裕をもたせておこうという考えも，なんら否定されるものではありません[注17]．結局，確率的な自己位置推定で用いられるパラメータというものは，ロボットにパラメータ（知識や知恵）を与える人間の考え次第で何とでも変わります．どのパラメータが優れているかはロボットがちゃんと動くかどうかで判断され，またそれは環境に左右されます．生物の淘汰に似ています．

一つ補足ですが，[Thrun 2005] などでは，MCL は **sampling-importance resampling** (SIR) を利用しているという文脈で説明されます．SIR の文脈だと，観測したデータのパーティクルへの反映が「求めたい b_t が $\hat{b}_t$ と違うので，$\hat{b}_t$ を表すパーティクルに重みづけしてリサンプリングする」という処理だと説明されます．求めたい b_t は**目標分布**，$\hat{b}_t$ は**提案分布**と呼ばれます．ただ，エージェントの頭の中という文脈だと，$\hat{b}_t$ も b_t も信念であってどちらが提案でどちらが目標だと考えることが合わないので，本書ではこのような文脈での説明を避けました．同様に事前分布，事後分布という言葉も付録 A までは避けています．SIR や importance sampling（重点サンプリング），マルコフ連鎖モンテカルロ（MCMC），その他サンプリングの手法については，[ビショップ 2012a] に詳しい説明があります．

[注16] 例えば電池が消耗してロボットの動きが悪くなるという例が考えられます．
[注17] はっきりとはいえないので脚注に書きますが，おそらく多くの場合，「ロボットが目的の動作を達成できるかぎり，誤差の見積もりには最大限に余裕をもたせる」のが良い方法になると思われます．自己位置推定の論文を読んでいて，ロボットのタスクが具体的でないのに「精度が出た」と主張されたとしても，それだけでは有益なのかどうかは分かりません．

章末問題

問題 5.1
4 章で使った小石の雑音モデルと同じモデルを使ってパーティクルの移動と雑音を実装してみましょう．本章のようにガウス分布で代用したモデルと比較して，自己位置推定の正確さは向上するでしょうか．

問題 5.2
5.5.1 項冒頭の手続きのドロー処理は，なぜその計算時間がパーティクルの数の対数に比例するのでしょうか．自身で実装して確認してみましょう．

問題 5.3
本章では，雑音の大きさを 2 章と同様に実験で求めました．この際，100 回の試行を一度に行うなど，シミュレータだから可能な時短方法を用いました．一方，実環境で実機を使う場合，このように多くの試行を行うことが難しい場合があります．このような場合にどのように手が抜けるか，理論の面から考えてみましょう．この場合，付録 A の方法は役に立つでしょうか．

問題 5.4
筆者はある頃から雑音のパラメータを決めるときに実験せずに自分の勘でやってしまっていますが，この行為の是非について考えてみましょう．また，このような方法はベイズ統計学的にはどのような位置づけになるのでしょうか．

問題 5.5
雑音のパラメータの決定を人間から切り離して自動，あるいは動的に行う方法を考えてみましょう．

問題 5.6
MCL の出力を「重みが最大となるパーティクルの姿勢」一つに限定することで起こる問題を挙げてみましょう．

問題 5.7
人間や動物は自身の位置を把握するために，本章のロボットよりもより多くのものを観測しているものと考えられます．このように多くの観測対象を自己位置推定に反映するためのアルゴリズムについて調査，考察してみましょう．

第6章 カルマンフィルタによる自己位置推定

　本章では，前章と同じ条件の自己位置推定の問題に対し，**カルマンフィルタ**を実装します．カルマンフィルタ [Kalman 1960] は1章で述べたように，アポロ計画で宇宙空間でのロケットの状態推定に用いられた手法で，現在でもさまざまな制御の用途に利用されています．

　カルマンフィルタの利点は，確率の演算が，2.5節で行ったようなガウス分布の計算だけで完結するところです．これは，共分散と平均値の計算だけで分布に対する演算が可能なことを意味するので，MCLで必要な何百何千ものパーティクルに対する繰り返し計算が不要です．

　一方，カルマンフィルタを移動ロボットの自己位置推定に用いるときは，ベイズフィルタの計算中に出てくる確率分布をガウス分布に近似する必要があります．周囲に障害物が多く存在する環境で動作する移動ロボットの場合，この近似がしばしば不適切なことがあります．ただし，後で扱うSLAMなどの問題にはカルマンフィルタの計算の一部が出てきます．また，多次元の状態推定ではパーティクルフィルタを使えない場合もありますので，仕組みを理解しておくことは非常に有用です．

　確率分布をガウス分布に近似する際は，状態方程式と観測方程式を**線形化**する方法を使うことが最も一般的です．このように線形化をともなうカルマンフィルタは，**拡張カルマンフィルタ**と呼ばれます．本書ではカルマンフィルタとして拡張カルマンフィルタのみを用いるので，以後，拡張カルマンフィルタのことを単にカルマンフィルタと呼びます．

　本章ではまず6.1節で信念分布をガウス分布で表現します．6.2節でロボットが移動したときの処理，6.3節でロボットがランドマークを観測したときの処理を実装します．6.4節はまとめです．

6.1 信念分布の近似と描画

　まず，時刻 t における信念が $b_t = \mathcal{N}(\boldsymbol{\mu}_t, \Sigma_t)$ とガウス分布で表現できると仮定しましょう．最初に，この分布をシミュレータ上で描画してみます．

　ノートブックを準備しましょう．ディレクトリ `section_kalman_filter` を作り，ノートブックを新規作成します．このノートブックで，とりあえず次のようにMCLを動かします．（⇒`kf1.ipynb` [1]-[2]）

第 6 章 カルマンフィルタによる自己位置推定

```
In [1]: 1  import sys
        2  sys.path.append('../scripts/')
        3  from mcl import *

In [2]: 1  def trial():
        2      time_interval = 0.1
        3      world = World(30, time_interval, debug=False)
        4
        5      ### 地図を生成して3つランドマークを追加 ###
        6      m = Map()
        7      for ln in [(-4,2), (2,-3), (3,3)]: m.append_landmark(Landmark(*ln))
        8      world.append(m)
        9
        10     ### ロボットを作る ###
        11     initial_pose = np.array([0, 0, 0]).T
        12     estimator = Mcl(m, initial_pose, 100)        #とりあえずMCLを動かしておきましょう
        13     a = EstimationAgent(time_interval, 0.2, 10.0/180*math.pi, estimator)
        14     r = Robot(initial_pose, sensor=Camera(m), agent=a, color="red")
        15     world.append(r)
        16
        17     world.draw()
        18
        19 trial()
```

もし何も描画されなければ，アニメーションをやめて World のオブジェクトに debug=True を与えてデバッグしましょう．

続いて，次のコードの4, 5行目のように，ヘッダに2行追加します．5行目の matplotlib.patches は，図形を収録したモジュールで，その中から Ellipse を読み込みます．（⇒kf2.ipynb [1]）

```
In [1]: 1  import sys
        2  sys.path.append('../scripts/')
        3  from robot import *
        4  from scipy.stats import multivariate_normal #追加（多変量ガウス分布のモジュール。既出）
        5  from matplotlib.patches import Ellipse      # 追加
```

そして，誤差楕円を返す関数 sigma_ellipse をヘッダの下のセルに作り，さらにその下のセルに KalmanFilter クラスを作ります．KalmanFilter クラスには__init__と draw を実装します．（⇒kf2.ipynb [2]-[3]）

```
In [2]: 1  def sigma_ellipse(p, cov, n):
        2      eig_vals, eig_vec = np.linalg.eig(cov)
        3      ang = math.atan2(eig_vec[:,0][1], eig_vec[:,0][0])/math.pi*180
        4      return Ellipse(p, width=2*n*math.sqrt(eig_vals[0]),height=2*n*math.sqrt(eig_vals[1]), angle=ang, fill=False, color="blue", alpha=0.5)

In [3]: 1  class KalmanFilter:
        2      def __init__(self, envmap, init_pose, motion_noise_stds={"nn":0.19, "no":0.001, "on":0.13, "oo":0.2}): #引数はMCL由来。後から使用
        3          self.belief = multivariate_normal(mean=np.array([0.0, 0.0, math.pi/4]), cov=np.diag([0.1, 0.2, 0.01]))
        4          self.pose = self.belief.mean
        5
        6      def motion_update(self, nu, omega, time): #後から実装
        7          pass
        8
        9      def observation_update(self, observation): #後から実装
        10         pass
        11
        12     def draw(self, ax, elems):
        13         ###xy平面上の誤差の3シグマ範囲###
        14         e = sigma_ellipse(self.belief.mean[0:2], self.belief.cov[0:2, 0:2], 3)
        15         elems.append(ax.add_patch(e))
        16
        17         ###θ方向の誤差の3シグマ範囲###
        18         x, y, c = self.belief.mean
        19         sigma3 = math.sqrt(self.belief.cov[2, 2])*3
        20         xs = [x + math.cos(c-sigma3), x, x + math.cos(c+sigma3)]
        21         ys = [y + math.sin(c-sigma3), y, y + math.sin(c+sigma3)]
        22         elems += ax.plot(xs, ys, color="blue", alpha=0.5)
```

セル [2] のように，sigma_ellipse を独立した関数として実装したのは，8章のFastSLAMで使い回すためです．この関数は，2行目で共分散行列 cov の固有値，3行目で楕円の傾きを計算して，4行

目で楕円のオブジェクトを作って返しています．固有ベクトルの求め方は 2.5.3 項のときと同じです．
4 行目の引数のうちの `fill` は，楕円の中を塗りつぶすかどうかを決めるもので，ここでは塗りつぶさず楕円を線で描画することを選んでいます．

`KalmanFilter` の `__init__` では，3 行目のように信念分布を表すガウス分布を一つ作っておきます．描画のテストのために値は適当なものが入っています．`draw` では，ガウス分布の XY 平面での誤差楕円と，θ 方向の誤差の見積もりを描画する処理を記述します．`self.belief` は 3 次元なので，14 行目では，共分散行列から左上の 2×2 の部分（x と y に関する分散と共分散）だけを抜き出して `sigma_ellipse` に渡しています．17 行目以降は θ の誤差を表現するための部分です．θ の推定値 μ_θ，標準偏差 σ_θ に基づき，$\mu_\theta - 3\sigma_\theta$ の向き，$\mu_\theta + 3\sigma_\theta$ の向きに線分を描く処理が記述されています．

これで，次のようにエージェントに `KalmanFilter` のオブジェクトをもたせて実行すると，図 6.1 のように原点付近に楕円と線分が二つ描かれます．（⇒`kf2.ipynb` [4]）

```
10  ### ロボットを作る ###
11  initial_pose = np.array([0, 0, 0]).T
12  kf = KalmanFilter(m, initial_pose) #カルマンフィルタを作る
13  circling = EstimationAgent(time_interval, 0.2, 10.0/180*math.pi, kf)   #estimatorをkfに
14  r = Robot(initial_pose, sensor=Camera(m), agent=circling, color="red")
15  world.append(r)
```

この描画方法だと，x と θ の共分散，y と θ の共分散が描けませんが，これ以上複雑にしても図が見づらくなるだけですので，これでよしとしましょう．

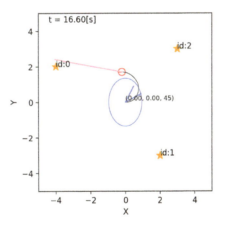

図 6.1　XY 平面での誤差楕円と θ の誤差の 3σ 範囲を描画．

6.2 移動後の信念分布の更新

さて，MCL と同様，移動後の信念の更新から実装していきます．MCL はやろうと思えば直観的に実装できますが，カルマンフィルタの場合はそうもいかないので数式から考えていきましょう．

式 (5.5) を再掲します．

$$\hat{b}_t(\boldsymbol{x}) = \int_{\boldsymbol{x}' \in \mathcal{X}} p(\boldsymbol{x}|\boldsymbol{x}', \boldsymbol{u}_t) b_{t-1}(\boldsymbol{x}') d\boldsymbol{x}' = \langle p(\boldsymbol{x}|\boldsymbol{x}', \boldsymbol{u}_t) \rangle_{b_{t-1}(\boldsymbol{x}')} \tag{6.1}$$

この式の入出力をガウス分布だけで近似計算するという問題を考えてみましょう．この近似のために，まず状態遷移確率 $p(\boldsymbol{x}|\boldsymbol{x}', \boldsymbol{u}_t)$ をガウス分布で近似し，さらにこの積分の計算結果を近似するという

手順を踏みます．それぞれの近似方法について，順に説明していきます．

6.2.1 状態遷移モデルの線形化

$p(\bm{x}|\bm{x}',\bm{u}_t)$ が $XY\theta$ 空間でガウス分布にならない例は，図 5.8 に見られます．この図は $\bm{u}_t = (0.1\ 0)^\top$ でロボットが 1 点 $\bm{x}'$ からスタートしたときの，40[s] 後の分布です．これを見ると分かるように，Y 軸方向にロボットがそれると X 軸方向の進みは遅くなるので，XY 平面上のロボットの位置の分布は楕円にならず，弓状になります．

● 速度・角速度の分布

この弓状になる分布を，少々乱暴ですがガウス分布で近似します．まず，この分布の原因となる，速度，角速度の雑音の分布について調べてみましょう．制御指令値を $\bm{u}_t = (\nu_t\ \varphi_t)^\top$，実際の出力を $\bm{u}'_t = (\nu'_t\ \varphi'_t)^\top$ とすると，MCL で雑音を速度，角速度に加える際に使った式 (5.12) から，

$$\bm{u}'_t = \bm{u}_t + \bm{\varepsilon_u} \tag{6.2}$$

となります．ここで，$\bm{\varepsilon_u}$ は雑音の項で，

$$\bm{\varepsilon_u} = \begin{pmatrix} \delta_{\nu\nu}\sqrt{|\nu_t|/\Delta t} + \delta_{\nu\omega}\sqrt{|\omega_t|/\Delta t} \\ \delta_{\omega\nu}\sqrt{|\nu_t|/\Delta t} + \delta_{\omega\omega}\sqrt{|\omega_t|/\Delta t} \end{pmatrix} \tag{6.3}$$

です．$\bm{\varepsilon_u}$ の各項の雑音は，式 (5.9) のモデルを使うと，

$$\begin{pmatrix} \delta_{\nu\nu}\sqrt{|\nu_t|/\Delta t} \\ \delta_{\nu\omega}\sqrt{|\omega_t|/\Delta t} \\ \delta_{\omega\nu}\sqrt{|\nu_t|/\Delta t} \\ \delta_{\omega\omega}\sqrt{|\omega_t|/\Delta t} \end{pmatrix} \sim \mathcal{N}\left[\bm{0}, \begin{pmatrix} \sigma^2_{\nu\nu}|\nu_t|/\Delta t & 0 & 0 & 0 \\ 0 & \sigma^2_{\nu\omega}|\omega_t|/\Delta t & 0 & 0 \\ 0 & 0 & \sigma^2_{\omega\nu}|\nu_t|/\Delta t & 0 \\ 0 & 0 & 0 & \sigma^2_{\omega\omega}|\omega_t|/\Delta t \end{pmatrix}\right] \tag{6.4}$$

と生成されることになります．また，二つの分布からそれぞれ二つの乱数をドローして足したときの値の分散は，2.5.4 項の議論から，それらの分布の分散を足し算して得られるので，結局 $(\nu'_t\ \omega'_t)^\top$ は平均 $\bm{u}_t = (\nu_t\ \omega_t)^\top$，共分散行列

$$M_t = \begin{pmatrix} \sigma^2_{\nu\nu}|\nu_t|/\Delta t + \sigma^2_{\nu\omega}|\omega_t|/\Delta t & 0 \\ 0 & \sigma^2_{\omega\nu}|\nu_t|/\Delta t + \sigma^2_{\omega\omega}|\omega_t|/\Delta t \end{pmatrix} \tag{6.5}$$

のガウス分布に従うことになります[注1]．つまり，$\bm{u}'_t$ は，

$$\bm{u}'_t \sim \mathcal{N}(\bm{u}_t, M_t) \tag{6.6}$$

で生成されるということになります．

● 速度・角速度から状態空間へ

今度は，$\bm{u}'_t \sim \mathcal{N}(\bm{u}_t, M_t)$ のとき，$\bm{x}_t$ がどのように分布するか考えましょう．先述の通り，$\bm{x}_t$ は

[注1] 確率ロボティクス [スラン 2007] では，雑音が速度に直接発生するモデル化が採用されているので，分散が速度の二乗に比例しています．本書はそれとは別のモデルを使用していますので，この部分の式は違ってきます．ただ，この違いは M_t に吸収されるので，カルマンフィルタの定式化には影響しません．

ガウス分布ではなく弓状の分布になるので，そのまま $\nu\omega$ 空間のガウス分布 $\mathcal{N}(\bm{u}_t, M_t)$ を $XY\theta$ 空間に移してもガウス分布にはなりません．状態遷移関数 $\bm{f}$ が非線形な場合，例えば図 6.2(a) のように，$\bm{u}'_t$ が $\bm{u}_t$ から ε だけずれた場合と $-\varepsilon$ だけずれた場合を考えたとき，遷移先の $\bm{x}_t$ の位置（図中の点 P と点 Q）は $\bm{u}_t$ で遷移した先（点 C）に対して対称な位置にはならないという現象が起こります．しかし，遷移後の $\bm{x}_t$ がガウス分布に従うためには，少なくとも C に対して P と Q が対称になる必要があります．

本書ではたびたび登場しますが，今の例のような状況で，それでも遷移後の分布をガウス分布に近似したい場合は，**テイラー展開**を使った**線形近似**（線形化）を用います．例えば，今扱っている問題の場合，次のように状態方程式を線形近似します．

$$\bm{x}_t = \bm{f}(\bm{x}_{t-1}, \bm{u}'_t) \approx \bm{f}(\bm{x}_{t-1}, \bm{u}_t) + A_t(\bm{u}'_t - \bm{u}_t) \tag{6.7}$$

ここで，

$$A_t = \frac{\partial \bm{f}}{\partial \bm{u}}\Big|_{\bm{x}=\bm{x}_{t-1}, \bm{u}=\bm{u}_t} \tag{6.8}$$

です．A_t は，出力 $\bm{u}'_t$ が指令値 $\bm{u}_t$ からずれた量に比例して，遷移後の姿勢 $\bm{x}$ をどれだけずらすかを決める行列になります．式 (6.7) は線形なので，元の $\bm{u}'_t$ の誤差が対称ならば，図 6.2(b) の点 P'，Q' のように遷移後の姿勢は対称な位置に遷移します．

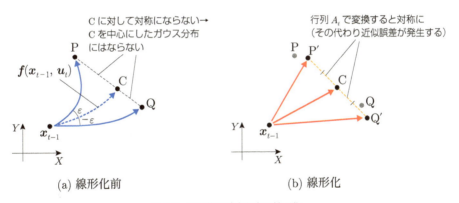

(a) 線形化前 (b) 線形化

図 6.2 遷移後の確率分布の線形化．

式 (6.8) のように，A_t は $\bm{f}$ を $\bm{u}$ で偏微分して，$\bm{x}$ に $\bm{x}_{t-1}$ を，$\bm{u}$ に $\bm{u}_t$ を代入したものになります．$\omega_t \neq 0$ の場合，$\bm{f}$ は，式 (3.9) のように，

$$\bm{f}(\bm{x}, \bm{u}) = \begin{pmatrix} x \\ y \\ \theta \end{pmatrix} + \begin{pmatrix} \nu\omega^{-1}\{\sin(\theta + \omega\Delta t) - \sin\theta\} \\ \nu\omega^{-1}\{-\cos(\theta + \omega\Delta t) + \cos\theta\} \\ \omega\Delta t \end{pmatrix} \tag{6.9}$$

という形なので，

$$\frac{\partial \bm{f}}{\partial \bm{u}} = \begin{pmatrix} \partial f_x/\partial \nu & \partial f_x/\partial \omega \\ \partial f_y/\partial \nu & \partial f_y/\partial \omega \\ \partial f_\theta/\partial \nu & \partial f_\theta/\partial \omega \end{pmatrix} =$$

$$\begin{pmatrix} \omega^{-1}\{\sin(\theta+\omega\Delta t)-\sin\theta\} & -\nu\omega^{-2}\{\sin(\theta+\omega\Delta t)-\sin\theta\}+\nu\omega^{-1}\Delta t\cos(\theta+\omega\Delta t) \\ \omega^{-1}\{-\cos(\theta+\omega\Delta t)+\cos\theta\} & -\nu\omega^{-2}\{-\cos(\theta+\omega\Delta t)+\cos\theta\}+\nu\omega^{-1}\Delta t\sin(\theta+\omega\Delta t) \\ 0 & \Delta t \end{pmatrix}$$
(6.10)

となります．f_x, f_y, f_θ は $\boldsymbol{f}$ の x, y, θ 成分です．これに $\boldsymbol{x}_{t-1}, \boldsymbol{u}_t$ を代入すると，

$A_t =$

$$\begin{pmatrix} \omega_t^{-1}\{\sin(\theta_{t-1}+\omega_t\Delta t)-\sin\theta_{t-1}\} & -\nu_t\omega_t^{-2}\{\sin(\theta_{t-1}+\omega_t\Delta t)-\sin\theta_{t-1}\}+\nu_t\omega_t^{-1}\Delta t\cos(\theta_{t-1}+\omega_t\Delta t) \\ \omega_t^{-1}\{-\cos(\theta_{t-1}+\omega_t\Delta t)+\cos\theta_{t-1}\} & -\nu_t\omega_t^{-2}\{-\cos(\theta_{t-1}+\omega_t\Delta t)+\cos\theta_{t-1}\}+\nu_t\omega_t^{-1}\Delta t\sin(\theta_{t-1}+\omega_t\Delta t) \\ 0 & \Delta t \end{pmatrix}$$
(6.11)

となります．

これで，遷移後の分布を $\boldsymbol{x}_t \sim \mathcal{N}[\boldsymbol{f}(\boldsymbol{x}_{t-1}, \boldsymbol{u}_t), R_t]$ とすると，$XY\theta$ 空間における共分散行列 R_t は

$$R_t = A_t M_t A_t^\top \tag{6.12}$$

で計算できます．$\nu\omega$ 空間の共分散行列 M_t を A_t で挟むことで $XY\theta$ 空間の共分散行列に写像できるのですが，この理由は付録 B.1.10 に記述しました．

$\omega = 0$ の場合についても式 (3.9) から A_t を計算できますが，実装には使わないことにします．$\omega = 0$ を使って計算しなければならないときは，わずかに $\omega = 10^{-5}$ のように値を足して対応することにします．なお，極限をとると $\omega = 0, \omega \neq 0$ のときの A_t の値は一致します．

6.2.2 信念分布の遷移

次に，信念分布の共分散行列 Σ_{t-1} がロボットの動きでどう変化するか考えます．式 (5.5) に前項までの近似を反映すると，

$$\hat{b}_t(\boldsymbol{x}) = \int_{\boldsymbol{x}' \in \mathcal{X}} \exp\left\{-\frac{1}{2}[\boldsymbol{x}-\boldsymbol{f}(\boldsymbol{x}',\boldsymbol{u}_t)]^\top R_t^{-1}[\boldsymbol{x}-\boldsymbol{f}(\boldsymbol{x}',\boldsymbol{u}_t)]\right\}$$
$$\cdot \exp\left\{-\frac{1}{2}(\boldsymbol{x}'-\boldsymbol{\mu}_{t-1})^\top \Sigma_{t-1}^{-1}(\boldsymbol{x}'-\boldsymbol{\mu}_{t-1})\right\} d\boldsymbol{x}' \tag{6.13}$$

となります．一つここでお断りがあるのですが，式 (6.12) の R_t は，もともと 2 変数に対する誤差を 3 次元空間に写像しているので，逆行列が存在しません．しかし，式 (6.13) には R^{-1} とあります．これはカルマンフィルタを利用するときには実は問題にならないのですが，導出するときには問題になります．そこで，式 (6.13) からの数式の展開では，R_t は式 (6.12) のものと違うもので，逆行列が存在すると考えて読み進めてください．

話を元に戻すと，我々は式 (6.13) を計算して $\boldsymbol{x}$ に対するガウス分布 $\hat{b}_t(\boldsymbol{x})$ を求めたいわけですが，この導出にも線形化による近似が必要となります．前項のときと同じ話ですが，式中の $\boldsymbol{f}(\boldsymbol{x}', \boldsymbol{u}_t)$ の分布が弓形になって，積分しても全体としてガウス分布にならないということが理由です．また，式 (6.13) の右辺をガウス分布の式で表すときは $\boldsymbol{x}'$ の積分を計算して $\boldsymbol{x}'$ を消去する計算が必要ですが，$\boldsymbol{f}(\boldsymbol{x}', \boldsymbol{u}_t)$ の中に $\boldsymbol{x}'$ が入っていて，計算が困難という問題もあります．

線形化は，$\boldsymbol{f}$ を

$$\boldsymbol{f}(\boldsymbol{x}_{t-1}, \boldsymbol{u}_t) \approx \boldsymbol{f}(\boldsymbol{\mu}_{t-1}, \boldsymbol{u}_t) + F_t(\boldsymbol{x}_{t-1} - \boldsymbol{\mu}_{t-1}) \tag{6.14}$$

と近似することで行います．行列 F_t は $\boldsymbol{f}$ を $\boldsymbol{\mu}_{t-1}$ まわりで，$\boldsymbol{x}_{t-1}$ で偏微分したときのヤコビ行列です．つまり，$\boldsymbol{\mu}_{t-1}$ まわりで，$\boldsymbol{f}$ が $\boldsymbol{x}$ の変化に対してどれだけの割合で変化するかを求めた行列を求めます．これに $\boldsymbol{x}_{t-1} - \boldsymbol{\mu}_{t-1}$ をかけると，$\boldsymbol{f}(\boldsymbol{\mu}_{t-1}, \boldsymbol{u}_t)$ から $\boldsymbol{x}_t$ がどれだけ離れているかを計算できます．F_t を計算すると，$\omega_t \neq 0$ のときには，

$$\begin{aligned}
F_t &= \left. \frac{\partial \boldsymbol{f}(\boldsymbol{x}_{t-1}, \boldsymbol{u})}{\partial \boldsymbol{x}_{t-1}} \right|_{\boldsymbol{x}_{t-1}=\boldsymbol{\mu}_{t-1}} \\
&= \left. \begin{pmatrix} \partial f_x(\boldsymbol{x}_{t-1}, \boldsymbol{u})/\partial x_{t-1} & \partial f_x(\boldsymbol{x}_{t-1}, \boldsymbol{u})/\partial y_{t-1} & \partial f_x(\boldsymbol{x}_{t-1}, \boldsymbol{u})/\partial \theta_{t-1} \\ \partial f_y(\boldsymbol{x}_{t-1}, \boldsymbol{u})/\partial x_{t-1} & \partial f_y(\boldsymbol{x}_{t-1}, \boldsymbol{u})/\partial y_{t-1} & \partial f_y(\boldsymbol{x}_{t-1}, \boldsymbol{u})/\partial \theta_{t-1} \\ \partial f_\theta(\boldsymbol{x}_{t-1}, \boldsymbol{u})/\partial x_{t-1} & \partial f_\theta(\boldsymbol{x}_{t-1}, \boldsymbol{u})/\partial y_{t-1} & \partial f_\theta(\boldsymbol{x}_{t-1}, \boldsymbol{u})/\partial \theta_{t-1} \end{pmatrix} \right|_{\boldsymbol{x}_{t-1}=\boldsymbol{\mu}_{t-1}} \\
&= \left. \begin{pmatrix} 1 & 0 & \nu_t \omega_t^{-1} \{\cos(\theta_{t-1} + \omega_t \Delta t) - \cos \theta_{t-1}\} \\ 0 & 1 & \nu_t \omega_t^{-1} \{\sin(\theta_{t-1} + \omega \Delta t) - \sin \theta_{t-1}\} \\ 0 & 0 & 1 \end{pmatrix} \right|_{\boldsymbol{x}_{t-1}=\boldsymbol{\mu}_{t-1}} \\
&= \begin{pmatrix} 1 & 0 & \nu_t \omega_t^{-1} \{\cos(\mu_{\theta_{t-1}} + \omega_t \Delta t) - \cos \mu_{\theta_{t-1}}\} \\ 0 & 1 & \nu_t \omega_t^{-1} \{\sin(\mu_{\theta_{t-1}} + \omega_t \Delta t) - \sin \mu_{\theta_{t-1}}\} \\ 0 & 0 & 1 \end{pmatrix}
\end{aligned} \tag{6.15}$$

となります．また，$\omega_t = 0$ の場合については，A_t を計算するときと同じ対応を行うことにして，実装では使わないこととします．

この近似で，式 (6.13) の指数部は

$$-\frac{1}{2} \left[\boldsymbol{x} - \boldsymbol{f}(\boldsymbol{\mu}_{t-1}, \boldsymbol{u}_t) - F_t(\boldsymbol{x}' - \boldsymbol{\mu}_{t-1}) \right]^\top R_t^{-1} \left[\boldsymbol{x} - \boldsymbol{f}(\boldsymbol{\mu}_{t-1}, \boldsymbol{u}_t) - F_t(\boldsymbol{x}' - \boldsymbol{\mu}_{t-1}) \right]$$
$$- \frac{1}{2}(\boldsymbol{x}' - \boldsymbol{\mu}_{t-1})^\top \Sigma_{t-1}^{-1}(\boldsymbol{x}' - \boldsymbol{\mu}_{t-1}) \tag{6.16}$$

となります．この指数部を整理して $\boldsymbol{x}$ の関数にすると $\hat{b}_t$ をガウス分布にできますが，この計算は非常に長くなります．付録 B.1.9 に，この計算を一般化して行った結果を示します．この結果から，式 (6.16) の記号を式 (B.19) に，

式 (6.16)	$\boldsymbol{x}$	$\boldsymbol{x}'$	F_t	$\boldsymbol{\mu}_{t-1}$	$\boldsymbol{f}(\boldsymbol{\mu}_{t-1}, \boldsymbol{u}_t) - F_t \boldsymbol{\mu}_{t-1}$	Σ_{t-1}	R_t
式 (B.19)	$\boldsymbol{x}_3$	$\boldsymbol{x}$	G	$\boldsymbol{\mu}_1$	$\boldsymbol{\mu}_2$	Σ_1	Σ_2

というように当てはめると，ロボットが移動した後の信念の共分散行列は式 (B.28) から，

$$\hat{\Sigma}_t = F_t \Sigma_{t-1} F_t^\top + R_t = F_t \Sigma_{t-1} F_t^\top + A_t M_t A_t^\top \tag{6.17}$$

となり，信念分布の中心は，式 (B.29) から，

$$\hat{\boldsymbol{\mu}}_t = \boldsymbol{f}(\boldsymbol{\mu}_{t-1}, \boldsymbol{u}_t) - F_t \boldsymbol{\mu}_{t-1} + F_t \boldsymbol{\mu}_{t-1} = \boldsymbol{f}(\boldsymbol{\mu}_{t-1}, \boldsymbol{u}_t) \tag{6.18}$$

となります．共分散行列の式 (6.17) を見ると，$R_t = A_t M_t A_t^\top$ の逆行列は現れません．これが，さきほど R_t に逆行列がなくてもカルマンフィルタの実装には問題がないと述べた理由です．もちろん，数式の導出としてはこの説明には問題があるのですが，意味から考えると，式 (6.17) はもともとの共

分散行列 Σ_t に R_t を足して信念をぼかす処理なので，雑音の分布の次元が縮退していようが，まったく雑音がなく R_t がゼロ行列になろうが，問題にはならないと考えることができます．また，速度と角速度だけに雑音を混入するという本書の誤差のモデルも絶対的なものではなく，

$$R_t = A_t M_t A_t^\top + \zeta I \qquad (\zeta：移動量) \tag{6.19}$$

というように，移動量に合わせて x, y, θ それぞれに雑音を混入するようなモデルを考えると，R_t は逆行列をもつようになります．

6.2.3 移動後の更新の実装

今までの計算を実装しましょう．まず，行列を作る関数を `sigma_ellipse` 関数の下に追加します．（⇒`kf3.ipynb` [2]）

```python
def sigma_ellipse(p, cov, n):
    eig_vals, eig_vec = np.linalg.eig(cov)
    ang = math.atan2(eig_vec[:,0][1], eig_vec[:,0][0])/math.pi*180
    return Ellipse(p, width=n*math.sqrt(eig_vals[0]),height=n*math.sqrt(eig_vals[1]), angle=ang, fill=False, color="blue", alpha=0.5)

def matM(nu, omega, time, stds):
    return np.diag([stds["nn"]**2*abs(nu)/time + stds["no"]**2*abs(omega)/time,
                    stds["on"]**2*abs(nu)/time + stds["oo"]**2*abs(omega)/time])

def matA(nu, omega, time, theta):
    st, ct = math.sin(theta), math.cos(theta)
    stw, ctw = math.sin(theta + omega*time), math.cos(theta + omega*time)
    return np.array([[(stw - st)/omega,   -nu/(omega**2)*(stw - st) + nu/omega*time*ctw],
                     [(-ctw + ct)/omega, -nu/(omega**2)*(-ctw + ct) + nu/omega*time*stw],
                     [0,                  time]])

def matF(nu, omega, time, theta):
    F = np.diag([1.0, 1.0, 1.0])
    F[0, 2] = nu / omega * (math.cos(theta + omega * time) - math.cos(theta))
    F[1, 2] = nu / omega * (math.sin(theta + omega * time) - math.sin(theta))
    return F
```

名前から分かりますが，更新前（時刻 $t-1$）の推定に対してそれぞれ M_t, A_t, F_t を計算する行列です．

次に，`KalmanFilter` クラスに次のように追記します．（⇒`kf3.ipynb` [3]）

```python
class KalmanFilter:
    def __init__(self, envmap, init_pose, motion_noise_stds={"nn":0.19, "no":0.001, "on":0.13, "oo":0.2}):
        self.belief = multivariate_normal(mean=np.array([0.0, 0.0, 0.0]), cov=np.diag([1e-10, 1e-10, 1e-10]))
        self.motion_noise_stds = motion_noise_stds #追加
        self.pose = self.belief.mean

    def observation_update(self, observation):
        pass

    def motion_update(self, nu, omega, time): #追加
        if abs(omega) < 1e-5: omega = 1e-5 #値が0になるとゼロ割りになって計算ができないのでわずかに値を持たせる

        M = matM(nu, omega, time, self.motion_noise_stds)
        A = matA(nu, omega, time, self.belief.mean[2])
        F = matF(nu, omega, time, self.belief.mean[2])
        self.belief.cov = F.dot(self.belief.cov).dot(F.T) + A.dot(M).dot(A.T)
        self.belief.mean = IdealRobot.state_transition(nu, omega, time, self.belief.mean)
        self.pose = self.belief.mean
```

まず，`__init__` で雑音の見積もりの引数 `motion_noise_stds` を `self.motion_noise_stds` にコピーしておきます．`motion_update` では，今まで導出してきた計算を順に実装していきます．先述の通り，角速度 ω がほぼ 0 の場合は 11 行目のように微小な値に差し替えます．その後は，M_t, A_t, F_t を作り，16, 17 行目で $\Sigma_t, \boldsymbol{\mu}_t$ を計算して `self.belief` を更新しています．

アニメーションさせるセルのコードは省略しますが，3 台のロボットを 30 秒間動作させた例を三

つ，図 6.3 に示します[注2]．(a), (b), (c) の各図で反時計まわりに弧を描いているロボットは図 5.11 のように $(\nu, \omega) = (0.2[\mathrm{m/s}], 10[\mathrm{deg/s}])$ で動作させたもので，図 5.11 と見比べると，分布が楕円で近似されて，分布の図形が単純化されていることが分かります．各図で右側にほぼまっすぐ進んでいるロボットは $(\nu, \omega) = (0.1[\mathrm{m/s}], 0.0[\mathrm{deg/s}])$ で動かしたものです．これは図 5.10 の分布に対応します[注3]．各図で時計まわりに弧を描いているロボットは $(\nu, \omega) = (0.1[\mathrm{m/s}], -3.0[\mathrm{deg/s}])$ で動かしたもので，負の値を ω に入力した際のデバッグのために動かしました．ロボットの姿勢が楕円の中心からずれている試行も見られますが，いずれも楕円の範囲内に入っていることが分かります．ただし，楕円の範囲外に出る確率はゼロではないので（⇒ 問題 2.7），多く試行を重ねると，範囲外にロボットの姿勢が出る試行も見られるかもしれません．

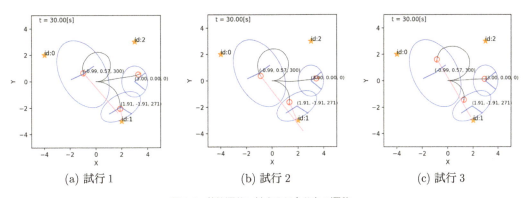

図 6.3 状態遷移に対する信念分布の遷移．

6.3 観測後の信念分布の更新

6.3.1 近似前の更新式

観測後の信念分布の更新にも，線形化による近似が必要になります．ある時刻に一つランドマーク m_j のセンサ値 $\boldsymbol{z}_{j,t}$ が得られたとすると，ベイズの定理で

$$\begin{aligned}b_t(\boldsymbol{x}) &= \eta^{-1} p_j(\boldsymbol{z}_{j,t}|\boldsymbol{x})\hat{b}_t(\boldsymbol{x}) \\ &= \eta^{-1} L_j(\boldsymbol{x}|\boldsymbol{z}_{j,t})\hat{b}_t(\boldsymbol{x}) \qquad (L_j \text{ は尤度関数})\end{aligned} \tag{6.20}$$

と信念分布に反映することになります．センサ値が複数ある場合は，それぞれのセンサ値の尤度関数 $L_j(\boldsymbol{x}|\boldsymbol{z}_{j,t})$ を次々に $\hat{b}_t(\boldsymbol{x})$ に掛け算することになります．この計算でも線形化が登場します．

ここで，この計算結果である b_t がガウス分布にならないことを理解するために，尤度関数 L_j が $XY\theta$ 空間中でどのような形状をしているか考えてみましょう．センサ値 $\boldsymbol{z}_{j,t}$ が得られたとき，尤度関数 $L_j(\boldsymbol{x}|\boldsymbol{z}_{j,t})$ は，ロボットの真の姿勢として最尤な（最も尤もらしい）姿勢で最大の値を返します．ところが，あるセンサ値に対する最尤な姿勢は，図 6.4 のように複数存在するので，尤度関数はガウス分布のようにモードが一つの形状にはなりません．尤度関数 $L_j(\boldsymbol{x}|\boldsymbol{z}_{j,t})$ は，センサ値を変数とするとセンサ値の空間でガウス分布になるのですが，$\boldsymbol{x}$ の空間ではそうはならないということになります．したがって，$\hat{b}_t$ に L_j をかけた b_t がガウス分布になると期待することはできません．

注 2 ランドマーク観測の線が描画されていますが，観測は反映されていません．
注 3 ただし図 5.10 でロボットに与えた指令は 4[m] の直進で，この図では 3[m] です．

それはさておき，とりあえずセンサ値が一つ得られたとして，式 (6.20) にガウス分布で表された $\hat{b}_t$ と，尤度関数の式 (5.24) を代入してみましょう．$\hat{b}_t$ の平均値 $\hat{\boldsymbol{\mu}}_t$，共分散行列 $\hat{\Sigma}_t$ をベイズの定理に当てはめると，次のような式になります．ここからしばらく，時刻 t とランドマークの IDj の添え字を省略します．

$$b(\boldsymbol{x}) = \eta^{-1} \exp\left\{-\frac{1}{2}[\boldsymbol{z}-\boldsymbol{h}(\boldsymbol{x})]^\top Q(\boldsymbol{x})^{-1}[\boldsymbol{z}-\boldsymbol{h}(\boldsymbol{x})] - \frac{1}{2}(\boldsymbol{x}-\hat{\boldsymbol{\mu}})^\top \hat{\Sigma}^{-1}(\boldsymbol{x}-\hat{\boldsymbol{\mu}})\right\} \quad (6.21)$$

ここで，$Q(\boldsymbol{x})$ は式 (5.23) と同じく，

$$Q(\boldsymbol{x}) = \begin{pmatrix} [\ell(\boldsymbol{x})\sigma_\ell]^2 & 0 \\ 0 & \sigma_\varphi^2 \end{pmatrix} \quad (6.22)$$

です．また，観測方程式 $\boldsymbol{h}(\boldsymbol{x})$ は式 (3.17) のもので，式 (3.16) の右辺から，

$$\boldsymbol{h}(\boldsymbol{x}) = \begin{pmatrix} \sqrt{(x-m_x)^2+(y-m_y)^2} \\ \mathrm{atan2}(m_y-y, m_x-x)-\theta \end{pmatrix} \quad (6.23)$$

となります．ここで，$\boldsymbol{m} = (m_x\ m_y)^\top$ は，地図上に記録された，計測対象のランドマークの位置です．式 (6.21) の右辺はガウス分布同士の積なのですが，先ほどの図 6.4 での議論から，ガウス分布になることは期待できません．

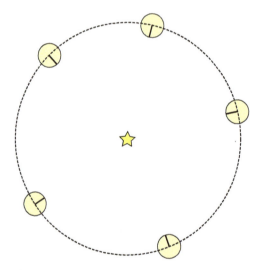

図 6.4　あるセンサ値から予想されるロボットの姿勢．

6.3.2　$XY\theta$ 空間での観測方程式の線形近似

ガウス分布への近似は，観測方程式 $\boldsymbol{h}(\boldsymbol{x})$ を次のように近似することで可能となります．

$$\boldsymbol{h}(\boldsymbol{x}) \approx \boldsymbol{h}(\hat{\boldsymbol{\mu}}) + H(\boldsymbol{x}-\hat{\boldsymbol{\mu}}) \quad (6.24)$$

つまり，信念分布の中心 $\hat{\boldsymbol{\mu}}$ で得られるセンサ値に，$\boldsymbol{x}-\hat{\boldsymbol{\mu}}$ に比例する値を足して補正したものを，$\boldsymbol{x}$ で得られる理論上のセンサ値として近似します．この式を使うと，式 (6.21) の右辺で $\boldsymbol{x}$ が $\boldsymbol{h}$ の中から外に出て，右辺が $\boldsymbol{x}$ に対して線形の式になります．ただし，$\boldsymbol{x}$ が $\hat{\boldsymbol{\mu}}$ から遠く離れるほど，本来の観

測方程式との値の差は大きくなります．

H は，$\hat{\boldsymbol{\mu}}$ まわりにおいて $\boldsymbol{h}$ を $\boldsymbol{x}$ で偏微分したもので，

$$\begin{aligned}H &= \left.\frac{\partial \boldsymbol{h}}{\partial \boldsymbol{x}}\right|_{\boldsymbol{x}=\hat{\boldsymbol{\mu}}}\\ &= \left.\begin{pmatrix}(x-m_x)/\sqrt{(x-m_x)^2+(y-m_y)^2} & (y-m_y)/\sqrt{(x-m_x)^2+(y-m_y)^2} & 0\\ (m_y-y)/\{(x-m_x)^2+(y-m_y)^2\} & (x-m_x)/\{(x-m_x)^2+(y-m_y)^2\} & -1\end{pmatrix}\right|_{\boldsymbol{x}=\hat{\boldsymbol{\mu}}}\\ &= \begin{pmatrix}(\hat{\mu}_x-m_x)/\ell_{\hat{\boldsymbol{\mu}}} & (\hat{\mu}_y-m_y)/\ell_{\hat{\boldsymbol{\mu}}} & 0\\ (m_y-\hat{\mu}_y)/\ell_{\hat{\boldsymbol{\mu}}}^2 & (\hat{\mu}_x-m_x)/\ell_{\hat{\boldsymbol{\mu}}}^2 & -1\end{pmatrix}\end{aligned} \tag{6.25}$$

となります．ここで，

$$\ell_{\hat{\boldsymbol{\mu}}} = \sqrt{(\hat{\mu}_x-m_x)^2+(\hat{\mu}_x-m_y)^2} \tag{6.26}$$

です．

atan2 の偏微分は，

$$\frac{d}{dx}\mathrm{atan}\, x = \frac{1}{1+x^2} \tag{6.27}$$

を利用して解きます．例えば，

$$\begin{aligned}&\frac{\partial}{\partial x}\{\mathrm{atan2}(m_y-y, m_x-x)-\theta\}\\ &= \frac{\partial}{\partial x}\mathrm{atan}\frac{m_y-y}{m_x-x}\\ &= \frac{1}{1+\{(m_y-y)/(m_x-x)\}^2}\cdot(m_y-y)(-1)(m_x-x)^{-2}(-1)\\ &= \frac{m_y-y}{(m_x-x)^2+(y-m_y)^2}\end{aligned} \tag{6.28}$$

と解けます．

式 (6.21) をガウス分布にするにはもう一つ近似が必要です．$Q(\boldsymbol{x})$ の距離 $\ell(\boldsymbol{x})$ が $\boldsymbol{x}$ に依存していますが，これを $\boldsymbol{x}=\hat{\boldsymbol{\mu}}$ で固定し

$$Q_{\ell_{\hat{\boldsymbol{\mu}}}} = \begin{pmatrix}[\ell_{\hat{\boldsymbol{\mu}}}\sigma_\ell]^2 & 0\\ 0 & \sigma_\varphi^2\end{pmatrix} \tag{6.29}$$

を $Q(\boldsymbol{x})$ の代わりに使います．以下，$Q_{\ell_{\hat{\boldsymbol{\mu}}}}$ と書くと煩雑なので，単に Q と記述します．

以上の近似で式 (6.21) は，

$$\begin{aligned}b(\boldsymbol{x}) = \eta^{-1}\exp\Big\{&-\frac{1}{2}[\boldsymbol{z}-\boldsymbol{h}(\hat{\boldsymbol{\mu}})-H(\boldsymbol{x}-\hat{\boldsymbol{\mu}})]^\top Q^{-1}[\boldsymbol{z}-\boldsymbol{h}(\hat{\boldsymbol{\mu}})-H(\boldsymbol{x}-\hat{\boldsymbol{\mu}})]\\ &-\frac{1}{2}(\boldsymbol{x}-\hat{\boldsymbol{\mu}})^\top \hat{\Sigma}^{-1}(\boldsymbol{x}-\hat{\boldsymbol{\mu}})\Big\}\end{aligned} \tag{6.30}$$

となります．この式の指数部の $\boldsymbol{x}$ の 2 次の項は，

$$-\frac{1}{2}\left\{(H\boldsymbol{x})^\top Q^{-1}(H\boldsymbol{x})+\boldsymbol{x}^\top\hat{\Sigma}^{-1}\boldsymbol{x}\right\} = -\frac{1}{2}\left\{\boldsymbol{x}^\top H^\top Q^{-1}H\boldsymbol{x}+\boldsymbol{x}^\top\hat{\Sigma}^{-1}\boldsymbol{x}\right\}$$

$$= -\frac{1}{2}\boldsymbol{x}^\top (H^\top Q^{-1} H + \hat{\Sigma}^{-1})\boldsymbol{x} \tag{6.31}$$

となるので，付録 B.1.4 から，信念 b の共分散行列は，

$$\Sigma^{-1} = H^\top Q^{-1} H + \hat{\Sigma}^{-1}$$
$$\Sigma = (H^\top Q^{-1} H + \hat{\Sigma}^{-1})^{-1} \tag{6.32}$$

となります．さらに，1 次の項は，

$$(H\boldsymbol{x})^\top Q^{-1}(\boldsymbol{z} - \boldsymbol{h}(\hat{\boldsymbol{\mu}}) + H\hat{\boldsymbol{\mu}}) + \boldsymbol{x}^\top \hat{\Sigma}^{-1}\hat{\boldsymbol{\mu}} = \boldsymbol{x}^\top \left\{ H^\top Q^{-1}(\boldsymbol{z} - \boldsymbol{h}(\hat{\boldsymbol{\mu}}) + H\hat{\boldsymbol{\mu}}) + \hat{\Sigma}^{-1}\hat{\boldsymbol{\mu}} \right\} \tag{6.33}$$

となり，式 (B.7) から信念分布 b の中心は，

$$\begin{aligned}
\boldsymbol{\mu} &= \Sigma \left\{ H^\top Q^{-1}(\boldsymbol{z} - \boldsymbol{h}(\hat{\boldsymbol{\mu}}) + H\hat{\boldsymbol{\mu}}) + \hat{\Sigma}^{-1}\hat{\boldsymbol{\mu}} \right\} \\
&= \Sigma \left\{ H^\top Q^{-1}(\boldsymbol{z} - \boldsymbol{h}(\hat{\boldsymbol{\mu}})) + (H^\top Q^{-1} H + \hat{\Sigma}^{-1})\hat{\boldsymbol{\mu}} \right\} \\
&= \Sigma \left\{ H^\top Q^{-1}(\boldsymbol{z} - \boldsymbol{h}(\hat{\boldsymbol{\mu}})) + \Sigma^{-1}\hat{\boldsymbol{\mu}} \right\} \\
&= \Sigma H^\top Q^{-1}(\boldsymbol{z} - \boldsymbol{h}(\hat{\boldsymbol{\mu}})) + \hat{\boldsymbol{\mu}}
\end{aligned} \tag{6.34}$$

となります．

6.3.3　カルマンゲインによる表現

さて，式 (6.32), (6.34) を実装するとカルマンフィルタによる自己位置推定が完成しますが，もう少し式を変形してみます．一般的なカルマンフィルタでは今から得られる式が用いられます．

まず，式 (6.34) を見ると，センサ値 $\boldsymbol{z}$ を信念に反映した後の分布の中心 $\boldsymbol{\mu}$ は，反映前の分布の中心 $\hat{\boldsymbol{\mu}}$ から，$\Sigma H^\top Q^{-1}(\boldsymbol{z} - \boldsymbol{h}(\hat{\boldsymbol{\mu}}))$ だけ動くことが分かります．$\boldsymbol{z} - \boldsymbol{h}(\hat{\boldsymbol{\mu}})$ はセンサ値 $\boldsymbol{z}$ と，$\hat{\boldsymbol{\mu}}$ から見たときのランドマークの距離と方角の差を意味するので，この差に対して行列 $\Sigma H^\top Q^{-1}$ の分だけ分布の中心が動くことを意味します．

この行列 $\Sigma H^\top Q^{-1}$ に**カルマンゲイン**と名前をつけて，K と表しましょう．K は次のように変形できます．

$$\begin{aligned}
K &= \Sigma H^\top Q^{-1} & & \tag{6.35} \\
&= (H^\top Q^{-1} H + \hat{\Sigma}^{-1})^{-1} H^\top Q^{-1} & & \text{(式 (6.32) から)} \tag{6.36} \\
&= \hat{\Sigma} H^\top (H\hat{\Sigma} H^\top + Q)^{-1} & & \text{(付録 B.1.2 から)} \tag{6.37}
\end{aligned}$$

このとき，式 (6.34) は，式 (6.35) から，

$$\boldsymbol{\mu} = K(\boldsymbol{z} - \boldsymbol{h}(\hat{\boldsymbol{\mu}})) + \hat{\boldsymbol{\mu}} \tag{6.38}$$

となります．また，共分散行列 Σ についても，式 (6.32) から，

$$\Sigma = (H^\top Q^{-1} H + \hat{\Sigma}^{-1})^{-1}$$
$$\Sigma (H^\top Q^{-1} H + \hat{\Sigma}^{-1}) = I$$

$$\Sigma H^\top Q^{-1} H + \Sigma \hat{\Sigma}^{-1} = I$$
$$KH + \Sigma \hat{\Sigma}^{-1} = I$$
$$\Sigma = (I - KH)\hat{\Sigma} \tag{6.39}$$

となり，カルマンゲインを使った表現にできます．

カルマンゲインを計算するときは，式 (6.35) でも式 (6.36) でもなく，式 (6.37) を使います．式 (6.35) は式中に後から計算する Σ が入っており使えず，式 (6.36) は逆行列の計算が多いからです．

6.3.4 観測後の更新の実装

前項の計算をまとめると，次の順で $K, \boldsymbol{\mu}, \Sigma$ が求まります．

$$K = \hat{\Sigma} H^\top (Q + H\hat{\Sigma} H^\top)^{-1} \tag{6.40}$$
$$\boldsymbol{\mu} = K(\boldsymbol{z} - \boldsymbol{h}(\hat{\boldsymbol{\mu}})) + \hat{\boldsymbol{\mu}} \tag{6.41}$$
$$\Sigma = (I - KH)\hat{\Sigma} \tag{6.42}$$

これらの計算を実装しましょう．まず，関数のセルに H と Q を計算する関数を追加します．（⇒`kf4.ipynb` [2]）

```python
def matH(pose, landmark_pos):
    mx, my = landmark_pos
    mux, muy, mut = pose
    q = (mux - mx)**2 + (muy - my)**2
    return np.array([[(mux - mx)/np.sqrt(q), (muy - my)/np.sqrt(q), 0.0], [(my - muy)/q, (mux - mx)/q, -1.0]])

def matQ(distance_dev, direction_dev):
    return np.diag(np.array([distance_dev**2, direction_dev**2]))
```

そして，`KalmanFilter` の `__init__` にいくつかの引数を追記し，`observation_update` を実装します．（⇒`kf4.ipynb` [3]）

```python
class KalmanFilter:
    def __init__(self, envmap, init_pose, motion_noise_stds={"nn":0.19, "no":0.001, "on":0.13, "oo":0.2}, \
                 distance_dev_rate=0.14, direction_dev=0.05): #変数追加
        self.belief = multivariate_normal(mean=init_pose, cov=np.diag([1e-10, 1e-10, 1e-10]))
        self.pose = self.belief.mean
        self.motion_noise_stds = motion_noise_stds
        self.map = envmap  #以下3行追加(Mclと同じ)
        self.distance_dev_rate = distance_dev_rate
        self.direction_dev = direction_dev
        
    def observation_update(self, observation): #追加
        for d in observation:
            z = d[0]
            obs_id = d[1]
            
            H = matH(self.belief.mean, self.map.landmarks[obs_id].pos)
            estimated_z = IdealCamera.observation_function(self.belief.mean, self.map.landmarks[obs_id].pos)
            Q = matQ(estimated_z[0]*self.distance_dev_rate, self.direction_dev)
            K = self.belief.cov.dot(H.T).dot(np.linalg.inv(Q + H.dot(self.belief.cov).dot(H.T)))
            self.belief.mean += K.dot(z - estimated_z)
            self.belief.cov = (np.eye(3) - K.dot(H)).dot(self.belief.cov)
            self.pose = self.belief.mean
```

`__init__` では，Mcl の場合と同様，センサ値の誤差を表す変数 `distance_dev_rate`, `direction_dev` を引数に加えてオブジェクトの変数に取り込みます．

`observation_update` は，MCL の `Particle` クラスとよく似た構造になります．計測されたランドマークごとに for 文をまわし，`self.belief` に反映します．H, Q, K を次々に計算していき，最後に信念分布の中心と共分散行列を更新しています．

第 6 章 カルマンフィルタによる自己位置推定

動作例として，図 6.5 に，30 秒ロボットを動作させた後の推定結果を三つ示します．MCL と同様，推定姿勢はロボットの真の姿勢からずれ，誤差楕円の外側に出ることもあります．この原因は，連続で入ってくるセンサ値に系統誤差があるからで，楕円は系統誤差の方向に引っ張られます．また，長くランドマークを観測せず分布が広がった直後に入ってきたセンサ値に大きな雑音が混入していると，推定姿勢が急にずれることがあります．

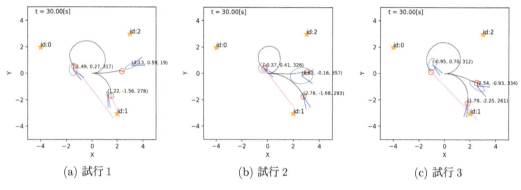

図 6.5　カルマンフィルタの実行結果．

移動，観測に対して 4.2.2 項，4.3.2 項で実装したバイアスをオフにして，3 回試行したときの 30 秒後の様子を図 6.6 に示します．誤差はバイアスがある場合と比較すると小さくなります．MCL もカルマンフィルタも，各時刻ごとに得られるセンサ値の雑音は互いに独立であること（独立同分布）を仮定しているので，バイアスは，推定の誤差を大きくする原因になります．

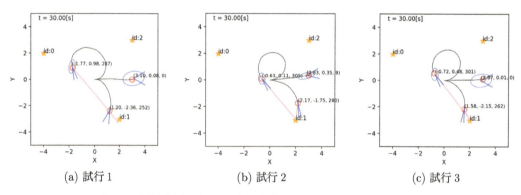

図 6.6　移動や観測にバイアスがない場合のカルマンフィルタの実行結果．

以上で実装は完了です．これで，ノートブックを kf.py という名前でダウンロードして，scripts の中に移します．ほかのノートブックから kf.py が読み込まれたとき，シミュレーションが実行されないように処置しておきましょう．

6.4　まとめ

本章では（拡張）カルマンフィルタを用いた自己位置推定のコードを実装しました．ロボットの移動や観測には非線形性がありましたが，随所に線形化のテクニックを用いることで，シミュレータの

環境での自己位置推定を実現しました．線形化は，ある空間（制御指令 u やセンサ値 z の空間）のガウス分布を姿勢 x の空間に写像するときに用いました．このときの計算は難解なものだったかもしれませんが，一方でワンパターンでもありました．

カルマンフィルタは本書のほかのアルゴリズムの基礎になっています．カルマンフィルタで実装した式は，あとの SLAM の章（8 章，9 章）でも利用します．また，12 章でも，ロボットの行動決定のための計算をするときにカルマンフィルタの演算を利用します．また，11 章では，単に計算量が小さくシミュレーションが早く終わるという理由で，MCL ではなく本章の実装を自己位置推定に利用しています．計算量が小さいということは小型のロボットで利用しやすいことを意味します．

少なくとも筆者のまわりでは，移動ロボットの自己位置推定というとカルマンフィルタよりは MCL の方がよく用いられていますが，技術には流行というものがあります．何かコンピュータの特性が変わった，新型のセンサが登場した，あるいはカルマンフィルタの長年の問題が解決されたなどということがあれば，MCL がカルマンフィルタに置き換わるということが起こりえます．

カルマンフィルタを移動ロボットに適用する研究については 1 章で紹介しました．近年の顕著な利用例としては，DARPA Grand Challenge（自動車の自動運転の競技）において，Thrun らが用いた例 [Thrun 2006] が挙げられます．[Thrun 2006] によると，このときの実装は unscented Kalman filter (UKF) で，GPS と IMU (inertial measurement unit) の情報を統合して自己位置推定するものでした．UKF は信念のガウス分布からいくつか決まった点を選んでパーティクルフィルタのように状態遷移させて，遷移後の点からガウス分布を近似的に再構築するというアルゴリズムのカルマンフィルタです．本書では扱っていませんが，確率ロボティクスで解説されています [Thrun 2005]．また，MCL とカルマンフィルタの中間的な手法として，multi hypothesis tracking [Jensfelt 2001] が挙げられます．これは，カルマンフィルタを一度に複数実行して，マルチモーダルな信念分布を表現するというものです．

章末問題

📎 問題 6.1

自己位置推定において,カルマンフィルタで対応できず,MCL で対応できる場合を具体的に考えてみましょう.また,そのような場合をシミュレータで再現してみましょう.

📎 問題 6.2

シミュレータで,カルマンフィルタと MCL の各処理に必要な計算時間を測定し,比較してみましょう.

📎 問題 6.3

線形な系

$$\boldsymbol{x}_t = A\boldsymbol{x}_{t-1} + B\boldsymbol{u}_t + \boldsymbol{\varepsilon}_t \tag{6.43}$$

$$\boldsymbol{z}_{j,t} = C_j \boldsymbol{x}_t + \boldsymbol{\delta}_t \tag{6.44}$$

についてカルマンフィルタを導出してみましょう.ここで,$\boldsymbol{\varepsilon}_t$ と $\boldsymbol{\delta}_t$ は多次元のガウス分布に従う雑音です.

📎 問題 6.4

カルマンフィルタを使うと,どの状態でも確率の密度はゼロになりません.これは例えば,自動車の位置推定をカルマンフィルタを使って実装したときに,歩道や建物の中を走っている確率がゼロにならないということを意味します.また,一般に確率的な手法を使うと,何か危険なことが起こる確率がゼロとなるような計算結果が得られることはまれです.では,確率的な手法を使っている自動運転の自動車は危険だといえるでしょうか.

一方,MCL を使うと,状態空間中でパーティクルの存在しない領域の状態が真である確率はゼロとみなされます.では,MCL には上記のような問題が発生しないと考えてよいでしょうか.

第7章 自己位置推定の諸問題

本章では，自己位置推定のアルゴリズムについてより深く考えます．7.1 節ではパーティクルの数を可変にする手法を説明します．7.2 節では話題を変えて，ロボットの初期姿勢が分からない場合と間違っている場合の自己位置推定の問題を提示し，7.3 節でこの問題に対処します．7.4 節ではセンサの雑音がガウス分布に従わない場合について対処法を実装します．7.5 節はまとめです．

7.1 KLD サンプリング

まず，MCL の **KLD サンプリング** [Fox 2003] を実装しましょう．MCL における KLD サンプリングは，MCL のパーティクルの数を可変にするためのもので，現在 MCL の ROS パッケージとしてよく利用される amcl[注1] で利用されています．KLD サンプリングを用いると余計な計算が増えてしまいますが，パーティクルの数を減らしてトータルで計算量を減らせる可能性があります．また，必要な場合はパーティクルの数を大量に増やして，エージェントに熟考させるということもできます．

7.1.1 パーティクル数の決定問題

KLD サンプリングでは，真の信念分布をパーティクルの分布で近似するときの誤差がある方法で数値化され，その値の許容値 ε が決められ，ε 以内に誤差を収めるために十分なパーティクル数が算出されます．ただ，パーティクル数が十分であっても，分布が偏ったら ε は超えてしまうので，もう一つしきい値 δ を考え，誤差が ε を超える確率が δ 以内に収まればよいという条件に緩和します．

このとき，真の信念分布とパーティクルの分布の誤差をどのように数値化するか，ということをまず考えないといけません．KLD サンプリングでは，二つの確率分布を比較するとき利用される**カルバック・ライブラー情報量**（Kullback-Leibler divergence, KL 情報量）を用いて，この誤差を数値化します．KL 情報量は，空間 $\mathcal{X}$ 中の二つの確率密度関数 p, q があるとき，

$$
\begin{aligned}
D_{\mathrm{KL}}(p||q) &= \int_{\boldsymbol{x}\in\mathcal{X}} p(\boldsymbol{x}) \log \frac{p(\boldsymbol{x})}{q(\boldsymbol{x})} d\boldsymbol{x} \\
&= \left\langle \log \frac{p(\boldsymbol{x})}{q(\boldsymbol{x})} \right\rangle_{p(\boldsymbol{x})} \\
&= \langle \log p(\boldsymbol{x}) \rangle_{p(\boldsymbol{x})} - \langle \log q(\boldsymbol{x}) \rangle_{p(\boldsymbol{x})}
\end{aligned}
\tag{7.1}
$$

で定義されます．また，離散的な空間 M 中の確率分布 P, Q の場合は，

$$
D_{\mathrm{KL}}(P||Q) = \sum_{s\in\mathrm{M}} P(s) \log \frac{P(s)}{Q(s)} = \langle \log P(s) \rangle_{P(s)} - \langle \log Q(s) \rangle_{P(s)}
\tag{7.2}
$$

注1 http://wiki.ros.org/amcl

となります．logの底は情報理論ならビットの考え方に由来する2が使われますが，ここでは自然対数にしておきましょう．p, qやP, Qが一致した場合，対数の部分の分数が1になるのでKL情報量は0になります．また，それ以外のときには常に正になります．

KL情報量には，**カルバック・ライブラー距離**（Kullback-Leibler distance，KL距離）という呼び名もあります．しかし，qとpを入れ替えると値が変わるので，正確には距離ではありません．

ベイズフィルタの計算から求められる真の信念分布b^*とパーティクルが表す分布bについて，KL情報量を求めましょう．まず状態空間をいくつかの区画に分割します．x, y, θの値を等間隔に区切って，$XY\theta$空間中で網目状になった範囲を一つの区画にしています．この区画の一つをs，sの集合をMで表します．sは10章以後では「離散状態」と呼ばれますが，本章では統計学の用語に合わせて「ビン」と呼びます．また，ビンには$s_0, s_1, \ldots, s_{k-1}$と番号を振っておきます．

ビンを定義したら，各ビンs_j内に真の姿勢$\bm{x}^*$が存在する確率を考えます．この確率は，真の分布b^*から考えられる$P^*(s)$と，パーティクル$\xi^{(i)} = (\bm{x}^{(i)}, w^{(i)})$ $(i = 0, 1, 2, \ldots, N-1)$から導出される$\hat{P}(s)$の2種類存在します．前者が

$$P^*(\bm{x}^* \in s_j) = \int_{\bm{x} \in s_j} b^*(\bm{x}) d\bm{x} \tag{7.3}$$

後者が

$$\hat{P}(\bm{x}^* \in s_j) = \sum_{\bm{x}^{(i)} \in s_j} w^{(i)} \tag{7.4}$$

です．特にリサンプリング後で重みがどのパーティクルでも同じとき，

$$\hat{P}(\bm{x}^* \in s_j) = \sum_{\bm{x}^{(i)} \in s_j} \frac{1}{N} = \frac{n_j}{N} \tag{7.5}$$

となります．ここでn_jはビンs_j内にあるパーティクルの数です．MCLにおいて実際に計算できるのは後者で，前者の確率を後者が近似していると考えます．また，前者をパーティクルの数が無限大のときに計算できる確率と考えることもできます．

ここで，分布P^*と$\hat{P}$のKL情報量が誤差のしきい値ε以内に収まる確率

$$P[D_{\mathrm{KL}}(\hat{P}||P^*) \leq \varepsilon] \tag{7.6}$$

を考えます．P^*は分かりませんが，この式は，（空間をMに離散化した場合）N個のパーティクルがどれだけ信念分布を表現できているかを数値化したものとなります．そして，Nが大きくなれば，$\hat{P}$がP^*に近づきます．$P^*, \hat{P}$の各ビンの確率を，それぞれ$p_0^*, p_1^*, \ldots, p_{k-1}^*$，$\hat{p}_0, \hat{p}_1, \ldots, \hat{p}_{k-1}$と略記すると，KL情報量$D_{\mathrm{KL}}(\hat{P}||P^*)$は，

$$D_{\mathrm{KL}}(\hat{P}||P^*) = \sum_{j=0}^{k-1} \hat{p}_j \log \frac{\hat{p}_j}{p_j^*} \tag{7.7}$$

という式になります．ただし，$p_0^*, p_1^*, \ldots, p_{k-1}^*$は未知です．

さらに，しきい値δを考え，

$$P[D_{\mathrm{KL}}(\hat{P}||P^*) \leq \varepsilon] \geq 1 - \delta \tag{7.8}$$

となるには，パーティクル数 N がいくつ必要か，ということを考えてみます．δ は，（たとえパーティクル数が十分にあっても）近似したい分布に対してパーティクルの分布が偏って KL 情報量が ε 以内に達しない状況になる確率を意味します．

7.1.2 対数尤度比の性質によるパーティクル数の決定

ここで，真の信念分布を近似するために N 個のパーティクルを使うという MCL の問題を，「式 (7.3) に従う確率でビンを選んでビン内のどこかにパーティクルをおく」という作業と解釈してみます．そして，この作業の結果を式 (7.5) が表していると解釈します．

このとき，「P^* にしたがって N 回ビンを選んで，その結果，各ビンがそれぞれ $n_0, n_1, n_2, \ldots, n_{k-1}$ 回選ばれる」という事象の確率は，**多項分布**に従い，

$$P_\mathrm{M}^*(n_0, n_1, \ldots, n_{k-1} | p_0^*, p_1^*, \ldots, p_{k-1}^*) = \frac{N!}{n_0! n_1! \ldots n_{k-1}!} (p_0^*)^{n_0} (p_1^*)^{n_1} \cdots (p_{k-1}^*)^{n_{k-1}}$$

$$= \frac{N!}{\prod_{j=0}^{k-1}(n_j!)} \prod_{j=0}^{k-1} (p_j^*)^{n_j} \tag{7.9}$$

となります．これは，真の分布からパーティクルをサンプリングしたら，どのような分布がどれだけの確率で現れるかを表す確率分布です．N が大きいほど，「意外な結果」の確率は小さくなり，P^* に近い分布が高い確率で得られるようになります．P_M^* は，その性質を表す分布です．$\mathbf{n} = \{n_0, n_1, \ldots, n_{k-1}\}$，$\Theta^* = \{p_0^*, p_1^*, \ldots, p_{k-1}^*\}$ とリストにまとめて，この確率を $P_\mathrm{M}^*(\mathbf{n}|\Theta^*)$ と表すと，

$$P_\mathrm{M}^*(\mathbf{n}|\Theta^*) = \frac{N!}{\prod_{j=0}^{k-1}(n_j!)} \prod_{j=0}^{k-1} (p_j^*)^{n_j} \tag{7.10}$$

となります．多項分布は問題 2.3 に出てきた二項分布を一般化したものです．

何度も書きますが，真の確率のリスト $\Theta^* = \{p_0^*, p_1^*, \ldots, p_{k-1}^*\}$ は分かりません．そこで，式 (7.10) の値を，実際にサンプリングして集計した回数 $\mathbf{n} = \{n_0, n_1, \ldots, n_{k-1}\}$ と式 (7.5) で近似することを考えます．ビン s_j が選ばれる確率を $\hat{p}_j$ としたとき，式 (7.5) から，$\hat{p}_j = n_j/N$ となります．この確率のリストを $\hat{\Theta} = \{\hat{p}_0, \hat{p}_1, \ldots, \hat{p}_{k-1}\}$ としたとき，$\hat{\Theta}$ に従って再度サンプリングすると，また回数が $\mathbf{n}$ となる確率は，

$$\hat{P}_\mathrm{M}(\mathbf{n}|\hat{\Theta}) = \frac{N!}{\prod_{j=0}^{k-1}(n_j!)} \prod_{j=0}^{k-1} (\hat{p}_j)^{n_j} \tag{7.11}$$

となります．

ここで，$\Theta = \{p_0, p_1, \ldots, p_{k-1}\}$ を変数とする尤度関数を考えます．

$$L(\Theta|\mathbf{n}) = P_\mathrm{M}(\mathbf{n}|\Theta) = \frac{N!}{\prod_{j=0}^{k-1}(n_j!)} \prod_{j=0}^{k-1} (p_j)^{n_j} \tag{7.12}$$

そして，$\hat{P}_\mathrm{M}$ の $\hat{\Theta}$，P_M^* の Θ^* に対応する尤度比の対数（対数尤度比）

$$\log \lambda_N = \log \frac{L(\hat{\Theta}|\mathbf{n})}{L(\Theta^*|\mathbf{n})} = \log \frac{\prod_{j=0}^{k-1} \hat{p}_j^{n_j}}{\prod_{j=0}^{k-1} p_j^{*n_j}} = \log \prod_{j=0}^{k-1} (\hat{p}_j/p_j^*)^{n_j}$$

$$= \sum_{j=0}^{k-1} \log(\hat{p}_j/p_j^*)^{n_j} = \sum_{j=0}^{k-1} n_j \log(\hat{p}_j/p_j^*) \tag{7.13}$$

を考えます．これは，「$\mathbf{n}$ が得られたときに $\hat{\Theta}$ が Θ^* の近似として適切か否か」を計算する指標になります（計算は未知の数 p_j^* があるのでできません）．さらに，$n_j = \hat{p}_j N$ なので，

$$\log \lambda_N = \sum_{j=0}^{k-1} \hat{p}_j N \log(\hat{p}_j/p_j^*) = N \sum_{j=0}^{k-1} \hat{p}_j \log(\hat{p}_j/p_j^*) = N D_{\mathrm{KL}}(\hat{P}||P^*) \tag{7.14}$$

となります．右辺に式 (7.7) の KL 情報量が現れます．

なぜこういう回りくどいことをしているかというと，$\hat{\Theta}$ を使ってビンからパーティクルを N 個ぶということを繰り返すと，N が大きい場合に，$\log \lambda_N$ の値を 2 倍した値の分布が，自由度 $k-1$ の**カイ二乗分布**に従う性質を利用するためです注2．つまり，p^* や $\log \lambda_N$ は分からなくても，$\log \lambda_N$ の統計的性質が分かるということを利用します．

カイ二乗分布は $a \sim \mathcal{N}(0,1)$ のときに a を k 回ドローした値 $a_1, a_2, \ldots, a_k$ の二乗の和

$$x = a_1^2 + a_2^2 + \cdots + a_k^2 \tag{7.15}$$

が従う分布で，

$$\chi_k^2(x) = \frac{1}{2^{k/2}\Gamma(k/2)} x^{k/2-1} e^{-x/2} \tag{7.16}$$

$$\Gamma(\alpha) = \int_0^\infty t^{\alpha-1} e^{-t} dt \tag{7.17}$$

という形をしています．$\Gamma(\alpha)$ は**ガンマ関数**と呼ばれる特殊関数です（付録 B.2.1）．

この性質を用いると，あくまで N が有限なので近似的ですが，

$$2 \log \lambda_N \sim \chi_{k-1}^2 \tag{7.18}$$

となります．

今度は，式 (7.14) を使い，式 (7.8) を次のように変形します．

$$P[D_{\mathrm{KL}}(\hat{P}||P^*) \leq \varepsilon] \geq 1 - \delta$$
$$P[2\log \lambda_N \leq 2N\varepsilon] \geq 1 - \delta \tag{7.19}$$

これは「（χ_{k-1}^2 で選ばれる）$2\log \lambda_N$ の値が $2N\varepsilon$ を下回る確率が $1-\delta$ になるように，N を選ぶ」という問題になります．

この問題は，

$$\int_0^{2\log \lambda_N} \chi_{k-1}^2(x) dx = 1 - \delta \tag{7.20}$$

を満たす $2\log \lambda_N$（分位数注3）を求め，この分位数を y として，

注2 この性質は尤度比検定で使われているものです．
注3 分位数とは，1 次元の確率分布 $p(x)$ に対して，ある確率 P を設定したときに，式 (7.20) のように $\int_{-\infty}^y p(x)dx = P$ となるときの y の値のことを指します．

$$2N\varepsilon > y$$
$$N > \frac{y}{2\varepsilon} \tag{7.21}$$

となるように N を選ぶことで解けます．これを満たす最小の N が，真の信念分布を表現するために必要な N となります．これで，真の分布 b^* が分からないのに N の値が決まってしまいました．

ε, δ とビンの数 k を決めて，以上の結果に基づいてパーティクルの数を選んでみましょう．フォルダ `section_advanced_localization` を作り，その下にノートブックを新規作成して次のようにコードを書くと，ビンの数に対してパーティクルの数が増加する様子が分かります．($\Rightarrow$`kld_test.ipynb [1]-[3]`)

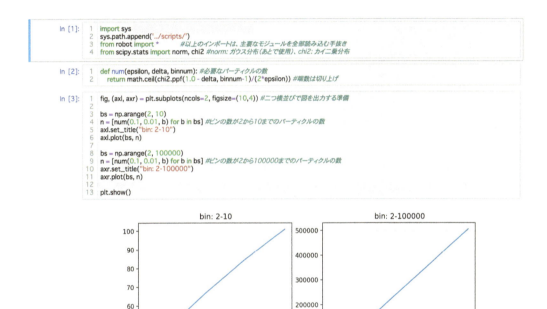

セル [2] の `num` が式 (7.21) を満たす最小のパーティクル数を返す関数です．`chi2.ppf` が，指定した確率，自由度に対して分位数 y を返すメソッドです．このコードでは $\varepsilon = 0.1, \delta = 0.01$ が設定されています．出力されたグラフを見ると，導出が複雑な割には，ビンの数にほぼ比例して素直にパーティクルの数が増えることが分かります．

Python 以外の言語では，y の値をライブラリで求められない場合があります．この場合は [Fox 2003] にも記述があるように，ウィルソン–フィルファーティ（Wilson-Hilferty）変換という方法を使うと，

$$y \approx (k-1)\left\{1 - \frac{2}{9(k-1)} + \sqrt{\frac{2}{9(k-1)}}z_{1-\delta}\right\}^3 \tag{7.22}$$

で計算できます．ここで $z_{1-\delta}$ は，ガウス分布 $\mathcal{N}(0,1)$（標準正規分布）を $-\infty$ から $z_{1-\delta}$ まで積分したときに，確率が $1-\delta$ となる分位数です．N の条件は

$$N > \frac{y}{2\varepsilon} \approx \frac{k-1}{2\varepsilon}\left\{1 - \frac{2}{9(k-1)} + \sqrt{\frac{2}{9(k-1)}}z_{1-\delta}\right\}^3 \qquad (7.23)$$

で得られます．これも `kld_test` で実装してみましょう．(⇒`kld_test.ipynb` [4]-[5])

```
In [4]: 1  def num_wh(epsilon, delta, binnum):
        2      dof = binnum-1
        3      z = norm.ppf(1.0 - delta)
        4      return math.ceil(dof/(2*epsilon)*(1.0 - 2.0/(9*dof) + math.sqrt(2.0/(9*dof))*z)**3)

In [5]: 1  for binnum in 2, 4, 8, 1000, 10000, 100000: #様々なビンの数で比較
        2      print("ビン:", binnum, "ε=0.1, δ=0.01", num(0.1, 0.01, binnum), num_wh(0.1, 0.01, binnum))
        3      print("ビン:", binnum, "ε=0.5, δ=0.01", num(0.5, 0.01, binnum), num_wh(0.5, 0.01, binnum))
        4      print("ビン:", binnum, "ε=0.5, δ=0.05", num(0.5, 0.05, binnum), num_wh(0.5, 0.05, binnum))
ビン: 2 ε=0.1, δ=0.01 34 33
ビン: 2 ε=0.5, δ=0.01 7 7
ビン: 2 ε=0.5, δ=0.05 4 4
ビン: 4 ε=0.1, δ=0.01 57 57
ビン: 4 ε=0.5, δ=0.01 12 12
ビン: 4 ε=0.5, δ=0.05 8 8
ビン: 8 ε=0.1, δ=0.01 93 93
ビン: 8 ε=0.5, δ=0.01 19 19
ビン: 8 ε=0.5, δ=0.05 15 15
ビン: 1000 ε=0.1, δ=0.01 5530 5530
ビン: 1000 ε=0.5, δ=0.01 1106 1106
ビン: 1000 ε=0.5, δ=0.05 1074 1074
ビン: 10000 ε=0.1, δ=0.01 51655 51655
ビン: 10000 ε=0.5, δ=0.01 10331 10331
ビン: 10000 ε=0.5, δ=0.05 10233 10233
ビン: 100000 ε=0.1, δ=0.01 505212 505212
ビン: 100000 ε=0.5, δ=0.01 101043 101043
ビン: 100000 ε=0.5, δ=0.05 100736 100736
```

Python の場合はこのように `norm.ppf` でガウス分布の分位数が求められますが，ライブラリにない場合は，統計の教科書の付録などにガウス分布の分位数の表が記載されているので，これを使います．

7.1.3　MCL への組み込み

これで N の値を決めることができるように思えますが，KLD サンプリングを MCL で実行するのは，ロボットが状態遷移した直後で，まだ遷移後の分布がパーティクルで表現される前です．KLD サンプリングは分布が広がるときにどれだけパーティクルを増やせばよいのかを決めるときに有効なので，このタイミングで適用するしかありません．そして，状態遷移後の分布はリサンプリング前では未知，リサンプリング後でも近似なので分かりません．

この問題を解決する方法は，「リサンプリングしながら最終的なパーティクルの個数を決める」というものです．状態遷移後にパーティクルの分布を更新する際，次の処理を繰り返します．

1. パーティクルを一つ $p(\bm{x}|\bm{x}_{t-1}, \bm{u}_t)$ からドローして $XY\theta$ 空間におく
2. パーティクルの入っているビンの数を数える
3. パーティクルの数が式 (7.21) を超えたら終了．そうでなければ **1** へ．

この手続きは，状態遷移後の分布が広ければ，すでにパーティクルの入っているビンに新たにパーティクルが入る確率が低く，ビンの数が増えやすいという性質を利用しています．ビンの数の増加は，そのうちパーティクルの入りそうなビンが全部空でなくなって止まります．この方法だと，必要な数のビンが選ばれる前にリサンプリングが止まる確率はゼロになりません．本書では，これ以上その点を追求しませんが，選ばれるビンの数が必要な数より大幅に小さくなる確率は，ほぼゼロと考えてよいようです．

これで実装ができます．新しいノートブックを準備して，まずヘッダのセルに次のように書きます．(⇒`kld_mcl.ipynb` [1])

7.1 KLD サンプリング

```
In [1]: 1  import sys
        2  sys.path.append('../scripts/')
        3  from mcl import *
        4  from scipy.stats import chi2  #追加
```

Mcl クラスを継承で拡張するので，3 行目のように mcl.py をインポートしておきます．また 4 行目で，kld_test.ipynb と同様，scipy.stats の chi2 をインポートしておきます．

その下のセルに，KldMcl クラスを実装します．クラスの宣言と __init__ までは次のように実装します．（⇒ kld_mcl.ipynb [2]）

```
In [2]:  1  class KldMcl(Mcl):
         2      def __init__(self, envmap, init_pose, max_num, motion_noise_stds={"nn":0.19, "no":0.001, "on":0.13, "oo":0.2},
         3                   distance_dev_rate=0.14, direction_dev=0.05,
         4                   widths = np.array([0.2, 0.2, math.pi/18]).T, epsilon=0.1, delta=0.01): #パーティクル数numをmax_numに．KLD用のパラメータを追加
         5          super().__init__(envmap, init_pose, 1, motion_noise_stds, distance_dev_rate, direction_dev) #最初のパーティクルを1個に
         6          self.widths = widths        #各ビンのxyθの幅
         7          self.max_num = max_num      #パーティクル数の上限
         8          self.epsilon = epsilon      #ε
         9          self.delta = delta          #δ
        10          self.binnum = 0             #ビンの数k．本来，ローカルの変数で良いけど描画用にオブジェクトに持たせておく
```

__init__ の引数には，4 行目の変数を足します．widths が各ビンの x, y, θ 方向の幅です．epsilon, delta は，本節で出てきた ε, δ です．

motion_update は次のように実装します．MCL では単にパーティクルの姿勢を状態遷移させていただけですが，この実装ではリサンプリングしながら状態遷移させています．（⇒ kld_mcl.ipynb [2]）

```
       12      def motion_update(self, nu, omega, time):
       13          ws = [e.weight for e in self.particles]   # 重みのリストを作る
       14          if sum(ws) < 1e-100: ws = [e + 1e-100 for e in ws]  #重みの和がゼロに丸め込まれるとサンプリングできなくなるので小さな数を足しておく
       15
       16          new_particles = []        #新しいパーティクルのリスト（最終的にself.particlesになる）
       17          bins = set()              #ビンのインデックスを登録しておくセット
       18          for i in range(self.max_num):
       19              chosen_p = random.choices(self.particles, weights=ws)  #1つだけ選ぶ(リストに1個だけ入っている)
       20              p = copy.deepcopy(chosen_p[0])
       21              p.motion_update(nu, omega, time, self.motion_noise_rate_pdf)  #移動
       22              bins.add(tuple(math.floor(e) for e in p.pose/self.widths))   #ビンのインデックスをsetに登録(角度を正規化するとより良い)
       23              new_particles.append(p)                                       #新しいパーティクルのリストに追加
       24
       25              self.binnum = len(bins) if len(bins) > 1 else 2   #ビンの数が1の場合2にしないと次の行の計算ができない
       26              if len(new_particles) > math.ceil(chi2.ppf(1.0 - self.delta, self.binnum-1)/(2*self.epsilon)):
       27                  break
       28
       29          self.particles = new_particles
       30          for i in range(len(self.particles)):  #正規化
       31              self.particles[i].weight = 1.0/len(self.particles)
```

13, 14 行目は，もともと Mcl の resampling メソッドのコードだったもので，パーティクルの重みのリストを作っている部分です．このリストは，19 行目でパーティクルをドローするときに使います．リサンプリングの処理は 18 行目からの for 文で行われています．19 行目で一つだけパーティクルを選び，20 行目でコピーして 21 行目で状態遷移させます．この後，22 行目の tuple(math.floor(e) for e in p.pose/self.widths) でどのビンに入るのか計算しています．この計算は，パーティクルの姿勢の各軸の座標を，各軸のビンの幅で割ってビンの番号（インデックス）にするという処理です．例えば次のようなものです．（⇒ kld_mcl.ipynb [4]）

```
In [4]:  1  tuple( math.floor(e) for e in np.array([-0.1, 2.1, 3.0]).T/np.array([0.2, 0.2, math.pi/18]).T )
Out[4]:     (-1, 10, 17)
```

この例は，パーティクルの姿勢が $\boldsymbol{x} = (-0.1\ 2.1\ 3.0)^\top$ で，ビンの x, y, θ 方向の幅がそれぞれ

159

$0.2, 0.2, \pi/18$ のときに，ビンのインデックスをタプルで $(-1, 10, 17)$ とする（数学の記号で表記すると $s_{(-1,10,17)}$），という意味になります．このインデックスはセル [2] の 22 行で `bins` に登録されますが，`bins` は `set`（集合）なので重複したデータをもてません．そのため，25 行目の `len(bins)` はパーティクルが 1 個以上存在するビンの数になります．

パーティクルの数を決めているのは 26 行目で，これは式 (7.21) をそのまま実装したものです．この不等式はパーティクルの数とビンの数の追っかけ合いになっています．つまり，パーティクルがたまたま新しいビンに入ると右辺の値が増え，サンプリングされるパーティクルが増えます．しかし，パーティクルの入ったビンが増えていくと，だんだん新しいビンにパーティクルが入る確率は減っていくので，右辺の値は増えなくなります．そして，そのうちに左辺が右辺の値を超えて，for 文の途中でサンプリングが終わります．ただ，パーティクルの分布が広がった状態だとパーティクルの数はそれなりに大きくなるため，18 行目のように，for 文の繰り返し回数が上限 `self.max_num` に達すると，サンプリングは打ち切られるようになっています．

`KldMcl` クラスの残りのメソッドには，次のように少し変更を加えます．（⇒`kld_mcl.ipynb` [2]）

```
33    def observation_update(self, observation):
34        for p in self.particles:
35            p.observation_update(observation, self.map, self.distance_dev_rate, self.direction_dev)
36        self.set_ml()
37    #   self.resampling()        #motion_updateでリサンプリングするので削除
38
39    def draw(self, ax, elems):
40        super().draw(ax, elems)
41        elems.append(ax.text(-4.5, -4.5, "paricle:{}, bin:{}".format(len(self.particles), self.binnum), fontsize=10)) #パーティクルとビンの数を表示
```

`observation_update` ではリサンプリングしないので `resampling` を呼び出している 37 行目は削除しておきます．`draw` では，パーティクルの数とビンの数がアニメーション中に表示されるようにします．

あとは，`KldMcl` を使うためのコードを次のように準備します．（⇒`kld_mcl.ipynb` [3]）

```
In [3]:  1  def trial():
         2      time_interval = 0.1
         3      world = World(30, time_interval, debug=False)
         4
         5      ## 地図を生成して2つランドマークを追加 ##    #一つランドマークを減らしておきましょう
         6      m = Map()
         7      for ln in [(2,-3), (3,3)]: m.append_landmark(Landmark(*ln))
         8      world.append(m)
         9
        10      ## ロボットを作る ##
        11      initial_pose = np.array([0, 0, 0]).T
        12      pf = KldMcl(m, initial_pose, 1000)                      #KldMclにする
        13      a = EstimationAgent(time_interval, 0.2, 10.0/180*math.pi, pf)
        14      r = Robot(initial_pose, sensor=Camera(m), agent=a, color="red")
        15      world.append(r)
        16
        17      world.draw()
        18
        19  trial()
```

ランドマークが長時間観測されない状態を作るとパーティクルの数が増えて面白いので，7 行目のようにランドマークの数を二つにしています．

これでアニメーションを実行すると[注4]，ランドマークを頻繁に観測しているときはパーティクル，ビンの数が少なく，ランドマークが観測できない状態が続くとパーティクル，ビンの数が増えていくことが確認できます．図 7.1 に，それぞれの状況における例を示します．

注4 リサンプリングのタイミングが変わってパーティクルを示す矢印の長さが可変になりますが，気にしないでください．

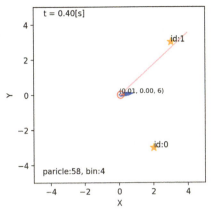
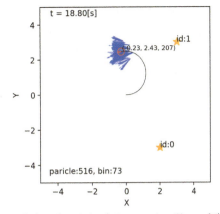

(a) 分布が小さいとき（パーティクル数 58 個）　　(b) 分布が広いとき（パーティクル数 516 個）

図 7.1　分布の大きさによってパーティクル数が変化.

7.2　より難しい自己位置推定

7.2.1　大域的自己位置推定

　5, 6 章では，エージェントがロボットの姿勢を分かっている状態からの自己位置推定を扱いました．これが「最初はロボットの姿勢が分からない」となると，問題が一段階難しくなります．このような問題は**大域的自己位置推定**（global localization）と呼ばれます．これまで扱ってきた初期姿勢が既知の問題は，大域的自己位置推定と対比する場合，「トラッキング（追従）の問題」と呼ばれることがあります．

　大域的自己位置推定の場合，信念分布は最初，一様分布ということになります．MCL の場合はパーティクルをロボットのとりうる姿勢の領域にランダムにまくと，一様分布が表現できます．ただし，パーティクルの数が少なければ，ロボットの真の姿勢付近にパーティクルが運良くまかれる確率は低くなります．カルマンフィルタの場合は信念分布がガウス分布に限定されているので，共分散行列中の共分散を大きくしてなだらかな分布を作り，姿勢の不確かさを表現することになります．しかし，アルゴリズムの中で線形化を多用しており，分布の中心での線形化が適切な近似になっているかどうかは分かりません．

　少しだけですが，実験をしてみましょう．まず，フォルダ `section_advanced_localization` の下に MCL とカルマンフィルタ，KLD サンプリングつきの MCL のノートブックを作ります．名前はそれぞれ `mcl_global.ipynb`，`kf_global.ipynb`，`kld_global.ipynb` としましょう．

　MCL については，次のように `GlobalMcl` というクラスを作ります．2 行目で `__init__` から初期姿勢の引数を消し，5, 6 行目でランダムな姿勢をパーティクルの姿勢に代入しなおしています．（⇒`mcl_global.ipynb [1]-[2]`）

```
In [1]:  1  import sys
         2  sys.path.append('../scripts/')
         3  from mcl import *

In [2]:  1  class GlobalMcl(Mcl):
         2      def __init__(self, envmap, num, motion_noise_stds={"nn":0.19, "no":0.001, "on":0.13, "oo":0.2},\
         3                   distance_dev_rate=0.14, direction_dev=0.05): #姿勢の引数を消す
         4          super().__init__(envmap, np.array([0, 0, 0]).T, num, motion_noise_stds, distance_dev_rate, direction_dev) #初期姿勢は適当に
         5          for p in self.particles: #ランダムに姿勢を初期化し直す
         6              p.pose = np.array([np.random.uniform(-5.0, 5.0), np.random.uniform(-5.0, 5.0), np.random.uniform(-math.pi, math.pi)]).T
```

161

パーティクルの位置は x, y 軸ともに $-5[\mathrm{m}]$ から $5[\mathrm{m}]$ の範囲で決められます．本当は範囲を変数にした方がいいのですが，あくまで実験なのでコードの中に直接埋め込みました．

ロボットを走らせるための関数 `trial` については次のように実装します．（⇒`mcl_global.ipynb` [3]）

```
In [3]:  def trial(animation):
             time_interval = 0.1
             world = World(30, time_interval, debug=not animation) #アニメーションのON, OFFをdebugで制御

             ## 地図を生成して3ランドマークを追加 ##
             m = Map()
             for ln in [(-4,2), (2,-3), (3,3)]: m.append_landmark(Landmark(*ln))
             world.append(m)

             ## ロボットを作る ##
             init_pose = np.array([np.random.uniform(-5.0, 5.0), np.random.uniform(-5.0, 5.0), np.random.uniform(-math.pi, math.pi)]).T
             pf = GlobalMcl(m, 100)
             a = EstimationAgent(time_interval, 0.2, 10.0/180*math.pi, pf)
             r = Robot(init_pose, sensor=Camera(m), agent=a, color="red")
             world.append(r)

             world.draw()

             return (r.pose, pf.pose) #真の姿勢と推定姿勢を返す
```

後の実験の都合で，1 行目でアニメーションをするかどうかを bool 型の引数 `animation` でとるようにします．3 行目で `World` のオブジェクトを作るときに `animation` の真偽をひっくり返して引数 `debug` の値にします．また，ロボットの初期姿勢は，パーティクルと同様の方法でランダムに初期化します．19 行目では，ロボットの真の姿勢と推定姿勢を返すようにしておきます．

これで `trial(True)` と打って何回か実行すると，推定がうまくいったりいかなかったりする様子が観察できます．図 7.2 は，パーティクルの初期姿勢の例です．

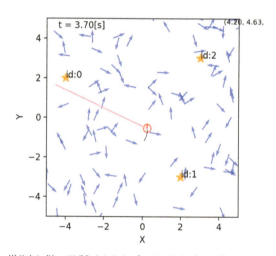

図 7.2　一様分布に従ってばらまかれたパーティクル（コードに手を入れて作成）．

この方法で 1000 回試行して，推定がどれだけの頻度でうまくいくか確かめてみましょう．30 秒後に位置の推定誤差が $1[\mathrm{m}]$ 以内であれば，30 秒という制限時間内にロボットの姿勢を特定することに成功したことにします．次のようにコードを書いて，1000 回中，成功回数 `ok` を記録します．（⇒`mcl_global.ipynb` [6]）

```
In [6]:  1  if __name__ == '__main__':
         2      ok = 0
         3      for i in range(1000):
         4          actual, estm = trial(False)
         5          diff = math.sqrt((actual[0]-estm[0])**2 + (actual[1]-estm[1])**2)
         6          print(i, "真値:", actual, "推定値:", estm, "誤差:", diff)
         7          if diff <= 1.0:
         8              ok += 1
         9
        10      ok
```

　筆者がパーティクルの数を 10, 100, 1000 と変えたところ，成功回数はそれぞれ 175, 377, 582 回となりました．これ以上パーティクルを増やすと計算がリアルタイムで終わらず実験終了まで何日もかかるため，やめました．本書では実装に Python を使っている関係で具体的な計算量については議論を控えていますが，C++でうまく実装すればあと 2 桁くらいパーティクルを増やしてもリアルタイムで使うことができます[注5]．

　カルマンフィルタの大域的自己位置推定クラスは，次のようにカルマンフィルタのクラスから派生させます．(⇒`kf_global.ipynb [1]-[2]`)

```
In [1]:  1  import sys
         2  sys.path.append('../scripts/')
         3  from kf import *

In [2]:  1  class GlobalKf(KalmanFilter):
         2      def __init__(self, envmap, motion_noise_stds={"nn":0.19, "no":0.001, "on":0.13, "oo":0.2},\
         3                   distance_dev_rate=0.14, direction_dev=0.05):  #姿勢の引数を消す
         4          super().__init__(envmap, np.array([0, 0, 0]).T, motion_noise_stds, distance_dev_rate, direction_dev) #初期姿勢は適当に
         5          self.belief.cov = np.diag([1e+4, 1e+4, 1e+4])
```

　セル [2] の 5 行目のように，共分散を大きく設定しておきます．このコードの場合，各共分散を 10^4 に初期化しています．もっと大きい値でも良いのですが，あまり大きくするとエラーが出ます．試行を繰り返すコードは MCL のものとほぼ同じなので省略します．1000 回試行して成功した回数は 529 回でした．MCL でパーティクル数が 1000 の場合より少し悪い程度の成功率となりました．

　KLD サンプリングつきの MCL でも大域的自己位置推定の実験をしてみましょう．KLD サンプリングにすると，最初のパーティクルの数を大きくしても，推定が進んだ後は少ないパーティクルだけで MCL を実行できます．そこで，パーティクルの数の上限を 10000 にして試してみます．

　`kld_mcl.ipynb` を Python のコード `kld_mcl.py` として `scripts` にコピーして，`KldMcl` を派生して作ります．コードの例を示します．(⇒`kld_global.ipynb [1]-[2]`)

注 5　昔話で恐縮ですが，筆者が MCL を研究で使っていた AIBO (ERS-1100 や ERS-210) は CPU の周波数が 50MHz や 100MHz 程度で，軽い実装にしないとリアルタイムで利用できませんでした．MCL の計算はすべて整数型で割り算を使わないように実装して，三角関数はロボットを立ち上げるときに，各角度の sin や cos の値をすべて配列に書き出して利用していました．ここまでやるともう 1 桁はいけると思いますので挑戦してみてください．ただし，LiDAR のような値をたくさん返してくるセンサの値をそのまま使う場合は尤度の計算に時間がかかるので，そこまではいけません．

```
In [1]: 1  import sys
        2  sys.path.append('../scripts/')
        3  from kld_mcl import *

In [2]: 1  class GlobalKldMcl(KldMcl):
        2      def __init__(self, envmap, max_num, motion_noise_stds={"nn":0.19, "no":0.001, "on":0.13, "oo":0.2},
        3                   distance_dev_rate=0.14, direction_dev=0.05): #姿勢の引数を消す
        4          super().__init__(envmap, np.array([0, 0, 0]).T, max_num, motion_noise_stds, distance_dev_rate, direction_dev) #初期姿勢は適当に
        5          self.particles = [Particle(None, 1.0/max_num) for i in range(max_num)] #パーティクル作り直し
        6          for p in self.particles: #ランダムに姿勢を初期化し直す
        7              p.pose = np.array([np.random.uniform(-5.0, 5.0), np.random.uniform(-5.0, 5.0), np.random.uniform(-math.pi, math.pi)]).T
        8
        9          self.observed = False #観測のあるときはTrueにして無駄なKLDサンプリングを無くす
       10
       11     def motion_update(self, nu, omega, time):
       12         if not self.observed and len(self.particles) == self.max_num: #観測がなくパーティクル数が上限なら単にパーティクルを動かして終わり
       13             for p in self.particles: p.motion_update(nu, omega, time, self.motion_noise_rate_pdf)
       14             return
       15
       16         super().motion_update(nu, omega, time)
       17
       18     def observation_update(self, observation):
       19         super().observation_update(observation)
       20         self.observed = len(observation) > 0    #観測があったかどうかを記録
```

セル [2] のコードで必須なのは 7 行目までです．それから下の処理は，観測がなくてパーティクルの数が上限のときに KLD サンプリングしないようにして高速化するためのコードです．これでパーティクルの数の上限を 10000 にして，これまでのように 1000 回実験を行ったところ，616 回成功しました．

表 7.1 に，これまでの実験結果を一覧にしました[注6]．試した中ではパーティクル数 1000 の MCL, パーティクル数 10000 の KLD サンプリングつきの MCL が 6 割前後，カルマンフィルタが 5 割強成功しました．ただ，これは 4, 5 割は失敗してしまうという意味で，初期姿勢が既知の場合と比べると難易度が高いことが分かります．

表 7.1 大域的自己位置推定に成功した回数（それぞれ 1000 回試行）．

	MCL			KLD MCL	カルマンフィルタ	参考：初期姿勢既知 MCL
パーティクルの個数 N	10	100	1000	10000	-	100
成功した回数	175	377	582	616	529	926

図 7.3 に，推定が失敗するときのパーティクルの分布，ガウス分布の例を示します．いずれも，ロボットが最初にランドマークを観測した少し後の分布を示したものです．どちらの図でも，ロボットの姿勢から乖離したところに分布の中心ができています．これらの乖離の原因は，ロボットの真の姿勢 x^* から離れたところでも，図 6.4 のようにセンサの値とよく合致する姿勢（仮に「偽の真の姿勢」と呼びましょう）が多く存在するからです．パーティクルフィルタの場合，x^* から離れたところのパーティクルが偽の真の姿勢と偶然に合致すると，そこに分布の中心ができてしまいます．カルマンフィルタの場合は，分布の中心が，一番近い偽の真の姿勢に寄っていきます．

そして，一度離れたところに分布の中心ができると，その後なかなか真の姿勢に分布が寄っていかなくなります．例えば図 7.3(a) の状況では x^* まわりにパーティクルがないので，この後いくらランドマークを観測しても，x^* 周辺における x^* の存在確率はゼロと計算されます．カルマンフィルタの場合，信念 $b(x)$ の密度はどの姿勢においてもゼロにはなりません．しかし，それでも図 7.3(b) のように最初に分布の中心が真の姿勢と乖離すれば，その後の推定はうまくいかなくなります．

また，MCL の場合，パーティクルの数を増やすと成功率は上がっていますが，パーティクルの数

注 6 ここに示した MCL の結果は系統サンプリングをリサンプリングに用いた MCL のものですが，単純なリサンプリングを用いた MCL でも実験してみました．結果は $N = 10, 100, 1000$ でそれぞれ 111, 307, 459 となりました．いずれも系統サンプリングを用いた結果を下回りました．

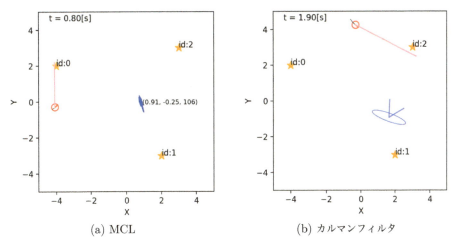

(a) MCL (b) カルマンフィルタ

図 7.3　推定に失敗する場合における推定初期段階の分布の例.

の桁が上がっていっても成功率の増加は鈍くなっています．おそらく，パーティクルの数を増やしても，3 次元空間中で密度が線形には増えないことが原因でしょう．ですので，むやみにパーティクルの数を増やしても大域的自己位置推定にはそれほど有効でないことが分かります．

7.2.2　誘拐ロボット問題

　大域的自己位置推定よりもさらに難しい問題に**誘拐ロボット問題** (kidnapped robot problem) があります．この「誘拐」4.2.4 項にも出てきましたが，「(今まで自己位置推定できていたロボットが) 突然別の場所に連れ去られる」ことを物騒な言葉で表現したものです．大域的自己位置推定の場合，理論上は一様分布から分布を更新していけば自己位置推定は可能で，うまくいかないとしたらそれは理論ではなく実装の問題です．しかし誘拐ロボット問題の場合，今までロボットがもっていた信念分布 $b(x)$ を一度否定して，その上で自己位置推定をやりなおす必要があります（⇒ 問題 7.6）．

　このような否定の仕組みは，モデルに従わない雑音のことを考慮していないベイズ推定には存在しません．一方，実世界ではモデルに従わないようなことがすぐに起こります．そしてたいていそういうことは具体例が事前に思いつかず，しかも 1 日や数日に数回，あるいは 1 年に 1 回と，頻度が少なくいつ起こるか予測がつかないので，モデルに組み込むことも困難です（⇒ 問題 7.3）．

　誘拐ロボット問題に対する実験をしてみましょう．実験の条件は，誘拐に関すること以外は表 7.1 の実験と同じです．先に結論を書いておくと，まだ何も対策をとっていない状態なので自己位置推定はうまくいきません．`mcl_kidnap.ipynb`，`kf_kidnap.ipynb`，`kld_kidnap.ipynb` を作り，それぞれ `mcl.py`，`kf.py`，`kld_mcl.py` を読み込みます．そして，関数 `trial` の中で，次のようにロボットの初期姿勢，パーティクルの初期姿勢，分布の中心をランダムに与えて試行を開始します．（⇒`mcl_kidnap.ipynb` [2]）

```
12      ## ロボットを作る ##
13      init_pose = np.array([np.random.uniform(-5.0, 5.0), np.random.uniform(-5.0, 5.0), np.random.uniform(-math.pi, math.pi)]).T
14      robot_pose = np.array([np.random.uniform(-5.0, 5.0), np.random.uniform(-5.0, 5.0), np.random.uniform(-math.pi, math.pi)]).T
15      pf = Mcl(m, init_pose, 100)
16      a = EstimationAgent(time_interval, 0.2, 10.0/180*math.pi, pf)
17      r = Robot(robot_pose, sensor=Camera(m), agent=a, color="red")
18      world.append(r)
```

ロボットの姿勢とパーティクルの姿勢を別々に乱数を使って初期化して，オブジェクトを作るときに

渡しています．これで，ロボットと信念分布が乖離した状態でシミュレーションが始まります．

結果を表 7.2 に示します．「誘拐状態」は，誘拐ロボット問題が起こってロボットの姿勢と信念分布が乖離していることを意味します．表 7.1 と比較すると，MCL (KLD サンプリングつきも含む)，カルマンフィルタともに大域的自己位置推定のときから成功する頻度が落ちていることが分かります．MCL ではパーティクルの数が増えても成功の頻度が上がらず，誘拐ロボット問題には対応できないことが分かります．カルマンフィルタの場合は MCL よりは誘拐に強く，アニメーションを観察していると少しずつロボットに分布が寄っていく様子が見られます．ただし，大域的自己位置推定のときよりも成功率は低く，カルマンフィルタにとっても誘拐ロボット問題の方が高難易度であると分かります．

表 7.2　誘拐状態の解消に成功した回数（1000 回試行）．

	MCL			KLD MCL	カルマンフィルタ
パーティクルの個数	10	100	1000	10000	-
成功した回数	88	130	145	129	505

図 7.4 は誘拐が起こったときの MCL の挙動の例です．パーティクルとロボットの姿勢が乖離した状態が，30 秒たっても解消できていません．MCL にはパーティクルの姿勢を状態遷移モデルを超えて動かす処理がないので，この結果は当然といえます．

結果を踏まえてもう一度重要な話を繰り返すと，MCL やカルマンフィルタの計算は観測モデルや状態遷移モデルが正しいという前提の上で計算されているわけですが，実世界では，その前提が常に成り立っているわけではありません．また，4 章でシミュレータで実装した誘拐やスタックなどは突発的すぎて，起こることが分かっていても MCL やカルマンフィルタの枠組みでは扱いにくいものとなります．特に MCL の場合，パーティクルの存在しない領域が完全に無視されてしまうので，そこにロボットの姿勢が陥ってしまうと推定が続行不可能になってしまいます．

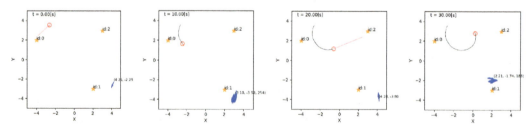

図 7.4　MCL の誘拐ロボット問題に対する挙動の一例（左から 0, 10, 20, 30 秒後）．

7.3 推定の誤りの考慮

MCL で誘拐ロボット問題を扱う一つの方法は，「モデルやアルゴリズムに従って計算した信念分布が実際には間違っている」という事象を確率の計算に組み込むというものです．この考え方は，[Lenser 2000, Gutmann 2002, 上田 2005] などで提案されている MCL の**リセット** (resetting) の考え方です．また，最近では Akai らが，「今の推定結果がタスク遂行に十分に正確か」を推定するという方法で定式化しています [Akai 2018]．

ここではリセットの考え方に基づいて，推定の誤りを検出する仕組みが最もシンプルで，かつ簡単に実機で利用できるものを説明します．ここで説明する方法の一部はカルマンフィルタでも利用できますが，ここでは MCL を改良するという前提で議論を進めます．

まず，今の信念分布において何か自己位置推定のモデルで想定されていない問題が起きた（以後，「異常」と表現）かどうかを表す変数 Υ を考えます．この変数は 1 のときに「起きた」，0 のときに「起きていない」を表します．この変数を考慮に入れると，信念分布 b（添え字は省略）は次のように再定義されます．

$$b(\boldsymbol{x}) = b(\boldsymbol{x}|\Upsilon=0)P(\Upsilon=0) + b(\boldsymbol{x}|\Upsilon=1)P(\Upsilon=1) \tag{7.24}$$

$b(\boldsymbol{x}|\Upsilon=0)$ がこれまで考えてきた信念分布です．$b(\boldsymbol{x}|\Upsilon=1)$ は「異常が起きている場合の信念分布」です．

MCL の場合，この再定義された信念分布を表現するようにパーティクルの分布を作れば，$\Upsilon=1$，つまり異常が起きるということに対応した分布が作れます．しかし「異常が起きている場合の信念分布」は，これまでの方法では計算できません．また異常である確率 $P(\Upsilon=1)$ をどのように計算するかという問題も残ります．

7.3.1 信念分布が信頼できるかどうかの判断

まず，異常である確率 $P(\Upsilon=1)$ をどのように計算するか[注7]という問題から解決します．これは，信念分布（現在の推定結果）とセンサ値を比較して，推定結果を信じたときに，センサ値がどれだけありえないか，という観点で見積もることができます．例えば，ランドマークが付近にないところに信念分布の確率の大部分が偏在しているときに，ランドマークが至近距離で観測された場合を考えます．この場合，通常の MCL やカルマンフィルタでは，「めったにないセンサ値が得られた」と解釈されます．しかし，Υ を導入すると，$\Upsilon=1$，つまり信念分布の方を疑う余地が出てきます．

「センサ値がこれまでの信念に対してどれだけありえないか」は，ベイズの定理の一部を使うことで数値化できます．ある時刻に得られたセンサ値のリスト $\mathbf{z}$ を信念に反映するベイズの定理の式を正規化定数を使わずに書くと，

$$b(\boldsymbol{x}) = \hat{b}(\boldsymbol{x}|\mathbf{z}) = \frac{p(\mathbf{z}|\boldsymbol{x})\hat{b}(\boldsymbol{x})}{p(\mathbf{z})} = \frac{p(\mathbf{z}|\boldsymbol{x})\hat{b}(\boldsymbol{x})}{\int_{\boldsymbol{x}'\in\mathcal{X}} p(\mathbf{z}|\boldsymbol{x}')\hat{b}(\boldsymbol{x}')d\boldsymbol{x}'} \tag{7.25}$$

となります．式中の分母を

$$\alpha = p(\mathbf{z}) = \int_{\boldsymbol{x}'\in\mathcal{X}} p(\mathbf{z}|\boldsymbol{x}')\hat{b}(\boldsymbol{x}')d\boldsymbol{x}' = \langle p(\mathbf{z}|\boldsymbol{x}')\rangle_{\hat{b}(\boldsymbol{x}')} \tag{7.26}$$

と表しましょう．この値 α は**周辺尤度**と呼ばれ，エージェントが $\hat{b}$ を信じているときに，$\mathbf{z}$ がどれだけありえないかを数値化するものです（⇒ 問題 7.5）．

MCL の場合，α はベイズの定理で各パーティクルの重みを変えた直後の（正規化していない）重みの総和になります．なぜかというと，各パーティクルの重みを

$$w^{(i)} \longleftarrow p(\mathbf{z}|\boldsymbol{x}^{(i)})w^{(i)} \tag{7.27}$$

[注7] 厳密に考えると，センサ値以外に情報がないと計算はできないので，あくまでエージェントがどのように $P(\Upsilon=1)$ を考えるかを決めるという話になります．

と変えるのはベイズの定理の分子の計算であって，これに対応する分母の計算は

$$\alpha = \sum_{i=0}^{N-1} w^{(i)} = \sum_{i=0}^{N-1} p(\mathbf{z}|\boldsymbol{x}^{(i)}) w^{(i)} \tag{7.28}$$

となるからです．また，期待値の形式で書いた $\alpha = \langle p(\mathbf{z}|\boldsymbol{x}')\rangle_{\hat{b}(\boldsymbol{x}')}$ を見ると，パーティクルを使って尤度 $p(\mathbf{z}|\boldsymbol{x}')$ の値をサンプリングして平均値をとっているとも考えることができます．

この α から $P(\Upsilon=1)$ を与える最も簡単な方法は，$P(\Upsilon=1)$ を

$$P(\Upsilon = 1) = \begin{cases} 0 & (\alpha \geq \alpha_{\mathrm{th}}) \\ 1 & (\alpha < \alpha_{\mathrm{th}}) \end{cases} \tag{7.29}$$

と定義する方法です．つまり何かしらのしきい値 α_{th} を設けて，α がそれを下回ったら信念分布を全否定という考え方です．わざわざ確率を使った表現をとっていますが，これは単なるしきい値処理です．α_{th} は，事前実験で誘拐状態が起きていないときの α を観察することで設定できます．ロボットを何分か走らせておいて，もし誘拐状態が起こらなければ，その間の α の最小値より小さい値を α_{th} にしておけば良いでしょう．

α の値を記録してみましょう．α の大きさは観測したランドマークの数で意味合いが変わるので，観測したランドマーク個数別に記録します．個数別の α を α_m と表記しましょう．m が観測したランドマークの個数です．

新しいノートブックを準備して，次のように ResetMcl というクラスを作ります．（⇒ `reset_mcl1.ipynb` [1]-[2]）

```python
import sys
sys.path.append('../scripts/')
from mcl import *
```

```python
class ResetMcl(Mcl):
    def __init__(self, envmap, init_pose, num, motion_noise_stds={"nn":0.19, "no":0.001, "on":0.13, "oo":0.2}, \
                 distance_dev_rate=0.14, direction_dev=0.05):
        super().__init__(envmap, init_pose, num, motion_noise_stds, distance_dev_rate, direction_dev)
        self.alphas = {} #α値の記録（ランドマークの観測数ごと）
        
    def observation_update(self, observation): \
        for p in self.particles:
            p.observation_update(observation, self.map, self.distance_dev_rate, self.direction_dev)
            
        #alpha値の記録
        alpha = sum([p.weight for p in self.particles])
        obsnum = len(observation)
        if not obsnum in self.alphas: self.alphas[obsnum] = []
        self.alphas[obsnum].append(alpha)
        
        self.set_ml()
        self.resampling() #ここで重みの合計は1になる
```

`__init__` には `self.alphas` という辞書型の変数を加えます．α_m の m を辞書のキーにします．`self.alphas` には，`observation_update` で重みの総和を記録していきます（セル [2] の 15 行目）．コードは省きますが，`trial` 関数ではパーティクルフィルタのオブジェクトを返すようにしておきます．ロボットの動きは，なるべくさまざまな距離からランドマークを観測できるように決めると良いでしょう[注8]．

これで，何分間かロボットを走らせて[注9]，次のようなコードでパーティクルのオブジェクトから最

注 8　ただ，サンプルコードでは，今までのサンプルと同じ軌道（初期姿勢が原点，$\nu = 0.2[\mathrm{m/s}]$, $\omega = 10[\mathrm{deg/s}]$）で走らせています．動作時間は 5 分間です．パーティクルの数は α に直接は影響を与えませんが，念のために書いておくと，この試行は 100 にしました．

注 9　コードは `reset_mcl1.ipynb` [3]

小値を得ます[注10]．（⇒`reset_mcl1.ipynb` [4]）

```
In [4]:  1  for num in pf.alphas:
         2      print("landmarks:", num, "particles:", len(pf.particles), "min:", min(pf.alphas[num]), "max:", max(pf.alphas[num]))
landmarks: 2 particles: 100 min: 0.06649681532420512 max: 15.048305980704653
landmarks: 1 particles: 100 min: 0.010602797158344033 max: 9.792596137925328
landmarks: 0 particles: 100 min: 1.0000000000000007 max: 1.0000000000000007
```

この例では $\alpha_2 > 0.07$, $\alpha_1 > 0.01$ となりました．

誘拐状態のときの α も調べてみましょう．次の例は，パーティクルの初期姿勢を $(x\ y\ \theta) = (-4\ -4\ 0)^\top$，ロボットの初期姿勢を $(x\ y\ \theta) = (0\ 0\ 0)^\top$ にして 40 秒間だけロボットを走らせて採取した α の最小値と最大値です．（⇒`reset_mcl1.ipynb` [6]）[注11]

```
In [6]:  1  for num in pf.alphas:
         2      print("landmarks:", num, "particles:", len(pf.particles), "min:", min(pf.alphas[num]), "max:", max(pf.alphas[num]))
landmarks: 2 particles: 100 min: 5.4060465318513694e-160 max: 4.0795492044285925e-126
landmarks: 1 particles: 100 min: 4.3006474545651544e-169 max: 6.118822142577356
landmarks: 0 particles: 100 min: 1.0000000000000007 max: 1.0000000000000007
```

最小値，最大値だけでなく `pf.alphas` 全体を見ると分かるのですが，α_1 も α_2 も，先ほど求めた 0.07，0.01 などの数値よりは何桁も小さい値になっているはずです．つまり，ランドマークの数にかかわらずしきい値を $\alpha_\mathrm{th} = 0.001$ くらいに定めておけばよいかということになります．

7.3.2 単純リセットの実装

次に式 (7.24) の $b(\boldsymbol{x}|\Upsilon = 1)$ について考えます．まずは単純に「分からないから一様分布にする」という考え方で MCL にリセットを実装してみましょう．このリセットの方法を「単純リセット」と呼びましょう．`reset_mcl1.ipynb` のコードを少し変えると実装できます．（⇒`reset_mcl2.ipynb` [2]）

```
In [2]:  1  class ResetMcl(Mcl):
         2      def __init__(self, envmap, init_pose, num, motion_noise_stds={"nn":0.19, "no":0.001, "on":0.13, "oo":0.2}, \
         3                   distance_dev_rate=0.14, direction_dev=0.05, alpha_threshold=0.001): #alpha_thresholdを追加
         4          super().__init__(envmap, init_pose, num, motion_noise_stds, distance_dev_rate, direction_dev)
         5          self.alpha_threshold = alpha_threshold  #閾値(self.alphasから書き換える)
         6
         7      def random_reset(self):   #追加
         8          for p in self.particles:
         9              p.pose = np.array([np.random.uniform(-5.0, 5.0), np.random.uniform(-5.0, 5.0), np.random.uniform(-math.pi, math.pi)]).T
        10              p.weight = 1/len(self.particles)
        11
        12      def observation_update(self, observation):
        13          for p in self.particles:
        14              p.observation_update(observation, self.map, self.distance_dev_rate, self.direction_dev)
        15
        16          self.set_ml()   #以下書き換え
        17
        18          if sum([p.weight for p in self.particles]) < self.alpha_threshold: #αの計算
        19              self.random_reset()
        20          else:
        21              self.resampling()
```

ここでの修正点は，`__init__` で α_th を表す引数を追加したこと，`observation_update` で重みの合計が α_th を下回ったときにリセットする処理を入れたことです．リセットの処理は 7〜10 行目に実装してあります．9 行目でパーティクルの姿勢をランダムに変更し，10 行目で重みを $1/N$ に変更しています．

注 10　値は毎回大きく変わります．
注 11　試行のためのコードは `reset_mcl1.ipynb` [5]

これでしばらくロボットを走らせてリセットが起こらないことを確認してから，次のようにロボットのオブジェクトに誘拐を起こすパラメータを与え，誘拐が起こるようにしてみましょう．（⇒`reset_mcl2.ipynb` [3]）

```
10  ### ロボットを作る ###
11  initial_pose = np.array([0, 0, 0]).T
12  pf = ResetMcl(m, initial_pose, 100)
13  circling = EstimationAgent(time_interval, 0.2, 10.0/180*math.pi, pf)
14  # r = Robot(initial_pose, sensor=Camera(m), agent=circling, color="red")  #誘拐なし（コメントアウト）
15  r = Robot(np.array([0,0,0]).T, sensor=Camera(m), agent=circling, expected_kidnap_time=10.0, color="red") #誘拐あり
16  world.append(r)
```

これでロボットを走らせると，図 7.5 のように誘拐と，その後のリセットが観察できます．リセット後は大域的自己位置推定の問題になりますが，7.2.1 項で述べたような問題が残っていますので，パーティクルが真値に収束することは期待できません．

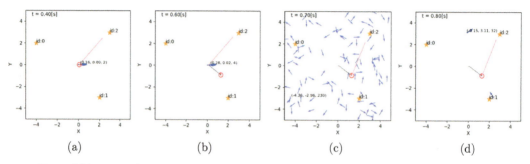

図 7.5　単純リセットが起こったときの様子．(a)：誘拐前，(b)：誘拐後，(c)：リセット，(d)：パーティクルの（誤った姿勢への）収束．

しかし，単純リセットでも何も誘拐への対策をしないよりは有効です．この実装で表 7.2 の誘拐ロボット問題の実験をしたところ，$N = 100$ で 1000 回中 446 回成功しました．リセットを使わない場合（130 回成功）に比べて飛躍的に成功率が向上しました．

7.3.3　センサリセットの実装

単純にランダムにパーティクルをばらまくのではなく，もっと効率の良い方法を考えてみましょう．ここでは，「信念分布が信用できないなら直近のセンサ値を信じて，センサ値に基づいてパーティクルの分布を作りなおす」という方法を実装します．この方法は**センサリセット** [Lenser 2000] と呼ばれるもので，ロボカップのために考案されました．

センサリセットでは，センサ値のリスト $\mathbf{z}_t$ をパーティクルの重みに反映して $\alpha < \alpha_{\mathrm{th}}$ となった場合，$p(\mathbf{x}|\mathbf{z}_t)$ から N 個パーティクルの姿勢をサンプリングしてパーティクルのリストを作りなおします．重みは $1/N$ にします．つまり，センサ値から予想されるロボットの姿勢を乱数で作ってパーティクルの姿勢とし，分布を作りなおすことになります．

ここでは実装を単純にするために，$\mathbf{z}_t$ から一つだけセンサ値 z_t を選んで，そのセンサ値に基づいてパーティクルをおきなおす処理を実装してみましょう（⇒ 問題 7.4）．この場合，図 6.4 のように，ランドマークのまわりを取り囲むようにパーティクルが分布します．特にそうする必然性はありませんが，センサ値を一つ選ぶときは一番近いランドマーク（計測された距離 ℓ の値が最小のもの）を選ぶこととします．このように実装したものを次に示します．（⇒`sensor_reset_mcl.ipynb` [2]）

```
In [2]:  1  class ResetMcl(Mcl):
         2      def __init__(self, envmap, init_pose, num, motion_noise_stds={"nn":0.19, "no":0.001, "on":0.13, "oo":0.2}, \
         3                   distance_dev_rate=0.14, direction_dev=0.05, alpha_threshold=0.001): #alpha_thresholdを追加
         4          super().__init__(envmap, init_pose, num, motion_noise_stds, distance_dev_rate, direction_dev)
         5          self.alpha_threshold = alpha_threshold #追加

        12      def sensor_resetting_draw(self, particle, landmark_pos, ell_obs, phi_obs): #追加
        13          ##パーティクルの位置を決める##
        14          psi = np.random.uniform(-np.pi, np.pi) #ランドマークからの方角を選ぶ
        15          ell = norm(loc=ell_obs, scale=(ell_obs*self.distance_dev_rate)**2).rvs() #ランドマークからの距離を選ぶ
        16          particle.pose[0] = landmark_pos[0] + ell*math.cos(psi)
        17          particle.pose[1] = landmark_pos[1] + ell*math.sin(psi)
        18
        19          ##パーティクルの向きを決める##
        20          phi = norm(loc=phi_obs, scale=(self.direction_dev)**2).rvs() #ランドマークが見える向きを決める
        21          particle.pose[2] = math.atan2(landmark_pos[1]- particle.pose[1], landmark_pos[0]- particle.pose[0]) - phi
        22
        23          particle.weight = 1.0/len(self.particles) #重みを1/Nに
        24
        25      def sensor_resetting(self, observation): #追加
        26          nearest_obs = np.argmin([obs[0][0] for obs in observation]) #距離が一番近いランドマークを選択
        27          values, landmark_id = observation[nearest_obs]
        28
        29          for p in self.particles:
        30              self.sensor_resetting_draw(p, self.map.landmarks[landmark_id].pos, *values)
        31
        32      def observation_update(self, observation):
        33          for p in self.particles:
        34              p.observation_update(observation, self.map, self.distance_dev_rate, self.direction_dev)
        35
        36          self.set_ml()
        37
        38          if sum([p.weight for p in self.particles]) < self.alpha_threshold:
        39              self.sensor_resetting(observation) #sensor_resettingに変更
        40          else:
        41              self.resampling()
```

12〜23行目の `sensor_resetting_draw` がパーティクルの姿勢をサンプリングする処理です．14〜17行目が位置を決める処理で，14行目でランドマークから見てどの方角にパーティクルをおくかを決め，15行目でランドマークとパーティクルをおく位置の距離を決めています．これでパーティクルの位置が16，17行目の幾何計算で求まります．さらに20行目で，そのパーティクルの位置からどの方角にランドマークが見えるかを決めて，21行目でパーティクルの向きを計算しています．15, 20行目の処理では，5.4.4項で求めたセンサ値の雑音の標準偏差 $\sigma_\ell = 0.14[\mathrm{m/m}]$，$\sigma_\varphi = 0.05[\mathrm{rad}]$ を使っています．

センサリセットが発動したときのパーティクルの分布を図7.6に示します．前項のようにランダムにパーティクルを分布させるよりは，より姿勢の範囲が絞られたところから推定を再開できます．この実装で，誘拐ロボット問題の実験をしたところ，$N = 100$ で1000回中585回成功しました．

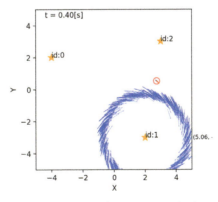

図7.6　センサリセット直後のパーティクルの分布（$N = 1000$）．

7.3.4 センサリセットの問題と adaptive MCL

ただ，前項のようなセンサリセットの実装はセンサ値の大きな雑音や誤りに弱いという問題があり

ます．図 7.7 は誤ったセンサリセットが起こった直後の様子です．このシミュレーションは，4 章で実装したファントムが発生するようにパラメータを与えたもので，ロボットがランドマーク m_2 のファントムを見てしまい，センサリセットが発動しています．これまでの推定が正しかったとしたら，1 回のセンサリセットで台無しになってしまいます．

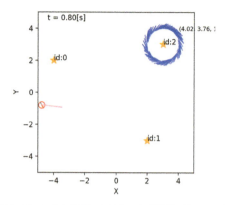

図 7.7　ファントムで誤ったリセットが発動（$N = 100$）．

この問題への対処は，α の値を監視していてしばらく値が小さいとセンサリセットを発動するという方法で可能です．おそらくシミュレータのファントムの発生方法だと，3 回くらい α がしきい値を下回ったらセンサリセットをかけるようにすれば対処できます．

ただ実環境では，何か問題が起こったセンサ値の次に入ってくるセンサ値には，同じ問題が発生している可能性が高く，単にカウントするよりも工夫した方法が必要になります．例えば [Gutmann 2002] では，2002 年にワシントン大のロボカップ 4 足ロボットリーグで使われたものとして，次の方法が紹介されています．この方法は **adaptive MCL（A-MCL）** と名付けられており，ROS の amcl にも実装されているようです．

まず，$\alpha_{\text{slow}}, \alpha_{\text{fast}}$ という二つの α の値を計算することとします．この値は，センサ値が得られるたびに，

$$\alpha_{\text{slow}} \longleftarrow \alpha_{\text{slow}} + \alpha_{\text{th-slow}}(\alpha - \alpha_{\text{slow}}) \tag{7.30}$$

$$\alpha_{\text{fast}} \longleftarrow \alpha_{\text{fast}} + \alpha_{\text{th-fast}}(\alpha - \alpha_{\text{fast}}) \tag{7.31}$$

と更新します．$\alpha_{\text{th-slow}}, \alpha_{\text{th-fast}}$ はしきい値で，$0 < \alpha_{\text{th-slow}} \ll \alpha_{\text{th-fast}} < 1$ と設定します[注12]．こうすると，おかしなセンサ値が入ってきて α が連続で小さくなったとき，α_{fast} が先に 0 に近づいていき，遅れて α_{slow} が 0 に近づいていきます．$\alpha_{\text{th-fast}}$ が 1 に近いと両者の差は急激に広がりますが，$\alpha_{\text{th-fast}} = 0.1$ くらいにしておくと，最初のうち，両者の値にはそれほど違いは生じません．

この $\alpha_{\text{slow}}, \alpha_{\text{fast}}$ を使い，N 個あるパーティクルのうち，次の計算で求められる数 $\tilde{N}$ だけリセットの対象とします．

$$\tilde{N} = N \max\left(0,\ 1 - \frac{\alpha_{\text{fast}}}{\alpha_{\text{slow}}}\right) \tag{7.32}$$

これで，α が連続で小さくなった場合，$\alpha_{\text{fast}}/\alpha_{\text{slow}}$ が次第に小さくなっていき，$\tilde{N}$ の値が大きくなっ

注 12　このように書くと，一見 $\alpha_{\text{th-fast}}$ が 1 に近い印象がありますが，あくまで $\alpha_{\text{th-slow}}$ が極小という意味です．実際には $\alpha_{\text{th-fast}}$ は 0.1 くらいの小さな値にします．

ていきます．$\tilde{N}$個だけパーティクルをおきなおすということは，

$$P(\Upsilon = 0) = (1 - \tilde{N})/N \tag{7.33}$$
$$P(\Upsilon = 1) = \tilde{N}/N \tag{7.34}$$

として，信念を

$$b(\boldsymbol{x}) = b(\boldsymbol{x}|\Upsilon = 0)\frac{1-\tilde{N}}{N} + b(\boldsymbol{x}|\Upsilon = 1)\frac{\tilde{N}}{N} \tag{7.35}$$

と計算することを意味しています．

このアルゴリズムの実装例を示します．（⇒`adaptive_mcl.ipynb` [2]）

```python
class ResetMcl(Mcl):
    def __init__(self, envmap, init_pose, num, motion_noise_stds={"nn":0.19, "no":0.001, "on":0.13, "oo":0.2}, \
                 distance_dev_rate=0.14, direction_dev=0.05, amcl_params={"slow":0.001, "fast":0.1, "nu":3.0}): #amcl_paramsを追加
    ...

    def adaptive_resetting(self, observation):
        if len(observation) == 0: return #追加

        ##センサリセットするパーティクルの数を決める##
        alpha = sum([p.weight for p in self.particles])
        self.slow_term_alpha += self.amcl_params["slow"]*(alpha - self.slow_term_alpha)
        self.fast_term_alpha += self.amcl_params["fast"]*(alpha - self.fast_term_alpha)
        sl_num = len(self.particles)*max([0, 1.0-self.amcl_params["nu"]*self.fast_term_alpha/self.slow_term_alpha])

        self.resampling() #とりあえず普通にリサンプリング

        nearest_obs = np.argmin([obs[0][0] for obs in observation]) #距離が一番近いランドマークを選択
        values, landmark_id = observation[nearest_obs]
        for n in range(int(sl_num)): #n回パーティクルを選んで姿勢を変える(2回以上姿勢を変えられるパーティクルがあるけどとりあえず気にしない)
            p = random.choices(self.particles)[0] #一つ選ぶ
            self.sensor_resetting_draw(p, self.map.landmarks[landmark_id].pos, *values)

    def observation_update(self, observation):
        for p in self.particles:
            p.observation_update(observation, self.map, self.distance_dev_rate, self.direction_dev)

        self.set_ml()
        self.adaptive_resetting(observation) #変更
```

図は省略しますが，実行すると，ファントムですべてのパーティクルの姿勢がリセットされるということはなくなります．ただし，$N = \tilde{N}$とならないかぎりはセンサリセットに使われるパーティクルの数が少なくなるため，その分，リセット後に真の姿勢付近にパーティクルが再配置される確率が低くなります．パーティクルの数を$N = 1000$などと大きくするか，KLDサンプリングと併用して実行しないと安定しないかもしれません．

7.3.5 膨張リセット

次に**膨張リセット** [Ueda 2004, 上田 2005] を紹介します．これは筆者が2003年ごろにやはりロボカップ4足ロボットリーグで試した方法です．膨張リセットは「パーティクルの分布を膨らませる」ことで，元の信念分布の情報を一部残しながらパーティクルが存在する範囲を広げる方法です．

実装例を示します．センサリセットのノートブックをコピーして少し修正するだけで実装できます．（⇒`expansion_reset_mcl.ipynb` [3]）

```
In [3]:  1  class ResetMcl(Mcl):
         2      def __init__(self, envmap, init_pose, num, motion_noise_stds={"nn":0.19, "no":0.001, "on":0.13, "oo":0.2}, \
         3                   distance_dev_rate=0.14, direction_dev=0.05, alpha_threshold=0.001, expansion_rate=0.2): #膨張の大きさのパラメータを追加
        33      def expansion_resetting(self): #以下追加
        34          for p in self.particles:
        35              p.pose += multivariate_normal(cov=np.eye(3)*(self.expansion_rate**2)).rvs()
        36              p.weight = 1.0/len(self.particles)
        37
        38      def observation_update(self, observation):
        39          for p in self.particles:
        40              p.observation_update(observation, self.map, self.distance_dev_rate, self.direction_dev)
        41
        42          self.set_ml()
        43
        44          if sum([p.weight for p in self.particles]) < self.alpha_threshold:
        45              self.expansion_resetting() #expansion_resettingに変更
        46          else:
        47              self.resampling()
```

修正点は `__init__` に `expansion_rate` という引数をつけることと，`expansion_resetting` というメソッドを作って `sensor_resetting` の代わりに呼び出すことです．この実装例の `expansion_resetting` は，各パーティクルを x, y, θ 方向にそれぞれ標準偏差 `expansion_rate` のガウス分布に従う雑音を足すというものです．もっと細かくパラメータを設定できた方が良いかもしれませんが，とりあえずこれで試しましょう．

この実装で誘拐ロボット問題のシミュレーションを実行した例を図 7.8 に示します．センサリセットのときのような急な分布の置きなおしはなく，パーティクルは膨張と収束を繰り返しながら少しずつ真の姿勢に近づいていきます．

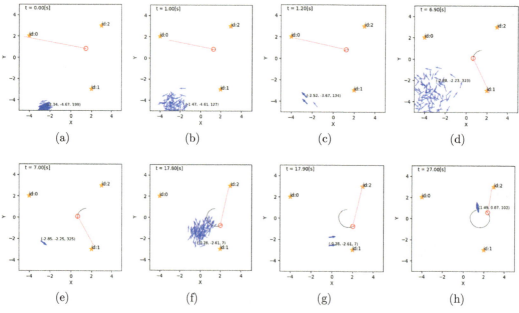

図 7.8 膨張リセットを実装した MCL でのパーティクルの挙動（$N = 100$）．(a)：初期状態．(b) と (c)，(d) と (e)，(f) と (g)：それぞれ膨張とその後の収束．(g) から (h) にかけては膨張は起こらず自然にパーティクルが真の姿勢に接近．

また，ファントムに対しては図 7.9 のような挙動を示します．ファントムが起こるとパーティクルの分布は広くなりますが，分布の中心があまりずれないので，その後も何もなかったように推定が進みます．膨張リセットはファントムに対してロバストであるといえます．

膨張リセットは，筆者の属するつくばチャレンジのチームにおいて，LiDAR を用いた MCL とも

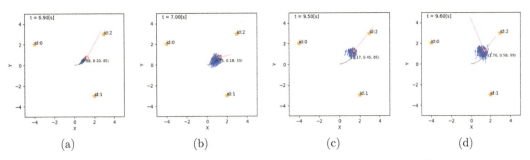

図 7.9　ファントムに対する膨張リセットの挙動（$N = 100$）．(b), (d) で膨張リセットが起きている．

組み合わせられた例があります [夏迫 2016, 夏迫 2017]．これは個人的な話ですが，膨張リセットを導入した 2016 年のつくばチャレンジにおいて，チームのロボットが初めて 2[km] の自律走行に成功しました．どれだけ膨張リセットが完走に寄与したかは定量化していませんが，チーム内では膨張リセットの導入で位置推定が安定したことが確認されています[注13]．

一方，膨張リセットにも弱点が存在します．一つは収束までに時間がかかることです．もう一つは，運が悪いとパーティクルの分布が膨張しすぎて，その後の推定が不可能になることです．分布が膨張しすぎると，その後エージェントは広い領域での大域的自己位置推定の問題を解かなければならなくなります．誘拐ロボット問題の実験をすると，この実装では $N = 100$ で 1000 回中 334 回の成功に留まりました．収束が遅くて 30 秒では少し足りないようです．もう少しパーティクルの分布を膨張させる範囲を速くすれば成功回数は改善すると考えられますが，今度はファントムの発生に弱くなる可能性があります．

7.3.6　膨張リセットとセンサリセットの組み合わせ

最後に，これも取ってつけたような方法ですが，収束までに時間がかかる問題について，「何回か膨張リセットが連続したらセンサリセットに切り替える」という方法 [Ueda 2004, 上田 2005] を試してみましょう．名前を「複合リセット」とします．膨張リセットのノートブックから，次のように `observation_update` を変更します．（⇒expansion_sensor_reset_mcl.ipynb [2]）

```python
def observation_update(self, observation):
    for p in self.particles:
        p.observation_update(observation, self.map, self.distance_dev_rate, self.direction_dev)
        
    self.set_ml()
    
    if sum([p.weight for p in self.particles]) < self.alpha_threshold:
        self.counter += 1    #何回リセットが連続で起きたかを記録（__init__でself.counterを定義して0に初期化のこと）
        if self.counter < 5:
            self.expansion_resetting()  #expansion_resettingに変更
        else:
            self.sensor_resetting(observation)
    else:
        self.counter = 0
        self.resampling()
```

このコードで誘拐ロボット問題の実験をすると，$N = 100$ で 1000 回中 609 回成功しました．センサリセットとほぼ同じ成功率で，しかも実験では評価対象外のファントムへの対策もされた状態なので，本章では最も安定した推定ができたといえます．

[注13] 使用したセンサは 2 次元の LiDAR で，完走したチームのうちでは安価なものでした．後でチームのメンバーが「もっと高いセンサを使ったら」とコメントを頂戴したそうですが，例えば自動車会社ではセンサのコストを 1 円でも安くすることに全力をかけていますので，安価なセンサの利用を研究することには一定の需要があります．

スタックに対してこの実装を適用したときのパーティクルの挙動の例を図 7.10 に示します．通常の MCL の実装だと，ロボットがスタックで動かなくなったとき，パーティクルを元のロボットの姿勢のところに引き戻すメカニズムがなく，パーティクルが先に行ってしまいます．一方，膨張リセットがあると，この例のようにランドマークが観測できている場合，パーティクルが戻ってきます[注14]．それでもパーティクルが先に行ってしまった場合，センサリセットの出番になりますが，この例では発動させないで済んでいます．

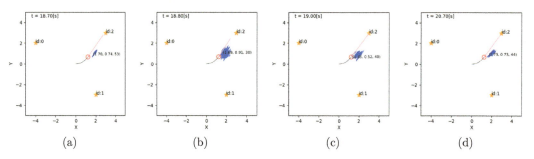

図 7.10　スタックに対する複合リセットの挙動（$N = 100$，スタックの起こるまでの時間の期待値：5[s]，スタックから抜ける時間の期待値：5[s]）．(b) でリセットが起きて，(c)〜(d) で再度収束している．(a) で前に進んでいたパーティクルがわずかながら引き戻される．

図 7.11 は誘拐ロボット問題に対して複合リセットを試した例です．(c) で試行開始から 0.6[s] 後にセンサリセットが起こっていますが，その前に無駄な膨張リセットが何回か起こっています．ただ，それは時間にすると一瞬のことです．

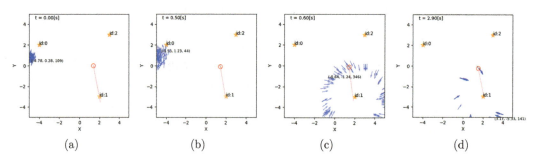

図 7.11　誘拐ロボット問題に対する複合リセットの挙動（$N = 100$）．(a)：初期状態．(b)：膨張リセットが起こる．(c)：センサリセットが起こる．(d)：その後．

図 7.10, 7.11 の二例はいずれも複合リセットが有効な例でした．しかし，ファントムが連続で見えたりオクルージョンが連続で起こったりしてしまうと，複合リセットでも不要なセンサリセットが発動してしまいます．どのリセット手法が適切か，あるいはリセットより複雑な方法が必要かどうかは，使用するロボットやセンサ，環境の広さによって異なります．

7.4　MCL における変則的な分布の利用

ここまで MCL ではガウス分布を用いてきましたが，MCL ではガウス分布やポアソン分布など定

注 14　この例はファントムが出ないようにして得ました．ファントムがあると膨張リセットの頻度が上がって逆に安定するためです．

型的な分布だけではなく，もっと複雑な分布を用いることができます．4.3.5 項で実装したオクルージョンへの対策を題材にして，その一例を実装します．4.3.5 項での実装は，オクルージョンがある確率で起こり，その場合，計測したランドマークの距離 ℓ_j が実際より大きくなるというものでした．

もし ℓ_j にそのような誤りがある場合，真値に近い姿勢 $\bm{x}^{(i)}$ のパーティクルの尤度をこれまでの尤度の式 (5.24) で計算すると，真値に近いにも関わらず尤度が小さくなってしまいます．このようなケースを回避するには，パーティクルの姿勢 $\bm{x}^{(i)}$ から計算される理論上ランドマークの距離（以下「理論値」と表記）を ℓ_j^* とする場合，$\ell_j^* < \ell_j$ のときに尤度を小さくしない処理をする必要があります．ℓ_j^* と ℓ_j の関係を図 7.12 に示します．

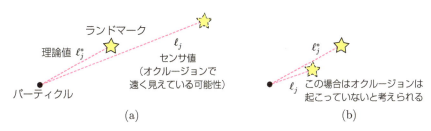

図 7.12　(a)：パーティクルの姿勢から計算した距離（図中の「理論値」）よりセンサ値が大きい場合は尤度を小さくしてはいけない．(b)：逆の場合は通常の尤度計算でよい．

そこで，式 (5.24) を次のように変更します．

$$L_j(\bm{x}|\bm{z}_j) = \begin{cases} \mathcal{N}[\bm{z} = \bm{z}_j | \bm{h}_j(\bm{x}), Q_j(\bm{x})] & (\ell_j < \ell_j^*) \\ \mathcal{N}\left[\ell = \ell_j^*, \varphi = \varphi_j | \bm{h}_j(\bm{x}), Q_j(\bm{x})\right] & (\text{otherwise}) \end{cases} \quad (7.36)$$

この式の意味するところは，もしセンサ値 ℓ_j が姿勢 $\bm{x}$ から計算される理論値 ℓ_j^* よりも大きい場合，センサ値 ℓ_j を尤度の計算に使わず，代わりに理論値 ℓ_j^* を用いるということです．この式を横軸に ℓ_j，縦軸に尤度 L をとってグラフにすると，図 7.13 のようになります．理論値 ℓ_j^* を境にして，$\ell_j < \ell_j^*$ のときはガウス分布，そうでないときは一様分布になります．

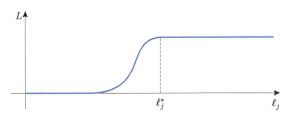

図 7.13　ℓ_j を変数としたときの尤度関数 L の値．

式 (7.36) を使った MCL を実装してみましょう．新しいノートブックに，次のように Particle から継承して OcclusionFreeParticle というクラスを作ります．そして，observation_update をコピーしてきて一番下の行を次の 14〜16 行目のように書き換えます．（⇒occlusion_free_mcl.ipynb [1]-[2]）

第 7 章 自己位置推定の諸問題

```
In [1]:  1  import sys
         2  sys.path.append('../scripts/')
         3  from mcl import *

In [2]:  1  class OcclusionFreeParticle(Particle):
         2      def observation_update(self, observation, envmap, distance_dev_rate, direction_dev):
         3          for d in observation:
         4              obs_pos = d[0]
         5              obs_id = d[1]
         6
         7              ##パーティクルの位置と地図からランドマークの距離と方角を算出##
         8              pos_on_map = envmap.landmarks[obs_id].pos
         9              particle_suggest_pos = IdealCamera.observation_function(self.pose, pos_on_map)
        10
        11              ##尤度の計算##
        12              distance_dev = distance_dev_rate*particle_suggest_pos[0]
        13              cov = np.diag(np.array([distance_dev**2, direction_dev**2])) #ここまでParticleクラスと同じ実装
        14              if obs_pos[0] > particle_suggest_pos[0]:  #観測された距離がパーティクルより大きい場合，
        15                  obs_pos[0] = particle_suggest_pos[0]  #パーティクルから計算される距離で観測された距離を置き換える
        16              self.weight *= multivariate_normal(mean=particle_suggest_pos, cov=cov).pdf(obs_pos)
```

変更した部分は，式 (7.36) をそのまま実装したものになります．

`OcclusionFreeParticle` を使うときは，アニメーションを実行するセルで，`Mcl` のオブジェクトを作った直後，次のコードの 13 行目のようにパーティクルのリストを入れ替えます．(⇒`occlusion_free_mcl.ipynb` [3]）注15

```
10   ## ロボットを作る ##
11   initial_pose = np.array([0, 0, 0]).T
12   pf = Mcl(m, initial_pose, 100)
13   pf.particles = [OcclusionFreeParticle(initial_pose, 1.0/100) for i in range(100)]  #OcclusionFreeParticleをMclに使わせる
14   circling = EstimationAgent(time_interval, 0.2, 10.0/180*math.pi, pf)
15   r = Robot(initial_pose, sensor=Camera(m, occlusion_prob=0.5), agent=circling, color="red")
16   world.append(r)
```

また，このコードでは，15 行目でオクルージョンが確率 0.5 で起こるようにしています (`occlusion_prob=0.5`)．

これで MCL を実行すると，図 7.14(e)〜(h) のようにオクルージョンがあっても推定できることが

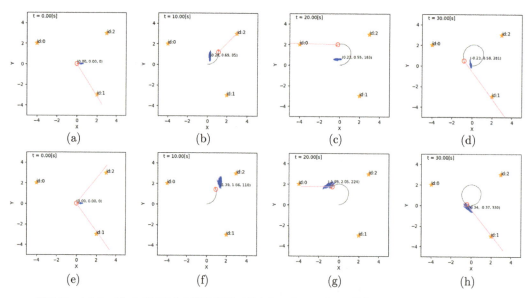

図 7.14　オクルージョンが 50[%] の確率で発生するときのパーティクルの挙動．(a)〜(d)：オクルージョンを考慮していない尤度関数（ガウス分布の尤度関数）を利用した場合．(e)〜(h)：考慮した尤度関数（片側を一様分布にしたもの）を利用した場合．

注 15　もっといい設計があったはずですが，乱暴な方法になってしまいました．

確認できます．ただし (f) のように，パーティクルの分布がランドマーク側に偏ることがあります．式 (7.36) を使うと，ランドマークに近いパーティクルの尤度が一様分布の部分で計算されて大きな値となり，パーティクルが残りやすいからです．一方，元のガウス分布の尤度関数を用いると，(a)〜(d) のようにパーティクルの位置がほとんど変化しなくなり，推定がうまくいきません．オクルージョンが起こるとランドマークから遠いパーティクルの尤度が高くなることが原因です．

7.5 まとめ

本章では，KLD サンプリングでパーティクルの数を可変にする方法を実装しました．また，大域的自己位置推定，誘拐ロボット問題に触れ，いくつかのリセット手法をこれらの問題に適用しました．最後に，センサの雑音の分布が変則的になる場合を扱いました．

リセットは MCL が発明された当時に考え出された古典的な方法ですが，実際にはよく機能します．ただ，先ほど挙げた [Akai 2018] や，あるいは異常検知の考え方 [井手 2015] を取り入れると，さらに洗練された手法が考えられると予想されます．「間違いに気づく」というのは実世界で活動するためには重要なことですので，自己位置推定の誤りへの対処は，単なるエラー処理以上に意味のある課題だと筆者は考えています．

7.4 節で扱った，変則的な尤度関数を使う方法は，LiDAR でも利用されます [Thrun 2005]．図 7.13 の分布と似た形状のものは [Takeuchi 2010] に見られます．古いものでは片側が無限に長い一様分布状の尤度関数を利用した筆者の例があります [Ueda 2002]．

章末問題

問題 7.1
カルマンフィルタに対して膨張リセットを実装して評価してみましょう．

問題 7.2
LiDAR を使って壁までの距離を計測する場合，壁の手前に人などが通ると距離が実際よりも短くなります．人が存在する環境で LiDAR を使って自己位置推定する場合に適切な尤度関数を設計してみましょう．

問題 7.3
東日本大震災では「想定外」という言葉がマスコミで繰り返されました．この言葉がどのように扱われていたのかを自己位置推定の文脈で考えてみましょう．また，あまり起こらないことを扱う難しさについて考察しましょう．

問題 7.4
二つのランドマークを観測したときに，両方のセンサ値に基づいてパーティクルをおきなおすセンサリセットの処理を実装してみましょう．

📄 問題 7.5

周辺尤度を対数にして符号を変えた値 $-\log P(\mathbf{z})$ は「驚き」と表現されることがあります [国里 2019]. なぜ, 驚きと表現されるのでしょうか.

📄 問題 7.6

自身が誤っているかどうかを認識する能力は, **メタ認知**と呼ばれる能力の一種です [Flavell 1979]. 自身のメタ認知能力が役に立った例を挙げてみましょう. また, 人間やロボットにメタ認知能力がないと困る場面を挙げてみましょう.

📄 問題 7.7

GPSなどの衛星測位システムはロボットの位置を正確に特定できますが, 高い建物の脇など電波が乱反射するところでは計測された位置に大きな誤差が発生します（マルチパスと呼ばれます）. このようなセンサを確率的な自己位置推定に使うときは, どのような尤度関数を用意すれば良いでしょうか. あるいは, 何か特別な扱いが必要でしょうか.

第8章 パーティクルフィルタによるSLAM

本章と次章では，**SLAM**（simultaneous localization and mapping）を扱います．これまで扱ってきた自己位置推定の問題では，エージェントに地図が与えられ，エージェントはその地図とセンサ値を比較してロボットの姿勢を求めますが，SLAMでは，エージェントがその地図を自分自身で作らなければなりません．また，その地図の中でロボットの姿勢を正しく推定し続けないと，誘拐ロボット問題が起きてしまいます．それだけを聞くと，SLAMは自己位置推定よりもかなり難しいということになります．

しかし，ロボットの移動にもセンサによる計測にも雑音が一切混入しない状況を考えると，この問題はシンプルになります．例えば，次のようなアルゴリズムを使えば地図は作成できます．

- 何も書き込まれていない真っ白な画像データを用意
- ロボットの初期姿勢を原点にして世界座標系を画像に描く
- 以下の繰り返し
  - 移動して姿勢を更新
  - ロボットが観測した物体を世界座標系の位置に変換して画像に書き込む

観測した物体とロボットとの相対位置が特定できることが条件になりますが，それさえできれば難しくはありません．

しかし，雑音やバイアスが存在すると話はややこしくなります．観測の雑音がひどければ，地図中に描かれる観測対象物は観測のたびに別の場所に描かれることになります．また，ロボットの移動には系統誤差が蓄積するため，移動距離が長くなるほど地図は歪んでいきます．雑音やバイアスの下で正確な地図を作るという課題は，難問となります．

本章では，MCLとカルマンフィルタの延長線上の方法を使って，この難問を解く**FastSLAM** [Montemerlo 2003] を実装します．FastSLAMはロボットがセンサ値を得るごとに地図を構築していく**逐次SLAM**の一手法です．

本章の構成は次の通りです．6章と同様，序盤は計算が続く構成になるので，実感がつかめなければコードを先に見ることをおすすめします．まず，8.1節でSLAMの問題と逐次SLAMの問題を説明し，逐次SLAMの解き方の方針を定めます．8.2節でパーティクルフィルタを導入し，より具体的な逐次SLAMの解き方を導出します．そして，8.3節から8.5節にかけて，導出したアルゴリズムを実装します．ここまでの実装が**FastSLAM 1.0**と呼ばれるものになります．8.6節では，FastSLAM 1.0の手続きの順序を入れ替えて近似効率を向上させた**FastSLAM 2.0**を導出し，実装します．8.7節はまとめです．

8.1 逐次SLAMの解き方

8.1.1 SLAMの問題と部分問題への分解

SLAMの推定対象は姿勢 $\boldsymbol{x}$ と地図 $\mathbf{m}$ です．推定の手がかりとなるのは，ロボットの初期姿勢と制御指令値，センサ値の履歴です．つまり，次の確率密度関数

$$p(\boldsymbol{x}_{1:t}, \mathbf{m} | \boldsymbol{x}_0, \boldsymbol{u}_{1:t}, \boldsymbol{z}_{1:t}) \tag{8.1}$$

をなんらかの方法で計算するか，あるいはこの確率密度関数を最大にする $\boldsymbol{x}_{1:t}$ と $\mathbf{m}$ を求める問題となります[注1]．

上の式は，次のように分解できます．

$$\begin{aligned}
&p(\boldsymbol{x}_{1:t}, \mathbf{m} | \boldsymbol{x}_0, \boldsymbol{u}_{1:t}, \boldsymbol{z}_{1:t}) \\
&= p(\mathbf{m} | \boldsymbol{x}_{1:t}, \boldsymbol{x}_0, \boldsymbol{u}_{1:t}, \boldsymbol{z}_{1:t}) p(\boldsymbol{x}_{1:t} | \boldsymbol{x}_0, \boldsymbol{u}_{1:t}, \boldsymbol{z}_{1:t}) && \text{（乗法定理）} \\
&= p(\boldsymbol{x}_{1:t} | \boldsymbol{x}_0, \boldsymbol{u}_{1:t}, \boldsymbol{z}_{1:t}) p(\mathbf{m} | \boldsymbol{x}_{0:t}, \boldsymbol{u}_{1:t}, \boldsymbol{z}_{1:t}) && \text{（話の都合上左右入れ替え）} \\
&= p(\boldsymbol{x}_{1:t} | \boldsymbol{x}_0, \boldsymbol{u}_{1:t}, \boldsymbol{z}_{1:t}) p(\mathbf{m} | \boldsymbol{x}_{0:t}, \boldsymbol{z}_{1:t}) && \text{（姿勢が分かると制御指令値は不要）} \tag{8.2}
\end{aligned}$$

この式の意味するところは，SLAMは分布 $p(\boldsymbol{x}_{1:t} | \boldsymbol{x}_0, \boldsymbol{u}_{1:t}, \boldsymbol{z}_{1:t})$ を求める問題と，分布 $p(\mathbf{m} | \boldsymbol{x}_{0:t}, \boldsymbol{z}_{1:t})$ を求める問題に分解できるということです．

この分解をしないと，例えば $p(\boldsymbol{x}_{1:t}, \mathbf{m} | \boldsymbol{x}_0, \boldsymbol{u}_{1:t}, \boldsymbol{z}_{1:t})$ をそのままパーティクルフィルタで推定したい場合，$(\boldsymbol{x}_{1:t}, \mathbf{m})$ の空間（軌跡 × 地図の空間）という多次元空間を埋め尽くす大量のパーティクルが必要になります．一方，分解後は，後述のように軌跡 $\boldsymbol{x}_{1:t}$ の空間から軌跡をサンプリングして，その軌跡一つ一つを真として $\mathbf{m}$ の確率分布を考えるというように，パーティクルのサンプリングを軌跡の空間だけで済ませられるようになります．軌跡の空間だけでも大きいのでこの利点については今のところ限定的なように見えますが，後述のように，この分解後も問題をどんどん小さくしていくことができ，最終的には実時間で十分に計算可能なパーティクルフィルタを構成できます．式 (8.2) の分解は，ラオ・ブラックウェル化 (Rao-Blackwellization) と呼ばれます [Murphy 1999, Grisetti 2007]．また，このような分解を用いて実装されるパーティクルフィルタは **Rao-Blackwellized particle filter** (RBPF) と呼ばれます．

さらに分解を進めます．分布 $p(\mathbf{m} | \boldsymbol{x}_{0:t}, \boldsymbol{z}_{1:t})$ を求める問題は，求めている地図が点ランドマークの集合で表される場合，分かっている姿勢からセンサ値を使って各ランドマークの位置を推定する問題になります．いわばカメラを定点 $\boldsymbol{x}_{0:t}$ におき，一つ一つランドマークの位置を計測していることになるので，

$$p(\mathbf{m} | \boldsymbol{x}_{0:t}, \boldsymbol{z}_{1:t}) = \prod_{j=0}^{N_\mathbf{m}-1} p(\boldsymbol{m}_j | \boldsymbol{x}_{0:t}, \boldsymbol{z}_{1:t}) \tag{8.3}$$

と分解できます．これを式 (8.2) に代入すると，

$$p(\boldsymbol{x}_{1:t}, \mathbf{m} | \boldsymbol{x}_0, \boldsymbol{u}_{1:t}, \boldsymbol{z}_{1:t}) = p(\boldsymbol{x}_{1:t} | \boldsymbol{x}_0, \boldsymbol{u}_{1:t}, \boldsymbol{z}_{1:t}) \prod_{j=0}^{N_\mathbf{m}-1} p(\boldsymbol{m}_j | \boldsymbol{x}_{0:t}, \boldsymbol{z}_{1:t}) \tag{8.4}$$

[注1] SLAM は「自己位置」と「地図」の同時推定で，$\boldsymbol{x}_{1:t}$ ではなく $\boldsymbol{x}_t$ を推定できればよいのですが，本書で紹介する方法はどちらも軌跡 $\boldsymbol{x}_{1:t}$ を推定します．

となります[注2]．補足ですが，リスト $\mathbf{z}_t$ には，時刻 t に観測されたランドマークのセンサ値だけが入っています．$\prod$ の右側の確率分布の更新は，観測されたランドマークのみに対して行われます．

8.1.2 逐次式への変換（未遂）

さらに，式 (8.4) を逐次更新する方法を考えます．式 (8.4) の左辺を $b_t(\boldsymbol{x}_{0:t}, \mathbf{m})$ と表し[注3]，5 章の MCL のときのように，制御指令値 $\boldsymbol{u}_t$ で b_{t-1} を $\hat{b}_t$ に，センサ値のリスト $\mathbf{z}_t$ で $\hat{b}_t$ を b_t にと更新していくことを考えます．このような SLAM の問題は，本章冒頭でも述べたように，逐次 SLAM と呼ばれます．

● 移動後の更新

$\hat{b}_t$ は，式 (8.4) から，次のような確率密度関数になります．

$$\hat{b}_t(\boldsymbol{x}_{1:t}, \mathbf{m}) = p(\boldsymbol{x}_{1:t}|\boldsymbol{x}_0, \boldsymbol{u}_{1:t}, \mathbf{z}_{1:t-1}) \prod_{j=0}^{N_\mathbf{m}-1} p(\boldsymbol{m}_j|\boldsymbol{x}_{0:t}, \mathbf{z}_{1:t-1}) \tag{8.5}$$

地図の推定の部分 $p(\boldsymbol{m}_j|\boldsymbol{x}_{0:t}, \mathbf{z}_{1:t-1})$ には情報として $\boldsymbol{x}_t$ が加わっていますが，センサ値のリスト $\mathbf{z}_t$ がまだないので，地図の推定値は変化しません．したがって，b_{t-1} と $\hat{b}_t$ の違いは，$p(\boldsymbol{x}_{1:t}|\boldsymbol{x}_0, \boldsymbol{u}_{1:t}, \mathbf{z}_{1:t-1})$ の部分だけになります．この部分は，

$$\begin{aligned}
&p(\boldsymbol{x}_{1:t}|\boldsymbol{x}_0, \boldsymbol{u}_{1:t}, \mathbf{z}_{1:t-1}) \\
&= p(\boldsymbol{x}_{1:t-1}, \boldsymbol{x}_t|\boldsymbol{x}_0, \boldsymbol{u}_{1:t}, \mathbf{z}_{1:t-1}) \\
&= p(\boldsymbol{x}_t|\boldsymbol{x}_0, \boldsymbol{u}_{1:t}, \mathbf{z}_{1:t-1}, \boldsymbol{x}_{1:t-1}) p(\boldsymbol{x}_{1:t-1}|\boldsymbol{x}_0, \boldsymbol{u}_{1:t}, \mathbf{z}_{1:t-1}) && \text{（乗法定理）} \\
&= p(\boldsymbol{x}_t|\boldsymbol{x}_{t-1}, \boldsymbol{u}_t) p(\boldsymbol{x}_{1:t-1}|\boldsymbol{x}_0, \boldsymbol{u}_{1:t-1}, \mathbf{z}_{1:t-1}) && \text{（関係のない変数の除去）}
\end{aligned} \tag{8.6}$$

と整理できる[注4] ので，

$$\hat{b}_t(\boldsymbol{x}_{0:t}, \mathbf{m}) = p(\boldsymbol{x}_t|\boldsymbol{x}_{t-1}, \boldsymbol{u}_t) b_{t-1}(\boldsymbol{x}_{0:t-1}, \mathbf{m}) \tag{8.7}$$

が成り立ちます．$p(\boldsymbol{x}_t|\boldsymbol{x}_{t-1}, \boldsymbol{u}_t)$ は MCL でも出てきた状態遷移モデルです．

● 観測後の更新

時刻 t のセンサ値のリスト $\mathbf{z}_t$ で $\hat{b}_t$ を b_t に更新することを考えましょう．式 (8.4) 右辺の左側の分布（軌跡に関する分布）についてベイズの定理を適用すると，

$$\begin{aligned}
p(\boldsymbol{x}_{1:t}|\boldsymbol{x}_0, \boldsymbol{u}_{1:t}, \mathbf{z}_{1:t}) &= \eta p(\mathbf{z}_t|\boldsymbol{x}_0, \boldsymbol{u}_{1:t}, \mathbf{z}_{1:t-1}, \boldsymbol{x}_{1:t}) p(\boldsymbol{x}_{1:t}|\boldsymbol{x}_0, \boldsymbol{u}_{1:t}, \mathbf{z}_{1:t-1}) \\
&= \eta p(\mathbf{z}_t|\boldsymbol{x}_{0:t}, \boldsymbol{u}_{1:t}, \mathbf{z}_{1:t-1}) p(\boldsymbol{x}_{1:t}|\boldsymbol{x}_0, \boldsymbol{u}_{1:t}, \mathbf{z}_{1:t-1})
\end{aligned} \tag{8.8}$$

となり，$\hat{b}_t$ からは $p(\mathbf{z}_t|\boldsymbol{x}_{0:t}, \boldsymbol{u}_{1:t}, \mathbf{z}_{1:t-1})$ という因子が増えます．

注2　$p(\boldsymbol{m}_j|\boldsymbol{x}_{0:t}, \mathbf{z}_{1:t})$ は $p_j(\boldsymbol{m}|\boldsymbol{x}_{0:t}, \mathbf{z}_{1:t})$ と書くべきかもしれませんが，本章では $p(\boldsymbol{m}_j|\ldots)$ で統一します．

注3　$b_t(\boldsymbol{x}_{1:t}, \mathbf{z}_{1:t-1})$ ではなく $b_t(\boldsymbol{x}_{0:t}, \mathbf{z}_{1:t-1})$ とする理由について：ロボットの姿勢 $\boldsymbol{x}_0$ は世界座標系の $(0\ 0\ 0)^\top$ に固定して既知なので，推定対象としては $\boldsymbol{x}_{1:x}$ と $\boldsymbol{x}_{0:x}$ は等価になります．式 (8.4) の左辺では $\boldsymbol{x}_0$ が推定対象ではないので $\boldsymbol{x}_{1:t}$ となっていますが，アルゴリズムを考えるときは $t=0$ のときも考えないといけないので，b_t については，$b_t(\boldsymbol{x}_{0:t}, \mathbf{m})$ と表しました．

注4　関係のない変数の除去：$\boldsymbol{x}_t$ の分布は $\boldsymbol{x}_0, \boldsymbol{u}_{1:t}, \mathbf{z}_{1:t-1}, \boldsymbol{x}_{1:t-1}$ のうち $\boldsymbol{u}_t$ と $\boldsymbol{x}_{t-1}$ でしか決まらず，あとは条件としてはあってもなくても同じなので除去したということです．

第 8 章 パーティクルフィルタによる SLAM

この因子の値は，「これまでの履歴を条件としたときに，時刻 t に観測したランドマークの全センサ値 $\mathbf{z}_t$ が得られる確率の密度」です．もし既知の地図があれば，この値は過去の履歴に関係なく $p(\mathbf{z}_t|\boldsymbol{x}_t, \mathbf{m})$ となり，MCL の観測モデルと同じになります[注5]．しかし地図は未知なので，MCL とは異なる求め方をしなければなりません．一方，過去の履歴を使ってしまうと，ステップ数の増加にともなって計算量が増えてしまいます．

式 (8.4) 右辺の右側の分布（各ランドマークの位置に関する分布）の更新については，左側の軌跡に関する分布とは独立して考えることができます．センサ値のリスト $\mathbf{z}_t$ が得られると，各ランドマークの位置推定が分布 $p(\boldsymbol{m}_j|\boldsymbol{x}_{0:t}, \mathbf{z}_{1:t-1})$ から分布 $p(\boldsymbol{m}_j|\boldsymbol{x}_{0:t}, \mathbf{z}_{1:t})$ に更新されます．ベイズの定理で更新前後の分布の関係を求めると，

$$\begin{aligned} p(\boldsymbol{m}_j|\boldsymbol{x}_{0:t}, \mathbf{z}_{1:t}) &= \eta_j p(\mathbf{z}_t|\boldsymbol{m}_j, \boldsymbol{x}_{0:t}, \mathbf{z}_{1:t-1}) p(\boldsymbol{m}_j|\boldsymbol{x}_{0:t}, \mathbf{z}_{1:t-1}) \\ &= \eta_j p(\mathbf{z}_t|\boldsymbol{m}_j, \boldsymbol{x}_t) p(\boldsymbol{m}_j|\boldsymbol{x}_{0:t}, \mathbf{z}_{1:t-1}) \\ &= \eta_j p(\mathbf{z}_t|\boldsymbol{m}_j, \boldsymbol{x}_t) p(\boldsymbol{m}_j|\boldsymbol{x}_{0:t-1}, \mathbf{z}_{1:t-1}) \end{aligned} \quad (8.9)$$

となります．さらに，このランドマークに対するセンサ値 $\boldsymbol{z}_{j,t}$ が $\mathbf{z}_t$ に含まれるかどうかで場合分けすると，

$$p(\boldsymbol{m}_j|\boldsymbol{x}_{0:t}, \mathbf{z}_{1:t}) = \begin{cases} \eta_j p(\boldsymbol{z}_{j,t}|\boldsymbol{m}_j, \boldsymbol{x}_t) p(\boldsymbol{m}_j|\boldsymbol{x}_{0:t-1}, \boldsymbol{z}_{j,1:t-1}) & (\boldsymbol{z}_{j,t} \in \mathbf{z}_t) \\ p(\boldsymbol{m}_j|\boldsymbol{x}_{0:t-1}, \boldsymbol{z}_{j,1:t-1}) & (\text{otherwise}) \end{cases} \quad (8.10)$$

となります．センサ値が含まれる場合は $p(\boldsymbol{z}_{j,t}|\boldsymbol{m}_j, \boldsymbol{x}_t)$ という因子が増えることになります．この因子は，MCL で使われる観測モデルと同じものです．

以上から，$\hat{b}_t$ から b_t への変化は，式 (8.5) の時点から増えた因子を $\hat{b}_t$ にかけて，

$$b_t(\boldsymbol{x}_{0:t}, \mathbf{m}) = \left\{ \eta p(\mathbf{z}_t|\boldsymbol{x}_{0:t}, \boldsymbol{u}_{1:t}, \mathbf{z}_{1:t-1}) \prod_{\boldsymbol{z}_{j,t} \in \mathbf{z}_t} \eta_j p(\boldsymbol{z}_{j,t}|\boldsymbol{m}_j, \boldsymbol{x}_t) \right\} \hat{b}_t(\boldsymbol{x}_{0:t}, \mathbf{m}) \quad (8.11)$$

となります．困ったことに，$p(\mathbf{z}_t|\boldsymbol{x}_{0:t}, \boldsymbol{u}_{1:t}, \mathbf{z}_{1:t-1})$ をどう扱えばよいのかという問題が残りました．また，時間が進むにつれて，この計算に必要な変数が増えていくことも，逐次 SLAM としては問題となります．

8.2 パーティクルフィルタによる演算

パーティクルを導入し，8.1.2 項の問題をさらに考えてみましょう．パーティクルを次のように（仮に）定義します．

$$\xi_t^{(i)} = (\boldsymbol{x}_{0:t}^{(i)}, w_t^{(i)}, \hat{\mathbf{m}}_t^{(i)}) \quad (i = 0, 1, 2, \ldots, N-1) \quad (8.12)$$

$\boldsymbol{x}_{0:t}^{(i)}$ が軌跡，$w_t^{(i)}$ がその重みです．$\hat{\mathbf{m}}_t^{(i)}$ は，地図の推定に関する変数をまとめたもので，中身は後で定義します．このパーティクルの定義のように，FastSLAM は，パーティクルごとに地図を確率的に推定します．式 (8.4) が示すように，地図の推定というのは各ランドマークの位置推定を意味する

[注5] MCL の説明においては，地図は当然存在しているものだったので，観測モデル $p(\mathbf{z}_t|\boldsymbol{x}_t)$ と $\mathbf{m}$ を記述しませんでしたが，同じものです．

ので、$\hat{\mathrm{m}}_t^{(i)}$ には各ランドマークの推定位置や、その不確かさを表す変数が含まれることになります。

図 8.1 に FastSLAM のパーティクルを絵にしたものを示します。図中にはパーティクルで表された 4 つの軌跡が描いてあり、各パーティクルには、各軌跡に基づいて推定された地図のデータも付加されます。地図中のランドマークの位置は、確率的に表現されます。

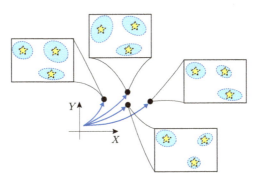

図 8.1　FastSLAM のパーティクル（θ 軸は省略）．

8.2.1 移動後の軌跡の更新

式 (8.7) の演算は、各パーティクルの軌跡 $x_{0:t-1}^{(i)}$ に対し、

$$x_t^{(i)} \sim p(x|u_t, x_{t-1}^{(i)}) \tag{8.13}$$

と $x_t^{(i)}$ を状態遷移モデルからドローして、$x_{0:t-1}^{(i)}$ に $x_t^{(i)}$ をくっつけて $x_{0:t}^{(i)}$ とするという手続きで実装できます。これにより、各パーティクル $\xi_{t-1}^{(i)}$ が、

$$\hat{\xi}_t^{(i)} = (x_{0:t}^{(i)}, w_{t-1}^{(i)}, \hat{\mathrm{m}}_{t-1}^{(i)}) \tag{8.14}$$

と更新されます。

ところで、パーティクル内の情報で、この演算に関係しているのは $x_{t-1}^{(i)}$ だけです。したがって、軌跡の更新ではそれより前の軌跡は使われないということになります。

8.2.2 観測後の地図の更新

式 (8.11) の $\prod$ の中にある各ランドマークの位置推定の問題を、パーティクルを使って解くことを考えましょう。この問題に対しては、リアルタイム性があればどのようなベイズフィルタでも使えますが、点ランドマークに対する FastSLAM ではカルマンフィルタが用いられます。この場合、$\hat{\mathrm{m}}_t^{(i)}$ は、各ランドマークに対応するガウス分布のパラメータのリストとして実装されます。

$$\hat{\mathrm{m}}_t^{(i)} = \left\{ \hat{m}_{j,t}^{(i)}, \Sigma_{j,t}^{(i)} \middle| j = 0, 1, 2, \ldots, N_{\mathrm{m}} - 1 \right\} \tag{8.15}$$

$\hat{m}_{j,t}^{(i)}$ がランドマークの位置 $m_{j,t}$ の推定値、$\Sigma_{j,t}^{(i)}$ が $\hat{m}_{j,t}^{(i)}$ の不確かさをガウス分布で表したときの共分散行列です。具体的な計算方法は実装時に示しますが、観測後、リスト z_t 内にセンサ値が存在するランドマークについて、ガウス分布が更新されます。例えば $z_{j,t} \in z_t$ の場合、$\hat{m}_{j,t-1}^{(i)}$ が $\hat{m}_{j,t}^{(i)}$、$\Sigma_{j,t-1}^{(i)}$ が $\Sigma_{j,t}^{(i)}$ に更新されます。

これで，式 (8.10) の左辺 $p(\boldsymbol{m}_j|\boldsymbol{x}_{0:t},\mathbf{z}_{1:t})$ は，

$$p(\boldsymbol{m}_j|\boldsymbol{x}_{0:t}^{(i)},\mathbf{z}_{1:t}) = p(\boldsymbol{m}_j|\hat{\boldsymbol{m}}_{j,t}^{(i)},\Sigma_{j,t}^{(i)}) \tag{8.16}$$

というように，履歴を使わずに地図の確率分布を表す式に置き換えることができます．また，右辺については，$\boldsymbol{z}_{j,t} \in \mathbf{z}_t$ の場合，

$$\begin{aligned}
&\eta_j p(\boldsymbol{z}_{j,t}|\boldsymbol{m}_j,\boldsymbol{x}_t^{(i)}) p(\boldsymbol{m}_j|\boldsymbol{x}_{0:t}^{(i)},\mathbf{z}_{j,1:t-1}) \\
&= \eta_j p(\boldsymbol{z}_{j,t}|\boldsymbol{m}_j,\boldsymbol{x}_t^{(i)}) p(\boldsymbol{m}_j|\boldsymbol{x}_{0:t-1}^{(i)},\mathbf{z}_{j,1:t-1}) \quad\quad \text{(右の分布から不要な } \boldsymbol{x}_t^{(i)} \text{ を除去)} \\
&= \eta_j p(\boldsymbol{z}_{j,t}|\boldsymbol{m}_j,\boldsymbol{x}_t^{(i)}) p(\boldsymbol{m}_j|\hat{\boldsymbol{m}}_{j,t-1}^{(i)},\Sigma_{j,t-1}^{(i)})
\end{aligned}$$

となり，$\boldsymbol{z}_{j,t} \notin \mathbf{z}_t$ の場合，ただ単に，

$$p(\boldsymbol{m}_j|\hat{\boldsymbol{m}}_{j,t-1}^{(i)},\Sigma_{j,t-1}^{(i)}) \tag{8.17}$$

となります．結局，式 (8.10) は，

$$p(\boldsymbol{m}_j|\hat{\boldsymbol{m}}_{j,t}^{(i)},\Sigma_{j,t}^{(i)}) = \begin{cases} \eta_j p(\boldsymbol{z}_{j,t}|\boldsymbol{m}_j,\boldsymbol{x}_t^{(i)}) p(\boldsymbol{m}_j|\hat{\boldsymbol{m}}_{j,t-1}^{(i)},\Sigma_{j,t-1}^{(i)}) & (\boldsymbol{z}_{j,t} \in \mathbf{z}_t) \\ p(\boldsymbol{m}_j|\hat{\boldsymbol{m}}_{j,t-1}^{(i)},\Sigma_{j,t-1}^{(i)}) & (\text{otherwise}) \end{cases} \tag{8.18}$$

という逐次式に置き換わります．パーティクル内の軌跡の情報 $\boldsymbol{x}_{0:t-1}^{(i)}$ は，ランドマークの位置推定では直接使われなくなります．

最後に，あとで使うので，式 (8.16) を各ランドマークの式から地図全体の推定の式にまとめます．まとめると，

$$\begin{aligned}
p(\boldsymbol{m}_0,\boldsymbol{m}_1,\ldots|\boldsymbol{x}_{0:t}^{(i)},\mathbf{z}_{1:t}) &= p(\mathbf{m}|\hat{\boldsymbol{m}}_{0,t}^{(i)},\Sigma_{0,t}^{(i)},\hat{\boldsymbol{m}}_{1,t}^{(i)},\Sigma_{1,t}^{(i)},\ldots) \\
p(\mathbf{m}|\boldsymbol{x}_{0:t}^{(i)},\mathbf{z}_{1:t}) &= p(\mathbf{m}|\hat{\mathbf{m}}_t^{(i)})
\end{aligned} \tag{8.19}$$

という式になります．等号を使っていますが，式 (8.16) 以後，所々で分布をガウス分布に限定する近似を行っています．

8.2.3 観測後の重みの更新

次に，式 (8.11) 内の分布 $p(\mathbf{z}_t|\boldsymbol{x}_{0:t},\boldsymbol{u}_{1:t},\mathbf{z}_{1:t-1})$ の計算について考えてみます．ロボットの移動後の軌跡の分布にこの分布をかけることで，$\mathbf{z}_t$ の情報を軌跡の推定に反映できます．この演算は，この分布の値を各パーティクルの重みにかけることで実装できます．この理由は 5.4.2 項で説明したものと同じになります．正規化定数 η の分だけ正規化が必要ですが，これはリサンプリングの際に行われます．

各パーティクルの重みを変更する式は，$\boldsymbol{x}_{0:t}$ にパーティクルの軌跡を代入して，

$$w_t^{(i)} = p(\mathbf{z}_t|\boldsymbol{x}_{0:t}^{(i)},\boldsymbol{u}_{1:t},\mathbf{z}_{1:t-1})w_{t-1}^{(i)} \tag{8.20}$$

となります．さらに $\boldsymbol{x}_{0:t}^{(i)}$ が確定しているので $\boldsymbol{u}_{1:t}$ は無駄な条件になり，

$$w_t^{(i)} = p(\mathbf{z}_t|\boldsymbol{x}_{0:t}^{(i)},\mathbf{z}_{1:t-1})w_{t-1}^{(i)} \tag{8.21}$$

となります．ただ，この表現のままだと，どうやって地図なしで $\mathbf{z}_t$ を評価するのかという問題がまだ解決していません．

この問題を解決するために，考えうる全通り地図の集合 $\mathcal{M}$ を考え，加法定理を使い，

$$p(\mathbf{z}_t|\boldsymbol{x}_{0:t}^{(i)},\mathbf{z}_{1:t-1}) = \int_{\mathcal{M}} p(\mathbf{z}_t,\mathbf{m}|\boldsymbol{x}_{0:t}^{(i)},\mathbf{z}_{1:t-1})d\mathbf{m} = \left[p(\mathbf{z}_t,\mathbf{m}|\boldsymbol{x}_{0:t}^{(i)},\mathbf{z}_{1:t-1})\right]_{\mathbf{m}} \tag{8.22}$$

と式を変形します[注6]．$[\![\cdot]\!]$ は 2.4.2 項で導入した積分の略記です．

この式の面白いところは，地図 $\mathbf{m}$ が $\boldsymbol{x}_{0:t}^{(i)}$ と $\mathbf{z}_{1:t-1}$ から推定可能なことです．上の式をさらに変形してみましょう．

$$\begin{aligned}p(\mathbf{z}_t|\boldsymbol{x}_{0:t}^{(i)},\mathbf{z}_{1:t-1}) &= \left[p(\mathbf{z}_t|\mathbf{m},\boldsymbol{x}_{0:t}^{(i)},\mathbf{z}_{1:t-1})p(\mathbf{m}|\boldsymbol{x}_{0:t}^{(i)},\mathbf{z}_{1:t-1})\right]_{\mathbf{m}} & \text{(乗法定理)}\\ &= \left\langle p(\mathbf{z}_t|\mathbf{m},\boldsymbol{x}_{0:t}^{(i)},\mathbf{z}_{1:t-1})\right\rangle_{p(\mathbf{m}|\boldsymbol{x}_{0:t}^{(i)},\mathbf{z}_{1:t-1})} & \\ &= \left\langle p(\mathbf{z}_t|\mathbf{m},\boldsymbol{x}_{t}^{(i)})\right\rangle_{p(\mathbf{m}|\boldsymbol{x}_{0:t-1}^{(i)},\mathbf{z}_{1:t-1})} & \text{(不要な条件の削除)}\\ &= \left\langle p(\mathbf{z}_t|\mathbf{m},\boldsymbol{x}_{t}^{(i)})\right\rangle_{p(\mathbf{m}|\hat{\mathbf{m}}_{t-1}^{(i)})} & \text{(式 (8.19) から)} \end{aligned} \tag{8.23}$$

というように，地図の推定パラメータ $\hat{\mathbf{m}}_{t-1}^{(i)}$ を流用した式に変形できます．また，$\langle\cdot\rangle$ 内の分布 $p(\mathbf{z}_t|\mathbf{m},\boldsymbol{x}_t^{(i)})$ は，「地図が $\mathbf{m}$，姿勢が $\boldsymbol{x}_t^{(i)}$ のときにセンサ値のリスト $\mathbf{z}_t$ が得られる」という事象に対する確率密度関数で，これは MCL の観測モデルと同じものです．これで 8.1 節の最後に残った二つの問題が解決されています．式 (8.23) の積分をどう計算するかという問題が新たに生じましたが，これは実装のときに考えましょう．

8.2.4 最終的なパーティクルの定義と操作方法

以上の式変形で，軌跡の情報 $\boldsymbol{x}_{0:t-1}$ を保存しておく必要がなくなったので，パーティクルを次のように定義しなおしましょう．

$$\xi_t^{(i)} = (\boldsymbol{x}_t^{(i)}, w_t^{(i)}, \hat{\mathbf{m}}_t^{(i)}) \quad (i = 0, 1, 2, \ldots, N-1) \tag{8.24}$$

パーティクルのもつ地図 $\hat{\mathbf{m}}_t^{(i)}$ は，式 (8.15) を再掲すると，

$$\hat{\mathbf{m}}_t^{(i)} = \left\{\hat{m}_{j,t}^{(i)}, \Sigma_{j,t}^{(i)} \middle| j = 0, 1, 2, \ldots, N_{\mathbf{m}}-1\right\} \tag{8.25}$$

です．

手続きは次のようにまとめることができます．パーティクルの姿勢は，ロボットが $\boldsymbol{u}_t$ で移動したときに

$$\boldsymbol{x}_t^{(i)} \sim p(\boldsymbol{x}|\boldsymbol{u}_t, \boldsymbol{x}_{t-1}^{(i)}) \tag{8.26}$$

と更新します．この処理は MCL とまったく同じなので，後の実装では MCL のクラスから継承されたメソッドが使えます．新たなメソッドは実装しません．

また，重みはロボットがセンサ値のリスト $\mathbf{z}_t$ を得たときに，式 (8.21), (8.23) から

注 6 こんなことをしてよいのかという疑問が生じますが，単に $\mathbf{z}_t$ の確率分布に記号 $\mathbf{m}$ が表す余計な次元を付け足しただけなので，問題ありません．この段階では $\mathbf{m}$ が地図である必要もありません．

$$w_t^{(i)} = w_{t-1}^{(i)} \left\langle p(\mathbf{z}_t|\mathbf{m}, \boldsymbol{x}_t^{(i)}) \right\rangle_{p(\mathbf{m}|\hat{\mathbf{m}}_{t-1}^{(i)})} \tag{8.27}$$

で更新します．さらにセンサ値が得られたランドマークに関して式 (8.18) の上の式をカルマンフィルタで近似計算し，推定を更新します．

$$\mathcal{N}(\boldsymbol{m}_j|\hat{\boldsymbol{m}}_{j,t}^{(i)}, \Sigma_{j,t}^{(i)}) \approx \eta_j p(\boldsymbol{z}_{j,t}|\boldsymbol{m}_j, \boldsymbol{x}_t^{(i)}) \mathcal{N}(\boldsymbol{m}_j|\hat{\boldsymbol{m}}_{j,t-1}^{(i)}, \Sigma_{j,t-1}^{(i)}) \tag{8.28}$$

リサンプリングの方法は MCL とまったく同じで，これも後の実装では MCL のクラスから継承されたリサンプリングのメソッドをそのまま使います．FastSLAM では地図のコピーという処理が発生しますが，継承したメソッドを使うとそれも自動で行われます．

ただし，地図をいちいちコピーすることには少し無駄があり，それを省く方法が「Log(N) Fast-SLAM」として，[Montemerlo 2003] で言及されています．この方法では，古いパーティクルから新しいパーティクルをコピーで生成する際，各ランドマークの推定値 $(\hat{\boldsymbol{m}}_{j,t}^{(i)}, \Sigma_{j,t}^{(i)})$ をそのままコピーせず，ポインタ，あるいは参照のコピーだけで済ませます (⇒ 問題 8.1)．そして，推定値 $(\hat{\boldsymbol{m}}_{j,t}^{(i)}, \Sigma_{j,t}^{(i)})$ を更新しなければならなくなったときだけ，参照元をコピーして実体を作ります．観測されていないランドマークの推定値はすべてポインタのコピーだけで済むので，そのぶん無駄な処理が削減されます[注7]．

8.3 パーティクルの実装

では，FastSLAM を実装していきましょう．本節では `FastSlam` クラスを作り，それに FastSLAM 用のパーティクルをもたせるところまでを実装します．

まず，本章のコードをおくディレクトリ `section_fastslam` を準備し，その下に次のようなノートブックを新規作成します．(⇒`fastslam1.ipynb` [1]-[3])

```
In [1]: 1  import sys
        2  sys.path.append('../scripts/')
        3  from kf import *

In [2]: 1  class FastSlam(Mcl):
        2      def __init__(self, envmap, init_pose, particle_num, landmark_num, motion_noise_stds={"nn":0.19, "no":0.001, "on":0.13, "oo":0.2}, \
        3                   distance_dev_rate=0.14, direction_dev=0.05):   #numをparticle_numにして、landmark_numを追加
        4          super().__init__(envmap, init_pose, particle_num, motion_noise_stds, distance_dev_rate, direction_dev)

In [3]: 1  def trial():
        2      time_interval = 0.1
        3      world = World(30, time_interval, debug=False)
        4  
        5      ##真の地図を作成##
        6      m = Map()
        7      for ln in [(-4,2), (2,-3), (3,3)]: m.append_landmark(Landmark(*ln))
        8      world.append(m)
        9  
        10     ## ロボットを作る ##
        11     init_pose = np.array([0,0,0]).T
        12     pf = FastSlam(m, init_pose, 100, len(m.landmarks))      #クラスをFastSlamに
        13     a = EstimationAgent(time_interval, 0.2, 10.0/180*math.pi, pf)
        14     r = Robot(init_pose, sensor=Camera(m), agent=a, color="red")
        15     world.append(r)
        16  
        17     world.draw()
        18  
        19  trial()
```

セル [2] に `FastSlam` クラスを実装しますが，まだ `Mcl` の `__init__` を呼び出す処理だけを書いておきます．また `__init__` には，FastSLAM では未知変数となるはずの `envmap`（環境の真の地図）を

[注7] 要は Haskell の内部処理で行われるような遅延評価を自分で実装するということです．

8.3 パーティクルの実装

受け取る引数が残っていますが，後で削除します．`trial` 関数では `Mcl` のオブジェクトの代わりに `FastSlam` のオブジェクトをエージェントに渡します．

次に，パーティクルを FastSLAM 用に作りましょう．まず，FastSlam クラスの `__init__` で，`self.particles` に FastSLAM 用のパーティクルを割り当てしなおすコードを書きます．(⇒`fastslam2.ipynb` [4])

```python
In [4]: class FastSlam(Mcl):
    def __init__(self, envmap, init_pose, particle_num, landmark_num, motion_noise_stds={"nn":0.19, "no":0.001, "on":0.13, "oo":0.2}, \
                 distance_dev_rate=0.14, direction_dev=0.05):
        super().__init__(envmap, init_pose, particle_num, motion_noise_stds, distance_dev_rate, direction_dev)
        
        self.particles = [MapParticle(init_pose, 1.0/particle_num, landmark_num) for i in range(particle_num)] #追加
        self.ml = self.particles[0] #最尤のパーティクルを新しく作ったパーティクルのリストの先頭にしておく
        
    def draw(self, ax, elems): #追加
        super().draw(ax, elems)
        self.ml.map.draw(ax, elems)
```

4 行目の `super().__init__` では Mcl 用のパーティクルのリストが作られますが，これは 6 行目で破棄されます．6 行目の `MapParticle` はこの後に実装します．また，9〜11 行目のように，`draw` メソッドも上書きします．10 行目で Mcl の `draw` を呼び，パーティクルの姿勢を描画します．また，11 行目では，重みが最大のパーティクルがもっている地図（あとで実装）を描画します．

次に，FastSlam クラスの上にセルを作って，MapParticle クラスを作りましょう．(⇒`fastslam2.ipynb` [3])

```python
In [3]: class MapParticle(Particle):
    def __init__(self, init_pose, weight, landmark_num):
        super().__init__(init_pose, weight)
        self.map = Map()
        
        for i in range(landmark_num):
            self.map.append_landmark(EstimatedLandmark())
```

4 行目で行っているように，パーティクルには地図をもたせます．これは，$\hat{m}_t^{(i)}$ に相当します．さらに，6, 7 行目のように，地図に指定された個数だけ，ランドマーク位置推定用のガウス分布を表す `EstimatedLandmark` クラス（あとで実装）のオブジェクトをもたせます．

さらに MapParticle クラスのセルの上にセルを作って，EstimatedLandmark クラスを実装しましょう．(⇒`fastslam2.ipynb` [2])

```python
In [2]: class EstimatedLandmark(Landmark):
    def __init__(self):
        super().__init__(0,0)                     #姿勢を元のクラスのposeに設定
        self.cov = np.array([[1,0], [0,2]])        #描画のテスト用の値．後でNoneに
        
    def draw(self, ax, elems):
        if self.cov is None:  #共分散が設定されていないときは描画しない
            return
        
        ###推定位置に青い星を描く###
        c = ax.scatter(self.pos[0], self.pos[1], s=100, marker="*", label="landmarks", color="blue")
        elems.append(c)
        elems.append(ax.text(self.pos[0], self.pos[1], "id:" + str(self.id), fontsize=10))
        
        ###誤差楕円を描く###
        e = sigma_ellipse(self.pos, self.cov, 3)
        elems.append(ax.add_patch(e))
```

このクラスは Landmark から派生させ，4 行目のように共分散行列をもたせます．6 行目以下は推定結果を描画するためのメソッドです．4 行目の共分散行列には初期値 `None` をあとで割り当てる予定

ですが，この段階では描画の確認のために値を入れておきます．

これでアニメーションを実行してみましょう．図 8.2 のように，全パーティクルの姿勢と，地図（青い星がランドマークの推定位置，楕円が推定位置の誤差楕円）が一つ描かれたら次に進みます．

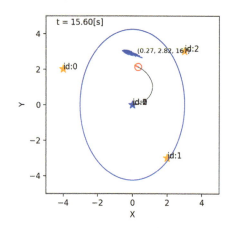

図 8.2 全パーティクルの姿勢と最尤な地図の描画．

8.4 ランドマークの位置推定の実装

8.4.1 更新則の導出

式 (8.18) を実装できる式に変形していきましょう．まず，次のようにガウス分布の積の式にします．煩雑になってしまうので，パーティクルとランドマークの ID の添え字は，ここでは省略しています．

$$\begin{aligned}
&p(\boldsymbol{m}|\hat{\boldsymbol{m}}_t, \Sigma_t) \\
&= \eta p(\boldsymbol{z}_t|\boldsymbol{m}, \boldsymbol{x}_t) p(\boldsymbol{m}|\hat{\boldsymbol{m}}_{t-1}, \Sigma_{t-1}) \\
&= \eta \exp\left\{-\frac{1}{2}[\boldsymbol{z}_t - \boldsymbol{h}(\boldsymbol{m})]^\top Q(\boldsymbol{m})^{-1}[\boldsymbol{z}_t - \boldsymbol{h}(\boldsymbol{m})] - \frac{1}{2}(\boldsymbol{m} - \hat{\boldsymbol{m}}_{t-1})^\top \Sigma_{t-1}^{-1}(\boldsymbol{m} - \hat{\boldsymbol{m}}_{t-1})\right\}
\end{aligned} \tag{8.29}$$

ここで $\boldsymbol{h}(\boldsymbol{m})$ は，式 (3.15) で $\boldsymbol{x}$ を $\boldsymbol{x} = \boldsymbol{x}_t$ と定数とした関数で，式 (3.16) から

$$\boldsymbol{h}(\boldsymbol{m}) = \boldsymbol{h}((m_x\ m_y)^\top) = \begin{pmatrix} \sqrt{(m_x - x_t)^2 + (m_y - y_t)^2} \\ \mathrm{atan2}(m_y - y_t, m_x - x_t) - \theta_t \end{pmatrix} \tag{8.30}$$

となります．また，$Q(\boldsymbol{m})$ は式 (6.22) の $Q(\boldsymbol{x})$ の変数を変えたもので，

$$Q(\boldsymbol{m}) = \begin{pmatrix} ([\ell(\boldsymbol{m})\sigma_\ell]^2 & 0 \\ 0 & \sigma_\varphi^2 \end{pmatrix} \tag{8.31}$$

です．$\ell(\boldsymbol{m})$ はパーティクルの姿勢 $\boldsymbol{x}_t$ の x, y 座標と位置 $\boldsymbol{m}$ との距離を表す関数で，これも式 (6.22) 中の $\ell(\boldsymbol{x})$ の変数と定数が入れ替わったものです．

式 (8.29) は，カルマンフィルタを導出したときの式 (6.21) とほとんど同じ形をしています．違いは，$\boldsymbol{h}$ や Q と同じく，姿勢が定数，ランドマークの位置が変数になっていることです．

式 (8.29) は $\boldsymbol{m}$ に対して非線形なので，線形化しましょう．カルマンフィルタの場合は，指数部の

最初の項を姿勢 x に対して線形化しましたが，今回の場合はランドマークの位置 m に対して次のように線形化します．

$$h(m) \approx h(\hat{m}_{t-1}) + H(m - \hat{m}_{t-1}) \tag{8.32}$$

H はカルマンフィルタの章で用いたものと異なり，h を $\hat{m}_{t-1}$ まわりで偏微分した，

$$\begin{aligned}H &= \frac{\partial h}{\partial m}\Big|_{m=\hat{m}_{t-1}} \\ &= \begin{pmatrix} (m_x - x_t)/\sqrt{(x_t - m_x)^2 + (y_t - m_y)^2} & (m_y - y_t)/\sqrt{(x_t - m_x)^2 + (y_t - m_y)^2} \\ (y_t - m_y)/\{(x_t - m_x)^2 + (y_t - m_y)^2\} & (m_x - x_t)/\{(x_t - m_x)^2 + (y_t - m_y)^2\} \end{pmatrix}\Big|_{m=\hat{m}_{t-1}} \\ &= \begin{pmatrix} (\hat{m}_{x,t-1} - x_t)/\ell_{\hat{m}_{t-1}} & (\hat{m}_{y,t-1} - y_t)/\ell_{\hat{m}_{t-1}}^2 \\ (y_t - \hat{m}_{y,t-1})/\ell_{\hat{m}_{t-1}} & (\hat{m}_{x,t-1} - x_t)/\ell_{\hat{m}_{t-1}}^2 \end{pmatrix} \end{aligned} \tag{8.33}$$

というものになります．ここで，

$$\ell_{\hat{m}_{t-1}} = \sqrt{(x_t - \hat{m}_{x,t-1})^2 + (y_t - \hat{m}_{y,t-1})^2} \tag{8.34}$$

です．

この行列 H を使い，また，$\ell(m)$ を $\ell_{\hat{m}_{t-1}}$ に入れ替えることで $Q(m)$ を $Q = Q(\hat{m}_{t-1})$ として近似すると，式 (8.29) は，

$$\begin{aligned}&p(m|\hat{m}_t, \Sigma_t) \\ &= \eta \exp\Big\{-\frac{1}{2}[z_t - h(\hat{m}_{t-1}) - H(m - \hat{m}_{t-1})]^\top Q^{-1}[z_t - h(\hat{m}_{t-1}) - H(m - \hat{m}_{t-1})] \\ &\quad -\frac{1}{2}(m - \hat{m}_{t-1})^\top \Sigma_{t-1}^{-1}(m - \hat{m}_{t-1})\Big\} \end{aligned} \tag{8.35}$$

となります．ここから左辺の $\hat{m}_t, \Sigma_t$ を導出する方法はカルマンフィルタのものと同じです．計算すると，

$$\Sigma_t = (H^\top Q^{-1} H + \Sigma_{t-1}^{-1})^{-1} \tag{8.36}$$

$$\hat{m}_t = \Sigma_t H^\top Q^{-1}[z_t - h(\hat{m}_{t-1})] + \hat{m}_{t-1} \tag{8.37}$$

となります．また，カルマンゲインは

$$K = \Sigma_{t-1} H^\top (Q + H \Sigma_{t-1} H^\top)^{-1} \tag{8.38}$$

となり，最終的なランドマークの位置推定の更新手続きは，

$$\hat{m}_t = K[z_t - h(\hat{m}_{t-1})] + \hat{m}_{t-1} \tag{8.39}$$

$$\Sigma_t = (I - KH)\Sigma_{t-1} \tag{8.40}$$

となります．ここで，これらの式からはランドマークの ID j とパーティクルの ID i が省略されていることを思い出しましょう．この手続きは，パーティクル $\xi^{(i)}$ の中で，観測されたランドマーク m_j に対して適用されます．

8.4.2 初期値の設定方法の導出

ランドマークの推定の実装には，あるランドマークを初めて観測したときに，その位置推定のガウス分布をどう初期設定するか，という問題を解決しておく必要があります．初期値として，分布の広い（ほぼ無限の）ガウス分布を与えておき，あとは前項の方法で計算するという方法を使うと，このような初期化は不要です．

しかし式の途中で線形化が入っているので，この方法がうまくいく保証はありません．例えば，前項ではカルマンフィルタを用いるために $Q(\boldsymbol{m})$ を Q で置き換えて近似して，H を $\hat{\boldsymbol{m}}_{t-1}$ まわりで偏微分しました．しかしこの場合，$\hat{\boldsymbol{m}}_{t-1}$ が実際のランドマークの位置とまったく違う位置を指していると，この近似には大きな誤差が生じます[注8]．

初期化の方法を考えるために，まだ線形化していない式 (8.29) について，センサ値しか情報がない状態を考えてみます．

$$p(\boldsymbol{m}|\boldsymbol{z}_t) = \eta \exp\left\{-\frac{1}{2}[\boldsymbol{z}_t - \boldsymbol{h}(\boldsymbol{m})]^\top Q(\boldsymbol{m})^{-1}[\boldsymbol{z}_t - \boldsymbol{h}(\boldsymbol{m})]\right\} \tag{8.41}$$

$$Q(\boldsymbol{m}) = \begin{pmatrix} [\ell(\boldsymbol{m})\sigma_\ell]^2 & 0 \\ 0 & \sigma_\varphi^2 \end{pmatrix} \tag{8.42}$$

となりますが，これもやはり $\boldsymbol{m}$ を変数とするガウス分布に近似するには線形化が必要です．この場合の線形化は，

$$\boldsymbol{h}(\boldsymbol{m}) \approx \hat{\boldsymbol{m}} + H(\boldsymbol{m} - \hat{\boldsymbol{m}}) \tag{8.43}$$

という形になります．ここで，$\hat{\boldsymbol{m}}$ はセンサ値 $\boldsymbol{z}_t = (\ell_t\ \varphi_t)^\top$ を，（定数扱いの）パーティクルの姿勢 $\boldsymbol{x}_t = (x_t\ y_t\ \theta_t)^\top$ に基づいて世界座標系でのランドマークの位置に変換したもので，

$$\hat{\boldsymbol{m}} = \begin{pmatrix} m_x \\ m_y \end{pmatrix} = \begin{pmatrix} \ell_t \cos(\varphi_t + \theta_t) + x_t \\ \ell_t \sin(\varphi_t + \theta_t) + y_t \end{pmatrix} \tag{8.44}$$

となります．また，H は，$\hat{\boldsymbol{m}}$ まわりで偏微分した，

$$H = \left.\frac{\partial \boldsymbol{h}}{\partial \boldsymbol{m}}\right|_{\boldsymbol{m}=\hat{\boldsymbol{m}}} = \begin{pmatrix} (\hat{m}_{x,t} - x_t)/\ell_{\hat{\boldsymbol{m}}} & (\hat{m}_{y,t} - y_t)/\ell_{\hat{\boldsymbol{m}}} \\ (y_t - \hat{m}_{y,t})/\ell_{\hat{\boldsymbol{m}}}^2 & (\hat{m}_{x,t} - x_t)/\ell_{\hat{\boldsymbol{m}}}^2 \end{pmatrix} \tag{8.45}$$

となります．ここで，

$$\ell_{\hat{\boldsymbol{m}}} = \sqrt{(x_t - \hat{m}_{x,t})^2 + (y_t - \hat{m}_{y,t})^2} \tag{8.46}$$

です．先ほどの H は前の時刻のランドマークの推定位置まわりにおける偏微分でしたが，この場合は最新のセンサ値から求めたランドマークの推定位置まわりの偏微分になります．

さらに，$Q(\boldsymbol{m})$ を，$\ell(\boldsymbol{m})$ の代わりに $\ell(\hat{\boldsymbol{m}})$ を使った Q に置き換え，式 (8.41) を線形化すると，

$$p(\boldsymbol{m}|\boldsymbol{z}_t) = \eta \exp\left\{-\frac{1}{2}[\boldsymbol{z}_t - \hat{\boldsymbol{m}} - H(\boldsymbol{m} - \hat{\boldsymbol{m}})]^\top Q^{-1}[\boldsymbol{z}_t - \hat{\boldsymbol{m}} - H(\boldsymbol{m} - \hat{\boldsymbol{m}})]\right\} \tag{8.47}$$

となり，ここから先ほどと同様に Σ を求めると，

[注8] 7.2.1 項の大域的位置推定におけるカルマンフィルタの挙動も参考になると思います．

$$\Sigma = (H^\top Q^{-1} H)^{-1} \tag{8.48}$$

となります．また，分布の中心は $\hat{m}$ になります．これが求めたい初期の推定値となります．

8.4.3 実装

まず，ランドマークの推定を初期化するところまで実装していきましょう．まず`EstimatedLandmark`で，共分散行列を`None`にします．（⇒`fastslam3.ipynb` [2]）

```python
In [2]: class EstimatedLandmark(Landmark):
            def __init__(self):
                super().__init__(0,0)
                self.cov = None #変更
```

`FastSlam`クラスでは，`__init__`から引数`envmap`を削除して`observaion_update`メソッドを実装します．ただ，`observaion_update`の実装は`Mcl`のものとほぼ同じで，違いはパーティクルの`observaion_update`の引数から地図を削った点だけです．（⇒`fastslam3.ipynb` [4]）

```python
In [4]: class FastSlam(Mcl):
            def __init__(self, init_pose, particle_num, landmark_num, motion_noise_stds={"nn":0.19, "no":0.001, "on":0.13, "oo":0.2}, \
                         distance_dev_rate=0.14, direction_dev=0.05): #envmapを消去
                super().__init__(None, init_pose, particle_num, motion_noise_stds, distance_dev_rate, direction_dev) #envmapをNoneに

                self.particles = [MapParticle(init_pose, 1.0/particle_num, landmark_num) for i in range(particle_num)]
                self.ml = self.particles[0]

            def observation_update(self, observation): #実装
                for p in self.particles:
                    p.observation_update(observation, self.distance_dev_rate, self.direction_dev) #MCLのobservation_updateからself.mapを削除
                self.set_ml()
                self.resampling()
```

さらに，`MapParticle`に`observaion_update`を実装します．また，ランドマークの推定の初期化をするためのメソッド`init_landmark_estimation`を記述して，`observaion_update`から呼び出します．（⇒`fastslam3.ipynb` [3]）

```python
        def init_landmark_estimation(self, landmark, z, distance_dev_rate, direction_dev):
            landmark.pos = z[0]*np.array([np.cos(self.pose[2] + z[1]), np.sin(self.pose[2] + z[1])]).T + self.pose[0:2]
            H = matH(self.pose, landmark.pos)[0:2,0:2]         #カルマンフィルタのHの右上2x2を取り出し．（書籍と符号が逆だけど13行目で相殺される．）
            Q = matQ(distance_dev_rate*z[0], direction_dev)
            landmark.cov = np.linalg.inv(H.T.dot( np.linalg.inv(Q) ).dot(H))

        def observation_update(self, observation, distance_dev_rate, direction_dev):
            for d in observation:
                z = d[0]
                landmark = self.map.landmarks[d[1]]

                if landmark.cov is None:
                    self.init_landmark_estimation(landmark, z, distance_dev_rate, direction_dev)
```

`observaion_update`については，ランドマークごとに`for`文をまわして，ランドマークが初観測であれば`init_landmark_estimation`を呼び出すという処理になります．`init_landmark_estimation`は，前項で求めた式をそのまま実装しています．

以上の実装でアニメーションを実行すると，各ランドマークが観測されるたびに図8.3のように青い星と誤差楕円が描画されます．ロボットを原点からスタートさせると，おそらく最初の二つのランドマークの推定位置は本来の位置の近くに出現しますが，最後に観測されるランドマークの推定位置は実際より大きく外れることが多くなります．

次に，2回目以降の観測での更新を実装します．まず，`MapParticle`の`observaion_update`の

第 8 章　パーティクルフィルタによる SLAM

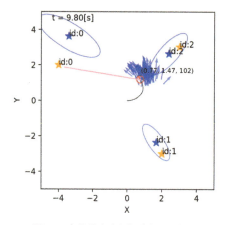

図 8.3　初期設定されたガウス分布.

if 文に，次のように `else` を足して `observation_update_landmark` というメソッドを呼び出します．（⇒`fastslam4.ipynb` [3]）

```
31      if landmark.cov is None:
32          self.init_landmark_estimation(landmark, z, distance_dev_rate, direction_dev)
33      else:              #追加
34          self.observation_update_landmark(landmark, z, distance_dev_rate, direction_dev)
```

そして，`observation_update_landmark` を次のように実装します．（⇒`fastslam4.ipynb` [3]）

```
15  def observation_update_landmark(self, landmark, z, distance_dev_rate, direction_dev):
16      estm_z = IdealCamera.observation_function(self.pose, landmark.pos) #ランドマークの推定位置から予想される計測値
17      if estm_z[0] < 0.01: #推定位置が近すぎると計算がおかしくなるので回避
18          return
19
20      H = - matH(self.pose, landmark.pos)[0:2,0:2] #ここは符号の整合性が必要
21      Q = matQ(distance_dev_rate*estm_z[0], direction_dev)
22      K = landmark.cov.dot(H.T).dot( np.linalg.inv(Q + H.dot(landmark.cov).dot(H.T)) )
23      landmark.pos = K.dot(z - estm_z) + landmark.pos
24      landmark.cov = (np.eye(2) - K.dot(H)).dot(landmark.cov)
```

式 (8.39), (8.40) をそのままコードにしているだけなので，説明は割愛します．

　これでアニメーションを実行すると，図 8.4 のような地図が描画されます．まだ重みの計算を実装していないので，よほど運が良くないと正確な地図はできません．

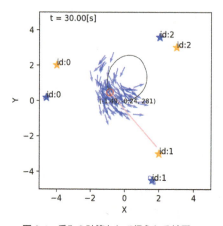

図 8.4　重みの計算なしで得られる地図.

8.5 重みの更新の実装

では，重みを更新していく処理を実装しましょう．まず，式 (8.27) を，

$$\begin{aligned}
w_t^{(i)} &= w_{t-1}^{(i)} \left\langle p(\bm{z}_t|\mathbf{m}, \bm{x}_t^{(i)}) \right\rangle_{p(\mathbf{m}|\hat{\mathbf{m}}_{t-1}^{(i)})} \\
&= w_{t-1}^{(i)} \left\langle \prod_{\bm{z}_{j,t} \in \bm{z}_t} p(\bm{z}_{j,t}|\bm{m}_j, \bm{x}_t^{(i)}) \right\rangle_{\prod_{j=0}^{N_\mathbf{m}-1} p(\bm{m}_j|\hat{\bm{m}}_{j,t-1}^{(i)}, \Sigma_{j,t-1})} \\
&= w_{t-1}^{(i)} \prod_{\bm{z}_{j,t} \in \bm{z}_t} \left\langle p(\bm{z}_{j,t}|\bm{m}_j, \bm{x}_t^{(i)}) \right\rangle_{p(\bm{m}_j|\hat{\bm{m}}_{j,t-1}^{(i)}, \Sigma_{j,t-1})}
\end{aligned} \tag{8.49}$$

と個々のランドマークの処理に分解します．最後の変形には式 (2.50) を使っています．右辺の個々の期待値に関する式は，ランドマークとパーティクルの ID を省略すると，式 (8.29) と同じ式を積分した

$$\begin{aligned}
&\langle p(\bm{z}_t|\bm{m}, \bm{x}_t) \rangle_{p(\bm{m}|\hat{\bm{m}}_{t-1}, \Sigma_{t-1})} \\
&= \eta \left[\!\!\left[\exp\left\{ -\frac{1}{2}[\bm{z}_t - \bm{h}(\bm{m})]^\top Q(\bm{m})^{-1}[\bm{z}_t - \bm{h}(\bm{m})] - \frac{1}{2}(\bm{m} - \hat{\bm{m}}_{t-1})^\top \Sigma_{t-1}^{-1}(\bm{m} - \hat{\bm{m}}_{t-1}) \right\} \right]\!\!\right]_{\bm{m}}
\end{aligned} \tag{8.50}$$

という式になります．同じ式ですが，今回は分布ではなく，値を求めないといけません．もっと具体的にいうと，センサ値 $\bm{z}_t$ を変数とするガウス分布の確率密度関数 $\mathcal{N}(\bm{z}_t|\hat{\bm{z}}_t, Q_{\bm{z}_t})$ を作り，その確率密度関数に実際に得られたセンサ値を代入して密度を求めることになります．

このためには，まず式 (8.32) と同じ線形化で，次のように指数部を変形します．

$$-\frac{1}{2}[\bm{z}_t - \bm{h}(\hat{\bm{m}}_{t-1}) - H(\bm{m} - \hat{\bm{m}}_{t-1})]^\top Q(\hat{\bm{m}}_{t-1})^{-1}[\bm{z}_t - \bm{h}(\hat{\bm{m}}_{t-1}) - H(\bm{m} - \hat{\bm{m}}_{t-1})]$$
$$-\frac{1}{2}(\bm{m} - \hat{\bm{m}}_{t-1})^\top \Sigma_{t-1}^{-1}(\bm{m} - \hat{\bm{m}}_{t-1}) \tag{8.51}$$

この式は，式 (6.16) を扱ったときと同じ形をしています．これを利用して，$\bm{z}$ を積分から外に出します．式 (B.19) に，

式 (8.51)	$\bm{z}_t$	$\bm{m}$	$\hat{\bm{m}}_{t-1}$	$\bm{h}(\hat{\bm{m}}_{t-1}) - H\hat{\bm{m}}_{t-1}$	Σ_{t-1}	$Q(\hat{\bm{m}}_{t-1})$	H
式 (B.19)	$\bm{x}_3$	$\bm{x}$	$\bm{\mu}_1$	$\bm{\mu}_2$	Σ_1	Σ_2	G

という当てはめを行います．

これで，$\bm{z}_t$ に関するガウス分布の共分散行列を $Q_{\bm{z}_t}$ とすると，式 (B.28) から，

$$Q_{\bm{z}_t} = H\Sigma_{t-1}H^\top + Q(\hat{\bm{m}}_{t-1}) \tag{8.52}$$

となり，分布の中心を $\hat{\bm{z}}_t$ とすると，式 (B.29) から，

$$\hat{\bm{z}}_t = \bm{h}(\hat{\bm{m}}_{t-1}) - H\hat{\bm{m}}_{t-1} + H\hat{\bm{m}}_{t-1} = \bm{h}(\hat{\bm{m}}_{t-1}) \tag{8.53}$$

となります．これで，式 (8.50) は，$\bm{z}_t$ と $\bm{m}$ の式に分離することができ，

$$
\begin{aligned}
&\langle p(\boldsymbol{z}_t|\boldsymbol{m},\boldsymbol{x}_t)\rangle_{p(\boldsymbol{m}|\hat{\boldsymbol{m}}_{t-1},\Sigma_{t-1})} \\
&= \eta \exp\left\{-\frac{1}{2}(\boldsymbol{z}_t - \hat{\boldsymbol{z}}_t)^\top Q_{\boldsymbol{z}_t}^{-1}(\boldsymbol{z}_t - \hat{\boldsymbol{z}}_t)\right\}\left\langle \mathcal{N}(\boldsymbol{m})\right\rangle_{\boldsymbol{m}} \\
&= \eta \exp\left\{-\frac{1}{2}(\boldsymbol{z}_t - \hat{\boldsymbol{z}}_t)^\top Q_{\boldsymbol{z}_t}^{-1}(\boldsymbol{z}_t - \hat{\boldsymbol{z}}_t)\right\} \\
&= \mathcal{N}(\boldsymbol{z}_t|\hat{\boldsymbol{z}}_t, Q_{\boldsymbol{z}_t})
\end{aligned}
\tag{8.54}
$$

となります．$\mathcal{N}(\boldsymbol{m})$ は $\boldsymbol{m}$ に関するガウス分布です（パラメータは計算に影響を与えないので省略）．したがって，重みの更新式 (8.49) は，省略していたランドマークとパーティクルの ID を再びつけて，

$$
w_t^{(i)} = w_{t-1}^{(i)} \prod_{\boldsymbol{z}_{j,t}\in\boldsymbol{z}_t} \mathcal{N}(\boldsymbol{z}_{j,t}|\hat{\boldsymbol{z}}_{j,t}, Q_{\boldsymbol{z}_{j,t}})
\tag{8.55}
$$

となります[注9]．

実装は，`MapParticle` クラスの `observation_update_landmark` に少し追加するだけになります．次のように，先ほど実装したランドマークの推定位置と共分散を更新するコードの手前に，25, 26 行目のように重み更新のコードを加えます．（⇒`fastslam5.ipynb` [3]）

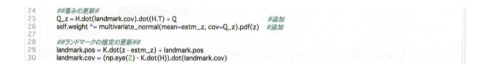

これでアニメーションを実行すると，図 8.5 のように地図が安定して得られるようになります[注10]．ただし，試行によってはバイアスが大きくて，ランドマークの位置の誤差が大きくなる場合があります．

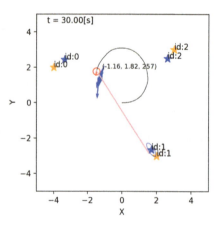

図 8.5　FastSLAM の実行結果．

8.6　FastSLAM 2.0

FastSLAM には，さらに近似能力を上げた **FastSLAM 2.0** という実装があります [Montemerlo

---

[注9]　ガウス分布の式の中にパーティクルの ID が見当たりませんが，$\hat{\boldsymbol{z}}_t$ を計算するときに姿勢 $\boldsymbol{x}_t^{(i)}$ を使います．
[注10]　ロボットを走らせる時間が 30 秒だと少し短いかもしれません．

2003]．これと対比すると，本章の冒頭でも述べましたが，前節までの実装は FastSLAM 1.0 ということになります．FastSLAM 2.0 は，パーティクルをリサンプリングする際，状態遷移モデルだけではなく，次のセンサ値のリスト $\mathbf{z}_t$ も参考にします．

図 8.6 に，FastSLAM 1.0 と 2.0 の違いを示します．それぞれ一つのパーティクルについて，時刻 $t-1$ から t へ姿勢と重みを更新するプロセスが描かれています．どちらもこの後に地図の更新とリサンプリングがありますが，これらは図示されていません．FastSLAM 1.0 では，(a) から (b) のように状態遷移モデルから次の時刻の姿勢を選び，(c) でセンサ値 $z_{j,t}$ に対して姿勢の尤度を評価し，重みを更新しています．一方，FastSLAM 2.0 では，(d) で状態遷移モデルにさらに最新のセンサ値 $z_{j,t}$ を反映した分布を作り，(e) でその分布に対して重みを計算します．その後，(f) のようにその分布から次の時刻の姿勢を選びます[注11]．

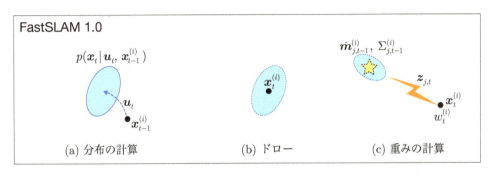

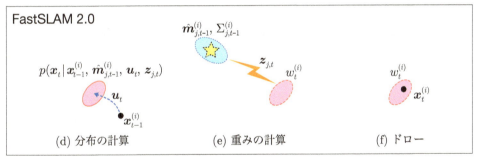

図 8.6　FastSLAM 1.0 と 2.0 の違い．

FastSLAM 2.0 の近似効率が良いということは (a) と (d) の分布の大きさで説明できます．(d) から (f) の手続きの方が，センサ値で狭められた分布から新しい姿勢が生成されるので，パーティクルのばらつきが (a) より抑えられることになります．一方で，(d) の処理に必要な $p(\mathbf{x}_t|\mathbf{x}_{t-1}^{(i)}, \hat{\mathbf{m}}_{t-1}^{(i)}, \mathbf{u}_t, \mathbf{z}_{j,t})$ の計算や (e) の重みの計算が，FastSLAM 1.0 よりも難しくなります．

8.6.1　センサ値を考慮したパーティクルの姿勢の更新

図 8.6(d) の分布を作る処理を導出しましょう．複数のセンサ値が $\mathbf{z}_t$ に含まれると数式が難しくなりすぎるので，図 8.6 のようにとりあえず一つだけ $z_{j,t}$ が含まれていることとします．(d) の分布 $p(\mathbf{x}_t|\mathbf{x}_{t-1}^{(i)}, \hat{\mathbf{m}}_{t-1}^{(i)}, \mathbf{u}_t, \mathbf{z}_{j,t})$ は，移動 $\mathbf{u}_t$，センサ値 $z_{j,t}$ の後に，パーティクルの姿勢 $\mathbf{x}_t^{(i)}$ がどこにあるのかを推定した確率分布です．この分布が，$\mathbf{u}_t$ を反映する状態遷移の式と $z_{j,t}$ を反映するベイズ

[注11] この処理も [Thrun 2005] では SIR (sampling-importance resampling) の文脈で説明されていますが，本書では MCL の章と同じく尤度比で説明します．

の定理から導かれる確率分布であることを考えると，

$$
\begin{aligned}
&p(\bm{x}_t|\bm{x}_{t-1}^{(i)}, \hat{\mathrm{m}}_{t-1}^{(i)}, \bm{u}_t, \bm{z}_{j,t}) \\
&= \eta p(\bm{z}_{j,t}|\bm{x}_t, \bm{x}_{t-1}^{(i)}, \hat{\mathrm{m}}_{t-1}^{(i)}, \bm{u}_t) p(\bm{x}_t|\bm{x}_{t-1}^{(i)}, \hat{\mathrm{m}}_{t-1}^{(i)}, \bm{u}_t) && (\text{ベイズの定理}) \\
&= \eta p(\bm{z}_{j,t}|\bm{x}_t, \hat{\mathrm{m}}_{t-1}^{(i)}) p(\bm{x}_t|\bm{x}_{t-1}^{(i)}, \bm{u}_t) && (\text{余計な条件の消去}) \\
&= \eta \left[p(\bm{z}_{j,t}, \bm{m}_j|\bm{x}_t, \hat{\bm{m}}_{j,t-1}^{(i)}, \Sigma_{j,t-1}^{(i)}) \right]_{\bm{m}_j} p(\bm{x}_t|\bm{x}_{t-1}^{(i)}, \bm{u}_t) && (\bm{m}_j \text{を追加．条件整理}) \\
&= \eta \left[p(\bm{z}_{j,t},|\bm{x}_t, \bm{m}_j, \hat{\bm{m}}_{j,t-1}^{(i)}, \Sigma_{j,t-1}^{(i)}) p(\bm{m}_j|\bm{x}_t, \hat{\bm{m}}_{j,t-1}^{(i)}, \Sigma_{j,t-1}^{(i)}) \right]_{\bm{m}_j} p(\bm{x}_t|\bm{x}_{t-1}^{(i)}, \bm{u}_t) \\
&= \eta \llbracket p(\bm{z}_{j,t}|\bm{x}_t, \bm{m}_j) \mathcal{N}(\bm{m}_j|\hat{\bm{m}}_{j,t-1}^{(i)}, \Sigma_{j,t-1}^{(i)}) \rrbracket_{\bm{m}_j} p(\bm{x}_t|\bm{x}_{t-1}^{(i)}, \bm{u}_t) && (8.56)
\end{aligned}
$$

と変形できます．

この式を線形化して $\bm{x}_t$ のガウス分布を求めることを考えましょう．右側の因子 $p(\bm{x}_t|\bm{x}_{t-1}^{(i)}, \bm{u}_t)$ についてはカルマンフィルタの 6.2.1 項のものがそのまま使え，

$$
p(\bm{x}_t|\bm{x}_{t-1}^{(i)}, \bm{u}_t) \approx \mathcal{N}(\hat{\bm{x}}_t, A_t M_t A_t^\top) = \mathcal{N}(\hat{\bm{x}}_t, R_t) \tag{8.57}
$$

$$
\hat{\bm{x}}_t = \bm{f}(\bm{x}_{t-1}^{(i)}, \bm{u}_t) \tag{8.58}
$$

となります．

右辺の積分（$\llbracket \cdot \rrbracket_{\bm{m}_j}$）に対しては，$\bm{z}_t$ のガウス分布にするために近似を行います．j を省略して，$p(\bm{z}_t|\bm{x}_t, \bm{m}) = \mathcal{N}[\bm{h}(\bm{x}_t, \bm{m}), Q(\bm{x}_t, \bm{m})]$ とすると，積分内の式の指数部は

$$
-\frac{1}{2}\left[\bm{z}_t - \bm{h}(\bm{x}_t, \bm{m})\right]^\top Q(\bm{x}_t, \bm{m})^{-1}\left[\bm{z}_t - \bm{h}(\bm{x}_t, \bm{m})\right] - \frac{1}{2}(\bm{m} - \hat{\bm{m}}_{t-1}^{(i)})^\top \Sigma_{t-1}^{(i)\,-1}(\bm{m} - \hat{\bm{m}}_{t-1}^{(i)}) \tag{8.59}
$$

となります．$Q(\bm{x}_t, \bm{m})$ は何度も出てきているセンサ値の共分散行列ですが，ここでは $\bm{x}_t, \bm{m}$ ともに変数と考えます．線形化のための計算では，$Q(\bm{x}_t, \bm{m})$ については，$\bm{x}_t = \hat{\bm{x}}_t, \bm{m} = \hat{\bm{m}}_{t-1}^{(i)}$ での値を使い，これを $Q_{\hat{\bm{z}}_t}$ と表します．$\bm{h}$ については，$\bm{m}$ と $\bm{x}_t$ を変数として線形化し，

$$
\bm{h}(\bm{x}_t, \bm{m}) \approx \hat{\bm{z}}_t + H_{\bm{m}}(\bm{m} - \hat{\bm{m}}_{t-1}^{(i)}) + H_{\bm{x}_t}(\bm{x}_t - \hat{\bm{x}}_t) \tag{8.60}
$$

とします．ここで，

$$
\hat{\bm{z}}_t = \bm{h}(\hat{\bm{x}}_t, \hat{\bm{m}}_{t-1}^{(i)}) \tag{8.61}
$$

であり，

$$
\begin{aligned}
H_{\bm{m}} &= \left.\frac{\partial \bm{h}}{\partial \bm{m}}\right|_{\bm{x}_t = \hat{\bm{x}}_t, \bm{m} = \hat{\bm{m}}_{t-1}^{(i)}} \\
&= \left.\begin{pmatrix} (m_x - x_t)/\sqrt{(x_t - m_x)^2 + (y_t - m_y)^2} & (m_y - y_t)/\sqrt{(x_t - m_x)^2 + (y_t - m_y)^2} \\ (y_t - m_y)/\{(x_t - m_x)^2 + (y_t - m_y)^2\} & (m_x - x_t)/\{(x_t - m_x)^2 + (y_t - m_y)^2\} \end{pmatrix}\right|_{\bm{x}_t = \hat{\bm{x}}_t, \bm{m} = \hat{\bm{m}}_{t-1}^{(i)}}
\end{aligned} \tag{8.62}
$$

$$
H_{\bm{x}_t} = \left.\frac{\partial \bm{h}}{\partial \bm{x}_t}\right|_{\bm{x}_t = \hat{\bm{x}}_t, \bm{m} = \hat{\bm{m}}_{j,t-1}^{(i)}}
$$

$$
= \begin{pmatrix} (x_t - m_x)/\sqrt{(x_t - m_x)^2 + (y_t - m_y)^2} & (y_t - m_y)/\sqrt{(x_t - m_x)^2 + (y_t - m_y)^2} & 0 \\ (m_y - y_t)/\{(x_t - m_x)^2 + (y_t - m_y)^2\} & (x_t - m_x)/\{(x_t - m_x)^2 + (y_t - m_y)^2\} & -1 \end{pmatrix} \Bigg|_{\boldsymbol{x}_t = \hat{\boldsymbol{x}}_t, \boldsymbol{m} = \hat{\boldsymbol{m}}_{t-1}^{(i)}} \tag{8.63}
$$

です．

これで式 (8.59) は

$$
\begin{aligned}
&-\frac{1}{2}\left[\boldsymbol{z}_t - \hat{\boldsymbol{z}}_t - H_{\boldsymbol{m}}(\boldsymbol{m} - \hat{\boldsymbol{m}}_{t-1}^{(i)}) - H_{\boldsymbol{x}_t}(\boldsymbol{x}_t - \hat{\boldsymbol{x}}_t)\right]^\top \\
&\quad Q_{\hat{\boldsymbol{z}}_t}^{-1}\left[\boldsymbol{z}_t - \hat{\boldsymbol{z}}_t - H_{\boldsymbol{m}}(\boldsymbol{m} - \hat{\boldsymbol{m}}_{t-1}^{(i)}) - H_{\boldsymbol{x}_t}(\boldsymbol{x}_t - \hat{\boldsymbol{x}}_t)\right] \\
&-\frac{1}{2}(\boldsymbol{m} - \hat{\boldsymbol{m}}_{t-1}^{(i)})^\top {\Sigma_{t-1}^{(i)}}^{-1}(\boldsymbol{m} - \hat{\boldsymbol{m}}_{t-1}^{(i)})
\end{aligned} \tag{8.64}
$$

となります．式 (B.19) の各記号との対応を考えると，

式 (8.64)	$\boldsymbol{z}_t$	$\boldsymbol{m}$	$\hat{\boldsymbol{m}}_{t-1}^{(i)}$	$\hat{\boldsymbol{z}}_t - H_{\boldsymbol{m}}\hat{\boldsymbol{m}}_{t-1}^{(i)} + H_{\boldsymbol{x}_t}(\boldsymbol{x}_t - \hat{\boldsymbol{x}}_t)$	$\Sigma_{t-1}^{(i)}$	$Q_{\hat{\boldsymbol{z}}_t}$	$H_{\boldsymbol{m}}$
式 (B.19)	$\boldsymbol{x}_3$	$\boldsymbol{x}$	$\boldsymbol{\mu}_1$	$\boldsymbol{\mu}_2$	Σ_1	Σ_2	G

となり，$\boldsymbol{z}_t$ に関するガウス分布 $\mathcal{N}(\boldsymbol{\mu}_{\boldsymbol{z}_t}, Q_{\boldsymbol{z}_t})$ の共分散行列と分布の中心が

$$
Q_{\boldsymbol{z}_t} = H_{\boldsymbol{m}}\Sigma_{t-1}^{(i)}H_{\boldsymbol{m}}^\top + Q_{\hat{\boldsymbol{z}}_t} \tag{8.65}
$$

$$
\boldsymbol{\mu}_{\boldsymbol{z}_t} = \hat{\boldsymbol{z}}_t - H_{\boldsymbol{m}}\hat{\boldsymbol{m}}_{t-1}^{(i)} + H_{\boldsymbol{x}_t}(\boldsymbol{x}_t - \hat{\boldsymbol{x}}_t) + H_{\boldsymbol{m}}\hat{\boldsymbol{m}}_{t-1}^{(i)} = \hat{\boldsymbol{z}}_t + H_{\boldsymbol{x}_t}(\boldsymbol{x}_t - \hat{\boldsymbol{x}}_t) \tag{8.66}
$$

と求まります．

今の演算と式 (8.57), (8.58) から，式 (8.56) は，

$$
\begin{aligned}
&p(\boldsymbol{x}_t | \boldsymbol{x}_{t-1}^{(i)}, \hat{\mathrm{m}}_{t-1}^{(i)}, \boldsymbol{u}_t, \boldsymbol{z}_t) \\
&= \eta \mathcal{N}(\boldsymbol{z}_t | \boldsymbol{\mu}_{\boldsymbol{z}_t}, Q_{\boldsymbol{z}_t}) p(\boldsymbol{x}_t | \boldsymbol{x}_{t-1}^{(i)}, \boldsymbol{u}_t) \\
&= \eta \exp\left\{ -\frac{1}{2}(\boldsymbol{z}_t - \boldsymbol{\mu}_{\boldsymbol{z}_t})^\top Q_{\boldsymbol{z}_t}^{-1}(\boldsymbol{z}_t - \boldsymbol{\mu}_{\boldsymbol{z}_t}) - \frac{1}{2}(\boldsymbol{x}_t - \hat{\boldsymbol{x}}_t)^\top R_t^{-1}(\boldsymbol{x}_t - \hat{\boldsymbol{x}}_t) \right\} \\
&= \eta \exp\left\{ -\frac{1}{2}\left[\boldsymbol{z}_t - \hat{\boldsymbol{z}}_t - H_{\boldsymbol{x}_t}(\boldsymbol{x}_t - \hat{\boldsymbol{x}}_t)\right]^\top Q_{\boldsymbol{z}_t}^{-1}\left[\boldsymbol{z}_t - \hat{\boldsymbol{z}}_t - H_{\boldsymbol{x}_t}(\boldsymbol{x}_t - \hat{\boldsymbol{x}}_t)\right] \right. \\
&\quad \left. -\frac{1}{2}(\boldsymbol{x}_t - \hat{\boldsymbol{x}}_t)^\top R_t^{-1}(\boldsymbol{x}_t - \hat{\boldsymbol{x}}_t) \right\}
\end{aligned} \tag{8.67}
$$

と整理できます[注12]．この式は，カルマンフィルタにおける式 (6.30) と同じ形をしています．式 (6.30) の各記号との対応は

式 (8.67)	$\boldsymbol{z}_t$	$\hat{\boldsymbol{z}}_t$	$H_{\boldsymbol{x}_t}$	$\boldsymbol{x}_t$	$\hat{\boldsymbol{x}}_t$	$Q_{\boldsymbol{z}_t}$	R_t
式 (6.30)	$\boldsymbol{z}$	$\boldsymbol{h}(\hat{\boldsymbol{\mu}})$	H	$\boldsymbol{x}$	$\hat{\boldsymbol{\mu}}$	Q	$\hat{\Sigma}$

となるので，これを式 (6.30) から導かれる計測更新の式 (6.40)〜(6.42) に当てはめると，$p(\boldsymbol{x}_t | \boldsymbol{x}_{t-1}^{(i)}, \hat{\mathrm{m}}_{t-1}^{(i)}, \boldsymbol{u}_t, \boldsymbol{z}_{j,t})$ をガウス分布に近似したときの平均値 $\boldsymbol{\mu}_t$ と共分散行列 Σ_t が次のように求まります．

$$
K = R_t H_{\boldsymbol{x}_t}^\top (Q_{\boldsymbol{z}_t} + H_{\boldsymbol{x}_t} R_t H_{\boldsymbol{x}_t}^\top)^{-1} \tag{8.68}
$$

注12 ランドマークの ID の添え字 j が省略されていることに注意しましょう．また，シミュレータのロボットでは R^{-1} は存在しませんが，カルマンフィルタの導出のときと同様に存在すると仮定しています．

$$\boldsymbol{\mu}_t = K(\boldsymbol{z}_t - \hat{\boldsymbol{z}}_t) + \hat{\boldsymbol{x}}_t \tag{8.69}$$

$$\Sigma_t = (I - KH_{\boldsymbol{x}_t})R_t \tag{8.70}$$

これで結局，当初の目的だったパーティクル $\boldsymbol{x}_t^{(i)}$ のドローが

$$\boldsymbol{x}_t^{(i)} \sim \mathcal{N}(\boldsymbol{\mu}_t, \Sigma_t) \tag{8.71}$$

でできるということになります．センサ値が複数ある場合は，式 (8.68) から式 (8.70) の処理をセンサ値の分だけ繰り返すと分布が求まります．この場合，一つのセンサ値から求めた $\boldsymbol{\mu}_t, \Sigma_t$ をそれぞれ $\hat{\boldsymbol{x}}_t, R_t$ に代入して計算を繰り返します．

8.6.2 重みの計算

次に，図 8.6(e) の重みの更新方法を考えます．センサ値 $\boldsymbol{z}_{j,t}$ が得られたとき，あるパーティクル $\xi_t^{(i)}$ と別のパーティクル $\xi_t^{(k)}$ の姿勢はそれぞれ $p(\boldsymbol{x}_t|\boldsymbol{x}_{t-1}^{(i)}, \hat{\mathrm{m}}_{t-1}^{(i)}, \boldsymbol{u}_t, \boldsymbol{z}_{j,t})$, $p(\boldsymbol{x}_t|\boldsymbol{x}_{t-1}^{(k)}, \hat{\mathrm{m}}_{t-1}^{(k)}, \boldsymbol{u}_t, \boldsymbol{z}_{j,t})$ からドローされますが，これらの分布はどちらも積分すると 1 で同じ大きさなので，ドローされる姿勢 $\boldsymbol{x}_t^{(i)}$ と $\boldsymbol{x}_t^{(k)}$ のどちらがどれだけ尤もらしいかは説明しません．この尤もらしさを測るための尤度比は，$\boldsymbol{u}_t$ の後に $\boldsymbol{z}_{j,t}$ が得られたという事実から時間をさかのぼって考えたときに，分布の元になったパーティクルの姿勢 $\boldsymbol{x}_{t-1}^{(i)}$ と $\boldsymbol{x}_{t-1}^{(k)}$ のどちらが尤もらしいかの比になります．つまり

$$\frac{w_t^{(i)}}{w_t^{(k)}} = \frac{L(\boldsymbol{x}_{t-1}^{(i)}|\boldsymbol{z}_{j,t}, \hat{\mathrm{m}}_{t-1}^{(i)}, \boldsymbol{u}_t)}{L(\boldsymbol{x}_{t-1}^{(k)}|\boldsymbol{z}_{j,t}, \hat{\mathrm{m}}_{t-1}^{(k)}, \boldsymbol{u}_t)} = \frac{p(\boldsymbol{z}_{j,t}|\boldsymbol{x}_{t-1}^{(i)}, \hat{\mathrm{m}}_{t-1}^{(i)}, \boldsymbol{u}_t)}{p(\boldsymbol{z}_{j,t}|\boldsymbol{x}_{t-1}^{(k)}, \hat{\mathrm{m}}_{t-1}^{(k)}, \boldsymbol{u}_t)} \tag{8.72}$$

となります[注13]．したがって，各パーティクルの重みは

$$w_t^{(i)} = \eta p(\boldsymbol{z}_{j,t}|\boldsymbol{x}_{t-1}^{(i)}, \hat{\mathrm{m}}_{t-1}^{(i)}, \boldsymbol{u}_t) w_{t-1}^{(i)} \quad (i = 0, 1, 2, \ldots, N-1) \tag{8.73}$$

$$\eta = \sum_{i=0}^{N-1} w_t^{(i)} \tag{8.74}$$

となります．$w_{t-1}^{(i)}$ がリサンプリングですべて等しくなっているという前提でこの計算を進めていくと，センサ値が一つ得られたときは（ランドマークの ID の添え字 j を省略すると），

$$\begin{aligned}
w_t^{(i)} &= \eta p(\boldsymbol{z}_t|\boldsymbol{x}_{t-1}^{(i)}, \hat{\mathrm{m}}_{t-1}^{(i)}, \boldsymbol{u}_t) \\
&= \eta \big[p(\boldsymbol{z}_t, \boldsymbol{x}_t|\boldsymbol{x}_{t-1}^{(i)}, \hat{\mathrm{m}}_{t-1}^{(i)}, \boldsymbol{u}_t) \big]_{\boldsymbol{x}_t} \\
&= \eta \big[p(\boldsymbol{z}_t|\boldsymbol{x}_t, \boldsymbol{x}_{t-1}^{(i)}, \hat{\mathrm{m}}_{t-1}^{(i)}, \boldsymbol{u}_t) p(\boldsymbol{x}_t|\boldsymbol{x}_{t-1}^{(i)}, \hat{\mathrm{m}}_{t-1}^{(i)}, \boldsymbol{u}_t) \big]_{\boldsymbol{x}_t} \\
&= \eta \big[p(\boldsymbol{z}_t|\boldsymbol{x}_t, \hat{\mathrm{m}}_{t-1}^{(i)}) p(\boldsymbol{x}_t|\boldsymbol{x}_{t-1}^{(i)}, \boldsymbol{u}_t) \big]_{\boldsymbol{x}_t} \\
&= \eta \big[p(\boldsymbol{z}_t|\boldsymbol{x}_t, \hat{\mathrm{m}}_{t-1}^{(i)}, \Sigma_{t-1}^{(i)}) p(\boldsymbol{x}_t|\boldsymbol{x}_{t-1}^{(i)}, \boldsymbol{u}_t) \big]_{\boldsymbol{x}_t} \quad \text{（観測されたランドマークだけ考慮）} \\
&= \eta \big[\big[p(\boldsymbol{z}_t|\boldsymbol{x}_t, \boldsymbol{m}) \mathcal{N}(\boldsymbol{m}|\hat{\mathrm{m}}_{t-1}^{(i)}, \Sigma_{t-1}^{(i)}) \big]_{\boldsymbol{m}} p(\boldsymbol{x}_t|\boldsymbol{x}_{t-1}^{(i)}, \boldsymbol{u}_t) \big]_{\boldsymbol{x}_t} \tag{8.75}
\end{aligned}$$

となります．

[注13] $\boldsymbol{x}_{t-1}^{(i)}$ と $\boldsymbol{z}_{j,t}$ を尤度関数 L と確率分布 p で何の説明もなく入れ替えていますが，L と p の違いは単に何を変数として考えるかの違いだけで，関数の形は同じです．この式の中辺は「$\boldsymbol{z}_{j,t}$ をもとに $\boldsymbol{x}_{t-1}^{(i)}$ を評価する」，右辺は「その根拠に p を使う」ということを意味しています．

この式を見ると，式 (8.56) を x_t で積分した形になっています．そのため，式 (8.67) から，

$$p(z_t|x_{t-1}^{(i)}, \hat{\mathrm{m}}_{t-1}^{(i)}, u_t) = \eta \int_{\mathcal{X}} \exp\Big\{ -\frac{1}{2} [z_t - \hat{z}_t - H_{x_t}(x_t - \hat{x}_t)]^\top Q_{z_t}^{-1} [z_t - \hat{z}_t - H_{x_t}(x_t - \hat{x}_t)]$$
$$-\frac{1}{2}(x_t - \hat{x}_t)^\top R_t^{-1}(x_t - \hat{x}_t)\Big\} dx_t \tag{8.76}$$

となり，式 (B.19) の各記号との対応を考えると，

式 (8.76)	z_t	x_t	$\hat{x}_t$	$\hat{z}_t - H_{x_t}\hat{x}_t$	R_t	Q_{z_t}	H_{x_t}
式 (B.19)	x_3	x	μ_1	μ_2	Σ_1	Σ_2	G

となり，$p(z_t|x_{t-1}^{(i)}, \hat{\mathrm{m}}_{t-1}^{(i)}, u_t)$ の共分散行列と分布の中心は

$$\Sigma_{z_t} = H_{x_t} R_t H_{x_t}^\top + Q_{z_t} \tag{8.77}$$

$$\mu_{z_t} = \hat{z}_t - H_{x_t}\hat{x}_t + H_{x_t}\hat{x}_t = \hat{z}_t \tag{8.78}$$

となります．したがって，

$$w_t^{(i)} = \mathcal{N}(z_t|\hat{z}_t, H_{x_t} R_t H_{x_t}^\top + Q_{z_t}) \tag{8.79}$$

で計算して[注14]，あとで正規化すると重みが求まります．

センサ値が複数あるときは，式 (8.75) が

$$w_t^{(i)} = \eta p(z_t|x_{t-1}^{(i)}, \hat{\mathrm{m}}_{t-1}^{(i)}, u_t) = \eta \prod_{j=0}^{N_\mathrm{m}-1} p(z_{j,t}|x_{t-1}^{(i)}, \hat{\mathrm{m}}_{t-1}^{(i)}, u_t) \tag{8.80}$$

というように，センサ値が一つだけの場合の単純な乗算になります．そのため，各センサ値で式 (8.79) の右辺を計算して，単純に乗算して重みにしてやればよいことになります．

8.6.3 FastSLAM 2.0 の実装

以上の計算をコードに反映していきましょう．FastSLAM 2.0 の実装ではパーティクルを移動するときにセンサ値が必要です．これは今まで使ってきたエージェントでは対応できないので，次のように新たにエージェントを作ります．（⇒`fastslam6.ipynb` [5]）

```python
In [5]: 1  class FastSlam2Agent(EstimationAgent):
        2      def __init__(self, time_interval, nu, omega, estimator):
        3          super().__init__(time_interval, nu, omega, estimator)
        4
        5      def decision(self, observation=None):
        6          self.estimator.motion_update(self.prev_nu, self.prev_omega, self.time_interval, observation) #センサ値追加
        7          self.prev_nu, self.prev_omega = self.nu, self.omega
        8          self.estimator.observation_update(observation)
        9          return self.nu, self.omega
```

`decision` メソッドを上書きし，`motion_update` にセンサ値のリスト `observation` を渡します．
FastSLAM クラス側では，`__init__` に `self.motion_noise_stds` を追加して移動に対する雑音のパラメータを記憶しておくようにします．さらに，`motion_update` メソッドを次のように上書きします．（⇒`fastslam6.ipynb` [4]）

注 14 この式は $w_t^{(i)}$ が実数ではなく分布 $\mathcal{N}$ になるように見えますが，z_t には実際に得られたセンサ値が入っているので実数になります．

```
 9        self.motion_noise_stds = motion_noise_stds  #追加
10
11    def motion_update(self, nu, omega, time, observation): #書き換え
12        ##すでに観測されていたランドマークのリストを作成##
13        not_first_obs = []
14        for d in observation:
15            if self.particles[0].map.landmarks[d[1]].cov is not None: #先頭のパーティクルの地図を使って判断
16                not_first_obs.append(d)
17
18        if len(not_first_obs) > 0:
19            for p in self.particles: p.motion_update2(nu, omega, time, self.motion_noise_stds, not_first_obs,\
20                                        self.distance_dev_rate, self.direction_dev) #新しい更新則
21        else:
22            for p in self.particles: p.motion_update(nu, omega, time, self.motion_noise_rate_pdf) #元の更新則
```

12〜16 行目では，センサ値のリスト z（observation）からすでに観測済みのランドマークのセンサ値だけを残し，not_first_obs というリストを再編成しています．18 行目以降では，not_first_obs が空でなければ，これから実装する motion_update2 メソッドを呼び，そうでなければ元の motion_update メソッドを呼ぶという場合分けをしています．

MapParticle に実装する motion_update2 メソッドでは，まず 8.6.1 項の手続きを実装します．（⇒fastslam6.ipynb [3]）

```
 9    def drawing_params(self, hat_x, landmark, distance_dev_rate, direction_dev):
10        ##観測関数の線形化##
11        ell = np.hypot(*(hat_x[0:2] - landmark.pos))
12        Qhat_zt = matQ(distance_dev_rate*ell, direction_dev)
13        hat_zt = IdealCamera.observation_function(hat_x, landmark.pos)
14        H_m = - matH(hat_x, landmark.pos)[0:2,0:2]
15        H_xt = matH(hat_x, landmark.pos)
16
17        ##パーティクルの姿勢と地図からセンサ値の分布の共分散行列を計算##
18        Q_zt = H_m.dot(landmark.cov).dot(H_m.T) + Qhat_zt
19
20        return hat_zt, Q_zt, H_xt
21
22    def gauss_for_drawing(self, hat_x, R_t, z, landmark, distance_dev_rate, direction_dev):
23        hat_zt, Q_zt, H_xt = self.drawing_params(hat_x, landmark, distance_dev_rate, direction_dev)
24        K = R_t.dot(H_xt.T).dot(np.linalg.inv(Q_zt + H_xt.dot(R_t).dot(H_xt.T)))
25
26        return K.dot(z - hat_zt) + hat_x, (np.eye(3) - K.dot(H_xt)).dot(R_t)
27
28    def motion_update2(self, nu, omega, time, motion_noise_stds, observation, distance_dev_rate, direction_dev): #変更
29        ##移動後の分布を作る##
30        M = matM(nu, omega, time, motion_noise_stds)
31        A = matA(nu, omega, time, self.pose[2])
32        R_t = A.dot(M).dot(A.T)
33        hat_x = IdealRobot.state_transition(nu, omega, time, self.pose)
34
35        for d in observation:
36            hat_x, R_t = self.gauss_for_drawing(hat_x, R_t, d[0], self.map.landmarks[d[1]], distance_dev_rate, direction_dev)
37
38        self.pose = multivariate_normal(mean=hat_x, cov=R_t + np.eye(3)*1.0e-10).rvs() #次元が足りないので少し共分散を足す
```

28〜38 行目が motion_update2 です．まず 29〜33 行目で式 (8.57), (8.58) の $R_t, \hat{x}_t$ を求めています．35, 36 行目は式 (8.71) のガウス分布の中心 $\boldsymbol{\mu}_t$ と共分散行列 Σ_t を求める処理です．この処理はセンサ値の個数だけ繰り返されます．呼び出しているメソッド gauss_for_drawing については後で説明します．38 行目は式 (8.71) の処理で，これでパーティクルの姿勢が更新されます．本書のロボットの場合，状態遷移モデルの分布が 2 次元に縮退しているので，最終的に得られる分布も縮退した状態です．この場合，そのままドローするとエラーが起きるので，38 行目では各軸に微小な共分散を足しています．

22〜26 行目の gauss_for_drawing メソッドでは，23 行目で $\hat{z}_t, Q_{z_t}, H_{x_t}$ を drawing_params メソッドから得て，24 行目で式 (8.68) のカルマンゲインを求めています．そして，26 行目で $\boldsymbol{\mu}_t, \Sigma_t$ を返しています．drawing_params メソッドは 9〜20 行目で実装されており，式 (8.60) で h を線形化する際の各種パラメータを計算しています．

ここまで実装して，アニメーションを行うセルでエージェントを FastSlam2Agent にすると，SLAM が実行できます（⇒fastslam6.ipynb [6]．省略）．ただし，重みの更新方法がまだ FastSLAM 1.0 のものなので，数理的にはまだ正しくない実装となっています．

では，8.6.2 項の重みの更新を実装しましょう．次のコードの 36〜39 行目のように，パーティクルの姿勢を更新する前に重みの計算を差し込みます．また，`observation_update_landmark` で行っていた重みの更新は削除します．（⇒`fastslam7.ipynb` [3]）

```python
29      def motion_update2(self, nu, omega, time, motion_noise_stds, observation, distance_dev_rate, direction_dev): #変更
30          ##移動後の分布を作る##
31          M = matM(nu, omega, time, motion_noise_stds)
32          A = matA(nu, omega, time, self.pose[2])
33          R_t = A.dot(M).dot(A.T)
34          hat_x = IdealRobot.state_transition(nu, omega, time, self.pose)
35          
36          for d in observation: #36〜39行目を追加（重みの更新式）
37              hat_zt, Q_zt, H_xt = self.drawing_params(hat_x, self.map.landmarks[d[1]], distance_dev_rate, direction_dev)
38              Sigma_zt = H_xt.dot(R_t).dot(H_xt.T) + Q_zt
39              self.weight *= multivariate_normal(mean=hat_zt, cov=Sigma_zt).pdf(d[0])
40          
41          for d in observation:
42              hat_x, R_t = self.gauss_for_drawing(hat_x, R_t, d[0], self.map.landmarks[d[1]], distance_dev_rate, direction_dev)
43          
44          self.pose = multivariate_normal(mean=hat_x, cov=R_t + np.eye(3)*0.00001).rvs()

52      def observation_update_landmark(self, landmark, z, distance_dev_rate, direction_dev):
53          estm_z = IdealCamera.observation_function(self.pose, landmark.pos)
54          if estm_z[0] < 0.01:
55              return
56          
57          H = - matH(self.pose, landmark.pos)[0:2,0:2]
58          Q = matQ(distance_dev_rate*estm_z[0], direction_dev)
59          K = landmark.cov.dot(H.T).dot( np.linalg.inv(Q + H.dot(landmark.cov).dot(H.T)) )
60          
61          ##重みの更新#  #ここの重みの更新は不要になる
62      #   Q_z = H.dot(landmark.cov).dot(H.T) + Q                          #削除
63      #   self.weight *= multivariate_normal(mean=estm_z, cov=Q_z).pdf(z) #削除
```

39 行目は式 (8.79) の計算に相当します．

図 8.7 に，FastSLAM 1.0 と 2.0 での推定の例をそれぞれ三つずつ示しました．分布が広がりやすいようにシミュレーションの更新周期を 3 秒にして，観測の回数を減らしています．地図の正確さの比較はしていないのでどちらが優れているかは定量的にはいえませんが，図中のパーティクルの分布を

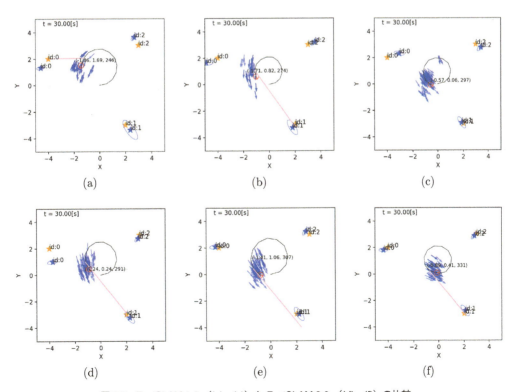

図 8.7　FastSLAM 1.0 （(a)〜(c)）と FastSLAM 2.0 （(d)〜(f)）の比較.

見ると，違いが現れています．図 5.18 で系統サンプリングの動作例を見たときのように，FastSLAM 2.0 のパーティクルの方が 1.0 の例に比べて集団に分裂せずに，滑らかに分布しています．パーティクルを移動させるときに狭い範囲に分布させることが，サンプリングバイアスを小さくする効果を生んでいます．

ところで，FastSLAM 2.0 はロボットの移動時にパーティクルを狭い範囲に分布させるため，パーティクルの分布が FastSLAM 1.0 よりも狭くなる印象があるかもしれません．しかし，FastSLAM 2.0 でもパーティクルの分布は FastSLAM 1.0 と同じく軌跡の不確かさを推定しているので，そのようなことはありません．FastSLAM 2.0 では移動時にパーティクルの分布を狭くしますが，FastSLAM 1.0 の場合は重みの計算の際に分布が狭くなるように重み付けします．

8.7 まとめ

本章では逐次 SLAM の代表的手法である FastSLAM を，点ランドマークで構成される地図に対して実装しました．最近の移動ロボットでは点ランドマークではなく LiDAR によって計測された壁の情報が SLAM に利用されており，LiDAR（2 次元のもの）とともに用いられる FastSLAM の基本的なアルゴリズムについては，確率ロボティクス [Thrun 2005] に記述されています．LiDAR を使う場合，地図は LiDAR で検知される障害物（壁や柱，電柱，木など）を書き込んだものになります．この場合，地図の表現には**占有格子地図**が用いられます．また，ROS とともによく用いられる SLAM パッケージの gmapping は 2 次元 LiDAR 用の FastSLAM 2.0 ですので，こちらも参考になります [Grisetti 2007]．さらに，まったく別の手法として，LiDAR のスキャンマッチングだけで逐次 SLAM を実現するアルゴリズムも存在します [Takeuchi 2006, Nüchter 2007, Kohlbrecher 2011]．このようなアルゴリズムでも状態遷移モデルを利用することができますが，信念分布の更新にではなくスキャンマッチングの正確さを高めるために用いられるので（[Hara 2013] など），定式化は FastSLAM のものとは異なります．

SLAM にも自己位置推定同様，誘拐ロボット問題があり，研究されています（[Tian 2016] や https://youtu.be/DzRiupFzR40 など）．一方，ROS で広く使われているいくつかの SLAM のパッケージに関しては，誘拐ロボット問題への対応はできていないようです．SLAM の発展的問題については，[友納 2018a] に言及があります．

SLAM を使用する目的が環境の地図を得ることだけの場合，人間が慎重にロボットを手動で操作して誘拐を防ぐという運用がとられます．一方，SLAM をロボットが自律的に行いながら何か作業できるようになると，自己位置推定しかしない場合よりもロボットの自律性が飛躍的に増します．ただし，この場合，ロボットには探査のための戦略や，地図がなくても安全に移動できるような行動ルールが必要となります．最新の掃除ロボットは，このような機能を備えています（https://youtu.be/oj3Vawn-kRE）．

章末問題

問題 8.1
Log(N) FastSLAM のアイデアを実装してみましょう．

問題 8.2
FastSLAM を使う場合，ロボットをどのように行動させると，より正確な地図が得られるかを考えてみましょう．

問題 8.3
LiDAR を使った FastSLAM の場合，本書の「まとめ」に書いたように，地図は占有格子地図に記録されます．占有格子地図による地図の推定方法について，[Thrun 2005] などで調べてみましょう．問題 4.2 を終えた後，実装してみましょう．

問題 8.4
ランドマークを計測したときのセンサ値が 7.4 節のようにガウス分布に従わない場合でも，占有格子地図を使うと SLAM が可能になるかもしれません．実装してみましょう．

問題 8.5
FastSLAM の途中に誘拐ロボット問題が起こるとどうなるか試してみましょう．FastSLAM で誘拐ロボット問題に対処することは可能でしょうか．方法を考えてみましょう．

その他，ファントムなどを駆使して，本章のアルゴリズムがうまく機能しない場合を見つけてみましょう．また，その対策方法について考えたり，調べたりしましょう．

問題 8.6
リアルタイムで SLAM を実行する場合，次章のように事後に SLAM を行う場合に比べ，パーティクルの数を増やせないという点のほかに何か不利になるようなことはあるでしょうか．

第9章 グラフ表現によるSLAM

本章では，制御指令値やセンサ値がある程度蓄積された後にSLAMを行う方法の一つである**グラフベースSLAM**（graph-based SLAM）を扱います．名前の通り，グラフベースSLAMではグラフ理論でいうところの「グラフ」が用いられます．グラフベースSLAMの「グラフ」は，ロボットの各時刻の姿勢やランドマークの計測位置を「ノード（頂点）」，それらの計測結果を「エッジ（辺）」としたものです．

例を図9.1に示します．この図中の青のエッジはそれぞれ状態遷移モデルから導かれる移動量，赤のエッジはセンサ値を表しています．ノードはロボットとランドマークの姿勢・位置です．どのエッジもノード間の相対位置の情報をもっており，これらの情報にまったく誤差がなければ，図9.1のように各姿勢と各ランドマークの位置は一意に決まります．

しかし，実際には誤差があるので，ノードの姿勢・位置を決めようとすれば，ロボットのエッジの情報が互いに矛盾してエッジの先が揃いません．これをむりやり揃えるためにはエッジの長さや向きを変えて「歪ませる」必要があります．この際，どのエッジも平等に歪ませると良いわけではなく，誤差が小さいことが見積もられるエッジをあまり歪ませないようにすることが求められます．

グラフベースSLAMは「どのエッジをどの方向にどれだけ歪ませるか」を計算します．この計算には最小二乗法が利用されますが，この最小二乗法は，確率の計算から導かれます．

本章ではグラフベースSLAMの一つの実装方法を示します．本章のアルゴリズムは[Grisetti 2010]の記述を，点ランドマークの位置推定のために筆者の解釈を多く加えて実装したものです．[Grisetti 2010]や本章の方法は，ランドマークの位置に関するノードは作らず，姿勢のノードでグラフを作って先にロボットの軌跡を求めるものです．センサ値の与える情報は姿勢のノードの中に織り込まれます．この処理は**ポーズ調整**と呼ばれます．その後，求めた軌跡から地図を作ります．

本章の構成は次の通りです．まず，9.1節で問題を定式化します．次に，9.2節でセンサ値だけを

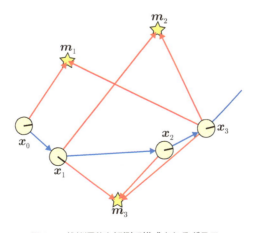

図9.1 状態遷移と観測で構成されるグラフ．

使ってポーズ調整を行います．9.3 節では，状態遷移モデルも使ってポーズ調整を完成させます．9.4 節では地図を求めます．以上の SLAM のアルゴリズムは，問題を簡単にするためにセンサ値にもう 1 次元加えて説明しますが，9.5 節ではセンサ値を元の 2 次元に戻して，前章の FastSLAM と同じ問題を解くアルゴリズムを考えます．9.6 節はまとめです．

9.1 問題の定式化

　本節では，SLAM の問題がグラフベース SLAM でどのように扱われるのかを説明します．ただ，ここではかなり抽象化して説明するので，次節以降のコードと行き来しながら理解していくとよいでしょう．

　グラフベース SLAM が何をするかを理解するために，式 (8.2) をもう一度見てみましょう．

$$p(\boldsymbol{x}_{1:T}, \mathbf{m} | \boldsymbol{x}_0, \boldsymbol{u}_{1:T}, \mathbf{z}_{0:T}) = p(\boldsymbol{x}_{1:T} | \boldsymbol{x}_0, \boldsymbol{u}_{1:T}, \mathbf{z}_{0:T}) p(\mathbf{m} | \boldsymbol{x}_{0:T}, \mathbf{z}_{0:T}) \tag{9.1}$$

$\mathbf{z}_0$ が存在するという仮定を元の式に追加しましたが，これは最終的に不要になります．この分布の値を最大にする $\boldsymbol{x}_{1:T}$ と $\mathbf{m}$ を求める問題

$$\boldsymbol{x}_{1:T}^*, \mathbf{m}^* = \underset{\boldsymbol{x}_{1:T}, \mathbf{m}}{\operatorname{argmax}} \, p(\boldsymbol{x}_{1:T}, \mathbf{m} | \boldsymbol{x}_0, \boldsymbol{u}_{1:T}, \mathbf{z}_{0:T}) \tag{9.2}$$

は**完全 SLAM 問題**と呼ばれます．しかし，この問題をまともに解こうとすると，多くの場合に計算量が大きくなりすぎます．

　本章で実装するグラフベース SLAM は式 (9.1) の右辺のような分解を利用し，まず，左側の $p(\boldsymbol{x}_{1:T} | \boldsymbol{x}_0, \boldsymbol{u}_{1:T}, \mathbf{z}_{0:T})$ の値を最大にする軌跡を先に解き，後で $p(\mathbf{m} | \boldsymbol{x}_{0:T}, \mathbf{z}_{0:T})$ の値を最大にする $\mathbf{m}$ を解くという手順で地図を生成します．FastSLAM でも式 (9.1) の分解を利用しましたが，グラフベース SLAM の場合は軌跡を一つだけ求めるところが異なります．

　軌跡を一つだけ求めると確率分布 $p(\boldsymbol{x}_{1:T} | \boldsymbol{x}_0, \boldsymbol{u}_{1:T}, \mathbf{z}_{0:T})$ はもはや考慮されなくなるため，そこから求められた地図は完全 SLAM の解とは少し異なるかもしれません．しかし，十分な正確さで軌跡が得られるならば，そこから得られる地図も十分に正確なことが期待できます．

9.1.1 軌跡の算出問題

軌跡を求める部分の問題は

$$\boldsymbol{x}_{1:T}^* = \underset{\boldsymbol{x}_{1:T}}{\operatorname{argmax}} \, p(\boldsymbol{x}_{1:T} | \boldsymbol{x}_0, \boldsymbol{u}_{1:T}, \mathbf{z}_{0:T}) \tag{9.3}$$

と表現できます．$\boldsymbol{x}_0$ と $\boldsymbol{x}_{1:T}$ を区別していると後から煩雑になるので，

$$\boldsymbol{x}_{0:T}^* = \underset{\boldsymbol{x}_{0:T}}{\operatorname{argmax}} \, p(\boldsymbol{x}_{0:T} | \hat{\boldsymbol{x}}_0, \boldsymbol{u}_{1:T}, \mathbf{z}_{0:T}) \tag{9.4}$$

としておきます．後から詳しく説明しますが，$\hat{\boldsymbol{x}}_0$ がアルゴリズム中で初期姿勢として与える値で，$\boldsymbol{x}_0$ は $\hat{\boldsymbol{x}}_0$ からほとんど変化しませんが，変数として扱われます．

　この問題は，このままだと各変数が全部関係し合って扱えません．[Grisetti 2010] のグラフベース SLAM では，最小二乗法で $\boldsymbol{x}_{0:T}^*$ を求めます．ここでは最小二乗法の問題を作るまでを説明します[注1]．

注 1　式 (9.4) の確率分布と以下に説明する方法の関係を説明しようと試みましたが，「同じ問題を別の方法で解いている」以上に筆者が納得できるものが得られませんでした．もちろん，同じ問題を解いているので互いに似た確率分布に近づけることはできるはずなのですが，本書ではこの関係性まで踏み込めませんでした．ご容赦ください．

● グラフの準備

まず、$\hat{x}_0$ と $u_{1:T}$ から、雑音のない状態方程式 $x_t = f(x_{t-1}, u_t)$ を使って、$x_1, x_2, \ldots, x_T$ を順番に計算していきます。計算した値を $\hat{x}_{1:T}$ と表します。本章では $\hat{x}_{1:T}$ を「推定姿勢の初期値」、あるいはグラフの文脈では「ノードの集合」と呼びます。後者の呼び方の場合、$\hat{x}_{1:T}$ の一つ一つの姿勢は $\hat{x}_0$ と合わせて「ノード（頂点）」ということになります。初期値とあるように、$\hat{x}_{1:T}$ は繰り返し計算でより良い推定姿勢に更新されます。

ノードの集合 $\hat{x}_{0:T}$ 内には、互いの姿勢に**拘束**関係をもつペア $\hat{x}_{t_1}, \hat{x}_{t_2}$ がいくつかあります。ここで、t_1, t_2 は 0 から T までの時刻のいずれかを指します。隣接している必要はありません。例えば、$\hat{x}_{t_1}, \hat{x}_{t_2}$ で同じランドマーク m_j を観測していた場合、それぞれに対応するセンサ値 z_{j,t_1}, z_{j,t_2} からランドマークの位置が二通りに計算できますが、この位置は一致していないといけません。そういう意味で、$\hat{x}_{t_1}$ と $\hat{x}_{t_2}$ には、互いの姿勢の関係に制約が生じます。この制約のことを「拘束」と表現します。一方、$\hat{x}_{t_1}, \hat{x}_{t_2}$ は状態遷移モデルから求めた姿勢で実際のものではなく、さらに z_{j,t_1}, z_{j,t_2} にも雑音が混入しているので、これらの変数から計算される 2 通りのランドマークの位置は一致せず、違いがあるはずです。この違いの値を「残差」と呼びましょう。ノード $\hat{x}_{t_1}, \hat{x}_{t_2}$ を動かすと、この残差の量は変化します。局所的に見ると残差をゼロにすることが好ましいわけですが、ほかの姿勢との関係もあって大局的にはそれだけでは済まなくなります。

また、t_1 と t_2 が隣接する時刻の場合、状態遷移モデルを説明するために、$\hat{x}_{t_1}$ と $\hat{x}_{t_2}$ 間に拘束が発生します。推定姿勢の初期値 $\hat{x}_{1:T}$ は状態遷移モデルから計算されたものなので、この関係は今のところ一致していますが、初期値から動かすと、逆に違いが発生することになります。この違いの値も「残差」と呼びます。

以上を踏まえて、拘束関係をもつノードのペア間をエッジ（辺）で結んで「グラフ」を作ります。上の議論から、次の二つのタイプのエッジを作ります。$0 \le t_1 < t_2 \le T$ とします。

仮想移動エッジ　　　$e_{j,t_1,t_2} = (\hat{x}_{t_1}, \hat{x}_{t_2}, z_{j,t_1}, z_{j,t_2})$　　　（j は観測されたランドマークの ID）

移動エッジ　　　$e_{t_1,t_2} = (\hat{x}_{t_1}, \hat{x}_{t_2}, u_{t_2})$　　　　　　　　　　　　　　$(t_2 = t_1 + 1)$

「仮想」というのは、$\hat{x}_{t_1}$ から $\hat{x}_{t_2}$ への「移動」を仮想的に考えるという意味になります[注2]。図 9.2 にエッジの例を示します。仮想移動エッジは同じランドマークを観測した $\hat{x}_1, \hat{x}_3$ 間、移動エッジは時

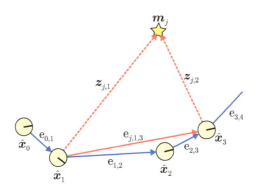

図 9.2　仮想移動エッジ（赤の実線）と移動エッジ（青の実線）．

注 2　[Grisetti 2010] では「virtual measurement」という言葉で、センサ値から得られる $\hat{x}_{t_1}$ と $\hat{x}_{t_2}$ の関係を表現しています。仮想移動エッジというのは、筆者の造語で、以後の説明がややこしくならないように作りました。LiDAR ベースのグラフベース SLAM の場合は、スキャンマッチングで本書でいう「仮想移動エッジ」だけを作っていき、環境をロボットが一周したときにポーズ調整で「ループを閉じる」処理をするという手順がとられます。

刻が隣接する姿勢間におかれています．この図の場合，仮想移動エッジ $e_{j,1,3}$ と移動エッジ $e_{1,2}$, $e_{2,3}$ 間に歪みが発生するので，互いに残差を減らすように3つのノード $\hat{x}_{1:3}$ の各姿勢を調整しなければなりません．このとき，移動エッジ $e_{0,1}$, $e_{3,4}$ の残差も気にしないといけません．

● 残差関数の準備

仮想移動エッジ，移動エッジに対する残差の計算は，次のように行います．

$$\hat{e}_{j,t_1,t_2} = (\hat{x}_{t_2} と z_{t_2} から観測方程式で求められるランドマークの位置)$$
$$- (\hat{x}_{t_1} と z_{t_1} から観測方程式で求められるランドマークの位置) \quad (9.5)$$

$$\hat{e}_{t_1,t_2} = \hat{x}_{t_2} - (\hat{x}_{t_1} と u_{t_2} から状態方程式で求められる t_2 での姿勢) \quad (9.6)$$

また，ノード $\hat{x}_{t_1}$, $\hat{x}_{t_2}$ を動かすことを考え，姿勢を変数扱いし，それぞれ x_{t_1}, x_{t_2} に置き換えて残差の関数

$$e_{j,t_1,t_2}(x_{t_1}, x_{t_2}) = (x_{t_2} と z_{t_2} から観測方程式で求められるランドマークの位置)$$
$$- (x_{t_1} と z_{t_1} から観測方程式で求められるランドマークの位置) \quad (9.7)$$

$$e_{t_1,t_2}(x_{t_1}, x_{t_2}) = x_{t_2} - (x_{t_1} と u_{t_2} から状態方程式で求められる t_2 での姿勢) \quad (9.8)$$

を定義します．これらの関数を残差関数と呼びましょう[注3]．

● 残差の確率モデルの準備

さらに，残差関数の値 $e_{j,t_1,t_2}(x_{t_1}, x_{t_2})$, $e_{t_1,t_2}(x_{t_1}, x_{t_2})$ の確率分布を雑音のモデルから作ります．具体的には，あるエッジ e のもつ残差関数の値 e に対して，

$$p(e) = \mathcal{N}(e|\mathbf{0}, \Omega_e^{-1}) = \eta \exp\left(-\frac{1}{2} e^\top \Omega_e e\right) \quad (9.9)$$

というガウス分布を作ります．残差の分布になっていますが，関数として見ると x_{t_1}, x_{t_2} の関数になっています．本章で扱う問題の場合，精度行列 Ω_e は，仮想移動エッジの場合はセンサ値に混入する雑音の共分散行列から，移動エッジの場合は制御指令に混入する雑音の共分散行列を $XY\theta$ 空間に写像したものから作ります．具体例は実装の際に説明します．

式 (9.9) は，観測や状態遷移が不正確で大きな雑音が見込まれる場合と，そうでなく正確な場合とで，残差の評価を変えるために用います．例えば雑音が大きい場合には残差関数の値が大きくても不自然ではなく説明がつきますが，そうでない場合は観測モデルや状態遷移モデルから見た場合に不自然になります．$p(e)$ は，この不自然さを数値で返してきます．値が大きいほど不自然さが小さいということになります．後で実装するアルゴリズムでは $p(e)$ の値は直接使われず，式 (9.9) の指数部の値が代わりに使われます．

● 最適化問題を作る

さらに，全エッジに対して式 (9.9) の確率密度関数をすべてかけた関数

[注3] この式は $\hat{x}_{t_1}$, $\hat{x}_{t_2}$ を x_{t_1}, x_{t_2} に置き換えたので，$\hat{x}_{t_1}$, $\hat{x}_{t_2}$ は登場しませんが，線形化したときに $\hat{x}_{t_1}$, $\hat{x}_{t_2}$ が再登場します．つまり，式中に $\hat{x}_{t_1}$, $\hat{x}_{t_2}$ と x_{t_1}, x_{t_2} の両方が登場します．この線形化した式を使い，元の推定値 $\hat{x}_{t_1}$, $\hat{x}_{t_2}$ から残差の少ない x_{t_1}, x_{t_2} を求め，次の推定値 $\hat{x}_{t_1}$, $\hat{x}_{t_2}$ とするという繰り返し処理を後から実装します．

$$f(\boldsymbol{x}_{0:T}) = \left\{ \prod_{(j,t_1,t_2) \in \mathbf{I}_{\mathbf{e_z}}} p(\boldsymbol{e}_{j,t_1,t_2}) \right\} \left\{ \prod_{(t_1,t_2) \in \mathbf{I}_{\mathbf{e_x}}} p(\boldsymbol{e}_{t_1,t_2}) \right\}^\lambda \tag{9.10}$$

を考えます．ここで，$\mathbf{I}_{\mathbf{e_z}}, \mathbf{I}_{\mathbf{e_x}}$ は，それぞれ仮想移動エッジ，移動エッジの添え字を集めた集合を意味します．$\lambda \geq 0$ は仮想移動エッジと移動エッジの重みを変えるためのパラメータです[注4]．この f を最大にする $\boldsymbol{x}_{0:T}^*$ を求めることで，全エッジがモデルに対して極端に歪んでいない（どの $p(e)$ も極端に 0 に近づかない）軌跡を求めることができます．これを式 (9.4) の $\boldsymbol{x}_{0:T}^*$ の代わりに解とすることで，尤もらしい軌跡を求めることができます．

ここで，瑣末ですが実装上重要な話として，式 (9.4) において，「$\boldsymbol{x}_0$ も変数として扱う」としましたが，これが式 (9.10) に表現されていません．これを表現するために，p_0 という確率密度関数を導入して，式 (9.10) を

$$f(\boldsymbol{x}_{0:T}) = p_0(\boldsymbol{x}_0) \left\{ \prod_{(j,t_1,t_2) \in \mathbf{I}_{\mathbf{e_z}}} p(\boldsymbol{e}_{j,t_1,t_2}) \right\} \left\{ \prod_{(t_1,t_2) \in \mathbf{I}_{\mathbf{e_x}}} p(\boldsymbol{e}_{t_1,t_2}) \right\}^\lambda \tag{9.11}$$

と書き換えます．p_0 は分布の中心が初期値 $\hat{\boldsymbol{x}}_0$ で，共分散行列の各分散値がほぼゼロの非常に狭い分布をもつガウス分布とします．少し $\boldsymbol{x}_0$ が変わると急激に値が小さくなります．これをかけておくことで，$\boldsymbol{x}_0$ が $\hat{\boldsymbol{x}}_0$ から離れることを防ぎます．幾何的には，p_0 はノード $\hat{\boldsymbol{x}}_0$ を $XY\theta$ 空間中に固定する役割を果たします．式 (9.10) のように p_0 がないと，軌跡が $XY\theta$ 空間で平行移動できてしまって一意に定まらなくなります．

さらに，式 (9.11) の各因子は正の値しかとらないので，これを最大化する代わりに対数 $\log f(\boldsymbol{x}_{0:T})$ の値を最大化してもよいことになります．エッジの e と紛らわしいので省略してありますが，log の底は自然対数です．各因子がガウス分布であるため，$\log f(\boldsymbol{x}_{0:T})$ は各分布の指数部の和になり，

$$\begin{aligned}\log f(\boldsymbol{x}_{0:T}) = \eta &- \frac{1}{2}(\boldsymbol{x}_0 - \hat{\boldsymbol{x}}_0)^\top \Omega_0 (\boldsymbol{x}_0 - \hat{\boldsymbol{x}}_0) \\ &- \frac{1}{2} \sum_{(j,t_1,t_2) \in \mathbf{I}_{\mathbf{e_z}}} \boldsymbol{e}_{j,t_1,t_2}^\top \Omega_{j,t_1,t_2} \boldsymbol{e}_{j,t_1,t_2} - \frac{1}{2}\lambda \sum_{(t_1,t_2) \in \mathbf{I}_{\mathbf{e_x}}} \boldsymbol{e}_{t_1,t_2}^\top \Omega_{t_1,t_2} \boldsymbol{e}_{t_1,t_2}\end{aligned} \tag{9.12}$$

と表すことができます．定数の部分を整理して，符号を反転すると，解くべきは

$$(\boldsymbol{x}_0 - \hat{\boldsymbol{x}}_0)^\top \Omega_0 (\boldsymbol{x}_0 - \hat{\boldsymbol{x}}_0) + \sum_{(j,t_1,t_2) \in \mathbf{I}_{\mathbf{e_z}}} \boldsymbol{e}_{j,t_1,t_2}^\top \Omega_{j,t_1,t_2} \boldsymbol{e}_{j,t_1,t_2} + \lambda \sum_{(t_1,t_2) \in \mathbf{I}_{\mathbf{e_x}}} \boldsymbol{e}_{t_1,t_2}^\top \Omega_{t_1,t_2} \boldsymbol{e}_{t_1,t_2} \tag{9.13}$$

を最小化する最適化問題となります．まとめると，

$$\boldsymbol{x}_{0:T}^* = \underset{\boldsymbol{x}_{0:T}}{\operatorname{argmin}} J(\boldsymbol{x}_{0:T}) \tag{9.14}$$

となります．ここで，

注4 このパラメータ λ は [Grisetti 2010] にはなく，筆者が加えたものです．機械学習の最適化アルゴリズムに見られる**正則化パラメータ**を意識して設けましたが，なぜ必要になるかは筆者は明確に説明できません．ただ，本章の手法がベイズ推論ではないこと，センサ値に系統誤差があることから，仮想移動エッジと移動エッジを平等に扱うと，過学習の危険性があるのではないかと筆者は考えています．本章の後で見られる結果にもそのような症状が見られます．この対策をするには，この式のように状態遷移モデルから得られる姿勢の遷移を過学習防止の正則化項として扱うか，あるいはグラフベース SLAM のアルゴリズムをベイズ推定として構築しなおすかのどちらかが必要であると思われます．もしベイズ推論としてこの問題を扱う場合は，状態遷移モデルからの軌跡の分布を事前分布として，センサ値を反映した事後分布を作ることになります．λ に相当する情報は事前分布に含まれることになります．

$$J(\boldsymbol{x}_{0:T}) = (\boldsymbol{x}_0 - \hat{\boldsymbol{x}}_0)^\top \Omega_0 (\boldsymbol{x}_0 - \hat{\boldsymbol{x}}_0) + J_{\mathbf{z}}(\boldsymbol{x}_{0:T}) + \lambda J_{\mathbf{x}}(\boldsymbol{x}_{0:T}) \tag{9.15}$$

$$J_{\mathbf{z}}(\boldsymbol{x}_{0:T}) = \sum_{(j,t_1,t_2) \in \mathbf{I}_{\mathbf{e}_{\mathbf{z}}}} \{\boldsymbol{e}_{j,t_1,t_2}(\boldsymbol{x}_{t_1}, \boldsymbol{x}_{t_2})\}^\top \Omega_{j,t_1,t_2} \{\boldsymbol{e}_{j,t_1,t_2}(\boldsymbol{x}_{t_1}, \boldsymbol{x}_{t_2})\} \tag{9.16}$$

$$J_{\mathbf{x}}(\boldsymbol{x}_{0:T}) = \sum_{(t_1,t_2) \in \mathbf{I}_{\mathbf{e}_{\mathbf{x}}}} \{\boldsymbol{e}_{t_1,t_2}(\boldsymbol{x}_{t_1}, \boldsymbol{x}_{t_2})\}^\top \Omega_{t_1,t_2} \{\boldsymbol{e}_{t_1,t_2}(\boldsymbol{x}_{t_1}, \boldsymbol{x}_{t_2})\} \tag{9.17}$$

です．ここでは，残差関数が $\boldsymbol{x}_{0:T}$ の関数であることを明記しました．

この問題を解くときは，$\boldsymbol{x}_{0:T}$ を動かして J が最小となる軌跡を見つけます．その方法は，$J_{\mathbf{z}}(\boldsymbol{x}_{0:T}), J_{\mathbf{x}}(\boldsymbol{x}_{0:T})$ を $\hat{\boldsymbol{x}}_{0:T}$ まわりで線形化し，J を $\Delta \boldsymbol{x}_{0:T} = \boldsymbol{x}_{0:T} - \hat{\boldsymbol{x}}_{0:T}$ （ノードを動かす量）の多項式にして解くというものになります．詳しくは実装のときに説明します．

ちなみに，式に出てくる $\boldsymbol{e}^\top \Omega_{\mathbf{e}} \boldsymbol{e}$ は，ベクトル $\boldsymbol{e}$ の内積（残差の大きさの二乗）$\boldsymbol{e}^\top \boldsymbol{e}$ を精度行列 $\Omega_{\mathbf{e}}$ で重み付けした値です．この値の正の平方根は一般に**マハラノビス距離**と呼ばれます．J の最小化の問題は，マハラノビス距離の二乗和を最小化する最小二乗問題となります．

9.1.2 地図の算出問題

個々のランドマークの姿勢は，前項の問題を解いて最終的に得た軌跡 $\boldsymbol{x}_{1:T}^*$ を真として，複数のセンサ値から計算されるランドマークの位置を重ね合わせることで推定できます．この問題は，FastSLAM の各パーティクル内での地図の推定と同じとなるので FastSLAM でも解けるのですが，ここではグラフベース SLAM の方法，つまりマハラノビス距離を用いた最小二乗法を使って解くための定式化を行います．

まず，このランドマークの観測があった時刻の各姿勢 $\boldsymbol{x}_t^*$ とセンサ値 $\boldsymbol{z}_{j,t}$ に対して残差関数

$$e_{j,t}(\boldsymbol{m}_j) = \boldsymbol{m}_j - (\boldsymbol{x}_t^*, \boldsymbol{z}_{j,t} \text{ から求められるランドマークの姿勢}) \tag{9.18}$$

を準備します．$\boldsymbol{m}_j$ はランドマークの位置を表します．つまりこの関数は，$\boldsymbol{m}_j$ にランドマークがあったら，$\boldsymbol{x}_t^*$ と $\boldsymbol{z}_{j,t}$ から計算されるランドマークの位置と $\boldsymbol{e}_{j,t}(\boldsymbol{m}_j)$ だけずれている，ということを表します．

あとは前項と流れは同じです．式 (9.9) のガウス分布を観測の雑音モデルから作ります．

$$p_{j,t}(\boldsymbol{e}_{j,t}) = \eta \exp\left(-\frac{1}{2} \boldsymbol{e}_{j,t}^\top \Omega_{j,t} \boldsymbol{e}_{j,t}\right) \quad (t \in \mathbf{I}_{\boldsymbol{m}_j}) \tag{9.19}$$

$\mathbf{I}_{\boldsymbol{m}_j}$ はランドマーク m_j の観測があった時刻の集合です．そして式 (9.10) のように，確率分布の積を作ります．

$$f(\boldsymbol{m}_j) = \prod_{t \in \mathbf{I}_{\mathbf{z}}} p_{j,t}(\boldsymbol{e}_{j,t}) \tag{9.20}$$

さらに対数をとって指数部をまとめて，最適化問題

$$\boldsymbol{m}_j^* = \underset{\boldsymbol{m}_j}{\operatorname{argmin}} J_{\boldsymbol{m}_j}(\boldsymbol{m}_j) \tag{9.21}$$

$$J_{\boldsymbol{m}_j}(\boldsymbol{m}_j) = \sum_{t \in \mathbf{I}_{\mathbf{z}}} \{\boldsymbol{e}_{j,t}(\boldsymbol{m}_j)\}^\top \Omega_{j,t} \{\boldsymbol{e}_{j,t}(\boldsymbol{m}_j)\} \tag{9.22}$$

を作ります．各ランドマークに対し，$J_{\boldsymbol{m}_j}$ を最小にする位置 $\boldsymbol{m}_j$ を求めていき，地図を求めます．具

体的な方法は 9.4 節で扱います．

9.2 仮想移動エッジによる軌跡の算出

軌跡の算出を実装します．まず最初に，移動エッジの扱いを後回しにして仮想移動エッジだけを使うミニマムなコードを書きます．結果は不完全になりますが，グラフベース SLAM が動作することを確認します．また，センサから得られる情報が多い場合には，この処理だけで軌跡を求め，その結果から地図を求めることもできます．

問題としては，式 (9.14), (9.15) で $\lambda = 0$ とした

$$\boldsymbol{x}_{0:T}^{*} = \underset{\boldsymbol{x}_{0:T}}{\operatorname{argmin}} \left\{ (\boldsymbol{x}_0 - \hat{\boldsymbol{x}}_0)^\top \Omega_0 (\boldsymbol{x}_0 - \hat{\boldsymbol{x}}_0) + J_{\mathbf{z}}(\boldsymbol{x}_{0:T}) \right\} \tag{9.23}$$

という問題を解くことになります．また，移動エッジを使わずに解くには，センサ値の変数を増やして問題を簡単にする必要がありますので，これも準備します．

9.2.1 ログの記録と初期化

ロボットを走らせてノードの初期値 $\hat{\boldsymbol{x}}_{0:T}$ と $\mathbf{z}_{0:T}$ を記録するコードを書きましょう．$\hat{\boldsymbol{x}}_{0:T}$ は制御指令値 $\boldsymbol{u}_{1:T}$ から逐次的に計算していきます．

ここで，問題を簡単にするためにセンサ値の変数を一つ追加します．具体的には，図 9.3 のように，ランドマークには，向き m_θ が存在すると仮定します．そして，姿勢 $\boldsymbol{x} = (x\ y\ \theta)^\top$ のロボットがランドマークを観測したときに，m_θ に対してどの方角からランドマーク (姿勢 $\boldsymbol{m}_j = (m_x\ m_y\ m_\theta)^\top$) を観測しているのかを，$\psi$ という値で計測できると仮定します．これで，センサ値は $\boldsymbol{z} = (\ell\ \varphi\ \psi)^\top$ と 3 変数になります．ψ の値は，図 9.3 から

$$m_\theta + \psi - (\theta + \varphi) = \pi \tag{9.24}$$

$$\psi = \theta + \varphi - m_\theta + \pi \tag{9.25}$$

と求めることができます．ただし，標準偏差 σ_ψ でガウス分布に従う雑音が混入することとします．

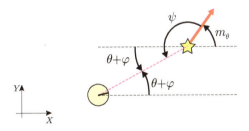

図 9.3　ランドマークの向き m_θ と方角 ψ．

この仮定はかなり都合がよいのですが，以後に利用するのは図 9.4 のような，二つの ψ の値の差分だけです．したがって m_θ は式に出てきたとしても最終的には打ち消されます．実世界でこの差分がとれる例は，例えばランドマークに模様が描いてあり，ロボットがその模様を知っている場合があります (図 3.8 の AR マーカなど)．もっと現実的な例としては，2 次元 LiDAR の二つのスキャンデータをマッチングすると，ψ の値の差分が計算できます．

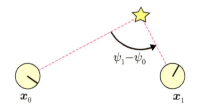

図 9.4 ランドマークの向きの差.

シミュレーションでは，すべてのランドマークの向き $m_{j,\theta}$ は 0（世界座標系の x 軸方向）であると仮定して，ランドマークの観測ごとに，

$$\psi_{j,t} = \mathrm{atan2}(y_t^* - m_{j,y}^*, x_t^* - m_{j,x}^*) + \varepsilon_\psi \quad (t = 1, 2, \ldots, T; \varepsilon_\psi \sim \mathcal{N}(0, \sigma_\psi)) \quad (9.26)$$

を $\ell_{j,t}, \varphi_{j,t}$ とともに記録していきます．$(x_t^* \; y_t^* \; \theta_t^*)^\top, (m_{j,x}^* \; m_{j,y}^*)^\top$ は，それぞれ真の姿勢と観測対象のランドマークの位置です．念を押すと，SLAM で実際に使う値は二つの値の差 $\psi_{t_2} - \psi_{t_1}$ のみなので，$m_{j,\theta} = 0$ という仮定はログをとるときの便宜上のもので，実際には必要ありません．

ψ を観測できるようにコードを書いていきましょう．まず，`Camera` クラスから `PsiCamera` を派生させて `data` メソッドを上書きします．（⇒`logger1.ipynb` [1]-[2]）

```python
import sys
sys.path.append('../scripts/')
from robot import *

class PsiCamera(Camera): #dataメソッドはCameraクラスから持ってくる
    def data(self, cam_pose, orientation_noise=math.pi/90): #orientation_noiseを追加．psiの雑音の大きさをセット
        observed = []
        for lm in self.map.landmarks:
            psi = norm.rvs(loc=math.atan2(cam_pose[1] - lm.pos[1], cam_pose[0] - lm.pos[0]), scale=orientation_noise) #追加
            z = self.relative_polar_pos(cam_pose, lm.pos)
            z = self.phantom(cam_pose, z)
            z = self.oversight(z)
            if self.visible(z):
                z = self.bias(z)
                z = self.noise(z)
                observed.append(([z[0], z[1], psi], lm.id)) #psiをセンサ値に追加

        self.lastdata = observed
        return observed
```

変更点は 1) セル [2] の 2 行目で σ_ψ に相当する変数を追加，2) 5 行目でランドマークごとに ψ をドロー，3) 12 行目で既存のセンサ値にむりやり ψ を付加の 3 点です．

ログをとる処理の実装は，次のように `Agent` クラスから `LoggerAgent` を派生させるとよいでしょう．最初に実装するアルゴリズムの都合上，セル [2] の 10 行目のように，このコードでは観測のなかったステップの記録を飛ばさないといけません．（⇒`logger1.ipynb` [3]-[4]）

9.2 仮想移動エッジによる軌跡の算出

```python
class LoggerAgent(Agent):
    def __init__(self, nu, omega, interval_time, init_pose): #更新時間と初期姿勢を変数に加える
        super().__init__(nu, omega)
        self.interval_time = interval_time
        self.pose = init_pose
        self.step = 0
        self.log = open("log.txt", "w")
    
    def decision(self, observation):
        if len(observation) != 0: #ランドマークが観測されていない姿勢は記録しない
            self.log.write("x {} {} {} {}\n".format(self.step, *self.pose)) #時刻, x, y, theta
            for obs in observation:
                self.log.write("z {} {} {} {}\n".format(self.step, obs[1], *obs[0]))
            
            self.step += 1
            self.log.flush()
        
        self.pose = IdealRobot.state_transition(self.nu, self.omega, self.interval_time, self.pose)
        return self.nu, self.omega
```

```python
if __name__ == '__main__':
    time_interval = 3
    world = World(180, time_interval, debug=False)
    
    ###真の地図を作成###
    m = Map()
    landmark_positions = [(-4,2), (2,-3), (3,3), (0,4), (1,1), (-3,-1)]
    for p in landmark_positions:
        m.append_landmark(Landmark(*p))
    
    world.append(m)
    
    ###ロボットを作る###
    init_pose = np.array([0, -3 ,0]).T
    a = LoggerAgent(0.2, 5.0/180*math.pi, time_interval, init_pose)
    r = Robot(init_pose, sensor=PsiCamera(m), agent=a, color="red")
    world.append(r)
    
    world.draw()
```

また，ほかの章ではロボットの行動決定の周期を 0.1 秒に設定していますが，この設定ではエッジの数が多くなって計算が遅くなるので，3 秒という長い周期でログをとります．

このコードでアニメーションを実行すると，次のようなファイル `log.txt` が得られます．

この記録をとったときの軌跡は図 9.5 のようになりました．以後しばらく，この軌跡（そして描かれていませんがセンサ値）に対してアルゴリズムを適用します．

次に，これを読み込んで SLAM を実行するためのノートブックを作ります．（⇒`graphbasedslam1.ipynb` [1]-[4]）

第 9 章 グラフ表現による SLAM

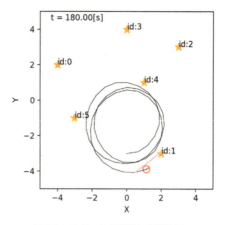

図 9.5 ロボットの軌跡と観測結果.

```
In [1]: 1  import sys
        2  sys.path.append('../scripts/')
        3  from kf import *   #誤差楕円を描くのに利用

In [2]: 1  def make_ax(): #axisの準備
        2      fig = plt.figure(figsize=(4,4))
        3      ax = fig.add_subplot(111)
        4      ax.set_aspect('equal')
        5      ax.set_xlim(-5,5)
        6      ax.set_ylim(-5,5)
        7      ax.set_xlabel("X",fontsize=10)
        8      ax.set_ylabel("Y",fontsize=10)
        9      return ax
       10
       11  def draw_trajectory(xs, ax): #軌跡の描画
       12      poses = [xs[s] for s in range(len(xs))]
       13      ax.scatter([e[0] for e in poses], [e[1] for e in poses], s=5, marker=".", color="black")
       14      ax.plot([e[0] for e in poses], [e[1] for e in poses], linewidth=0.5, color="black")
       15
       16  def draw_observations(xs, zlist, ax): #センサ値の描画
       17      for s in range(len(xs)):
       18          if s not in zlist:
       19              continue
       20
       21          for obs in zlist[s]:
       22              x, y, theta = xs[s]
       23              ell, phi = obs[1][0], obs[1][1]
       24              mx = x + ell*math.cos(theta + phi)
       25              my = y + ell*math.sin(theta + phi)
       26              ax.plot([x,mx], [y,my], color="pink", alpha=0.5)
       27
       28  def draw(xs, zlist):
       29      ax = make_ax()
       30      draw_observations(xs, zlist, ax)
       31      draw_trajectory(xs, ax)
       32      plt.show()

In [3]: 1  def read_data(): #データの読み込み
        2      hat_xs = {}   #軌跡のデータ(ステップ数をキーにして姿勢を保存)
        3      zlist = {} #センサ値のデータ(ステップ数をキーにして,さらにその中にランドマークのIDとセンサ値をタプルで保存)
        4
        5      with open("log.txt") as f:
        6          for line in f.readlines():
        7              tmp = line.rstrip().split()
        8
        9              step = int(tmp[1])
       10              if tmp[0] == "x": #姿勢のレコードの場合
       11                  hat_xs[step] = np.array([float(tmp[2]), float(tmp[3]), float(tmp[4])]).T
       12              elif tmp[0] == "z": #センサ値のレコードの場合
       13                  if step not in zlist: #まだ辞書が空の時は空の辞書を作る
       14                      zlist[step] = []
       15                  zlist[step].append((int(tmp[2]), np.array([float(tmp[3]), float(tmp[4]), float(tmp[5])]).T))
       16
       17      return hat_xs, zlist

In [4]: 1  hat_xs, zlist = read_data()
        2  draw(hat_xs, zlist)
```

上のセルから順に,モジュールのインポート,描画用の関数の定義,`log.txt` の読み込み,描画の実行を行っています.描画用の関数 `draw` は,今までのコードの寄せ集めで実装しています.セル [3], [4] にある変数 `hat_xs` は,制御指令値から計算されたノードの初期値 $\hat{\boldsymbol{x}}_{0:T}$ です.`zlist` は $\boldsymbol{z}_{0:T}$ に対応します.

このコードで出力される画像は図 9.6 のようなものです．円状の軌跡はノードの集合 $\hat{x}_{0:T}$ に基づいて描いたものです．まだ制御指令値を信じたままなのできれいな円[注5]になっています．また，センサ値を表す線分の先にはランドマークがあるはずですが，1 点を指さずにバラバラになっています．これは，$\hat{x}_{0:T}$ が実際を表していないからです．ノードを動かしてこのバラバラな先をまとめると，実際の軌跡に近づくことになります．

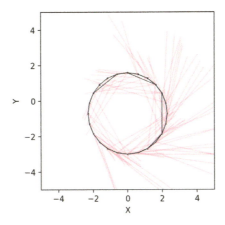

図 9.6　SLAM で補正前の軌跡とセンサ値．

9.2.2 仮想移動エッジの作成

仮想移動エッジを作るコードを記述しましょう．エッジ e_{j,t_1,t_2} を表すクラス ObsEdge[注6] を，データ読み込みのセルの下に次のように実装します．（⇒ graphbasedslam2.ipynb [4]）

```
In [4]:  class ObsEdge:
             def __init__(self, t1, t2, z1, z2, xs):
                 assert z1[0] == z2[0]  #ランドマークのIDが違ったら処理を止める
                 
                 self.t1, self.t2 = t1, t2           #時刻の記録
                 self.x1, self.x2 = xs[t1], xs[t2]   #各時刻の姿勢
                 self.z1, self.z2 = z1[1], z2[1]     #各時刻のセンサ値
```

その下に ObsEdge のオブジェクトを作る関数を次のように実装します．（⇒ graphbasedslam2.ipynb [5]）

```
In [5]:  import itertools
         def make_edges(hat_xs, zlist):
             landmark_keys_zlist = {} #ランドマークのIDをキーにして観測された時刻とセンサ値を記録
             
             for step in zlist:       #キーを時刻からランドマークのIDへ
                 for z in zlist[step]:
                     landmark_id = z[0]
                     if landmark_id not in landmark_keys_zlist:
                         landmark_keys_zlist[landmark_id] = []
                         
                     landmark_keys_zlist[landmark_id].append((step, z))
                     
             edges = []
             for landmark_id in landmark_keys_zlist:
                 step_pairs = list(itertools.combinations(landmark_keys_zlist[landmark_id], 2)) #時刻のペアを作成
                 edges += [ObsEdge(xz1[0], xz2[0], xz1[1], xz2[1], hat_xs) for xz1, xz2 in step_pairs]
                 
             return edges
```

注 5　ただし，センサ値が得られなかった姿勢をスキップしているので，いくつか円環上にない線分が見られます．
注 6　観測に基づくエッジということで，「observation edge」という名前にしていますが，これが本章でいうところの「仮想移動エッジ」です．

zlist は時刻がキーになっていますが、5〜9 行目で zlist からランドマークの ID をキーにした landmark_keys_zlist を作りなおします。その後、13〜16 行目で landmark_keys_zlist から同じランドマークを観測した時刻のペアを作成し、それらに対して ObsEdge のオブジェクトを作っています。この処理の実装はややこしいので、適宜 print しながら慎重に行いましょう。

次に、ObsEdge を描画してみましょう。次のように draw に draw_edge という関数の呼び出しを足して、そのうえに draw_edge を実装します。(⇒graphbasedslam2.ipynb [2])

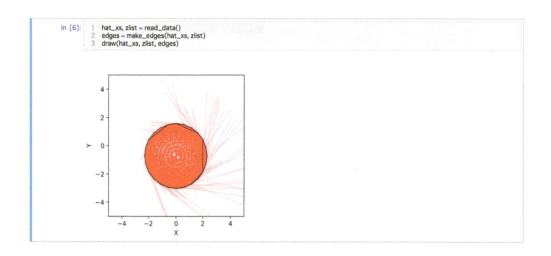

draw_edge は、単にエッジで結びついた姿勢間に赤線を引くだけのものです。実装した関数を実行するコードと、その出力を示します。(⇒graphbasedslam2.ipynb [6])

赤線が多く引かれて塗りつぶされたようになっていますが、この 1 本 1 本の赤線が仮想移動エッジです。また、仮想移動エッジで作られたネットワークがグラフです。

9.2.3 残差の計算

各エッジのもつデータからはランドマークの位置と向き（合わせてロボットと同様、姿勢と呼びましょう）を $\hat{x}_{t_1}, z_{t_1}$ のペア、$\hat{x}_{t_2}, z_{t_2}$ のペアから 2 通りに表現できます。これを利用すると、幾何計算により式 (9.5) の残差は

$$\hat{e}_{j,t_1,t_2} = \begin{pmatrix} \hat{x}_{t_2} + \ell_{j,t_2}\cos(\hat{\theta}_{t_2}+\varphi_{j,t_2}) \\ \hat{y}_{t_2} + \ell_{j,t_2}\sin(\hat{\theta}_{t_2}+\varphi_{j,t_2}) \\ \hat{\theta}_{t_2} + \varphi_{j,t_2} - \psi_{j,t_2} \end{pmatrix} - \begin{pmatrix} \hat{x}_{t_1} + \ell_{j,t_1}\cos(\hat{\theta}_{t_1}+\varphi_{j,t_1}) \\ \hat{y}_{t_1} + \ell_{j,t_1}\sin(\hat{\theta}_{t_1}+\varphi_{j,t_1}) \\ \hat{\theta}_{t_1} + \varphi_{j,t_1} - \psi_{j,t_1} \end{pmatrix} \tag{9.27}$$

と計算できます（ただし θ 成分は $[-\pi, \pi)$ の範囲に正規化）。θ 方向の残差については、式 (9.25) から $m_\theta = \theta + \varphi - \psi + \pi$ が成り立つので、$t = t_2$ のときの m_θ から、$t = t_1$ のときの m_θ を引いて

求めています．

また，$\hat{\boldsymbol{x}}_{t_1}, \hat{\boldsymbol{x}}_{t_2}$ をそれぞれ変数 $\boldsymbol{x}_{t_1}, \boldsymbol{x}_{t_2}$ として置き換えると，式 (9.7) の残差関数

$$\boldsymbol{e}_{j,t_1,t_2}(\boldsymbol{x}_{t_1}, \boldsymbol{x}_{t_2}) = \begin{pmatrix} x_{t_2} + \ell_{j,t_2}\cos(\theta_{t_2} + \varphi_{j,t_2}) \\ y_{t_2} + \ell_{j,t_2}\sin(\theta_{t_2} + \varphi_{j,t_2}) \\ \theta_{t_2} + \varphi_{j,t_2} - \psi_{j,t_2} \end{pmatrix} - \begin{pmatrix} x_{t_1} + \ell_{j,t_1}\cos(\theta_{t_1} + \varphi_{j,t_1}) \\ y_{t_1} + \ell_{j,t_1}\sin(\theta_{t_1} + \varphi_{j,t_1}) \\ \theta_{t_1} + \varphi_{j,t_1} - \psi_{j,t_1} \end{pmatrix} \quad (9.28)$$

を作ることができます．

残差を計算するコードを記述しましょう．`ObsEdge` クラスの `__init__` に次のように追記します．（⇒ `graphbasedslam3.ipynb` [4]）

```
In [4]:  1  class ObsEdge:
         2      def __init__(self, t1, t2, z1, z2, xs):
         3          assert z1[0] == z2[0]
         4
         5          self.t1, self.t2 = t1, t2
         6          self.x1, self.x2 = xs[t1], xs[t2]
         7          self.z1, self.z2 = z1[1], z2[1]
         8
         9          s1 = math.sin(self.x1[2] + self.z1[1])   #ここから以下追加
        10          c1 = math.cos(self.x1[2] + self.z1[1])
        11          s2 = math.sin(self.x2[2] + self.z2[1])
        12          c2 = math.cos(self.x2[2] + self.z2[1])
        13
        14          ##残差の計算##
        15          hat_e = self.x2 - self.x1 + np.array([
        16              self.z2[0]*c2 - self.z1[0]*c1,
        17              self.z2[0]*s2 - self.z1[0]*s1,
        18              self.z2[1] - self.z2[2] - self.z1[1] + self.z1[2]
        19          ])
        20          while hat_e[2] >= math.pi: hat_e[2] -= math.pi*2
        21          while hat_e[2] < -math.pi: hat_e[2] += math.pi*2
        22
        23          print(hat_e)
```

これで実行すると（⇒ `graphbasedslam3.ipynb` [6]），

```
In [6]:  1  hat_xs, zlist = read_data()
         2  edges = make_edges(hat_xs, zlist)
         3  draw(hat_xs, zlist, edges)

[ 0.02511196 -0.24893675 -0.18176003]
[-1.86734452 -0.50071666 -1.00954784]
[-2.21119867 -0.67744121 -1.13669096]
[-2.49283301 -0.27634946 -1.14376233]
[-2.41055235 -0.43091596 -1.12516874]
[-2.77887803 -0.09136868 -1.12979016]
```

というように残差の値が表示されます．セル [6] の出力を見ると，数メートル単位の大きさで残差が算出されていることが分かります．

9.2.4 マハラノビス距離を決める精度行列の導出

次に，エッジ e_{j,t_1,t_2} に対する精度行列 Ω_{j,t_1,t_2} を求めてみましょう．これで，残差 $\boldsymbol{e}$ に対して，9.1.1 項の最後で触れたマハラノビス距離を計算できるようになります．マハラノビス距離は，予想される誤差の大きさで残差 $\boldsymbol{e}$ の大きさを重み付けした値になります．図 9.7 に，この重み付けの意味を表す一例を描きました．この図では，ランドマーク m_j が $\hat{\boldsymbol{x}}_{t_1}, \hat{\boldsymbol{x}}_{t_2}$，ランドマーク m_k が $\hat{\boldsymbol{x}}_{t_2}, \hat{\boldsymbol{x}}_{t_3}$ から観測されており，それぞれのセンサ値から導かれるランドマークの位置が両方描かれ，その差が $\hat{\boldsymbol{e}}_{j,t_1,t_2}, \hat{\boldsymbol{e}}_{k,t_2,t_3}$ として描かれています．この例の場合，$\hat{\boldsymbol{x}}_{t_2}$ を左上に動かして $\hat{\boldsymbol{e}}_{j,t_1,t_2}$ を小さくしようとすると $\hat{\boldsymbol{e}}_{k,t_2,t_3}$ が大きくなってしまいます．残差で考えると，この操作は一方が小さくなって一方が同じだけ大きくなるだけなので悪影響はないように考えられます．しかしこの図の場合，ランド

マーク m_k の方がロボットの推定姿勢から近いため，距離計測が正確であることが期待できます．そのため，$\hat{e}_{k,t_2,t_3}$ の方を大きくすることは，$\hat{e}_{j,t_1,t_2}$ の方を大きくすることよりも悪影響が大きいと考えられます．この悪影響の度合いは，精度行列 $\Omega_{j,t_1,t_2}, \Omega_{k,t_2,t_3}$ を求めてマハラノビス距離を比較することで決まります．

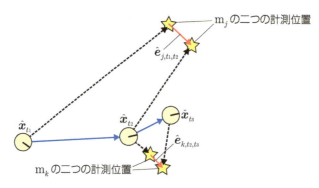

図 9.7　$\hat{x}_{t_2}$ を動かすと二つの残差に影響を与える例．

精度行列 Ω_{j,t_1,t_2} を計算しましょう．まず，センサ値 $z_t = (\ell_t\ \varphi_t\ \psi_t)^\top$ に関する共分散行列

$$Q_{j,t} = \begin{pmatrix} (\ell_{j,t}\sigma_\ell)^2 & 0 & 0 \\ 0 & \sigma_\varphi^2 & 0 \\ 0 & 0 & \sigma_\psi^2 \end{pmatrix} \tag{9.29}$$

を準備します．これまで何度も出てきたセンサ値に関する共分散行列 Q に，ψ に対応する要素を付け足したものになっています．$\ell_{j,t}\sigma_\ell$ については，本来は真の値 ℓ^* に対して $\ell^*\sigma_\ell$ とすべきですが，真の値は未知なのでセンサ値で近似します．

この共分散行列に $t = t_1, t_2$ を代入した二つの共分散行列 Q_{j,t_1}, Q_{j,t_2} を，残差 e_{j,t_1,t_2} の空間（$XY\theta$ 座標系）に移しましょう．z_{j,t_1}, z_{j,t_2} を変数扱いして式 (9.27) を線形化した上で，付録 B.1.10 の式 (B.33) の結果を使います．式 (9.27) の z_{j,t_1}, z_{j,t_2} をそれぞれ変数 $z_{j,a}, z_{j,b}$ と入れ替えて関数 $\hat{e}_{j,t_1,t_2}(z_{j,a}, z_{j,b})$ を作り，この関数を z_{t_1}, z_{t_2} まわりで偏微分して線形化すると，

$$\begin{aligned}
&\hat{e}_{j,t_1,t_2}(z_{j,a}, z_{j,b}) \\
&\approx \hat{e}_{j,t_1,t_2}(z_{t_1}, z_{t_2}) + \frac{\partial \hat{e}_{j,t_1,t_2}}{\partial z_{j,[a,b]}}\bigg|_{z_{j,[a,b]}=z_{j,[t_1,t_2]}} \begin{pmatrix} z_{j,a} - z_{j,t_1} \\ z_{j,b} - z_{j,t_2} \end{pmatrix} \\
&= \hat{e}_{j,t_1,t_2}(z_{t_1}, z_{t_2}) + \frac{\partial \hat{e}_{j,t_1,t_2}}{\partial z_{j,a}}\bigg|_{z_{j,a}=z_{j,t_1}} (z_{j,a} - z_{j,t_1}) + \frac{\partial \hat{e}_{j,t_1,t_2}}{\partial z_{j,b}}\bigg|_{z_{j,b}=z_{j,t_2}} (z_{j,b} - z_{j,t_2})
\end{aligned} \tag{9.30}$$

となります．ここで，1 行目の $z_{j,[a,b]}$ は列ベクトル $(\ell_{j,a}\ \varphi_{j,a}\ \psi_{j,a}\ \ell_{j,b}\ \varphi_{j,b}\ \psi_{j,b})^\top$ のことで，2 組のセンサ値の変数を縦に並べたものです．ただ，上の式の 2 行目のように，$z_{j,[a,b]}$ のヤコビ行列の項は $z_{j,a}, z_{j,b}$ それぞれのヤコビ行列の項に分解できます．分解後の左右のヤコビ行列をそれぞれ R_{j,t_1}, R_{j,t_2} とすると，

$$R_{j,t_1} = \frac{\partial \hat{e}_{j,t_1,t_2}}{\partial z_{j,a}}\bigg|_{z_{j,a}=z_{j,t_1}} = -\begin{pmatrix} \cos(\hat{\theta}_{t_1}+\varphi_{t_1}) & -\ell_{j,t_1}\sin(\hat{\theta}_{t_1}+\varphi_{t_1}) & 0 \\ \sin(\hat{\theta}_{t_1}+\varphi_{t_1}) & \ell_{j,t_1}\cos(\hat{\theta}_{t_1}+\varphi_{t_1}) & 0 \\ 0 & 1 & -1 \end{pmatrix} \tag{9.31}$$

$$R_{j,t_2} = \frac{\partial \hat{e}_{j,t_1,t_2}}{\partial z_{j,b}}\bigg|_{z_{j,b}=z_{j,t_2}} = \begin{pmatrix} \cos(\hat{\theta}_{t_2}+\varphi_{t_2}) & -\ell_{j,t_2}\sin(\hat{\theta}_{t_2}+\varphi_{t_2}) & 0 \\ \sin(\hat{\theta}_{t_2}+\varphi_{t_2}) & \ell_{j,t_2}\cos(\hat{\theta}_{t_2}+\varphi_{t_2}) & 0 \\ 0 & 1 & -1 \end{pmatrix} \tag{9.32}$$

となります．

これで結局，センサ値 z_{j,t_1}, z_{j,t_2} がそれぞれ少し（それぞれ $z_{j,a}, z_{j,b}$ に）ずれると，$XY\theta$ 座標系で e_{j,t_1,t_2} がどれだけ変わるかということが，

$$\begin{aligned}e_{j,t_1,t_2} &\approx \hat{e}_{j,t_1,t_2}(z_{t_1},z_{t_2}) + R_{j,t_1}(z_{j,a}-z_{j,t_1}) + R_{j,t_2}(z_{j,b}-z_{j,t_2}) \\ &= R_{j,t_1}z_{j,a} + R_{j,t_2}z_{j,b} + 定数ベクトル\end{aligned} \tag{9.33}$$

から近似計算できることが分かります．実際のセンサ値は共分散行列 $Q_{j,t}$ が表す方向にばらつくので，e_{j,t_1,t_2} でのばらつきの方向を表す共分散行列 Σ_{j,t_1,t_2} は，付録 B.1.10 の式 (B.33) の結果から，

$$\Sigma_{j,t_1,t_2} = R_{j,t_1}Q_{j,t_1}R_{j,t_1}^\top + R_{j,t_2}Q_{j,t_2}R_{j,t_2}^\top \tag{9.34}$$

となります．この Σ_{j,t_1,t_2} の逆行列が精度行列 Ω_{j,t_1,t_2} となります．

Σ_{j,t_1,t_2} を計算し，精度行列 Ω_{j,t_1,t_2} として記録するコードを `ObsEdge` クラスに足しましょう．（⇒`graphbasedslam4.ipynb` [4]）

```
In [4]:  1  class ObsEdge:
         2      def __init__(self, t1, t2, z1, z2, xs, sensor_noise_rate=[0.14, 0.05, 0.05]): #sensor_noise_rate追加
         3          assert z1[0] == z2[0]
         4
        23          ##精度行列の作成##
        24          Q1 = np.diag([(self.z1[0]*sensor_noise_rate[0])**2, sensor_noise_rate[1]**2, sensor_noise_rate[2]**2])
        25          R1 = -np.array([[c1, -self.z1[0]*s1, 0],
        26                          [s1, self.z1[0]*c1, 0],
        27                          [ 0,             1, -1]])
        28
        29          Q2 = np.diag([(self.z2[0]*sensor_noise_rate[0])**2, sensor_noise_rate[1]**2, sensor_noise_rate[2]**2])
        30          R2 = np.array([[c2, -self.z2[0]*s2, 0],
        31                         [s2, self.z2[0]*c2, 0],
        32                         [ 0,             1, -1]])
        33
        34          Sigma = R1.dot(Q1).dot(R1.T) + R2.dot(Q2).dot(R2.T)
        35          self.Omega = np.linalg.inv(Sigma)
        36
        37          print(Sigma)
```

`__init__` の引数に追加された `sensor_noise_rate` は，MCL 以降の章で利用しているセンサの雑音モデルのパラメータです．3 つ目のパラメータには $\sigma_\psi = 0.05$ が設定されています．`__init__` 内では，$Q_{j,t_1}, Q_{j,t_2}, R_{j,t_1}, R_{j,t_2}$ に相当する行列が作成され，それらから精度行列 `self.Omega` が求められています．計算結果は 37 行目のように Σ_{j,t_1,t_2} を `print` して確認することとします．動作確認している様子を示します．（⇒`graphbasedslam4.ipynb` [6]）

```
In [6]:  1  hat_xs, zlist = read_data()
         2  edges = make_edges(hat_xs, zlist)
         3  draw(hat_xs, zlist, edges)

[[ 0.12541578 -0.00496595  0.00054303]
 [-0.00496595  0.0174828   0.00882297]
 [ 0.00054303  0.00882297  0.01      ]]
[[ 0.21193083 -0.14192213  0.00957162]
 [-0.14192213  0.31788804  0.01053672]
 [ 0.00957162  0.01053672  0.01      ]]
```

9.2.5 最適化問題の解法

式 (9.23) の問題を解きましょう．$J(x_{0:T})$ を，$\Delta x_{0:T} = x_{0:T} - \hat{x}_{0:T}$ の多項式に近似します．そ

れにはまず，各仮想移動エッジの残差関数を，$\Delta \boldsymbol{x}_{t_1}, \Delta \boldsymbol{x}_{t_2}$ を変数にした多項式に近似します．

$$\begin{aligned}&\boldsymbol{e}_{j,t_1,t_2}(\boldsymbol{x}_{t_1}, \boldsymbol{x}_{t_2})\\ &\approx \boldsymbol{e}_{j,t_1,t_2}(\hat{\boldsymbol{x}}_{t_1}, \hat{\boldsymbol{x}}_{t_2}) + \frac{\partial \boldsymbol{e}_{j,t_1,t_2}}{\partial \boldsymbol{x}_{t_1}}\bigg|_{\boldsymbol{x}_{t_1}=\hat{\boldsymbol{x}}_{t_1}}(\boldsymbol{x}_{t_1}-\hat{\boldsymbol{x}}_{t_1}) + \frac{\partial \boldsymbol{e}_{j,t_1,t_2}}{\partial \boldsymbol{x}_{t_2}}\bigg|_{\boldsymbol{x}_{t_2}=\hat{\boldsymbol{x}}_{t_2}}(\boldsymbol{x}_{t_2}-\hat{\boldsymbol{x}}_{t_2})\end{aligned} \quad (9.35)$$

$\boldsymbol{e}_{j,t_1,t_2}(\hat{\boldsymbol{x}}_{t_1}, \hat{\boldsymbol{x}}_{t_2}) = \hat{\boldsymbol{e}}_{j,t_1,t_2}$ を代入して，さらに差分を引数にとる関数に定義しなおすと，

$$\boldsymbol{e}_{j,t_1,t_2}(\Delta \boldsymbol{x}_{t_1}, \Delta \boldsymbol{x}_{t_2}) \approx \hat{\boldsymbol{e}}_{j,t_1,t_2} + \frac{\partial \boldsymbol{e}_{j,t_1,t_2}}{\partial \boldsymbol{x}_{t_1}}\bigg|_{\boldsymbol{x}_{t_1}=\hat{\boldsymbol{x}}_{t_1}}\Delta \boldsymbol{x}_{t_1} + \frac{\partial \boldsymbol{e}_{j,t_1,t_2}}{\partial \boldsymbol{x}_{t_2}}\bigg|_{\boldsymbol{x}_{t_2}=\hat{\boldsymbol{x}}_{t_2}}\Delta \boldsymbol{x}_{t_2} \quad (9.36)$$

となります．上式右辺の左右のヤコビ行列をそれぞれ B_{j,t_1}, B_{j,t_2} とすると，

$$B_{j,t_1} = -\begin{pmatrix} 1 & 0 & -\ell_{j,t_1}\sin(\theta_{t_1}+\varphi_{j,t_1}) \\ 0 & 1 & \ell_{j,t_1}\cos(\theta_{t_1}+\varphi_{j,t_1}) \\ 0 & 0 & 1 \end{pmatrix} \quad (9.37)$$

$$B_{j,t_2} = \begin{pmatrix} 1 & 0 & -\ell_{j,t_2}\sin(\theta_{t_2}+\varphi_{j,t_2}) \\ 0 & 1 & \ell_{j,t_2}\cos(\theta_{t_2}+\varphi_{j,t_2}) \\ 0 & 0 & 1 \end{pmatrix} \quad (9.38)$$

となります．これで式 (9.36) を整理すると，

$$\boldsymbol{e}_{j,t_1,t_2}(\Delta \boldsymbol{x}_{t_1}, \Delta \boldsymbol{x}_{t_2}) \approx \hat{\boldsymbol{e}}_{j,t_1,t_2} + B_{j,t_1}\Delta \boldsymbol{x}_{t_1} + B_{j,t_2}\Delta \boldsymbol{x}_{t_2} \quad (9.39)$$

となります．したがって $J_{\mathbf{z}}$ の各項（式 (9.16) の右辺の各項）は，

$$(\hat{\boldsymbol{e}}_{j,t_1,t_2} + B_{j,t_1}\Delta \boldsymbol{x}_{t_1} + B_{j,t_2}\Delta \boldsymbol{x}_{t_2})^\top \Omega_{j,t_1,t_2}(\hat{\boldsymbol{e}}_{j,t_1,t_2} + B_{j,t_1}\Delta \boldsymbol{x}_{t_1} + B_{j,t_2}\Delta \boldsymbol{x}_{t_2}) \quad (9.40)$$

となります．

さらに，各項の $\Delta \boldsymbol{x}_{t_1}, \Delta \boldsymbol{x}_{t_2}$ をすべてまとめて縦に並べた $3(T+1)$ 次元ベクトル

$$\Delta \boldsymbol{x}_{[0:T]} = \begin{pmatrix} \Delta \boldsymbol{x}_0 \\ \Delta \boldsymbol{x}_1 \\ \vdots \\ \Delta \boldsymbol{x}_T \end{pmatrix} \quad (9.41)$$

を考え，これを変数として式 (9.40) を表現することを考えます．この変数の次元に対応する $3(T+1) \times 3(T+1)$ 行列の精度行列 Ω^*_{j,t_1,t_2} と，1 次の項の $3(T+1)$ 次元係数ベクトル $\boldsymbol{\xi}_{j,t_1,t_2}$ を考え，式 (9.40) を，

$$\Delta \boldsymbol{x}_{[0:T]}^\top \Omega^*_{j,t_1,t_2} \Delta \boldsymbol{x}_{[0:T]} - 2\Delta \boldsymbol{x}_{[0:T]}^\top \boldsymbol{\xi}_{j,t_1,t_2} + 定数項 \quad (9.42)$$

という形式[注7]に変換しましょう．

この操作には，付録 B.1.11 の結果を使います．式 (9.40) の各記号は式 (B.35) の各記号と $A = B_{j,t_1}$, $B = B_{j,t_2}, C = \Omega_{j,t_1,t_2}, \boldsymbol{a} = \hat{\boldsymbol{e}}_{j,t_1,t_2}$ というように対応がとれ，精度行列 Ω^*_{j,t_1,t_2} は式 (B.39) から

注7　$-1/2$ をかけると，付録 B.1.4 の式 (B.4) の指数部となります．

$$\Omega^*_{j,t_1,t_2} = \begin{pmatrix} \ddots & & & & \\ & B^\top_{j,t_1}\Omega_{j,t_1,t_2}B_{j,t_1} & \cdots & B^\top_{j,t_1}\Omega_{j,t_1,t_2}B_{j,t_2} & \\ & \vdots & \ddots & \vdots & \\ & B^\top_{j,t_2}\Omega_{j,t_1,t_2}B_{j,t_1} & \cdots & B^\top_{j,t_2}\Omega_{j,t_1,t_2}B_{j,t_2} & \\ & & & & \ddots \end{pmatrix} \tag{9.43}$$

となり，1次の項の係数ベクトル $\boldsymbol{\xi}^*_{j,t_1,t_2}$ は式 (B.41) から

$$\boldsymbol{\xi}^*_{j,t_1,t_2} = -\begin{pmatrix} \vdots \\ B^\top_{j,t_1} \\ \vdots \\ B^\top_{j,t_2} \\ \vdots \end{pmatrix}\Omega_{j,t_1,t_2}\hat{e}_{j,t_1,t_2} \tag{9.44}$$

となります．省略部分の要素はすべてゼロで，省略されていない部分の位置は $\boldsymbol{x}_{[0:T]}$ 中での $\boldsymbol{x}_{t_1}$, $\boldsymbol{x}_{t_2}$ の位置と対応がとれていることとします．

これで，今解いている最適化の式（式 (9.23) の波括弧内）は，

$$J(\Delta\boldsymbol{x}_{0:T}) = \eta + \Delta\boldsymbol{x}^\top_{[0:T]}\left(\Omega^*_0 + \sum_{(j,t_1,t_2)\in\mathbf{I_{e_z}}}\Omega^*_{j,t_1,t_2}\right)\Delta\boldsymbol{x}_{[0:T]} - 2\Delta\boldsymbol{x}^\top_{[0:T]}\sum_{(j,t_1,t_2)\in\mathbf{I_{e_z}}}\boldsymbol{\xi}^*_{j,t_1,t_2} \tag{9.45}$$

と記述できます．定数項はすべて η にまとめています．ここで，Ω^*_0 は Ω_0 に対応する $3(T+1)\times 3(T+1)$ 精度行列で，

$$\Omega^*_0 = \begin{pmatrix} \Omega_0 & O \\ O & O \end{pmatrix} \tag{9.46}$$

です．

式 (9.45) の精度行列の和を Ω，係数ベクトルの和を $\boldsymbol{\xi}$ と表すと，

$$J(\Delta\boldsymbol{x}_{0:T}) = \eta + \Delta\boldsymbol{x}^\top_{[0:T]}\Omega\Delta\boldsymbol{x}_{[0:T]} - 2\Delta\boldsymbol{x}^\top_{[0:T]}\boldsymbol{\xi} \tag{9.47}$$

となります．Ω を「グラフの精度行列」と呼ぶことにしましょう．$J(\Delta\boldsymbol{x}_{0:T})$ をガウス分布の指数部と考えると，$J(\Delta\boldsymbol{x}_{0:T})$ が最小になるのは，$\Delta\boldsymbol{x}_{[0:T]}$ が分布の中心にくるときです．付録 B.1.4 の式 (B.7) から，このとき

$$\Delta\boldsymbol{x}^*_{[0:T]} = \Omega^{-1}\boldsymbol{\xi} \tag{9.48}$$

となります．したがって，我々の求めたい軌跡 $\boldsymbol{x}^*_{[0:T]}$ は，

$$\boldsymbol{x}^*_{[0:T]} = \hat{\boldsymbol{x}}_{[0:T]} + \Omega^{-1}\boldsymbol{\xi} \tag{9.49}$$

となります．ただし，式 (9.39) が近似式で，$\hat{\boldsymbol{x}}_{0:T}$ まわりでしか正確ではないという理由から，求め

た軌跡には不正確さが残ります．もっというと，この手続きは最急降下法になっています．そのため，$\hat{\boldsymbol{x}}_{0:T}$ を $\boldsymbol{x}^*_{[0:T]}$ の値に置き換えて新たな軌跡の推定値とし，計算を繰り返す必要があります．

9.2.6 仮想移動エッジによる軌跡推定の実装

ここまでを一気に実装しましょう．まず，`ObsEdge` の `__init__` に次のコードを追記します．(⇒`graphbasedslam5.ipynb` [4])

```python
##大きな精度行列と係数ベクトルの各部分を計算##     #以下を追加
B1 = - np.array([[1, 0, -self.z1[0]*s1],
                 [0, 1,  self.z1[0]*c1],
                 [0, 0,               1]])
B2 = np.array([[1, 0, -self.z2[0]*s2],
               [0, 1,  self.z2[0]*c2],
               [0, 0,               1]])

self.omega_upperleft = B1.T.dot(Omega).dot(B1)
self.omega_upperright = B1.T.dot(Omega).dot(B2)
self.omega_bottomleft = B2.T.dot(Omega).dot(B1)
self.omega_bottomright = B2.T.dot(Omega).dot(B2)

self.xi_upper = - B1.T.dot(Omega).dot(hat_e)
self.xi_bottom = - B2.T.dot(Omega).dot(hat_e)
```

45～48行目が，それぞれ式 (9.43) の左上，右上，左下，右下の要素に対応します．また，50, 51行目が式 (9.44) の上側，下側の要素にそれぞれ対応します．

さらに，新しいセルを一つ作り，次のような `add_edge` 関数を作ります．この関数は式 (9.45) の Ω^*_{j,t_1,t_2}, $\boldsymbol{\xi}^*_{j,t_1,t_2}$ の和を一つずつ行うためのものです．(⇒`graphbasedslam5.ipynb` [6])

```python
def add_edge(edge, Omega, xi):
    f1, f2 = edge.t1*3, edge.t2*3
    t1 ,t2 = f1 + 3, f2 + 3
    Omega[f1:t1, f1:t1] += edge.omega_upperleft
    Omega[f1:t1, f2:t2] += edge.omega_upperright
    Omega[f2:t2, f1:t1] += edge.omega_bottomleft
    Omega[f2:t2, f2:t2] += edge.omega_bottomright
    xi[f1:t1] += edge.xi_upper
    xi[f2:t2] += edge.xi_bottom
```

`Omega`, `xi` が式 (9.47) の Ω, $\boldsymbol{\xi}$ に対応します．

最後に，次のようにコードを実行します．(⇒`graphbasedslam5.ipynb` [7])

```python
hat_xs, zlist = read_data()
dim = len(hat_xs)*3 #軌跡をつなげたベクトルの次元

for n in range(1, 10000): #繰り返しの回数は適当に大きな値にしておく(終了判定は別途下で)
    ##エッジ，大きな精度行列，係数ベクトルの作成##
    edges = make_edges(hat_xs, zlist)
    Omega = np.zeros((dim, dim))
    xi = np.zeros(dim)
    Omega[0:3, 0:3] += np.eye(3)*1000000 #x0の固定

    ##軌跡を動かす量(差分)の計算##
    for e in edges:
        add_edge(e, Omega, xi) #エッジの精度行列，係数ベクトルをOmega, xiに足す

    delta_xs = np.linalg.inv(Omega).dot(xi)  #求めた差分

    ##推定値の更新##
    for i in range(len(hat_xs)):
        hat_xs[i] += delta_xs[i*3:(i+1)*3]   #差分を足して新たな推定値を作る

    ##終了判定###
    diff = np.linalg.norm(delta_xs)       #差分の大きさ(L2ノルム)を求める
    print("{}回目の繰り返し: {}".format(n, diff))
    if diff < 0.01:                       #しきい値は調整する必要があるかもしれません
        draw(hat_xs, zlist, edges) #収束したら描画．draw_edgesを呼び出している行はコメントアウトしておく
        break
```

9行目ではグラフの精度行列 Ω に Ω_0 を足しています．Ω_0 の対角成分を 10^6 にしていますが，これ

は正の大きな値（でエラーが起きない）なら何でもかまいません．19 行目の処理は式 (9.49) に相当します．終了判定を行うためのしきい値処理には，$\Delta \boldsymbol{x}_{[0:T]}$ の長さ（$L2$ ノルム）を用いています．

このコードで得られる軌跡を図 9.8(c) に示します．軌跡はガタガタしており，観測のなかった姿勢は抜けていますが大雑把には推定できています．また，センサ値の示すランドマークの位置が真の位置付近に揃っていることも分かります．軌跡がガタガタする理由は，移動エッジを推定に利用していないからです．1 ステップでロボットが姿勢を変える量には制限があるはずですが，その情報を今までの計算では利用していません．よって，軌跡はセンサ値の情報に引っ張られて大きく歪みます．この際，センサ値に雑音が大きく乗ってしまった姿勢の推定値は，前後の姿勢と整合性がとれないものとなります．

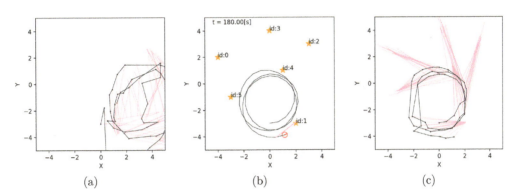

図 9.8　得られる軌跡．(a)：1 回目の処理の後，(b)：真の軌跡とランドマークの位置，(c)：収束後．

図 9.8(a) は，1 回目の処理後の軌跡の推定値を描いたものです．大きく軌跡が右側にずれていることが分かり，この例の場合，1 回の計算だけでは不十分だったことが分かります．

9.3　移動エッジの追加

9.3.1　移動エッジと残差

今度は移動エッジの情報を $\Omega, \boldsymbol{\xi}$ に追加し，式 (9.14) を完全に解いてみましょう．式は違いますが，手順は仮想移動エッジをグラフの精度行列に反映するときとまったく同じです．移動エッジの残差，残差関数はそれぞれ

$$\hat{e}_{t_1,t_2} = \hat{\boldsymbol{x}}_{t_2} - \boldsymbol{f}(\hat{\boldsymbol{x}}_{t_1}, \boldsymbol{u}_{t_2}) \tag{9.50}$$

$$\boldsymbol{e}_{t_1,t_2}(\Delta \boldsymbol{x}_{t_1}, \Delta \boldsymbol{x}_{t_2}) = \hat{\boldsymbol{x}}_{t_2} + \Delta \boldsymbol{x}_{t_2} - \boldsymbol{f}(\hat{\boldsymbol{x}}_{t_1} + \Delta \boldsymbol{x}_{t_1}, \boldsymbol{u}_{t_2}) \tag{9.51}$$

となります．仮想移動エッジのときと異なり，残差関数は最初から差分を引数とする定義にしました．

図 9.9 に，残差 $\hat{e}_{t_1,t_2}$ と，これから求める精度行列 Ω_{t_1,t_2} の関係を示します．軌跡の推定値を初期化した際は，$\hat{\boldsymbol{x}}_{t_2}$ の姿勢と $\boldsymbol{f}(\hat{\boldsymbol{x}}_{t_1}, \boldsymbol{u}_{t_2})$ の示す姿勢は一致していましたが，前節の処理で $\hat{\boldsymbol{x}}_{t_2}$ は動いています．移動エッジは，$\hat{\boldsymbol{x}}_{t_2}$ の姿勢を $\boldsymbol{f}(\hat{\boldsymbol{x}}_{t_1}, \boldsymbol{u}_{t_2})$ の方に引っ張り戻す働きをします．また，そのときにどれだけ力がかかるかを表したものが精度行列 Ω_{t_1,t_2} と解釈できます．図中には Ω_{t_1,t_2} の誤差楕円を描きましたが，この長軸方向は誤差の許容量が大きく，引っ張る力は弱くなります．短軸方向は逆に力が強くなります．

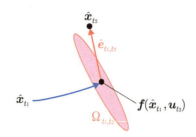

図 9.9　移動エッジのもつ残差と精度行列.

9.3.2 ログの追加

移動エッジを扱えるように，ログをとるノートブックに修正を加えます．`logger1.ipynb` をコピーして `logger2.ipynb` を作り，`logger2.ipynb` を修正します．

修正点は次の通りです．

- 移動エッジを使うと観測のなかった姿勢もグラフでノードとして扱うことができるので，ログに記録するように変更
- 制御指令値 u，制御の周期 Δt を使うので，ログに記録するよう変更

この変更を加えた `LoggerAgent` を示します．ログに `delta, u` という項目が増えます．（⇒`logger2.ipynb` [3]）

```python
class LoggerAgent(Agent):
    def __init__(self, nu, omega, interval_time, init_pose):
        super().__init__(nu, omega)
        self.interval_time = interval_time
        self.pose = init_pose
        self.step = 0
        self.log = open("log2.txt", "w") #ファイルの名前は変えておきましょう
        self.log.write("delta {}\n".format(interval_time)) #Δtの記録。追加
        
    def decision(self, observation):
        self.log.write("u {} {} {}\n".format(self.step, self.nu, self.omega)) #追加
        self.log.write("x {} {} {} {}\n".format(self.step, *self.pose)) #観測がなくても記録
        for obs in observation:
            self.log.write("z {} {} {} {} {}\n".format(self.step, obs[1], *obs[0]))
        
        self.step += 1 #インデント注意（decisionが呼ばれると必ずカウント）
        self.log.flush()
        
        self.pose = IdealRobot.state_transition(self.nu, self.omega, self.interval_time, self.pose)
        return self.nu, self.omega
```

実際に得られるログ `log2.txt` は次のような形式になります．

$u_{1:T}$ と $\hat{x}_{0:T}$ がともにログに記録されているのは冗長ですが，気にしないこととします．これから説

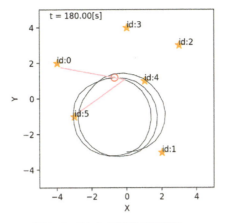

図 9.10 これから説明に使う軌跡.

明に使うログファイルを作った際のロボットの軌跡を図 9.10 に示します.

9.3.3 残差の確率モデルの構築

制御指令値 $\boldsymbol{u}$ の雑音モデルから精度行列 Ω_{t_1,t_2} を導出します.仮想移動エッジのときは,センサ値 $\boldsymbol{z}$ の雑音から残差関数の値のばらつきを表す確率モデルを導出しましたが,これと同じ方法で導出できます.

まず,制御指令 $\boldsymbol{u}_{t_2}$ の雑音は,6 章での導出(式 (6.5))から,

$$M_{t_2} = \begin{pmatrix} \sigma_{\nu\nu}^2|\nu_{t_2}|/\Delta t + \sigma_{\nu\omega}^2|\omega_{t_2}|/\Delta t & 0 \\ 0 & \sigma_{\omega\nu}^2|\nu_{t_2}|/\Delta t + \sigma_{\omega\omega}^2|\omega_{t_2}|/\Delta t \end{pmatrix} \quad (9.52)$$

となります.一方,式 (9.50) の残差 $\hat{e}_{t_1,t_2}$ を $\boldsymbol{u}$ の関数として線形化すると,

$$\hat{e}_{t_1,t_2}(\boldsymbol{u}) \approx \hat{e}_{t_1,t_2}(\boldsymbol{u}_{t_2}) + \frac{\partial \hat{e}_{t_1,t_2}}{\partial \boldsymbol{u}}\bigg|_{\boldsymbol{u}=\boldsymbol{u}_{t_2}} (\boldsymbol{u} - \boldsymbol{u}_{t_2}) \quad (9.53)$$

となります.この式のヤコビ行列を A_{t_2} とすると,式 (9.50) と,$w \neq 0$ のとき式 (3.9) から

$$A_{t_2} = \\ -\begin{pmatrix} \omega_{t_2}^{-1}\{\sin(\theta_{t_1} + \omega_{t_2}\Delta t) - \sin\theta_{t_1}\} \\ \omega_{t_2}^{-1}\{-\cos(\theta_{t_1} + \omega_{t_2}\Delta t) + \cos\theta_{t_1}\} \\ 0 \\ -\nu_{t_2}\omega_{t_2}^{-2}\{\sin(\theta_{t_1} + \omega_{t_2}\Delta t) - \sin\theta_{t_1}\} + \nu_{t_2}\omega_{t_2}^{-1}\Delta t\cos(\theta_{t_1} + \omega_{t_2}\Delta t) \\ -\nu_{t_2}\omega_{t_2}^{-2}\{-\cos(\theta_{t_1} + \omega_{t_2}\Delta t) + \cos\theta_{t_1}\} + \nu_{t_2}\omega_{t_2}^{-1}\Delta t\sin(\theta_{t_1} + \omega_{t_2}\Delta t) \\ \Delta t \end{pmatrix} \quad (9.54)$$

となります.これまでと同様,$\omega_{t_2} = 0$ を入力するときはわずかに値を変えてやる必要があります.

以上の結果と付録 B.1.10 の式 (B.32) の結果を用いて M_{t_2} を $\boldsymbol{e}_{t_1,t_2}$ の空間に移すと,共分散行列は

$$R_{t_1,t_2} = A_{t_2} M_{t_2} A_{t_2}^\top \quad (9.55)$$

となります.

ところで，エッジの情報をグラフの精度行列 Ω に足すときは，R_{t_1,t_2} の逆行列である精度行列 Ω_{t_1,t_2} が必要ですが，6 章で述べた通り，（M_{t_2} が 2×2 の行列なので）R_{t_1,t_2} には逆行列が存在しません．この物理的な意味は，ロボットが $\bm{x}_{t_1}$ から $\bm{x}_{t_2}$ に移動したとき，$\bm{x}_{t_2}$ には残差が生じるものの，$\bm{x}_{t_2} = (x_{t_2}\ y_{t_2}\ \theta_{t_2})^\top$ のうち，二つの変数が決まるともう一つの変数も決まってしまうということを意味します．これは，もし実際の雑音にそのような性質があれば，雑音が広がらず好ましいことなのですが，本章においては計算の都合上，好ましくありません．

本章では，この問題を回避するために，式 (6.19) のモデルを使います．x, y, θ 方向に独立した雑音がわずかに混入することとして，

$$R_{t_1,t_2} = A_{t_2} M_{t_2} A_{t_2}^\top + \zeta I \qquad (\zeta : \text{小さな正の値}) \tag{9.56}$$

とした上で，精度行列 $\Omega_{t_1,t_2} = R_{t_1,t_2}^{-1}$ を作ります．この方法を用いると，移動による雑音がわずかに大きく見積もられます．

9.3.4 グラフの精度行列と係数ベクトルに足す値の計算

今度は残差関数の式 (9.51) を $\hat{\bm{x}}_{t_1}, \hat{\bm{x}}_{t_2}$ まわりで偏微分します．これも，仮想移動エッジのときと同じ手続きです．

$$\begin{aligned}
\bm{e}_{t_1,t_2}(\Delta\bm{x}_{t_1}, \Delta\bm{x}_{t_2}) &\approx \hat{\bm{x}}_{t_2} - \bm{f}(\hat{\bm{x}}_{t_1}, \bm{u}_{t_2}) + \frac{\partial \bm{x}_{t_2}}{\partial \bm{x}_{t_2}}\Big|_{\bm{x}_{t_2}=\hat{\bm{x}}_{t_2}}\Delta\bm{x}_{t_2} - \frac{\partial \bm{f}}{\partial \bm{x}_{t_1}}\Big|_{\bm{x}_{t_1}=\hat{\bm{x}}_{t_1}}\Delta\bm{x}_{t_1} \\
&= \hat{\bm{x}}_{t_2} - \bm{f}(\hat{\bm{x}}_{t_1}, \bm{u}_{t_2}) + \Delta\bm{x}_{t_2} - \frac{\partial \bm{f}}{\partial \bm{x}_{t_1}}\Big|_{\bm{x}_{t_1}=\hat{\bm{x}}_{t_1}}\Delta\bm{x}_{t_1}
\end{aligned} \tag{9.57}$$

この式のヤコビ行列を F_{t_1,t_2} とすると，

$$F_{t_1,t_2} = \begin{pmatrix} 1 & 0 & \nu_{t_2}\omega_{t_2}^{-1}\{\cos(\mu_{\theta_{t_1}} + \omega_{t_2}\Delta t) - \cos\mu_{\theta_{t_1}}\} \\ 0 & 1 & \nu_{t_2}\omega_{t_2}^{-1}\{\sin(\mu_{\theta_{t_1}} + \omega_{t_2}\Delta t) - \sin\mu_{\theta_{t_1}}\} \\ 0 & 0 & 1 \end{pmatrix} \tag{9.58}$$

となります．ただし，これも $\omega_{t_2} > 0$ を想定しており，$\omega_{t_2} = 0$ を入力するときはわずかに値を変えてやる必要があります．

これらの結果から，式 (9.17) の項 $\{\bm{e}_{t_1,t_2}(\Delta\bm{x}_{t_1}, \Delta\bm{x}_{t_2})\}^\top \Omega_{t_1,t_2}\{\bm{e}_{t_1,t_2}(\Delta\bm{x}_{t_1}, \Delta\bm{x}_{t_2})\}$（変数を差分に変更）を，$\Delta\bm{x}_{[0:T]}$ を変数とする式に変形できます．付録 B.1.11 の式 (B.35) に，式 (9.57) から $A = -F_{t_1,t_2}, B = I, C = \Omega_{t_1,t_2}, \bm{a} = \hat{\bm{x}}_{t_2} - \bm{f}(\hat{\bm{x}}_{t_1}, \bm{u}_{t_2})$ を当てはめると，$\Delta\bm{x}_{[0:T]}$ の精度行列，係数ベクトルは，式 (B.39), (B.41) より

$$\Omega^*_{\bm{x}_{t_1},\bm{x}_{t_2}} = \begin{pmatrix} \ddots & & & \\ & F_{t_1,t_2}^\top \Omega_{t_1,t_2} F_{t_1,t_2} & -F_{t_1,t_2}^\top \Omega_{t_1,t_2} & \\ & -\Omega_{t_1,t_2} F_{t_1,t_2} & \Omega_{t_1,t_2} & \\ & & & \ddots \end{pmatrix} \tag{9.59}$$

$$\xi^*_{\bm{x}_{t_1},\bm{x}_{t_2}} = -\begin{pmatrix} \vdots \\ -F_{t_1,t_2}^\top \\ I \\ \vdots \end{pmatrix} \Omega_{t_1,t_2}\{\hat{\bm{x}}_{t_2} - \bm{f}(\hat{\bm{x}}_{t_1}, \bm{u}_{t_2})\} \tag{9.60}$$

となります．あとは，これらに λ をかけて，グラフの精度行列 Ω と係数ベクトル ξ にそれぞれ足してやると，移動エッジの情報を Ω, ξ に反映でき，式 (9.14) の問題を解くことができます．

9.3.5 移動エッジによる処理の実装

以上の処理を実装しましょう．λ はとりあえず 1 としておきます．まず，ログを読み込む部分を次のように変更します．（⇒ `graphbasedslam6.ipynb` [3]）

```python
In [3]: def read_data():
    hat_xs = {}
    zlist = {}
    delta = 0.0 #追加
    us = {} #追加
    
    with open("log2.txt") as f:  #log2.txtに変えておく
        for line in f.readlines():
            tmp = line.rstrip().split()
            
            step = int(tmp[1])
            if tmp[0] == "x":
                hat_xs[step] = np.array([float(tmp[2]), float(tmp[3]), float(tmp[4])]).T
            elif tmp[0] == "z":
                if step not in zlist:
                    zlist[step] = []
                zlist[step].append((int(tmp[2]), np.array([float(tmp[3]), float(tmp[4]), float(tmp[5])]).T))
            elif tmp[0] == "delta":  #以下の読み込みを追加
                delta = float(tmp[1])
            elif tmp[0] == "u":
                us[step] = np.array([float(tmp[2]), float(tmp[3])]).T
                
    return hat_xs, zlist, us, delta #us, deltaも返す
```

変更した部分は，4, 5 行目の読み込んだデータをためて返すための変数の追加，7 行目のログファイルの名前の変更，18 行目以下の，追加したログの読み込み部分と結果を返す部分です．

移動エッジのクラスは次のように実装します．ほぼ，カルマンフィルタや仮想移動エッジの処理に出てきたコードの使い回しです．（⇒ `graphbasedslam6.ipynb` [5]）

```python
In [5]: class MotionEdge:
    def __init__(self, t1, t2, xs, us, delta, motion_noise_stds={"nn":0.19, "no":0.001, "on":0.13, "oo":0.2}):
        self.t1, self.t2 = t1, t2                  #時刻の記録
        self.hat_x1, self.hat_x2 = xs[t1], xs[t2]  #各時刻の姿勢
        
        nu, omega = us[t2]
        if abs(omega) < 1e-5: omega = 1e-5 #ゼロにすると式が変わるので避ける
        
        M = matM(nu, omega, delta, motion_noise_stds)
        A = matA(nu, omega, delta, self.hat_x1[2])
        F = matF(nu, omega, delta, self.hat_x1[2])
        
        self.Omega = np.linalg.inv(A.dot(M).dot(A.T) + np.eye(3)*0.0001) #標準偏差0.01の雑音を足す
        
        self.omega_upperleft = F.T.dot(self.Omega).dot(F)
        self.omega_upperright = -F.T.dot(self.Omega)
        self.omega_bottomleft = - self.Omega.dot(F)
        self.omega_bottomright = self.Omega
        
        x2 = IdealRobot.state_transition(nu, omega, delta, self.hat_x1)
        self.xi_upper = F.T.dot(self.Omega).dot(self.hat_x2 - x2)
        self.xi_bottom = -self.Omega.dot(self.hat_x2 - x2)
```

最後に，一番下のセルの冒頭に次のように追加します．（⇒ `graphbasedslam6.ipynb` [8]）

```
In [8]:  1  hat_xs, zlist, us, delta = read_data() #受け取る変数を追加
         2  dim = len(hat_xs)*3
         3
         4  for n in range(1, 10000):
         5      ##エッジ、大きな精度行列、係数ベクトルの作成##
         6      edges = make_edges(hat_xs, zlist)
         7
         8      for i in range(len(hat_xs)-1): #行動エッジの追加
         9          edges.append(MotionEdge(i, i+1, hat_xs, us, delta))
```

1行目では `read_data` から制御指令値のリストと制御の周期 `us`, `delta` を受け取り，8, 9 行目では `edges` に移動エッジを追加します．

これでコードを実行すると，図 9.11(d) のような結果が得られます[注8]．移動エッジを用いない (b) の場合と比べて，軌道が平滑化されていることが分かります．また，図 9.8(a) では繰り返し処理の 1 回目の後に軌道が大きくずれていましたが，図 9.11(c) ではそれもなくなっています．

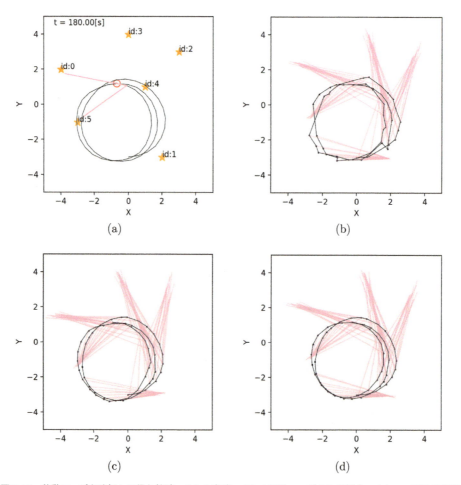

図 9.11　移動エッジを追加して得た軌跡．(a)：真値．(b)：移動エッジなしの場合．(c)：一回目の処理の後．(d)：収束後．

注 8　このとき使ったログは，GitHub のリポジトリ `ryuichiueda/LNPR_BOOK_CODES` の `section_slam/log_ref.txt` においてあります．

9.4 地図の推定

9.4.1 ランドマークの姿勢の計算と描画

各ランドマークの姿勢 $\boldsymbol{m}_j = (m_{j,x}\ m_{j,y}\ m_{j,\theta})^\top$ を求めます．事前準備として，ランドマークの向き $m_{j,\theta}$ の原点はロボットにとっては未知なので，各時刻のセンサ値から得られるランドマークの向き $m_{j,\theta,t}$ を，原点の位置に影響されない相対値にしないといけません．実装では，最初に当該のランドマークを観測した時刻を $t = s$ として，このときの $m_{j,\theta,s}$ を基準として $m_{j,\theta,t}$ を表します．このとき式 (9.25) から $m_{j,\theta,s} = \theta_s + \varphi_{j,s} - \psi_{j,s} + \pi$ なので，

$$\begin{aligned} m_{j,\theta,t} &= (\theta_t + \varphi_{j,t} - \psi_{j,t} + \pi) - (\theta_s + \varphi_{j,s} - \psi_{j,s} + \pi) \\ &= \theta_t - \theta_s + \varphi_{j,t} - \varphi_{j,s} - \psi_{j,t} + \psi_{j,s} \end{aligned} \tag{9.61}$$

となります．

この定義を用いると，$\boldsymbol{x}_t^*$ と $\boldsymbol{z}_{j,t}$ のペアから計算されるランドマークの位置と向き $\boldsymbol{m}_{j,t}$ は，

$$\boldsymbol{m}_{j,t} = \begin{pmatrix} x_t^* + \ell_{j,t}\cos(\theta_t^* + \varphi_{j,t}) \\ y_t^* + \ell_{j,t_1}\sin(\theta_t^* + \varphi_{j,t}) \\ \theta_t^* - \theta_s^* + \varphi_{j,t} - \varphi_{j,s} - \psi_{j,t} + \psi_{j,s} \end{pmatrix} = \boldsymbol{x}_t^* + \begin{pmatrix} \ell_{j,t}\cos(\theta_t^* + \varphi_{j,t}) \\ \ell_{j,t_1}\sin(\theta_t^* + \varphi_{j,t}) \\ -\theta_s^* + \varphi_{j,t} - \varphi_{j,s} - \psi_{j,t} + \psi_{j,s} \end{pmatrix} \tag{9.62}$$

と計算されます．この値を，$\boldsymbol{x}_t^*$ と $\boldsymbol{z}_{j,t}$ の全ペアに対して計算しましょう．

まず，`make_edge` 関数内で使っていた変数 `landmark_keys_zlist` を，次のように `return` で `edges` と一緒に返すように変更します．（⇒`graphbasedslam7.ipynb` [6]）

```
In [6]:  1  import itertools
         2  def make_edges(hat_xs, zlist):
         3      landmark_keys_zlist = {}
         4
        17
        18      return edges, landmark_keys_zlist #ランドマークをキーにしたリストlandmark_keys_zlistも返す
```

それに対応して，`make_edge` を呼び出している部分（軌跡を求めているセルの 6 行目）で，追加した返り値を`_`で受けとっておきます．（⇒`graphbasedslam7.ipynb` [8]）

```
In [8]:  1  hat_xs, zlist, us, delta = read_data()
         2  dim = len(hat_xs)*3
         3
         4  for n in range(1, 10000):
         5      ##エッジ，大きな精度行列，係数ベクトルの作成##
         6      edges, _ = make_edges(hat_xs, zlist) #返す変数が2つになるので「_」で合わせる
         7
```

次に，ノートブックの一番下にセルを作り，次のように `make_edge` を使います．`zlist_landmark` には，ランドマークごとに，ランドマークを観測した時刻とセンサ値を記録したリストが入ります．（⇒`graphbasedslam7.ipynb` [9]）

```
In [9]:  1  _, zlist_landmark = make_edges(hat_xs, zlist)
         2  zlist_landmark
Out[9]: {1: [(0, (1, array([ 1.88300129e+00, -9.10365521e-04,  3.14680657e+00]))),
             (1, (1, array([ 1.24050936, -0.19381247,  3.12801917]))),
             (2, (1, array([ 0.90805059, -0.71609643,  2.87216919]))),
             (20, (1, array([4.83107531, 1.00937034, 2.90642102]))),
```

さらに下にセルを作り，MapEdge というクラスを作ります．（⇒graphbasedslam7.ipynb [10]）

```
In [10]:  1  class MapEdge:
          2      def __init__(self, t, z, head_t, head_z, xs):  #head_t, head_zは最初に対象のランドマークを観測した時の時刻とセンサ値
          3          self.x = xs[t]
          4          self.z = z
          5
          6          self.m = self.x + np.array([
          7              z[0]*math.cos(self.x[2] + z[1]),
          8              z[0]*math.sin(self.x[2] + z[1]),
          9              - xs[head_t][2] + z[1] - head_z[1] - z[2] + head_z[2]
         10          ]).T
         11
         12          while self.m[2] >=  math.pi: self.m[2] -= math.pi*2
         13          while self.m[2] <  -math.pi: self.m[2] += math.pi*2
```

self.m が $m_{j,t}$ に相当します．本節ではここまでグラフという比喩を用いていませんでしたが，前節までの内容に合わせて，このクラスにはエッジと名前をつけました．

エッジを作る前に，ランドマークの位置を描画する準備をしておきます．draw のあるセルに，次のように追記します．（⇒graphbasedslam7.ipynb [2]）

```
32  def draw_landmarks(ms, ax):
33      ax.scatter([m[0] for m in ms], [m[1] for m in ms], s=100, marker="*", color="blue", zorder=100)
34
35  def draw(xs, zlist, edges, ms=[]):  #ms追加
36      ax = make_ax()
37      draw_observations(xs, zlist, ax)
38      draw_trajectory(xs, ax)
39      draw_landmarks(ms, ax)  #追加
40      plt.show()
```

MapEdge のオブジェクトを作ってみましょう．ノートの一番下のセルに次のように記述して実行します．（⇒graphbasedslam7.ipynb [11]）

```
In [11]:  1  ms = {}
          2  for landmark_id in zlist_landmark:
          3      edges = []
          4      head_z = zlist_landmark[landmark_id][0]  #最初の観測（ランドマークの向きθの計算に利用）
          5      for z in zlist_landmark[landmark_id]:
          6          edges.append(MapEdge(z[0], z[1][1], head_z[0], head_z[1][1], hat_xs))
          7
          8      ms[landmark_id] = np.mean([e.m for e in edges], axis=0)
          9
         10  draw(hat_xs, zlist, edges, ms)
```

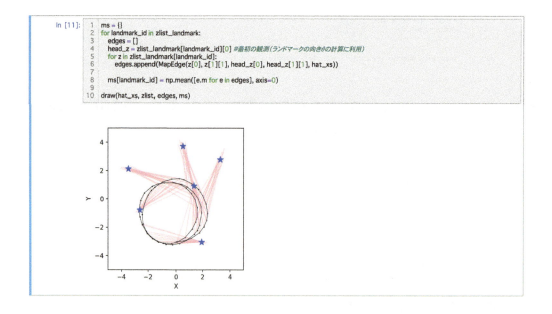

10 行目で呼び出した draw には，全エッジの $m_{j,t}$ の値を平均したものを渡しています．この値は 8 行目で計算されています．結果の画像を見ると，誤差はありますがランドマークの位置がだいたい求まっていることが分かります．

9.4.2 最小二乗問題の構築と実装

次に，残差関数を定義しましょう．ある推定姿勢 m_j と，式 (9.62) で計算される $m_{j,t}$ の差から，

$$e_t(m_j) = m_j - m_{j,t} = m_j - x_t^* - \begin{pmatrix} \ell_{j,t}\cos(\theta_t^* + \varphi_{j,t}) \\ \ell_{j,t}\sin(\theta_t^* + \varphi_{j,t}) \\ -\theta_s^* + \varphi_{j,t} - \varphi_{j,s} - \psi_{j,t} + \psi_{j,s} \end{pmatrix} \tag{9.63}$$

となります．残差関数をセンサ値 z の関数とみなして z_t まわりで線形化すると，

$$e_t(z) \approx m_j - m_{j,t} + \begin{pmatrix} -\cos(\theta_t^* + \varphi_{j,t}) & \ell_{j,t}\sin(\theta_t^* + \varphi_{j,t}) & 0 \\ -\sin(\theta_t^* + \varphi_{j,t}) & -\ell_{j,t}\cos(\theta_t^* + \varphi_{j,t}) & 0 \\ 0 & -1 & 1 \end{pmatrix}(z - z_{j,t}) \tag{9.64}$$

となります．この式中のヤコビ行列を $R_{j,t}$ と表しましょう．$R_{j,t}$ と，式 (9.29) のセンサの雑音に関する共分散行列 $Q_{j,t}$ から

$$\Omega_{j,t} = R_{j,t} Q_{j,t} R_{j,t}^\top \tag{9.65}$$

となります．これは，$XY\theta$ 空間にセンサの雑音に関する共分散行列を写像した共分散行列です．

式 (9.19) に式 (9.63) の中辺を代入すると，$e_{j,t}$ の分布

$$p_{j,t}(e_{j,t}) = \eta \exp\left\{-\frac{1}{2}(m_j - m_{j,t})^\top \Omega_{j,t}(m_j - m_{j,t})\right\} \tag{9.66}$$

を作れます．これで式 (9.22) の最適化の式は，

$$\begin{aligned} J_{m_j}(m_j) &= \sum_{t\in \mathbf{I}_z}(m_j - m_{j,t})^\top \Omega_{j,t}(m_j - m_{j,t}) \\ &= \eta + m_j^\top \Omega_j m_j - 2 m_j^\top \xi_j \end{aligned} \tag{9.67}$$

というように，精度行列の和 Ω_j と 1 次の項の係数ベクトル ξ_j でまとめることができます．ここで，

$$\Omega_j = \sum_{t\in \mathbf{I}_z}\Omega_{j,t} \tag{9.68}$$

$$\xi_j = \sum_{t\in \mathbf{I}_z}\Omega_{j,t} m_{j,t} \tag{9.69}$$

です．付録 B.1.4 の式 (B.7) から，$J_{m_j}(m_j)$ を最小にする m_j^* は

$$m_j^* = \Omega_j^{-1} \xi_j \tag{9.70}$$

となります．

では，コードを完成させましょう．まず，`MapEdge` の `__init__` の下に，$\Omega_{j,t}$ を計算するコードを追加します．また，引数に $Q_{j,t}$ を作るためのパラメータを渡します．（⇒`graphbasedslam8.ipynb` [10]）

```
In [10]:  1  class MapEdge:
          2      def __init__(self, t, z, head_t, head_z, xs, sensor_noise_rate=[0.14, 0.05, 0.05]): #センサの雑音モデルを追加
         15          ##精度行列の計算## #以下追加
         16          Q1 = np.diag([(self.z[0]*sensor_noise_rate[0])**2, sensor_noise_rate[1]**2, sensor_noise_rate[2]**2])
         17
         18          s1 = math.sin(self.x[2] + self.z[1])
         19          c1 = math.cos(self.x[2] + self.z[1])
         20          R = np.array([[-c1, self.z[0]*s1, 0],
         21                        [-s1,-self.z[0]*c1, 0],
         22                        [  0,            -1,1]])
         23
         24          self.Omega = R.dot(Q1).dot(R.T)
         25          self.xi = self.Omega.dot(self.m)
```

第 9 章 グラフ表現による SLAM

処理を実行するコードについては，8 行目以下を次のように変更します．（⇒ `graphbasedslam8.ipynb` [11]）

```
In [11]:  1  ms = []
          2  for landmark_id in zlist_landmark:
          3      edges = []
          4      head_z = zlist_landmark[landmark_id][0] #最初の観測（ランドマークの向きθの計算に利用）
          5      for z in zlist_landmark[landmark_id]:
          6          edges.append(MapEdge(z[0], z[1][1], head_z[0], head_z[1][1], hat_xs))
          7
          8      Omega = np.zeros((3,3)) #以下変更
          9      xi = np.zeros(3)
         10      for e in edges:
         11          Omega += e.Omega
         12          xi += e.xi
         13
         14      ms.append(np.linalg.inv(Omega).dot(xi))
         15
         16  draw(hat_xs, zlist, edges, ms)
```

これで実行すると，図9.12(c) のように，ランドマークの推定位置が，図(b)（`graphbasedslam7.ipynb` のセル [11] の出力）から少し移動します．図の上部にある三つのランドマークを見ると，近くでランドマークを観測したときのセンサ値が指す方向に星印が移動していることが分かります．

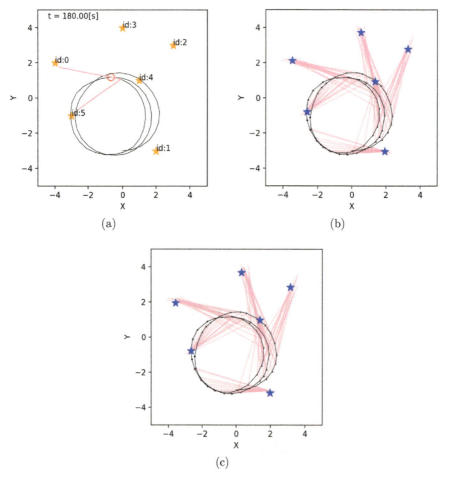

図 9.12　(a)：真の軌跡とランドマークの位置．(b)：平均値から推定した地図．(c)：精度行列で修正をかけた地図．

9.5 センサ値が2変数の場合

9.5.1 センサ値を2変数に戻す

これまでセンサ値を3変数にしてグラフベースSLAMを扱ってきましたが，これを前章までの2変数に戻しましょう．ψを除外して$\boldsymbol{z} = (\ell \; \varphi)^\top$として，もう一度コードを考えていきます．準備として，今までグラフベースSLAMを実装してきたノートブックからコピーして新しいノートブックを作ります．そして，`read_data`関数において，ログからψの値を読み込まないようにします．（⇒`graphbasedslam_2d_sensor1.ipynb` [3]）

```
In [3]:    1  def read_data():
          14      elif tmp[0] == "z":
          15          if step not in zlist:
          16              zlist[step] = []
          17          zlist[step].append((int(tmp[2]), np.array([float(tmp[3]), float(tmp[4])]).T))  #変更。ψを読み込まないように
```

ψの存在を消していきます．まず，仮想移動エッジの残差と残差関数については，ψが存在しないので，式 (9.27), (9.28) から3行目を削って，

$$\hat{e}_{j,t_1,t_2} = \begin{pmatrix} \hat{x}_{t_2} + \ell_{j,t_2}\cos(\hat{\theta}_{t_2} + \varphi_{j,t_2}) \\ \hat{y}_{t_2} + \ell_{j,t_2}\sin(\hat{\theta}_{t_2} + \varphi_{j,t_2}) \end{pmatrix} - \begin{pmatrix} \hat{x}_{t_1} + \ell_{j,t_1}\cos(\hat{\theta}_{t_1} + \varphi_{j,t_1}) \\ \hat{y}_{t_1} + \ell_{j,t_1}\sin(\hat{\theta}_{t_1} + \varphi_{j,t_1}) \end{pmatrix} \tag{9.71}$$

$$\boldsymbol{e}_{j,t_1,t_2}(\boldsymbol{x}_{t_1}, \boldsymbol{x}_{t_2}) = \begin{pmatrix} x_{t_2} + \ell_{j,t_2}\cos(\theta_{t_2} + \varphi_{j,t_2}) \\ y_{t_2} + \ell_{j,t_2}\sin(\theta_{t_2} + \varphi_{j,t_2}) \end{pmatrix} - \begin{pmatrix} x_{t_1} + \ell_{j,t_1}\cos(\theta_{t_1} + \varphi_{j,t_1}) \\ y_{t_1} + \ell_{j,t_1}\sin(\theta_{t_1} + \varphi_{j,t_1}) \end{pmatrix} \tag{9.72}$$

としましょう．コードでは，次のように`ObsEdge`のセルの14～18行目で，$\hat{e}_{j,t_1,t_2}$ の3行目を削ります．（⇒`graphbasedslam_2d_sensor1.ipynb` [4]）

```
14  ##誤差の計算##
15  hat_e = self.x2[0:2] - self.x1[0:2] + np.array([   #self.x2とself.x1は上の2行だけを使う
16      self.z2[0]*c2 - self.z1[0]*c1,
17      self.z2[0]*s2 - self.z1[0]*s1
18  ])                                                 #ψに関する行列の行と、正規化していた行を削除。
```

この変更にともない，ヤコビ行列 R_{j,t_1}, R_{j,t_2} は，式 (9.31), (9.32) から3行目，3列目を削って，

$$R_{j,t_1} = \frac{\partial \hat{e}_{j,t_1,t_2}}{\partial \boldsymbol{z}_{j,a}}\bigg|_{\boldsymbol{z}_{j,a}=\boldsymbol{z}_{j,t_1}} = -\begin{pmatrix} \cos(\hat{\theta}_{t_1} + \varphi_{t_1}) & -\ell_{j,t_1}\sin(\hat{\theta}_{t_1} + \varphi_{t_1}) \\ \sin(\hat{\theta}_{t_1} + \varphi_{t_1}) & \ell_{j,t_1}\cos(\hat{\theta}_{t_1} + \varphi_{t_1}) \end{pmatrix} \tag{9.73}$$

$$R_{j,t_2} = \frac{\partial \hat{e}_{j,t_1,t_2}}{\partial \boldsymbol{z}_{j,b}}\bigg|_{\boldsymbol{z}_{j,b}=\boldsymbol{z}_{j,t_2}} = \begin{pmatrix} \cos(\hat{\theta}_{t_2} + \varphi_{t_2}) & -\ell_{j,t_2}\sin(\hat{\theta}_{t_2} + \varphi_{t_2}) \\ \sin(\hat{\theta}_{t_2} + \varphi_{t_2}) & \ell_{j,t_2}\cos(\hat{\theta}_{t_2} + \varphi_{t_2}) \end{pmatrix} \tag{9.74}$$

となります．そして，センサの雑音に関する共分散行列は2次元に戻り，

$$Q_{j,t} = \begin{pmatrix} (\ell_{j,t}\sigma_\ell)^2 & 0 \\ 0 & \sigma_\varphi^2 \end{pmatrix} \tag{9.75}$$

となります．これらの行列から $\boldsymbol{e}_{j,t_1,t_2}$ の共分散行列（式 (9.34)）を計算して，精度行列 $\Omega_{j,t_1,t_2} = \Sigma_{j,t_1,t_2}^{-1}$ を求めます．

この変更に関する部分の`ObsEdge`のコードを示します．`__init__`の引数からは σ_ψ の値を削除し

ます.また,コード中の Q1, R1, Q2, R2 から行や列を適宜落とします.(⇒graphbasedslam_2d_sensor1.ipynb [4])

```
In [4]:   1  class ObsEdge:
          2      def __init__(self, t1, t2, z1, z2, xs, sensor_noise_rate=[0.14, 0.05]):  #ψの標準偏差を削除
          3          assert z1[0] == z2[0]
          4
         20          ##精度行列の作成##
         21          Q1 = np.diag([(self.z1[0]*sensor_noise_rate[0])**2, sensor_noise_rate[1]**2])  #ψの分散を削除
         22          R1 = -np.array([[c1, -self.z1[0]*s1],
         23                          [s1, self.z1[0]*c1]])    #3行目,3列目を削除
         24
         25          Q2 = np.diag([(self.z2[0]*sensor_noise_rate[0])**2, sensor_noise_rate[1]**2])  #ψの分散を削除
         26          R2 = np.array([[c2, -self.z2[0]*s2],
         27                         [s2, self.z2[0]*c2]])     #3行目,3列目を削除
         28
         29          Sigma = R1.dot(Q1).dot(R1.T) + R2.dot(Q2).dot(R2.T)
         30          Omega = np.linalg.inv(Sigma)              #2x2行列になる
```

さらに,残差関数を $\Delta \boldsymbol{x}_{t_1}$, $\Delta \boldsymbol{x}_{t_2}$ の多項式に近似するためのヤコビ行列は,それぞれ式 (9.37),(9.38) の 3 行目を削って,

$$B_{j,t_1} = -\begin{pmatrix} 1 & 0 & -\ell_{j,t_1}\sin(\theta_{t_1}+\varphi_{j,t_1}) \\ 0 & 1 & \ell_{j,t_1}\cos(\theta_{t_1}+\varphi_{j,t_1}) \end{pmatrix} \tag{9.76}$$

$$B_{j,t_2} = \begin{pmatrix} 1 & 0 & -\ell_{j,t_2}\sin(\theta_{t_2}+\varphi_{j,t_2}) \\ 0 & 1 & \ell_{j,t_2}\cos(\theta_{t_2}+\varphi_{j,t_2}) \end{pmatrix} \tag{9.77}$$

となります.ObsEdge の最後の部分を示します.(⇒graphbasedslam_2d_sensor1.ipynb [4])

```
         32          ##大きな精度行列と係数ベクトルの各部分を計算##
         33          B1 = -np.array([[1, 0, -self.z1[0]*s1],
         34                          [0, 1, self.z1[0]*c1]])    #3行目を削除
         35          B2 = np.array([[1, 0, -self.z2[0]*s2],
         36                         [0, 1, self.z2[0]*c2]])     #3行目を削除
         37
         38          self.omega_upperleft = B1.T.dot(Omega).dot(B1)    #ここには計算すると3x3行列のままになる
         39          self.omega_upperright = B1.T.dot(Omega).dot(B2)
         40          self.omega_bottomleft = B2.T.dot(Omega).dot(B1)
         41          self.omega_bottomright = B2.T.dot(Omega).dot(B2)
         42
         43          self.xi_upper = - B1.T.dot(Omega).dot(hat_e)       #ここも計算すると3次元縦ベクトルのままになる
         44          self.xi_bottom = - B2.T.dot(Omega).dot(hat_e)
```

変更しなければいけないのは B_{j,t_1}, B_{j,t_2} に相当する B1,B2 の計算部分で,それぞれの行列の 3 行目を削ります.38 行目以下の計算は,何も変更しなくても次元が合います.

また,軌跡からランドマークの位置を求めるときの残差関数(式 (9.63))は,

$$\boldsymbol{e}_t(\boldsymbol{m}_j) = \boldsymbol{m}_j - \boldsymbol{m}_{j,t} = \boldsymbol{m}_j - \boldsymbol{x}_t^* - \begin{pmatrix} \ell_{j,t}\cos(\theta_t^*+\varphi_{j,t}) \\ \ell_{j,t}\sin(\theta_t^*+\varphi_{j,t}) \end{pmatrix} \tag{9.78}$$

となり,ヤコビ行列 $R_{j,t}$(式 (9.64) 中の行列)は,

$$R_{j,t} = \begin{pmatrix} -\cos(\theta_t^*+\varphi_{j,t}) & \ell_{j,t}\sin(\theta_t^*+\varphi_{j,t}) \\ -\sin(\theta_t^*+\varphi_{j,t}) & -\ell_{j,t}\cos(\theta_t^*+\varphi_{j,t}) \end{pmatrix} \tag{9.79}$$

となります.

以上の変更点を反映した MapEdge のセルを示します.2 行目で σ_ψ の値を削除し,6, 9, 13〜14 行目で行列やベクトルの次元を落としています.(⇒graphbasedslam_2d_sensor1.ipynb [10])

9.5 センサ値が2変数の場合

```
In [10]: class MapEdge:
    def __init__(self, t, z, head_t, head_z, xs, sensor_noise_rate=[0.14, 0.05]):  #センサの雑音モデルを削除
        self.x = xs[t]
        self.z = z
        
        self.m = self.x[0:2] + np.array([z[0]*math.cos(self.x[2] + z[1]), z[0]*math.sin(self.x[2] + z[1])]).T  #3行目削除
        
        ##精度行列の計算##
        Q1 = np.diag([(self.z[0]*sensor_noise_rate[0])**2, sensor_noise_rate[1]**2])  #ψの分散を削除
        
        s1 = math.sin(self.x[2] + self.z[1])
        c1 = math.cos(self.x[2] + self.z[1])
        R = np.array([[-c1, self.z[0]*s1],
                      [-s1,-self.z[0]*c1]])  #3行目、3列目を削除
        
        self.Omega = R.dot(Q1).dot(R.T)  #2x2行列になる
        self.xi = self.Omega.dot(self.m)  #2次元ベクトルになる
```

16, 17行目は変更の必要はありませんが，Omega, xi の次元は一つ落ちます．したがって次のように，その下の推定を実行するセルで，各エッジの精度行列と係数ベクトルを足しこんでいく Omega, xi の次元を変更しておきます．（⇒graphbasedslam_2d_sensor1.ipynb [11]）

```
8    Omega = np.zeros((2,2))    #2x2に
9    xi = np.zeros(2)           #2次元に
```

これで，これまで使ってきたログでSLAMを実行すると，図9.13のように，$t = 2, 3$ 間で軌跡が本来と大きくずれた推定結果が得られます．

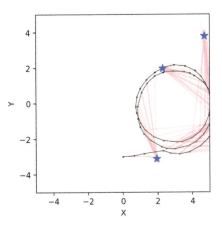

図9.13　センサ値が2変数の場合に得られるSLAMの結果．

この結果は，明らかに軌跡の推定に失敗していますが，地図は原点の座標を変更すれば，利用できるものになっています．表9.1は，ランドマーク m_0 を原点，原点から見た m_1 の方向を x 軸として座標系を設定しなおしたときに，ほかのランドマークの極座標を計算したものです．上から真値，推定値，誤差（真値と推定値の差），誤差の真値に対する割合です．誤差の真値に対する割合はいずれも

表9.1　各ランドマークの位置推定結果（極座標表現）．

ランドマークのID	1		2		3		4		5	
真値（左：距離 [m], 右：方角 [deg]）	7.81	-	7.07	47.9	4.47	66.4	5.10	28.5	3.16	-31.8
推定値	7.45	-	6.79	48.3	4.31	64.8	4.98	29.1	3.01	-31.0
誤差（真値 − 推定値）	-0.36	-	-0.28	0.40	-0.16	-1.60	-0.12	0.60	-0.15	0.80
誤差/真値 ×100 [%]	-4.6	-	-4.0	0.1	-3.6	-2.4	-2.4	2.1	-4.7	2.5

5[%] 以内に収まっています．また，シミュレーションでは，ロボットのセンサ値にはバイアスをかけたままですが，これをゼロにすると，もっと誤差は小さくなるはずです．

9.5.2 軌跡の推定失敗への対策

なぜ軌跡の推定がうまくいかなかったかを考えてみましょう．図 9.14 のように，推定がずれた部分を拡大すると分かります．x_0, x_1, x_2 では一つのランドマークしか観測されておらず，一方，x_3 では二つのランドマークが観測されています．x_3 は二つのランドマークの位置関係から拘束を受けて姿勢が固定されますが，x_0, x_1, x_2 の姿勢を固定しようとしても，図の赤い矢印の方向の拘束がゆるくなります．x_2 と x_3 間には移動エッジがあって x_3 に対して x_2 の姿勢を拘束できそうですが，結果を見ると，仮想移動エッジに引っ張られてかなり歪んでしまっています．

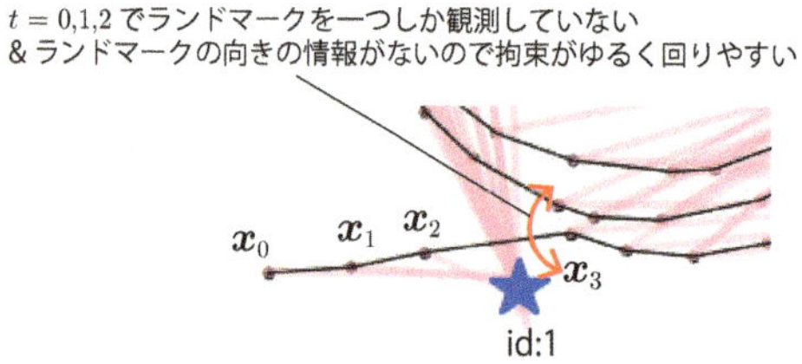

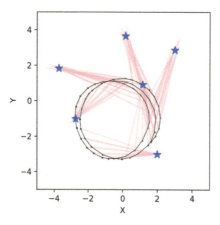

図 9.14　軌跡の推定が大きく歪んだ部分．

センサ値が姿勢の次元より低いと，このように軌跡の一部が拘束されず，残差を打ち消す際にあらぬ方向に歪んでしまう場合があるようです．とりあえず数学的な考察はさておき，少なくとも図 9.14 の問題に関しては，拘束の少ない x_0 から x_2 までを無視してしまえば解決しそうです．

図 9.15 は x_0 から x_2 までを無視する方法を試した結果です．無視する姿勢および対応するセンサ値を除去して，時刻を 0 から振りなおしたログ[注9]を処理にかけると，このような結果が得られます．

図 9.15　最初の 3 姿勢を除去した場合の推定結果．

次に，別の対策も考えてみましょう．結局，軌跡が歪んでしまうのは，たくさん存在する仮想移動エッジが特定の推定姿勢を同じ方向に引っ張ってしまうからです．本来，推定姿勢を引っ張る方向は仮想移動エッジごとにバラバラなはずで，平均化するとそこまで引っ張る方向が揃うわけではありま

注 9　リポジトリにある `log_cut.txt` です．

せん．しかし，センサ値にバイアスが混入しているため，引っ張る方向が揃ってしまいます．このような場合に対応するためには，センサ値に引っ張られるノードを状態遷移モデルが表す軌跡で引っ張り戻してやれば良いということになります．

そこで，式 (9.10) に入れたパラメータ λ を使ってみましょう．$\lambda > 1$ のとき，移動エッジの方がより重視されることになります．λ の実装をコードに加えると長くなってしまうので，「同じ移動エッジを λ 回グラフに加える」という小手先の変更だけにしておきます．（⇒ graphbasedslam_2d_sensor2 [8]）

```
 8    for i in range(len(hat_xs)-1):
 9        for j in range(100):
10            edges.append(MotionEdge(i, i+1, hat_xs, us, delta))    #100回同じエッジを足して移動エッジを増強
```

この実装では，各移動エッジが 100 本グラフに追加されます．精度行列の値はグラフの数だけ線形に増えるので，この場合は $\lambda = 100$ ということになります．

この実装で得られた軌跡と地図を図 9.16 に示します．x_0 から x_2 は除去していません．図 9.13 で軌跡が折れていた部分も問題なく推定できていることが分かります．

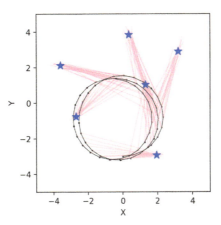

図 9.16　各移動エッジを 100 本ずつグラフに追加して得られる軌跡と地図.

さらに，9.4 節の 3 次元のセンサ値を用いる実装と，今の λ で調節した実装を，いくつかの軌道で比較したものを図 9.17 に示します．試行 B, C では 9.4 節の実装では地図がそれぞれ左右に傾いてしまっていますが，λ で調節したものは回転が抑えられています．本章の問題設定の場合，λ による調節が有効であることが分かります．ただ，環境やロボット，センサが変わると，また別の問題が出ることも考えられます．この場合，得られているデータの性質をよく考えて対応を考える必要があります（⇒ 問題 9.2）．

第 9 章 グラフ表現による SLAM

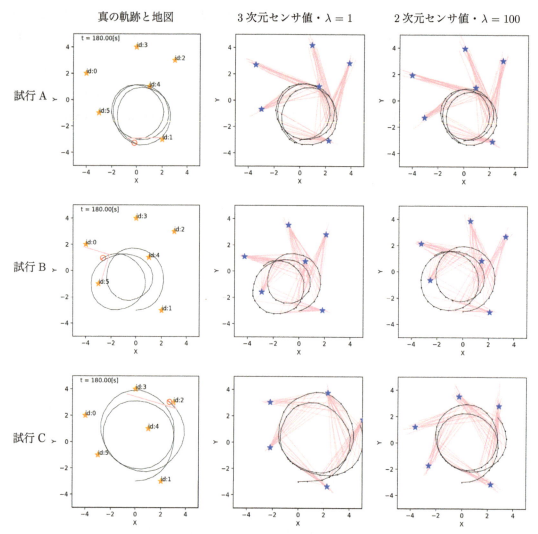

図 9.17　λ による調整の有無による結果の比較．左：真の軌跡と地図，中：$\lambda = 1$ で得られた推定結果，右：$\lambda = 100$ で得られた推定結果．試行 C の中央の結果を得る際，しきい値 0.01 では収束しなかったためしきい値を 0.02 に緩和．

9.6　まとめ

　本章ではグラフベース SLAM を実装しました．ポーズ調整やポーズ調整後のランドマークの位置推定をマハラノビス距離の最小二乗法として定式化し，それを解くアルゴリズムを実装しました．LiDAR を使った実戦的な SLAM については [友納 2018a] に詳しく記載されていますので，SLAM に興味がある場合は併読をおすすめします．[友納 2018a] に記載されているものと同じ系統の SLAM [友納 2018b] のデモが，https://youtu.be/wDvOMjwpkjk などで見られます．実際に使われる SLAM では，スキャンマッチングやランドマークの識別，リアルタイムな SLAM と正確な SLAM の組み合わせなどの工夫が凝らされます．

　グラフベース SLAM と同様な問題は，structure from motion (SfM) として，コンピュータビジョンの世界でも研究されてきました．カメラの視点を動かして得た画像から 3 次元の環境を復元することが，SfM の基本的な問題となります．SLAM においても，カメラ画像から環境の 3 次

240

元地図を作成することは Visual SLAM と呼ばれ，最近の研究テーマとなっています [Mur-Artal 2015, Taketomi 2017, Yokozuka 2019]．

人間やほかの動物が行う SLAM のような空間の認識の研究については，神経科学においてもさかんです [Buzsáki 2013]．特に海馬が深く関係していることが知られており，海馬からは環境の特定の場所に反応する場所細胞 [O'keefe 1971] や，ある種のデッドレコニングをつかさどる格子細胞 [Moser 2008] が見つかっています．ほかにも壁などの環境の境界や頭の向いている方向に反応する細胞など，空間を認識するための細胞が海馬周辺から見つかっています．Milford らの RatSLAM [Milford 2008] は，これらの研究からインスパイアされた SLAM 手法です．

章末問題

問題 9.1

人間が行っている SLAM のような演算がどのようなものか，まとめの 9.6 節で挙げた論文などから調査してみましょう．また，そのような頭の中の演算は FastSLAM とグラフベース SLAM のどちらに近いか，あるいはどちらとも違うのかなど，いろいろ考えてみましょう．

問題 9.2

8 章と同様にファントムや誘拐などを駆使して，本章のアルゴリズムがうまく機能しない場合を見つけてみましょう．また，対策を調査，考案してみましょう．

問題 9.3

グラフベース SLAM のアルゴリズムには，大きな行列の逆行列計算が含まれます．本章の Python の実装の場合，行列のサイズが大きくなるとどれだけ計算量が大きくなるか，シミュレーションのステップ数を増やして検証してみましょう．また，SLAM の際に逆行列の計算が大きくならないようにする方法について調査してみましょう．「スパース性」がキーワードとなります．

問題 9.4

逆行列の高速な計算アルゴリズムや最新の研究動向について調査してみましょう．巨大な行列の逆行列を現行よりも少ない計算量のオーダーで計算できる計算機が発明された場合，世の中はどのように変わるでしょうか．

問題 9.5

本章ではロボットの姿勢だけをグラフのノードにしましたが，ランドマークの推定位置をノードにすることも可能です．ランドマークの位置とロボットの姿勢をノードとするグラフで SLAM を行う方法を定式化，実装してみましょう（かなりの難易度が予想されます）．

第 III 部

行動決定

第10章 マルコフ決定過程と動的計画法

本章からはロボットの**行動決定**を扱います．移動ロボットでは経路計画（パスプランニング）問題が多く扱われ，パスプランニングでは例えばA*探索 [Hart 1968] や人工ポテンシャル法 [Latombe 1991]，rapidly exploring random tree [LaValle 1998] [LaValle 2001] などが基本的な手法であり，今でも研究されています．

ただ，移動ロボットに最短経路を算出して移動してもらうだけでなく，もっと知的に判断してもらいたければ，移動という問題をもっと一般化して考える必要があります．例えば人間であれば，危険な近道と危険でない回り道を状況によって使い分けることや，場合によっては目的地にいくことをなんらかの理由で諦めるなど，もっと複雑な（余計な）ことを考え，実行しています．

そこで本章からは，移動ロボットの経路計画の問題を一般化[注1]した枠組みで扱うことにします．この枠組みは**マルコフ決定過程**，あるいは近似を経て**有限マルコフ決定過程**と呼ばれます．そして，有限マルコフ決定過程を解くときの枠組みである**動的計画法**（dynamic programming）［Bellman 1957][注2]，動的計画法に属する手法の中で最も単純で，ある意味最も強力な**価値反復**を扱います．

本章ではロボットの真の姿勢をエージェントが知っている[注3]という前提でアルゴリズムを実装するので，あまり確率ロボティクスと関係ないように見えるかもしれません．しかし，近似計算の途中で多くの確率や期待値の演算が登場します．また，11章で扱う強化学習，12章で扱う部分観測マルコフ決定過程（POMDP）の理論的な基礎になっています．

本章の構成は次の通りです．まず，10.1節で，行動を決定するということはどういうことかを考えながらマルコフ決定過程を理解していきます．10.2節では，経路計画の問題をマルコフ決定過程に当てはめながら実装していきます．10.3節では，ある行動ルールを定量的に評価する方法（**方策評価**），10.4節では方策評価の方法を拡張してより良い行動ルールを得る方法（**価値反復**）を実装します．10.5節では，それまでの実装を踏まえて**ベルマン方程式**について理解します．10.6節はまとめです．

10.1 マルコフ決定過程

最初に，扱う問題について定式化しておきましょう．本節は抽象的な話になるので，先に実装を見てから読むのでもかまいません．

10.1.1 状態遷移と観測

ロボットが時刻 $t = 0$ に，ある姿勢 x_0 から出発して，あるゴールを目指すこととします．ゴール

注1 一般化といっても連続系でなく離散系です．連続系でのこの種の問題の扱いについては，10.5.3項で触れました．
注2 「動的計画法」という言葉は以後出てこないのですが，本章で扱うような枠組み全体を表す言葉です．
注3 アルゴリズムの実装の際は，移動の雑音についてもゼロとして計算しますが，状態空間を離散化する際に状態遷移が確率的になります．また，得られる結果は移動の雑音やバイアスの存在下でも十分に利用できるものになります．シミュレーションでロボットを動かすときは前章までと同様，雑音を付加します．

に着く時刻は試行ごとに違いますが，とりあえず T と表しておきましょう．ロボットの動きは前章までの状態遷移モデル

$$\bm{x}_t \sim p(\bm{x}|\bm{x}_{t-1}, \bm{u}_t) \qquad (t = 1, 2, \ldots, T) \tag{10.1}$$

に従うこととします．ところで，我々はこの状態遷移モデルをこれまで何気なく使ってきましたが，式 (10.1) の条件を見ると分かるように，このモデルでは，$\bm{x}_{t-1}$ さえ分かっていれば，$\bm{x}_t$ の統計的な性質が $\bm{x}_{t-2}$ 以前の状態に左右されません．また，$\bm{x}_{t-1}$ より前のことが以後起こることに一切影響しないので，エージェントも $\bm{u}_t$ を決めるときに $\bm{x}_{t-1}$ より前を考慮する必要がありません．このような性質をもつ系（確率過程）は「**マルコフ性**をもつ」と表現されます（⇒ 問題 10.3）．マルコフ性がないと考えられる系にも，変数を工夫することでマルコフ性をもたせることができます．例えば，人間の徒歩での移動を考えると，$\bm{x}_{t-2}$ 以前にさんざん歩いて疲れた場合とそうでない場合では，$\bm{x}_{t-1}$ 以降の状態遷移に違いが出るのでマルコフ性が成り立たないように思えます．しかし，この場合には「疲労度」という変数を加えて状態空間を拡張すると，系がマルコフ性をもつようになります．

観測モデルについては，エージェントが真の状態を知覚できるとして，考えないこととします．状態を直接観測できず，観測モデルまで考えなければならない場合の問題については 12 章で改めて扱います．

また，本章ではある数種類の制御指令値に「右回転，左回転，前進」と名前をつけて，そこから一つ選んでロボットの動きを決めるというモデルを扱います．この場合，制御と表現するよりも「行動選択」と表現する方が適切なので，このように有限個に選ばれた制御指令のことを以後「**行動** (action)」と呼ぶことにします．また，有限個の行動（制御指令）の集合を

$$\mathcal{A} = \{a_j | j = 0, 1, 2, \ldots, M-1\} \tag{10.2}$$

と表現します．ベクトルとして表現しないのは，例えば「a_0：食う，a_1：寝る，a_2：遊ぶ」というように，連続的な量ではなく名前をつけて行動を定義することを想定しているからです．

10.1.2 評価関数

本章では新たに「評価」という概念が加わります．評価は，$t = 0$ から $t = T$ までの状態と行動の履歴 $\bm{x}_{0:T}, a_{1:T}$ に対して与えられます．

この履歴に評価を与えるのは $\bm{x}_{0:T}, a_{1:T}$ を入力にとる評価関数

$$J(\bm{x}_{0:T}, a_{1:T}) \in \mathbb{R} \tag{10.3}$$

です．この J は $\in \mathbb{R}$ と表記したように実数を返します．移動ロボットの場合，評価というと移動にかかった時間や電力，あるいは安全か危険かを点数にしたものなど多元的になるはずですが，評価は数字一つだけで行うこととします．どんなに要求が複雑でもロボットに実際にとらせる行動は一つしか選べないので，これで十分です[注4][注5]．あとの実装では，2 種類の指標を一元化する場面が登場します．

評価値については，最大化を目的とする場合と最小化を目的とする場合がありますが，本章以降で

[注4] これはフィギュアスケートや何かのコンテストで優勝者を選ぶプロセスと似ています．つまり，さまざまな評価指標に対して点数をつけても，最終的には複数の点数をとりまとめて総合得点にして，優勝者を選ぶ必要があります．この選び方自体は複数あってよく，「ベストな選び方」は存在しないので不公平だとよく騒ぎになります．しかし，いったん選び方を決めてしまえば，その選び方に対する「ベストな演技」は存在します．

[注5] 「これ以上燃料を使ってはいけないけど時間は最短にしたい」などのような問題は，燃料使用量を直接評価せず，拘束条件にすることもできます．この場合，燃料の残量を状態変数に加えることになります．

は最大化を目的とすることにします．J の値が大きいロボットの行動は評価が高いということにします．移動ロボットの場合，移動するごとに時間や電力を失うというネガティブな評価指標が多いのですが，この場合，これらの値をマイナスにして評価関数に反映することになります．

ちなみに，今行っている定式化では時間がすでに離散的になっていますが，時間が連続だとロボットの状態と行動は $x(t)$, $u(t)$ というように時刻 t をとる関数となります．この場合 J は関数を入力にとる関数，つまり汎関数となります．

10.1.3 報酬と終端状態の価値

J の式についてはどんな（変な）ものでも定義できますが，本書で扱うのは次のような形式のものにします．

$$J(x_{0:T}, a_{1:T}) = \sum_{t=1}^{T} r(x_{t-1}, a_t, x_t) + V_f(x_T) \tag{10.4}$$

$r(x_{t-1}, a_t, x_t) \in \mathbb{R}$ は，状態遷移ごとに与える評価です．例えば移動ロボットの場合，x_{t-1} から x_t の間の消費電力量を 0 からマイナスしたものに -1 をかけたものを r に使うと，r の総和はタスクの始めから終わりまでの消費電力量になります．評価が多元的になる場合は，うまく式を立てて一元化します．本書では r の値を **報酬**（reward）と呼びます．また，$r(x_{t-1}, a_t, x_t)$ を状態遷移モデルや観測モデルと同様に **報酬モデル** と呼びましょう．

$V_f(x_T) \in \mathbb{R}$ は，最後に行き着いた状態 x_T に関する評価です．例えば駐車場に自動運転車を駐車するタスクで，「できるならば前向きで（バックで駐車スペースに入れて）駐車してほしいけど，面倒ならば別に頭から突っ込んでもよい」という場合，駐車の向きで評価に差をつけたいところです．このような評価は報酬 r のように x_{t-1}, a_t, x_t の組に対する評価にはならず，最終的な状態 x_T に対する評価になります．

本書で扱う問題では，状態空間 $\mathcal{X}$ に「この状態になったらタスク終了」という状態が必ず存在することとします．上記の x_T のような状態です．このような状態を **終端状態** と呼びましょう．また，終端状態の集合を $\mathcal{X}_f \subset \mathcal{X}$ と表しましょう．さらに，任意の終端状態 $\forall x \in \mathcal{X}_f$ には必ず評価値 $V_f(x)$ が設定されていることとします．この評価値を **終端状態の価値** と呼びます[注6]．

終端状態は，必ずしも望ましい状態である必要はありません．例えばロボットが畑に落ちた状態という終端状態も考えることができます．この場合，終端状態の価値を悪く設定しておけば，「悪い終端状態」として定義できます．

10.1.4 方策と状態価値関数

ところで，状態遷移には雑音が混入するので，何回か同じ初期姿勢 x_0 からなんらかの行動決定ルールで移動すると，得られる J の値はばらつくことになります．そのため，行動ルールを二つもってきてどちらが良いかという話をするためには，J の期待値を比較することになります．例えば J をゴール到達までの時間で定義する場合，何回か x_0 からロボットを走らせてゴール到達までの平均時間を比較することになります．

「何かしらの行動ルール」は Π という記号で表し[注7]，これを **方策**（policy）と呼びましょう．まだ

[注6] 終端状態の価値を定義せず，終端状態に着いたときに終端状態の良さに応じて報酬を与えるという定式化も可能です．本書では以後のプログラムにおいて，計算前に終端状態に価値を定数として書き込む方法で実装しているので，このように定式化しています．

[注7] 小文字の π も使われますが，ロボットを扱っていると円周率をよく使うので大文字で表記しています．

方策がどのようなものかは厳密に決めませんが，例えば自分で if 文などを使って書いたロボットの行動プログラムのようなものを想定すれば大丈夫です．

方策 Π を使って，何回もロボットを $\boldsymbol{x}_0$ からゴールまで移動させることを想定しましょう．このときの 1 回の試行は，次のように記録することができます．

$$\{\boldsymbol{x}_0, a_1, \boldsymbol{x}_1, r_1, a_2, \boldsymbol{x}_2, r_2, \ldots, a_T, \boldsymbol{x}_T, r_T\} \tag{10.5}$$

ここで $r_t = r(\boldsymbol{x}_{t-1}, a_t, \boldsymbol{x}_t)$ です．11 章で扱う強化学習では式 (10.5) の履歴のことを**エピソード**と呼びます[注8]．

方策 Π を使ったときに，$\boldsymbol{x}_0$ からロボットを移動させて得られる評価値 J の期待値を $V^\Pi(\boldsymbol{x}_0)$ と表しましょう．エピソードが初期状態 $\boldsymbol{x}_0$ と方策 Π から生成されることを考慮すると，式 (10.4) から，$V^\Pi(\boldsymbol{x}_0)$ は

$$V^\Pi(\boldsymbol{x}_0) = \left\langle \sum_{t=1}^T r(\boldsymbol{x}_{t-1}, a_t, \boldsymbol{x}_t) + V(\boldsymbol{x}_T) \right\rangle_{p(\boldsymbol{x}_{1:T}, a_{1:T}|\boldsymbol{x}_0, \Pi)} \tag{10.6}$$

で表されることになります．初期姿勢 $\boldsymbol{x}_0$ がたまたま終端状態である場合，$T=0$ で上式が成り立ちませんが，仮想的な状態遷移

- どんな行動をとっても元の状態のまま
- 報酬はゼロ

を間に挟むと $T=1$ に水増しでき，上式が成り立ちます．また，この仮想的な状態遷移をいくつも挟むと T をいくらでも水増しできますが[注9]，この性質はあとの計算で使います．

これで改めて初期姿勢 $\boldsymbol{x}_0$ が終端状態である場合を考えると，$V^\Pi(\boldsymbol{x}_0)$ の値は終端状態の価値 $V_\mathrm{f}(\boldsymbol{x}_0)$ と一致します．そういう意味で，関数 V^Π は終端状態の価値を拡張したものになっています．そこで $V^\Pi(\boldsymbol{x}_0)$ を，方策 Π を使ったときの $\boldsymbol{x}_0$ の**価値**（value）と呼ぶことにしましょう．

さらに，「$\boldsymbol{x}_0$ は初期状態」としてきましたが，マルコフ性を前提にすると，$\boldsymbol{x}_0$ より前にロボットが何をしていても価値 $V^\Pi(\boldsymbol{x}_0)$ には影響がありません．したがって，価値 $V^\Pi(\boldsymbol{x}_0)$ を考えるときに，$\boldsymbol{x}_0$ は必ずしも初期状態である必要はないということになります．こう考えると，価値は状態 $\boldsymbol{x}$ に対する関数

$$V^\Pi : \mathcal{X} \to \mathbb{R} \tag{10.7}$$

となります．この関数は**状態価値関数**（state value function）と呼ばれます．

さらに，式 (10.6) は次のように変形できます．

$$\begin{aligned}
&V^\Pi(\boldsymbol{x}_0) \\
&= \left\langle r(\boldsymbol{x}_0, a_1, \boldsymbol{x}_1) + \sum_{t=2}^T r(\boldsymbol{x}_{t-1}, a_t, \boldsymbol{x}_t) + V(\boldsymbol{x}_T) \right\rangle_{p(\boldsymbol{x}_{1:T}, a_{1:T}|\boldsymbol{x}_0, \Pi)} \\
&= \left\langle r(\boldsymbol{x}_0, a_1, \boldsymbol{x}_1) \right\rangle_{p(\boldsymbol{x}_{1:T}, a_{1:T}|\boldsymbol{x}_0, \Pi)} + \left\langle \sum_{t=2}^T r(\boldsymbol{x}_{t-1}, a_t, \boldsymbol{x}_t) + V(\boldsymbol{x}_T) \right\rangle_{p(\boldsymbol{x}_{1:T}, a_{1:T}|\boldsymbol{x}_0, \Pi)}
\end{aligned}$$

[注8] 本章で扱う問題の場合，r_t は状態や行動から決定できるので必ずしも記録する必要はないのですが，次章以降のために明記しています．

[注9] イメージとしては，タスクを終えたロボットに「ちょっと待ってて」と声をかけて，あとから（待ったことで不公平にならないように）採点するという感じでしょうか．

$$= \left\langle r(\boldsymbol{x}_0, a_1, \boldsymbol{x}_1) \right\rangle_{p(\boldsymbol{x}_1, a_1 | \boldsymbol{x}_0, \Pi)} + \left\langle \sum_{t=2}^T r(\boldsymbol{x}_{t-1}, a_t, \boldsymbol{x}_t) + V(\boldsymbol{x}_T) \right\rangle_{p(\boldsymbol{x}_{2:T}, a_{2:T} | \boldsymbol{x}_1, a_1, \boldsymbol{x}_0, \Pi) p(\boldsymbol{x}_1, a_1 | \boldsymbol{x}_0, \Pi)}$$

(↑第 1 項：余計な変数の消去．第 2 項：乗法定理)

$$= \left\langle r(\boldsymbol{x}_0, a_1, \boldsymbol{x}_1) \right\rangle_{p(\boldsymbol{x}_1, a_1 | \boldsymbol{x}_0, \Pi)} + \left\langle \sum_{t=2}^T r(\boldsymbol{x}_{t-1}, a_t, \boldsymbol{x}_t) + V(\boldsymbol{x}_T) \right\rangle_{p(\boldsymbol{x}_{2:T}, a_{2:T} | \boldsymbol{x}_1, \Pi) p(\boldsymbol{x}_1, a_1 | \boldsymbol{x}_0, \Pi)}$$

(↑第 2 項：マルコフ性から，$\boldsymbol{x}_1$ が分かれば条件 $\boldsymbol{x}_0, a_1$ は不要)

$$= \left\langle r(\boldsymbol{x}_0, a_1, \boldsymbol{x}_1) \right\rangle_{p(\boldsymbol{x}_1, a_1 | \boldsymbol{x}_0, \Pi)} + \left\langle \left\langle \sum_{t=2}^T r(\boldsymbol{x}_{t-1}, a_t, \boldsymbol{x}_t) + V(\boldsymbol{x}_T) \right\rangle_{p(\boldsymbol{x}_{2:T}, a_{2:T} | \boldsymbol{x}_1, \Pi)} \right\rangle_{p(\boldsymbol{x}_1, a_1 | \boldsymbol{x}_0, \Pi)}$$

$$= \left\langle r(\boldsymbol{x}_0, a_1, \boldsymbol{x}_1) \right\rangle_{p(\boldsymbol{x}_1, a_1 | \boldsymbol{x}_0, \Pi)} + \left\langle V^\Pi(\boldsymbol{x}_1) \right\rangle_{p(\boldsymbol{x}_1, a_1 | \boldsymbol{x}_0, \Pi)}$$

(↑第 2 項：$\boldsymbol{x}_1$ は $\boldsymbol{x}_0$ と同様，初期状態である必要がない)

$$= \left\langle r(\boldsymbol{x}_0, a_1, \boldsymbol{x}_1) + V^\Pi(\boldsymbol{x}_1) \right\rangle_{p(\boldsymbol{x}_1, a_1 | \boldsymbol{x}_0, \Pi)}$$

$$= \left\langle r(\boldsymbol{x}_0, a_1, \boldsymbol{x}_1) + V^\Pi(\boldsymbol{x}_1) \right\rangle_{p(\boldsymbol{x}_1 | \boldsymbol{x}_0, a_1, \Pi) P(a_1 | \boldsymbol{x}_0, \Pi)}$$

$$= \left\langle r(\boldsymbol{x}_0, a_1, \boldsymbol{x}_1) + V^\Pi(\boldsymbol{x}_1) \right\rangle_{p(\boldsymbol{x}_1 | \boldsymbol{x}_0, a_1) P(a_1 | \boldsymbol{x}_0, \Pi)} \tag{10.8}$$

この計算ではエピソードによって時刻 T が異なることが気になりますが，先述の T の水増し方法を使って，最長のエピソードに揃えることができます．

状態の価値が初期状態なのかどうかで変わらないので，式 (10.8) からは時刻の添え字を取り払うことができます．遷移前の状態を $\boldsymbol{x}$，その状態で方策 Π から選ばれる行動を a，遷移後の（複数ある）状態を $\boldsymbol{x}'$ として式を整理すると，

$$V^\Pi(\boldsymbol{x}) = \left\langle r(\boldsymbol{x}, a, \boldsymbol{x}') + V^\Pi(\boldsymbol{x}') \right\rangle_{p(\boldsymbol{x}' | \boldsymbol{x}, a) P(a | \boldsymbol{x}, \Pi)} \tag{10.9}$$

となります．この式は，遷移前の状態の価値が，遷移後の状態における報酬と価値の和の期待値とつり合うことを意味しています．

さらに，式 (10.9) からは，方策を改善するという発想が得られます．今は行動 a が確率分布 $P(a|\boldsymbol{x}, \Pi)$ から選ばれるという式になっていますが，これを価値 $V^\Pi(\boldsymbol{x})$ が一番高くなるように，行動を決定論的に選ぶように方策 Π を変更すると，方策がよりよくなります．これは任意の状態 $\boldsymbol{x}$ に対していえることなので，方策はある状態に対して $P(a|\boldsymbol{x}, \Pi)$ のように確率的に行動を返すものをわざわざ考える必要はなく，

$$\Pi : \mathcal{X} \to \mathcal{A} \tag{10.10}$$

という決定論的な関数で考えればよいことになります[注10]．この形式の方策を特に**決定論的方策**（deterministic policy）と呼びます．本章では，以後，方策はすべて決定論的方策ですが，11 章の強化学習ではエージェントが試行錯誤を繰り返すときに，$P(a|\boldsymbol{x}, \Pi)$ のような確率的な方策を使います．

方策を決定論的方策に限ると，式 (10.9) からは $P(a|\boldsymbol{x}, \Pi)$ が消え，

$$V^\Pi(\boldsymbol{x}) = \left\langle r(\boldsymbol{x}, a, \boldsymbol{x}') + V^\Pi(\boldsymbol{x}') \right\rangle_{p(\boldsymbol{x}' | \boldsymbol{x}, a)} = \int_\mathcal{X} p(\boldsymbol{x}' | \boldsymbol{x}, a) \left\{ r(\boldsymbol{x}, a, \boldsymbol{x}') + V^\Pi(\boldsymbol{x}') \right\} d\boldsymbol{x}' \tag{10.11}$$

注 10　細かい話をすると，終端状態での行動は考えなくてよいので本来は $\Pi : \mathcal{X} - \mathcal{X}_\mathrm{f} \to \mathcal{A}$ です．

となります．ここで $a = \Pi(\boldsymbol{x})$ です．この式でも行動 a を入れ替えて，$\boldsymbol{x}$ の価値がより高くなるように方策を改善していくことができます．

結局，本章で扱う問題は，式 (10.11) を使って最も良い行動ルール Π を得るという問題に帰着できます．また，V^Π に基づいてこのような変更を考える際，$\boldsymbol{x}'$ より先の状態遷移を考慮する必要はありません．2 ステップ以上先の状態遷移の情報が $V^\Pi(\boldsymbol{x}')$ に集約されているため，考慮する必要がないということになります．方策を，現在の状態 $\boldsymbol{x}$ だけで行動が決まるシンプルな定義にしてよいのはそのためです．

10.1.5 マルコフ決定過程のまとめ

以上をまとめると，本章で扱う問題は次のような記号や数式で表現されます．この問題設定は**マルコフ決定過程**（Markov decision process, MDP）と呼ばれるものの一種です．

- 時間：$t = 0, 1, 2, \ldots, T$（T は不定でよい）
- 状態と状態空間：$\boldsymbol{x} \in \mathcal{X}$
- 終端状態と終端状態の集合：$\boldsymbol{x} \in \mathcal{X}_\mathrm{f} \subset \mathcal{X}$
- 行動と行動の集合：$a \in \mathcal{A}$
- 状態遷移モデル：$p(\boldsymbol{x}'|\boldsymbol{x}, a) \geq 0 \quad (\boldsymbol{x} \in \mathcal{X} - \mathcal{X}_\mathrm{f}, a \in \mathcal{A}, \boldsymbol{x}' \in \mathcal{X})$
- 報酬モデル：$r(\boldsymbol{x}, a, \boldsymbol{x}') \in \mathbb{R} \quad (\boldsymbol{x} \in \mathcal{X} - \mathcal{X}_\mathrm{f}, a \in \mathcal{A}, \boldsymbol{x}' \in \mathcal{X})$
- 終端状態の価値：$V_\mathrm{f}(\boldsymbol{x}) \in \mathbb{R} \quad (\boldsymbol{x} \in \mathcal{X}_\mathrm{f})$
- エピソード：$\{\boldsymbol{x}_0, a_1, \boldsymbol{x}_1, r_1, a_2, \boldsymbol{x}_2, r_2, \ldots, a_T, \boldsymbol{x}_T, r_T\}$
- 評価：$J(\boldsymbol{x}_{0:T}, a_{1:T}) = \sum_{t=1}^{T} r(\boldsymbol{x}_{t-1}, a_t, \boldsymbol{x}_t) + V_\mathrm{f}(\boldsymbol{x}_T)$

この系に対して，よい評価の得られる

- 方策：$\Pi : \mathcal{X} \to \mathcal{A}$

を算出する問題を考えます．また，初期状態はランダムに選ばれることを想定します．この場合，方策 Π は終端状態を除く全状態に対して行動を返さなければなりません．

10.2 経路計画問題

シミュレーション環境にゴールを一つ設定して，そこまでロボットに移動してもらうというタスクを考えます．この問題は MDP として設定できます．

まず準備として，ゴールをおくコードを書いてみましょう．ディレクトリ section_mdp を作り，その下にノートブックを作ります．（⇒puddle_world1.ipynb [1]-[3]）

```
In [1]:  1  import sys
         2  sys.path.append('../scripts/')
         3  from kf import *

In [2]:  1  class Goal:
         2      def __init__(self, x, y, radius=0.3):
         3          self.pos = np.array([x, y]).T
         4          self.radius = radius
         5
         6      def draw(self, ax, elems):
         7          x, y = self.pos
         8          c = ax.scatter(x + 0.16, y + 0.5, s=50, marker=">", label="landmarks", color="red") #旗
         9          elems.append(c)
        10          elems += ax.plot([x, x], [y, y + 0.6], color="black") #旗竿

In [3]:  1  def trial():                         #kf2.ipynbからコピーしてゴールを追加
         2      time_interval = 0.1
         3      world = World(30, time_interval, debug=False)
         4
         5      ## 地図を生成して3つランドマークを追加 ##
         6      m = Map()
         7      for ln in [(-4,2), (2,-3), (3,3)]: m.append_landmark(Landmark(*ln))
         8      world.append(m)
         9
        10      ##ゴールの追加##
        11      world.append(Goal(-3,-3))
        12
        13      ## ロボットを作る ##
        14      initial_pose = np.array([0, 0, 0]).T
        15      kf = KalmanFilter(m, initial_pose)
        16      a = EstimationAgent(time_interval, 0.2, 10.0/180*math.pi, kf)
        17      r = Robot(initial_pose, sensor=Camera(m, distance_bias_rate_stddev=0, direction_bias_stddev=0),
        18          agent=a, color="red", bias_rate_stds=(0,0))
        19      world.append(r)
        20
        21      world.draw()
        22
        23  trial()
```

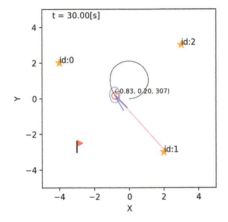

セル [1] では kf.py を読み込みます．セル [2] の Goal クラスは，Landmark クラスをゴール用に改造したものです．draw メソッドでは棒と三角形を組み合わせて赤い旗を描いています．出力の例はセル [3] 下の図の通りです．

セル [3] は6章で使った trial 関数を流用しています．11行目でゴールを一つ追加しています．また，本章では自己位置推定が正しいことを前提として議論をします．その関係で，自己位置推定の誤差を小さくするために，17行目でロボットを作る際，観測や移動のバイアスをゼロにしています．

次に，移動を阻む障害物を設置します．硬い（通り抜けできない）障害物だとあまり面白くないので，「通り抜けられるけどできれば通り抜けたくない」障害物として，四角い水たまりを設置してみます．Puddle（水たまり）クラスを Goal クラスの下にセルを作って次のように実装しましょう．(⇒puddle_world2.ipynb [3])

```
In [3]:  1  class Puddle:
         2      def __init__(self, lowerleft, upperright, depth):
         3          self.lowerleft = lowerleft
         4          self.upperright = upperright
         5          self.depth = depth
         6
         7      def draw(self, ax, elems):
         8          w = self.upperright[0] - self.lowerleft[0]
         9          h = self.upperright[1] - self.lowerleft[1]
        10          r = patches.Rectangle(self.lowerleft, w, h, color="blue", alpha=self.depth)
        11          elems.append(ax.add_patch(r))
```

`self.depth` は水たまりの深さを表す変数で，深いほどロボットに対して害があることにします．また，複数の `Puddle` オブジェクトが重なっている地点の水たまりの深さは，それぞれのオブジェクトの深さの和で表すことにします．

最後に一番下のセルで，`world` に水たまりを登録します．（⇒`puddle_world2.ipynb` [4]）

```
13  ##水たまりの追加##
14  world.append(Puddle((-2, 0), (0, 2), 0.1))
15  world.append(Puddle((-0.5, -2), (2.5, 1), 0.1))
```

アニメーションを実行すると，図 10.1 のように二つの水たまりが一部重複して描画されます．

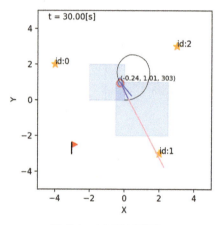

図 10.1　水たまりの描画．

10.2.1　報酬の設定

次に報酬を設定します．この問題では，「ゴールまで早く到達でき，かつ水たまりを避ける」移動が良い移動ということになります．この場合，時間を消費すること，水たまりに入ることが負の報酬（ペナルティー）になります．

まず，時間の方から考えてみましょう．時間を素直に報酬にすると，

$$r_{\text{time}}(\boldsymbol{x}, a, \boldsymbol{x}') = -\Delta t \tag{10.12}$$

となります．つまり状態遷移にかかった時間（シミュレーションの1ステップの時間）をマイナスして報酬とします．

また，水たまりについても別に報酬を設定してみましょう．報酬は，深さ×時間×(−1) ということにします．$\boldsymbol{x}$ での水たまりの深さを w とすると，時刻を連続系で考えて，

$$r_{\text{puddle}}(\boldsymbol{x}, a, \boldsymbol{x}') = -\int_{s}^{s+\Delta t} w(\boldsymbol{x}(t)) dt \tag{10.13}$$

となります．ここで s は $\boldsymbol{x}$ にいた時刻，$\boldsymbol{x}(t)$ は連続な時刻 t での姿勢です．ただ，積分するのは面倒なので，最終地点 $\boldsymbol{x}'$ における水たまりの深さだけで報酬を判断することにします．つまり，

$$r_{\text{puddle}}(\boldsymbol{x}, a, \boldsymbol{x}') = -w(\boldsymbol{x}')\Delta t \tag{10.14}$$

としましょう．

これで二つ報酬が定義できました．しかし先ほど述べた通り，結局，評価は一元的にしなければなりません．一元化した報酬は，次のように定義することにします．

$$\begin{aligned} r(\boldsymbol{x}, a, \boldsymbol{x}') &= r_{\text{time}}(\boldsymbol{x}, a, \boldsymbol{x}') + c\, r_{\text{puddle}}(\boldsymbol{x}, a, \boldsymbol{x}') \\ &= -\Delta t - cw(\boldsymbol{x}')\Delta t \end{aligned} \tag{10.15}$$

ここで c は定数です．c が小さいと時間に対して水たまりのペナルティーは小さく評価されることになり，c が大きいと水たまりのペナルティーが大きく評価されることになります．

ロボットが環境から報酬を受けるプロセスを実装にしましょう．まず，`Puddle` クラスに，ある位置がその水たまりの中か外かを判別するメソッド `inside` を追加します．（⇒`puddle_world3.ipynb` [3]）

```
13    def inside(self, pose):
14        return all([ self.lowerleft[i] < pose[i] < self.upperright[i] for i in [0, 1] ])
```

`all` は，リストの中が全部 `True` なら `True` を返します．

次に，`World` クラスを元に `PuddleWorld` クラスを作ります．次のように記述します．（⇒`puddle_world3.ipynb` [4]）

```
In [4]: 1   class PuddleWorld(World):
        2       def __init__(self, time_span, time_interval, debug=False):
        3           super().__init__(time_span, time_interval, debug)
        4           self.puddles = []
        5           self.robots = []
        6           self.goals = []
        7
        8       def append(self,obj):
        9           self.objects.append(obj)
        10          if isinstance(obj, Puddle): self.puddles.append(obj)
        11          if isinstance(obj, Robot): self.robots.append(obj)
        12          if isinstance(obj, Goal): self.goals.append(obj)
        13
        14      def puddle_depth(self, pose):
        15          return sum([p.depth * p.inside(pose) for p in self.puddles])
        16
        17      def one_step(self, i, elems, ax):
        18          super().one_step(i, elems, ax)
        19          for r in self.robots:
        20              r.agent.puddle_depth = self.puddle_depth(r.pose)
```

`__init__` では，もともと `World` がもっている `self.objects` とは別に水たまり，ロボット，ゴールのオブジェクトを登録しておくリスト `self.puddles`, `self.robots`, `self.goals` を作ります．`puddle_depth` はある位置の水たまりの深さを計算するメソッドです．深さ `depth` に `inside` から返ってくる `True` (1), `False` (0) をかけているので，ロボットが水たまり内にいない場合には 0 が返ります．`one_step` では，元の `World` クラスでの処理（18 行目）の後，ロボットが今いる位置の水たまりの深さをロボットに乗っているエージェントに知らせています．エージェントは変数 `puddle_depth` を持っていないといけません．

エージェントを実装しましょう．名前を「水たまりを気にしない奴」という意味で，`PuddleIgnoreAgent` とします．`PuddleIgnoreAgent` は，`EstimationAgent` クラスから派生させて次のように作ります．

(⇒puddle_world3.ipynb [5])

```python
class PuddleIgnoreAgent(EstimationAgent):
    def __init__(self, time_interval, nu, omega, estimator, puddle_coef=100): #KfAgentのinitの引数にpuddle_coef追加
        super().__init__(time_interval, nu, omega, estimator)

        self.puddle_coef = puddle_coef
        self.puddle_depth = 0.0
        self.total_reward = 0.0

    def reward_per_sec(self):
        return -1.0 - self.puddle_depth*self.puddle_coef

    def decision(self, observation=None):
        self.estimator.motion_update(self.prev_nu, self.prev_omega, self.time_interval)
        self.prev_nu, self.prev_omega = self.nu, self.omega
        self.estimator.observation_update(observation)

        self.total_reward += self.time_interval*self.reward_per_sec()

        return self.nu, self.omega

    def draw(self, ax, elems):
        super().draw(ax, elems)
        x, y, _ = self.estimator.pose
        elems.append(ax.text(x+1.0, y-0.5, "reward/sec:" + str(self.reward_per_sec()), fontsize=8))
        elems.append(ax.text(x+1.0, y-1.0, "total reward: {:.1f}".format(self.total_reward), fontsize=8))
```

`__init__` では，式 (10.15) の c を表す変数 `puddle_coef` を引数に追加します．そして，5〜7 行目にそれぞれ，`self.puddle_coef`，先ほど PuddleWorld の最後の行でアクセスした `puddle_depth`，これまでの報酬の総和 `total_reward` を変数として加えます．9〜10 行目の `reward_per_sec` は，その瞬間の評価関数の値を返すメソッドで，これに時間をかけると式 (10.15) で定義した報酬になります．`decision` メソッドでは報酬を積算して `self.total_reward` に記録します．さらに，「評価関数の値」と「報酬の積算」を表示するために，`draw` メソッドを 21〜25 行目のように上書きします．

あとはアニメーションを実行するセルで，World クラスを PuddleWorld に変更し，さらにエージェントを EstimationAgent から PuddleIgnoreAgent に変更して動かすと，図 10.2 のように報酬が表示されます．図中の「reward/rec」の数字は，水たまりのないところでは -1.0，一つあるところでは -11.0，二つ重なったところでは -21.0 と表示されるはずです．

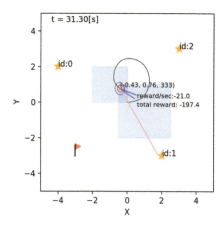

図 10.2　（1 秒あたりの）報酬と報酬の積算の表示．

10.2.2　エピソードの評価

今度は，ロボットがゴールに入ったときに，エピソードに対して評価値を確定させるコードを実装します．また，このままぐるぐるロボットを回していても評価値は無限に悪くなるだけですので，ゴー

ルにロボットを誘導するエージェントのコードを適当に記述してみましょう．

まず，ロボットがゴールに入ったかどうかを判定するメソッド `inside` を `Goal` クラスに追加します．（⇒`puddle_world4.ipynb` [2]）

```
In [2]:  class Goal:
             def __init__(self, x, y, radius=0.3, value=0.0):
                 self.pos = np.array([x, y]).T
                 self.radius = radius
                 self.value = value            #追加

             def inside(self, pose): #追加
                 return self.radius > math.sqrt( (self.pos[0]-pose[0])**2 + (self.pos[1]-pose[1])**2 )
```

また，`__init__` にあるように，このゴールの終端状態としての価値 `self.value` を設定しておきます．

次に `PuddleIgnoreAgent` クラスに，現在ゴールにいるかどうかを表す `self.in_goal`，終端状態の価値を表す `self.final_value`，ゴールを把握しておくための `self.goal` を追加します．（⇒`puddle_world4.ipynb` [5]）

```
In [5]:  class PuddleIgnoreAgent(EstimationAgent):
             def __init__(self, time_interval, kf, goal, puddle_coef=100): #nu, omegaを除去，goal追加
                 super().__init__(time_interval, 0.0, 0.0, kf)

                 self.puddle_coef = puddle_coef
                 self.puddle_depth = 0.0
                 self.total_reward = 0.0
                 self.in_goal = False #以下3行追加
                 self.final_value = 0.0
                 self.goal = goal
```

`self.in_goal`, `self.final_value` は，今から実装するように，タスクが終了すると `PuddleWorld` クラスからセットされます．

`PuddleWorld` クラスには，`one_step` の最後に，ロボットがゴールに入っている場合にエージェントの `in_goal` を `True` にする処理，`final_value` をセットする処理を加えます[注11]．（⇒`puddle_world4.ipynb` [4]）

```
         def one_step(self, i, elems, ax):
             super().one_step(i, elems, ax)
             for r in self.robots:
                 r.agent.puddle_depth = self.puddle_depth(r.pose)
                 for g in self.goals: #以下追加
                     if g.inside(r.pose):
                         r.agent.in_goal = True
                         r.agent.final_value = g.value
```

これで準備が完了です．`PuddleIgnoreAgent` に，水たまりを無視してゴールに一直線に向かう行動を実装してみましょう．（⇒`puddle_world4.ipynb` [5]）

注11 ここのコードはかなり雑です．エージェント側に，情報をまとめて受け取るメソッドを作ると整理できます．

第 10 章　マルコフ決定過程と動的計画法

```python
15      @classmethod
16      def policy(cls, pose, goal):
17          x, y, theta = pose
18          dx, dy = goal.pos[0] - x, goal.pos[1] - y
19          direction = int((math.atan2(dy, dx) - theta)*180/math.pi)  #ゴールの方角(degreeに直す)
20          direction = (direction + 360*1000 + 180)%360 - 180         #方角を-180〜180[deg]に正規化（適当。ロボットが-1000回転すると破綻）
21
22          if direction > 10:    nu, omega = 0.0, 2.0
23          elif direction < -10: nu, omega = 0.0, -2.0
24          else:                 nu, omega = 1.0, 0.0
25
26          return nu, omega
27
28      def decision(self, observation=None): #変更
29          if self.in_goal:
30              return 0.0, 0.0
31
32          self.estimator.motion_update(self.prev_nu, self.prev_omega, self.time_interval)
33          self.estimator.observation_update(observation)
34
35          self.total_reward += self.time_interval*self.reward_per_sec()
36
37          nu, omega = self.policy(self.estimator.pose, self.goal)
38          self.prev_nu, self.prev_omega = nu, omega
39          return nu, omega
40
41      def draw(self, ax, elems):
42          super().draw(ax, elems)
43          x, y, _ = self.estimator.pose
44          elems.append(ax.text(x+1.0, y-0.5, "reward/sec:" + str(self.reward_per_sec()), fontsize=8))
45          elems.append(ax.text(x+1.0, y-1.0, "eval: {:.1f}".format(self.total_reward+self.final_value), fontsize=8))
```

policy メソッドで実装されているのは，ゴールの方を向いて直進するという単純な方策です．$\nu = 1.0[\text{m/s}]$，$\omega = \pm 2.0[\text{rad/s}]$ と，今までよりロボットの動きが速くなっているのは，速度が遅いと本章，11 章のアルゴリズムの収束が遅くなるという便宜的な理由からです．本章後半の処理の関係で，policy メソッドはクラスメソッドにしておきます．policy メソッドは decision メソッドで利用されています．decision の実装は，上から順に，29, 30 行目がゴールしたら止まる処理，32, 33 行目がカルマンフィルタの処理，35 行目が報酬の計算，37〜39 行目が policy メソッドを利用して行動決定する処理となっています．

その他の変更点として，45 行目では報酬の和の代わりに終端状態の価値と報酬の和を表示するように変更しています．この値が最終的な評価値 J になります．

これで一番下のセルで PuddleIgnoreAgent にゴールを与えてアニメーションを実行すると，ロボットがゴールに向かいます．（⇒puddle_world4.ipynb [6]）

```python
In [6]: 1  def trial():
        2      time_interval = 0.1
        3      world = PuddleWorld(30, time_interval, debug=False)
        4
        5      ## 地図を生成して3つランドマークを追加 ##
        6      m = Map()
        7      for ln in [(-4,2), (2,-3), (4,4), (-4,-4)]: m.append_landmark(Landmark(*ln))
        8      world.append(m)
        9
       10      ##ゴールの追加##
       11      goal = Goal(-3,-3)   #goalを変数に
       12      world.append(goal)
       13
       14      ##水たまりの追加##
       15      world.append(Puddle((-2, 0), (0, 2), 0.1))
       16      world.append(Puddle((-0.5, -2), (2.5, 1), 0.1))
       17
       18      ##ロボットを作る##
       19      initial_pose = np.array([2, 2, 0]).T
       20      kf = KalmanFilter(m, initial_pose)
       21      a = PuddleIgnoreAgent(time_interval, kf, goal)  #goalを渡す
       22      r = Robot(initial_pose, sensor=Camera(m, distance_bias_rate_stddev=0, direction_bias_stddev=0),
       23                agent=a, color="red", bias_rate_stds=(0,0))
       24      world.append(r)
       25
       26      world.draw()
       27
       28  trial()
```

そして，図 10.3 のように，eval の右側に評価値が表示され，ゴールに入ると評価値の変更が止まります．

動作が確認できたら，一番下で trial を実行している部分をコメントアウトします．そして，この

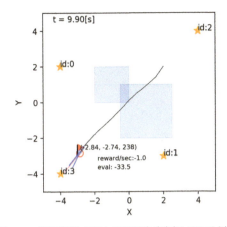

図 10.3 終端状態に到達して評価値が確定している例.

ノートブックを puddle_world.py として scripts ディレクトリに保存します.

10.3 方策の評価

価値が確定している終端状態からさかのぼって式 (10.11) を適用していくと，終端状態に（状態遷移の意味で）近い状態から順に，方策 Π に対して価値 $V^\Pi(\boldsymbol{x})$ の値を確定していくことができます．この方法を使い，PuddleIgnoreAgent の方策 Π に対する価値 V^Π を求めてみましょう．

10.3.1 状態空間の離散化

連続空間に属する $\boldsymbol{x}$ の全部に対して価値を求めることは無理ですので，まず，状態空間を**離散化**します．状態空間の X, Y, θ 軸をそれぞれ等間隔に切り，3次元の箱をたくさん作ります．価値は，作った箱一つ一つに対して求めます.

この離散化を描いたものを図 10.4 に示します．実装するには箱に番号をつける必要がありますが，これは次のように行います．X, Y 軸については，例えば，$[-4, 4)[\mathrm{m}]$ の範囲[注12]を $0.1[\mathrm{m}]$ ごとに区切ると $[-4, -3.9), [-3.9, -3.8), \ldots [3.9, 4)$ という区間がそれぞれ 80 個できますが，これに順に $0, 1, 2, \ldots, 79$ と番号をつけます．θ 軸についても例えば $0[\mathrm{deg}]$ から $10[\mathrm{deg}]$ ごとに区切って $0, 1, 2, \ldots, 35$ と番号をつけます．X, Y, θ 軸それぞれにこのように番号をつけていくと，3次元の箱は三つの番号の組み合わせで

$$s_{(i_x, i_y, i_\theta)} \qquad (i_x, i_y, i_\theta：それぞれ X, Y, \theta 軸での区間の番号) \qquad (10.16)$$

と表せます．s は離散化された状態（**離散状態**）を表す記号です．また，このようにしてできた離散状態の集合を $\mathcal{S}$ で表すことにしましょう．離散状態を「セル」と記述することもあります．

新しいノートブックに次のようにコードを書いて，離散化の処理を実装しましょう．（⇒policy_evaluation1.ipynb [1]-[4]）

[注12] シミュレーションの描画は $5 \times 5[\mathrm{m}]$ の範囲を描画していますが，本章での計算時間や次章の学習時間短縮のために $1[\mathrm{m}]$ 削っています．$\mathcal{S}$ の範囲外の領域の扱いについては，以後，アルゴリズムによって少しずつ変わります．

第 10 章 マルコフ決定過程と動的計画法

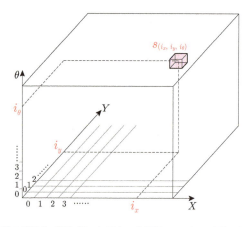

図 10.4 状態空間の離散化（図に描いた原点の位置は $\boldsymbol{x} = (0\ 0\ 0)^\top$ でないことに注意）．

```
In [1]: 1  import sys
        2  sys.path.append('../scripts/')
        3  from puddle_world import *

In [2]: 1  class PolicyEvaluator:
        2      def __init__(self, widths, lowerleft=np.array([-4, -4]).T, upperright=np.array([4, 4]).T):
        3          self.pose_min = np.r_[lowerleft, 0]
        4          self.pose_max = np.r_[upperright, math.pi*2]  #thetaの範囲0〜2πで固定
        5          self.widths = widths
        6
        7          self.index_nums = ((self.pose_max - self.pose_min)/self.widths).astype(int)

In [3]: 1  pe = PolicyEvaluator(np.array([0.2, 0.2, math.pi/18]).T) #PolicyEvaluatorのオブジェクトを生成
        2  print(pe.index_nums)   #区間の個数を表示
[40 40 36]

In [4]: 1  #様々な座標のインデックスを求めてみましょう
        2
        3  pose = np.array([-4, -4, 0]).T
        4  print( np.floor((pose - pe.pose_min)/pe.widths).astype(int) )
        5
        6  pose = np.array([2.9, -2, math.pi]).T
        7  print (np.floor((pose - pe.pose_min)/pe.widths).astype(int) )
        8
        9  pose = np.array([-5, -2, math.pi/6]).T
       10  print (np.floor((pose - pe.pose_min)/pe.widths).astype(int) )
[0 0 0]
[34 10 18]
[-5 10 3]
```

PolicyEvaluator は PuddleIgnoreAgent の方策を評価して，状態価値関数を求めるクラスになる予定です．今のところ，__init__ で X, Y, θ 軸の区間の幅 width，XY 平面においてロボットが動く範囲の左下の座標 lowerleft と右上の座標 upperright を引数としてとり，3, 4 行目で角度の情報を足して範囲を pose_min, pose_max に格納しています．さらに，7 行目で各軸に区間がいくつできるかを計算して index_nums に格納しています．

$\boldsymbol{x}$ の座標から離散状態のインデックス (i_x, i_y, i_θ) を求めるときは，セル [4] のように座標から pose_min を引いて，widths で割って端数を切り下げます．astype は，NumPy で作った配列や行列の要素の型を指定するためのメソッドです．

離散化すると，価値関数は連続的な姿勢 $\boldsymbol{x}$ に対してではなく，$\mathcal{S}$ の上で $V^\Pi : \mathcal{S} \to \mathbb{R}$ と定義されなおすことになります．$V(s)$ を $V(\boldsymbol{x})$ $(\boldsymbol{x} \in s)$ の平均値であるとしたり，中心の姿勢 $\boldsymbol{x}$ の $V(\boldsymbol{x})$ を $V(s)$ としたりといくつか定義の方法が考えられますが，どのような定義でも誤差が発生することは考慮する必要があります．以後の実装では，その都度適切な定義を用います．

状態価値関数はまだ求まっていませんが，報酬が必ず負なので，終端状態でない状態の価値は終端状態の価値よりも低いはずです．このような初期値を与えた状態価値関数を，まずは PolicyEvaluator クラスにもたせましょう．まず，ヘッダに次のように 1 行追加します．

(⇒`policy_evaluation2.ipynb` [1])

```
In [1]: 1  import sys
        2  sys.path.append('../scripts/')
        3  from puddle_world import *
        4  import itertools  #追加
```

そして，`PolicyEvaluator` クラスに次のようにコードを追加します．（⇒`policy_evaluation2.ipynb` [2]）

```
In [2]:  1  class PolicyEvaluator:
         2      def __init__(self, widths, goal, lowerleft=np.array([-4, -4]).T, upperright=np.array([4, 4]).T): #goalの追加
         3          self.pose_min = np.r_[lowerleft, 0]
         4          self.pose_max = np.r_[upperright, math.pi*2]
         5          self.widths = widths
         6          self.goal = goal  #追加
         7
         8          self.index_nums = ((self.pose_max - self.pose_min)/self.widths).astype(int)
         9          nx, ny, nt = self.index_nums  #以下追加
        10          self.indexes = list(itertools.product(range(nx), range(ny), range(nt))) #全部のインデックスの組み合わせを作っておく
        11
        12          self.value_function, self.final_state_flags = self.init_value_function()  #追加
        13
        14      def init_value_function(self):  #追加
        15          v = np.empty(self.index_nums) #全離散状態を要素に持つ配列を作成
        16          f = np.zeros(self.index_nums)
        17
        18          for index in self.indexes:
        19              f[index] = self.final_state(np.array(index).T)
        20              v[index] = self.goal.value if f[index] else -100.0
        21
        22          return v, f
        23
        24      def final_state(self, index):  #追加
        25          x_min, y_min, _ = self.pose_min + self.widths*index        #xy平面で左下の座標
        26          x_max, y_max, _ = self.pose_min + self.widths*(index + 1)  #右上の座標（斜め上の離散状態の左下の座標）
        27
        28          corners = [[x_min, y_min, _], [x_min, y_max, _], [x_max, y_min, _], [x_max, y_max, _]] #4隅の座標
        29          return all([self.goal.inside(np.array(c).T) for c in corners]) #全部のgoal.insideがTrueであること
```

`__init__`では，ゴールのオブジェクト`goal`を引数にとり6行目のように記録しておきます．ゴールは複数あってもよいのですが，コードが複雑になるのでこの例では一つだけ受け取ることを想定してコードを書きます．

8～10行目では，各軸の離散状態の区間数を計算して`index_nums`に記録し，さらに10行目で全通りのインデックス (i_x, i_y, i_θ) のリスト`indexes`を作っています．このリスト`indexes`は，あとから全離散状態に対して繰り返し計算するときに使います．

12行目では，状態価値関数`value_function`を初期化しています．また，状態が終端状態かどうかを記録する`final_state_flags`という配列も初期化しています．この初期化を行う`init_value_function`メソッドは14～22行目で実装されています．15, 16行目で各軸の区間数`index_nums`から空の3次元配列を二つ作っており，その後のfor文で，各離散状態が終端状態かどうかを，`final_state`メソッド（後から説明）で判定して`f`に記録しています．その後，状態が終端状態ならゴールの価値を代入し，それ以外なら適当な値を代入しています．この-100の値は，何でもかまいませんが，あとの描画の都合上，この数字にしています．

19行目の判定に使われた`final_state`メソッドは24～29行目に実装されています．この実装では，離散状態の XY 平面における四隅の座標すべてがゴールの範囲に入っているとき，終端状態であると定義しています．`PuddleIgnoreAgent`以外の方策を使うときに，離散状態では終端状態なのに実際には終端状態でないということが起こると，ロボットがその場で止まるということがあるため，このように厳しい定義にしました．

この実装の動作確認は，2章で使ったseabornを使って次のように行えます．（⇒`policy_`

evaluation2.ipynb [3]-[5])

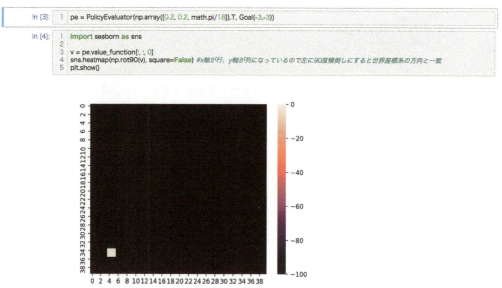

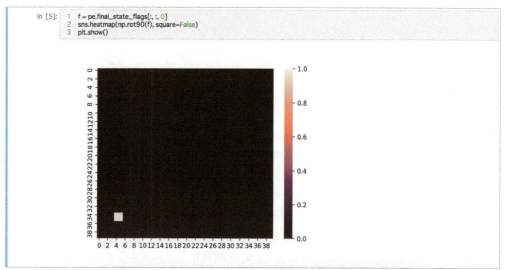

セル [4] 3 行目の `pe.value_function[:, :, 0]` は，向き θ のインデックスを 0 に固定して離散状態の価値の配列を抜き出したものです．セル [4] 下の図を見ると分かるように，ゴール付近の価値が 0，あとが -100 になっています．セル [5] 下の図は終端状態を描いたものです．ゴールで 1（True），あとが 0（False）になっています．

10.3.2 離散状態間の状態遷移と状態遷移に対する報酬

式 (10.11) も離散化しましょう．まず，$\boldsymbol{x}, a, \boldsymbol{x}'$ の三つの記号で表される状態遷移を s, a, s' という離散状態の遷移として考えます．この遷移は，s のどこかに $\boldsymbol{x}$ があって，そこから a で s' 内のある状態に移動するということを意味します．

この遷移から，状態遷移モデル $p(\boldsymbol{x}'|\boldsymbol{x}, a)$ と報酬モデル $r(\boldsymbol{x}, a, \boldsymbol{x}')$ をそれぞれ $P(s'|s, a)$ と

$R(s, a, s')$ で置き換えます. $p(\boldsymbol{x}'|\boldsymbol{x}, a)$ から $P(s'|s, a)$, $r(\boldsymbol{x}, a, \boldsymbol{x}')$ から $R(s, a, s')$ の導出は数式を解くことで可能なこともありますが, 後の例では数値計算で済ませています.

こうすると式 (10.11) は,

$$V^\Pi(s) = \left\langle R(s, a, s') + V^\Pi(s') \right\rangle_{P(s'|s,a)} = \sum_{s' \in \mathcal{S}} P(s'|s, a) \left[R(s, a, s') + V^\Pi(s') \right] \quad (10.17)$$

と近似されることになります. ここで $a = \Pi(s)$ です. 状態が離散化されているので, 方策 Π も離散化された状態に対して設定されていることにしました.

この, 離散状態に対する方策 $\Pi : \mathcal{S} \to \mathcal{A}$ を, 3次元配列に書き出してみましょう. 次のように13~21行目を書き足します. (⇒policy_evaluation3.ipynb [2])

init_policy メソッドは, 各行動に対応する制御指令値を格納する3次元配列 (配列としては制御指令値が2次元なので4次元) を準備し, 各離散状態の中心座標を求め, 中心座標に対して PuddleIgnoreAgent の policy メソッドが返してくる制御指令値を配列に収めています. PuddleIgnoreAgent には三種類の制御指令値 $\boldsymbol{u} = (\mu\ \omega)^\top = (0.0\ -2.0)^\top, (1.0\ 0.0)^\top, (0.0\ 2.0)^\top$ が記述されていますが, 本章ではこれらをそれぞれ行動として「右回転」,「前進」,「左回転」と呼ぶことにしましょう.

self.policy に行動が適切に収められたかどうかは, ノートブックの下で次のようにコードを書いて実行すると確認できます. (⇒policy_evaluation3.ipynb [3]-[4])

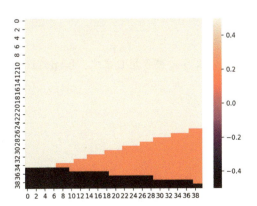

261

ここでやっていることは方策の各行動を色分けして出力することです．色は行動に対応する制御指令値の角度と角速度を足すという雑な方法で決めています．コードを細かく説明すると，pという3次元配列に速度と角速度を足した値を記録して，それをp[:,:,18]というように方角のインデックスを$i_\theta = 18$で固定して2次元にして描画しています．色の濃い方から右回転，前進，左回転に対応します．

`PolicyEvaluator`に，$P(s'|s,a)$と$R(s,a,s')$の値を返す関数を実装しましょう．このとき，ありえるs, a, s'の全組み合わせに対してそれぞれの値を求めてもよいのですが，ここでは少しメモリや計算量を節約して実装します．

まず，状態遷移確率については，ロボットの位置がどこであっても，XY平面上での相対的な動きは向きθだけに依存するので，$s_{(i_x, i_y, i_\theta)}$について，向きのインデックスi_θと行動aの組み合わせに対し，相対的な遷移確率を求めます．また，$P(s'|s,a)$には，$p(\bm{x}'|\bm{x},\bm{u})$の不確かさのほかに，離散化によって加わる不確かさも加わりますが，今の例では前者よりむしろ後者の方が影響が大きくなります．そこで，本書の趣旨とは違うかもしれませんが，ここでは前者（$p(\bm{x}'|\bm{x},\bm{u})$でモデル化されている雑音）を考慮しないで，代わりに状態遷移関数$\bm{f}$を使うシンプルな実装にします．

実装する手続きを描いたものを図10.5に示します．図10.5のように，s内から格子状に連続的な状態をサンプリングし，行動aによって$\bm{f}$で遷移させ，どのs'にいくつ$\bm{x}'$が入ったかを集計して$P(s'|s,a)$を求めます．

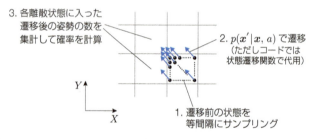

図10.5 離散状態空間での状態遷移確率$P(s'|s,a)$の求め方（実際はθ軸上でもサンプリングしているのでサンプリングされた姿勢は3次元の配列状に並ぶ）．

この方針で状態遷移確率のデータを生成するための実装を示します．まず，ヘッダのセルに一つモジュールを追加します．（⇒`policy_evaluation4.ipynb` [1]）

そして，`PolicyEvaluator`クラスに次のように書き足します．（⇒`policy_evaluation4.ipynb` [2]）

10.3 方策の評価

```
In [2]:  1  class PolicyEvaluator:
         2      def __init__(self, widths, goal, time_interval, sampling_num, lowerleft=np.array([-4, -4]).T, upperright=np.array([4, 4]).T): #引数追加
        ...
        14          self.actions = list(set([tuple(self.policy[i]) for i in self.indexes])) #追加 (policyの行動をsetにすることで重複削除し、リスト化)
        15
        16          self.state_transition_probs = self.init_state_transition_probs(time_interval, sampling_num) #追加
        17
        18      def init_state_transition_probs(self, time_interval, sampling_num): #追加
        19          ###セルの中の座標を均等にsampling_num**3点サンプリング###
        20          dx = np.linspace(0.001, self.widths[0]*0.999, sampling_num) #隣のセルにははみ出さないように端を避ける
        21          dy = np.linspace(0.001, self.widths[1]*0.999, sampling_num)
        22          dt = np.linspace(0.001, self.widths[2]*0.999, sampling_num)
        23          samples = list(itertools.product(dx, dy, dt))
        24
        25          ###各行動、各方角でサンプリングした点を移動してインデックスの増分を記録###
        26          tmp = {}
        27          for a in self.actions:
        28              for i_t in range(self.index_nums[2]):
        29                  transitions = []
        30                  for s in samples:
        31                      before = np.array([s[0], s[1], s[2] + i_t*self.widths[2]]).T + self.pose_min  #遷移前の姿勢
        32                      before_index = np.array([0, 0, i_t]).T                                       #遷移前のインデックス
        33
        34                      after = IdealRobot.state_transition(a[0], a[1], time_interval, before)       #遷移後の姿勢
        35                      after_index = np.floor((after - self.pose_min)/self.widths).astype(int)      #遷移後のインデックス
        36
        37                      transitions.append(after_index - before_index)                              #インデックスの差分を追加
        38
        39                  unique, count = np.unique(transitions, axis=0, return_counts=True) #集計（どのセルへの遷移が何回か）
        40                  probs = [c/sampling_num**3 for c in count]                         #サンプル数で割って確率にする
        41                  tmp[a,i_t] = list(zip(unique, probs))
        42
        43          return tmp
```

14 行目は self.policy から重複を除去して，3 種類の行動が入ったリストを作っています．16 行目は変数 state_transition_probs に状態遷移確率のデータをセットしている行です．使われている init_state_transition_probs は 18〜43 行目に実装されています．

init_state_transition_probs では，まず 19〜23 行目で，一つのセルの中から均等に姿勢をサンプリングしてリスト化しています．linspace は，第一，第二引数間から両端を含めて等間隔に sampling_num 個だけ数字を選んでリストを返します．20〜22 行目で各軸に対してこの操作をして，23 行目で各軸のリストを組み合わせて姿勢のリストを作り，samples に結びつけています．

30〜37 行目の for 文は，各行動 a，各向き θ のインデックス i_t を使い，samples 内の姿勢がどこに状態遷移するか統計をとる処理です．31 行目では，姿勢 s[注13] に，$s_{(0,0,0)}$ の下端の XY 座標を足し，さらに方角のインデックス i_θ の分だけ θ の値を足して座標を作っています．この座標は 34 行目で遷移後の座標に変換され，35 行目で離散状態のインデックスが求められ，37 行目で元のインデックスからの変化量が transitions というリストに登録されています．

34 行目では，状態遷移関数 IdealRobot.state_Transition で遷移後の状態が求められています．先述の通り雑音は加えられていません．雑音を考慮する場合は，MCL でパーティクルを状態遷移させる方法と同じ方法で遷移させます．

samples に対する処理が終わると，39 行目でインデックスの変化量の頻度が集計され，40 行目で頻度の入ったリスト count がサンプル数で割られて確率に変換されます．41 行目で，a,i_t の組み合わせに対して，「どれだけの確率でどれだけインデックスが変化するか」が辞書 tmp に登録されています．

これで例えば次のように，「時間 0.1[s]，各軸のサンプリング数 10」で PolicyEvaluator を生成し，計算後に pe.state_transition_probs と打つと，行動 a と向きのインデックス i_θ をキーに，セルのインデックスの変化とその確率を参照することができるようになります．（⇒policy_evaluation4.ipynb [3]）

注 13　この変数を s と命名したのは間違いです．x にすべきでした．

```
In [3]:  1  pe = PolicyEvaluator(np.array([0.2, 0.2, math.pi/18]).T, Goal(-3,-3), 0.1, 10)
         2  pe.state_transition_probs
Out[3]: {((0.0, -2.0), 0): [(array([ 0,  0, -2]), 0.20000000000000001),
          (array([ 0,  0, -1]), 0.80000000000000004)],
         ((0.0, -2.0), 1): [(array([ 0,  0, -2]), 0.20000000000000001),
          (array([ 0,  0, -1]), 0.80000000000000004)],
         ((0.0, -2.0), 2): [(array([ 0,  0, -2]), 0.20000000000000001),
          (array([ 0,  0, -1]), 0.80000000000000004)],
         ((0.0, -2.0), 3): [(array([ 0,  0, -2]), 0.20000000000000001),
```

この出力の読み方ですが，例えば 1，2 行目は行動が $u = (0\ -2)^\top$，インデックス i_θ が 0 (((0.0,-2.0),0)) のとき，遷移後の状態の i_θ が 2 減る確率が 0.2 ((array([0, 0, -2]),0.2...))，i_θ が 1 減る確率が 0.8 ((array([0, 0, -1]),0.8...)) ということを意味します．

報酬 $R(s, a, s')$ については，遷移後の状態 s' の XY 座標にしか依存しないので，離散状態の XY 平面上での各区画について深さをリスト化しておくと，そこから計算できます．このようなリストを作りましょう．次のように，水たまりのリストを受ける引数 puddles を __init__ の引数に追加し，18〜35 行目を追加します．(⇒policy_evaluation5.ipynb [2])

```
In [2]:   1  class PolicyEvaluator:
          2      def __init__(self, widths, goal, puddles, time_interval, sampling_num, \
          3                   lowerleft=np.array([-4, -4]).T, upperright=np.array([4, 4]).T):  #puddles追加
                 ...
         18          self.depths = self.depth_means(puddles, sampling_num)  #追加
         19
         20      def depth_means(self, puddles, sampling_num):  #追加
         21          ###セルの中の座標を均等にsampling_num**2点サンプリング###
         22          dx = np.linspace(0, self.widths[0], sampling_num)
         23          dy = np.linspace(0, self.widths[1], sampling_num)
         24          samples = list(itertools.product(dx, dy))
         25
         26          tmp = np.zeros(self.index_nums[0:2])  #深さの合計が計算されて入る
         27          for xy in itertools.product(range(self.index_nums[0]), range(self.index_nums[1])):
         28              for s in samples:
         29                  pose = self.pose_min + self.widths*np.array([xy[0], xy[1], 0]).T + np.array([s[0], s[1], 0]).T  #セルの中心の座標
         30                  for p in puddles:
         31                      tmp[xy] += p.depth*p.inside(pose)  #深さに水たまりの中か否か (1 or 0) をかけて足す
         32
         33              tmp[xy] /= sampling_num**2  #深さの合計から平均値に変換
         34
         35          return tmp
```

depth_means メソッド内の 21〜24 行目では，離散状態の XY 平面上での 1 区画分の領域から位置が均等にサンプリングされています．27〜31 行目はサンプリングされた各位置での水たまりの深さを足す処理です．これが終わった 33 行目で深さの合計が深さの平均値に変換され，35 行目で深さの平均値が入った 2 次元リストが返され，18 行目の self.depths に結びつけられています．

self.depths をノートブックの一番下で図示してみましょう．(⇒policy_evaluation5.ipynb [3]-[4])

```
In [3]:  1  puddles = [Puddle((-2, 0), (0, 2), 0.1), Puddle((-0.5, -2), (2.5, 1), 0.1)]
         2  pe = PolicyEvaluator(np.array([0.2, 0.2, math.pi/18]).T, Goal(-3,-3), puddles, 0.1, 10)

In [4]:  1  import seaborn as sns
         2
         3  sns.heatmap(np.rot90(pe.depths), square=False)
         4  plt.show()
```

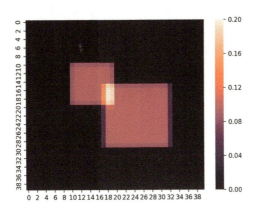

水たまりの重なっている部分の深さが深く，また水たまりの輪郭が離散化の影響でぼやけているのが分かります．

10.3.3 方策評価の実装

これで，現在適当な値が入っている `self.value_function` を適切な値にするための準備が終わりました．式 (10.17) から状態価値関数を求めるコードを記述します．具体的には，式 (10.17) の右辺を計算して左辺に代入するという手続きをひたすら繰り返すアルゴリズムを実装してみます．このアルゴリズムは**方策評価**（policy evaluation）と呼ばれます．コードを示します．(⇒`policy_evaluation6.ipynb` [2])

```
In [2]:  1  class PolicyEvaluator:
         2      def __init__(self, widths, goal, puddles, time_interval, sampling_num, \
         3          puddle_coef=100.0, lowerleft=np.array([-4, -4]).T, upperright=np.array([4, 4]).T): #puddle_coef追加
        20          self.time_interval = time_interval #追加
        21          self.puddle_coef = puddle_coef
        22
        23      def policy_evaluation_sweep(self): #追加
        24          for index in self.indexes:
        25              if not self.final_state_flags[index]:
        26                  self.value_function[index] = self.action_value(tuple(self.policy[index]), index) #actionはタプルに直してから与える
        27
        28      def action_value(self, action, index): #追加
        29          value = 0.0
        30          for delta, prob in self.state_transition_probs[(action, index[2])]: #index[2]: 方角のインデックス
        31              after = tuple(self.out_correction(np.array(index).T + delta) ) #indexに差分deltaを足してはみ出し処理の後にタプルにする
        32              reward = - self.time_interval * self.depths[(after[0], after[1])] * self.puddle_coef - self.time_interval
        33              value += (self.value_function[after] + reward) * prob
        34
        35          return value
        36
        37      def out_correction(self, index): #追加
        38          index[2] = (index[2] + self.index_nums[2])%self.index_nums[2] #方角の処理
        39
        40          return index
```

追加したのは `__init__` の引数 `puddle_coef`，20，21 行目の変数，そして 23〜26 行目の `policy_evaluation_sweep` メソッド，28〜35 行目の `action_value` メソッド，37〜40 行目の `out_correction` メソッドです．

メソッドを逆順に説明していくと，`out_correction` はインデックスが状態遷移によって範囲をは

み出たときの処理をするもので，この実装では向き θ を正規化してインデックスを返しています．x, y のインデックスの処理については，今の方策では範囲外に状態が出ることはないので，今回は実装していません．

`action_value` メソッドは式 (10.17) を実装したものです．30 行目で遷移先のインデックスの差分と確率を取り出し，31 行目で差分を遷移先のインデックスに直し，32 行目で報酬を計算し，33 行目で式 (10.17) の右辺のシグマ内を計算して `value` に足しています．

`policy_evaluation_sweep` は，単に終端状態以外の状態に対して `action_value` メソッドを実行しているだけです．`policy_evaluation_sweep` は，`__init__` では呼び出されておらず，外から何度も繰り返して呼び出します．`sweep` という名前の通り，全離散状態に対してこのような計算を一通り行うことを**スイープ**といいます．

では，`policy_evaluation_sweep` を実行してみましょう．まず，`PolicyEvaluator` クラスのオブジェクトを作り，`counter` という名前でスイープの回数を数えるためのカウンタを作っておきます．(⇒`policy_evaluation6.ipynb [3]`)

```
In [3]:
1  import seaborn as sns
2
3  puddles = [Puddle((-2, 0), (0, 2), 0.1), Puddle((-0.5, -2), (2.5, 1), 0.1)]
4  pe = PolicyEvaluator(np.array([0.2, 0.2, math.pi/18]).T, Goal(-3,-3), puddles, 0.1, 10)
5
6  counter = 0 #スイープの回数
```

さらに，`policy_evaluation_sweep` を 10 回繰り返して状態価値関数を描画する処理を書きます．(⇒`policy_evaluation6.ipynb [4]`)

```
In [4]:
1  for i in range(10):
2      pe.policy_evaluation_sweep()
3      counter += 1
4
5  v = pe.value_function[:, :, 18]
6  sns.heatmap(np.rot90(v), square=False)
7  plt.show()
8  print(counter)
```

状態価値関数は 3 次元なので，このコードでは $i_\theta = 18$ に固定して 2 次元で描画しています．このセルを何度も実行すると[注14]，図 10.6 のように少しずつ値が変わっていきます．評価対象の方策は水たまりを突っ切るものなので，ゴールから見て水たまりの反対側にある状態の価値が低くなっていることが分かります．

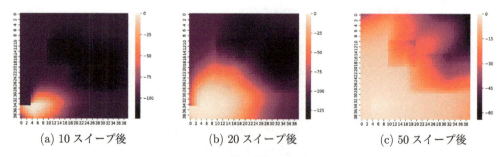

(a) 10 スイープ後　　(b) 20 スイープ後　　(c) 50 スイープ後

図 10.6　スイープ数と状態価値関数の変化．

[注14] だいたい 1 回のスイープの実行に 10 秒〜数十秒かかります．

10.3.4 計算終了の判定

スイープを自動的に止める処理を最後に実装して，本節を終わります．次のように policy_evaluation_sweep メソッドを書き換えます．（⇒policy_evaluation7.ipynb [2]）

```python
    def policy_evaluation_sweep(self):
        max_delta = 0.0
        for index in self.indexes:
            if not self.final_state_flags[index]:
                q = self.action_value(tuple(self.policy[index]), index)

                delta = abs(self.value_function[index] - q)
                max_delta = delta if delta > max_delta else max_delta

                self.value_function[index] = q

        return max_delta
```

価値を更新する手続き自体はよく見ると何も変わっていませんが，max_delta, delta という変数を使って価値の変化量を調査する手続きが入っています．29 行目の delta は，価値の変化量を表す変数です．24 行目で定義して 30 行目で更新している max_delta は，スイープ中で最大の delta を記録しておくための変数です．max_delta はメソッドの最後で返り値になっています．

この新バージョンの policy_evaluation_sweep を使うために，一番下のセルを次のように書き換えて実行します．（⇒policy_evaluation7.ipynb [4]）

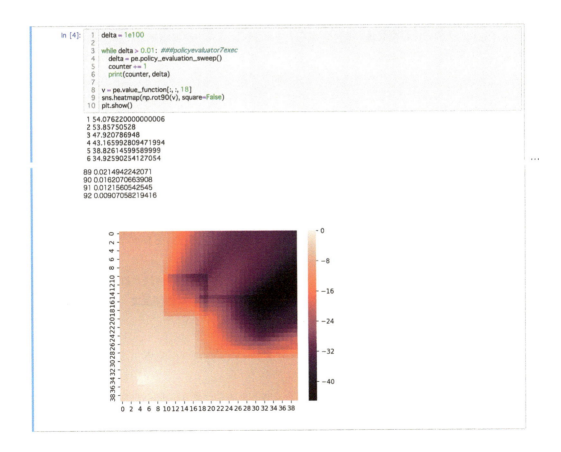

このコードには，delta の値を見て，スイープを止める処理が入っています．実行すると，スイープ

の回数と`delta`の値が延々と出力されていき，値が0.01を下回ると処理が終わって，コード下の図のように状態価値関数が描画されます[注15]．

10.4 価値反復

今度は，得られた状態価値関数を利用して「方策をもっとよくする」という課題を考えてみましょう．先述の通り，ある状態sにおいて，もし既存の行動$a = \Pi(s)$よりも式(10.17)の右辺の値をよくできる行動があれば，エージェントはaではなくそちらを選択した方がよいことになります．つまり，sでの行動を書き換えた方がよいということになります．

このことを式で表してみましょう．まず，式(10.17)について，行動aを変数扱いして，

$$Q^{\Pi}(s,a) = \left\langle R(s,a,s') + V^{\Pi}(s') \right\rangle_{P(s'|s,a)} = \sum_{s'} P(s'|s,a) \left[R(s,a,s') + V^{\Pi}(s') \right] \quad (10.18)$$

と書きなおします．Qは，状態と行動に対して定義される関数$Q: \mathcal{S} \times \mathcal{A} \to \mathbb{R}$なので状態行動価値関数と命名したいところですが，一般的には**行動価値関数**（action value function）と呼ばれます．行動価値関数を使うと，上記の行動書き換えの手続きは，

$$\Pi(s) = \underset{a \in \mathcal{A}}{\operatorname{argmax}} Q^{\Pi}(s,a) \quad (10.19)$$

となります．この手続きは**方策改善**と呼ばれます．Πをsで変えたら状態価値関数Vも変えなければいけないので方策評価が再度必要です．このとき，価値はsの価値だけでなく，「sの上流」，つまりロボットの状態がタスクを実行中にsを経由する可能性のある全状態に対して，再度方策評価をする必要があります．この再度の評価には計算量がかかりそうですが，それでも方策改善と方策評価を繰り返すと，方策を改善していけそうです．このアルゴリズムには「方策反復」と名前がついていますが，本書では扱いません．

その代わりに，方策反復を一般化して，次のようなアルゴリズムを考えてみます．

1. 全状態について適当に状態価値関数Vを初期化（ただし終端状態の価値だけは決まった値に）
2. 各状態において，全行動$a \in \mathcal{A}$の行動価値関数を求め，最大の値を$V(s)$に代入
3. 手順2を繰り返し，収束したら各状態で行動価値関数を最大にする行動を$\Pi(s)$として記録

つまり方策を考えることは後回しにして，ひたすら各状態でとりうる$V(s)$の最大値を求めていき，最後に収束したVから方策を選ぼうという作戦です．このアルゴリズムは**価値反復**（value iteration）と呼ばれます．上記の手順2を数式で表すと，

$$V(s) \longleftarrow \max_{a \in \mathcal{A}} \sum_{s'} P(s'|s,a) \left[R(s,a,s') + V(s') \right] \quad (s \in \mathcal{S} - \mathcal{S}_{\mathrm{f}}) \quad (10.20)$$

となります．$\mathcal{S}_{\mathrm{f}}$は，離散化した後の終端状態の集合を表します．つまり，上式は終端状態以外の状態に対して適用されます．

価値反復が収束すると，その結果得られる方策は，（離散化の方法を変えないかぎりは）それ以上改

[注15] この状態価値関数を見ると，水たまりの右上の角の価値がその外側の状態よりも悪いのでおかしいと思う鋭い人がいるかもしれません．この理由は，水たまりの中だとロボットがゴールの向きに向きなおすのに多くのペナルティーを受けるからです．あくまで状態価値関数は3次元空間中の関数なので，2次元の切片で見ると不自然に見えることがあります．

善ができません．式 (10.19) で，得られた方策とは別の行動が選ばれることはありませんし，別の行動を選んだところで価値関数の値は悪くなるだけです．

収束後の状態価値関数を V^* と表しましょう．この関数は，**最適状態価値関数**（the optimal state value function）と呼ばれます．また，V^* が示す最適な方策は

$$\Pi^*(s) = \underset{a \in \mathcal{A}}{\operatorname{argmax}} \sum_{s'} P(s'|s,a)\Big[R(s,a,s') + V(s')\Big] \qquad (s \in \mathcal{S} - \mathcal{S}_{\mathrm{f}}) \qquad (10.21)$$

で得られます．この方策は，**最適方策**（the optimal policy）と呼ばれます．

価値反復のコードを書いてみましょう．PolicyEvaluator クラスの名前を DynamicProgramming クラスに変更して，次のように value_iteration_sweep メソッドを追加，action_value メソッド，out_correction メソッドを変更します．（⇒dynamic_programming1.ipynb [2]）

```
In [2]:  1  class DynamicProgramming: #名前を変更
        23      def value_iteration_sweep(self): #追加
        24          max_delta = 0.0
        25          for index in self.indexes:
        26              if not self.final_state_flags[index]:
        27                  max_q = -1e100
        28                  max_a = None
        29                  qs = [self.action_value(a, index) for a in self.actions] #全行動の行動価値を計算
        30                  max_q = max(qs)                    #最大の行動価値
        31                  max_a = self.actions[np.argmax(qs)]  #最大の行動価値を与える行動
        32
        33                  delta = abs(self.value_function[index] - max_q)  #変化量
        34                  max_delta = delta if delta > max_delta else max_delta  #スイープ中で最大の変化量の更新
        35
        36                  self.value_function[index] = max_q          #価値の更新
        37                  self.policy[index] = np.array(max_a).T      #方策の更新
        38
        39          return max_delta

        54      def action_value(self, action, index, out_penalty=True): #はみ出しペナルティー追加
        55          value = 0.0
        56          for delta, prob in self.state_transition_probs[(action, index[2])]:
        57              after, out_reward = self.out_correction(np.array(index).T + delta)
        58              after = tuple(after)
        59              reward = - self.time_interval * self.depths[(after[0], after[1])] * self.puddle_coef - self.time_interval + out_reward*out_penalty
        60              value += (self.value_function[after] + reward) * prob
        61
        62          return value
        63
        64      def out_correction(self, index): #変更
        65          out_reward = 0.0
        66          index[2] = (index[2] + self.index_nums[2])%self.index_nums[2] #方角の処理
        67
        68          for i in range(2):
        69              if index[i] < 0:
        70                  index[i] = 0
        71                  out_reward = -1e100
        72              elif index[i] >= self.index_nums[i]:
        73                  index[i] = self.index_nums[i]-1
        74                  out_reward = -1e100
        75
        76          return index, out_reward
```

out_correction メソッドでは，ロボットが離散状態空間の範囲外に出ないように，範囲外に出たら大きなペナルティーを与えるようにします．また，範囲外に出たときに，範囲内に状態遷移を戻す処理も加えます．PuddleIgnoreAgent の場合は，領域外にエージェントがはみ出さないので，このような処理は不要だったのですが，今回は必要となります．action_value での変更は out_correction の変更にともなうもので，返ってきたペナルティーを処理するために，もともと 1 行だったコードを 2 行に分けています．

value_iteration_sweep メソッドは，policy_evaluation_sweep とよく似た構造をしていますが，29 行目で方策の示す行動 $\Pi(s)$ だけでなく，全部の行動 $a \in \mathcal{A}$ に対して行動価値を計算しています．その後，最もよい行動価値と，それを得られた行動をそれぞれ状態価値関数，方策に代入しています．

value_iteration_sweep を使ってみましょう．次のように，とりあえず 10 回実行してみます．（⇒dynamic_programming1.ipynb [3]-[4]）

第10章 マルコフ決定過程と動的計画法

```
In [3]: 1  import seaborn as sns
        2
        3  puddles = [Puddle((-2, 0), (0, 2), 0.1), Puddle((-0.5, -2), (2.5, 1), 0.1)]
        4  dp = DynamicProgramming(np.array([0.2, 0.2, math.pi/18]).T, Goal(-3,-3), puddles, 0.1, 10)
        5
        6  counter = 0 #スイープの回数
```

```
In [4]: 1  delta = 1e100
        2
        3  #while delta > 0.01: #最後まで計算するとき
        4  for i in range(10):
        5      delta = dp.value_iteration_sweep()
        6      counter += 1
        7      print(counter, delta)

        1 54.1262000000001
        2 52.5407411681710446
        3 27.091733819809406
        4 24.39709159867244
        5 19.958651189319355
        6 18.650774772789774
        7 16.225165985426358
        8 15.781952896530726
        9 14.141842898129966
        10 13.270731255868625
```

できた状態価値関数と方策（$i_\theta = 18$ のもの）をそれぞれ図10.7(a), 10.8(a)に示します．状態価値関数，方策の図は，それぞれノートブックの下のセルに次のようにコーディングして得ました．（⇒`dynamic_programming1.ipynb [5]-[6]`）

```
In [5]: 1  v = dp.value_function[:, :, 18]
        2  sns.heatmap(np.rot90(v), square=False)
        3  plt.show()
```

```
In [6]: 1  p = np.zeros(dp.index_nums)
        2  for i in dp.indexes:
        3      p[i] = sum(dp.policy[i]) #速度と角速度を足すと，1.0: 直進，2.0: 左回転，-2.0: 右回転になる
        4
        5  sns.heatmap(np.rot90(p[:, :, 18]), square=False) #180〜190[deg]の向きのときの行動を図示
        6  plt.show()
```

図10.8(a)の方策を見ると，10スイープ目にはすでに水たまりのまわりの方策が水たまりの影響を受けていることが分かります．水たまりの上辺のあたりが黒くなっているのは，左を向いているロボットが右側に回転して水たまりから出ようとする行動に対応しています．また，水たまりの左側に見られる直進（濃いオレンジ色）は，ロボットがゴールの方を向くよりも直進して水たまりから出ることを優先することに対応しています．

さらにスイープを重ねた状態価値関数と方策をそれぞれ図10.7(b-c), 10.8(b-c)に示します．120スイープ後には，ゴールから見て水たまりの後ろにある状態の価値が水たまり内の状態よりも明確に小さくなり，水たまりを避けてゴールに至る方策ができているように見えます．

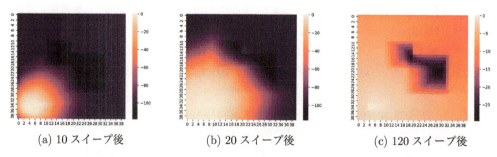

(a) 10スイープ後　　(b) 20スイープ後　　(c) 120スイープ後

図10.7　スイープ数と状態価値関数の変化（ロボットの向き：180〜190[deg]）．

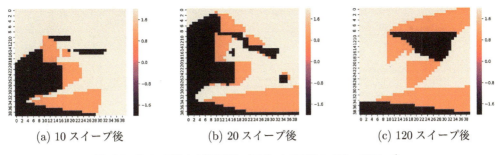

(a) 10スイープ後　　(b) 20スイープ後　　(c) 120スイープ後

図 10.8　スイープ数と方策の変化（ロボットの向き： 180〜190[deg]）.

ただ，このまま方策を絵に描いて観察していても解釈が難しいので，実際にこの方策でロボットを動かしてみましょう．ノートブックの一番下で，次のように`delta`の値がしきい値以下になるまで価値反復を繰り返し，最後に方策と価値のデータを書き出します．（⇒`dynamic_programming2.ipynb` [3]-[5]）

```
In [3]:  1  import seaborn as sns
         2
         3  puddles = [Puddle((-2, 0), (0, 2), 0.1), Puddle((-0.5, -2), (2.5, 1), 0.1)]
         4  dp = DynamicProgramming(np.array([0.2, 0.2, math.pi/18]).T, Goal(-3,-3), puddles, 0.1, 10)
         5  counter = 0 #スイープの回数

In [4]:  1  delta = 1e100
         2
         3  while delta > 0.01:
         4      delta = dp.value_iteration_sweep()
         5      counter += 1
         6      print(counter, delta)
```

```
102 0.16873911738441194
103 0.1470842278809812
104 0.12736726733268
105 0.10960902379820325
106 0.09471106278080654
107 0.08247906394265314
108 0.07138392408342042
109 0.06141768987744456
110 0.05531929373190536
111 0.04655306323747865 3
112 0.03895539351099586
113 0.03241427792383433 4
114 0.02682027561818500 8
115 0.02222900052441801 22
116 0.01881587420028196 8
117 0.01571439859533896 3
118 0.01298147845043828 9
119 0.01061084328516059 8
120 0.00858752223042103
```

```
In [5]:  1  with open("policy.txt", "w") as f:
         2      for index in dp.indexes:
         3          p = dp.policy[index]
         4          f.write("{} {} {} {} {}\n".format(index[0], index[1], index[2], p[0], p[1]))
         5
         6  with open("value.txt", "w") as f:
         7      for index in dp.indexes:
         8          p = dp.value_function[index]
         9          f.write("{} {} {} {}\n".format(index[0], index[1], index[2], p))
```

価値のデータは本章では使いませんが，12章で利用します．

この方策のデータを使って行動決定するエージェントを作ります．このエージェントがやることは，カルマンフィルタから自己位置推定結果をもらって，その結果から離散状態のインデックスを計算し，方策から行動を得て，それを実行することです．つまり，何か行動決定のアルゴリズムがあって動くのではなく，方策のデータを参照して反射的に動くだけです．（⇒`dp_policy_agent.ipynb` [1]-[2]）

```
In [1]: 1  import sys
        2  sys.path.append('../scripts/')
        3  from puddle_world import *
        4  import itertools
        5  import collections
```

```
In [2]:  1  class DpPolicyAgent(PuddleIgnoreAgent):
         2      def __init__(self, time_interval, estimator, goal, puddle_coef=100, widths=np.array([0.2, 0.2, math.pi/18]).T, \
         3                   lowerleft=np.array([-4, -4]).T, upperright=np.array([4, 4]).T): #widths以降はDynamicProgrammingから持ってくる
         4          super().__init__(time_interval, estimator, goal, puddle_coef)
         5
         6          ###座標関連の変数をDynamicProgrammingから持ってくる###
         7          self.pose_min = np.r_[lowerleft, 0]
         8          self.pose_max = np.r_[upperright, math.pi*2]
         9          self.widths = widths
        10          self.index_nums = ((self.pose_max - self.pose_min)/self.widths).astype(int)
        11
        12          self.policy_data = self.init_policy(self.index_nums)
        13
        14      def init_policy(self, index_nums):
        15          tmp = np.zeros(np.r_[index_nums,2])
        16          for line in open("policy.txt", "r"):
        17              d = line.split()
        18              tmp[int(d[0]), int(d[1]), int(d[2])] = [float(d[3]), float(d[4])]
        19
        20          return tmp
        21
        22      def to_index(self, pose, pose_min, index_nums , widths): #姿勢をインデックスに変えて正規化
        23          index = np.floor((pose - pose_min)/widths).astype(int)        #姿勢からインデックスに
        24
        25          index[2] = (index[2] + index_nums[2]*1000)%index_nums[2] #角度の正規化
        26          for i in [0,1]:                                              #端の処理(内側の座標の方策を使う)
        27              if index[i] < 0: index[i] = 0
        28              elif index[i] >= index_nums[i]: index[i] = index_nums[i] - 1
        29
        30          return tuple(index) #ベクトルのままだとインデックスに使えないのでタプルに
        31
        32      def policy(self, pose, goal=None): #姿勢から離散状態のインデックスを作って方策を参照して返すだけ
        33          return self.policy_data[self.to_index(pose, self.pose_min, self.index_nums, self.widths)]
```

コードは長いのですが，方策のファイル policy.txt を読み込む部分以外は，ほとんどほかのクラスからコピーして少し変えると実装できます．姿勢 x から離散状態のインデックスを求める 22〜30 行目の to_index では，姿勢が離散状態の範囲をはみ出すことを想定する必要があります．この実装では，はみ出した場合，そこから近い離散状態のインデックスを返しています．

trial 関数については，puddle_world4.ipynb からコピーしてきて，エージェントのクラス等を適宜修正します．下のコードの例はロボットを 4 台，異なる姿勢からスタートさせるものです．（⇒dp_policy_agent.ipynb [3]）

```
        18      ##4台のロボットを動かしてみる##
        19      init_poses = []
        20      for p in [[-3, 3, 0], [0.5, 1.5, 0], [3, 3, 0], [2, -1, 0]]:
        21          init_pose = np.array(p).T
        22
        23          kf = KalmanFilter(m, init_pose)
        24          a = DpPolicyAgent(time_interval, kf, goal)
        25          r = Robot(init_pose, sensor=Camera(m, distance_bias_rate_stddev=0, direction_bias_stddev=0),
        26                   agent=a, color="red", bias_rate_stds=(0,0))
        27
        28          world.append(r)
```

このコードで得られるロボットの軌跡を図 10.9 に示します．ロボットはいずれも $\theta = 0$[deg] からスタートしています．ロボットは水たまりを避けてゴールに向かいます．$(x, y, \theta) = (2, -1, 0)$ からスタートしたときの軌跡は特徴的で，とにかく最初に水たまりから抜け出し，その後水たまりを避けてゴールに向かっています．

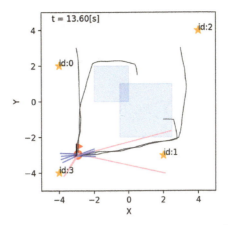

図 10.9　価値反復で得た方策を用いたときのロボットの軌跡.

10.5 ベルマン方程式と最適制御

10.5.1 有限マルコフ決定過程

　ここで，離散状態に対するマルコフ決定過程について整理しておきましょう．ここまで，実装のための近似として状態空間などを離散化してきましたが，離散化した系は近似以外の目的でも重要なので，まとめておきます．

　まず系ですが，

- 時間：$0, 1, 2, \ldots, T$　（T は不定で良い）
- 状態と状態の集合：$s \in \mathcal{S}$　（$\mathcal{S}$ は有限集合）
- 終端状態と終端状態の集合：$s \in \mathcal{S}_\mathrm{f} \subset \mathcal{S}$
- 行動：$a \in \mathcal{A}$　（$\mathcal{A}$ は有限集合）
- 状態遷移モデル：$P(s'|a, s) \in [0, 1]$
- 報酬モデル：$R(s, a, s') \in \mathbb{R}$
- 終端状態の価値：$V_\mathrm{f}(s) \in \mathbb{R}$　$(s \in \mathcal{S}_\mathrm{f})$
- エピソード：$\{s_0, a_1, s_1, r_1, a_2, s_2, r_2, \ldots, a_T, s_T, r_T\}$
- 評価：$J(s_{0:T}, a_{1:T}) = \sum_{t=1}^{T} R(s_{t-1}, a_t, s_t) + V_\mathrm{f}(s_T)$

となります．ここで，$r_t = R(s_{t-1}, a_t, s_t)$ です．この系で，最適あるいはよりよい評価が得られる方策

$$\Pi : \mathcal{S} \to \mathcal{A} \tag{10.22}$$

を求めることが問題となります．

　本章では，この系をマルコフ決定過程近似したものとして扱いましたが，この表現は離散状態をとる系の制御則（行動決定則）を考えるときに重要であり，**有限マルコフ決定過程（finite MDP，有限 MDP）**と呼ばれます．

10.5.2 有限マルコフ決定過程におけるベルマン方程式

価値反復が収束すると，式 (10.20) の左右の値はつり合うようになります．したがって，得られた状態価値関数 V^* は

$$V^*(s) = \max_{a \in \mathcal{A}} \sum_{s'} P(s'|s,a)\Big[R(s,a,s') + V^*(s')\Big] \tag{10.23}$$

という性質を満たします．この式は**ベルマン方程式**（ベルマン最適方程式）と呼ばれる重要な式です．

ベルマン方程式は，どういった状態価値関数が最適状態価値関数なのかを表した式です．価値反復のアルゴリズムは，ベルマン方程式を満たす状態価値関数を求めるためのアルゴリズムといえます．また，最適状態価値関数（と P, R）が分かっていると，最適方策が

$$\Pi^*(s) = \operatorname*{argmax}_{a \in \mathcal{A}} \sum_{s'} P(s'|s,a)\Big[R(s,a,s') + V^*(s')\Big] \tag{10.24}$$

で得られます．方策から行動を得るときの入力がそのときの状態 s のみに依存するということは 10.1 節でも説明しましたが，ベルマン方程式は，そのことを表現しています．過去の行動選択にかかわらず，最適方策が今いる状態 s 以降での最適な行動を与えるという (finite) MDP の性質は「（ベルマンの）**最適性の原理**」と呼ばれます．

10.5.3 連続系でのベルマン方程式と最適制御

もう一度，状態空間を離散化しない場合に戻りましょう．その場合，式 (10.23) に相当する式は，式 (10.11) から，

$$V^*(\boldsymbol{x}) = \max_{a \in \mathcal{A}} \int_{\mathcal{X}} p(\boldsymbol{x}'|\boldsymbol{x},a)\Big\{r(\boldsymbol{x},a,\boldsymbol{x}') + V^*(\boldsymbol{x}')\Big\} d\boldsymbol{x}' \tag{10.25}$$

となります．これも，ベルマン方程式と呼べます．

本章では，冒頭で「ロボットの行動決定を扱う」と宣言しましたが，同じ問題は「**最適制御**問題」とも呼ばれます．ロケットの軌道や自動車の滑らかなステアリング制御といった問題は，連続系で考えることが通常で，この場合は最適制御と呼ばれます．ただ，行動決定も最適制御も，元は同じ問題といえます．また，最適制御でも行動決定でも，本章のように状態空間全域で最適方策を求める問題よりは，ある状態でどう動くかというオンラインの問題として解かれることの方が多いでしょう．その方法には「○○制御」と名前がついていますが，実際に解いているのは最適制御問題ということになります．手法としては古典的な変分法から**モデル予測制御** [マチエヨフスキー 2005] まで，さまざまなものが存在します．

式 (10.25) からさらに時間も制御指令も連続な場合を考えると，これは究極に一般化された問題になりますが，ベルマン方程式に対応するこのときの方程式は（確率システムにおける）**ハミルトン–ヤコビ–ベルマン方程式**と呼ばれます [エクセンダール 2012]．導出や方程式の提示は割愛しますが，この式が，あらゆる動くものの制御を考えるための出発点となる方程式です．

余談ですが重要な話として，文献 [川合 1986] を挙げておきます．この文献では，最適制御と人生の関係が考察されています．2010 年代中頃からブームになっている文脈での「人工知能」は賢くて何かをズバッと答えてくれますが，それに対して「責任をとる」ことを（つまり本当の物理的な意味での報酬やペナルティーを受けて喜んだり傷ついたり）しません．自律ロボットでも自動運転車でも同様で

す．何かあったときに巻き込まれて傷ついたり死んだりするのは人間です．そういう文脈では，これらの「人工知能」というものは人間の道具の域を出ないということになります．本当の知能というものは，行動する（しない）と何かを得て，何かを失い，それを主観的にとらえ，そしていつか機能しなくなるというよく分からないものです．それを考えるためには，この文献を一読するのがよいでしょう．ただしこの文献では，最適制御をハミルトン–ベルマン–ヤコビ方程式ではなく，**ポントリャーギンの最大（値）原理**を使って説明しています．

10.6 まとめ

　本章では，まずマルコフ決定過程を定式化し，その例題として水たまりを避けてロボットが移動する問題を扱いました．この問題で方策の評価や改善方法を確認し，最終的に価値反復によって最適状態価値関数を計算し，最適方策を得ました．また，実装において，問題を有限マルコフ決定過程に近似したので，実装のあとで有限マルコフ決定過程について整理しました．最後に，ベルマン方程式と最適制御について説明しました．

　本章の価値反復のコードの計算時間は筆者の PC（CPU：2.7 GHz Intel Core i7，メモリ：16 GB 2133 MHz LPDDR3）で 8 分強でした．価値反復は排他処理なしで簡単に並列化できますので，さらに何倍も高速化が可能です．C 言語でうまく実装するとさらに高速になります．手法が新しくなくリアルタイムでも使いにくいという理由から，価値反復で何かできたというのは研究にはなりにくいのですが，意外に有用です．筆者の実装では，ロボットの協調動作の生成のために，6 億状態（446 億状態行動対）の価値反復を 1 台のサーバで 10 日で計算した例があります [Ueda 2007]．サーバの CPU は 3.2[GHz] の Pentium D（デュアルコア，ハイパースレッディングなし），DRAM の容量は 3GB でした[注16]．深層学習の研究では，しばしば膨大な計算リソースが投入されますが，これを価値反復に用いると兆を超える状態数に対して解くことができるのではないかと考えています．

　ただし，それでも 6 軸のマニピュレータを動かすには状態数が足りません（⇒ 問題 10.4）．さらに人やほかのロボットなど，動くものが存在する環境で，すべてを状態変数として扱い出すと，離散状態数はもっと増えます．この問題は，ベルマンによって**次元の呪い**という言葉で言及されています．

　冒頭で述べたように，一般には，移動ロボットやもっと自由度の高いロボットの経路計画には**人工ポテンシャル法** [Latombe 1991]，あるいは A*探索 [Hart 1968] や rapidly exploring random tree [LaValle 1998] [LaValle 2001] などの探索アルゴリズムが用いられてきました．これらの方法が用いられるときには，問題が最適制御であるということはしばしば忘れられ，最適制御問題をもっと簡略化した問題設定が用いられます．しかし，簡略化したからといって，解く問題が最適制御問題の呪縛から逃れられるわけではありません．例えば，人工ポテンシャル法を使うということは，状態価値関数を解かずに作ることに相当します．したがって，作ったポテンシャル関数が最適状態価値関数でないならば，当然，最適ではないことになります．また，ゴールでない場所に極値ができる，いわゆるローカルミニマムの問題が起こると，ロボットはそこで止まってしまいます．そこで，それらを防ぐさまざまな工夫が必要となります．

注16　もちろん C++でかなりコードを工夫した結果の計算速度です．

章末問題

📝 問題 10.1

式 (10.17) を用いなくても，次のようなアルゴリズムを使うと，離散化された状態の集合 $\mathcal{S}$ に対して，`PuddleIgnoreAgent` の方策の価値関数を求めることができます．

- すべての $s \in \mathcal{S}$ に対して次の手続きを n 回繰り返して評価値の平均を計算
    i. s からランダムに（一様分布を用いて）x をドロー
    ii. x からタスクを開始してゴールで評価値を記録

このアルゴリズムを実装して実行し，計算量や精度などを評価してみましょう．

📝 問題 10.2

環境に宝物が落ちていて，それを拾いながらゴールに向かうというタスクを考えます．このとき，姿勢だけで状態空間を構成すると，うまく価値反復ができません．その原因，対策について考えてみましょう．また，宝物の数が多いとき，考えた対策が計算量的に許容できるものか考えてみましょう．

📝 問題 10.3

自分自身の人生にこれまであったことで未来の生き方を決めることに合理性があるかどうかを考察してみましょう．もちろん，合理性がまったくないわけではありませんが，気にしてもしょうがないことはないでしょうか．

📝 問題 10.4

6 軸が 360 度回転するマニピュレータの姿勢を離散状態で表して状態数を数えてみましょう．例えば，どの軸も 1 度ずつの区間で離散化すると状態数はいくつになるでしょうか．また，それでもなんらかの工夫をすれば，価値反復は可能でしょうか．

そして，なぜ人間は自由に腕を好きな姿勢に動かせるのでしょうか．あるいは，本当はもっと自由に動かせることに気づいていないだけでしょうか．

📝 問題 10.5

マニピュレータの制御では「特異点」や「特異姿勢」がしばしば問題になります．計算量の問題を考慮せず，マニピュレータの制御に価値反復を適用できると仮定した場合，特異点・特異姿勢はどのように扱うべきでしょうか．

📝 問題 10.6

本章のようにテーブル上に記録された方策を使って行動決定するロボットは，お世辞にも「何かを考えて」行動を決めているとはいえません．ただ，状態に対してテーブルに書かれた答えを実行するのみです．とはいえ，工学的に入出力だけを考えると，何か複雑な計算を経て行動決定するプログラムとは等価です．結局，「考えて行動を決める」ということはロボットにとっては不要なのでしょうか．一方，人間はいかにも「考えて行動を決める」ように見えますが，本当に考えているのでしょう

か．ほかの哺乳類，鳥類，ほかの脊椎動物，あるいは昆虫，ほかの無脊椎動物はどうでしょうか．そもそも「考えて行動を決める」ということはどういうことでしょうか．

📏 問題 10.7

問題 10.6 のように，価値反復で得られた方策で行動決定するロボットが，考えているのか否かという疑問がある一方，筆者の場合，そのようなロボットを見ていると，しばしば生きているんじゃないかと錯覚してしまうことがあります（例えば https://youtu.be/cqDU4zmgQSY）．みなさんはロボットが生きているように感じたことはあるでしょうか．また，人が（ロボットでも生物でも）「生きている」と感じる条件は何でしょうか．

📏 問題 10.8

「巨視的に見ると，宇宙はある物理法則に従って動いているだけで，人間も動物も物理法則に逆らえずに状態遷移しているだけ」と考えることは妥当でしょうか．また，そう考えたとき，エージェントのような「行動を決定する存在」はどのように扱われるべきでしょうか．それは自然の一部で，物理法則に従っているといえるでしょうか．

📏 問題 10.9

価値反復における状態価値関数の求め方は，テーブルクロスのシワを端からのばしていくように，終端状態から少しずつ関数の形を決めていくものでした．このような処理を近似なしで一瞬で終わらせるような計算機のアーキテクチャを考えてみてください．この計算機はどんな計算原理を使うでしょうか．

第11章 強化学習

本章では**強化学習** (reinforcement learning) を扱います．強化学習では 10 章で扱った問題の条件が少し厳しくなり，状態遷移や報酬に対する事前知識がないという制約下でエージェントがどのように方策を得るかという問題が扱われます．エージェントは，試行錯誤を重ねていくうちに状態遷移や報酬の統計をとりながら最適制御問題を解くことになります．

基本的な強化学習では，エージェントから見えるのは次の項目だけです．

- 行動と行動の集合：$a \in \mathcal{A}$
- 状態と状態空間：$\boldsymbol{x} \in \mathcal{X}$
- 現在時刻までのエピソード：$\{\boldsymbol{x}_0, a_1, \boldsymbol{x}_1, r_1, a_2, \boldsymbol{x}_2, r_2, \ldots, a_t, \boldsymbol{x}_t, r_t\}$
- 終端状態に着いたこと，およびそのときに得られる価値 v_f
- 評価：$J(\boldsymbol{x}_{0:T}, a_{1:T}) = \sum_{t=1}^{T} r_t + v_\mathrm{f}$

背景にある問題は 10.1.5 項のものと同じですが，状態遷移モデルや報酬モデルが既知として使えないため，価値反復は使えないことになります．

強化学習の手法や得られる方策（失敗作も含む）は，エージェントが分からないところだらけの環境に放り込まれたら何が起こるか，ということについて我々に多くの示唆を与えてくれます．そして，ロボットを自律的に動かすために必須である最適制御や動的計画法と背景をともにしており，しかも，「エージェントが間接的あるいは直接的に統計をとる」という面で確率・統計的な側面をもっています．

本章では 11.1 節から 11.4 節まで，Q 学習，Sarsa，n-step Sarsa，Sarsa(λ) と順番にアルゴリズムを実装していきます．なお，これらの先にも重要なアルゴリズムがあるのですが，本書ではここまでに留めておきます．古典的な方法で強化学習の原理を把握し，学習がどのように進むかということを実感することを主たる目的とします．

11.1 Q 学習

Q 学習 [Watkins 1992] は，ロボットが行動をとった後に得られる情報から，行動価値関数を更新していくアルゴリズムの一つです．

11.1.1 Q 学習の更新則

ロボットが状態 s から行動 a で状態 s' に遷移した直後，状態 s，行動 a における行動価値関数の値 $Q(s,a)$ を次のような式で更新することを考えます．

$$Q(s,a) \longleftarrow (1-\alpha)Q(s,a) + \alpha \left[r + \max_{a'} Q(s',a') \right] \tag{11.1}$$

Q は状態と行動をペアで与えると値を返すわけですが，このときの状態と行動のペアのことは**状態行動対**と呼ばれます．また，$V(s)$ が状態の価値なら $Q(s,a)$ は状態行動対 s,a の価値と呼ぶべきですが，$Q(s,a)$ は単に「Q 値（Q-value）」と呼ばれてきたので，本書でもこの言葉を使います．

　この式の α $(0 < \alpha \le 1)$ はステップサイズ・パラメータと呼ばれる変数です．右辺の第 1 項の $(1-\alpha)$ と，第 2 項の α を見ると分かるのですが，この変数は，更新前の Q 値をどれだけ残して値を更新するかを決める変数です．α をどう決めるかという問題は面白いのですが，本書では割愛します．ここでは α が大きいと，以前の情報の減衰が早くなるということだけ記述しておきます．

　右辺の第 2 項は，式 (10.17) の中辺の期待値計算に相当します．ただ，期待値は計算できず，今起こった事象のみから角括弧内の値を計算しています．r は，状態遷移に対してエージェントが与えられる報酬です．エージェントは報酬に関するルールを知りませんが，背後には報酬モデル $r(\boldsymbol{x}, a, \boldsymbol{x}')$ があって，それに基づいて与えられます．また，$\max_{a'} Q(s',a')$ は，遷移先の状態 s' において，一番価値の高い行動 a' を選んだときの Q 値です．$\max_{a'} Q(s',a')$ と書くとややこしいのですが，これはつまり状態の価値 $V(s')$ ということになります．

　式 (10.17) の中辺の期待値計算ができないのは，強化学習において，エージェントが状態遷移の統計的性質を知らないためです．そのため，式 (11.1) のように，一度の状態遷移だけで Q 値を更新しなければなりません．このとき，今起こった状態遷移がまれなものであれば更新後の Q 値が期待値から外れてしまうので，α を大きくしないなどの方法で，急な値の変化を防ぐ必要があります．しかし，まれかどうかは分からないので，そういう単純な話で片付けることもできません．

　ところで，本書では扱えないのですが，式 (11.1) に一つ定数 γ $(0 < \gamma \le 1)$ を加えて

$$Q(s,a) \longleftarrow (1-\alpha)Q(s,a) + \alpha \left[r + \gamma \max_{a'} Q(s',a') \right] \tag{11.2}$$

と Q 値を更新する場合があります．この式で γ を小さくして学習を行うと，エージェントは後でもらえる報酬の期待値（つまりこの式では $\max_{a'} Q(s',a')$）よりも，今の報酬 r の方を重視して動くようになります．また，終端状態がなくても Q 値が収束していくので，エージェントが報酬を追い求めてずっと動き続けるというような行動を学習できるようになります．γ は**割引率**と呼ばれます．割引率は α と異なり，Q 学習のために便宜的にあるのではなく，エージェントに短期的な報酬を重視させたいかどうかを調整するための，問題設定の側にあるパラメータです．したがって，価値反復で問題を解く場合にも登場することがあります．ただし，移動のようにゴールがはっきりしている問題の場合，$\gamma = 1$ で十分です．また，割引率を導入すると価値の物理的な意味がよく分からなくなるので，本書では割引率 γ は扱いません．

11.1.2 準備

　Q 学習を実装しましょう．まず，エージェントを用意します．`section_mdp` にある `dp_policy_agent.ipynb` を `.py` ファイルにして `scripts` ディレクトリの下におきます．ディレクトリ `section_reinforcement_learning` を作り，その下にノートブックを新規作成して，`DpPolicyAgent` から `QAgent` というクラスを作ります．（⇒`q1.ipynb` [1]-[3]）

```
In [1]: 1  import sys
        2  sys.path.append('../scripts/')
        3  from dp_policy_agent import *

In [2]: 1  class QAgent(DpPolicyAgent):
        2      def __init__(self, time_interval, estimator, goal, puddle_coef=100, widths=np.array([0.2, 0.2, math.pi/18]).T, \
        3                   lowerleft=np.array([-4, -4]).T, upperright=np.array([4, 4]).T, dev_borders=[0.1,0.2,0.4,0.8]):
        4          super().__init__(time_interval, estimator, goal, puddle_coef, widths, lowerleft, upperright)

In [3]: 1  def trial():
        2      time_interval = 0.1
        3      world = PuddleWorld(400000, time_interval, debug=False)  #長時間アニメーション時間をとる
       18      ##ロボットを1台登場させる##
       19      init_pose = np.array([3, 3, 0]).T
       20      kf = KalmanFilter(m, init_pose)
       21      a = QAgent(time_interval, kf, goal)
       22      r = Robot(init_pose, sensor=Camera(m, distance_bias_rate_stddev=0, direction_bias_stddev=0),
       23                agent=a, color="red", bias_rate_stds=(0,0))
       24      world.append(r)
       25
       26      world.draw()
       27      return a
       28
       29  a = trial()
```

引数や引数のデフォルト値はそのまま `DpPolicyAgent` のものを用います．セル [3] では `QAgent` のオブジェクトを `Robot` のオブジェクトに乗せて，ロボットがゴールに向かうことを確認します．また，後の学習のためにシミュレーションの時間を長くとっておきます．

`QAgent` は `super().__init__` で `policy.txt` を読み込みます．方策はこれから作るものですが，とりあえず `PuddleIgnoreAgent` の方策を読み込んでおきましょう．10 章の方策反復のノートブックの下にセルを作り，次のように記述して，方策と状態価値の配列をファイルに書き出します．（⇒`policy_evaluation7.ipynb` [5]）

```
In [5]: 1  with open("puddle_ignore_policy.txt", "w") as f:
        2      for index in pe.indexes:
        3          p = pe.policy[index]
        4          f.write("{} {} {} {} {}\n".format(index[0], index[1], index[2], p[0], p[1]))
        5
        6  with open("puddle_ignore_values.txt", "w") as f:
        7      for index in pe.indexes:
        8          v = pe.value_function[index]
        9          f.write("{} {} {} {}\n".format(index[0], index[1], index[2],v))
```

できたファイル `puddle_ignore_policy.txt` と `puddle_ignore_values.txt` を `section_reinforcement_learning` ディレクトリにおきましょう．さらに `puddle_ignore_policy.txt` をコピーして `policy.txt` というファイルを作り，`super().__init__` で読み込めるようにします．以上の作業で，エージェントが水たまりを突っ切ってゴールに向かうことを確認します．

11.1.3　行動価値関数の設定

次に，Q 値を記録するデータ構造を実装します．「離散状態数」×「行動の種類」だけの要素が必要です．行動の種類は，前章と同様，`PuddleIgnoreAgent` の行動の種類（前進，左回転，右回転）としましょう．

Q 値は `puddle_ignore_values.txt` を利用して初期化することとします．これで，`PuddleIgnoreAgent` のものと同じ方策から学習がスタートすることになります．今から実装するアルゴリズムは基本的なものでお世辞にも効率が良くなく，方策が何も決まっていない状態から学習を開始すると何日もかかってしまいます．

まず，各状態に対して Q 値を保持するクラス `StateInfo` を作ります．（⇒`q2.ipynb` [2]）

第 11 章 強化学習

```
In [2]: 1  class StateInfo:
        2      def __init__(self, action_num):
        3          self.q = np.zeros(action_num)
        4
        5      def greedy(self):
        6          return np.argmax(self.q)
        7
        8      def pi(self):
        9          return self.greedy()
```

`__init__` の引数の `action_num` は行動の種類の数です．3 行目の `self.q` は，行動に 0, 1, 2, ... とインデックスがついていることを前提に，Q 値を記録しておくリストです．また，5, 6 行目のように，最も Q 値の高い行動のインデックスを返すメソッド `greedy` を作っておきます．さらに，8, 9 行目で `pi` というメソッドを作り，ここから `greedy` を呼び出すようにしておきます．`greedy` メソッドは，最も高い価値の行動のインデックスを返しますが，このような方法をとる方策は**グリーディ方策**と呼ばれます．

次に，`QAgent` クラスに次のように書き足します．（⇒ q2.ipynb [3]）

```
In [3]:  1  class QAgent(DpPolicyAgent):
         2      def __init__(self, time_interval, estimator, puddle_coef=100, widths=np.array([0.2, 0.2, math.pi/18]).T, \
         3                   lowerleft=np.array([-4, -4]).T, upperright=np.array([4, 4]).T, dev_borders=[0.1,0.2,0.4,0.8]): #goalを削除
         4          super().__init__(time_interval, estimator, None, puddle_coef, widths, lowerleft, upperright) #goalをNoneに
         5
         6          nx, ny, nt = self.index_nums  #6-8行目はDynamicProgrammingから持ってくる
         7          self.indexes = list(itertools.product(range(nx), range(ny), range(nt)))
         8          self.actions = list(set([tuple(self.policy_data[i]) for i in self.indexes]))
         9          self.ss = self.set_action_value_function() #PuddleIgnorePolicyの方策と価値関数の読み込み
        10
        11      def set_action_value_function(self): #状態価値関数を読み込んで行動価値関数を初期化
        12          ss = {} #state spaceという意味
        13          for line in open("puddle_ignore_values.txt", "r"): #価値のファイルを読み込む
        14              d = line.split()
        15              index, value = (int(d[0]), int(d[1]), int(d[2])), float(d[3]) #インデックスをタプル，値を数字に
        16              ss[index] = StateInfo(len(self.actions)) #StateInfoオブジェクトを割り当てて初期化
        17
        18              for i, a in enumerate(self.actions): #方策の行動価値を価値のファイルに書いてある値に．方策と一致しない行動の場合はちょっと引く
        19                  ss[index].q[i] = value if tuple(self.policy_data[index]) == a else value - 0.1
        20
        21          return ss
        22
        23      def policy(self, pose, goal=None):
        24          index = self.to_index(pose, self.pose_min, self.index_nums, self.widths)
        25          a = self.ss[tuple(index)].pi() #行動価値関数を使って行動決定
        26          return self.actions[a]
```

`__init__` の引数からは `goal` を除いておきます．これでエージェントはゴールの場所を知らず，`self.in_goal` を通じて PuddleWorld からゴールにいるかどうかを伝えられるだけになります．

11 行目からの `set_action_value_function` は，行動のリストと Q 値の初期値をセットするメソッドです．12 行目の `ss` が，このメソッドの返す辞書型のオブジェクトです．`ss` には 16 行目のように各離散状態に対応する `StateInfo` のオブジェクトを格納します．

Q 値を設定しているのは 19 行目です．`ss[index].q[i]` に各行動に対する Q 値が設定されます．ここでは，`self.policy_data` から行動を読み出して，`i` に対応する行動 `a` と一致していれば，`puddle_ignore_values.txt` の値をコピーします．一致していなければ，価値を少し下げてコピーします．これにより，`PuddleIgnoreAgent` の方策が最適になるように行動価値関数が初期設定されます．念のために記述しておくと，`self.policy_data` には 4 行目の `super().__init__` の時点で，`policy.txt` のデータが格納されています．

23 行目以降の `policy` では，行動価値関数を使った行動決定を実装します．25 行目の記述で `StateInfo` の `greedy` メソッドを使った行動決定が実装されます．

これで `trial` でエージェントを作っているところから `goal` を削除して `QAgent` のオブジェクトを作り，ロボットを動かすと，ロボットは行動価値関数を使って行動決定するようになります．ロボッ

282

トがゴールに向かえば，問題なく実装できています．今実装した方策が使われてるのかどうか心配なら，`greedy` メソッドに何かバグを埋め込むなどして挙動を調べましょう．

11.1.4 ε-グリーディ方策

今度はロボットに少し寄り道をさせることを考えます．今実装したグリーディ方策では，ロボットは同じ状態で同じ行動しかとらず，別の行動は試さないので方策を改善しようがありません．そこで，「基本はグリーディだが確率 ε で別の行動を選ぶ」という方策を実装します．このような方策は **ε-グリーディ方策**と呼ばれます．

実装では，`StateInfo` クラスを次のように加筆します．（⇒`q3.ipynb` [2]）

```
In [1]: 1  import sys
        2  sys.path.append('../scripts/')
        3  from dp_policy_agent import *

In [2]: 1  class StateInfo:
        2      def __init__(self, action_num, epsilon=0.3):  #epsilon追加
        3          self.q = np.zeros(action_num)
        4          self.epsilon = epsilon
        5
        6      def greedy(self):
        7          return np.argmax(self.q)
        8
        9      def epsilon_greedy(self, epsilon):  #追加
       10          if random.random() < epsilon:
       11              return random.choice(range(len(self.q)))
       12          else:
       13              return self.greedy()
       14
       15      def pi(self):
       16          return self.epsilon_greedy(self.epsilon)  #epsilon_greedyに変更
```

ロボットを動作させると，軌跡が乱れるようになります．具体的には，無駄な左右への回転動作が入るようになります．

本書では以後，ε-グリーディ方策だけを学習中のエージェントの行動決定に使います．ほかの方法としては，ボルツマン選択などがあります．また，これらの方策は前章で扱った決定論的方策ではない，**確率的方策** (stochastic policy) です．本書では登場しませんが，一般に確率的方策を表記するときは，記号 Π を確率分布として扱い，状態 s で行動 a が選ばれる確率を $\Pi(s,a)$ と表記します．

11.1.5 行動価値関数の更新

Q 学習の中心である式 (11.1) を実装しましょう．まず，`StateInfo` クラスに，ある状態で最大の Q 値（式 (11.1) の $\max_{a'} Q(s', a')$）を返すメソッド `max_q` を実装します．（⇒`q4.ipynb` [2]）

```
18  def max_q(self):       #追加
19      return max(self.q)
```

次に，`QAgent` の `__init__` で次のように変数を追加します．（⇒`q4.ipynb` [3]）

```
In [3]: 1  class QAgent(DpPolicyAgent):
        2      def __init__(self, time_interval, estimator, puddle_coef=100, alpha=0.5, widths=np.array([0.2, 0.2, math.pi/18]).T, \
        3                   lowerleft=np.array([-4, -4]).T, upperright=np.array([4, 4]).T, dev_borders=[0.1,0.2,0.4,0.8]):  #alpha追加
        ...
       11          ###強化学習用変数###  #追加
       12          self.alpha = alpha
       13          self.s, self.a = None, None
       14          self.update_end = False
```

引数に追加する変数は，ステップサイズ・パラメータ alpha です（2行目）．また，式(11.1)の s と a に相当する状態行動対をとっておく s と a，エピソードに対して Q 学習の計算が済んだことを示すフラグ update_end を 13, 14 行目のように加えます．

policy メソッドも次のように少し変更します．（⇒q4.ipynb [3]）

```
28  def policy(self, pose, goal=None): #q4policy
29      index = self.to_index(pose, self.pose_min, self.index_nums, self.widths)
30      s = tuple(index)
31      a = self.ss[s].pi()
32      return s, a              #状態をタプルにしたものと，行動のインデックスで返すように変更
```

返す値を状態のインデックス（をタプルにしたもの）と，行動のインデックスに変更します．

Q 値の更新は decision メソッド内で行います．次のように記述します．（⇒q4.ipynb [3]）

```
34  def decision(self, observation=None):
35      ###終了処理###
36      if self.update_end: return 0.0, 0.0
37      if self.in_goal:    self.update_end = True #ゴールに入った後も一回だけ更新があるので即終了はしない
38      
39      ###カルマンフィルタの実行###
40      self.estimator.motion_update(self.prev_nu, self.prev_omega, self.time_interval)
41      self.estimator.observation_update(observation)
42      
43      ###行動決定と報酬の処理###
44      s_, a_ = self.policy(self.estimator.pose)  #KFの結果から前回の状態遷移後の状態s'と次の行動a_ (max_a'のa'ではないことに注意)を得る
45      r = self.time_interval*self.reward_per_sec()  #状態遷移の報酬
46      self.total_reward += r
47      
48      ###Q学習と現在の状態と行動の保存###
49      self.q_update(self.s, self.a, r, s_)   #self.s, self.aがQ値更新対象の状態行動対．報酬rと次の状態s_を使って更新．
50      self.s, self.a = s_, a_
51      
52      ###出力###
53      self.prev_nu, self.prev_omega = self.actions[a_]
54      return self.actions[a_]
55      
56  def q_update(self, s, a, r, s_): ###q4update
57      if s == None: return
58      
59      q = self.ss[s].q[a]
60      q_ = self.final_value if self.in_goal else self.ss[s_].max_q()
61      self.ss[s].q[a] = (1.0 - self.alpha)*q + self.alpha*(r + q_)
62      
63      ###ログをとる（あとから削除）###
64      with open("log.txt", "a") as f:
65          f.write("{} {} {} prev_q:{:.2f}, next_step_max_q:{:.2f}, new_q:{:.2f}\n".format(s, r, s_, q, q_, self.ss[s].q[a]))
```

まず，36, 37 行目で，ゴールに入ったあと 1 回だけ 39 行目以下が実行されるように細工します．39～41 行目は自己位置推定の処理です．その後，44 行目で，更新された推定姿勢 self.estimator.pose を policy メソッドに与え，今いる状態と次にとる行動を得ています．45, 46 行目は，PuddleWorld から受け取った情報を使って報酬を計算し，total_reward に報酬を追加するコードです．

Q 値の更新は 49 行目で実行されます．メソッド q_update の中身は後で説明します．Q 学習では 1 ステップ前の状態と行動について評価をするので，それらを記録しておく必要がありますが，これは 50 行目で行われています．あとは 53 行目で次の時刻で自己位置推定の計算をするために行動（制御指令値）を記録しておき，54 行目で速度，角速度のタプルを返しています．

Q 値を更新する q_update メソッドについて説明します．式(11.1)自体は 61 行目に記述されており，「更新前の価値 q」と「状態遷移後の価値 q_ に報酬を足したもの」を alpha で重み付けして $Q(s, a)$（self.ss[s].q[a]）の値を更新しています．60 行目の if 文はロボットがゴールにいる場合，ss の Q 値を用いずに終端状態の価値 self.goal.value を用いるためのものです．63 行目以下はログをファイルに書き出す処理です．s, r, s' と更新前の $Q(s, a)$, $\max_{a'} Q(s', a')$, 更新後の $Q(s, a)$ の値を書き出しています．

アニメーションを実行して，出力されたログ log.txt を見て，計算が正しく行われていることを確

認しましょう．

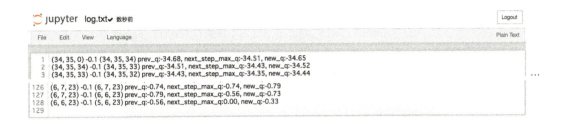

報酬，`next_step_max_q`，`prev_q`の値を足して2で割ったものが`new_q`になります．

11.1.6 試行を繰り返すためのロボットの実装

さらに，ロボットが何度も試行を繰り返せるように，ロボットがゴールに着いたら別の初期状態に戻すようにしましょう．準備として，ヘッダで次のように copy を読み込みます．（⇒`q5.ipynb` [1]）

```python
import sys
sys.path.append('../scripts/')
from dp_policy_agent import *
import random, copy #copy追加
```

そして，セルを`QAgent`の実装の下に作り，`Robot`クラスから継承して`WarpRobot`というクラスを実装します．（⇒`q5.ipynb` [4]）

```python
class WarpRobot(Robot):
    def __init__(self, *args, **kwargs):
        super().__init__(*args, **kwargs)
        
        self.init_agent = copy.deepcopy(self.agent) #エージェントのコピーを残しておく
        
    def choose_pose(self): #初期位置をランダムに決めるメソッド
        xy = random.random()*6-2
        t = random.random()*2*math.pi
        return np.array([3, xy, t]).T if random.random() > 0.5 else np.array([xy, 3, t]).T
    
    def reset(self):
        #ssだけ残してエージェントを初期化
        tmp = self.agent.ss
        self.agent = copy.deepcopy(self.init_agent)
        self.agent.ss = tmp
        
        #初期位置をセット（ロボット，カルマンフィルタ）
        self.pose = self.choose_pose()
        self.agent.estimator.belief = multivariate_normal(mean=self.pose, cov=np.diag([1e-10, 1e-10, 1e-10]))
        
        #軌跡の黒い線が残らないように消す
        self.poses = []
        
    def one_step(self, time_interval):
        if self.agent.update_end:
            with open("log.txt", "a") as f:
                f.write("{}\n".format(self.agent.total_reward + self.agent.final_value))
            self.reset()
            return
        
        super().one_step(time_interval)
```

まず，`WarpRobot`の`__init__`の引数は`Robot`のものと同じなので，`*args`と`**kwargs`という変数を使って省略しています．前者が引数をまとめたもので，後者がキーワード引数（`color="red"`のようにをつけて渡す引数）をまとめたものです．`__init__`では，移動を開始する前のエージェントをそのまま`deepcopy`を使って`self.init_agent`に複製しています．

7〜10行目の`choose_pose`はゴールに着いたロボットをどこかにおきなおすときの姿勢を決める

メソッドで，この実装は，$x=3$ あるいは $y=3$ の線分上でランダムに姿勢を決めるというコードになっています．

12〜23 行目の `reset` はロボットをおきなおしたときにロボットやエージェントの各変数を初期化するメソッドです．15 行目で，`self.init_agent` をさらに複製して `self.agent` に入れ替えるというかなり乱暴なことをしています[注1]．ただ，`self.ss` を初期化してしまうと学習の内容が失われてしまうので，14, 16 行目で `self.ss` だけは元のものを使い回すようにしています．あとは 18〜20 行目で姿勢関係の変数を初期化し，最後に 23 行目で `self.poses` を空にします（そうしないとアニメーションが軌跡で真っ黒になります）．

25 行目の `one_step` は，ロボットがゴールに入って学習を終えた場合，評価値を `log.txt` に書き出し，`reset` を呼び出します．ゴールに入っていなければ元の `Robot` のクラスの `one_step` を `super()` を使って呼び出します．`log.txt` については，`QAgent` の `q_update` でログを書き出すコードを記述しましたが，これはコメントアウトしておきましょう．

11.1.7 Q 学習の結果

これで，ロボットのオブジェクトを `Robot` のものから `WarpRobot` のものに変えてアニメーションを実行すると Q 学習が始まります（⇒`q5.ipynb` [5]．コードは省略）．図 11.1 は，学習開始から一定時間たった後の方策を取り出してロボットを走らせた軌跡を示したものです（⇒`dp_policy_agent2.ipynb`．コードは省略）．何時間かたつと，ロボットは水たまりを避けるような経路をとるようになります．そして，学習を重ねるごとにより難しい初期姿勢からでも水たまりを避けるようになりますが，これに

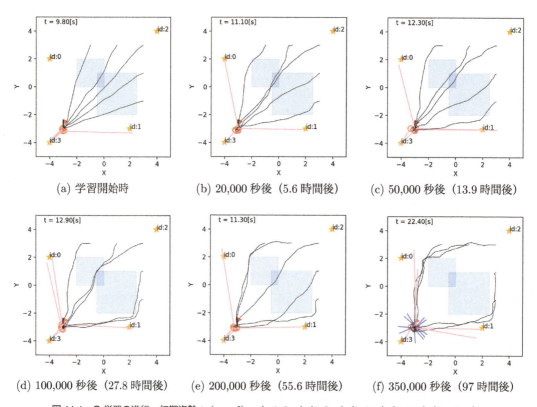

(a) 学習開始時　　(b) 20,000 秒後（5.6 時間後）　　(c) 50,000 秒後（13.9 時間後）

(d) 100,000 秒後（27.8 時間後）　　(e) 200,000 秒後（55.6 時間後）　　(f) 350,000 秒後（97 時間後）

図 11.1　Q 学習の進行．初期姿勢：$(x, y, \theta) = (-1, 3, \pi), (1, 3, \pi), (3, 3, \pi), (3, 1, \pi), (3, -1, \pi)$．

注 1　開きっぱなしのファイルなど，外との通信口を残しておくとコピーできないことがありますので注意しましょう．

は何日もかかります[注2]．図 11.2 は状態価値関数を描いたもので，次第に水たまりを避ける経路が開拓されていくことが分かります．

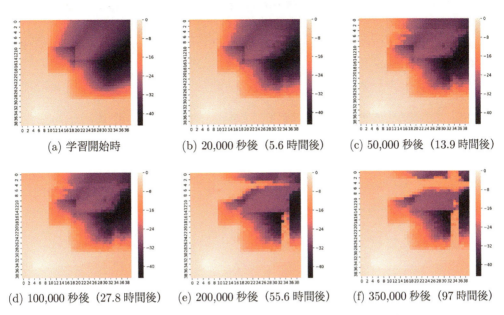

(a) 学習開始時　　(b) 20,000 秒後（5.6 時間後）　　(c) 50,000 秒後（13.9 時間後）

(d) 100,000 秒後（27.8 時間後）　　(e) 200,000 秒後（55.6 時間後）　　(f) 350,000 秒後（97 時間後）

図 11.2　Q 学習での状態価値関数の変化（$i_\theta = 18$ で $\max_a Q(s, a)$ を描画）．

一つ補足ですが，図 11.1 を作った dp_policy_agent2.ipynb は，Q 学習で得られた方策をそのまま使っていません．方策が右回転と左回転を繰り返してロボットが前に進まなくなるということがあるので，その場合は強制的に前進をとらせています．学習を途中で打ち切って得た方策は価値反復で得られる完璧な方策と異なり，ローカルミニマムの問題を抱えているので，このようなヒューリスティックスが必要になります．

これで強化学習のアルゴリズムを一つ実装しましたが，前章の価値反復と比べると時間がかかることが気になります．時間がかかる原因としては，（シミュレータを使っているにもかかわらず）実機で学習する場合と同じ時間の流れで動作させていることが一番ですが，これは実機を使うしかない場合には避けられない問題です．

また，もう一つ効率の悪い点として，今の実装では「ある行動をとったときに突然価値の高い，あるいは低い状態に達した」というような発見的な出来事があったときにもそれが 1 ステップ前の状態行動対にしか反映されないということが挙げられます．この問題については後ほど扱います．

11.2 Sarsa

次に，Q 学習と対をなす **Sarsa** というアルゴリズムを実装してみましょう．Q 学習では，ある状態行動対の Q 値を変更するとき，遷移先の状態で最大の Q 値を用いました．しかしこれは必然のことではなく，代わりに次の状態でとる行動の Q 値を使っても学習が可能です．この場合，次のような更新式を使うことになります．

$$Q(s,a) \longleftarrow (1-\alpha)Q(s,a) + \alpha\left[r + Q(s', a')\right] \tag{11.3}$$

注2　メモリの少ない PC だと，数日間実行し続けることは難しいかもしれません．

a' は，状態 s' で選択する行動です．s, a, r, s', a' が確定した後に Q 値を更新することが Sarsa という名前の由来です[注3]．

Sarsa でエージェントが計算する行動価値関数は，ε-グリーディ方策をそのまま評価したものということになります．したがって，学習しているものが Q 学習と異なることに注意です．

Sarsa を実装してみましょう．前節で作った Q 学習のノートブックをコピーして次のように修正します．（⇒`sarsa1.ipynb` [3]）

```
In [3]: 1  class SarsaAgent(DpPolicyAgent): #名前をSarsaAgentに
        34      def decision(self, observation=None):
        35          ###終了処理###
        36          if self.update_end: return 0.0, 0.0
        37          if self.in_goal:    self.update_end = True
        38
        39          ##カルマンフィルタの実行##
        40          self.estimator.motion_update(self.prev_nu, self.prev_omega, self.time_interval)
        41          self.estimator.observation_update(observation)
        42
        43          ##行動決定と報酬の処理##
        44          s_, a_ = self.policy(self.estimator.pose)
        45          r = self.time_interval*self.reward_per_sec()
        46          self.total_reward += r
        47
        48          ##学習と現在の状態と行動の保存##
        49          self.q_update(self.s, self.a, r, s_, a_) #a_も引数に加える
        50          self.s, self.a = s_, a_
        51
        52          ##出力##
        53          self.prev_nu, self.prev_omega = self.actions[a_]
        54          return self.actions[a_]
        55
        56      def q_update(self, s, a, r, s_, a_):
        57          if s == None: return
        58
        59          q = self.ss[s].q[a]
        60          q_ = self.final_value if self.in_goal else self.ss[s_].q[a_]  #max_qからQ(s_,a_)に書き換え
        61          self.ss[s].q[a] = (1.0 - self.alpha)*q + self.alpha*(r + q_)
```

変更点は 1, 49, 56, 60 行目です．それぞれクラス名の変更，`q_update` の引数の追加（呼び出し元と呼び出し先），そして Q 値の更新式の変更です．61 行目が式 (11.3) の実装です．

図 11.3 に，Sarsa で得られた学習結果を示します[注4]．条件は Q 学習のときと同じです．結果を見ると，水たまりを避ける行動は Q 学習よりも早く得られていますが，一方で，水たまりのないところでもロボットが無駄に遠回りしてゴールに入っています．図 11.4 の価値関数を見ると，水たまりを避ける部分の値が Q 学習のときより広い範囲でゆるやかに更新されています．

水たまりを避ける行動が早い段階で発現する理由は，学習の効率がよいというよりは，Sarsa の方が Q 学習より水たまりを「嫌がる」からです．嫌がるというのは，水たまりのペナルティーの影響をより大きく受けるという意味です．[Sutton 1996] にも同じ説明がありますが，Sarsa では式 (11.3) の a' の選択が悪いと（例えばロボットが水たまりに高確率で入るような行動だと），$Q(s,a)$ の値が悪化します．つまり，$Q(s,a)$ の値に「a はよくてもその次の行動 a' の選択がまずいかもしれないから a は避けよう」というような考えが反映されます．一方，式 (11.1) を見ると，Q 学習では a' は常に最善という考えがとられるため，そのようなことは $Q(s,a)$ に反映されません．これだけを見ると，Sarsa が Q 学習より有利なように考えられますが，学習が進んでいくと，Q 学習で得られる方策の方が最適方策に近いものとなります．

ロボットが水たまりのないところで無駄に遠回りする点については，Sarsa が ε-グリーディ方策の行動価値関数を学習しているということが，この現象の理由になります．この実験では，行動価値関

[注3] 余談ですが，ソースの方のサルサは salsa なので，日本語話者にはまぎらわしい違いがあります．さらに余談ですが，K 先生から「ダンスの方も salsa」だと指摘がありました．

[注4] ご自身で試すとき，もしかしたら，下で説明しているロボットの遠回り（とその後の自己位置推定の破綻）が原因で，ロボットがゴールにたどり着かなくなってしまうかもしれません．その場合にはあとで実装するように，試行に制限時間をつけて打ち切る必要があります．

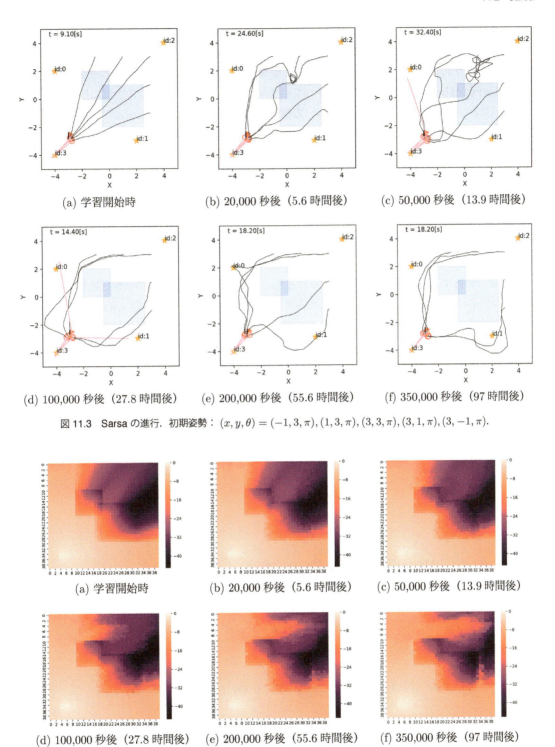

図 11.3 Sarsa の進行．初期姿勢：$(x, y, \theta) = (-1, 3, \pi), (1, 3, \pi), (3, 3, \pi), (3, 1, \pi), (3, -1, \pi)$．

図 11.4 Sarsa での状態価値関数の変化（$i_\theta = 18$ で $\max_a Q(s, a)$ を描画）．

数の初期値を Q 学習のときと同じに設定しましたが，Sarsa ではロボットがさまよった時間が価値に反映されるため，その分だけ Q 値が初期値よりも悪くなっていきます．そのため，ロボットが通った状態行動対の価値が周囲より悪くなり，次回以降，その状態行動対が避けられるという現象が起こります．そのため，最初はロボットがまっすぐゴールに入っていても，そのうち経路が蛇行するように

なります[注5]．これを防ぐためには，価値関数の初期値を何倍かしておくという方法が考えられます．しかし，それによってまた別の問題が発生するかもしれません[注6]．

Sarsa のように，行動の選択が価値の更新に影響を与える方法のことは，[Peng 1996] では **experimentation-sensitive** と表現されています．また，Sarsa のように学習に使う方策自体の価値関数が学習される手法は **on-policy**（**方策オン型**）と呼ばれます [Sutton 1996]．Q 学習の場合，実際にとった行動が価値の計算に影響を与えることはなく，このような方法は **off-policy**（**方策オフ型**）と呼ばれます．エージェントにさまざまな経験をさせても得られる方策に影響がないという点で，off-policy の方が扱いやすい性質をもっています．ただし，後で実装するような多段に価値を更新するアルゴリズムを off-policy で実装しようとすると，on-policy の場合と比べて複雑になります．

11.3 n-step Sarsa

11.1 節の最後で，「発見的な出来事があったときにもそれが 1 ステップ前の状態行動対にしか反映されない」といいましたが，これを解決してみましょう．Sarsa では，ある $Q(s,a)$ を更新するときに，それに続く報酬と状態行動対 r, s', a' まで観測しましたが，これをさらに先延ばしすることを考えましょう．例えば，r, s', a' を s, a の 1 ステップ先のものとして，$r^{(1)}, s^{(1)}, a^{(1)}$ と記号を振りなおします．また，n ステップ先の報酬，状態，行動をそれぞれ $r^{(n)}, s^{(n)}, a^{(n)}$ と表します．

このとき式 (11.3) は，

$$Q(s,a) \longleftarrow (1-\alpha)Q(s,a) + \alpha\left[r^{(1)} + Q(s^{(1)}, a^{(1)})\right] \tag{11.4}$$

と書き換えることができますが，これを 2 ステップまで先延ばしにすると

$$Q(s,a) \longleftarrow (1-\alpha)Q(s,a) + \alpha\left[r^{(1)} + r^{(2)} + Q(s^{(2)}, a^{(2)})\right] \tag{11.5}$$

となり，さらに n ステップだけ先延ばしすると，

$$Q(s,a) \longleftarrow (1-\alpha)Q(s,a) + \alpha\left[\sum_{i=1}^{n} r^{(i)} + Q(s^{(n)}, a^{(n)})\right] \tag{11.6}$$

となります．逆に現在時刻において状態 s で行動 a を選んだとして，そのとき得られた報酬を $r^{(0)}$，その n ステップ前の状態行動対，報酬をそれぞれ $s^{(-n)}, a^{(-n)}, r^{(-n)}$ と表現すると，n ステップ前の Q 値は

$$Q(s^{(-n)}, a^{(-n)}) \longleftarrow (1-\alpha)Q(s^{(-n)}, a^{(-n)}) + \alpha\left[\sum_{i=0}^{n-1} r^{(-i)} + Q(s,a)\right] \tag{11.7}$$

となります．この式を使う Sarsa を考えることができ，このアルゴリズムは n-**step Sarsa** と呼ばれます．

ところで，式 (11.7) を使う場合，時刻 T でゴールしたとき，時刻 $T-n$ の Q 値の更新をしたあと，時刻 $T-n+1$ 以降の更新もしなくてはなりません．この場合，時刻 $T+1$ から $T+n$ まで，式 (10.6) のときの議論と同様に報酬ゼロでロボットが終端状態に留まると考えると，上の式がその

[注5] 文面からこの話を想像するのは難しいかもしれませんが，扇状地の川が，自身の流してきた土砂の堆積で流れを変えていくプロセスと同じものを考えると，理解できるかもしれません．堆積した土砂の高さが（負の）価値の大きさです．
[注6] 実際に 10 倍して試したところ，学習の速度が遅くなりました．

まま使えると分かります．後の実装では，$T-n+1$ のときは $(n-1)$-step，$T-n+2$ のときは $(n-2)$-step Sarsa を適用するという方法を用いていますが，これも今説明した考え方と等価です．

n-step Sarsa を実装してみましょう．`SarsaAgent` を継承して次のように実装します．（⇒`nstep_sarsa1.ipynb` [1]-[2]）

```python
In [1]: 1  import sys
        2  sys.path.append('../scripts/')
        3  from sarsa import *

In [2]: 1  class NstepSarsaAgent(SarsaAgent):
        2      def __init__(self, time_interval, estimator, puddle_coef=100, alpha=0.5, widths=np.array([0.2, 0.2, math.pi/18]).T, \
        3                   lowerleft=np.array([-4, -4]).T, upperright=np.array([4, 4]).T, dev_borders=[0.1,0.2,0.4,0.8], nstep=10): #nstepを追加
        4          super().__init__(time_interval, estimator, puddle_coef, alpha, widths, lowerleft, upperright, dev_borders)
        5
        6          self.s_trace = [] #以下追加
        7          self.a_trace = []
        8          self.r_trace = []
        9          self.nstep = nstep
       10
       11      def decision(self, observation=None):
       20          ##行動決定と報酬の処理##
       21          s_, a_ = self.policy(self.estimator.pose)
       22          r = self.time_interval*self.reward_per_sec()
       23          self.r_trace.append(r) #インデックスの整合性のためにrは先に登録しておく
       24          self.total_reward += r
       25
       26          ##Q値の更新とs', a'の記録##
       27          self.q_update(s_, a_, self.nstep)
       28          self.s_trace.append(s_)
       29          self.a_trace.append(a_)
       30
       31          ##出力##
       32          self.prev_nu, self.prev_omega = self.actions[a_]
       33          return self.actions[a_]
       34
       35      def q_update(self, s_, a_, n):
       36          if n > len(self.s_trace) or n == 0: return
       37
       38          s, a = self.s_trace[-n], self.a_trace[-n] #更新対象の状態行動対
       39
       40          q = self.ss[s].q[a]                        #更新前のQ値
       41          r = sum(self.r_trace[-n:])                 #nステップ前までの報酬の和
       42          q_ = self.final_value if self.in_goal else self.ss[s_].q[a_]  #遷移後のQ値
       43          self.ss[s].q[a] = (1.0 - self.alpha)*q + self.alpha*(r + q_)  #更新
       44
       45          if self.in_goal: #ゴールしたら1〜n-1ステップ前のQ値を更新
       46              self.q_update(s_, a_, n-1)
```

`__init__` では `nstep` という引数を追加します．また，過去の状態，行動，報酬を記録するためのリスト `s_trace`, `a_trace`, `r_trace` を作っておきます．`decision` では，`q_update` を呼び出したときに $s^{(-n)}$, $a^{(-n)}$, $r^{(-n)}$ と `s_trace[-n]`, `a_trace[-n]`, `r_trace[-n]` が対応するようなタイミングで状態，行動，報酬を記録します．

このコードで学習させた結果を掲載したいところですが，このまま学習させるとロボットがゴールに到達できない試行が発生して，それ以上学習が進まなくなりました．Sarsa の experimentation-sensitive な性質がより強調された結果だと考えられます．

そこで，試行に制限時間を設ける処理を実装しましょう．また，もう初期の方策を与えるのではなく，まっさらな状態からの学習に挑戦してみましょう．`NstepSarsaAgent` クラスに `set_action_value_function` メソッドを加え，継承したものを上書きします．（⇒`nstep_sarsa2.ipynb` [2]）

```python
11      def set_action_value_function(self):
12          ss = {}
13          for index in self.indexes:
14              ss[index] = StateInfo(len(self.actions))
15              for i, a in enumerate(self.actions):
16                  ss[index].q[i] = -1000.0
17
18          return ss
```

これで, `policy.txt`を使わないで状態価値関数が初期化されるようになります[注7]. また, `WarpRobot`を継承して`WarpRobot2`を作ります.（⇒`nstep_sarsa2.ipynb` [3]）

```python
class WarpRobot2(WarpRobot):
    def __init__(self, *args, **kwargs):
        super().__init__(*args, **kwargs)
        
    def choose_pose(self): #初期位置を8x8[m]領域でランダムに変更
        return np.array([[random.random()*8-4, random.random()*8-4, random.random()*2*math.pi]]).T
    
    def one_step(self, time_interval): #300ステップ(パラメータを変えるとずれるが30秒に相当)で打ち切る処理を追加
        if self.agent.update_end:
            with open("log.txt", "a") as f:
                f.write("{}\n".format(self.agent.total_reward + self.agent.final_value))
            self.reset()
            return
        elif len(self.poses) >= 300:
            with open("log.txt", "a") as f:
                f.write("DNF\n")
            self.reset()
            return
        
        super().one_step(time_interval)
```

`choose_pose`では離散状態の定義されている範囲全域からランダムに初期姿勢を選ぶようにしています. また, ロボットがゴールできないことがあるので, 30秒で試行を打ち切る処理を`one_step`に追加しています.

これでロボットを`WarpRobot`から`WarpRobot2`へ変更し（⇒`nstep_sarsa2.ipynb` [4]. コー

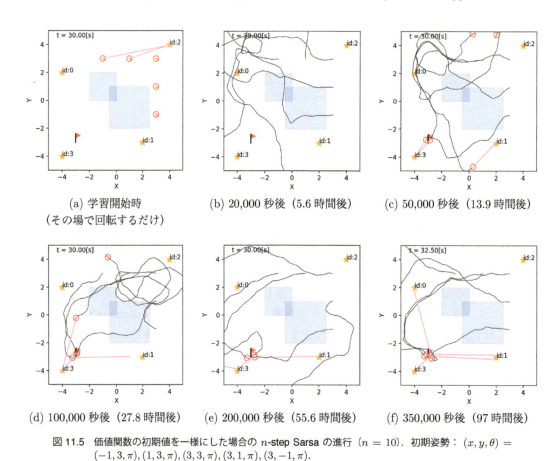

(a) 学習開始時（その場で回転するだけ）　(b) 20,000 秒後（5.6 時間後）　(c) 50,000 秒後（13.9 時間後）

(d) 100,000 秒後（27.8 時間後）　(e) 200,000 秒後（55.6 時間後）　(f) 350,000 秒後（97 時間後）

図 11.5 価値関数の初期値を一様にした場合の n-step Sarsa の進行（$n = 10$）. 初期姿勢：$(x, y, \theta) = (-1, 3, \pi), (1, 3, \pi), (3, 3, \pi), (3, 1, \pi), (3, -1, \pi)$.

[注7] 継承前の`SarsaAgent`で`policy.txt`を読み込んでしまっているので, `policy.txt`はフォルダに残しておかないといけません.（雑な実装です.）

ドは省略), 学習を開始します. 変更点 (状態価値関数とロボットの初期姿勢, 試行の打ち切り) が反映されていることを確認したら, しばらく放置しておきます. すると, 図11.5(c)のように, 50,000秒後にはロボットがゴールに到達するようになります. ただ, Sarsaの悪い面が出ており, 図11.5(f)の段階でもかなりまわり道をした経路しか得られませんでした. 図11.6は価値関数の変化の様子です. ゴールから少しずつ価値が伝播していく様子が観察できます.

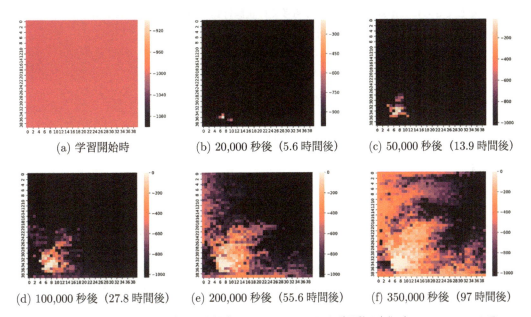

図 11.6 価値関数の初期値を一様にした場合の n-step Sarsa での価値関数の変化 ($n = 10$, $i_\theta = 18$ で $\max_a Q(s,a)$ を描画).

比較のために図11.7に (1-step の) Q学習で200,000秒学習したときのロボットの挙動を示します. Q学習では, どのロボットもゴールに到達できておらず, また, 近づくような行動もはっきりとは観測できていません. n-step Sarsa の方が, 効率よく学習できているようです.

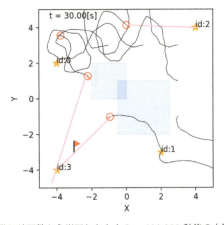

図 11.7 Q学習で一様な行動価値関数から学習したときの, 200,000秒後の方策で動作したエージェント.

11.4 Sarsa(λ)

n-step Sarsa では，価値の更新を，決めたステップ分だけ前の状態行動対で行いました．これによって，水たまりの問題では「ゴールに入った」という情報を 1 ステップ前よりも前のステップに送ることができました．**Sarsa(λ)** は，n-step Sarsa と同様，現在の情報を過去に送り込むアルゴリズムです．そしてさらに，n-step Sarsa よりも多くの状態行動対の Q 値を一度に更新します．

Sarsa(λ) を導出します．まず，式 (11.3) の各項を

$$Q(s,a) \longleftarrow Q(s,a) + \alpha \big[r + Q(s',a') - Q(s,a) \big] \tag{11.8}$$

と並び替えましょう．式 (11.8) の第 2 項の $r + Q(s',a') - Q(s,a)$ を

$$\Delta Q = r + Q(s',a') - Q(s,a) \tag{11.9}$$

とおきます．

ΔQ は，状態行動対 (s,a) における更新前後の Q 値の差ですが，よく考えると，(s,a) の前に訪れたすべての状態行動対における Q 値の差ともいえます．例えば，移動ロボットが最短時間でゴールに向かうタスクにおいて，あるタイミングである状態行動対 (s,a) の Q 値 $Q(s,a)$ が大幅に改善したとします．図 11.8(a) のように，今まで $Q(s,a) = -100[\mathrm{s}]$ （あと 100 秒でゴールに達する）とされていた状態行動対からゴール付近に達する効率のよい方策が見つかり，(b) のように急に $Q(s,a) = -20[\mathrm{s}]$ になったとします．このとき，(b) に描いたように，Q 値が急に変わった状態行動対の「上流」に存在する状態行動対の価値（図中の「?」）をどのような値に改善すべきかと考えると，全部 $\Delta Q = 80[\mathrm{s}]$ を足してやってもよいということになります．この方法を適用すると，図 (b) で $Q = -101, Q = -102$ と書いてあるところがそれぞれ $Q = -21, Q = -22$ に変わるということになります．

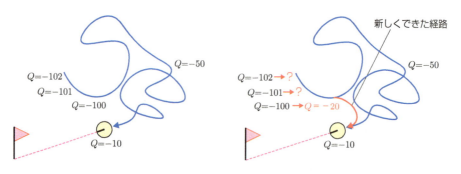

(a) 効率の良い方策が見つかるまで　　(b) 効率の良い方策が見つかった直後

図 11.8　「上流」の状態行動対の Q 値をどう変更すべきか．

n-step Sarsa では，これと似たようなことを「n ステップ更新を待つ」ということで実現していました．Sarsa(λ) の場合は過去の状態行動対の Q 値に ΔQ を直接伝搬させるという点が違います．実装レベルでは，報酬の履歴が不要という点で，n-step Sarsa との違いが出ます．

n-step Sarsa のときの $s^{(i)}, a^{(i)}$ という表記を用いて，図 11.8 で考えた方法を式にすると，状態 $s^{(1)}$ において行動 $a^{(1)}$ を選んだとき，状態行動対 $s^{(-n)}, a^{(-n)}$ の Q 値は，

$$Q(s^{(-n)}, a^{(-n)}) \longleftarrow Q(s^{(-n)}, a^{(-n)}) + \alpha \lambda^n \Delta Q \quad (n = 0, 1, 2, \ldots) \tag{11.10}$$

となります．ただし，$\lambda \in [0,1]$ というパラメータを一つ追加しました．このパラメータは**エリジビリティ減衰率**と呼ばれます [森村 2019][注8]．エリジビリティ減衰率は過去にいくほど ΔQ の効果を減衰させるためのものです．$\lambda = 1$ とすると減衰しないので図 11.8 のときの話と等価になります．また，$\lambda = 0$ とすると（さらに $0^0 = 1$ とすると），$n = 0$ 以外の状態行動対の Q 値は更新されません．つまり，1 ステップの普通の Sarsa と同じということになります．ということで，λ は普通の Sarsa と ΔQ を過去すべての状態行動対に伝搬させる方法を橋渡ししていることになります．

ところで，本節での実装とは関係ありませんが，時系列で表した式 (11.10) には同じ状態行動対が何度も現れることがあります．λ^n を状態行動対ごとに集計した値 $e(s,a)$ を考えると，式 (11.10) は

$$Q(s,a) \longleftarrow Q(s,a) + \alpha e(s,a) \Delta Q \qquad (s,a \text{ はロボットが訪れた状態行動対}) \qquad (11.11)$$

と計算できます．$e(s,a)$ は，**エリジビリティ・トレース**（eligibility traces，適格度トレース）と呼ばれます[注9]．

Sarsa(λ) を使い，初期の方策を与えないでエージェントに学習させてみましょう．先ほどの n-step Sarsa のノートブックをコピーし，次のように少し書き換えます．（⇒ `sarsa_lambda1.ipynb` [2]）

```
In [2]:   1  class SarsaLambdaAgent(SarsaAgent):
          2      def __init__(self, time_interval, estimator, puddle_coef=100, alpha=0.5, widths=np.array([0.2, 0.2, math.pi/18]).T, \
          3                   lowerleft=np.array([-4,-4]).T, upperright=np.array([4, 4]).T, dev_borders=[0.1,0.2,0.4,0.8], lmd=0.9):  #nstepをlmdに
          4          super().__init__(time_interval, estimator, puddle_coef, alpha, widths, lowerleft, upperright, dev_borders)
          5
          6          self.s_trace = []
          7          self.a_trace = []   #r_traceは不要なので消す
          8          self.lmd = lmd      #nstepからlmdに変更
          9
         19      def decision(self, observation=None):
         28          ##行動決定と報酬の処理##
         29          s_, a_ = self.policy(self.estimator.pose)
         30          r = self.time_interval*self.reward_per_sec()
         31          self.total_reward += r     #r_traceの処理を削除
         32
         33          ##Q学習と現在の状態と行動の保存##
         34          self.q_update(self.s, self.a, r, s_, a_) #引数を変更
         35          self.s, self.a = s_, a_
         36          self.s_trace.append(s_)
         37          self.a_trace.append(a_)
         38
         39          ##出力##
         40          self.prev_nu, self.prev_omega = self.actions[a_]
         41          return self.actions[a_]
         42
         43      def q_update(self, s, a, r, s_, a_): #Sarsa(λ)の計算式に変更
         44          if s == None: return
         45
         46          q = self.ss[s].q[a]
         47          q_ = self.final_value if self.in_goal else self.ss[s_].q[a_]
         48          diff = r + q_ - q  #元々の行動価値と今観測した行動価値の差を計算しておく
         49
         50          for i in range(len(self.s_trace)):
         51              s_back, a_back = self.s_trace[-i-1], self.a_trace[-i-1] #後ろからi番目の要素を更新
         52              self.ss[s_back].q[a_back] += self.alpha*diff*(self.lmd**i)
```

セルの冒頭では，クラス名を変更し，`__init__` の引数 `nstep` を `lmd` に変えます．この例ではデフォルト値として $\lambda = 0.9$ を与えています．また，n-step Sarsa と違って報酬の履歴は不要なので `r_trace` を削除します．それにともない，`decision` メソッドの報酬に関する部分も書き換えます．`q_update` メソッドでは，式 (11.10) をそのまま実装します．

これで学習した結果を図 11.9, 11.10 に示します．n-step Sarsa よりも学習が進んでいることが分かります．ΔQ の値がかなりさかのぼって反映されることが理由と考えられます．反映される ΔQ の値は指数乗的に減衰しますが，ε-グリーディ方策を使う場合は，わずかでも Q 値のよい行動が高い確

[注8] [Sutton 2018] では decay-rate parametere for eligibility traces．
[注9] 一般的には，Sarsa(λ) を実装する場合，ロボットが訪れた状態行動対に対してエリジビリティ・トレースを計算して記憶しておき，式 (11.11) を使うという説明が主流です．一方，式 (11.10) を使うと実装が簡単なので，本書のコードは式 (11.10) を実装に使っています．本書の実装では計算量は増えるかもしれませんが，現在の計算機ではよほどステップ数の多いタスクでもないかぎり問題にはなりません．

第 11 章 強化学習

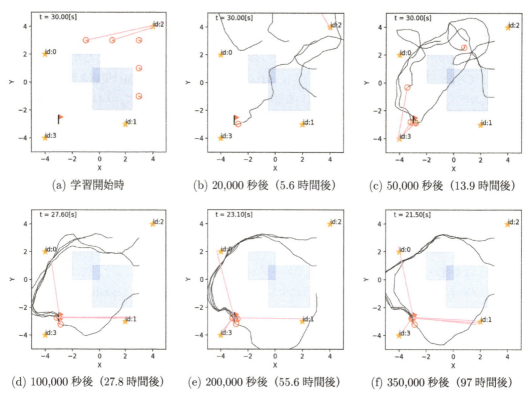

図 11.9　Sarsa(λ) の進行（ε-グリーディ方策（$\varepsilon = 0.3, \alpha = 0.5, \lambda = 0.9$）でロボットの動作を生成．初期姿勢：$(x, y, \theta) = (-1, 3, \pi), (1, 3, \pi), (3, 3, \pi), (3, 1, \pi), (3, -1, \pi)$．

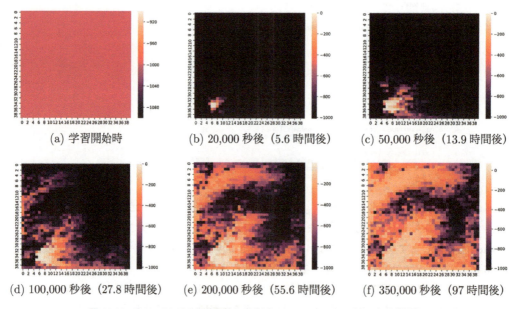

図 11.10　Sarsa(λ) での価値関数の変化（$i_\theta = 18$ で $\max_a Q(s, a)$ を描画）．

率で選択されるため，ゴールに入ったときの行動をエージェントが選びやすくなり，早いうちからエージェントがゴールに入れるようになります[注10]．

[注10] ただし，n-step Sarsa で n をもっと大きくすれば，もっと効率が上がったかもしれません．

11.5 まとめ

本章では強化学習の基本的なアルゴリズムのいくつかを実装しました．本章で扱った内容は初歩的なものですので，続きは [久保 2019, 森村 2019] でご確認ください．また，Sutton, Barto の教科書の第二版 [Sutton 2018] もあります．インターネット上でドラフトも閲覧できます．

本章のアルゴリズムは状態空間を格子状に離散化した上で価値関数を計算するものでしたが，実践的な強化学習のアルゴリズムは，なんらかの関数近似器とともに構築されます．関数近似器というのは数式上では $f(x;\Theta)$ と表現されるもので，関数 $f(x)$ をパラメータのセット Θ で作り出すものです．自己位置推定におけるカルマンフィルタも，本来複雑な信念分布を中心と共分散行列というパラメータで表現しており，関数近似の一種とみなせます．

強化学習の場合，状態価値関数，行動価値関数，方策の表現が関数近似器で近似する対象となります．例えば状態価値関数を $V(x;\Theta)$ というようにパラメータ Θ で表現し，エージェントが経験を得るたびに Θ を変化させて，より正しくより最適な状態価値関数に近づけていきます．エージェントは行動を学習しているのですが，ある意味でパラメータ Θ を学習していることにもなります．パラメータの数が少なければ，それだけ学習に要する時間も少なくなることが期待できます．うまく関数近似器を選ぶと，一つのパラメータの変更が変更理由の発生した状態の周囲だけでなく遠くまで影響を与えるという理由で，学習の効率が上がります．逆に，下手に選ぶと同じ理由で欲しい方策が得られないということになります．

この関数近似器として，ディープニューラルネットワーク [Hinton 2006b] がここ数年，注目されています [Mnih 2015, Mnih 2016]．もっとも，ニューラルネットワークと強化学習の組み合わせの歴史は古く，筆者が学生の頃はバックギャモンの例 [Tesauro 1989, Tesauro 1995, Tesauro 2002] がよく引き合いに出されました．

また，本章の方法では価値関数から計算される方策（グリーディ方策や ε-グリーディ方策）を学習中に使っていました．これは方策と価値関数が一体化しているということを意味していますが，一体化する必然性はありません．これらを別に準備する方法は**アクター・クリティック** (actor-critic) と呼ばれます [Barto 1983, Mnih 2016]．アクター・クリティックな手法を用いると，エージェントが学習のためにとれる方策はかなり自由になります．さらに，価値関数は明示的に表現せずに方策の改善を試みる方法もあり，このような方法は「方策ベース」であると表現されます．アクター・クリティック，方策ベースの手法については，[Sutton 2018] の 13 章に説明があります．

本章では off-policy の手法として Q 学習，on-policy の手法として Sarsa を扱いました．実装の簡単な Sarsa とその拡張版の方が多くなってしまったのですが，実際には両方が用いられます．off-policy をマルチステップな手法に拡張するとアルゴリズムが難しくなってしまいます．一方，off-policy の場合は，「方策の異なるエージェントを複数動かして，そこから価値関数を求める」といったことが可能となります．on-policy の場合，各エージェントの価値関数は方策が異なると変わってしまって素直には統合できませんが，off-policy の場合には簡単です．マルチステップな off-policy 手法の古典的なものには，Watkins の Q(λ)，Peng の Q(λ) [Peng 1996] があります．本書のリポジトリには，Peng の Q(λ) の実装をおきました（⇒`peng_q.ipynb`）．もっと新しい方法では，ε-グリーディ方策など探索的な方策でロボットがとった行動が，グリーディ方策などの求めたい方策（最終的な最適方策ではなく計算中のものでよい）で得られるものとどれだけ近いか計算し，近ければ大きく価値を更新するという方法がとられます（[Sutton 2018] の 7 章）．

章末問題

🔷 問題 11.1

本章のタスクの場合，エージェントが水たまりを避ける経路を発見するためには，そのときに最良と思われている経路（まっすぐゴールにいく経路）から逸脱することが必要で，そのために ε-グリーディ方策を用いました．一方で，このような逸脱の多くは無駄になります．そして，逸脱してばかりだとタスクが終わりません．このように考えると「最適な逸脱の割合」というものは何だろうということになりますが，これは事前に分かるものでしょうか．

🔷 問題 11.2

問題 11.1 の逸脱について，もう少し考えてみましょう．企業や何かの組織がメンバーを評価するときに，逸脱に罰を与えたり，逆に奨励したりすることには合理性があるでしょうか．特に研究機関でそのような管理をしてしまうと，何が起きるでしょうか．

🔷 問題 11.3

心理学に「アクションスリップ」という言葉があります．文献 [Norman 1981] に記述されている例を挙げると「自分のパンを食べようとして人の皿のパンを食べてしまう」，「歯ブラシを片付けようとして間違って違うところにあるヘアブラシ入れにわざわざ入れてしまう」など，日常で無意識にやってしまう間違えた行動を指しています．筆者は先日，寝ている状態でメガネをとろうとして，すぐ近くにあった iPhone の充電コードの先を目に入れようとしてしまいました．特に寝ぼけていたわけではありません．

このようなアクションスリップの原因について，学習したさまざまな方策を切り替えたり流用したりするときにエラーが起こると考えた場合，どのような仕組みでエラーが起こるのか考えてみましょう．また，このような切り替えの仕組みはなぜ必要で，何によって実現されているのか考えてみましょう．

🔷 問題 11.4

学習中の方策を使うと，ロボットが止まってしまうことがあります．一方，人間は学習中にピタッと停止することはありません．（少し考え込むでしょうが，体はめったに硬直しません．）この理由を考えてみましょう．また，ロボットに応用してみましょう．また，学習とは関係ないかもしれませんが，昆虫やエビ，あるいは魚は危機的な状況で本当にピタッと止まることがあります．死んだふり以外にも理由はありそうですが，これはいったいなぜでしょう．

🔷 問題 11.5

生物には，生死に関することであるにもかかわらず，なかなか改善しない特性が多く存在します．例えば筆者は過去，イシマキガイを飼育していたことがありますが，イシマキガイは裏返しになって吸い付く対象がなくなると，起き上がれなくなって最悪の場合，死んでしまいます．

もう少し高等な動物の話として，筆者の故郷，富山県の西側ではブリを定置網でとりますが，この定置網はブリの出入りが自由という特徴があります．しかしながら，いつまでたってもブリが定置網を完全攻略して捕まらなくなったという話が聞かれません．毎年，一定数のブリが犠牲になります．

イシマキガイ，ブリについて，なぜ死に直結するようなこれらのことに対して学習が進まないのか考

えてみましょう．また，学習させるためには，それぞれの体にどんなものを付け加えればよいでしょうか．その場合，どのような制御系になるでしょうか．また，それが次の世代に受け継がれるためには，何が必要でしょうか．（参考 [ベルンシュタイン 2003]）

問題 11.6

もし犯罪者の方策が強化学習のようなモデルで生成されると仮定したとき，その犯罪者を罰することにはどれだけの妥当性があるでしょうか．悪いのは犯罪者ではなく，環境や経験とはいえないでしょうか．「悪意」や「本人の責任」とはどのように発生するものでしょうか．方策が先天的なものであるとした場合はどうでしょうか．

また，強化学習のようなモデルを考えたとき，刑罰は犯罪の抑制には有効なように思われます．一方で，なんらかの依存症など，刑罰が抑制に結びつかないと考えられる場合も多々あり，そのようなときに刑罰を与える現行の枠組みを改善しようという運動もあります．強化学習の枠組み，あるいはその外側の枠組みで，罰が抑制に結びつかないモデルを考えてみましょう．

問題 11.7

本章の前半では，エージェントにゴールにいくための方策だけを最初に与えて，あとは，ある範囲内でランダムに初期姿勢を決めて水たまりを避ける動作を学習させました．もし学習効率をもっと向上させようとすれば，例えば学習の進まない部分でエージェントに渦をまくように動いてもらったり，初期姿勢をゴールに近いところから遠いところに順番に設定してやったりと手助けしてやれば，学習の進みは早くなります．このような手助けは，（場合によりますが）人間が知っていることをまわりくどくエージェントに伝えているだけとも，あるいは少し手助けしてあとはエージェントに任せているとも解釈できます．

以上の議論から，強化学習を自身で試す場合やほかの研究事例を調査する場合，何に気をつけなければならないでしょうか．

問題 11.8

楽器の演奏やプログラミング，作文，作画，その他創作のための技術を曲芸のように自由に扱うことができる域に達するには，非常に長い時間の訓練が必要です．科学的に何かが証明されたわけではなく，批判がありますが 10000 時間などといわれており，筆者にも思い当たる節があります．また，このような訓練はほぼ独学となること，ノウハウが十分に言語化されていないことから強化学習的な試行錯誤がつきものになります．一方，このような技術の習得を強化学習の枠組みで考えると，途中の報酬はあまり発生しない（むしろ苦痛であり，変人扱いを受ける）というモデルになりそうです．これでは誰も 10000 時間を捧げる気分にはならないでしょう．実際に長い時間の訓練で技術を得た人はどのようにそれを達成したのでしょうか．強化学習の枠内，枠外でモデルを考えてみましょう．

第12章 部分観測マルコフ決定過程

本章では，状態が不確かな場合の行動決定について扱います．問題を**部分観測マルコフ決定過程** (partially observable Markov decision process, **POMDP**) [Kaelbling 1998] として定式化し，解法を考えます．状態推定の問題と行動決定の問題はこれまで別々に考えてきましたが，本章でこれらを統合します．

本章の構成は以下の通りです．まず，12.1 節では POMDP を定式化します．あとの 12.2, 12.3, 12.4 節では解法を一つずつ実装します．これらの手法は，基本的に 10 章の動的計画法を拡張したものです．12.5 節はまとめと補足です．

12.1 POMDP

後でもっと具体的で理解しやすい問題を扱いますが，先に POMDP を数式で説明しておきます．分からない場合は先に進んで，また戻ってきましょう．

12.1.1 POMDP の問題

POMDP と MDP との違いは「エージェントが状態の真値を与えられない」ことです．エージェントはシステムが時不変であること，および

$$\text{状態遷移モデル}: p(\boldsymbol{x}'|\boldsymbol{x}, a)$$
$$\text{観測モデル}: p(\mathbf{z}|\boldsymbol{x})$$
$$\text{報酬モデル}: r(\boldsymbol{x}, a, \boldsymbol{x}')$$
$$\text{終端状態の価値}: V_\text{f}(\boldsymbol{x}_T) \qquad (\boldsymbol{x}_T \in \mathcal{X}_\text{f}) \tag{12.1}$$

を知っていますが，状態 $\boldsymbol{x}$ を知りません．また，POMDP における強化学習の問題では，さらに 11 章のような制限が加わります．

エージェントの目的は，終端状態に到達するまでの報酬の累積と終端状態の価値の和を最大化することです．この和を表す式 (10.4) を再掲しておきます．

$$J(\boldsymbol{x}_0, a_{1:T}) = \sum_{i=1}^{T} r(\boldsymbol{x}_{t-1}, a_t, \boldsymbol{x}_t) + V(\boldsymbol{x}_T) \tag{12.2}$$

この目的は MDP とまったく同じですが，姿勢 $\boldsymbol{x}$ が未知となるので MDP で使ってきた $\Pi: \mathcal{X} \to \mathcal{A}$ という形式の方策が使えません．$\boldsymbol{x}_{0:T}$ が分からないので，使える情報を入力として方策を定義すると，

$$a_{t+1} = \Pi_\text{POMDP}(a_{1:t}, \mathbf{z}_{1:t}, r_{1:t}) \tag{12.3}$$

という形式になります．

12.1.2 状態推定が不確かな場合に起こる問題

上記の定式化だと問題が漠然としすぎていて，どのように扱っていいのかよく分かりませんが，自己位置推定アルゴリズム（一般な表現では状態推定アルゴリズム）と組み合わせると，少し見通しがよくなります．例えば，自己位置推定の結果として推定姿勢 $\hat{\boldsymbol{x}}_t$ が得られて，それをそのまま真の姿勢であると信じてしまうと，状態を入力とする方策 Π が使えるので MDP の問題となります．実際，10章，11章ではカルマンフィルタの出力してくる姿勢を，そのまま方策に入力して行動を得ていたので，この方法で POMDP を解いていたことになります．ただし，推定姿勢が信頼できないと，この方法ではうまくいかないことがあります．

試しに水たまりの問題においてランドマークの数を減らした場合，ロボットがどのような行動をとるか観察してみましょう．ディレクトリ section_pomdp を作り，その中に policy.txt を section_mdp からコピーしてきます．さらに，次のようにノートブックを作り，DpPolicyAgent が MCL を使うようにします．（⇒dp_mcl.ipynb [1]-[2]）

```
In [1]: 1  import sys
        2  sys.path.append('../scripts/')
        3  from dp_policy_agent import *

In [2]: 1  def trial(animation):
        2      time_interval = 0.1
        3      world = PuddleWorld(30, time_interval, debug=not animation)
        4
        5      ##ランドマークの追加(意地悪な位置に)##
        6      m = Map()
        7      for ln in [(1,4), (4,1), (-4,-4)]: m.append_landmark(Landmark(*ln))
        8      world.append(m)
        9
        10     ##ゴール・水たまりの追加(これは特に変更なし)##
        11     goal = Goal(-3,-3)
        12     puddles = [Puddle((-2, 0), (0, 2), 0.1), Puddle((-0.5, -2), (2.5, 1), 0.1)]
        13     world.append(goal)
        14     world.append(puddles[0])
        15     world.append(puddles[1])
        16
        17     ##ロボットを作る##
        18     init_pose = np.array([2.5, 2.5, 0]).T
        19     pf = Mcl(m, init_pose, 100)
        20     a = DpPolicyAgent(time_interval, pf, goal)
        21     r = Robot(init_pose, sensor=Camera(m), agent=a, color="red")
        22     world.append(r)
        23
        24     world.draw()
        25
        26     return a
```

trial 関数の中で重要なのは，ランドマークの位置です．この設定の場合，ロボットは水たまりを避けて角を曲がるときに，姿勢がかなり不確かになります．

アニメーションを何回か実行すると，真の姿勢 $\boldsymbol{x}^*$ と MCL が提供する推定姿勢 $\hat{\boldsymbol{x}}$ がずれたときに，ロボットがおかしな行動をとります．特に，$\hat{\boldsymbol{x}}$ が $\boldsymbol{x}^*$ よりも水たまりから遠くなると，ロボットは水たまりの中に突っ込んでいきます．図12.1に，よくある例と極端な例を2例示します．これはシミュレーションなので原因が一目で理解できますが，実機でこのような現象が起こると突然道からそれて路肩にぶつかったり草むらに突っ込んだりして，ロボットが非常に不可解な行動をとったように見えます．そして，関係者が頭を抱えることになります[注1]．

注1 こういうときが研究としては一番面白いので，面倒くさくてもちゃんとログをとっておきましょう．

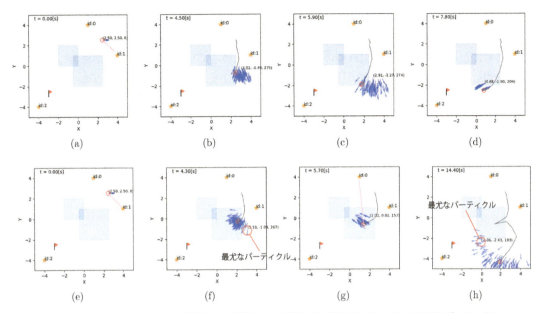

図 12.1　最尤なパーティクルで行動決定した場合に水たまりに突っ込む例．　(a)〜(d)：最尤なパーティクルの姿勢よりも真の姿勢が水たまり寄りだとロボットが水たまりに突入する．　(e)〜(h)：極端な例．(f) で水たまりに突入，(g) でそれに気づいて水たまりから出るが，(h) で再度最尤なパーティクルと実際のロボットの姿勢が離れてしまってロボットがゴールにまっすぐ向かわない．

12.1.3　信念分布を用いる場合の POMDP

図 12.1 の試行における問題点は，推定の不確かさをまったく考慮していなかったことです[注2]．同じ推定姿勢 $\hat{x}$ でも，分布が広いか狭いかで意味合いが変わるわけですが，その考慮がありませんでした．

このような不確かさを考慮したい場合は，信念分布自体を方策への入力にすることになります．形式的には，

$$a_{t+1} = \Pi_\mathrm{b}(b_t) \tag{12.4}$$

というように，信念分布を引数にとる方策 Π_b を使えばよいことになります．この場合，信念分布自体を一つの状態とみなすことができます．つまり，Π_b は姿勢を状態とするのではなく，「姿勢に関する分布をエージェントがどのように考えているか」を状態とする方策と考えることができます．このように状態とみなされる信念分布は**信念状態**と呼ばれます．

信念状態を使うと，POMDP の問題は MDP に置き換えることができます．状態遷移モデルを $p(\boldsymbol{x}'|\boldsymbol{x},a)$ から $p(b'|b,a)$ に置き換えることで，価値反復を利用できます．このような方法は **belief MDP** と呼ばれます [Kaelbling 1998]．

belief MDP で最適方策が得られると，エージェントは「信念分布が広いから少し慎重に行動しよう」などという判断が可能となります．しかし，信念状態のパターンは一般に膨大に存在し，最適方策は通常得られません．例えば，ある離散化された状態空間 $\mathcal{S}$ に状態の数が N_s 個あって，各状態 $s \in \mathcal{S}$ のどこかにロボットが存在するかを MCL で推定することを考えてみましょう．このとき，N 個のパーティクルを各状態に一つずつ振り分けるときのパターン数を計算すると ${}_{N_\mathrm{s}}C_N$ 個あります．

注2　もう一つの問題として，この場合，MCL が返してくる最尤なパーティクルよりもパーティクルの平均値を使った方がよかったという点も挙げられます．ただし，5.6 節でも触れたように，MCL の場合は分布が二つ以上に分かれることもあるので，平均値を使うことが不適切な場合があります．

10 章や 11 章では $N_\mathrm{s} = 40 \cdot 40 \cdot 36 = 57600$ でしたが，$N = 100$ とすると ${}_{N_\mathrm{s}}C_N \approx 10^{318}$ となります[注3]．さらに一つの状態に 2 個以上のパーティクルが存在するときのパターン数も数えるともっと大きな数になります．つまり，100 個のパーティクルをもつ MCL が $N_\mathrm{s} = 57600$ の離散的な状態空間で表現できる信念状態の数は 10^{318} より大きいということになります．この膨大な場合の数に対して，方策 Π_b は適切に行動を返さないといけません．価値反復では状態空間 $\mathcal{S}$ 中で何度もスイープを重ねて最適方策を求めていきましたが，仮に同じ方法でまともに最適方策 Π_b^* を求めようとすれば計算が終わらないことになります．

そこで，「まともに求めない方法」，つまり近似的な手法が必要となります．以降，本章では次の二つの近似方法を試します．

- MDP の解と信念状態 b から行動決定する方法（12.2 節，12.3 節）
- 信念状態のパターンの数を計算可能な数まで減らして belief MDP で定式化し，価値反復を実行する方法（12.4 節）

12.2 Q-MDP

まず，Q_MDP value method（本書では Q-MDP と表記）を実装してみましょう．この方法は [Littman 1995] で紹介されています．Q-MDP は完全な方法ではなく，[Littman 1995] でも単なる比較対象の手法としてしか紹介されていないのですが，条件が揃うとよく機能します．ロボットには筆者らによって適用された例 [Ueda 2003] があります．

Q-MDP は MDP（状態が既知の問題）の計算で得た行動価値関数 Q と信念分布 b から期待値計算で行動を求めます．計算する期待値は，信念分布 b と行動 a を引数とする

$$Q_\mathrm{MDP}(a, b) = \left\langle Q(a, \boldsymbol{x}) \right\rangle_{b(\boldsymbol{x})} \tag{12.5}$$

です．上の式でアスタリスクをつけずに Q と書いたように，行動価値関数は必ずしも最適である必要はありません．ただし，Q から得られる方策が，状態が既知のときに十分に機能することが必要です．Q が状態に対して離散的に表現されている場合は，

$$Q_\mathrm{MDP}(a, b) = \left\langle Q(a, s) \right\rangle_{B(s)} = \sum_{s \in \mathcal{S}} B(s) Q(a, s) \tag{12.6}$$

となります．ここで，

$$B(s) = \int_{\boldsymbol{x} \in s} b(\boldsymbol{x}) d\boldsymbol{x} \tag{12.7}$$

です．MCL を自己位置推定に使う場合，$B(s)$ は s 内にあるパーティクルの重みの合計となります．

10 章で行った価値反復では Q 値は保存せず，価値関数 V のみを保存しました．この場合は，Q 値を V から計算する式 (10.18) に置き換えて，

$$Q_\mathrm{MDP}(a, b) = \sum_{s \in \mathcal{S}} B(s) \left\langle R(s, a, s') + V(s') \right\rangle_{P(s'|s,a)} \tag{12.8}$$

注3　https://keisan.casio.jp/ で計算しました．

と計算しないといけません．MCL と組み合わせると，重みとパーティクルの姿勢を使って，

$$Q_{\text{MDP}}(a,b) = \sum_{i=0}^{N-1} w^{(i)} \left\langle R(s^{(i)},a,s') + V(s') \right\rangle_{P(s'|s^{(i)},a)} \quad (\text{ここで } s^{(i)} \ni \boldsymbol{x}^{(i)}) \tag{12.9}$$

と計算することになります．本節の実装では，この式を使います．

Q-MDP は $Q_{\text{MDP}}(a,b)$ の値を全行動 $a \in \mathcal{A}$ に対して計算し，値が最大になる行動を選択します．つまり Q-MDP の方策は，

$$\Pi_{Q_{\text{MDP}}}(b) = \underset{a \in \mathcal{A}}{\operatorname{argmax}}\, Q_{\text{MDP}}(a,b) \tag{12.10}$$

となります．

Q-MDP を実装しましょう．まず，10 章で作った `DynamicProgramming` クラスで実装したものをいろいろ使い回したいので，`dynamic_programming.ipynb` から `dynamic_programming.py` を作り，`scripts` フォルダに保存します．この際，ヘッダのセルと `DynamicProgramming` クラスのセルのほかはコメントアウトしておきます．

その後，`dp_mcl.ipynb` をコピーしてノートブックを作ります．セル [1] では，次のように `dynamic_programming` をインポートします．（⇒`qmdp1.ipynb` [1]）

```
In [1]: 1  import sys
        2  sys.path.append('../scripts/')
        3  from dp_policy_agent import *
        4  from dynamic_programming import * #追加
```

次に，ヘッダのセルの下に新しいセルを追加し，`DpPolicyAgent` から `QmdpAgent` を作ります．（⇒`qmdp1.ipynb` [2]）

```
In [2]:  1  class QmdpAgent(DpPolicyAgent): #このセルを追加
         2      def __init__(self, time_interval, estimator, goal, puddles, sampling_num=10, widths=np.array([0.2, 0.2, math.pi/18]).T, \
         3                   puddle_coef=100.0, lowerleft=np.array([-4, -4]).T, upperright=np.array([4, 4]).T):
         4          super().__init__(time_interval, estimator, goal, puddle_coef, widths, lowerleft, upperright)
         5  
         6          self.dp = DynamicProgramming(widths, goal, puddles, time_interval, sampling_num) #DPのオブジェクトを持たせる
         7          self.dp.value_function = self.init_value()                                       #ファイルから読み込んで価値関数をセット
         8  
         9      def init_value(self): #追加
        10          tmp = np.zeros(self.dp.index_nums)
        11          for line in open("value.txt", "r"):
        12              d = line.split()
        13              tmp[int(d[0]), int(d[1]), int(d[2])] = float(d[3])
        14  
        15          return tmp
```

このエージェントには，下のセルの 6 行目のように `DynamicProgramming` のオブジェクトをもたせます[注4]．7 行目では `value.txt` から，10 章で作った価値関数のデータを読み込んでいます．`init_value` メソッドは 9 行目以下で実装されています．`value.txt` は `section_pomdp` ディレクトリにコピーしておきましょう．

これで，`trial` 関数内で作っているエージェントを `QmdpAgent` にしたあと，次のようにシミュレーションを実行して動作を確認します．（⇒`qmdp1.ipynb` [4]）

注4 手抜きです．

第 12 章　部分観測マルコフ決定過程

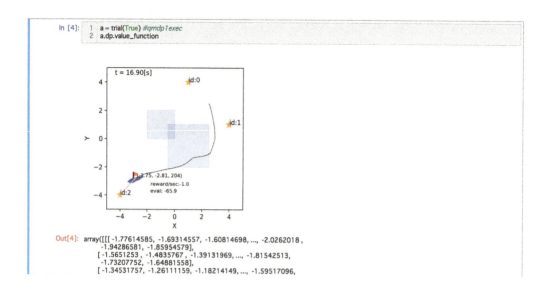

ロボットが動くことと，dp オブジェクトの下の value_function に値が入っていることを確認しましょう．

Q-MDP の計算を実装します．次のように QmdpAgent に追記します．（⇒qmdp2.ipynb [2]）

19〜20 行目の evaluation が Q_MDP を計算する処理です．引数の indexes は各パーティクルが属する離散状態のインデックスのリストです．このリスト内のインデックスごとに DynamicProgramming の action_value を呼び出し，平均値を返しています．動的計画法では状態遷移が状態空間からはみ出す行動には大きなペナルティーを与えていましたが，ここでは不要なので out_penalty=False と設定しています．22〜26 行目の policy では，evaluation メソッドを利用して各行動の Q_MDP 値を求め，値が最もよい行動を返しています．28〜30 行目の draw メソッドでは，アニメーションの左下に Q_MDP 値が表示されるようにしています．

これでロボットを走らせると，図 12.2 のように，うまくいったりいかなかったりという結果になります．(b) は，図 12.1 の (a)〜(d) の例よりもさらに水たまり寄りにロボットの位置が分布から外れてしまい，ずっと水たまりの中をロボットが進んでしまったというケースです．いくら手法を凝っても分布から外れてしまえばこのような結果になってしまうのはしょうがなく，Q-MDP の問題ではありません．しかし，こういうことが起こるということで掲載しました．

306

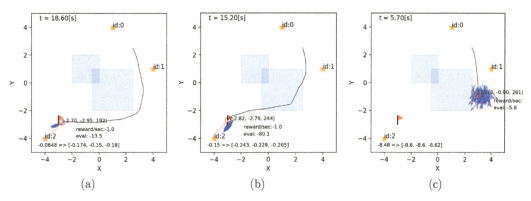

図 12.2　Q-MDP で得られたロボットの軌跡の例．(a)：うまく水たまりを避けた例．(b)：水たまりに突っ込んだ例．(c)：途中で止まってしまった例．

(c) は途中でロボットが右回転，左回転を繰り返すようになって前に進まなくなってしまった例です．(c) の左下に表示されている各行動の Q 値を見ると，どの行動をとっても現在の価値 -8.48 より悪くなることが見てとれます．価値を高めるための行動は，これでは選べません．そして，この状況で左回転を選べば，次の行動で右回転して元に戻ることが価値の高い行動になります．右回転を選べば次は左回転の価値が高くなります．このため，右回転，左回転を繰り返し，その場でロボットは止まってしまいます．

この現象は，Q-MDP では必ず起きます．Q-MDP で得られる方策は belief MDP をまともに解いて得られたものではありません．どちらかというと人工ポテンシャル法に近いものです．したがって，最適であることは保証されず，それどころか (c) の場合のようにローカルミニマムの問題が残ります．

したがって Q-MDP を使う場合はローカルミニマムの脱出手段を準備する必要があります．ここでは 11.1.7 項でも利用した，「右回転，左回転を繰り返したらその次は強制的に前進させる」というルール（ヒューリスティックス）を追加することにします．前進させるともしかしたら水たまりに突っ込むかもしれませんが，とりあえずその場に留まるという現象は回避できます．このルールを実装した `QmdpAgent` を示します．（⇒`qmdp3.ipynb` [2]）

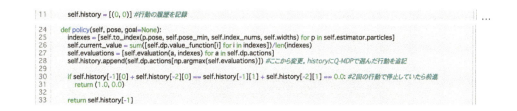

このほかのヒューリスティックスには，その場で1回転してランドマークの観測を試みるような行動が考えられます．このようなヒューリスティックスの組み合わせについては，その場しのぎという面もありますが，12.5 節でもう少し意味を考えてみます．

この実装で Q-MDP の評価をしてみましょう．$\boldsymbol{x} = (-2.5\ -2.5\ 0)^\top$ から 30 秒間の制限付きで 1000 回試行して，評価（報酬と終端状態の合計）と，ゴールできたかどうかを記録します．比較対象は最尤なパーティクルの姿勢から不確かさを考慮せずに行動決定する方法（⇒`dp_mcl.ipynb`）と，パーティクルの姿勢の平均値から不確かさを考慮せずに行動決定する方法（⇒`dp_mcl_avg.ipynb`[注5]）

注5　コードの掲載は割愛します．GitHub のノートブックを参照のこと．

です．

　結果は表 12.1 のようになりました．評価値の平均は，ゴールしたときの値もしていないときの値（30 秒で打ち切ったときの報酬の総和）もすべて足して平均してあります．図 12.2 では Q-MDP に本当に効果があるのかよく分かりませんでしたが，平均値で見ると比較対象よりも効率のよい経路が選べることが分かります．10 章のランドマークの配置（曲がる角付近にランドマークがあって観測可能）の場合と比べても 4 秒程度のペナルティーの増加で済んでいます．一方，ゴールへ到達できた率が分布の平均値を使う方法よりも少し悪くなりましたが，もし原因があるとすると，水たまりを避けて大回りした分，パーティクルの分布が広くなってゴールに入れなくなる確率が上がったのかもしれません．

表 12.1　Q-MDP の評価（1000 回試行）．

行動決定方法		評価値の平均 [s]	ゴール到達率 [%]
Q-MDP	(⇒`qmdp3.ipynb`)	**-17.7**	94.8
パーティクルの分布の平均値	(⇒`dp_mcl_avg.ipynb`)	-23.6	95.8
最尤なパーティクルの姿勢	(⇒`dp_mcl.ipynb`)	-31.6	93.4
参考：10 章のランドマークの配置	(⇒`dp_mcl_avg.ipynb`)	-13.8	99.2

12.3　ランドマークの足りない状況でのナビゲーション

　Q-MDP の式 (12.9) を少し変更すると面白い現象が発生するので紹介しておきます [Ueda 2015]．動きで不確かさを埋め合わせることが可能なのはロボットの POMDP の面白い点ですが，これを端的に示した例です．

12.3.1　準備

　まず，次のようなノートブックを準備します．（⇒`pfc1.ipynb` [1]-[3]）

```python
In [1]: import sys
        sys.path.append('../scripts/')
        from qmdp import *
        from sensor_reset_mcl import *

In [2]: class PfcAgent(QmdpAgent):
            def __init__(self, time_interval, estimator, goal, puddles, sampling_num=10, widths=np.array([0.2, 0.2, math.pi/18]).T, \
                         puddle_coef=100.0, lowerleft=np.array([-4, -4]).T, upperright=np.array([4, 4]).T):
                super().__init__(time_interval, estimator, goal, puddles, sampling_num, widths, puddle_coef, lowerleft, upperright)

In [3]: def trial(animation):
            time_interval = 0.1
            world = PuddleWorld(300, time_interval, debug=not animation)
            
            ##ランドマークの追加（ランドマークは1個だけ!!!)##
            m = Map()
            m.append_landmark(Landmark(0,0))
            world.append(m)
            
            ##ゴール##
            goal = Goal(-1.5,-1.5)
            world.append(goal)
            
            ##ロボットを作る##
            pf = ResetMcl(m, [-10, -10, 0], 1000)    #誘拐状態から始める（すぐセンサリセットされる）
            a = PfcAgent(time_interval, pf, goal, [])    #水たまりはナシに．空のリストを渡す
            r = Robot(np.array([3.5, 3.5, np.pi]).T, sensor=Camera(m), agent=a, color="red")
            
            world.append(r)
            world.draw()
            
        trial(True)
```

ヘッダで読み込んでいる `qmdp.py` は今作った Q-MDP のノートブックから作ったもので，`sensor_reset_mcl.py` は 7 章で作った `sensor_reset_mcl.ipynb` から作ったものです．エージェントのクラス名 `PfcAgent` は，これから実装する手法（probabilistic flow control, PFC）に由来します．

セル [3] に記述した環境は図 12.3 のようなものです．環境にはランドマークを 1 個だけおきます．この環境では，信念分布のモードが 1 個だけになることはほぼ期待できません．`trial` 関数を実行すると，すぐにセンサリセットが起こり，図 12.3 のようにパーティクルがおきなおされます．その後，ロボットは Q-MDP を使って移動しますが，使っている価値関数のゴールの位置が違うので，今のところゴールには到達できないようになっています．

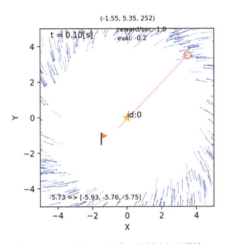

図 12.3　ランドマークが 1 個だけある環境．

次に，この環境用の最適状態価値関数を作るために価値反復をやりなおします（⇒`dp_for_pfc.ipynb`．コードは省略）．元の `policy.txt` と `value.txt` は名前を変えてどこかに保存しておきましょう．得られた `policy.txt`, `value.txt` を使って Q-MDP を実行してみると，最初ロボットはゴールに近づいていきますが，途中で迷走を始めます．図 12.4 に一例を示します．最初は (a) のように，ロボッ

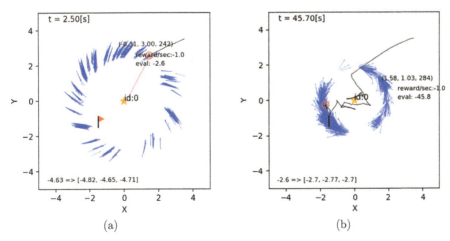

図 12.4　Q-MDP で移動しているロボット．(a)：走り出しはランドマークの方に移動するとどのパーティクルもゴールに近づく．(b)：ゴールとランドマークの間に入ると Q_{MDP} の値が改善せずに迷走する．

トが前進すればどのパーティクルもゴールに近づいていきますが，パーティクルがゴールより内側に入ると，ロボットがどこに進んでもあまり状況が改善しなくなり，(b) のように迷走が始まります．

この問題，例えばランドマークを中心にロボットをぐるぐると回転させるヒューリスティックスを加えると解決できそうです．しかし，ヒューリスティックスではなく Q-MDP 自体でそのような行動が生成できないでしょうか．ここで，少し条件を緩和して，エージェント自身が，ゴールに着いたかどうかを知覚できることとします．こうすると，MCL において，ゴールに入ったパーティクルの重みを下げることができ，少しだけですが自己位置推定に反映させることができます．

このパーティクルの処理は，次のように policy メソッドを上書きして，Q-MDP の policy を呼び出す前に記述することにします．(⇒pfc2.ipynb [2])[注6]

```
 6    def policy(self, pose, goal=None):
 7        for p in self.estimator.particles:
 8            if self.goal.inside(p.pose): p.weight *= 1e-10   #ゴールに入ったパーティクルの重みを下げる
 9        self.estimator.resampling()                          #リサンプリング
10
11        return super().policy(pose, goal)                    #Q-MDPのpolicyを呼び出す
```

これでロボットを走らせてアニメーションを注意深く観察していると，ゴールに入ったパーティクルが次のリサンプリングで消えることが確認できます．ただ，ロボットはやはり，よほど運がよくないとゴールには入れません．

12.3.2 価値で重みをつけた Q-MDP

ここで，式 (12.9) を少し変えた次のような式を考えます．

$$\begin{aligned}Q_{\text{PFC}}(a,b) &= \sum_{i=0}^{N-1} \frac{w^{(i)}}{[V_{\max} - V(s^{(i)})]^m} Q(s^{(i)}, a) \\ &= \sum_{i=0}^{N-1} \frac{w^{(i)}}{[V_{\max} - V(s^{(i)})]^m} \left\langle R(s^{(i)}, a, s') + V(s') \right\rangle_{P(s'|s^{(i)},a)} \\ &\quad (\text{ここで } V_{\max} = \max_{\boldsymbol{x} \in \mathcal{X}} V(\boldsymbol{x}))\end{aligned} \quad (12.11)$$

式 (12.9) との違いは重みを $[V_{\max} - V(s^{(i)})]^m$ で割っている点だけです．$V_{\max}$ は状態空間の中で最大（最良）の価値の値で，通常は終端状態の価値を指します．また，終端状態以外では $V_{\max} \neq V(s^{(i)})$ となること，$s^{(i)}$ は終端状態でないことも条件とします．

この式を用いる制御は [Ueda 2015] で「probabilistic flow control (PFC)」という名前で提案されています[注7]．式中の m は [Ueda 2018a] で設けられたパラメータ[注8]で，$m > 0$ の場合は $V(s^{(i)})$ が $V_{\max}$ に近いほど $w^{(i)}/[V_{\max} - V(s^{(i)})]^m$ の値が大きくなります．これは，価値が高い状態にあるパーティクルほど行動決定の際に重視されることを意味し，ナビゲーションの問題の場合はゴールに近いパーティクルが重視されることになります．そのため，今扱っている例題でパーティクルの動きを観察すると，ゴールに近いパーティクルがゴールに引っ張られて動くように見えます．また，パーティクルの分布全体を見ていると，分布がゴールに吸い込まれるように見えます．ロボットの姿勢がパーティクルの分布の中にあると，ロボットもその流れに引きずられてゴールに到達することになり

注 6 コメントに書いた通り，この実装は手抜きです．
注 7 雑な名前のような気がしないでもないので，PFC と呼ばれるのか，「重み付き Q-MDP」と呼ばれるのか，あるいは見向きもされず消え去るのかは今後の成り行き任せにしたいと思います．
注 8 [Ueda 2015] では $m = 1$ で固定．

ます．

実装は，次のように行います．（⇒pfc3.ipynb [2]）

```python
In [2]: 1  class PfcAgent(QmdpAgent):
        2      def __init__(self, time_interval, estimator, goal, puddles, sampling_num=10, widths=np.array([[0.2, 0.2, math.pi/18]]).T, \
        3                   puddle_coef=100.0, lowerleft=np.array([-4, -4]).T, upperright=np.array([4, 4]).T, magnitude=2):  #magnitudeを追加
        4          super().__init__(time_interval, estimator, goal, puddles, sampling_num, widths, puddle_coef, lowerleft, upperright)
        5
        6          self.magnitude = magnitude  #追加
        7
        8      def evaluation(self, action, indexes):  #メソッドを追加
        9          v = self.dp.value_function                                          #名前が長いのでvという別名をつける
       10          vs = [abs(v[i]) if abs(v[i]) > 0.0 else 1e-10 for i in indexes]     #PFCの式の分母
       11          qs = [self.dp.action_value(action, i, out_penalty=False) for i in indexes]   #QMDPの値
       12
       13          return sum([q/(v**self.magnitude) for (v,q) in zip(vs, qs)])        #式の上ではlen(indexes)で割る必要があるが省略
```

`PfcAgent`の`__init__`で，引数に上の式のmを表す`magnitude`を加え，`self.magnitude`に記録します．`magnitude`のデフォルト値は2にしておきます．また，Q-MDPのコードではQ_MDP値を返していた`evaluation`を上書きし，Q_PFC値を返すようにします．ちなみに$m=0$の場合，この式はQ-MDPのものと一致します．$m=\infty$とすると（この実装では無理ですが，理論上，）最も価値の高いパーティクル1個から行動決定するアルゴリズムとなります．

この実装で得られるロボットの軌跡を図12.5に示します．パーティクルの数は$N=1000$です．

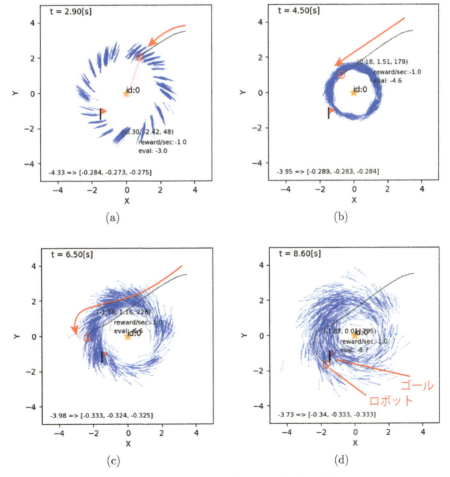

図12.5　PFC（$m=2$）で得られたロボットの軌跡．

パーティクルがゴールを通る円上を周回するように動き，その流れの中にいたロボットが（運もよくて）ゴールに入ったことが見てとれます[注9]．この例は最もうまくいったときのものですが，何回か試行すると同様な軌跡が観測できます．

また，もっと時間がかかった試行の 4 例を図 12.6 に示します．(a)〜(d) は別の試行で，ゴールまでの時間が短かったものから順に掲載してあります．いずれも自己位置推定が簡単な環境でのロボットの動きと比べると無駄が多いのですが，ゴールがありそうな付近（ゴールの存在する円周上）をうろついていることが分かります．(d) についてはゴールできず，300 秒で打ち切りました．センサ値のバイアスが大きすぎて，円軌道がゴールより少し内側になったようです．ただ，ゴールに入れなくても常にロボットはどこかの方向を目指して動き回っており，Q-MDP のときに見られる，どっちにいきたいのかはっきりしない迷走は見られませんでした．

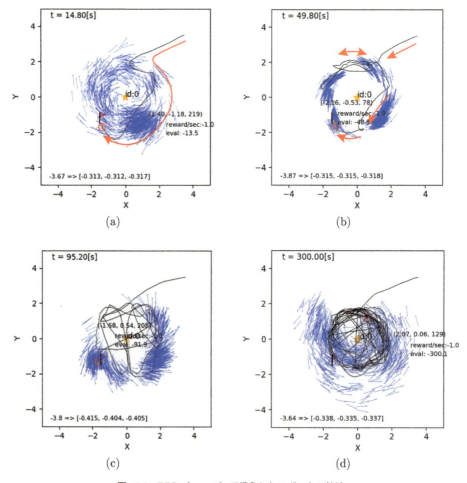

図 12.6　PFC（$m = 2$）で得られたロボットの軌跡．

一方で，この方法を水たまりの問題に適用すると，$m = 2$ ではおそらく逆効果になりそうです．なぜかというと，$m > 0$ の場合，水たまりの中にある価値の低いパーティクルが軽視されることになるので，「パーティクルがいくつか水たまりの中に入ったから，それらを出すような行動をとろう」というような判断が弱くなってしまいます．$m < 0$ とすると，逆にこのような判断ができるようになるか

注 9　本当はロボットが動いて，それにともなってパーティクルが動くので，因果が逆です．

もしれません．さらに，m を可変にすれば臨機応変な行動決定が可能となりそうですが，これは今後の課題となります．

12.4 AMDP

12.3 節で紹介した Q-MDP，PFC は確かに分布の不確かさに応じた行動を生成していました．しかし，もう少し能動的に観測を考慮した行動は生成できないものでしょうか．例えば先ほどの水たまりの問題では，分布に応じて角を膨れて回るということを不確かさに応じた行動としていました．しかし，分布が広いならランドマークを振り返って見ることも選択肢になるはずです．ただ，Q-MDP や PFC では観測で分布が縮小するという事象が式に入っていないので，そのような行動を期待することはできません．

そこで，12.1.3 項の最後に言及した belief MDP の枠組みで価値反復する方法を，水たまりの問題で試してみましょう．この場合，信念状態の状態遷移モデルには観測による信念分布の縮小が反映されます（むしろ反映されなければなりません）．また，価値反復の結果，分布が小さい状態ほど高い価値がつくので，「観測して分布を小さくして価値を高める」という行動が方策に織り込まれることが期待できます．この方法には **augmented MDP（AMDP）**と呼ばれます．移動ロボットへの適用例には [Roy 1999, Fukase 2003] があります．

12.4.1 信念状態空間の離散化

ここでは，[Roy 1999] の方法に一部従って belief MDP の価値反復を実装してみます．[Roy 1999] では，信念の不確かさ（分布の大きさ）を**エントロピー**

$$\hbar(p) = -\int_{\mathcal{X}} p(\boldsymbol{x}) \log p(\boldsymbol{x}) d\boldsymbol{x} = -\left\langle \log p(\boldsymbol{x}) \right\rangle_{p(\boldsymbol{x})} \tag{12.12}$$

で測り，$XY\theta\hbar$ 空間で問題を解く方法を提案しています[注10]．例えばカルマンフィルタを自己位置推定に使った場合，信念分布 $b_t = \mathcal{N}(\boldsymbol{\mu}_t, \Sigma_t)$ の中心の姿勢 $\boldsymbol{\mu}_t$ のほかに，エントロピー $\hbar$ で $\boldsymbol{x}_t^+ = (\boldsymbol{\mu}_t, \hbar_t)$ というように状態を 1 次元拡張し，この状態に対して方策を求めることになります．この方法の場合，分布の形状の情報は消えてしまいます．ただ，形状まで扱うと大変ですので，本書ではこの近似を使うことにします．

b_t のエントロピーは，式 (12.12) と付録 B.1.7 の結果から次のように計算できます．log は自然対数とします．

$$\begin{aligned}
\hbar(b_t) &= -\left\langle \log\left\{ \frac{1}{(2\pi)^{3/2}|\Sigma_t|^{1/2}} \exp\left[-\frac{1}{2}(\boldsymbol{x}-\boldsymbol{\mu}_t)^\top \Sigma_t^{-1}(\boldsymbol{x}-\boldsymbol{\mu}_t)\right] \right\} \right\rangle_{b_t(\boldsymbol{x})} \\
&= \left\langle \log\{(2\pi)^{3/2}|\Sigma_t|^{1/2}\} \right\rangle_{b_t(\boldsymbol{x})} - \left\langle -\frac{1}{2}(\boldsymbol{x}-\boldsymbol{\mu}_t)^\top \Sigma_t^{-1}(\boldsymbol{x}-\boldsymbol{\mu}_t) \right\rangle_{b_t(\boldsymbol{x})} \\
&= \frac{3}{2}\log(2\pi) + \frac{1}{2}\log|\Sigma_t| + \left\langle \frac{1}{2}(\boldsymbol{x}-\boldsymbol{\mu}_t)^\top \Sigma_t^{-1}(\boldsymbol{x}-\boldsymbol{\mu}_t) \right\rangle_{b_t(\boldsymbol{x})} \\
&= \frac{3}{2}\log(2\pi) + \frac{1}{2}\log|\Sigma_t| + \frac{3}{2}
\end{aligned} \tag{12.13}$$

後の実装では，エントロピーの数値から物理的な意味を推し量ることが難しいという理由や計算量

注10 情報理論ではエントロピーの記号は通常 H が使われますが，行列ですでに H を使っているので，ここでは $\hbar$ を使っています．

の観点から，エントロピー $\hbar(b_t)$ の値をもっと分かりやすい数字に置き換えます．具体的には，$XY\theta\hbar$ 空間でなく，この直後に定義する σ を使い，$XY\theta\sigma$ 空間で価値反復を実行します．σ の定義は次のようなものです．まず，信念分布 b_t と同じエントロピーをもつ，等方な形状のガウス分布を考えます．このガウス分布の共分散行列を $\Sigma = \mathrm{diag}(\sigma^2, \sigma^2, \sigma^2) = \sigma^2 I$ とします．このとき σ の値は，式 (12.13) の $\log|\Sigma_t|$ の項を Σ と Σ_t で比較して

$$\frac{1}{2}\log|\Sigma| = \frac{1}{2}\log|\Sigma_t|$$
$$|\Sigma| = |\Sigma_t|$$
$$\sigma^6 = |\Sigma_t|$$
$$\sigma = |\Sigma_t|^{1/6} \tag{12.14}$$

となります．σ の単位は X, Y 軸で [m]，θ 軸で [rad] となります．違う単位のものを一つの変数で表していますが，あくまで σ は，分布 b_t の大きさを頭の中で想像するための目安の数字なので，問題ありません．

次に，σ の値を離散化しましょう．σ の大きさを何段階かに分けて，小さい方の区間から $i_\sigma = 0, 1, \ldots, N_h - 1$ と番号をつけて離散化します．段階分けは，$i_\sigma = 0$ の区間については正しい行動決定が確実に行え，かつ自己位置推定が機能すれば達成できる程度の値の範囲にしておきます．あとの区間については，等幅ではなく少しずつ区間の幅を広げて定義するとよいでしょう．なぜかというと，分布が広くなればなるほど 1 個のセンサ値の反映で分布が大幅に狭くなりやすいので，σ の多少の違いが重要でなくなるからです．

実装は，`DynamicProgramming` クラスを拡張した `BeliefDynamicProgramming` にしていきます．次のコードは，状態空間を 4 次元の格子で構成するまでを実装したものです．（⇒amdp1.ipynb [1]-[2]）

```python
import sys
sys.path.append('../scripts/')
from dynamic_programming import *
```

```python
class BeliefDynamicProgramming(DynamicProgramming):
    def __init__(self, widths, goal, puddles, time_interval, sampling_num, puddle_coef=100.0, \
                 lowerleft=np.array([-4, -4]).T, upperright=np.array([4, 4]).T, dev_borders=[0.1,0.2,0.4,0.8]): #dev_bordersを加える
        super().__init__(widths, goal, puddles, time_interval, sampling_num, puddle_coef, lowerleft, upperright)
        
        self.index_nums = np.array([*self.index_nums, len(dev_borders) + 1]) #もう一次元加える
        nx, ny, nt, nh = self.index_nums                                      #nhを加える
        self.indexes = list(itertools.product(range(nx), range(ny), range(nt), range(nh)))
        
        self.value_function, self.final_state_flags = self.init_belief_value_function()
        self.policy = np.zeros(np.r_[self.index_nums,2]) #全部ゼロで初期化
        
    def init_belief_value_function(self):
        v = np.empty(self.index_nums)
        f = np.zeros(self.index_nums)
        
        for index in self.indexes:
            f[index] = self.belief_final_state(np.array(index).T)   #呼び出すメソッドをbelief_final_stateに
            v[index] = self.goal.value if f[index] else -100.0
            
        return v, f
    
    def belief_final_state(self, index):
        x_min, y_min, _ = self.pose_min + self.widths*index[0:3]         #indexをindex[0:3]に
        x_max, y_max, _ = self.pose_min + self.widths*(index[0:3] + 1)   #同上
        
        corners = [[x_min, y_min, _], [x_min, y_max, _], [x_max, y_min, _], [x_max, y_max, _]]
        return all([self.goal.inside(np.array(c).T) for c in corners ]) and index[3] == 0 #エントロピーのインデックスが0であることも条件に
```

引数には，σ を区間分けするためのリスト `dev_borders` を加えます．値は $\sigma = 0.1, 0.2, 0.4, 0.8$ を選びました．$\sigma = 0.1$ が，x, y 方向に 0.1[m]，θ 方向に 0.1[rad] の標準偏差で信念分布が広がっていることを意味します．σ の各区間のインデックス i_σ は，$\sigma < 0.1$ のとき $i_\sigma = 0$ として，あとは σ の

値が dev_borders の値を越えることに $i_\sigma = 1, 2, 3$ とします．また，$0.8 \leq \sigma$ のときは $i_\sigma = 4$ とします．あまり区間を増やしてしまうと計算がなかなか終わらないので，ここでは区間数を 5 に留めています．

6 行目は各軸の区間数を記録する self.index_nums に，σ の区間数を追加しています．7, 8 行目では離散状態のインデックスを作っています．離散状態の数は 288,000 個になります[注11]．10, 11 行目は状態価値関数，終端状態，方策の初期化です．10 行目では価値関数の初期値を決めるメソッド init_belief_value_function を使っていますが，これは元のクラスの init_value_function をコピーして，終端状態を判定するメソッドを 18 行目のように belief_final_state に切り替えて実装します[注12]．belief_final_state も元のクラスのメソッド final_state をコピーして，index が 3 次元から 4 次元になることを考慮して書き換えます．最終行で index[3]==0 と条件を加えていますが，これは，$i_\sigma = 0$ でないと終端状態として認めないということを意味します．自己位置推定が不確かな状態だとゴールに入ったかどうか分からないので，この条件を追加しています．

正しく実装できたかどうかは，次のように BeliefDynamicProgramming のオブジェクトを作って図を描いたり，dp.indexes などとセルに打って値を確かめたりすることで確認できます．（⇒amdp1.ipynb [3]-[5]）

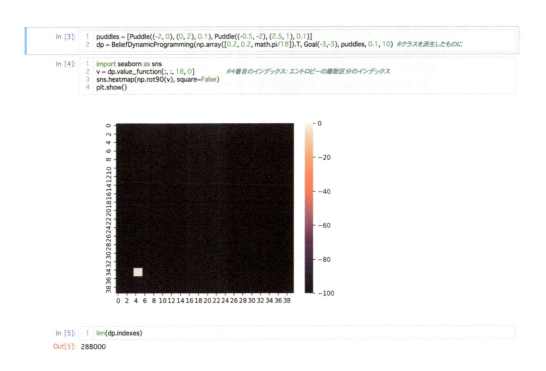

特に状態価値関数については，エントロピーが大きい（$i_\sigma \geq 1$ の）場合，ゴールの領域でも終端状態が 0 にならないことを確認しておきましょう．

さらに，仮の状態遷移モデルを作って，価値反復ができるか確認しておきましょう．DynamicProgramming から action_value メソッドをコピーしてきて，次のように index の部分を書き換えます．（⇒amdp2.ipynb [2]）

注 11　len(dp.indexes) とセルに打つと確認できます．
注 12　そのまま init_value_function を上書きすると，4 行目の super().__init__ でエラーが出ます．

```
30    def action_value(self, action, index, out_penalty=True):
31        value = 0.0
32        for delta, prob in self.state_transition_probs[(action, index[2])]:
33            after, out_reward = self.out_correction(np.array(index[0:3]).T + delta) #indexを4次元から3次元に
34            after = tuple([*after, 0])                                              #エントロピーのインデックスを加える(とりあえず0で)
35            reward = - self.time_interval * self.depths[(after[0], after[1])] * self.puddle_coef - self.time_interval + out_reward*out_penalty
36            value += (self.value_function[after] + reward) * prob
37
38        return value
```

このコードだと遷移前の i_σ が何であっても，遷移後には 0 になります（34 行目）．つまり，どんな行動をしても自己位置推定が不確かにならないという，通常の MDP の価値反復が実行されます．

これで，ノートブックの一番下，次のように 1 スイープだけ価値反復を実行します．（⇒ `amdp2.ipynb` [4]-[5]）

```
In [4]:  1  delta = dp.value_iteration_sweep()
```

```
In [5]:  1  import seaborn as sns
         2  v = dp.value_function[:, :, 18, 1]
         3  sns.heatmap(np.rot90(v), square=False)
         4  plt.show()
```

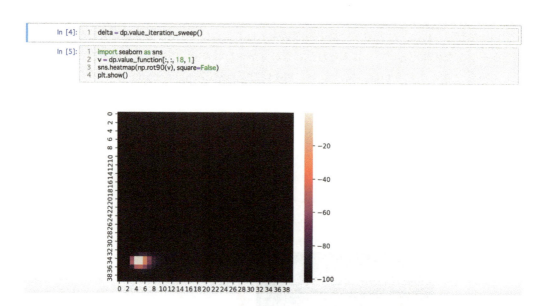

状態価値関数を描画してみると，バグがなければ，どの i_σ を選んでもゴール周辺の価値が上がっているのが確認できます．

12.4.2 移動による不確かさの遷移の計算

次に，状態遷移モデルを拡張します．これまでの状態遷移モデルと異なり，センサ値も状態遷移に影響を与えますが，まずはセンサ値を考えず，動きで起こる信念分布の状態遷移を考えましょう．

ロボットが a_t で動くと，カルマンフィルタで推定した分布が $\mathcal{N}(\boldsymbol{\mu}_{t-1}, \Sigma_{t-1})$ から $\mathcal{N}(\hat{\boldsymbol{\mu}}_t, \hat{\Sigma}_t)$ に動きます．このときの動きは，式 (6.18)，(6.17) から

$$\hat{\boldsymbol{\mu}}_t = \boldsymbol{f}(\boldsymbol{\mu}_{t-1}, a_t) \tag{12.15}$$

$$\hat{\Sigma}_t = F_t \Sigma_{t-1} F_t^\top + A_{t-1} M_t A_{t-1}^\top \tag{12.16}$$

となります．式 (12.15) は分布の中心の状態遷移で，これは単に状態遷移関数 $\boldsymbol{f}$ で移動させればよいことになります．離散化した空間で状態遷移確率を計算するコードも，10 章の価値反復で使ったものを流用できます．一方，式 (12.16) については，実装上，共分散行列の状態遷移でなく σ の状態遷移に近似する必要があります．遷移前の σ の値を σ_{t-1} として，右辺について $\Sigma_{t-1} = \sigma_{t-1}^2 I$ を代入すると，

$$\hat{\Sigma}_t = \sigma_{t-1}^2 F_t F_t^\top + A_{t-1} M_t A_{t-1}^\top \tag{12.17}$$

となります．これを式 (12.14) で変換すると，遷移後の値 $\hat{\sigma}_t$ となります．つまり，σ の状態遷移は，

$$\hat{\sigma}_t = |\sigma_{t-1}^2 F_t F_t^\top + A_{t-1} M_t A_{t-1}^\top|^{1/6} \tag{12.18}$$

で計算できます．

　この式を利用して，移動にともなう信念分布の遷移確率を計算するコードを次のように実装しましょう．式 (12.18) を計算しているのは `calc_motion_sigma_transition_probs` メソッドの 42 行目と `cov_to_index` メソッドの 26 行目です．（⇒`amdp3.ipynb` ［2］）

```python
        self.dev_borders = dev_borders                                          #以下追加
        self.dev_borders_side = [dev_borders[0]/10, *dev_borders, dev_borders[-1]*10] #dev_bordersに両側を加える
        self.motion_sigma_transition_probs = self.init_motion_sigma_transition_probs()

    def init_motion_sigma_transition_probs(self):
        probs = {}
        for a in self.actions:
            for i in range(len(self.dev_borders)+1):
                probs[(i, a)] = self.calc_motion_sigma_transition_probs(self.dev_borders_side[i], self.dev_borders_side[i+1], a)

        return probs

    def cov_to_index(self, cov):
        sigma = np.power(np.linalg.det(cov), 1.0/6)
        for i, e in enumerate(self.dev_borders):
            if sigma < e: return i

        return len(self.dev_borders)

    def calc_motion_sigma_transition_probs(self, min_sigma, max_sigma, action, sampling_num=100):
        nu, omega = action
        if abs(omega) < 1e-5: omega = 1e-5

        F = matF(nu, omega, self.time_interval, 0.0) #ロボットの向きは関係ないので0[deg]で固定で
        M = matM(nu, omega, self.time_interval, {"nn":0.19, "no":0.001, "on":0.13, "oo":0.2})#移動の誤差モデル(カルマンフィルタのものをコピペ)
        A = matA(nu, omega, self.time_interval, 0.0)

        ans = {}
        for sigma in np.linspace(min_sigma, max_sigma*0.999, sampling_num): #遷移前のσを作る(区間内に一様分布していると仮定)
            index_after = self.cov_to_index(sigma*sigma*F.dot(F.T) + A.dot(M).dot(A.T)) #遷移後のσのインデックス
            ans[index_after] = 1 if index_after not in ans else ans[index_after] + 1 #単にカウントしてるだけ(辞書の初期化もあるのでややこしい)

        for e in ans:
            ans[e] /= sampling_num #頻度を確率に

        return ans
```

　`__init__`では，13 行目で `self.dev_borders` で引数の `dev_borders` を参照できるようにしています．14 行目では，`dev_borders` のリストの先頭を 1/10，一番後ろの値を 10 倍した数をリストの両側に加えて `self.dev_borders_side` というリストを作っています．これは後で使います．15 行目では，`init_sigma_transition_prob` というメソッドで σ の状態遷移データを作り，`self.motion_sigma_transition_probs` という変数に辞書型で格納しています．

　17〜23 行目の `init_sigma_transition_prob` では，σ と行動の組み合わせを作り，それぞれの組み合わせについて `calc_motion_sigma_transition_probs` というメソッドから σ の遷移確率を受け取っています．

　25〜30 行目の `cov_to_index` は，26 行目で共分散行列から σ の値を求め，求めた σ に対応するインデックス i_σ を探して返しています．探し方は `self.dev_borders` の値を小さい方から比較するという単純なものです．

　32 行目以降の `calc_motion_sigma_transition_probs` では，まず 38 行目までで行列 F_t, M_t, A_t を計算しています．行列の生成には，6 章で実装した関数 `matF`, `matM`, `matA` を使っています．41 行目では，σ の区間の値を分割して遷移前の σ の値を 100 個作り，42 行目で次々に遷移後の σ が属する区間のインデックス i_σ を求めています．遷移後の i_σ は `ans` に集計され，45, 46 行目で頻度から確率に変換されて 48 行目で返されます．

これで BeliefDynamicProgramming のオブジェクト dp を作ると，次のように sp.motion_sigma_transition_probs が計算されます．（⇒amdp3.ipynb [3]）

```
In [3]:  1  puddles = [Puddle((-2, 0), (0, 2), 0.1), Puddle((-0.5, -2), (2.5, 1), 0.1)]
         2  dp = BeliefDynamicProgramming(np.array([[0.2, 0.2, math.pi/18]]).T, Goal(-3,-3), puddles, 0.1, 10)

In [4]:  1  dp.motion_sigma_transition_probs
Out[4]: {(0, (0.0, -2.0)): {0: 0.88, 1: 0.12},
         (1, (0.0, -2.0)): {1: 0.93, 2: 0.07},
         (2, (0.0, -2.0)): {2: 0.98, 3: 0.02},
         (3, (0.0, -2.0)): {3: 0.99, 4: 0.01},
         (4, (0.0, -2.0)): {4: 1.0},
         (0, (1.0, 0.0)): {0: 0.9, 1: 0.1},
         (1, (1.0, 0.0)): {1: 0.95, 2: 0.05},
         (2, (1.0, 0.0)): {2: 0.99, 3: 0.01},
         (3, (1.0, 0.0)): {3: 0.99, 4: 0.01},
         (4, (1.0, 0.0)): {4: 1.0},
         (0, (0.0, 2.0)): {0: 0.88, 1: 0.12},
         (1, (0.0, 2.0)): {1: 0.93, 2: 0.07},
         (2, (0.0, 2.0)): {2: 0.98, 3: 0.02},
         (3, (0.0, 2.0)): {3: 0.99, 4: 0.01},
         (4, (0.0, 2.0)): {4: 1.0}}
```

出力された値は，例えば「(0,(0.0,-2.0)): {0: 0.88,1: 0.12}」では「(0,(0.0,-2.0))」がキー（i_σ と行動の組み合わせ）で，「{0: 0.88,1: 0.12}」が値（遷移後の i_σ とその確率を格納した辞書）を意味しています．セル [4] の出力からは，遷移前の σ の値が小さいほど，移動で i_σ が大きくなる確率が高いと計算されていることが分かります．また，当然かもしれませんが，σ の値が良くなる遷移はありません．

この遷移確率を使って価値反復を実行してみましょう．次のように action_value を加筆します．（⇒amdp4.ipynb [2]）

```
67  def action_value(self, action, index, out_penalty=True):
68      value = 0.0
69      for delta, prob in self.state_transition_probs[(action, index[2])]:
70          after, out_reward = self.out_correction(np.array(index[0:3]).T + delta)
71
72          reward = - self.time_interval * self.depths[(after[0], after[1])] * self.puddle_coef - self.time_interval + out_reward*out_penalty
73          for sigma_after, sigma_prob in self.motion_sigma_transition_probs[(index[3], action)].items(): #σの遷移先ごとに処理
74              value += (self.value_function[tuple([*after, sigma_after])] + reward) * prob * sigma_prob #インデックスを拡張し，確率をかける
75
76      return value
```

69 行目の for ループが姿勢の遷移先に対する繰り返し計算，73 行目が σ の遷移先に対する繰り返し計算になっています．74 行目の tuple の中身がこれらの遷移先を組み合わせて作った遷移先の信念状態のインデックスです．このインデックスで遷移後の価値を取り出し，報酬と合わせて遷移確率 prob*sigma_prob をかけ，行動価値の一部として value に足しています．

これで次のように 1 回スイープを実行すると，$i_\sigma = 0$ の場合しか価値がよくならないことが確認できます．（⇒amdp4.ipynb [4]）

```
In [4]:  1  delta = dp.value_iteration_sweep()
         2  import seaborn as sns
         3  v = dp.value_function[:, :, 18, 1] #σのインデックスが1だと終端状態にはたどり着けないので価値は改善しない
         4  sns.heatmap(np.rot90(v), square=False)
         5  plt.show()
         6  v = dp.value_function[:, :, 18, 0] #σのインデックスが0だと改善する
         7  sns.heatmap(np.rot90(v), square=False)
         8  plt.show()
```

$i_\sigma \geq 1$ の場合，ロボットが移動すると σ は悪くなる一方なので，終端状態にたどり着く経路がなく，スイープするごとに価値が初期値より悪くなっていきます．図 12.7 に 1 スイープ後の状態価値関数

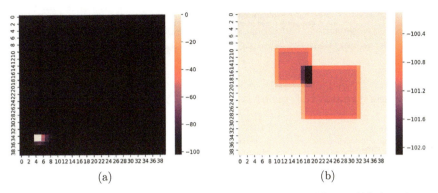

図 12.7　1スイープ後の価値関数の一部．(a)：$i_\sigma = 0$，(b)：$i_\sigma = 1$（値と色の対応が (a) と (b) で異なるので注意）．(b) はどこも価値が -100 以下で改善していない．

の一部を示します．このようになっていれば，コードに σ の遷移がバグなしで組み込まれていると考えてよいでしょう．

12.4.3　観測による不確かさの遷移の計算

さらにセンサ値を σ の遷移モデルに反映しましょう．このモデルは，前項の計算で遷移した σ に即座に適用されます．これで，信念状態の状態遷移の計算が完了します．

カルマンフィルタの式 (6.37)，(6.39) から，センサ値を得る前後の共分散行列 $\hat{\Sigma}, \Sigma$ には

$$\Sigma = (I - KH)\hat{\Sigma} \tag{12.19}$$

$$\text{ここで } K = \hat{\Sigma}H^\top (Q + H\hat{\Sigma}H^\top)^{-1} \tag{12.20}$$

という関係があります．Q については式 (6.29)，H については式 (6.25) の定義になります．移動の場合と同様，実装では遷移前後の共分散行列 $\hat{\Sigma}, \Sigma$ の変化を，$\hat{\sigma}$ から σ への変化で近似しなければなりません．実装では，$\hat{\sigma}$ から作った共分散行列 $\hat{\Sigma} = \hat{\sigma}^2 I$ を式 (12.19) に代入して Σ を計算し，そこから σ を式 (12.14) で求めることとします．また，センサ値が同時に複数得られるときは，式 (12.19) で得られた Σ を $\hat{\Sigma}$ として再度，式 (12.19) を適用してから式 (12.14) を使います．

この処理を実装しましょう．センサ値が必要なので，まず `BeliefDynamicProgramming` オブジェクトにカメラのモデルをもたせます．（⇒ `amdp5.ipynb` [3]）

```
In [3]:  1  puddles = [Puddle((-2, 0), (0, 2), 0.1), Puddle((-0.5, -2), (2.5, 1), 0.1)]
         2
         3  ##地図とカメラを作る##
         4  m = Map()
         5  for ln in [(1,4), (4,1), (-4, 1), (-2, 1)]: m.append_landmark(Landmark(*ln))
         6  c = IdealCamera(m)
         7
         8  dp = BeliefDynamicProgramming(np.array([0.2, 0.2, math.pi/18]).T, Goal(-3,-3), puddles, 0.1, 10, c) #カメラを加える
```

5行目でランドマークを4つ設置していますが，これらの位置は，ある意図があって決めました．

クラス側では引数でカメラを受け取り，`__init__` の最後で `init_obs_sigma_transition_probs` というメソッドを呼び出してカメラを渡し，結果を `self.obs_state_transitions` に格納します．（⇒ `amdp5.ipynb` [2]）

```
In [2]:  1  class BeliefDynamicProgramming(DynamicProgramming):
         2      def __init__(self, widths, goal, puddles, time_interval, sampling_num, camera, puddle_coef=100.0, \
         3                   lowerleft=np.array([-4, -4]).T, upperright=np.array([4, 4]).T, dev_borders=[0.1,0.2,0.4,0.8]): #2行目にcameraを追加
                ...
        16          self.obs_sigma_transition_probs = self.init_obs_sigma_transition_probs(camera) #追加
        17
```

`init_obs_sigma_transition_probs` は，次のように実装します．(⇒`amdp5.ipynb` [2])

```
18  def init_obs_sigma_transition_probs(self, camera):
19      probs = {}
20      for index in self.indexes:
21          pose = self.pose_min + self.widths*(np.array(index[0:3]).T + 0.5) #セルの中心の座標
22          sigma = (self.dev_borders_side[index[3]] + self.dev_borders_side[index[3]+1])/2 #範囲の真ん中の標準偏差を遷移前の状態として使う
23          S = (sigma**2)*np.eye(3) #sigmaから計算される姿勢の共分散行列
24
25          for d in camera.data(pose): #センサ値を繰り返しSに適用
26              S = self.observation_update(d[1], S, camera, pose)
27
28          probs[index] = {self.cov_to_index(S):1.0} #遷移後のインデックスをキー，確率1で遷移先を登録
29
30      return probs
31
32  def observation_update(self, landmark_id, S, camera, pose):
33      distance_dev_rate = 0.14 #センサ値の標準偏差のパラメータ．kf.ipynbから持ってくる．
34      direction_dev = 0.05
35
36      H = matH(pose, camera.map.landmarks[landmark_id].pos)
37      estimated_z = IdealCamera.observation_function(pose, camera.map.landmarks[landmark_id].pos)
38      Q = matQ(distance_dev_rate*estimated_z[0], direction_dev)
39      K = S.dot(H.T).dot(np.linalg.inv(Q + H.dot(S).dot(H.T)))
40      return (np.eye(3) - K.dot(H)).dot(S)
```

遷移確率は全離散状態に対して計算します．各離散状態から状態をサンプリングして遷移させて，遷移後の σ の統計をとると遷移確率が求まります．ただ，このコードでは手抜きして，各状態の中点を1点だけ選んで，そこから遷移後の σ を求めています．中点を計算しているのは21, 22行目です．それぞれの行で離散状態の姿勢の中点 pose，σ の値の中点を求めています．23行目で $\hat{\Sigma}$ の初期値 S を作っています．この行の sigma は $\hat{\sigma}$ を意味しています．25, 26行目は `camera.data(pose)` で pose から観測されるランドマークのセンサ値のリストを作り，S を更新しています．この更新に使われているメソッド `observation_update` は式 (12.19) を表しており，32〜40行目で実装されています．

これで `BeliefDynamicProgramming` のオブジェクトを作り，下のセルで `dp.obs_state_transitions` と打つと，次のような出力が得られます．(⇒`amdp5.ipynb` [4])

```
In [4]:  1  dp.obs_sigma_transition_probs
            ...
            (0, 3, 0, 0): {0: 1.0},
            (0, 3, 0, 1): {1: 1.0},
            (0, 3, 0, 2): {2: 1.0},
            (0, 3, 0, 3): {3: 1.0},
            (0, 3, 0, 4): {4: 1.0},
            (0, 3, 1, 0): {0: 1.0},
            (0, 3, 1, 1): {1: 1.0},
            (0, 3, 1, 2): {1: 1.0},
            (0, 3, 1, 3): {2: 1.0},
            (0, 3, 1, 4): {3: 1.0},
            (0, 3, 2, 0): {0: 1.0},
            (0, 3, 2, 1): {1: 1.0},
            (0, 3, 2, 2): {1: 1.0},
            (0, 3, 2, 3): {2: 1.0},
            (0, 3, 2, 4): {3: 1.0},
            (0, 3, 3, 0): {0: 1.0},
            (0, 3, 3, 1): {0: 1.0},
            (0, 3, 3, 2): {1: 1.0},
            (0, 3, 3, 3): {1: 1.0},
```

出力の各行はタプルのキーとディクショナリの値で構成されており，キーは離散状態のインデックス，値は遷移後の i_σ と遷移確率になっています．ただ，各離散状態から1点しか遷移させていないので，遷移確率はすべて1になっています．キーの右端の数，値の左端の数は遷移前後の i_σ の値です．比較すると，ランドマークが観測できない状態においては遷移後のインデックスはそのままですが，観測

できる状態ではインデックスが小さくなっています．

12.4.4 動作確認

まだ報酬について POMDP への対応をしていませんが，これまでの実装で価値反復ができるようになったので，動作確認をしてみましょう．まず，必須ではないのですが，`__init__` の冒頭で，行動のリストを作りなおして，第四の動作（バック）を追加します．（⇒`amdp6.ipynb` [2]）

```
 4      super().__init__(widths, goal, puddles, time_interval, sampling_num, puddle_coef, lowerleft, upperright)
 5
 6      self.actions = [(0.0, 2.0), (0.0, -2.0), (1.0, 0.0), (-1.0, 0.0)]  #バック(-1.0, 0.0)を追加してself.actionsを再定義(この位置に!)
 7      self.state_transition_probs = self.init_state_transition_probs(time_interval, sampling_num) #追加. 計算し直し.
 8
 9      self.index_nums = np.array([*self.index_nums, len(dev_borders) + 1])
```

次に，`action_value` メソッドを書き換えましょう．（⇒`amdp6.ipynb` [2]）

```
 95     def action_value(self, action, index, out_penalty=True):
 96         value = 0.0
 97         for delta, prob in self.state_transition_probs[(action, index[2])]:
 98             after, out_reward = self.out_correction(np.array(index[0:3]).T + delta)
 99
100             reward = - self.time_interval * self.depths[(after[0], after[1])] * self.puddle_coef - self.time_interval + out_reward*out_penalty
101             for sigma_after, sigma_prob in self.motion_sigma_transition_probs[(index[3], action)].items():
102                 for sigma_obs, sigma_obs_prob in dp.obs_sigma_transition_probs[(*after, sigma_after)].items(): #もう一段追加
103                     value += (self.value_function[(*after, sigma_obs)] + reward) * prob * sigma_prob * sigma_obs_prob #確率の掛け算も追加
104
105         return value
```

追加したのは 102 行目と，103 行目の末尾の「`* sigma_obs_prob`」の部分です．観測による遷移先の i_σ ごとに価値を計算するループを一つ加えたことになります．また 103 行目で，`self.value_function` に指定しているインデックスを，センサ値が反映された `sigma_obs` に変更しています．

これで，次のように収束するまでスイープします．本書の通り実装してあれば，110 回を超えたあたりで収束します．（⇒`amdp6.ipynb` [4]）

```
In [4]:  1   def save():
         2       with open("policy_amdp.txt", "w") as f:
         3           for index in dp.indexes:
         4               p = dp.policy[index]
         5               f.write("{} {} {} {} {} {}\n".format(index[0], index[1], index[2],index[3], p[0], p[1])) #一つ{}とindexの要素を増やす
         6
         7       with open("value_amdp.txt", "w") as f:
         8           for index in dp.indexes:
         9               p = dp.value_function[index]
        10               f.write("{} {} {} {} {}\n".format(index[0], index[1], index[2], index[3], p)) #5行目と同じ
        11
        12   delta = 1e100
        13   counter = 0
        14
        15   while delta > 0.01:
        16       delta = dp.value_iteration_sweep()
        17       counter += 1
        18       print(counter, delta)
        19       save()
```

収束まで時間がかかるので，毎回ファイルを保存するようにして，途中でロボットの動作を確認できるようにしました．

得られた `policy_amdp.txt` を使うエージェントを作りましょう．`BeliefDynamicProgramming` クラスから方策を読み出すために必要な変数や関数をいくつかもってきて，次のように作ります．（⇒`amdp_policy_agent.ipynb` [1]-[2]）

第 12 章　部分観測マルコフ決定過程

```python
import sys
sys.path.append('../scripts/')
from dp_policy_agent import *
```

```python
class AmdpPolicyAgent(DpPolicyAgent):
    def __init__(self, time_interval, estimator, goal, puddle_coef=100, widths=np.array([0.2, 0.2, math.pi/18]).T, \
                 lowerleft=np.array([-4, -4]).T, upperright=np.array([4, 4]).T, dev_borders=[0.1,0.2,0.4,0.8]):
        super().__init__(time_interval, estimator, goal, puddle_coef, widths, lowerleft, upperright)

        self.index_nums = np.array([*self.index_nums, len(dev_borders) + 1]) #BeliefDynamicProgrammingから持ってくる
        self.dev_borders = dev_borders
        self.policy_data = self.init_belief_policy(self.index_nums)

    def init_belief_policy(self, index_nums): #ファイルの読み込み（1次元増える）
        tmp = np.zeros(np.r_[index_nums,2])
        for line in open("policy_amdp.txt", "r"):
            d = line.split()
            tmp[int(d[0]), int(d[1]), int(d[2]), int(d[3])] = [float(d[4]), float(d[5])]

        return tmp

    def cov_to_index(self, cov): #BeliefDynamicProgrammingから持ってくる
        sigma = np.power(np.linalg.det(cov), 1.0/6)
        for i, e in enumerate(self.dev_borders):
            if sigma < e: return i

        return len(self.dev_borders)

    def policy(self, pose, goal=None): #姿勢から離散状態のインデックスを作って方策を参照して返すだけ
        pose_index = self.to_index(self.estimator.belief.mean, self.pose_min, self.index_nums[0:3], self.widths)
        belief_index = self.cov_to_index(self.estimator.belief.cov)
        a = self.policy_data[(*pose_index, belief_index)]

        if tuple(a) == (0.0, 0.0): #ゴールしていないのに止まったら前進させるヒューリスティック
            a = [1.0, 0.0]

        return a

    def draw(self, ax, elems): #カルマンフィルタの推定結果を描画
        self.estimator.draw(ax, elems)
        return
```

このコード，基本は方策を読み出すだけのものですが，30, 31行目に一つだけヒューリスティックスを入れています．これは，ロボットがゴール直前で止まることがあるので，その場合は前進動作を選択するというものです[注13]．ロボットが止まるのは，価値反復時の終端状態の判断が少々甘いことが原因です．

アニメーションを実行するセルについては省略します（⇒ `amdp_policy_agent.ipynb` [3]）．価値反復で設定した位置にランドマークをおき，今作ったエージェントのオブジェクトを作り，さまざまな初期姿勢からロボットの行動を観察してみましょう．

この時点で得られるロボットの行動の例を示します．図 12.8 は，4 台のロボットを (a) のように $y=4[\mathrm{m}]$ のところに左向きに並べて一斉にスタートさせたときの挙動です．どのロボットも，角を曲がる際に方向転換して，ID2, 3 のランドマークの間を後向きに進んでゴールに入っています．後向きで進むと常にランドマークを観測しながらゴールに向かえることが理由と考えられます．

図 12.9 は，バックの速度を少し遅くして価値反復で方策を得た場合のロボットの挙動です．この場合は前向き，後向きの両方が見られました．後向きを選んだロボットは，移動の速度より観測を優先させたことになります．図 12.10 に，この方策で前向きにゴールに向かうときのロボットの挙動の一例を示します．この例のように，前向きに向かった場合も，ゴールの前でランドマークが観測できる向きに回転してから姿勢を微調整してゴールに入る動作が見られます．

注 13　このヒューリスティックスは，ロボットがゴールしたかどうかを教えてもらえたり，直接ゴールを計測できたりすることが前提となります．

12.4 AMDP

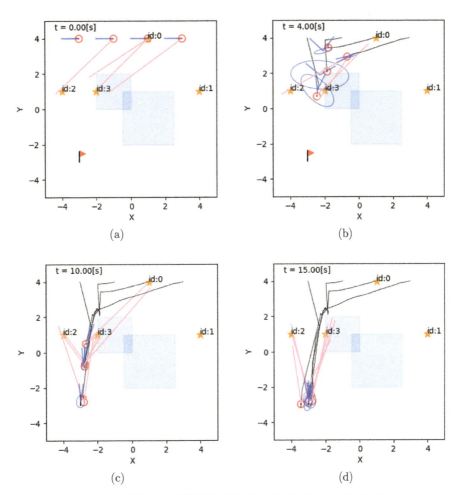

図 12.8 ランドマークを観測するためにバックでゴールに向かうロボット．

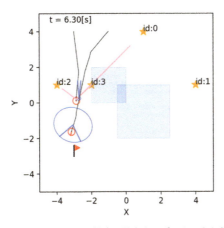

図 12.9 バックの速度を少し（10[%]）遅くした場合．前向きにゴールへ向かう場合と後向きにゴールへ向かう場合が見られる．

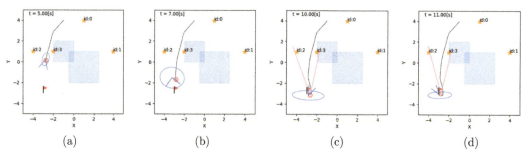

図 12.10　前向きでゴールに向かい，振り返って姿勢を微調整してゴールに入る．

12.4.5　信念状態の遷移に対する報酬

最後に，信念状態の遷移に対する報酬を計算して実装しましょう．MDP での水たまりの問題の場合，報酬（ペナルティー）は式 (10.15) のように，遷移後の位置での水たまりの深さで決められていました．再掲すると

$$r(\boldsymbol{x}_{t-1}, a_t, \boldsymbol{x}_t) = -\Delta t - cw(\boldsymbol{x}_t)\Delta t \tag{12.21}$$

です．これを今の実装に素直に拡張すると，「遷移後の信念分布から導かれる水たまりの深さの期待値」で報酬を決めてやればよいことになります．つまり，

$$r(b_{t-1}, a_t, b_t) = \Big\langle r(\boldsymbol{x}_{t-1}, a_t, \boldsymbol{x}) \Big\rangle_{p(\boldsymbol{x}_{t-1}, \boldsymbol{x})} = -\Delta t - c\Delta t \Big\langle w(\boldsymbol{x}) \Big\rangle_{b_t(\boldsymbol{x})} \tag{12.22}$$

となります．中辺右下の $p(\boldsymbol{x}_{t-1}, \boldsymbol{x})$ は遷移前後の姿勢の同時確率分布であり，観測も絡んで複雑な形状になりますが，最終的には括弧内から $\boldsymbol{x}_{t-1}$ がなくなるので，遷移後の分布 $b_t(\boldsymbol{x})$ だけが期待値計算に必要となります．

実装においては，式 (12.22) の期待値は，$b_t = \mathcal{N}(\boldsymbol{\mu}_t, \Sigma_t)$ からロボットの位置をサンプリングして，それらの位置での深さの平均値を求めると近似的に求められます．次のように，`__init__` の最後に `self.depths` を初期化する 1 行を足して，メソッド `expected_depths` を実装します．（⇒`amdp7.ipynb` [2]）

```
21        self.depths = self.expected_depths(puddles) #__init__の最後に追加
22
23    def expected_depths(self, puddles, sampling_num=100): #追加
24        depths = {}
25        for index in itertools.product(range(self.index_nums[0]), range(self.index_nums[1]), range(self.index_nums[3])): #xyσのインデックス
26            pose = self.pose_min[0:2] + self.widths[0:2]*(np.array(index[0:2]).T + 0.5) #セルの位置の中心
27            sigma = (self.dev_borders_side[index[2]] + self.dev_borders_side[index[2]+1])/2 #σの中心
28            belief = multivariate_normal(mean=pose, cov=np.eye(2)*(sigma**2)) #分布を構成（向きの次元は落としているので2次元）
29            depth_sum = 0.0
30            for pos in belief.rvs(sampling_num): #信念分布から位置をサンプリング
31                depth_sum += sum([p.depth*p.inside(pos) for p in puddles])
32
33            depths[index] = depth_sum/sampling_num
34        return depths
```

`self.depths` は `action_value` メソッドで使われているので，`action_value` も次のように書き換えます．（⇒`amdp7.ipynb` [2]）

```
110    def action_value(self, action, index, out_penalty=True):
111        value = 0.0
112        for delta, prob in self.state_transition_probs[(action, index[2])]:
113            after, out_reward = self.out_correction(np.array(index[0:3])).T + delta
114
115            for sigma_after, sigma_prob in self.motion_sigma_transition_probs[(index[3], action)].items():
116                for sigma_obs, sigma_obs_prob in dp.obs_sigma_transition_probs[(*after, sigma_after)].items():
117                    reward = - self.time_interval * self.depths[(after[0], after[1], sigma_obs)] * self.puddle_coef \
118                             - self.time_interval + out_reward*out_penalty  #ここで報酬を計算. self.depthsのインデックスにsigma_obsを追加.
119                    value += (self.value_function[(*after, sigma_obs)] + reward) * prob * sigma_prob * sigma_obs_prob
120
121        return value
```

報酬は遷移後の信念分布の大きさが決まらないと計算できないので，計算する場所が for 文の一番深いところになります．`self.depths` を参照するときは，`sigma_obs` もキーに加えます．

これで方策を計算します．水たまりの角を曲がる図 12.2 の実験を再現したいので，次のように行動のリストを元に戻し（バックの行動をなくして），ランドマークの位置も図 12.2 のものに戻します．(⇒amdp7.ipynb [2])

```
In [2]: 1  class BeliefDynamicProgramming(DynamicProgramming):
        2      def __init__(self, widths, goal, puddles, time_interval, sampling_num, camera, puddle_coef=100.0, \
        3               lowerleft=np.array([-4, -4]).T, upperright=np.array([4, 4]).T, dev_borders=[0.1,0.2,0.4,0.8]):
        4          super().__init__(widths, goal, puddles, time_interval, sampling_num, puddle_coef, lowerleft, upperright)
        5
        6          #  self.actions = [(0.0, 2.0), (0.0, -2.0), (1.0, 0.0), (-1.0, 0.0)]  #コメントアウト
        7          #  self.state_transition_probs = self.init_state_transition_probs(time_interval, sampling_num)  #コメントアウト
```

これで方策を得てロボットを動かしてみると，水たまりに突っ込むこともありますが，多くの試行ではロボットが水たまりを避けることを観察できます．

図 12.11 に初期姿勢 $\boldsymbol{x}_0 = (2.5\ 2.5\ 0)^\top$ からの動作の一例を示します．図のように，この試行では左回りでゴールに向かうルートが選択されています．移動時間としては，左回りルートは右回りルートより 90 度余計に回転しなければならないので不利なのですが，一方で水たまりの張り出しが小さいので信念分布が広いときに水たまりに入るリスクが小さくなります．エージェント（というより方策）は，ロボットが初期姿勢にいる時点で，その判断をしたことになります．MDP の方策を使った

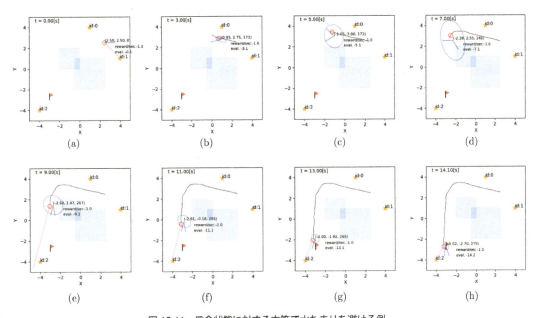

図 12.11　信念状態に対する方策で水たまりを避ける例.

場合や Q-MDP の場合，初期姿勢にいる時点では分布の広さは考慮できないので，この初期姿勢の場合は右回りルートになります．さらに，エージェントは (a) から (c) にかけて，水たまりから遠ざかるように進路をとっています．あらかじめ信念分布が広くなることを見越した行動選択と考えられます．この試行では，(c) から (e) にかけてエージェントは楕円の端を少し水たまりに入れて角を曲がり，(e)〜(g) にかけてほぼまっすぐにゴールに向かい，少し位置を調整して (h) のように 14.1[s] でゴールに入りました．

もちろん，この図は単なる一例です．自己位置推定の結果次第では，ロボットは水たまりに入ることがあります．また，右回りルートでゴールに向かうこともあります．

1000 回の試行でこの方策を評価した結果を表 12.2 に示します．実験方法は表 12.1 のときと同じです．表のように Q-MDP の結果と同等以上の結果が得られました．もちろん，本節の実装にはさまざまな近似や手抜きが入っているので初期姿勢によっては結果が変わってしまうかもしれません．しかし，図 12.11 のように信念分布が広くなることを見越した行動は Q-MDP では不可能なので，理論的には AMDP のアプローチの方が Q-MDP よりも性能が得られやすいと考えられます．

表 12.2　A-MDP の評価（1000 回試行）．

行動決定方法		評価値の平均 [s]	ゴール到達率 [%]
AMDP	(⇒amdp7.ipynb)	**-17.1**	**97.4**
参考：Q-MDP	(⇒qmdp3.ipynb)	-17.7	94.8
参考：10 章のランドマークの配置	(⇒dp_mcl_avg.ipynb)	-13.8	99.2

一方で，今実装した方法には，ランドマークの位置が変わるごとに価値反復をやりなおさなければならないという制約があります．Q-MDP はランドマークの位置情報を行動決定の計算に使わないため，価値反復のやりなおしは不要です．

12.5 まとめ

本章では POMDP を扱い，基本的な近似手法を試しました．「実世界で賢くロボットを動かす」という問題を扱うということは POMDP か，それ以上の問題（他者がいて協力できたり妨害されたりする場合）に挑戦することを意味します．POMDP を扱う場合，MDP よりもさらに次元の呪いを受けることになります．一方で，本章で実装した AMDP のコードでは，さまざまな信念分布をわずか 5 種類に分類しただけでも，不確かさを考慮した方策が得られることを示しました．

POMDP の問題を解く手法には，ほかに信念空間からいくつか信念状態をサンプリングして，それらの信念状態を通る超平面で価値関数を近似する方法 (point-based value iteration, PBVI) [Pineau 2006] があります．PBVI やほかの最新手法については [森村 2019] に解説があります．

移動ロボットにおいては，最近はセンサから得られる情報が豊富で精度も高くなったため，POMDP を解かなければロボットが移動できない状況というのは相対的に減っています．しかし，環境が変わるとセンサが期待通りに機能しないということも起こります．また，ロボットの動作を速くすればそれだけ計測環境はシビアになります．よりロボットの行動範囲や応用範囲を広げるためには，POMDP の枠組みで雑音や観測できない事態に対応することには価値があります．

一方，現時点の移動ロボットの実装では，不測の事態に対しては「普段は MDP 的な方策を使い，

危ないときだけ回避や停止などの反射行動をとらせる」という方法がとられることが一般的です．例えば移動ロボットが壁に近づきすぎたらその場でバックする，といった方法です．ただ，この方法では反射行動と方策が矛盾してロボットの動きが無限ループに陥ることがあります．これには主な原因が二つあり，1点は反射行動は最適制御と関係なく実装されるため，ローカルミニマムの問題の原因になるということ，もう1点は自己位置推定の結果と「壁に近い」というその場の計測結果が矛盾しがちであることです．これを防ぐには，本章のように最初から自己位置推定の不確かさを行動決定で考慮することが有効です．また，壁の情報を自己位置推定に反映することも有効です．

ただし，**サブサンプションアーキテクチャ**（subsumption architecture）[Brooks 1986] を意識して反射行動を組み合わせると，POMDP を持ち出さなくても自律性の高い行動を生み出せることがあります．サブサンプションアーキテクチャは，行動を地図を使うような高レベルなものから，その場の反射行動のような低レベルなものまで多段に揃えて，高レベルな行動が無理なら低レベルな行動というようにレベルを切り替えるものです．最近の移動ロボットは地図への依存度が高いように筆者には感じます．つくばチャレンジを見ていると地図上で自己位置推定ができなくなったらそれでおしまいといった感じなのですが，例えば人間の場合はどうするかと考えてみれば，それはちょっと淡白すぎます．

最近の POMDP の研究事例については，やはり人工ニューラルネットワークを用いたものが主流となっており，recurrent neural network (再帰型ニューラルネットワーク，RNN) や，その一種の long short-term memory (LSTM) [Hochreiter 1997] を応用したものがあります [Hausknecht 2015]．これらの手法では，信念分布を作らずに行動と観測の履歴から行動決定します．これは式 (12.3) の形式の方策を作ること相当し，POMDP を解いているといえます．また，明示的に信念分布を使った例としては [Igl 2018] があります．また，筆者らは人工ニューラルネットワークではなくパーティクルフィルタだけの極端に簡単な仕組みで式 (12.3) を解く方法を提案していますが，複雑な行動決定にはいまだ適用できていません [Ueda 2018b, 齊藤 2019]．

章末問題

📄 問題 12.1
水たまりに入った，または入っていないという情報を MCL に反映して，Q-MDP を実行してみましょう．ロボットの挙動はどのように変わるでしょうか．

📄 問題 12.2
ここ 20 年のインターネットの進化で，人類は遠隔の情報を比較的容易に入手できるようになりました．これにより，我々はより賢い行動がとれるようになったといえるでしょうか．膨大な知識があれば，それを有効に行動に活かせるものでしょうか．

📄 問題 12.3
問題 10.9 で考えたコンピュータは，信念状態空間での価値反復を近似なしで一瞬で解けるでしょうか．

📄 問題 12.4
目隠しをして家の中を動き回ってみましょう．おそらくなんとか移動が可能だと思いますが，いったい何が手がかりになっているでしょうか．また，自分がどこにいるのか分からなくなったとき，あなたはどんな行動をとって手がかりを得ようとするでしょうか．（怪我をしないように注意してください．）

📄 問題 12.5
11 章の MDP を対象とした強化学習でも，自己位置の分かりにくいところでは，エージェントが自身の予想（推定姿勢）に反して水たまりに入ってしまうという経験をするため，水たまりを避ける行動を得る可能性があります．例えば 11 章の Sarsa(λ) などを，ランドマークの位置を変えて実行し，そのような方策が生成されるかどうか確かめてみましょう．そして，結果について考察してみましょう．

📄 問題 12.6
少なくとも筆者の場合は分からないことがあると不安になったりイライラしたりと感情が乱れますが，これはいったい何のためにそうなるのでしょうか．

📄 問題 12.7
センサの配置で POMDP の問題が難しくなったり簡単になったりする例を考えてみましょう．POMDP の観点から，動物やロボットのセンサやアクチュエータの配置の優劣を考えてみましょう．

付録A ベイズ推論によるセンサデータの解析

2章では，LiDARのセンサ値について，平均や分散，その他さまざまな統計的性質を求めました．これらの性質は基本的に実験で得た多くのセンサ値でヒストグラムを描き，その分布の形状を確認してから得たものです．これはこれでまったく問題ないのですが，この方法の場合，分布の傾向が見えるまでにある程度の数のセンサ値が必要です．

一方，我々は「壁からx[mm]離して計測しているのだからLiDARの返すセンサ値の平均はx[mm]前後である」というようなもっと具体的な事前知識をもっています．この事前知識を利用するともっと少ないセンサ値で平均と分散が求められるかもしれません．

また，1章の章末問題に出てきたサイコロの例を再び思い出すと，我々はサイコロの出目がどの目も1/6だと信じています．その状態から細工をしたサイコロを観察して何かおかしいぞと感じるまでの思考も，事前知識を利用している（あるいは事前知識に囚われている）といえます．

ベイズの定理を用いると，このような「事前知識＋観測された値＝新たな知識」という推論のモデルを作れます．実はカルマンフィルタやMCLも，最初に自己位置の分布を作るので，このようなモデルに該当します．ただ，確率的な自己位置推定では状態遷移によって事前知識がだんだん消えていくので，純粋にこのような議論をすることに向いていません．また，ロボットは動く仕事のほかに動かない仕事もしますので，動かない仕事用の推論も必要です．

そこで本章では，「ロボットが動かない」推論の例を二つ扱います．A.1節では2章で使った距離200[mm]でのLiDARのセンサ値を題材に，事前知識を表す確率分布をベイズの定理で更新する方法を扱います．A.2節では同じく2章で使った距離600[mm]でのLiDARのセンサ値を題材にします．このセンサ値の分布はマルチモーダルであり，ベイズの定理がそのまま使えません．そこで，変分推論という手法を使って解析に挑戦します．

A.1 共役事前分布とベイズの定理による推論

A.1.1 ガウス分布のパラメータ推定

まず，`sensor_data_200.txt`のLiDARからのセンサ値を再び解析してみましょう．我々はLiDARが壁までの距離を返してくることを知っています．そして，LiDARが壁から200[mm]離れているとき，センサ値zの雑音がガウス分布に従うことも知っています．このガウス分布は

$$p(z|\mu,\lambda) = \mathcal{N}(z|\mu,\lambda^{-1}) \tag{A.1}$$

と表せます．ここでμは分布の中心，λは精度（分散の逆数）です．例えば「センサ値が200前後でばらつくはず」という場合には，$\mu=200$といえます．λの値は，あまり根拠なく決めることができませんが，センサが精密ならばzの標準偏差は1[mm]くらい（$\lambda=1$）だということになりますし，そうでないなら10[mm]くらい（$\lambda=10^{-2}$）の雑音があるかもしれないと，だいたいの値を考える

ことができます．

この μ, λ の値を，新たにセンサ値 z_0 を観測して確率的な方法を使って修正するということを考えます．この場合，例えば先ほどは λ を 10^{-2} から 1 の間と幅をもたせましたが，μ にも幅をもたせて確率分布で表しましょう．つまり，μ も λ も変数だと考えて

$$p(\mu, \lambda) \tag{A.2}$$

という分布を考えます．

さて，ここで新たにセンサ値 z_0 を観測しました．このとき，分布 $p(\mu, \lambda)$ はベイズの定理で次のように変更できます．

$$p(\mu, \lambda | z_0) = \frac{p(z_0|\mu, \lambda)p(\mu, \lambda)}{p(z_0)} = \eta p(z_0|\mu, \lambda)p(\mu, \lambda) \tag{A.3}$$

この式を見ると，式 (A.1) の分布を $p(\mu, \lambda)$ にかけることで，$p(\mu, \lambda | z_0)$ を求めることができると分かります．式 (A.3) の右辺，左辺にある $p(\mu, \lambda)$, $p(\mu, \lambda | z_0)$ を，以後それぞれ**事前分布**，**事後分布**と呼びます．

この式を計算すると，`sensor_data_200.txt` の中のセンサ値は，たいていのものが 200 よりも大きいため，事前分布における μ の平均値は，事後分布のものよりも 2 章で求めた平均値（210 付近）に近づくはずです．また，どうなるかは予想しづらいですが，λ の分布も変わるはずです．つまり，z_0 を反映することで，我々はより尤もらしい μ, λ を知ることになります．ただ，そのためには式 (A.3) で $p(\mu, \lambda | z_0)$ を計算する必要があります．

実はこの話，MCL やカルマンフィルタと同じで，これらのアルゴリズムは姿勢 x をセンサ値の発生の原因として扱い，原因の分布（信念分布 b）をセンサ値 z を使って更新していたのでした．したがって，上のベイズの定理の式を計算するには，MCL かカルマンフィルタによく似た方法を使えばよいことになります．

一般に，このような枠組みで μ, λ のようなパラメータや，その他未知の変数の分布を求める方法は**ベイズ学習**や**ベイズ推論**と呼ばれます [須山 2017, 中島 2016, ビショップ 2012a]．MCL やカルマンフィルタもこの範疇に含まれます．一方，MCL やカルマンフィルタにはロボットが動いて確かだったものが不確かになるという過程が入っていますが，本章で扱う方法はそのような過程がないものになります[注1]．

A.1.2　パラメータの分布のモデル化

カルマンフィルタのように，μ, λ の分布について何か式を作って，式 (A.3) の事後分布を解くことを考えましょう．この場合，センサ値が $z_0, z_1, \ldots,$ と入ってくるごとに，ある数式で表された事後分布を更新していくことになります．このとき，ベイズの定理前後で μ, λ の分布が同じ式で表せると再帰的に計算できて楽です．

今求めたい μ, λ の分布は，ガウス分布のパラメータの分布[注2]ですが，この場合，次のような分布だと，ベイズの定理前後で同じ式になります [Raiffa 1961]．

$$b_0(\mu, \lambda | \mu_0, \zeta_0, \alpha_0, \beta_0) = \mathcal{N}(\mu | \mu_0, (\zeta_0 \lambda)^{-1}) \mathrm{Gam}(\lambda | \alpha_0, \beta_0) \tag{A.4}$$

注1　おそらく，多くの人は，本章のようなものに移動という要素を加えるとカルマンフィルタになるという考え方をすると思われるので，この説明は順序が逆になっているかもしれません．しかし，筆者の感覚ではこういう順序の説明になります．
注2　ややこしいのですが，パラメータの分布なので，元のガウス分布とは異なるものになります．元のガウス分布自体を，なんらかの別の分布からドローされる変数のように扱うということです．

$\mu_0, \zeta_0, \alpha_0, \beta_0$ は μ, λ の分布のパラメータです．ここで，

$$\mathrm{Gam}(\lambda|\alpha,\beta) = \frac{1}{\Gamma(\alpha)} \beta^\alpha \lambda^{\alpha-1} e^{-\beta\lambda} \tag{A.5}$$

$$\Gamma(\alpha) = \int_0^\infty t^{\alpha-1} e^{-t} dt \tag{A.6}$$

です．Gam は**ガンマ分布**と呼ばれる分布です．Γ は 7.1.2 項の KLD サンプリングの説明中にも出てきたガンマ関数です（付録 B.2.1）．ガンマ分布の数式はややこしい形をしているようですが，正規化定数 η を用いると，

$$\mathrm{Gam}(\lambda|\alpha,\beta) = \eta \lambda^{\alpha-1} e^{-\beta\lambda} \tag{A.7}$$

となります．式 (A.4) の分布は**ガウス–ガンマ分布**と呼ばれます．また，本書の文脈では，b_0 を信念とみなせます．z_0 をベイズの定理で反映した後の事後分布を信念 $b_1(\mu,\lambda|\mu_1,\zeta_1,\alpha_1,\beta_1)$ と表しましょう．同様に $z_1, z_2, \ldots, z_{N-1}$ が得られた後の信念を $b_2, b_3, \ldots, b_N$ と表します．事前分布 b_i がガウス–ガンマ分布のとき，z_i を反映した事後分布 b_{i+1} もガウス–ガンマ分布となることは，後から確認します．

A.1.3 事前分布の作成

　事前分布のパラメータに適当な数字を入れてみましょう．まず λ の分布 $\mathrm{Gam}(\lambda|\alpha_0,\beta_0)$ の α_0, β_0 を設定します．ガンマ分布には平均が α/β，分散が α/β^2 となる性質があります．付録 B.2.2 に導出方法を掲載しました．先ほどは λ が 10^{-2} から 1 程度という例を出しましたが，この場合，(10^{-2} は小さいので無視して) λ の平均が 0.5，標準偏差が 0.5（分散が 0.5^2）と考えて，$\alpha_0 = 1$, $\beta_0 = 0.5^{-1} = 2$ とできます．

　また，μ の分布 $\mathcal{N}(\mu|\mu_0,(\zeta_0\lambda)^{-1})$ については $\mu_0 = 200[\mathrm{mm}]$ としましょう．μ は z の平均値なので，μ_0 は「z の平均値の平均値」ということになります．ζ_0 は z の分散 λ^{-1} に対して μ の分散を何分の一にするかというパラメータになりますが，これは $\zeta_0 = 1$ としておきましょう．

　これでパラメータが出揃ったのでコードを書いて事前分布を図示してみます．次のコードは b_0 のパラメータをセル [2] に，λ, μ の分布を生成する関数と，それらの分布を描画する関数をセル [3] に実装したものです．(⇒`gauss_gamma1.ipynb [1]-[3]`)

```python
In [1]: 1  import matplotlib.pyplot as plt
        2  import numpy as np
        3  from scipy.stats import gamma, norm

In [2]: 1  mu_0 = 200
        2  zeta_0 = 1
        3  alpha_0 = 1
        4  beta_0 = 2

In [3]: 1  def gen_lambda_dist(alpha, beta):
        2      return gamma(alpha, scale=1/beta)
        3
        4  def gen_mu_dist(mu_mean, zeta, lmd):
        5      return norm(loc=mu_mean, scale=np.sqrt(1/(zeta*lmd)))
        6
        7  def draw(pdf, range_min, range_max, step):
        8      xs = np.arange(range_min, range_max, step)
        9      ys = [pdf.pdf(x) for x in xs]
       10      plt.plot(xs, ys)
       11      plt.show()
```

　これで λ の分布を描画すると次のようになります．(⇒`gauss_gamma1.ipynb [4]`)

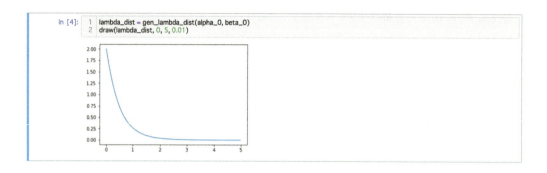

このように，$\lambda \leq 2$ である確率が高いという分布が得られます．$\lambda = 2$ のとき，センサ値 z の標準偏差は 0.71[mm] で，λ が 0 に近づくと z の標準偏差がそれより大きくなるので，「センサ値のばらつきは標準偏差 0.71[mm] より大きいだろう」と事前分布が予測していることになります．

今度は μ の分布を描いてみましょう．（⇒`gauss_gamma1.ipynb [5]`）

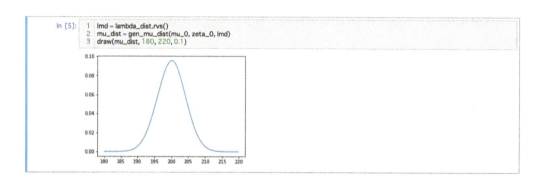

この分布を見るときに注意しなければならないのは，λ が不定であることと，これはセンサ値 z の分布でなく μ の分布であることです．λ はセル [5] の 1 行目のように，セル [4] で描いた分布から一つだけドローしています．したがって，何回かこのセルを実行すると，そのたびに描画されるグラフの幅が変化します．

A.1.4 事後分布の導出

事後分布を計算してみましょう．事前分布 b_0，事後分布 b_1 を式 (A.3) に当てはめると，

$$b_1(\mu, \lambda | \mu_1, \zeta_1, \alpha_1, \beta_1) = \eta p(z_0|\mu, \lambda) b_0(\mu, \lambda | \mu_0, \zeta_0, \alpha_0, \beta_0) \tag{A.8}$$

となります．ベイズの定理の左辺はもともと $p(\mu, \lambda | z_0)$ なのですが，これを b_1 で置き換え，この分布をパラメータ $\mu_1, \zeta_1, \alpha_1, \beta_1$ で表そうという意味をもたせました．

さらにこの式に具体的な分布を代入すると，

$$\mathcal{N}(\mu|\mu_1, (\zeta_1\lambda)^{-1})\mathrm{Gam}(\lambda|\alpha_1, \beta_1) = \eta \mathcal{N}(z_0|\mu, \lambda^{-1})\mathcal{N}(\mu|\mu_0, (\zeta_0\lambda)^{-1})\mathrm{Gam}(\lambda|\alpha_0, \beta_0) \tag{A.9}$$

となります．この式は漸化式になっていて，センサ値が続いて $z_1, z_2, \ldots, z_{N-1}$ と入ってくると，

$$\mathcal{N}(\mu|\mu_N, (\zeta_N\lambda)^{-1})\mathrm{Gam}(\lambda|\alpha_N, \beta_N) = \eta \left\{ \prod_{i=0}^{N-1} \mathcal{N}(z_i|\mu, \lambda^{-1}) \right\} \mathcal{N}(\mu|\mu_0, (\zeta_0\lambda)^{-1})\mathrm{Gam}(\lambda|\alpha_0, \beta_0) \tag{A.10}$$

となります．これからする作業は $\mu_0, \zeta_0, \alpha_0, \beta_0$ を使って $\mu_N, \zeta_N, \alpha_N, \beta_N$ を表現することです．また，左辺と右辺が同じガウス–ガンマ分布になることも確認しましょう．

まず，右辺にたくさんあるガウス分布を一つにまとめます．添え字に 0 のついているものにはすべて具体的な数字が入っているので，η に組み入れることができます．

$$\left\{\prod_{i=0}^{N-1} \mathcal{N}(z_i|\mu, \lambda^{-1})\right\} \mathcal{N}(\mu|\mu_0, (\zeta_0\lambda)^{-1})$$

$$= \eta \left\{\prod_{i=0}^{N-1} \frac{\lambda^{1/2}}{\sqrt{2\pi}} \exp\left[-\frac{1}{2}\lambda(z_i - \mu)^2\right]\right\} \frac{(\zeta_0\lambda)^{1/2}}{\sqrt{2\pi}} \exp\left\{-\frac{1}{2}\zeta_0\lambda(\mu - \mu_0)^2\right\}$$

$$= \eta \lambda^{N/2+1/2} \exp\left\{-\frac{1}{2}\lambda\left[\sum_{i=0}^{N-1}(z_i^2 - 2z_i\mu + \mu^2) + \zeta_0\mu^2 + \zeta_0\mu_0^2 - 2\zeta_0\mu\mu_0\right]\right\}$$

$$= \eta \lambda^{N/2+1/2} \exp\left\{-\frac{1}{2}\lambda\left[\sum_{i=0}^{N-1} z_i^2 - 2\mu \sum_{i=0}^{N-1} z_i + (N + \zeta_0)\mu^2 + \zeta_0\mu_0^2 - 2\zeta_0\mu\mu_0\right]\right\}$$

$$= \eta \lambda^{N/2+1/2} \exp\left\{-\frac{1}{2}\lambda\left[(N+\zeta_0)\left(\mu - \frac{1}{N+\zeta_0}\sum_{i=0}^{N-1} z_i - \frac{\zeta_0}{N+\zeta_0}\mu_0\right)^2 + U\right]\right\}$$

(↑ μ のガウス分布の形式に変形．U は余った項をまとめたもの．)

$$= \eta \lambda^{N/2+1/2} \exp\left\{-\frac{1}{2}\lambda(N+\zeta_0)\left(\mu - \frac{1}{N+\zeta_0}\sum_{i=0}^{N-1} z_i - \frac{\zeta_0}{N+\zeta_0}\mu_0\right)^2\right\} \exp\left(-\frac{1}{2}\lambda U\right)$$

$$= \eta \lambda^{N/2+1/2} \sqrt{2\pi[\lambda\pi(N+\zeta_0)]^{-1}} \mathcal{N}\left[\mu \middle| \frac{1}{N+\zeta_0}\sum_{i=0}^{N-1} z_i + \frac{\zeta_0}{N+\zeta_0}\mu_0, [(N+\zeta_0)\lambda]^{-1}\right]$$

$$\cdot \exp\left(-\frac{1}{2}\lambda U\right)$$

$$= \mathcal{N}\left[\mu \middle| \frac{1}{N+\zeta_0}\sum_{i=0}^{N-1} z_i + \frac{\zeta_0}{N+\zeta_0}\mu_0, [(N+\zeta_0)\lambda]^{-1}\right] \eta \lambda^{N/2} \exp\left(-\frac{1}{2}\lambda U\right) \tag{A.11}$$

となります．これで

$$\mu_N = \frac{1}{N+\zeta_0}\sum_{i=0}^{N-1} z_i + \frac{\zeta_0}{N+\zeta_0}\mu_0 \tag{A.12}$$

$$\zeta_N = N + \zeta_0 \tag{A.13}$$

となります．また，U は

$$U = \sum_{i=0}^{N-1} z_i^2 + \zeta_0\mu_0^2 - (N+\zeta_0)\left(\frac{1}{N+\zeta_0}\sum_{i=0}^{N-1} z_i + \frac{\zeta_0}{N+\zeta_0}\mu_0\right)^2$$

$$= \sum_{i=0}^{N-1} z_i^2 + \zeta_0\mu_0^2 - \zeta_N\mu_N^2 \tag{A.14}$$

となります．

式 (A.12) を見ると，μ_N は μ_0 とセンサ値の重み付き平均になると分かります．また，式 (A.13) を見ると，ζ_N はセンサ値の個数を ζ_0 で水増しした値になっています．つまり，事前知識として μ_0,

付録 A　ベイズ推論によるセンサデータの解析

ζ_0 を設定するということは，センサ値 μ_0 を ζ_0 個水増しするということに相当するという意味になります．このことは，例えば z_0 の前にも 10 回センサ値を計測し，その平均値が 200 だったとすれば，$\mu_0 = 200$, $\zeta_0 = 10$ とすることによって，それら過去のセンサ値も推定に使えるということも意味します．

今度は式 (A.10) に式 (A.11) を代入して，ガウス分布を両辺から消して他の部分を整理しましょう．

$$\text{Gam}(\lambda|\alpha_N, \beta_N) = \eta \lambda^{N/2} \exp\left(-\frac{1}{2}\lambda U\right) \text{Gam}(\lambda|\alpha_0, \beta_0) \quad (A.15)$$

$$\lambda^{\alpha_N - 1} e^{-\beta_N \lambda} = \eta \lambda^{N/2} \exp\left(-\frac{1}{2}\lambda U\right) \lambda^{\alpha_0 - 1} e^{-\beta_0 \lambda} \quad (A.16)$$

$$\lambda^{\alpha_N - 1} \exp(-\beta_N \lambda) = \eta \lambda^{N/2 + \alpha_0 - 1} \exp\left\{-\left(\frac{1}{2}U + \beta_0\right)\lambda\right\} \quad (A.17)$$

これで，

$$\alpha_N = \frac{N}{2} + \alpha_0 \quad (A.18)$$

$$\beta_N = \frac{1}{2}U + \beta_0 = \frac{1}{2}\left(\sum_{i=0}^{N-1} z_i^2 + \zeta_0 \mu_0^2\right) - \frac{1}{2}\zeta_N \mu_N^2 + \beta_0 \quad (A.19)$$

となります．α_N, β_N については，これらが何を表しているのか分かりにくいですが，よく見ると β_N の式については，β_0 以外の項が分散の公式[注3]に $\zeta_N/2 = N/2 + \zeta_0/2$ をかけたものになっています．また，α_N も $N/2$ ずつ増えていくこと，α_N/β_N, α_N/β_N^2 が精度 λ の平均，分散であることを考えると，N が大きいほど精度 λ はセンサ値の分散の逆数（つまりセンサ値から計算される精度）に近づき，精度 λ の分散は，λ がある値に近づくならば小さくなっていくことが分かります．精度 λ の分散が小さくなるということは，λ の値が確定することを意味します．

A.1.5　センサ値をわずかに反映したときの挙動

以上でセンサ値 $z_0, z_1, z_2, \ldots, z_{N-1}$ があれば，信念 b_N のパラメータが決まることになります．コードにして b_N を描画してみましょう．先ほどのコードの下で `sensor_data_200.txt` の読み込みと，$\mu_N, \zeta_N, \alpha_N, \beta_N$ の式を実装します．（⇒`gauss_gamma1.ipynb` [6]-[8]）

```
In [6]: 1  import pandas as pd
        2  data = pd.read_csv("sensor_data_200.txt", delimiter=" ",
        3          header=None, names = ("date","time","ir","lidar"))
        4  lidar = data["lidar"]

In [7]: 1  samples = lidar.sample(5)
        2  print(samples.values)
        3  print("平均: ", samples.mean())
        4  print("標準偏差: ", samples.std())
        [214 207 203 210 216]
        平均: 210.0
        標準偏差: 5.244044240850758

In [8]: 1  N = len(samples)
        2  mu_N = 1.0/(N+beta_0)*sum(samples) + beta_0/(N+beta_0)*mu_0
        3  zeta_N = N + zeta_0
        4  alpha_N = N/2 + alpha_0
        5  beta_N = 0.5*(sum([z**2 for z in samples]) + zeta_0*(mu_0**2) - zeta_N*(mu_N**2)) + beta_0
        6  print([mu_N, zeta_N, alpha_N, beta_N])
        [207.14285714285714, 6, 3.5, 1582.5102040816273]
```

セル [7] では，試しにセンサ値を 5 個ランダムに選んで，参考のために平均値と標準偏差（不偏分散

[注3]　値の二乗和から平均値の二乗を引くと分散になるというもの．

から求めたもの）を求めています．セル [8] では各パラメータをプリントしています．

この 5 個のセンサ値で事後分布 b_5 の μ, λ の分布を求めてみましょう．まず，λ は次のようになります．（⇒ `gauss_gamma1.ipynb` [9]）

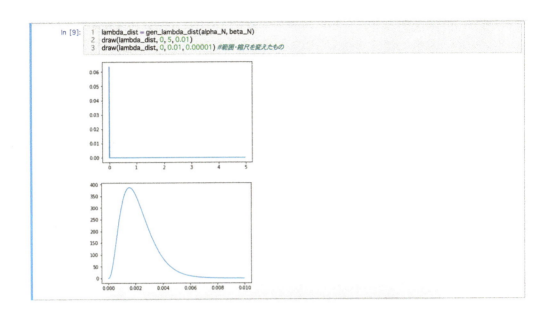

事前分布のときと異なり，分布が 0 付近によってしまいました．つまり精度 λ が小さい（精度が悪い）可能性が高くなったことを意味します．

ここから λ を一つドローして，μ の分布を描いてみると次のようになります．（⇒ `gauss_gamma1.ipynb` [10]）

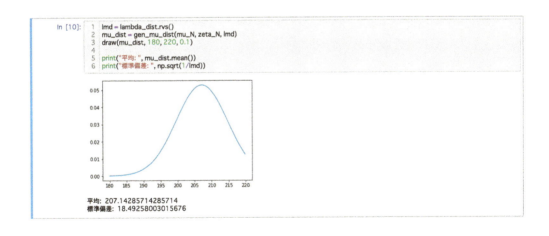

精度 λ の値が小さくなったので，事前分布から描画したものより μ の値の分布が広くなりました[注4]．つまり，センサ値の平均値が不確かになったということです．この現象は，「もともとセンサ値の平均値は 200[mm] くらい，標準偏差は 1[mm] より悪いかなくらいで考えていたのが，センサ値を 5 個観

注 4　この説明をもっと正確にすると，λ の値はランダムに選んでいるので，事前分布から λ を一つ選んで描画したときに，事後分布からのものよりも分布の広い μ が描画される可能性があります．ただし，その確率はセンサ値を 5 個反映した後よりは非常に小さくなります．

測したら，標準偏差は $1[\mathrm{mm}]$ ということはなくてもっと悪く，平均値もまだはっきりしないと考えるようになった」と解釈できます．

これで，センサ値の平均値と分散を求める方法が，2章のものと，今使ったものの二つになりました．これのどちらがいいのかという話になると，よほど事情がない場合は前者で十分でしょう．多くのセンサ値から求めた平均，分散は，実験に不備がなければそんなに値がおかしくなることはありません．センサ値の平均値と分散を求めるだけであれば，後者に利点があるのは，信頼できる事前分布が作れる場合に限られます．

一方，自律ロボットの場合は，本書を通して述べてきたように「分からないことを数値化する」ことがしばしば必要となります．何かを推定したいとき，根拠がいまだ乏しい時点では「自分は分かっていない」ということがしっかりと表現されていないと，ロボットが危険な行動をとるかもしれません．この場合には，後者が自然な実装となります．

A.1.6　センサ値を多く反映したときの挙動

$N \to \infty$ のとき，z の分布の平均値 μ_∞，分散 $\sigma_\infty^2 = \beta_\infty / \alpha_\infty$ は次のようになります．

$$\mu_\infty = \lim_{N \to \infty} \frac{1}{N} \sum_{i=0}^{N-1} = \bar{z} \quad （\bar{z} \text{ は 2 章の方法で求めたセンサ値の平均値}） \tag{A.20}$$

$$\sigma_\infty^2 = \lim_{N \to \infty} \beta_N / \alpha_N = \lim_{N \to \infty} \left\{ \frac{N + \zeta_0}{N + 2\alpha_0} \left[\sum_{i=0}^{N-1} z_i^2 / (N + \zeta_0) - \mu_N^2 \right] + \frac{\zeta_0 \mu_0^2 + 2\beta_0}{N + 2\alpha_0} \right\}$$
$$= \bar{z^2} - \mu_\infty^2 = \bar{z^2} - \bar{z}^2 \tag{A.21}$$

$\bar{z^2} - \bar{z}^2$ は 2 章の方法で求めたときの z の標本分散で，その値は N が無限だと不偏分散と一致します．したがって，センサ値が無限になると，センサ値の平均，分散は本章の方法と 2 章の方法で求めたものが一致することになります．

センサ値を全部使ってみましょう．次のように `samples` で `lidar` の値が全部（58,988 個）使えるようにします．（⇒`gauss_gamma2.ipynb` [7]）

```
In [7]:  1  samples = lidar    #.sample(5) #値を全部使う
         2  print(samples.values)
         3  print("平均: ", samples.mean())
         4  print("標準偏差: ", samples.std())
         [214 211 199 ... 204 207 208]
         平均: 209.73713297619855
         標準偏差: 4.838192492920729
```

最後に計算されているように，2 章の方法では平均が $209.7[\mathrm{mm}]$，標準偏差が $4.8[\mathrm{mm}]$ となります．

これでセル [8] を実行してセル [9] 以降で λ，μ の分布を描くと，次のようになります．（⇒`gauss_gamma1.ipynb` [9]-[10]）

最後にあるように，平均が 209.7[mm]，標準偏差が 4.8[mm] と，セル [7] の値と一致しています．

λ の分布については，センサ値が 5 個のときよりもモードが少し大きくなって，0.042 あたりになっています．μ の分布については幅が針のように狭くなっており，これは μ が収束したことを意味しています．λ, μ の分布がともに狭くなっていることから，センサ値が 5 個しかないときと比べ，求めた λ, μ の値に確信がもてていると解釈できます．

最後に，λ, μ の分布から一組の λ, μ をドローしてセンサ値 z のガウス分布を作り，元のセンサ値と比較したものを示します．（⇒`gauss_gamma1.ipynb` [11]）

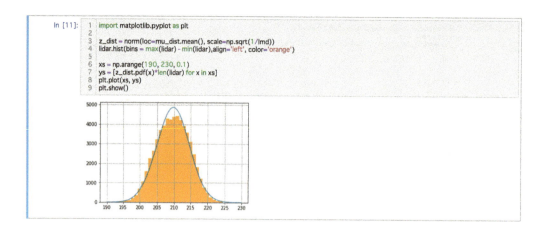

7行目で作った分布 `z_dist` にセンサ値の個数をかけて縮尺を合わせ，4行目で作った元のセンサ値のヒストグラムと比較しています．平均，分散が2章のものと一致しているので当然ですが，`z_dist` が元のセンサ値の特性を表せていることが分かります．

A.2 変分推論による混合モデルの解析

今度は，`sensor_data_600.txt` を解析してみましょう．このデータから LiDAR のセンサ値の度数分布を作ると，図2.4のようにマルチモーダルになりました．このような分布の場合，前節のようにベイズ推定するにはどうすればよいでしょうか．ここでは，**変分推論法** [ビショップ 2012b, 須山 2017]（variational inference）あるいは**変分ベイズ法**（variational Bayes framework）[Attias 1999] と呼ばれる方法で，この問題を扱います．

A.2.1 センサ値の生成モデル

2章では，分布がマルチモーダルになる直接の原因は時間ではなく，周囲の明るさ，あるいは温度，湿度ではないかという話をしました．これらの環境条件が原因でマルチモーダルになるならば，図2.4中に潜んでいるガウス分布に対して，「真っ暗な（あるいは低温，高湿度の）場合のガウス分布」，「外光もあり，蛍光灯もついているとき（あるいは高温，低湿度のとき）のガウス分布」など，時間よりももっと適切な分類ができそうです．そこで，事前分布を考えるために，次のような仮説を立ててみます．

- 特定の環境条件に対応した何種類かのガウス分布がある．
- ガウス分布は K 個存在する．（以後 $k = 0, 1, 2, \ldots, K-1$ と番号をつける．）
- 各ガウス分布の平均値，精度はそれぞれ μ_k, λ_k．
- 各センサ値 z_i は，ガウス分布のどれかから生成されたものと考える．
- 一つのセンサ値が生成されるとき，k 番目のガウス分布から生成される確率は π_k である．

これで $z_{0:N-1}$ から各分布の μ_k, λ_k, π_k が推定できると，各ガウス分布 $\mathcal{N}(\mu_k, \lambda_k)$ と，分布全体の中での各ガウス分布が占める割合 π_k が決まります．

このモデルを数式で表しましょう．一つのセンサ値 z をドローするプロセスを考えます．まず，K

個のガウス分布から一つ選び出すプロセスを定式化します．このプロセスはアルゴリズムとして考えると簡単ですが，数式で表すときは少し回りくどい方法がとられます．具体的には K 次元で，ある元一つだけが 1，ほかは 0 というベクトル $\boldsymbol{c} = (c_0\ c_1\ c_2 \ldots c_{K-1}) = (0\ 0 \ldots\ 0\ 1\ 0 \ldots)$ を考えます．このベクトルは $c_k = 1$ のとき，「k 番目のガウス分布が選ばれた」という意味をもちます．この表現は **1-of-K 符号化法**と呼ばれます．このベクトルを使うと，ガウス分布を一つ選ぶプロセスは，

$$\boldsymbol{c} \sim \mathrm{Cat}(\boldsymbol{c}|\boldsymbol{\pi}) \tag{A.22}$$

と表せます．ここで，

$$\mathrm{Cat}(\boldsymbol{c}|\boldsymbol{\pi}) = \pi_0^{c_0} \pi_1^{c_1} \ldots \pi_{K-1}^{c_{K-1}} = \prod_{k=0}^{K-1} \pi_k^{c_k} \tag{A.23}$$

です．$\mathrm{Cat}(\boldsymbol{c}|\boldsymbol{\pi})$ は K 個あるものから 1 個選ぶときの確率分布 (確率質量関数) ですが，この分布は**カテゴリカル分布** (カテゴリー分布) と呼ばれます．1-of-K 符号化法で表現された「2 が出る」というサイコロの事象をカテゴリカル分布に代入して確率を得る例を示します．（⇒`distributions.ipynb` [1]）

```
In [1]:  1  import math
         2  import functools
         3  import operator
         4
         5  def cat(c, pi):
         6      elems = [math.pow(pi_k, c_k) for (c_k, pi_k) in zip(c,pi)] #pi_k^c_k
         7      return functools.reduce(operator.mul, elems)    #リストの掛け算
         8
         9  ## サイコロを表現 ##
        10  pi = [1/6, 1/6, 1/6, 1/6, 1/6, 1/6]   #出目の確率が全て1/6
        11  c = [0,1,0,0,0,0]                      #2の目が出るという事象の1-of-K表現
        12  cat(c, pi)                             #確率を求めてみる -> 0.166666... = 1/6
Out[1]: 0.16666666666666666
```

ベクトル $\boldsymbol{c}$ が選ばれたら，あとはガウス分布から z をドローすればよいということになります．これは k 番目のガウス分布が選ばれた ($c_k = 1$) ならば $z \sim \mathcal{N}(z|\mu_k, \lambda_k^{-1})$ と書けばよいのですが，$\boldsymbol{c}$ を使って表すと，

$$z \sim \prod_{k=0}^{K-1} \mathcal{N}(z|\mu_k, \lambda_k^{-1})^{c_k} \tag{A.24}$$

となります．この分布は

$$p(z|\boldsymbol{c}, \mu_{0:K-1}, \lambda_{0:K-1}) = \prod_{k=0}^{K-1} \mathcal{N}(z|\mu_k, \lambda_k^{-1})^{c_k} \tag{A.25}$$

と記述できます．この式は後で利用します．

これで，式 (A.22), (A.24) でセンサ値をドローしていくと，図 2.4 のようなヒストグラムができるということになります．なお，`sensor_data_600.txt` のセンサ値は時系列で得られたデータですが，今作ったモデルは時刻を考えていないので，ドローされるセンサ値のリストは時系列データにはなりません．

$\boldsymbol{c}, z$ の従う確率密度関数は，式 (A.23) と式 (A.25) の分布をかけた，

$$p(z, \boldsymbol{c}|\mu_{0:K-1}, \lambda_{0:K-1}, \pi_{0:K-1}) = \left\{ \prod_{k=0}^{K-1} \mathcal{N}(z|\mu_k, \lambda_k^{-1})^{c_k} \right\} \left\{ \prod_{k=0}^{K-1} \pi_k^{c_k} \right\}$$

$$= \prod_{k=0}^{K-1} \{\mathcal{N}(z|\mu_k, \lambda_k^{-1})^{c_k} \pi_k^{c_k}\} \tag{A.26}$$

となります．前節のセンサ値の分布 $p(z|\mu, \lambda)$ と異なるのは，c という隠れた変数があることです．このような変数は**潜在変数**と呼ばれます．また，c で周辺化して z とパラメータだけの分布にすると，

$$p(z|\mu_{0:K-1}, \lambda_{0:K-1}, \pi_{0:K-1}) = \sum_{c \in \mathcal{C}} \prod_{k=0}^{K-1} \{\mathcal{N}(z|\mu_k, \lambda_k^{-1})^{c_k} \pi_k^{c_k}\} = \sum_{k=0}^{K-1} \pi_k \mathcal{N}(z|\mu_k, \lambda_k^{-1}) \tag{A.27}$$

となります．このようにガウス分布の重み付き和となる確率分布は**混合ガウス分布**と呼ばれます．式中の $\mathcal{C}$ は全通りの c の組み合わせです．つまり $\{(1\ 0\ \dots\ 0), (0\ 1\ \dots\ 0), \dots, (0\ 0\ \dots\ 1)\}$ ということです．式 (A.27) は，ガウス分布 K 個を π_k で重み付けして足した分布から z が生成されるということを表しています．π_k は**混合比率**と呼ばれます．

A.2.2 パラメータの分布のモデル化

$\mu_{0:K-1}, \lambda_{0:K-1}, \pi_{0:K-1}$ をそれぞれ $\boldsymbol{\mu}, \boldsymbol{\lambda}, \boldsymbol{\pi}$ として，これらの事前分布 $p(\boldsymbol{\mu}, \boldsymbol{\lambda}, \boldsymbol{\pi})$ を考えてみましょう．まず，$\boldsymbol{\mu}, \boldsymbol{\lambda}$ については，中の μ_k, λ_k の組がそれぞれ前節と同じガウス-ガンマ分布に従うと考えましょう．

$$\lambda_k \sim \mathrm{Gam}(\lambda_k | \alpha_k, \beta_k) \tag{A.28}$$

$$\mu_k \sim \mathcal{N}(\mu_k | \mu_k', (\zeta_k \lambda_k)^{-1}) \tag{A.29}$$

前節で μ_0 としていたもの（センサ値の平均値の平均値）は，添え字の関係で μ' と表されています．パラメータ $\boldsymbol{\mu}, \boldsymbol{\lambda}$ の事前分布はガウス-ガンマ分布の積で，

$$\begin{aligned}
p(\boldsymbol{\mu}, \boldsymbol{\lambda} | \boldsymbol{\mu}', \boldsymbol{\zeta}, \boldsymbol{\alpha}, \boldsymbol{\beta}) &= p(\boldsymbol{\mu} | \boldsymbol{\lambda}, \boldsymbol{\mu}', \boldsymbol{\zeta}, \boldsymbol{\alpha}, \boldsymbol{\beta}) p(\boldsymbol{\lambda} | \boldsymbol{\mu}', \boldsymbol{\zeta}, \boldsymbol{\alpha}, \boldsymbol{\beta}) \\
&= p(\boldsymbol{\mu} | \boldsymbol{\lambda}, \boldsymbol{\mu}', \boldsymbol{\zeta}) p(\boldsymbol{\lambda} | \boldsymbol{\alpha}, \boldsymbol{\beta}) \\
&= \left\{ \prod_{k=0}^{K-1} \mathcal{N}(\mu_k | \mu_k', (\zeta_k \lambda_k)^{-1}) \right\} \left\{ \prod_{k=0}^{K-1} \mathrm{Gam}(\lambda_k | \alpha_k, \beta_k) \right\}
\end{aligned} \tag{A.30}$$

とします．左辺の太字の $\boldsymbol{\mu}', \boldsymbol{\zeta}, \boldsymbol{\alpha}, \boldsymbol{\beta}$ は，それぞれ $\mu'_{0:K-1}, \zeta_{0:K-1}, \alpha_{0:K-1}, \beta_{0:K-1}$ を意味します．また，これらはすべて事前分布のパラメータで，実際にコードを書くときはなんらかの数字で初期化されています．

今度は $\boldsymbol{\pi} = \pi_{0:K-1}$ の事前分布を考えます．$\pi_{0:K-1}$ の要素を足すと 1 にならなければなりません．このような性質をもつ数字のリストの確率分布は，次のような**ディリクレ分布**

$$\boldsymbol{\pi} \sim \mathrm{Dir}(\boldsymbol{\pi} | \boldsymbol{\tau}) = \frac{\Gamma(\sum_{k=0}^{K-1} \tau_k)}{\prod_{k=0}^{K-1} \Gamma(\tau_k)} \prod_{k=0}^{K-1} \pi_k^{\tau_k - 1} = \eta \prod_{k=0}^{K-1} \pi_k^{\tau_k - 1} \tag{A.31}$$

で考えると便利です．ここで $\boldsymbol{\tau} = \tau_{0:K-1}$ で，これもなんらかの数字で初期化されているものとします．ディリクレ分布はカテゴリカル分布と似ていますが，ドローされる値が 1-of-K 符号ではなく，要素を足して 1 になる実数のベクトルです[注5]．

[注5] ディリクレ分布を頭でイメージする際，筆者は「（イカサマ）サイコロ製造機」と考えています．$\boldsymbol{\tau}$ が，どれだけ偏ったサイコロを発生させるかを決めるパラメータとなります．

ディリクレ分布を使ったコードの例を示します．この例では $K=5$ で $\boldsymbol{\tau}$ を適当に初期化し，$\boldsymbol{\pi}$ を生成しています．(⇒`distributions.ipynb` [2])

```
In [2]:  1  from scipy.stats import dirichlet
         2
         3  tau = [1,2,3,4,5]
         4
         5  for i in range(3):
         6      pi = dirichlet(tau).rvs()[0]    #ディリクレ分布からπを生成
         7      print("π=", pi, "合計:", sum(pi)) #πの合計は1になる
π= [0.15669654 0.08234161 0.17942086 0.23735849 0.3441825 ] 合計: 1.0
π= [0.01782424 0.01752779 0.12175161 0.46410968 0.37878669] 合計: 1.0
π= [0.01649573 0.2365099  0.22241829 0.30912348 0.2154526 ] 合計: 0.9999999999999999
```

τ_k の値が大きいほど，π_k の値が大きくなる可能性は高くなります．

これでパラメータ $\boldsymbol{\mu}, \boldsymbol{\lambda}, \boldsymbol{\pi}$ の事前分布は

$$\begin{aligned}
p(\boldsymbol{\mu}, \boldsymbol{\lambda}, \boldsymbol{\pi}) &= p(\boldsymbol{\mu}, \boldsymbol{\lambda}|\boldsymbol{\pi})p(\boldsymbol{\pi}) \\
&= p(\boldsymbol{\mu}, \boldsymbol{\lambda})p(\boldsymbol{\pi}) \\
&= p(\boldsymbol{\mu}|\boldsymbol{\lambda})p(\boldsymbol{\lambda})p(\boldsymbol{\pi}) \\
&= \left\{\prod_{k=0}^{K-1}\mathcal{N}(\mu_k|\mu'_k,(\zeta_k\lambda_k)^{-1})\right\}\left\{\prod_{k=0}^{K-1}\mathrm{Gam}(\lambda_k|\alpha_k,\beta_k)\right\}\mathrm{Dir}(\boldsymbol{\pi}|\boldsymbol{\tau})
\end{aligned} \quad (\mathrm{A}.32)$$

となります．煩雑になるので最後の行以外 $\mu', \zeta, \alpha, \beta, \tau$ を条件に書いていませんが，具体的な数字で固定されているので問題ありません．また，最後の行のように，具体的な式を書くと，これらのパラメータが顕在化します．

このように事前分布をモデル化したとき，$z_{0:N-1}, c_{0:N-1}, \boldsymbol{\mu}, \boldsymbol{\lambda}, \boldsymbol{\pi}$ の同時確率分布がどう分解できるか考えておきましょう．この式は後で使います．

$$\begin{aligned}
p(z_{0:N-1}, c_{0:N-1}, \boldsymbol{\mu}, \boldsymbol{\lambda}, \boldsymbol{\pi}) &= p(z_{0:N-1}, c_{0:N-1}|\boldsymbol{\mu}, \boldsymbol{\lambda}, \boldsymbol{\pi})p(\boldsymbol{\mu}, \boldsymbol{\lambda}, \boldsymbol{\pi}) \\
&= p(z_{0:N-1}|c_{0:N-1}, \boldsymbol{\mu}, \boldsymbol{\lambda}, \boldsymbol{\pi})p(c_{0:N-1}|\boldsymbol{\mu}, \boldsymbol{\lambda}, \boldsymbol{\pi})p(\boldsymbol{\mu}, \boldsymbol{\lambda}, \boldsymbol{\pi}) \\
&= p(z_{0:N-1}|c_{0:N-1}, \boldsymbol{\mu}, \boldsymbol{\lambda})p(c_{0:N-1}|\boldsymbol{\pi})p(\boldsymbol{\mu}, \boldsymbol{\lambda}, \boldsymbol{\pi}) \\
&= p(z_{0:N-1}|c_{0:N-1}, \boldsymbol{\mu}, \boldsymbol{\lambda})p(c_{0:N-1}|\boldsymbol{\pi})p(\boldsymbol{\mu}|\boldsymbol{\lambda})p(\boldsymbol{\lambda})p(\boldsymbol{\pi})
\end{aligned} \quad (\mathrm{A}.33)$$

A.2.3 KL 情報量によるアプローチ

ここで，センサ値 z_0 が得られたときに，前節の方法で事後分布 $p(\boldsymbol{\mu}, \boldsymbol{\lambda}, \boldsymbol{\pi}|z_0)$ が計算できないか考えてみましょう．ベイズの定理，式 (A.27) から，

$$p(\boldsymbol{\mu}, \boldsymbol{\lambda}, \boldsymbol{\pi}|z_0) = \eta\left\{\sum_{k=0}^{K-1}\pi_k\mathcal{N}(z_0|\mu_k, \lambda_k^{-1})\right\}p(\boldsymbol{\mu}, \boldsymbol{\lambda}, \boldsymbol{\pi}) \quad (\mathrm{A}.34)$$

となります．式中の μ_k, λ_k, π_k は，それぞれ $\boldsymbol{\mu}, \boldsymbol{\lambda}, \boldsymbol{\pi}$ の中の変数です．この関係から，事後分布 $p(\boldsymbol{\mu}, \boldsymbol{\lambda}, \boldsymbol{\pi}|z_0)$ の形状を決めるパラメータを事前分布のパラメータ $\mu', \zeta, \alpha, \beta, \tau$ から計算できれば良いということになります．ただし，A.1.4 項で導出した事後分布と事前分布の関係と異なり，右辺に和が存在しています．さらにセンサ値を $z_1, z_2, \ldots$ と反映すると，この式は多項式の積だらけになってしまいます．この説明だけで「解けない」と結論づけることはできませんが，おそらく一筋縄では

いかないでしょう．

そこで，次のように考えてみましょう．まず，N 個のセンサ値 $z_{0:N-1}$ が得られたあとのパラメータと潜在変数の事後分布

$$p(\boldsymbol{\mu}, \boldsymbol{\lambda}, \boldsymbol{\pi}, \boldsymbol{c}_{0:N-1}|z_{0:N-1}) \tag{A.35}$$

を考えます．

この分布を

$$p(\boldsymbol{\mu}, \boldsymbol{\lambda}, \boldsymbol{\pi}, \boldsymbol{c}_{0:N-1}|z_{0:N-1}) \approx b_{\mathrm{c}}(\boldsymbol{c}_{0:N-1})b_{\mathrm{d}}(\boldsymbol{\mu}, \boldsymbol{\lambda}, \boldsymbol{\pi}) \tag{A.36}$$

というように潜在変数の分布 b_{c} とパラメータの分布 b_{d} を用意して，その積で近似表現することを考えます．左辺の分布を右辺のように独立した分布の積にできるという保証はないのですが，とりあえず二つの分布の積にします．

b_{c}, b_{d} の分布形状は分からないので，最初は適当に初期化します．このときの両辺の不一致度を次のように KL 情報量で表してみましょう．式 (7.1) の最終行の式で表記して，期待値計算を駆使して整理します．

$$\begin{aligned}
&D_{\mathrm{KL}}(b_{\mathrm{c}}b_{\mathrm{d}}||p) \\
&= \left\langle \log\{b_{\mathrm{c}}(\boldsymbol{c}_{0:N-1})b_{\mathrm{d}}(\boldsymbol{\mu}, \boldsymbol{\lambda}, \boldsymbol{\pi})\} \right\rangle_{b_{\mathrm{c}}b_{\mathrm{d}}} - \left\langle \log p(\boldsymbol{\mu}, \boldsymbol{\lambda}, \boldsymbol{\pi}, \boldsymbol{c}_{0:N-1}|z_{0:N-1}) \right\rangle_{b_{\mathrm{c}}b_{\mathrm{d}}} \\
&= \left\langle \log b_{\mathrm{c}}(\boldsymbol{c}_{0:N-1}) \right\rangle_{b_{\mathrm{c}}b_{\mathrm{d}}} + \left\langle \log b_{\mathrm{d}}(\boldsymbol{\mu}, \boldsymbol{\lambda}, \boldsymbol{\pi}) \right\rangle_{b_{\mathrm{c}}b_{\mathrm{d}}} - \left\langle \log p(\boldsymbol{\mu}, \boldsymbol{\lambda}, \boldsymbol{\pi}, \boldsymbol{c}_{0:N-1}|z_{0:N-1}) \right\rangle_{b_{\mathrm{c}}b_{\mathrm{d}}} \\
&= \left\langle \log b_{\mathrm{c}}(\boldsymbol{c}_{0:N-1}) \right\rangle_{b_{\mathrm{c}}} + \left\langle \log b_{\mathrm{d}}(\boldsymbol{\mu}, \boldsymbol{\lambda}, \boldsymbol{\pi}) \right\rangle_{b_{\mathrm{d}}} - \left\langle \log p(\boldsymbol{\mu}, \boldsymbol{\lambda}, \boldsymbol{\pi}, \boldsymbol{c}_{0:N-1}|z_{0:N-1}) \right\rangle_{b_{\mathrm{c}}b_{\mathrm{d}}}
\end{aligned} \tag{A.37}$$

となります．

これで，例えば b_{d} の分布形状を固定すると，

$$\begin{aligned}
D_{\mathrm{KL}}(b_{\mathrm{c}}b_{\mathrm{d}}||p) &= \left\langle \log b_{\mathrm{c}}(\boldsymbol{c}_{0:N-1}) \right\rangle_{b_{\mathrm{c}}} - \left\langle \log p(\boldsymbol{\mu}, \boldsymbol{\lambda}, \boldsymbol{\pi}, \boldsymbol{c}_{0:N-1}|z_{0:N-1}) \right\rangle_{b_{\mathrm{c}}b_{\mathrm{d}}} + 定数 \\
&= \left\langle \log b_{\mathrm{c}}(\boldsymbol{c}_{0:N-1}) \right\rangle_{b_{\mathrm{c}}} - \left\langle \left\langle \log p(\boldsymbol{\mu}, \boldsymbol{\lambda}, \boldsymbol{\pi}, \boldsymbol{c}_{0:N-1}|z_{0:N-1}) \right\rangle_{b_{\mathrm{d}}} \right\rangle_{b_{\mathrm{c}}} + 定数 \\
&= \left\langle \log b_{\mathrm{c}}(\boldsymbol{c}_{0:N-1}) - \left\langle \log p(\boldsymbol{\mu}, \boldsymbol{\lambda}, \boldsymbol{\pi}, \boldsymbol{c}_{0:N-1}|z_{0:N-1}) \right\rangle_{b_{\mathrm{d}}} \right\rangle_{b_{\mathrm{c}}} + 定数 \\
&= \left\langle \log \frac{b_{\mathrm{c}}(\boldsymbol{c}_{0:N-1})}{\exp \left\langle \log p(\boldsymbol{\mu}, \boldsymbol{\lambda}, \boldsymbol{\pi}, \boldsymbol{c}_{0:N-1}|z_{0:N-1}) \right\rangle_{b_{\mathrm{d}}}} \right\rangle_{b_{\mathrm{c}}} + 定数 \\
&= \left\langle \log \frac{b_{\mathrm{c}}(\boldsymbol{c}_{0:N-1})}{\eta \exp \left\langle \log p(\boldsymbol{\mu}, \boldsymbol{\lambda}, \boldsymbol{\pi}, \boldsymbol{c}_{0:N-1}|z_{0:N-1}) \right\rangle_{b_{\mathrm{d}}}} + \log \eta \right\rangle_{b_{\mathrm{c}}} + 定数 \\
&= \left\langle \log \frac{b_{\mathrm{c}}(\boldsymbol{c}_{0:N-1})}{\eta \exp \left\langle \log p(\boldsymbol{\mu}, \boldsymbol{\lambda}, \boldsymbol{\pi}, \boldsymbol{c}_{0:N-1}|z_{0:N-1}) \right\rangle_{b_{\mathrm{d}}}} \right\rangle_{b_{\mathrm{c}}} + \log \eta + 定数 \\
&= D_{\mathrm{KL}}\left(b_{\mathrm{c}}||\eta \exp \left\langle \log p(\boldsymbol{\mu}, \boldsymbol{\lambda}, \boldsymbol{\pi}, \boldsymbol{c}_{0:N-1}|z_{0:N-1}) \right\rangle_{b_{\mathrm{d}}}\right) + 定数
\end{aligned} \tag{A.38}$$

となり，式中に新たな KL 情報量が出現します．

b_{d} を固定しているので，式 (A.36) の両辺の不一致度 $D_{\mathrm{KL}}(b_{\mathrm{c}}b_{\mathrm{d}}||p)$ を小さくするには，今導出した新たな KL 情報量を，b_{c} を変化させて最小化すればよいことになります．この新しくできた KL 情報量はややこしい形をしていますが，この値がゼロになるのは D_{KL} の二つの分布がつり合うときで，

このとき

$$b_{\mathrm{c}}(\boldsymbol{c}_{0:N-1}) = \eta \exp \langle \log p(\boldsymbol{\mu}, \boldsymbol{\lambda}, \boldsymbol{\pi}, \boldsymbol{c}_{0:N-1} | z_{0:N-1}) \rangle_{b_{\mathrm{d}}}$$

$$\log b_{\mathrm{c}}(\boldsymbol{c}_{0:N-1}) = \langle \log p(\boldsymbol{\mu}, \boldsymbol{\lambda}, \boldsymbol{\pi}, \boldsymbol{c}_{0:N-1} | z_{0:N-1}) \rangle_{b_{\mathrm{d}}} + \eta$$

$$= \left\langle \log \frac{p(z_{0:N-1}, \boldsymbol{c}_{0:N-1}, \boldsymbol{\mu}, \boldsymbol{\lambda}, \boldsymbol{\pi})}{p(z_{0:N-1})} \right\rangle_{b_{\mathrm{d}}} + \eta \quad (\text{乗法定理から})$$

$$= \langle \log p(z_{0:N-1}, \boldsymbol{c}_{0:N-1}, \boldsymbol{\mu}, \boldsymbol{\lambda}, \boldsymbol{\pi}) \rangle_{b_{\mathrm{d}}(\boldsymbol{\mu}, \boldsymbol{\lambda}, \boldsymbol{\pi})} + \eta \quad (\text{A.39})$$

となります．最後の変形では，$\log p(z_{0:N-1})$ が定数であることを利用して[注6]η に組み込んでいます．また，b_{d} の変数を明記しました．式 (A.39) から導出される分布 $b_{\mathrm{c}}(\boldsymbol{c}_{0:N-1})$ は，b_{d} の分布形状が固定という条件の下，式 (A.38) の $D_{\mathrm{KL}}(b_{\mathrm{c}}b_{\mathrm{d}}||p)$ を最小にします．

また，式 (A.38) は b_{c} と b_{d} で対称な形になっているので，b_{c} の分布形状を固定した場合には，

$$\log b_{\mathrm{d}}(\boldsymbol{\mu}, \boldsymbol{\lambda}, \boldsymbol{\pi}) = \langle \log p(z_{0:N-1}, \boldsymbol{c}_{0:N-1}, \boldsymbol{\mu}, \boldsymbol{\lambda}, \boldsymbol{\pi}) \rangle_{b_{\mathrm{c}}(\boldsymbol{c}_{0:N-1})} + \eta \quad (\text{A.40})$$

となります．この式で計算される $b_{\mathrm{d}}(\boldsymbol{\mu}, \boldsymbol{\lambda}, \boldsymbol{\pi})$ は，式 (A.38) の $D_{\mathrm{KL}}(b_{\mathrm{c}}b_{\mathrm{d}}||p)$ を最小にします．

これで，

- b_{c}, b_{d} の片方を固定して，もう片方の分布を求めると $D_{\mathrm{KL}}(b_{\mathrm{c}}b_{\mathrm{d}}||p)$ の値が減少
- その計算方法は式 (A.39) と式 (A.40)

ということが分かりました．b_{c}, b_{d} の分布形状をなんらかの方法で初期化して式 (A.39) と式 (A.40) の計算を交互に繰り返すと，これらの積の分布 $b_{\mathrm{c}}b_{\mathrm{d}}$ が事後分布 $p(\boldsymbol{\mu}, \boldsymbol{\lambda}, \boldsymbol{\pi}, \boldsymbol{c}_{0:N-1}|z_{0:N-1})$ に近づいていくことが期待できます．

A.2.4 潜在変数の分布形状の特定

式 (A.39) に式 (A.33) を代入して変形を続けましょう．

$$\log b_{\mathrm{c}}(\boldsymbol{c}_{0:N-1})$$
$$= \langle \log\{p(z_{0:N-1}|\boldsymbol{c}_{0:N-1}, \boldsymbol{\mu}, \boldsymbol{\lambda})p(\boldsymbol{c}_{0:N-1}|\boldsymbol{\pi})p(\boldsymbol{\mu}|\boldsymbol{\lambda})p(\boldsymbol{\lambda})p(\boldsymbol{\pi})\} \rangle_{b_{\mathrm{d}}(\boldsymbol{\mu}, \boldsymbol{\lambda}, \boldsymbol{\pi})} + \eta$$
$$= \langle \log p(z_{0:N-1}|\boldsymbol{c}_{0:N-1}, \boldsymbol{\mu}, \boldsymbol{\lambda}) + \log p(\boldsymbol{c}_{0:N-1}|\boldsymbol{\pi}) \rangle_{b_{\mathrm{d}}(\boldsymbol{\mu}, \boldsymbol{\lambda}, \boldsymbol{\pi})}$$
$$\quad + \langle \log\{p(\boldsymbol{\mu}|\boldsymbol{\lambda})p(\boldsymbol{\lambda})p(\boldsymbol{\pi})\} \rangle_{b_{\mathrm{d}}(\boldsymbol{\mu}, \boldsymbol{\lambda}, \boldsymbol{\pi})} + \eta$$
$$= \langle \log p(z_{0:N-1}|\boldsymbol{c}_{0:N-1}, \boldsymbol{\mu}, \boldsymbol{\lambda}) + \log p(\boldsymbol{c}_{0:N-1}|\boldsymbol{\pi}) \rangle_{b_{\mathrm{d}}(\boldsymbol{\mu}, \boldsymbol{\lambda}, \boldsymbol{\pi})} + \eta \quad (\text{A.41})$$

となります．ここで，後の式 (A.52) を見ると，b_{d} において $\boldsymbol{\pi}$ の分布が $\boldsymbol{\mu}$, $\boldsymbol{\lambda}$ の分布と独立で，$b_{\mathrm{d}} = b(\boldsymbol{\mu}, \boldsymbol{\lambda})b(\boldsymbol{\pi})$ と分解できると分かります．そのため，

$$\log b_{\mathrm{c}}(\boldsymbol{c}_{0:N-1}) = \langle \log p(z_{0:N-1}|\boldsymbol{c}_{0:N-1}, \boldsymbol{\mu}, \boldsymbol{\lambda}) + \log p(\boldsymbol{c}_{0:N-1}|\boldsymbol{\pi}) \rangle_{b(\boldsymbol{\mu}, \boldsymbol{\lambda})b(\boldsymbol{\pi})} + \eta$$
$$= \langle \log p(z_{0:N-1}|\boldsymbol{c}_{0:N-1}, \boldsymbol{\mu}, \boldsymbol{\lambda}) \rangle_{b(\boldsymbol{\mu}, \boldsymbol{\lambda})} + \langle \log p(\boldsymbol{c}_{0:N-1}|\boldsymbol{\pi}) \rangle_{b(\boldsymbol{\pi})} + \eta \quad (\text{A.42})$$

[注6] なぜ定数になるかというと，$p(z_{0:N-1})$ は，図 2.4 のヒストグラム（を確率分布にしたもの）から計算できるからです．つまり $p(z_{0:N-1})$ は既知で固定なので，他の情報に影響を受けません．

付録A ベイズ推論によるセンサデータの解析

とできます．$\langle \cdot \rangle$ 内の分布をセンサ値ごとの分布の積にすると

$$\log b_{\mathrm{c}}(\boldsymbol{c}_{0:N-1}) = \left\langle \log \prod_{i=0}^{N-1} p(z_i|\boldsymbol{c}_i, \boldsymbol{\mu}, \boldsymbol{\lambda}) \right\rangle_{b(\boldsymbol{\mu}, \boldsymbol{\lambda})} + \left\langle \log \prod_{i=0}^{N-1} p(\boldsymbol{c}_i|\boldsymbol{\pi}) \right\rangle_{b(\boldsymbol{\pi})} + \eta$$

$$= \sum_{i=0}^{N-1} \langle \log p(z_i|\boldsymbol{c}_i, \boldsymbol{\mu}, \boldsymbol{\lambda}) \rangle_{b(\boldsymbol{\mu}, \boldsymbol{\lambda})} + \sum_{i=0}^{N-1} \langle \log p(\boldsymbol{c}_i|\boldsymbol{\pi}) \rangle_{b(\boldsymbol{\pi})} + \eta \quad (\mathrm{A.43})$$

と整理できます．さらに，式 (A.23), (A.25) から，$\boldsymbol{c}_i$ の k 番目の元を $c_{i,k}$ とすると，

$$\log b_{\mathrm{c}}(\boldsymbol{c}_{0:N-1})$$

$$= \sum_{i=0}^{N-1} \left\langle \log \prod_{k=0}^{K-1} \mathcal{N}(z_i|\mu_k, \lambda_k^{-1})^{c_{i,k}} \right\rangle_{b(\boldsymbol{\mu}, \boldsymbol{\lambda})} + \sum_{i=0}^{N-1} \left\langle \log \prod_{k=0}^{K-1} \pi_k^{c_{i,k}} \right\rangle_{b(\boldsymbol{\pi})} + \eta$$

$$= \sum_{i=0}^{N-1} \sum_{k=0}^{K-1} \left\{ \langle \log \mathcal{N}(z_i|\mu_k, \lambda_k^{-1})^{c_{i,k}} \rangle_{b(\boldsymbol{\mu}, \boldsymbol{\lambda})} + \langle \log \pi_k^{c_{i,k}} \rangle_{b(\boldsymbol{\pi})} \right\} + \eta$$

$$= \sum_{i=0}^{N-1} \sum_{k=0}^{K-1} \left\{ \langle \log \mathcal{N}(z_i|\mu_k, \lambda_k^{-1})^{c_{i,k}} \rangle_{b(\mu_0, \lambda_0) b(\mu_1, \lambda_1) \ldots b(\mu_{K-1}, \lambda_{K-1})} + \langle \log \pi_k^{c_{i,k}} \rangle_{b(\boldsymbol{\pi})} \right\} + \eta$$

$$= \sum_{i=0}^{N-1} \sum_{k=0}^{K-1} \left\{ \langle \log \mathcal{N}(z_i|\mu_k, \lambda_k^{-1})^{c_{i,k}} \rangle_{b(\mu_k, \lambda_k)} + \langle \log \pi_k^{c_{i,k}} \rangle_{b(\boldsymbol{\pi})} \right\} + \eta$$

$$= \sum_{i=0}^{N-1} \sum_{k=0}^{K-1} c_{i,k} \left\{ \langle \log \mathcal{N}(z_i|\mu_k, \lambda_k^{-1}) \rangle_{b(\mu_k, \lambda_k)} + \langle \log \pi_k \rangle_{b(\boldsymbol{\pi})} \right\} + \eta$$

$$= \sum_{i=0}^{N-1} \sum_{k=0}^{K-1} c_{i,k} \left\{ \left\langle \log \sqrt{\frac{\lambda_k}{2\pi}} + \log \exp\left\{-\frac{\lambda_k}{2}(z_i - \mu_k)^2\right\} \right\rangle_{b(\mu_k, \lambda_k)} + \langle \log \pi_k \rangle_{b(\boldsymbol{\pi})} \right\} + \eta$$

$$= \sum_{i=0}^{N-1} \sum_{k=0}^{K-1} c_{i,k} \left\{ \frac{1}{2} \langle \log \lambda_k \rangle_{b(\mu_k, \lambda_k)} - \frac{1}{2} \log(2\pi) - \frac{1}{2} \langle \lambda_k (z_i - \mu_k)^2 \rangle_{b(\mu_k, \lambda_k)} + \langle \log \pi_k \rangle_{b(\boldsymbol{\pi})} \right\} + \eta$$

$$= \sum_{i=0}^{N-1} \sum_{k=0}^{K-1} c_{i,k} \left\{ \frac{1}{2} \langle \log \lambda_k \rangle_{b(\mu_k, \lambda_k)} - \frac{1}{2} \langle \lambda_k (z_i - \mu_k)^2 \rangle_{b(\mu_k, \lambda_k)} + \langle \log \pi_k \rangle_{b(\boldsymbol{\pi})} \right\} + \eta \quad (\mathrm{A.44})$$

となります．これで波括弧の中の式を

$$\log \rho_{i,k} = \frac{1}{2} \langle \log \lambda_k \rangle_{b(\mu_k, \lambda_k)} - \frac{1}{2} \langle \lambda_k (z_i - \mu_k)^2 \rangle_{b(\mu_k, \lambda_k)} + \langle \log \pi_k \rangle_{b(\boldsymbol{\pi})} \quad (\mathrm{A.45})$$

とすると，

$$\log b_{\mathrm{c}}(\boldsymbol{c}_{0:N-1}) = \sum_{i=0}^{N-1} \sum_{k=0}^{K-1} c_{i,k} \log \rho_{i,k} + \eta = \sum_{i=0}^{N-1} \sum_{k=0}^{K-1} \log \rho_{i,k}^{c_{i,k}} + \eta = \sum_{i=0}^{N-1} \log \prod_{k=0}^{K-1} \rho_{i,k}^{c_{i,k}} + \eta$$

$$= \log \prod_{i=0}^{N-1} \prod_{k=0}^{K-1} \rho_{i,k}^{c_{i,k}} + \eta \quad (\mathrm{A.46})$$

となり，

$$b_{\mathrm{c}}(\boldsymbol{c}_{0:N-1}) = e^{\eta} \prod_{i=0}^{N-1} \prod_{k=0}^{K-1} \rho_{i,k}^{c_{i,k}} \quad (\mathrm{A.47})$$

が成り立ちます．$c_0, c_1, \ldots$ は互いに独立なので，この左辺は c_i に関する分布の積になっており，c_i に関する分布を $b(\boldsymbol{c}_i)$ とすると，

$$b(\boldsymbol{c}_i) = \eta' \prod_{k=0}^{K-1} \rho_{i,k}^{c_{i,k}} \tag{A.48}$$

とできます．この式の形はカテゴリカル分布と同じ形をしていますが，正規化定数 η' が余計です．一方，$b(\boldsymbol{c}_i)$ が確率分布になるには，全通りの $\boldsymbol{c}_i$ を $b(\boldsymbol{c}_i)$ に代入して足すと 1 になる必要があります．これは，$\rho_{i,k}$ の和が 1 になるように定数倍して，$\rho_{i,k}$ を

$$r_{i,k} = \frac{\rho_{i,k}}{\sum_{k=0}^{K-1} \rho_{i,k}} \tag{A.49}$$

に置き換えると可能です．このとき，

$$b(\boldsymbol{c}_i) = \prod_{k=0}^{K-1} r_{i,k}^{c_{i,k}} \tag{A.50}$$

$$b_{\mathrm{c}}(\boldsymbol{c}_{0:N-1}) = \prod_{i=0}^{N-1} \prod_{k=0}^{K-1} r_{i,k}^{c_{i,k}} \tag{A.51}$$

となります．

$r_{i,k}$ は，センサ値 z_i が k 番目のガウス分布から生成されている確率を示す値となります．この値は**負担率**（responsibilty）と呼ばれます．$\rho_{i,k}$ を計算し，すべての i, k に対して負担率 $r_{i,k}$ を求めると，どのセンサ値に対しても，どの分布からそれが生成されたかを確率的に知ることができたということになります．

式 (A.45) の右辺第 2 項を見ると，$\rho_{i,k}$ の値はセンサ値 z_i とガウス分布の中心 μ_k が離れるほど小さい値になることが分かります．また，精度 λ_k が大きいほどそれが強調されることも分かります．つまり，式 (A.45) の意味するところは，k 番目のガウス分布から z_i の値が乖離するほど負担率は小さくなり，そのガウス分布から z_i が生成されたという仮説が成り立たなくなるということです．

A.2.5 負担率の初期化

式 (A.45) の中の $b(\mu_k, \lambda_k)$ や $b(\boldsymbol{\pi})$ について解いていないので，まだ負担率は求まりませんが，適当な値で初期化するコードを書いておきましょう．まず，`sensor_data_600.txt` をノートブックを作るディレクトリにコピーし，次のようにコードを書いて読み込みます．（⇒`variational_inference1.ipynb` [1]）

```python
import pandas as pd
import math, random
all_data = pd.read_csv("sensor_data_600.txt", delimiter=" ", header=None, names = ("date","time","ir","z")) #lidarのセンサ値は「z」に
data = all_data.sample(1000).sort_values(by="z").reset_index() #1000個だけサンプリングしてインデックスを振り直す
data = pd.DataFrame(data["z"])

display(data[0:3], data[-4:-1]) #とりあえず最初と最後のデータを表示
```

	z
0	611
1	612
2	613

	z
996	640
997	640
998	640

すべてのデータを使うと計算時間が長くなるので，センサ値を 1000 個（つまり $z_{0:999}$ を），元のセンサ値のリストからランダムに抽出して使用しています．このコードでは，センサ値は後の処理のために小さい順にソートされています．

次に，各センサ値 z_i の値に対して，負担率 $r_{i,k}$ $(k = 0, 1, \ldots, K-1)$ を適当に与えます．次のコードでは，全データの $r_{i,k}$ を k ごとに初期化し，`data` に列として加えています．($\Rightarrow$`variational_inference1.ipynb` [2])

```
In [2]:  1  ##負担率の初期化##
         2
         3  K = 2 #クラスタ数
         4  n = int(math.ceil(len(data)/K)) #クラスタあたりのセンサ値の数
         5  for k in range(K):
         6      data[k] = [1.0 if k == int(i/n) else 0.0 for i,d in data.iterrows()] #データをK個に分けて，一つのr_{i,k}を1に，他を0に．
         7
         8  display(data[0:3], data[-4:-1]) #下の出力の「0」，「1」が負担率の列
```

	z	0	1
0	611	1.0	0.0
1	612	1.0	0.0
2	613	1.0	0.0

	z	0	1
996	640	0.0	1.0
997	640	0.0	1.0
998	640	0.0	1.0

この処理はややこしいですが，センサ値を小さい順に 2 個のグループ（ある種のクラスタリングなのでクラスタと呼びましょう）に分けて，それぞれのセンサ値の負担率を，属するクラスタでは 1，属さないクラスタでは 0 で初期化しています．初期化の方法は必ずこうする必要はなく，各センサ値の負担率の和が 1 で，各クラスタの負担率の和が 0 でなければ何でもかまいません．しかし，完全にランダムにしてしまうと収束まで時間がかかってしまうようです．

A.2.6　パラメータの事後分布の特定

次に式 (A.40) を変形しましょう．式 (A.33) を代入します．

$$\begin{aligned}
\log b_{\mathrm{d}}(\boldsymbol{\mu}, \boldsymbol{\lambda}, \boldsymbol{\pi}) &= \langle \log\{p(z_{0:N-1}|\boldsymbol{c}_{0:N-1}, \boldsymbol{\mu}, \boldsymbol{\lambda}) p(\boldsymbol{c}_{0:N-1}|\boldsymbol{\pi}) p(\boldsymbol{\mu}|\boldsymbol{\lambda}) p(\boldsymbol{\lambda}) p(\boldsymbol{\pi})\} \rangle_{b_{\mathrm{c}}(\boldsymbol{c}_{0:N-1})} + \eta \\
&= \langle \log p(z_{0:N-1}|\boldsymbol{c}_{0:N-1}, \boldsymbol{\mu}, \boldsymbol{\lambda}) \rangle_{b_{\mathrm{c}}(\boldsymbol{c}_{0:N-1})} + \langle \log p(\boldsymbol{c}_{0:N-1}|\boldsymbol{\pi}) \rangle_{b_{\mathrm{c}}(\boldsymbol{c}_{0:N-1})} \\
&\quad + \log\{p(\boldsymbol{\mu}|\boldsymbol{\lambda}) p(\boldsymbol{\lambda})\} + \log p(\boldsymbol{\pi}) + \eta
\end{aligned} \tag{A.52}$$

よく見ると，式 (A.42) で性質を利用したように，$\boldsymbol{\pi}$ に関係する項と $\boldsymbol{\mu}, \boldsymbol{\lambda}$ に関係する項に分かれています．

● $b(\boldsymbol{\pi})$ の分布の特定

式 (A.52) から，$b(\boldsymbol{\pi})$ に関係する項を集めて，どのような分布になるかを計算してみましょう．式 (A.23), (A.31) から，

$$\begin{aligned}
&\log b(\boldsymbol{\pi}) \\
&= \langle \log p(\boldsymbol{c}_{0:N-1}|\boldsymbol{\pi}) \rangle_{b_{\mathrm{c}}(\boldsymbol{c}_{0:N-1})} + \log p(\boldsymbol{\pi}) + \eta \\
&= \left\langle \log \prod_{i=0}^{N-1} \prod_{k=0}^{K-1} \pi_k^{c_{i,k}} \right\rangle_{b_{\mathrm{c}}(\boldsymbol{c}_{0:N-1})} + \log \left(\eta' \prod_{k=0}^{K-1} \pi_k^{\tau_k - 1} \right) + \eta
\end{aligned}$$

$$
\begin{aligned}
&= \left\langle \sum_{i=0}^{N-1}\sum_{k=0}^{K-1} \log \pi_k^{c_{i,k}} \right\rangle_{b_c(\boldsymbol{c}_{0:N-1})} + \sum_{k=0}^{K-1} \log \pi_k^{\tau_k-1} + \eta \qquad (\log \eta' \text{ を } \eta \text{ に組み込み}) \\
&= \sum_{i=0}^{N-1}\sum_{k=0}^{K-1} \langle c_{i,k} \log \pi_k \rangle_{b(\boldsymbol{c}_i)} + \sum_{k=0}^{K-1} (\tau_k - 1) \log \pi_k + \eta \quad (b_c(\boldsymbol{c}_{0:N-1}) = \prod_{i=0}^{N-1} b(\boldsymbol{c}_i) \text{ としました}) \\
&= \sum_{k=0}^{K-1}\sum_{i=0}^{N-1} \langle c_{i,k} \rangle_{b(\boldsymbol{c}_i)} \log \pi_k + \sum_{k=0}^{K-1} (\tau_k - 1) \log \pi_k + \eta \\
&= \sum_{k=0}^{K-1} \left(\sum_{i=0}^{N-1} \langle c_{i,k} \rangle_{b(\boldsymbol{c}_i)} + \tau_k - 1 \right) \log \pi_k + \eta \\
&= \sum_{k=0}^{K-1} \log \pi_k^{\sum_{i=0}^{N-1} \langle c_{i,k} \rangle_{b(\boldsymbol{c}_i)} + \tau_k - 1} + \eta \\
&= \log \prod_{k=0}^{K-1} \pi_k^{\sum_{i=0}^{N-1} \langle c_{i,k} \rangle_{b(\boldsymbol{c}_i)} + \tau_k - 1} + \eta
\end{aligned}
\tag{A.53}
$$

となり,

$$
b(\boldsymbol{\pi}) = e^\eta \prod_{k=0}^{K-1} \pi_k^{\sum_{i=0}^{N-1} \langle c_{i,k} \rangle_{b(\boldsymbol{c}_i)} + \tau_k - 1} \tag{A.54}
$$

というように, $b(\boldsymbol{\pi})$ はディリクレ分布になります.

さらに, $c_{i,k}$ は 0 か 1 をとる変数なので, 期待値 $\langle c_{i,k} \rangle_{b(\boldsymbol{c}_i)}$ は, $b(\boldsymbol{c}_i)$ において $c_{i,k}=1$ となる確率に等しいということになります. この確率とは, 式 (A.51) の $r_{i,k}$ のことです. $r_{i,k}$ については, まずは前項で作った初期値を使うことになりますが, この初期値をとりあえず代入して,

$$
\langle c_{i,k} \rangle_{b(\boldsymbol{c}_i)} = r_{i,k} \tag{A.55}
$$

として,

$$
R_k = \sum_{i=0}^{N-1} \langle c_{i,k} \rangle_{b(\boldsymbol{c}_i)} = \sum_{i=0}^{N-1} r_{i,k} \tag{A.56}
$$

とすると, 式 (A.54) のディリクレ分布は

$$
b(\boldsymbol{\pi}) = e^\eta \prod_{k=0}^{K-1} \pi_k^{R_k + \tau_k - 1} \tag{A.57}
$$

と整理できます. この式は何を意味するかというと, もともと適当に与えた初期値 $\boldsymbol{\tau} = \tau_{0:K-1}$ をパラメータとするディリクレ分布に従って $\boldsymbol{\pi}$ が分布すると考えていたのが, $r_{i,k}$ を使ったこの計算の結果,

$$
b(\boldsymbol{\pi}) = \mathrm{Dir}(\boldsymbol{\pi}|\hat{\boldsymbol{\tau}}) \tag{A.58}
$$

と修正されることを意味します. ここで

$$
\hat{\boldsymbol{\tau}} = \hat{\tau}_{0:K-1} \tag{A.59}
$$

$$
\hat{\tau}_k = R_k + \tau_k \tag{A.60}
$$

です.式 (A.60) を見ると,R_k は負担率,つまり各センサ値がどのガウス分布から生成されるかという確率 $r_{i,k}$ を集計したものなので,新しい $b(\boldsymbol{\pi})$ が,各センサ値の c_i の分布状況を反映したものに修正されるということが分かります.

● 各ガウス分布に関するパラメータの事後分布の特定

今度は式 (A.52) から,$\boldsymbol{\mu}, \boldsymbol{\lambda}$ に関する項を抜き出して整理してみましょう.

$\log b(\boldsymbol{\mu}, \boldsymbol{\lambda})$
$= \langle \log p(z_{0:N-1}|c_{0:N-1}, \boldsymbol{\mu}, \boldsymbol{\lambda}) \rangle_{b_c(c_{0:N-1})} + \log\{p(\boldsymbol{\mu}|\boldsymbol{\lambda})p(\boldsymbol{\lambda})\} + \eta$

$= \left\langle \log \prod_{i=0}^{N-1} \prod_{k=0}^{K-1} \mathcal{N}(z_i|\mu_k, \lambda_k^{-1})^{c_{i,k}} \right\rangle_{b_c(c_{0:N-1})}$
$\quad + \log \left\{ \left[\prod_{k=0}^{K-1} \mathcal{N}(\mu_k|\mu_k', (\zeta_k\lambda_k)^{-1})\right] \left[\prod_{k=0}^{K-1} \mathrm{Gam}(\lambda_k|\alpha_k, \beta_k)\right] \right\} + \eta \qquad (\text{式 (A.25), (A.30) から})$

$= \left\langle \sum_{i=0}^{N-1} \sum_{k=0}^{K-1} c_{i,k} \log \mathcal{N}(z_i|\mu_k, \lambda_k^{-1}) \right\rangle_{b_c(c_{0:N-1})}$
$\quad + \sum_{k=0}^{K-1} \log\left[\mathcal{N}(\mu_k|\mu_k', (\zeta_k\lambda_k)^{-1}) \mathrm{Gam}(\lambda_k|\alpha_k, \beta_k)\right] + \eta$

$= \sum_{k=0}^{K-1} \sum_{i=0}^{N-1} \langle c_{i,k} \log \mathcal{N}(z_i|\mu_k, \lambda_k^{-1}) \rangle_{b_c(c_{0:N-1})}$
$\quad + \sum_{k=0}^{K-1} \log\left[\mathcal{N}(\mu_k|\mu_k', (\zeta_k\lambda_k)^{-1}) \mathrm{Gam}(\lambda_k|\alpha_k, \beta_k)\right] + \eta$

$= \sum_{k=0}^{K-1} \sum_{i=0}^{N-1} \langle c_{i,k} \rangle_{b(c_i)} \log \mathcal{N}(z_i|\mu_k, \lambda_k^{-1}) + \sum_{k=0}^{K-1} \log\left[\mathcal{N}(\mu_k|\mu_k', (\zeta_k\lambda_k)^{-1}) \mathrm{Gam}(\lambda_k|\alpha_k, \beta_k)\right] + \eta$

$= \sum_{k=0}^{K-1} \left\{ \sum_{i=0}^{N-1} \log \mathcal{N}(z_i|\mu_k, \lambda_k^{-1})^{r_{i,k}} + \log\left[\mathcal{N}(\mu_k|\mu_k', (\zeta_k\lambda_k)^{-1}) \mathrm{Gam}(\lambda_k|\alpha_k, \beta_k)\right] \right\} + \eta$

$= \sum_{k=0}^{K-1} \log \left\{ \left[\prod_{i=0}^{N-1} \mathcal{N}(z_i|\mu_k, \lambda_k^{-1})^{r_{i,k}}\right] \mathcal{N}(\mu_k|\mu_k', (\zeta_k\lambda_k)^{-1}) \mathrm{Gam}(\lambda_k|\alpha_k, \beta_k) \right\} + \eta \qquad (A.61)$

となります.

$b(\boldsymbol{\mu}, \boldsymbol{\lambda})$ を各ガウス分布ごとに分解すると,

$$\log b(\mu_k, \lambda_k) = \log \left\{ \left[\prod_{i=0}^{N-1} \mathcal{N}(z_i|\mu_k, \lambda_k^{-1})^{r_{i,k}}\right] \mathcal{N}(\mu_k|\mu_k', (\zeta_k\lambda_k)^{-1}) \mathrm{Gam}(\lambda_k|\alpha_k, \beta_k) \right\} + \eta$$

$$b(\mu_k, \lambda_k) = e^\eta \left\{ \prod_{i=0}^{N-1} \mathcal{N}(z_i|\mu_k, \lambda_k^{-1})^{r_{i,k}} \right\} \mathcal{N}(\mu_k|\mu_k', (\zeta_k\lambda_k)^{-1}) \mathrm{Gam}(\lambda_k|\alpha_k, \beta_k) \qquad (A.62)$$

となり,式 (A.10) と似た形になります.

この式のガウス分布の積の部分は

$$\left(\prod_{i=0}^{N-1} \left\{ \sqrt{\frac{\lambda_k}{2\pi}} \exp\left[-\frac{\lambda_k}{2}(z_i - \mu_k)^2\right] \right\}^{r_{i,k}} \right) \sqrt{\frac{\zeta_k \lambda_k}{2\pi}} \exp\left\{ -\frac{\zeta_k \lambda_k}{2}(\mu_k - \mu_k')^2 \right\}$$

$$
\begin{aligned}
&= \eta \lambda_k^{\sum_{i=0}^{N-1} r_{i,k}/2+1/2} \exp\left\{-\frac{\lambda_k}{2}\left[\sum_{i=0}^{N-1} r_{i,k}(z_i-\mu_k)^2 + \zeta_k(\mu_k-\mu_k')^2\right]\right\} \\
&= \eta \lambda_k^{R_k/2+1/2} \\
&\quad \cdot \exp\left\{-\frac{\lambda_k}{2}\left[\left(\sum_{i=0}^{N-1} r_{i,k}+\zeta_k\right)\mu_k^2 - 2\left(\sum_{i=0}^{N-1} r_{i,k}z_i+\zeta_k\mu_k'\right)\mu_k + \sum_{i=0}^{N-1} r_{i,k}z_i^2 + \zeta_k{\mu_k'}^2\right]\right\} \\
&= \eta \lambda_k^{R_k/2+1/2} \exp\left\{-\frac{\lambda_k}{2}\left[(R_k+\zeta_k)\mu_k^2 - 2(S_k+\zeta_k\mu_k')\mu_k + T_k + \zeta_k{\mu_k'}^2\right]\right\} \\
&= \eta \lambda_k^{R_k/2+1/2} \exp\left\{-\frac{\lambda_k}{2}\left[(R_k+\zeta_k)\left(\mu_k - \frac{S_k+\zeta_k\mu_k'}{R_k+\zeta_k}\right)^2 + U_k\right]\right\} \\
&= \mathcal{N}\left[\mu_k \middle| \frac{S_k+\zeta_k\mu_k'}{R_k+\zeta_k}, [\lambda_k(R_k+\zeta_k)]^{-1}\right] \eta \lambda_k^{R_k/2} \exp\left(-\frac{\lambda_k}{2}U_k\right) \quad\quad \text{(A.63)}
\end{aligned}
$$

となります．ここで，

$$S_k = \sum_{i=0}^{N-1} r_{i,k} z_i \tag{A.64}$$

$$T_k = \sum_{i=0}^{N-1} r_{i,k} z_i^2 \tag{A.65}$$

$$U_k = T_k + \zeta_k {\mu_k'}^2 - (R_k+\zeta_k)\left(\frac{S_k+\zeta_k\mu_k'}{R_k+\zeta_k}\right)^2 \tag{A.66}$$

です．

また，式 (A.62) のガンマ分布の部分と，今の計算のガウス分布からはみ出た部分を変形していくと，

$$
\begin{aligned}
\eta \lambda_k^{R_k/2} \exp\left(-\frac{\lambda_k}{2}U_k\right) \mathrm{Gam}(\lambda_k|\alpha_k,\beta_k) &= \eta \lambda_k^{R_k/2} \exp\left(-\frac{\lambda_k}{2}U_k\right) \lambda_k^{\alpha_k-1} e^{-\beta_k \lambda_k} \\
&= \eta \lambda_k^{R_k/2+\alpha_k-1} \exp\left\{-\left(\frac{1}{2}U_k+\beta_k\right)\lambda_k\right\} \\
&= \mathrm{Gam}\left(\lambda_k \middle| \frac{R_k}{2}+\alpha_k, \frac{U_k}{2}+\beta_k\right) \quad\quad \text{(A.67)}
\end{aligned}
$$

となります．結局，$b(\mu_k,\lambda_k)$ は，

$$b(\mu_k,\lambda_k) = \mathcal{N}\left\{\mu_k \middle| \frac{S_k+\zeta_k\mu_k'}{R_k+\zeta_k}, [\lambda_k(R_k+\zeta_k)]^{-1}\right\} \mathrm{Gam}\left(\lambda_k \middle| \frac{R_k}{2}+\alpha_k, \frac{U_k}{2}+\beta_k\right) \tag{A.68}$$

というガウス–ガンマ分布になります．

ここで，

$$b(\mu_k,\lambda_k) = \mathcal{N}\left[\mu_k|\hat{\mu}_k', (\hat{\zeta}_k\lambda_k)^{-1}\right] \mathrm{Gam}(\lambda_k|\hat{\alpha}_k,\hat{\beta}_k) \tag{A.69}$$

とすると，

$$\hat{\zeta}_k = R_k + \zeta_k \tag{A.70}$$

$$\hat{\mu}_k' = \frac{S_k+\zeta_k\mu_k'}{R_k+\zeta_k} = \frac{S_k+\zeta_k\mu_k'}{\hat{\zeta}_k} \tag{A.71}$$

$$\hat{\alpha}_k = \frac{R_k}{2} + \alpha_k \tag{A.72}$$

$$\hat{\beta}_k = \frac{U_k}{2} + \beta_k = \frac{1}{2}\left(T_k + \zeta_k {\mu'_k}^2 - \hat{\zeta}_k {\hat{\mu}'_k}^2\right) + \beta_k \tag{A.73}$$

となります．

A.2.7 パラメータの更新則の実装

式 (A.60)，(A.70)〜(A.73) を実装しましょう．次のように関数にすることにします．
(⇒variational_inference1.ipynb [3])

```python
def update_parameters(ds, k, mu_avg=600, zeta=1, alpha=1, beta=1, tau=1):
    R = sum([d[k] for _, d in ds.iterrows()])
    S = sum([d[k]*d["z"] for _, d in ds.iterrows()])
    T = sum([d[k]*(d["z"]**2) for _, d in ds.iterrows()])
    
    hat = {}
    
    hat["tau"] = R + tau
    hat["zeta"] = R + zeta
    hat["mu_avg"] = (S + zeta*mu_avg)/hat["zeta"]
    hat["alpha"] = R/2 + alpha
    hat["beta"] = (T + zeta*(mu_avg**2) - hat["zeta"]*(hat["mu_avg"]**2))/2 + beta
    
    hat["z_std"] = math.sqrt(hat["beta"]/hat["alpha"])
    
    return pd.DataFrame(hat, index=[k])
```

この関数には，データ（センサ値 z_i と負担率 $r_{i,k}$ のリスト）ds とクラスタの番号 k，そして mu_avg 以降の引数で事前分布のパラメータを与えています．2〜4 行目では R_k, S_k, T_k を計算しています．式 (A.56)，(A.64)，(A.65) がそのまま実装してあります．6 行目でパラメータを一時保管する辞書 hat を作り，8〜12 行目で式 (A.60)，(A.70)〜(A.73) を計算し，hat に代入しています．ついでにセンサ値の分布の標準偏差（の期待値）を 14 行目で計算し，最後に hat の内容をデータフレームにして返しています．

この関数に与えている事前分布のパラメータ $\mu'_k = 600, \zeta_k = 1, \alpha_k = 1, \beta_k = 1, \tau_k = 1$ は，「あまり自信がない」事前分布を表したものです．式 (A.60)，(A.70)〜(A.73) を見ると分かりますが，N が大きいとこれらの値は事後分布にほとんど影響を与えません．

この関数を実行してみましょう．(⇒variational_inference1.ipynb [4])

```
params = pd.concat([update_parameters(data, k) for k in range(K)])
params
```

	tau	zeta	mu_avg	alpha	beta	z_std
0	501.0	501.0	622.632735	251.0	3612.211577	3.793584
1	501.0	501.0	632.217565	251.0	2374.642715	3.075830

update_parameters は各クラスタに対してデータフレームを一つずつ返してくるので，pandas の concat で一つのデータフレームにまとめます．出力を見ると分かるように，今の段階では，μ'_k (mu_avg) 以外のパラメータの値は二つのクラスタであまり違いがないものになります．

パラメータの計算結果からセンサ値の分布を描画する関数を作っておきましょう．次のように実装します．(⇒variational_inference1.ipynb [5])

```python
from scipy.stats import norm, dirichlet
import matplotlib.pyplot as plt
import numpy as np

def draw(ps):
    pi = dirichlet([ps["tau"][k] for k in range(K)]).rvs()[0]
    pdfs = [ norm(loc=ps["mu_avg"][k], scale=ps["z_std"][k]) for k in range(K) ]

    xs = np.arange(600,650,0.5)

    ##p(z)の描画##
    ys = [ sum([pdfs[k].pdf(x)*pi[k] for k in range(K)])*len(data) for x in xs ] #pdfを足してデータ数をかける
    plt.plot(xs, ys, color="red")

    ##各ガウス分布の描画##
    for k in range(K):
        ys = [pdfs[k].pdf(x)*pi[k]*len(data) for x in xs]
        plt.plot(xs, ys, color="blue")

    ##元のデータのヒストグラムの描画##
    data["z"].hist(bins = max(data["z"]) - min(data["z"]), align='left', alpha=0.4, color="gray")
    plt.show()
```

6行目で $\mathrm{Dir}(\pi|\hat{\tau})$ から π を一つドローして，7行目でパラメータから最尤な μ_k, λ_k を得て各クラスタのガウス分布を作っています．あとは11〜13行目で式 (A.27) の混合ガウス分布，15〜18行目で各クラスタのガウス分布，20〜21行目で元のセンサ値のヒストグラムを描画しています．分布の密度にはセンサ値の数をかけてヒストグラムと大きさを合わせています．

これを実行すると，次のように二つのガウス分布と，それを合成した分布がヒストグラムの上に描画されます．（⇒`variational_inference1.ipynb` [6]）

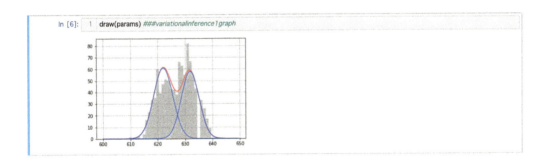

パラメータはまだ収束していないので，ヒストグラムと混合ガウス分布の形状には差があります．

A.2.8　潜在変数に対する負担率の計算

式 (A.45) の $\rho_{i,k}$ の値を計算しましょう．式 (A.45) の右辺第1項について，式 (A.69) から

$$
\begin{aligned}
\langle \log \lambda_k \rangle_{b(\mu_k, \lambda_k)} &= \langle \log \lambda_k \rangle_{\mathcal{N}(\mu_k | \hat{\mu}'_k, (\hat{\zeta}_k \lambda_k)^{-1}) \mathrm{Gam}(\lambda_k | \hat{\alpha}_k, \hat{\beta}_k)} \\
&= \langle \log \lambda_k \rangle_{\mathrm{Gam}(\lambda_k | \hat{\alpha}_k, \hat{\beta}_k)} \\
&= \psi(\hat{\alpha}_k) - \log \hat{\beta}_k
\end{aligned}
\tag{A.74}
$$

となります．最後の式展開はガンマ分布の性質を利用したもので，ψ は次のような**ディガンマ関数**

$$
\psi(x) = \frac{d}{dx} \log \Gamma(x) \tag{A.75}
$$

です．ディガンマ関数の値は直接計算できませんが，SciPy に数値計算を用いた関数が実装されています．ディガンマ関数については，付録 B.2.1 に補足があります．

次に式 (A.45) の右辺第2項を計算してみましょう．

$$
\begin{aligned}
&\langle \lambda_k(z_i-\mu_k)^2\rangle_{b(\mu_k,\lambda_k)}\\
&=\langle \lambda_k(z_i-\mu_k)^2\rangle_{\mathcal{N}(\mu_k|\hat{\mu}'_k,(\hat{\zeta}_k\lambda_k)^{-1})\mathrm{Gam}(\lambda_k|\hat{\alpha}_k,\hat{\beta}_k)}\\
&=\left\langle \langle (\mu_k-z_i)^2\rangle_{\mathcal{N}(\mu_k|\hat{\mu}'_k,(\hat{\zeta}_k\lambda_k)^{-1})}\lambda_k\right\rangle_{\mathrm{Gam}(\lambda_k|\hat{\alpha}_k,\hat{\beta}_k)}\\
&=\left\langle \langle (\mu_k-\hat{\mu}'_k+\hat{\mu}'_k-z_i)^2\rangle_{\mathcal{N}(\mu_k|\hat{\mu}'_k,(\hat{\zeta}_k\lambda_k)^{-1})}\lambda_k\right\rangle_{\mathrm{Gam}(\lambda_k|\hat{\alpha}_k,\hat{\beta}_k)}\\
&=\left\langle \langle (\mu_k-\hat{\mu}'_k)^2+2(\hat{\mu}'_k-z_i)(\mu_k-\hat{\mu}'_k)+(\hat{\mu}'_k-z_i)^2\rangle_{\mathcal{N}(\mu_k|\hat{\mu}'_k,(\hat{\zeta}_k\lambda_k)^{-1})}\lambda_k\right\rangle_{\mathrm{Gam}(\lambda_k|\hat{\alpha}_k,\hat{\beta}_k)}
\end{aligned}
\tag{A.76}
$$

ここで，$\langle(\mu_k-\hat{\mu}'_k)^2\rangle_{\mathcal{N}(\mu_k|\hat{\mu}'_k,(\hat{\zeta}_k\lambda_k)^{-1})}$, $\langle\mu_k-\hat{\mu}'_k\rangle_{\mathcal{N}(\mu_k|\hat{\mu}'_k,(\hat{\zeta}_k\lambda_k)^{-1})}$, $\langle 1\rangle_{\mathcal{N}(\mu_k|\hat{\mu}'_k,(\hat{\zeta}_k\lambda_k)^{-1})}$ が，それぞれ $\mathcal{N}(\mu_k|\hat{\mu}'_k,(\hat{\zeta}_k\lambda_k)^{-1})$ の分散 $(=1/(\hat{\zeta}_k\lambda_k))$，$\mu_k-\hat{\mu}'_k$ の平均値 $(=0)$，分布の積分 $(=1)$ を意味することを利用すると，

$$
\begin{aligned}
\langle \lambda_k(z_i-\mu_k)^2\rangle_{b(\mu_k,\lambda_k)} &= \left\langle \left\{\hat{\zeta}_k^{-1}\lambda_k^{-1}+(\hat{\mu}'_k-z_i)^2\right\}\lambda_k\right\rangle_{\mathrm{Gam}(\lambda_k|\hat{\alpha}_k,\hat{\beta}_k)}\\
&=\left\langle \hat{\zeta}_k^{-1}+(\hat{\mu}'_k-z_i)^2\lambda_k\right\rangle_{\mathrm{Gam}(\lambda_k|\hat{\alpha}_k,\hat{\beta}_k)}\\
&=\hat{\zeta}_k^{-1}+(\hat{\mu}'_k-z_i)^2\langle\lambda_k\rangle_{\mathrm{Gam}(\lambda_k|\hat{\alpha}_k,\hat{\beta}_k)}\\
&=\hat{\zeta}_k^{-1}+(\hat{\mu}'_k-z_i)^2\frac{\hat{\alpha}_k}{\hat{\beta}_k}
\end{aligned}
\tag{A.77}
$$

となります．

式 (A.45) の右辺第 3 項については，式 (A.58) から

$$
\langle\log\pi_k\rangle_{b(\boldsymbol{\pi})}=\langle\log\pi_k\rangle_{\mathrm{Dir}(\boldsymbol{\pi},\hat{\boldsymbol{\tau}})}=\psi(\hat{\tau}_k)-\psi\left(\sum_{i=0}^{K-1}\hat{\tau}_i\right)
\tag{A.78}
$$

となります．これはディリクレ分布の性質を使ったもので，計算は付録 B.2.3 に掲載しました．

これで $\rho_{i,k}$ が求まります．式 (A.45) に各項の計算結果を代入すると，

$$
\begin{aligned}
\log\rho_{i,k}&=\frac{1}{2}\langle\log\lambda_k\rangle_{b(\mu_k,\lambda_k)}-\frac{1}{2}\langle\lambda_k(z_i-\mu_k)^2\rangle_{b(\mu_k,\lambda_k)}+\langle\log\pi_k\rangle_{b(\boldsymbol{\pi})}\\
&=\frac{1}{2}\left\{\psi(\hat{\alpha}_k)-\log\hat{\beta}_k\right\}-\frac{1}{2}\left\{\hat{\zeta}_k^{-1}+(\hat{\mu}'_k-z_i)^2\frac{\hat{\alpha}_k}{\hat{\beta}_k}\right\}+\psi(\hat{\tau}_k)-\psi\left(\sum_{i=0}^{K-1}\hat{\tau}_i\right)
\end{aligned}
\tag{A.79}
$$

となります．この式で求めた $\rho_{i,k}$ を正規化すると負担率 $r_{i,k}$ になります．これで事後分布のすべてのパラメータが求まりました．

負担率を計算する関数を実装しましょう．（⇒`variational_inference1.ipynb` [7]）

```python
from scipy.special import digamma

def responsibility(z, K, ps):
    tau_sum = sum([ps["tau"][k] for k in range(K)])
    r = {}
    for k in range(K):
        log_rho = (digamma(ps["alpha"][k]) - math.log(ps["beta"][k]))/2 \
                - (1/ps["zeta"][k] + ((ps["mu_avg"][k] - z)**2)*ps["alpha"][k]/ps["beta"][k])/2 \
                + digamma(ps["tau"][k]) - digamma(tau_sum)
        r[k] = math.exp(log_rho)

    w = sum([ r[k] for k in range(K) ]) #正規化
    for k in range(K): r[k] /= w
    return r
```

この関数の引数はセンサ値 z とクラスタ数 K, 付録 A.2.7 で計算したパラメータを受け取る ps です. コードについては, 一つのセンサ値 z_i に対し, 各クラスタの $\rho_{i,k}$ ($k = 0, 1, \ldots, K-1$) の値を式 (A.79) で計算し, 正規化して負担率 $r_{i,k}$ を求めて辞書型で返すというものになります.

関数 responsibility を使ってすべての負担率を更新しましょう. 次のように data の中の負担率を上書きします. (⇒variational_inference1.ipynb [8])

```
In [8]:  1  rs = [responsibility(d["z"], K, params) for _, d in data.iterrows() ]
         2
         3  for k in range(K):
         4      data[k] = [rs[i][k] for i,_ in data.iterrows()]
         5
         6  display(data[0:3], data[len(data)//2:len(data)//2+3], data[-4:-1]) #データの先頭, 中盤, 後ろを表示
```

	z	0	1
0	610	1.0	1.476515e-09
1	612	1.0	2.600910e-08
2	612	1.0	2.600910e-08

	z	0	1
500	628	0.432781	0.567219
501	628	0.432781	0.567219
502	628	0.432781	0.567219

	z	0	1
996	640	0.000559	0.999441
997	640	0.000559	0.999441
998	641	0.000388	0.999612

出力を見ると, センサ値の小さい方は $k=0$, 大きい方は $k=1$ の負担率が高く, 中間のセンサ値ではどっちつかずになっていることが確認できます.

次に, 繰り返しを実装します. パラメータや負担率の計算をその都度実行していたセルを一つにまとめて, 次のように関数 one_step にします. (⇒variational_inference2.ipynb [6])

```
In [6]:   1  def one_step(ds):
          2      ##パラメータの更新##
          3      params = pd.concat([update_parameters(ds, k) for k in range(K)])
          4
          5      ##負担率の更新##
          6      rs = [responsibility(d["z"], K, params) for _, d in ds.iterrows() ]
          7      for k in range(K):
          8          ds[k] = [rs[i][k] for i,_ in data.iterrows()]
          9
         10      return ds, params
```

あとは one_step を繰り返し呼べばよいだけですが, 記録をとるために次のようなコードを実装しました. (⇒variational_inference2.ipynb [7])

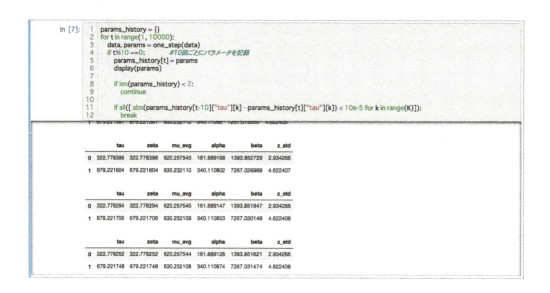

このコードでは 10 回ごとにパラメータの記録をとっています．また，11 行目ですべての τ_k に対して更新前後の値の比較を行い，しきい値で処理を止めています．しきい値は 10^{-5} で，すべての τ_k の変化がこれ以内に収まれば繰り返しを止めています[注7]．

処理後に draw を呼び出すと，次のように描画できます．（⇒variational_inference2.ipynb [8]）

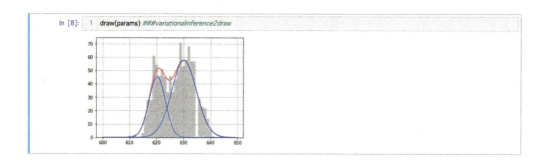

青線がそれぞれのガウス分布，赤線がそれを合わせた分布です．センサ値が $N = 1000$ 個だけでヒストグラムが少しいびつであるにもかかわらず，ガウス分布二つでうまく分布が表現されていることが分かります．

もう少しセンサ値の数を増やして分布の形をはっきりさせて，さらに K の値を増やすと，面白い現象が見られます．図 A.1 は，$N = 3000$，$K = 3$ での結果を示したものです．(a) の 10 回繰り返し後の図では，三つのガウス分布で全体の分布がよく表現されていますが，繰り返しが進むと (b), (c) のように一つのガウス分布が消えていきます．これは，ガウス分布は 3 個より 2 個の方が尤もらしいという判断がされたということを意味します．(d) はノートブック上に出力された収束後のパラメータですが，τ に相当する tau の列を見ると，値の一つが事前分布の値 1 に戻っています．この τ から混合比率 π をドローすると，一つの π_k がほぼ 0 になり，ガウス分布が一つ消えるということになります．

注 7　この実装では，処理が重たくて何分もかかってしまいますが，本来もっと高速に処理できるはずです．データフレームの乱用が原因と考えていますが，確認はしていません．

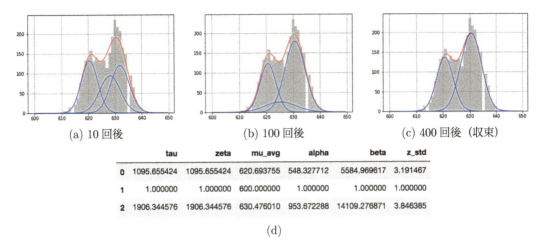

図 A.1 (a)-(c)：ガウス分布が消失する様子. (d)：最終的に得られたパラメータ.

$K = 24$ として計算した結果も図 A.2 に示します．やはり，ガウス分布の数は 2 個に収束します[注8]．この結果から考えると，センサ値は二つのガウス分布のいずれかから生成されていたことになります．時刻のデータも見ると，これらのガウス分布は「日中」と「夜間」に対応するものと考えられます．晴れているかどうかや，日の出，日の入り前後かどうかもわずかに影響しているのではないかと考えられますが，3 つ目，4 つ目のガウス分布が生成されるほどの影響力はなかったようです．

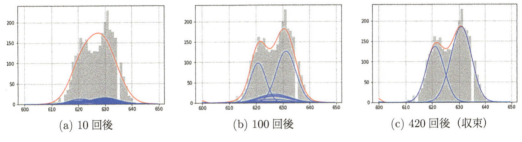

図 A.2 $K = 24$ の場合（$N = 3000$）．

最後に，sensor_data_200.txt の LiDAR のデータを $N = 3000$, $K = 3$ で解析した結果を図 A.3 に示します（⇒variational_inference3.ipynb．コードは省略）．sensor_data_600.txt

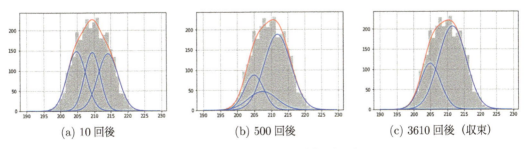

図 A.3 sensor_data_200.txt の LiDAR のセンサ値に変分推論を適用（$N = 3000$, $K = 3$, $\mu'_k = 200$, $\zeta_k = 1$, $\alpha_k = 1$, $\beta_k = 1$, $\tau_k = 1$）．

注 8 (c) で $z = 600$ 付近にも小さい分布ができていますが，これは消されたガウス分布の事前分布を合計したもののようです．

のときより収束に長く回数がかかりましたが，同じように二つのガウス分布が残りました．本書を通じて，このデータは一つのガウス分布で表せるとして扱ってきましたが，この結果を見ると二つの近接したガウス分布で表す方がより正確そうだということが分かりました．ここまで互いに重なっている分布が識別できるという，変分推論の強力さが分かります．

A.3 まとめ

　本章では，ベイズ推論の二つの手法を使い，2章で扱ったセンサ値を改めて解析しました．A.1節では「分布の分布」を考え，「ベイズの定理を計算して求めたい分布を確率的に求める」という基本的な方法を導出し，ノートブック上で計算しました．A.2節では，変分推論を実装しました．この方法は，ベイズの定理の式を直接計算せず，求めたい分布の近似モデルを用意し，KL情報量を基準に近似モデルを求めたい分布に近づけていくというものでした．本章で扱った問題や手法の例はほんの一部です．この先は [須山 2017, 中島 2016, ビショップ 2012a] などが参考になります．また，ニューラルネットワークとの関係や本書で扱ってきた時系列データに関する一般的な記述も，これらの本で知ることができます．

　本章のようなアルゴリズムを使う場合は，よほどの理由がないかぎり，自身で実装せずにライブラリを使用する方がよいでしょう．Pythonであればscikit-learn (`https://scikit-learn.org`) がメジャーな機械学習ライブラリとなります．

章末問題

🔹 問題 A.1
「誰かの発言の良し悪しを，その人の日頃の行いや社会的地位で判断してはならない」という主張について考察してみましょう．事前知識を部分的に排除して何かを考えるということが，そうしないことより優れていることはあるでしょうか．判断を受ける本人，判断の結果の影響を受ける当事者が不当に不利益を受けないためには何が必要でしょうか．また，なぜ人間は何かを知ってしまったら，それを都合よく「なかったこと」にして何かを判断することができないのでしょうか．

🔹 問題 A.2
アンケートか何かの集計前のデータを見たときに，なんらかの法則性を見つけるということについて考えてみましょう．どのような事前知識を使うと，そのような法則性を見つけることができるのでしょうか．また，人間には正しいとは言い切れない法則性を自然に「見つけて」，それを正しいと信じてしまう「自己欺瞞」という現象がありますが，これはなぜ起こるのでしょうか．

🔹 問題 A.3
211 ページの注 4 のコメントについて，状態方程式から導かれるロボットの移動の軌跡で事前分布を作り，センサ値を入力して事後分布を求める方法を考えてみましょう．リアルタイムでなくロボットが移動と観測を終えた後でよいのですが，これは FastSLAM と同じアルゴリズムになるでしょうか．

🔹 問題 A.4
本章では図 A.3 の例のように，変分推論を用いることによって一つのガウス分布に見える分布から二つのガウス分布の存在を見つけることができました．これを応用すると，ほぼ同じ位置に見えるランドマークをロボットが識別できるようになるかもしれません．このようなアルゴリズムを実装してみましょう．また，西洋や中東では，古代，互いに近い二つの星が一つに見えるか二つに見えるかで視力検査をしていたそうです．人間が，目の物理的な能力はそのまま，この視力検査の正答率を上げる方法はあるでしょうか．また，現代のランドルト環を使った視力検査の場合はどうでしょうか．

付録 B 計算

B.1 ガウス分布と行列の性質

B.1.1 対称行列の逆行列は対称行列

もし対称行列 A に逆行列が存在する場合，単位行列を A と A^{-1} の転置で表現して，

$$I = (AA^{-1})^\top = A^\top (A^{-1})^\top = A(A^{-1})^\top$$

と計算できます．この両辺の左側から A^{-1} をかけると，

$$A^{-1} = (A^{-1})^\top$$

となり，A^{-1} が対称行列と分かります．

B.1.2 カルマンフィルタの計算に役立つ変換

[ビショップ 2012a] に記載されていますが，次のような等式が成り立ちます．

$$(A^{-1} + B^\top C^{-1} B)^{-1} B^\top C^{-1} = AB^\top (BAB^\top + C)^{-1} \tag{B.1}$$

この式を変形してみましょう．

$$\begin{aligned}
(A^{-1} + B^\top C^{-1} B)^{-1} B^\top C^{-1} &= AB^\top (BAB^\top + C)^{-1} \\
(A^{-1} + B^\top C^{-1} B)^{-1} B^\top C^{-1} (BAB^\top + C) &= AB^\top \\
B^\top C^{-1} (BAB^\top + C) &= (A^{-1} + B^\top C^{-1} B) AB^\top \\
B^\top C^{-1} BAB^\top + B^\top &= B^\top + B^\top C^{-1} BAB^\top
\end{aligned}$$

と変形すると，成り立っていることが分かります．また，式 (B.1) に出現する逆行列が存在するという仮定のもと，この変形を逆にたどると式 (B.1) が得られます．

B.1.3 逆行列の補助定理

これも [ビショップ 2012a, スラン 2007] に記載されていますが，

$$(A + BD^{-1}C)^{-1} = A^{-1} - A^{-1} B (D + CA^{-1} B)^{-1} CA^{-1} \tag{B.2}$$

が成り立ちます．この関係は逆行列の補助定理，逆行列の補題，ウッドベリーの公式などと呼ばれます．

この式の右辺に左辺の逆行列 $A + BD^{-1}C$ をかけると，

$$\{A^{-1} - A^{-1}B(D+CA^{-1}B)^{-1}CA^{-1}\}(A+BD^{-1}C)$$
$$= I - A^{-1}B(D+CA^{-1}B)^{-1}C + A^{-1}BD^{-1}C - A^{-1}B(D+CA^{-1}B)^{-1}CA^{-1}BD^{-1}C$$
$$= I + A^{-1}BD^{-1}C - A^{-1}B(D+CA^{-1}B)^{-1}(C+CA^{-1}BD^{-1}C)$$
$$= I + A^{-1}BD^{-1}C - A^{-1}B(D+CA^{-1}B)^{-1}(D+CA^{-1}B)D^{-1}C$$
$$= I + A^{-1}BD^{-1}C - A^{-1}BD^{-1}C$$
$$= I \tag{B.3}$$

となります．左辺に $A+BD^{-1}C$ をかけると I となるので，等式が成立していることが分かります．また，式 (B.2) に出現する逆行列が存在するという仮定のもと，この変形を逆にたどると式 (B.2) が得られます．

B.1.4 平方完成

ここでは，
$$p(\boldsymbol{x}) = \eta \exp\left\{-\frac{1}{2}\boldsymbol{x}^\top \Sigma^{-1}\boldsymbol{x} + \boldsymbol{x}^\top \boldsymbol{y}\right\} \qquad (\boldsymbol{y} \text{ は } \boldsymbol{x} \text{ と同次元のベクトル}) \tag{B.4}$$

という式がガウス分布になるかという問題を考えてみます．この式を我々が普段使っている形式

$$\eta \exp\left\{-\frac{1}{2}(\boldsymbol{x}-\boldsymbol{\mu})^\top \Sigma^{-1}(\boldsymbol{x}-\boldsymbol{\mu})\right\} \tag{B.5}$$

に変形できれば，ガウス分布とみなすことができます．

普段の形式の指数部を展開してみます．

$$(\boldsymbol{x}-\boldsymbol{\mu})^\top \Sigma^{-1}(\boldsymbol{x}-\boldsymbol{\mu}) = \boldsymbol{x}^\top \Sigma^{-1}(\boldsymbol{x}-\boldsymbol{\mu}) - \boldsymbol{\mu}^\top \Sigma^{-1}(\boldsymbol{x}-\boldsymbol{\mu})$$
$$= \boldsymbol{x}^\top \Sigma^{-1}\boldsymbol{x} - \boldsymbol{x}^\top \Sigma^{-1}\boldsymbol{\mu} - \boldsymbol{\mu}^\top \Sigma^{-1}\boldsymbol{x} + \boldsymbol{\mu}^\top \Sigma^{-1}\boldsymbol{\mu} \tag{B.6}$$

この式の $\boldsymbol{\mu}^\top \Sigma^{-1}\boldsymbol{x}$ の項は，Σ^{-1} が対称行列であることを利用して，次のように変形できます．

$$\boldsymbol{\mu}^\top \Sigma^{-1}\boldsymbol{x} = \boldsymbol{\mu}^\top \{(\Sigma^{-1}\boldsymbol{x})^\top\}^\top = \boldsymbol{\mu}^\top (\boldsymbol{x}^\top \Sigma^{-1})^\top = (\boldsymbol{x}^\top \Sigma^{-1}\boldsymbol{\mu})^\top = \boldsymbol{x}^\top \Sigma^{-1}\boldsymbol{\mu}$$

最後の変形は，$\boldsymbol{\mu}^\top \Sigma^{-1}\boldsymbol{x}$ がそもそもスカラーであることを利用しています．

したがって，式 (B.6) は結局，

$$(\boldsymbol{x}-\boldsymbol{\mu})^\top \Sigma^{-1}(\boldsymbol{x}-\boldsymbol{\mu}) = \boldsymbol{x}^\top \Sigma^{-1}\boldsymbol{x} - 2\boldsymbol{x}^\top \Sigma^{-1}\boldsymbol{\mu} + \boldsymbol{\mu}^\top \Sigma^{-1}\boldsymbol{\mu}$$

となります．これをガウス分布の式に当てはめると，

$$p(\boldsymbol{x}) = \eta \exp\left\{-\frac{1}{2}\boldsymbol{x}^\top \Sigma^{-1}\boldsymbol{x} + \boldsymbol{x}^\top \Sigma^{-1}\boldsymbol{\mu} - \frac{1}{2}\boldsymbol{\mu}^\top \Sigma^{-1}\boldsymbol{\mu}\right\}$$

となりますが，最後の項が定数となるので，η に吸収して，

$$p(\boldsymbol{x}) = \eta \exp\left\{-\frac{1}{2}\boldsymbol{x}^\top \Sigma^{-1}\boldsymbol{x} + \boldsymbol{x}^\top \Sigma^{-1}\boldsymbol{\mu}\right\}$$

となります．

この結果を式 (B.4) と比較すると，

$$y = \Sigma^{-1}\mu$$
$$\mu = \Sigma y \tag{B.7}$$

となります．すなわち，何かガウス分布の演算をしていて，式 (B.4) のように x の 2 次，1 次の項が出てきたら，その計算結果はガウス分布になっているといえます．そして，2 次の項から共分散行列，1 次の項の係数と共分散行列をかけて平均値が求まり，平方完成した形式でガウス分布を表現することができます．

B.1.5 半正定値対称行列

多次元ガウス分布の共分散行列は，その固有値がすべて 0 以上になります．これは，2.5.3 項で 2 次元のガウス分布の長軸，短軸を描いたときの軸の長さが固有値に比例していたことを考えると理解できます[注1]．

このように固有値がすべて 0 以上の行列 A を考えると，A は $\forall x$ に対し，$x^\top A x \geq 0$ を満たし，半正定値 ($x^\top A x > 0$ なら正定値) であるといわれます．したがって共分散行列は半正定値です．また，共分散行列は対称行列でもあります (**半正定値対称行列**)．逆に，式 (B.5) の Σ が半正定値対称行列であれば，2.5.3 項のような軸をもつ分布になり，そのような分布のことを，ガウス分布と定義していることになります．

任意の $n \times n$ の半正定値対称行列 A，任意の $n \times m$ 行列 P を考えたとき，$P^\top A P$ も半正定値対称行列となります．なぜかというと，A は任意のベクトル Px に対して半正定値なので，

$$(Px)^\top A(Px) \geq 0 \tag{B.8}$$

となり，これを整理すると，

$$x^\top (P^\top A P) x \geq 0 \tag{B.9}$$

となって，$P^\top A P$ が半正定値となります．また，

$$(P^\top A P)^\top = P^\top A^\top (P^\top)^\top = P^\top A P \tag{B.10}$$

となるので，$P^\top A P$ は対称行列です．したがって，$P^\top A P$ は半正定値対称行列であることが証明できます．

また，A が正定値対称行列の場合，逆行列 A^{-1} が存在すればそれも正定値対称行列となります．対称であることは B.1.1 項から分かり，正定値であることは，

$$A^{-1} = (A^{-1})^\top = (A^{-1})^\top A A^{-1} \tag{B.11}$$

と変形して，$P = A^{-1}$ としたときに $P^\top A P$ が正定値になることから証明できます．

B.1.6 行列のトレース

正方行列の対角成分の和は**トレース**と呼ばれます．本書では行列のトレースを $\mathrm{tr}(A)$ と表していま

[注1] 固有値に 0 が含まれると，分布は空間中で縮退します．

す．$n \times n$ 行列 A が対角成分 $a_{11}, a_{22}, \ldots, a_{nn}$ をもつとき，

$$\mathrm{tr}(A) = \sum_i a_{ii} \tag{B.12}$$

です．

また，行列 A, B の (i, j) 成分をそれぞれ a_{ij}, b_{ij} とすると，

$$\begin{aligned}
AB &= \begin{pmatrix} a_{11} & a_{12} & \cdots & a_{1n} \\ a_{21} & a_{22} & \cdots & a_{2n} \\ \vdots & \vdots & \ddots & \vdots \\ a_{n1} & a_{n2} & \cdots & a_{nn} \end{pmatrix} \begin{pmatrix} b_{11} & b_{12} & \cdots & b_{1n} \\ b_{21} & b_{22} & \cdots & b_{2n} \\ \vdots & \vdots & \ddots & \vdots \\ b_{n1} & b_{n2} & \cdots & b_{nn} \end{pmatrix} \\
&= \begin{pmatrix} \sum_{i=1}^n a_{1i} b_{i1} & \cdots & & \\ \vdots & \sum_{i=1}^n a_{2i} b_{i2} & \cdots & \\ & \vdots & \ddots & \vdots \\ & & \cdots & \sum_{i=1}^n a_{ni} b_{in} \end{pmatrix}
\end{aligned} \tag{B.13}$$

なので，

$$\mathrm{tr}(AB) = \sum_{j=1}^n \sum_{i=1}^n a_{ji} b_{ij} \tag{B.14}$$

となります．

B.1.7 二次形式の期待値

$\boldsymbol{x} \sim \mathcal{N}(\boldsymbol{\mu}, \Sigma)$ となる n 次元ベクトル $\boldsymbol{x}$ に対して，次の二次形式の期待値

$$\left\langle (\boldsymbol{x} - \boldsymbol{\mu})^\top \Sigma^{-1} (\boldsymbol{x} - \boldsymbol{\mu}) \right\rangle_{\mathcal{N}(\boldsymbol{x}|\boldsymbol{\mu}, \Sigma)} \tag{B.15}$$

を計算してみましょう．この計算の答えは n になります．

$\boldsymbol{y} = \boldsymbol{x} - \boldsymbol{\mu} = (y_1 \; y_2 \; \ldots \; y_n)^\top$ とおき，Σ^{-1} の (i, j) 成分を a_{ij} と表して期待値の中の式に代入してみましょう．すると，

$$\begin{aligned}
(\boldsymbol{x} - \boldsymbol{\mu})^\top \Sigma^{-1} (\boldsymbol{x} - \boldsymbol{\mu}) &= \begin{pmatrix} y_1 & y_2 & \cdots & y_n \end{pmatrix} \begin{pmatrix} a_{11} & a_{12} & \cdots & a_{1n} \\ a_{21} & a_{22} & \cdots & a_{2n} \\ \vdots & \vdots & \ddots & \vdots \\ a_{n1} & a_{n2} & \cdots & a_{nn} \end{pmatrix} \begin{pmatrix} y_1 \\ y_2 \\ \vdots \\ y_n \end{pmatrix} \\
&= \begin{pmatrix} y_1 & y_2 & \cdots & y_n \end{pmatrix} \begin{pmatrix} \sum_{i=1}^n a_{1i} y_i \\ \sum_{i=1}^n a_{2i} y_i \\ \vdots \\ \sum_{i=1}^n a_{ni} y_i \end{pmatrix} = \sum_{j=1}^n y_j \sum_{i=1}^n a_{ji} y_i = \sum_{i=1}^n \sum_{j=1}^n y_j a_{ji} y_i = \sum_{i=1}^n \sum_{j=1}^n a_{ji} y_j y_i
\end{aligned} \tag{B.16}$$

となります．したがって，

$$\left\langle (\boldsymbol{x}-\boldsymbol{\mu})^\top \Sigma^{-1}(\boldsymbol{x}-\boldsymbol{\mu}) \right\rangle_{\mathcal{N}(\boldsymbol{x}|\boldsymbol{\mu},\Sigma)} = \left\langle \sum_{i=1}^{n}\sum_{j=1}^{n} a_{ji} y_j y_i \right\rangle_{\mathcal{N}(\boldsymbol{y}|\boldsymbol{0},\Sigma)} = \sum_{i=1}^{n}\sum_{j=1}^{n} a_{ji} \left\langle y_j y_i \right\rangle_{\mathcal{N}(\boldsymbol{y}|\boldsymbol{0},\Sigma)}$$

$$= \sum_{i=1}^{n}\sum_{j=1}^{n} a_{ji}\sigma_{ji} = \mathrm{tr}(\Sigma^{-1}\Sigma) = \mathrm{tr}(I) = n \tag{B.17}$$

というように計算できます．最後の行については，$\langle y_j y_i \rangle_{\mathcal{N}(\boldsymbol{y}|\boldsymbol{0},\Sigma)}$ が，Σ の共分散 σ_{ij}, σ_{ji} の定義であることを利用しました．また，$\Sigma^{-1}\Sigma$ のトレースにする変形は，式 (B.14) と，Σ^{-1}, Σ が対称行列ということに基づいています．

B.1.8 指数部の偏微分

確率密度関数の演算をしていて，扱っている分布がガウス分布と分かっている場合，偏微分を使って平均値，共分散行列を求めることができます．

次のガウス分布

$$p(\boldsymbol{x}) = \frac{1}{(2\pi)^{\frac{n}{2}}\sqrt{|\Sigma|}} \exp\left\{-\frac{1}{2}(\boldsymbol{x}-\boldsymbol{\mu})^\top \Sigma^{-1}(\boldsymbol{x}-\boldsymbol{\mu})\right\}$$

について，指数部を

$$L(\boldsymbol{x}) = -\frac{1}{2}(\boldsymbol{x}-\boldsymbol{\mu})^\top \Sigma^{-1}(\boldsymbol{x}-\boldsymbol{\mu})$$

とおきます．このとき，L を $\boldsymbol{x}$ で偏微分すると，

$$\frac{\partial L(\boldsymbol{x})}{\partial \boldsymbol{x}} = -\Sigma^{-1}(\boldsymbol{x}-\boldsymbol{\mu}) \tag{B.18}$$

となります．

関数 L の停留点では

$$\frac{\partial L(\boldsymbol{x})}{\partial \boldsymbol{x}} = 0$$

となりますが，この条件を満たす $\boldsymbol{x}$ は，式 (B.18) から，

$$\boldsymbol{0} = -\Sigma^{-1}(\boldsymbol{x}-\boldsymbol{\mu})$$

$$\boldsymbol{x} = \boldsymbol{\mu}$$

となります．つまり，ガウス分布に関して指数部の停留点を求めると，平均値 $\boldsymbol{\mu}$ となります．

また，指数部をもう一度 $\boldsymbol{x}$ で偏微分すると，

$$\frac{\partial^2 L(\boldsymbol{x})}{\partial \boldsymbol{x}^2} = -\Sigma^{-1}$$

となります．つまり，共分散行列の逆行列（精度行列）をマイナスしたものになります．

B.1.9 変数の和に対するガウス分布の合成

2.5.4 項で省略したガウス分布の和の計算をしましょう．同様な計算は確率ロボティクス [スラン

2007] でのカルマンフィルタの導出にも見られますが，これから述べる方法が，一般的で若干単純です．
まず，式 (2.90) の指数部を L とおきます．

$$L = -\frac{1}{2}(\boldsymbol{x}_3 - G\boldsymbol{x} - \boldsymbol{\mu}_2)^\top \Sigma_2^{-1}(\boldsymbol{x}_3 - G\boldsymbol{x} - \boldsymbol{\mu}_2) - \frac{1}{2}(\boldsymbol{x} - \boldsymbol{\mu}_1)^\top \Sigma_1^{-1}(\boldsymbol{x} - \boldsymbol{\mu}_1) \tag{B.19}$$

この式には一般性をもたせるために正方行列 G を $\boldsymbol{x}$ の前にかけました．また，式 (2.90) の $\boldsymbol{x}_1$ は，式 (B.19) では $\boldsymbol{x}$ としています．

これを，$\boldsymbol{x}$ を変数とするガウス分布 $p_{\boldsymbol{x}}$ の指数部とみなした場合，$\boldsymbol{x}$ の 2 次の項は

$$-\frac{1}{2}(G\boldsymbol{x})^\top \Sigma_2^{-1} G\boldsymbol{x} - \frac{1}{2}\boldsymbol{x}^\top \Sigma_1^{-1} \boldsymbol{x} = -\frac{1}{2}\boldsymbol{x}^\top G^\top \Sigma_2^{-1} G\boldsymbol{x} - \frac{1}{2}\boldsymbol{x}^\top \Sigma_1^{-1} \boldsymbol{x} = -\frac{1}{2}\boldsymbol{x}^\top (G^\top \Sigma_2^{-1} G - \Sigma_1^{-1})\boldsymbol{x} \tag{B.20}$$

となるので，$p_{\boldsymbol{x}}$ の共分散行列は，付録 B.1.4 の結果から

$$\Psi = (\Sigma_1^{-1} + G^\top \Sigma_2^{-1} G)^{-1} \tag{B.21}$$

となります[注2]．また，$\boldsymbol{x}$ の 1 次の項は，

$$(G\boldsymbol{x})^\top \Sigma_2^{-1}(\boldsymbol{x}_3 - \boldsymbol{\mu}_2) + \boldsymbol{x}^\top \Sigma_1^{-1} \boldsymbol{\mu}_1 = \boldsymbol{x}^\top G^\top \Sigma_2^{-1}(\boldsymbol{x}_3 - \boldsymbol{\mu}_2) + \boldsymbol{x}^\top \Sigma_1^{-1} \boldsymbol{\mu}_1$$
$$= \boldsymbol{x}^\top \left[G^\top \Sigma_2^{-1}(\boldsymbol{x}_3 - \boldsymbol{\mu}_2) + \Sigma_1^{-1} \boldsymbol{\mu}_1 \right] \tag{B.22}$$

となるので，平均値は，付録 B.1.4 の結果から

$$\Psi \left[G^\top \Sigma_2^{-1}(\boldsymbol{x}_3 - \boldsymbol{\mu}_2) + \Sigma_1^{-1} \boldsymbol{\mu}_1 \right] \tag{B.23}$$

となります．

したがって，$p_{\boldsymbol{x}}$ の指数部を $L_{\boldsymbol{x}}$ と表記すると，

$$L_{\boldsymbol{x}} = -\frac{1}{2} \left\{ \boldsymbol{x} - \Psi \left[G^\top \Sigma_2^{-1}(\boldsymbol{x}_3 - \boldsymbol{\mu}_2) + \Sigma_1^{-1} \boldsymbol{\mu}_1 \right] \right\}^\top \Psi^{-1} \left\{ \boldsymbol{x} - \Psi \left[G^\top \Sigma_2^{-1}(\boldsymbol{x}_3 - \boldsymbol{\mu}_2) + \Sigma_1^{-1} \boldsymbol{\mu}_1 \right] \right\} \tag{B.24}$$

となります．

L から $L_{\boldsymbol{x}}$ を引き算したものを $L_{\boldsymbol{x}_3}$ とすると，

$$L_{\boldsymbol{x}_3} = L - L_{\boldsymbol{x}}$$
$$= -\frac{1}{2}\boldsymbol{x}^\top G^\top \Sigma_2^{-1} G\boldsymbol{x} - \frac{1}{2}(\boldsymbol{x}_3 - \boldsymbol{\mu}_2)^\top \Sigma_2^{-1}(\boldsymbol{x}_3 - \boldsymbol{\mu}_2) + \boldsymbol{x}^\top G^\top \Sigma_2^{-1}(\boldsymbol{x}_3 - \boldsymbol{\mu}_2)$$
$$- \frac{1}{2}\boldsymbol{x}^\top \Sigma_1^{-1} \boldsymbol{x} - \frac{1}{2}\boldsymbol{\mu}_1^\top \Sigma_1^{-1} \boldsymbol{\mu}_1 + \boldsymbol{x}^\top \Sigma_1^{-1} \boldsymbol{\mu}_1$$
$$+ \frac{1}{2}\boldsymbol{x}^\top \Psi^{-1} \boldsymbol{x} + \frac{1}{2} \left\{ \Psi \left[G^\top \Sigma_2^{-1}(\boldsymbol{x}_3 - \boldsymbol{\mu}_2) + \Sigma_1^{-1} \boldsymbol{\mu}_1 \right] \right\}^\top \left[G^\top \Sigma_2^{-1}(\boldsymbol{x}_3 - \boldsymbol{\mu}_2) + \Sigma_1^{-1} \boldsymbol{\mu}_1 \right]$$
$$- \boldsymbol{x}^\top \left[G^\top \Sigma_2^{-1}(\boldsymbol{x}_3 - \boldsymbol{\mu}_2) + \Sigma_1^{-1} \boldsymbol{\mu}_1 \right]$$

(↑1, 2 行目の一番後ろの項と 4 行目が相殺できる．)

注 2　$G^\top \Sigma_2^{-1} G$ は B.1.5 項の結果から共分散行列と解釈できます．

$$
\begin{aligned}
= &-\frac{1}{2}\bm{x}^\top G^\top \Sigma_2^{-1} G \bm{x} - \frac{1}{2}(\bm{x}_3 - \bm{\mu}_2)^\top \Sigma_2^{-1}(\bm{x}_3 - \bm{\mu}_2) \\
&-\frac{1}{2}\bm{x}^\top \Sigma_1^{-1}\bm{x} - \frac{1}{2}\bm{\mu}_1^\top \Sigma_1^{-1}\bm{\mu}_1 \\
&+\frac{1}{2}\bm{x}^\top (\Sigma_1^{-1} + G^\top \Sigma_2^{-1} G)\bm{x} \\
&+\frac{1}{2}\left[G^\top \Sigma_2^{-1}(\bm{x}_3 - \bm{\mu}_2) + \Sigma_1^{-1}\bm{\mu}_1\right]^\top \Psi^\top \left[G^\top \Sigma_2^{-1}(\bm{x}_3 - \bm{\mu}_2) + \Sigma_1^{-1}\bm{\mu}_1\right]
\end{aligned}
$$

(↑3 行の項と 1, 2 行目の先頭の項が相殺できる．Ψ の位置は転置行列の性質から．)

$$
\begin{aligned}
= &-\frac{1}{2}(\bm{x}_3 - \bm{\mu}_2)^\top \Sigma_2^{-1}(\bm{x}_3 - \bm{\mu}_2) - \frac{1}{2}\bm{\mu}_1^\top \Sigma_1^{-1}\bm{\mu}_1 + \\
&\frac{1}{2}\left[G^\top \Sigma_2^{-1}(\bm{x}_3 - \bm{\mu}_2) + \Sigma_1^{-1}\bm{\mu}_1\right]^\top \Psi \left[G^\top \Sigma_2^{-1}(\bm{x}_3 - \bm{\mu}_2) + \Sigma_1^{-1}\bm{\mu}_1\right]
\end{aligned}
\tag{B.25}
$$

(Ψ は対称行列なので転置を除去．)

となります．

この計算結果から，$L_{\bm{x}_3}$ には $\bm{x}$ が含まれないことが分かります．元のガウス分布の指数部を $L_{\bm{x}}$，$L_{\bm{x}_3}$ で表すと，

$$
p(\bm{x}_3) = \eta [\![\exp(L_{\bm{x}_3} + L_{\bm{x}})]\!]_{\bm{x}} = \eta \exp(L_{\bm{x}_3})[\![\exp(L_{\bm{x}})]\!]_{\bm{x}} = \eta' \exp(L_{\bm{x}_3}) \tag{B.26}
$$

となり，$p(\bm{x}_3)$ から $\bm{x}$ を消し去ることができます．$[\![\exp(L_{\bm{x}})]\!]_{\bm{x}}$ の期待値が $\bm{x}_3$ の値にかかわらず定数になるのは，式 (B.24) を見ると分かるように，$\bm{x}$ のガウス分布の中で，$\bm{x}_3$ は分布の中心位置をずらす働きしかしないからです．どこに分布の中心があろうとも，$\exp(L_{\bm{x}})$ の積分値（ガウス分布を定数倍した関数を空間 $\mathcal{X}$ 全域で積分したもの）は定数になります．

今度は $p(\bm{x}_3)$ の指数部である $L_{\bm{x}_3}$ から，平均値と共分散行列を求めます．式 (B.25) から，$\bm{x}_3$ の 2 次の項を選ぶと，

$$
\begin{aligned}
-\frac{1}{2}\bm{x}_3^\top \Sigma_2^{-1}\bm{x}_3 + \frac{1}{2}(G^\top \Sigma_2^{-1}\bm{x}_3)^\top \Psi(G^\top \Sigma_2^{-1}\bm{x}_3) &= -\frac{1}{2}\bm{x}_3^\top \Sigma_2^{-1}\bm{x}_3 + \frac{1}{2}\bm{x}_3^\top \Sigma_2^{-1} G \Psi G^\top \Sigma_2^{-1}\bm{x}_3 \\
&= -\frac{1}{2}\bm{x}_3^\top (\Sigma_2^{-1} - \Sigma_2^{-1} G \Psi G^\top \Sigma_2^{-1})\bm{x}_3
\end{aligned}
$$

となり，付録 B.1.4 から $p(\bm{x}_3)$ の共分散行列 Σ_3 は，

$$
\Sigma_3^{-1} = \Sigma_2^{-1} - \Sigma_2^{-1} G \Psi G^\top \Sigma_2^{-1} \tag{B.27}
$$

となります．さらにこの式を変形していくと，

$$
\begin{aligned}
\Sigma_3^{-1} &= \Sigma_2^{-1} - \Sigma_2^{-1} G (\Sigma_1^{-1} + G^\top \Sigma_2^{-1} G)^{-1} G^\top \Sigma_2^{-1} \quad \text{(式 (B.21) から)} \\
\Sigma_3^{-1} &= \Sigma_2^{-1} - \Sigma_2^{-1} G \Sigma_1 G^\top (G \Sigma_1 G^\top + \Sigma_2)^{-1} \quad \text{(式 (B.1) から)} \\
(\Sigma_2^{-1} - \Sigma_3^{-1})&(G \Sigma_1 G^\top + \Sigma_2) = \Sigma_2^{-1} G \Sigma_1 G^\top \\
I - \Sigma_3^{-1}&(G \Sigma_1 G^\top + \Sigma_2) = O \\
\Sigma_3 &= G \Sigma_1 G^\top + \Sigma_2
\end{aligned}
$$

となり，

$$\Sigma_3 = G\Sigma_1 G^\top + \Sigma_2 \tag{B.28}$$

であると分かります．

また，式 (B.25) の 1 次の項は

$$\boldsymbol{x}_3^\top \Sigma_2^{-1} \boldsymbol{\mu}_2 + (G^\top \Sigma_2^{-1} \boldsymbol{x}_3)^\top \Psi(-G^\top \Sigma_2^{-1} \boldsymbol{\mu}_2 + \Sigma_1^{-1} \boldsymbol{\mu}_1)$$
$$= \boldsymbol{x}_3^\top \Sigma_2^{-1} \boldsymbol{\mu}_2 + \boldsymbol{x}_3^\top \Sigma_2^{-1} G\Psi(-G^\top \Sigma_2^{-1} \boldsymbol{\mu}_2 + \Sigma_1^{-1} \boldsymbol{\mu}_1)$$
$$= \boldsymbol{x}_3^\top \left\{ \Sigma_2^{-1} \boldsymbol{\mu}_2 + \Sigma_2^{-1} G\Psi(-G^\top \Sigma_2^{-1} \boldsymbol{\mu}_2 + \Sigma_1^{-1} \boldsymbol{\mu}_1) \right\}$$

となるので，付録 B.1.4 から平均値 $\boldsymbol{\mu}_3$ は，

$$\begin{aligned}
\boldsymbol{\mu}_3 &= \Sigma_3 \left\{ \Sigma_2^{-1} \boldsymbol{\mu}_2 + \Sigma_2^{-1} G\Psi(-G^\top \Sigma_2^{-1} \boldsymbol{\mu}_2 + \Sigma_1^{-1} \boldsymbol{\mu}_1) \right\} \\
&= \Sigma_3 \left\{ \Sigma_2^{-1} \boldsymbol{\mu}_2 - \Sigma_2^{-1} G\Psi G^\top \Sigma_2^{-1} \boldsymbol{\mu}_2 + \Sigma_2^{-1} G\Psi \Sigma_1^{-1} \boldsymbol{\mu}_1 \right\} \\
&= \Sigma_3 \left\{ \Sigma_2^{-1} \boldsymbol{\mu}_2 + (\Sigma_3^{-1} - \Sigma_2^{-1})\boldsymbol{\mu}_2 + \Sigma_2^{-1} G\Psi \Sigma_1^{-1} \boldsymbol{\mu}_1 \right\} \quad (\text{式 (B.27) より}) \\
&= \boldsymbol{\mu}_2 + \Sigma_3 \Sigma_2^{-1} G\Psi \Sigma_1^{-1} \boldsymbol{\mu}_1 \\
&= \boldsymbol{\mu}_2 + (\Sigma_2 + G\Sigma_1 G^\top)\Sigma_2^{-1} G (\Sigma_1^{-1} + G^\top \Sigma_2^{-1} G)^{-1} \Sigma_1^{-1} \boldsymbol{\mu}_1 \\
&= \boldsymbol{\mu}_2 + (I + G\Sigma_1 G^\top \Sigma_2^{-1}) G (I + \Sigma_1 G^\top \Sigma_2^{-1} G)^{-1} \boldsymbol{\mu}_1 \\
&= \boldsymbol{\mu}_2 + (G + G\Sigma_1 G^\top \Sigma_2^{-1} G)(I + \Sigma_1 G^\top \Sigma_2^{-1} G)^{-1} \boldsymbol{\mu}_1 \\
&= \boldsymbol{\mu}_2 + G(I + \Sigma_1 G^\top \Sigma_2^{-1} G)(I + \Sigma_1 G^\top \Sigma_2^{-1} G)^{-1} \boldsymbol{\mu}_1 \\
&= \boldsymbol{\mu}_2 + G\boldsymbol{\mu}_1
\end{aligned} \tag{B.29}$$

となります．

B.1.10 ガウス分布の線形変換

ある確率ベクトル $\boldsymbol{x} = (x_1\ x_2\ \ldots\ x_n)^\top$ の統計をとったときのリスト $\mathbf{x} = \{\boldsymbol{x}_1, \boldsymbol{x}_2, \ldots, \boldsymbol{x}_N\}$ と，そのリストのデータを m 次元のベクトル $\boldsymbol{y} = A\boldsymbol{x} + \boldsymbol{b}$ に変換したリスト $\mathbf{y} = \{\boldsymbol{y}_1, \boldsymbol{y}_2, \ldots, \boldsymbol{y}_N\}$ について，$\boldsymbol{x}$ と $\boldsymbol{y}$ の共分散行列の関係を考えてみましょう．

分散，共分散の定義から，それぞれの共分散行列は

$$\Sigma_{\boldsymbol{x}} = \frac{1}{N-1} \sum_{i=1}^{N} (\boldsymbol{x}_i - \boldsymbol{\mu}_{\boldsymbol{x}})(\boldsymbol{x}_i - \boldsymbol{\mu}_{\boldsymbol{x}})^\top \tag{B.30}$$

$$\Sigma_{\boldsymbol{y}} = \frac{1}{N-1} \sum_{i=1}^{N} (\boldsymbol{y}_i - \boldsymbol{\mu}_{\boldsymbol{y}})(\boldsymbol{y}_i - \boldsymbol{\mu}_{\boldsymbol{y}})^\top \tag{B.31}$$

で計算できます[注3]．$\boldsymbol{\mu}_{\boldsymbol{x}}, \boldsymbol{\mu}_{\boldsymbol{y}}$ はリストのベクトルの平均ベクトルです．
$\boldsymbol{y}_i = A\boldsymbol{x}_i + \boldsymbol{b}, \boldsymbol{\mu}_{\boldsymbol{y}} = A\boldsymbol{\mu}_{\boldsymbol{x}} + \boldsymbol{b}$ を $\Sigma_{\boldsymbol{y}}$ の式に代入すると，

[注3] ベクトルを各要素 $x_1, x_2, \ldots, x_n$ で表して計算すると，式 (B.30), (B.31) の各要素が分散や共分散の定義になります．

$$\Sigma_y = \frac{1}{N-1}\sum_{i=1}^{N}(Ax_i+b-A\mu_x-b)(Ax_i+b-A\mu_x-b)^\top$$

$$= \frac{1}{N-1}\sum_{i=1}^{N}A(x_i-\mu_x)(x_i-\mu_x)^\top A^\top$$

$$= A\frac{1}{N-1}\sum_{i=1}^{N}(x_i-\mu_x)(x_i-\mu_x)^\top A^\top$$

$$= A\Sigma_x A^\top \tag{B.32}$$

となります．つまり，x の共分散行列を変換の行列 A で挟んだものが y の共分散行列になります．

さらに，リスト $z=\{z_1,z_2,\ldots,z_N\}$ も考え，$y=Ax+Bz+b$ となる場合の変換を考えてみましょう．x と z は互いに独立であるとします．先ほどと同様，y の共分散の式の y_i, μ_y にそれぞれ Ax_i+Bz_i+b, $A\mu_x+B\mu_z+b$ を代入すると，

$$\Sigma_y = \frac{1}{N-1}\sum_{i=1}^{N}(Ax_i+Bz_i+b-A\mu_x-B\mu_z-b)(Ax_i+Bz_i+b-A\mu_x-B\mu_z-b)^\top$$

$$= \frac{1}{N-1}\sum_{i=1}^{N}A(x_i-\mu_x)(x_i-\mu_x)^\top A^\top + \frac{1}{N-1}\sum_{i=1}^{N}B(z_i-\mu_z)(z_i-\mu_z)^\top B^\top$$

$$+ \frac{1}{N-1}\sum_{i=1}^{N}A(x_i-\mu_x)(z_i-\mu_z)^\top B^\top + \frac{1}{N-1}\sum_{i=1}^{N}B(z_i-\mu_z)(x_i-\mu_x)^\top A^\top$$

$$= A\Sigma_x A^\top + B\Sigma_z B^\top + A\frac{1}{N-1}\sum_{i=1}^{N}(x_i-\mu_x)(z_i-\mu_z)^\top B^\top$$

$$+ B\frac{1}{N-1}\sum_{i=1}^{N}(z_i-\mu_z)(x_i-\mu_x)^\top A^\top$$

$$= A\Sigma_x A^\top + B\Sigma_z B^\top \tag{B.33}$$

となります．最後に二つ項を消していますが，これは x, z が互いに独立で，共分散がゼロになるからです．

B.1.11　複数のベクトルを連結したベクトルでのガウス分布の表現

ここでは列ベクトル $v_1, v_2, \ldots, v_n$ をまとめて，

$$v_{[1:n]} = \begin{pmatrix} v_1 \\ v_2 \\ \vdots \\ v_n \end{pmatrix} \tag{B.34}$$

と表すとき，次のような指数部をもつガウス分布を $v_{[1:n]}$ を変数として表す方法を考えます．

$$-\frac{1}{2}(Av_s+Bv_t+a)^\top C(Av_s+Bv_t+a) \quad (1 \leq s < t \leq n) \tag{B.35}$$

C は，このガウス分布の精度行列となり，対称行列となります．

まず，$v_{[1:n]}$ の 2 次の項を作ります．v_s と v_t が二つかかっている項を式 (B.35) から選ぶと，

$$-\frac{1}{2}\left\{v_s^\top A^\top CAv_s + v_s^\top A^\top CBv_t + v_t^\top B^\top CAv_s + v_t^\top B^\top CBv_t\right\} \tag{B.36}$$

となります．この式から左側に $v_{[1:n]}^\top = (v_1^\top\ v_2^\top \cdots v_n^\top)$ を分離すると，

$$= -\frac{1}{2}(\cdots v_s^\top \cdots v_t^\top \cdots)\begin{pmatrix} \vdots \\ A^\top CAv_s + A^\top CBv_t \\ \vdots \\ B^\top CAv_s + B^\top CBv_t \\ \vdots \end{pmatrix} = -\frac{1}{2}v_{[1:n]}^\top \begin{pmatrix} \vdots \\ A^\top CAv_s + A^\top CBv_t \\ \vdots \\ B^\top CAv_s + B^\top CBv_t \\ \vdots \end{pmatrix} \tag{B.37}$$

となります．左のベクトルが行ベクトル，右のベクトルが列ベクトルになります．$\cdots$ の部分にはそれぞれ $v_{[1:n]}^\top$ の要素が適切に並べられており，$\vdots$ の部分は，右側の対応する要素が $v_s^\top$, $v_t^\top$ にかかるように，適切な個数だけゼロが並んでいることとします．

さらに右側に $v_{[1:n]}$ を分離すると，

$$= -\frac{1}{2}v_{[1:n]}^\top \begin{pmatrix} \ddots & & & & \\ & A^\top CA & \cdots & A^\top CB & \\ & \vdots & \ddots & \vdots & \\ & B^\top CA & \cdots & B^\top CB & \\ & & & & \ddots \end{pmatrix}\begin{pmatrix} \vdots \\ v_s \\ \vdots \\ v_t \\ \vdots \end{pmatrix}$$

$$= -\frac{1}{2}v_{[1:n]}^\top \begin{pmatrix} \ddots & & & & \\ & A^\top CA & \cdots & A^\top CB & \\ & \vdots & \ddots & \vdots & \\ & B^\top CA & \cdots & B^\top CB & \\ & & & & \ddots \end{pmatrix}v_{[1:n]} \tag{B.38}$$

となります．行列中の点線，空白の部分の要素はすべてゼロです．

ということで，指数部が式 (B.35) となるガウス分布から $v_{[1:n]}$ を変数とするガウス分布に変換すると，その精度行列は，

$$\Omega_{v_{[1:n]}} = \begin{pmatrix} \ddots & & & & \\ & A^\top CA & \cdots & A^\top CB & \\ & \vdots & \ddots & \vdots & \\ & B^\top CA & \cdots & B^\top CB & \\ & & & & \ddots \end{pmatrix} \quad \text{(省略部分の要素はすべてゼロ)} \tag{B.39}$$

となります．

また，式 (B.35) と同じ形式をもつ複数のガウス分布をそれぞれ同様に変換した後，積をとって分布を作ると，その精度行列はそれぞれの $\Omega_{\bm{v}_{[1:n]}}$ を足し合わせることで計算できます．ガウス分布の積をとると指数部は足し算になるからです．

さらに，式 (B.35) について，$\bm{v}_s, \bm{v}_t$ が一つだけになる 1 次の項についても整理しましょう．

$$-\frac{1}{2}\left\{(A\bm{v}_s+B\bm{v}_t)^\top C\bm{a}+\bm{a}^\top C(A\bm{v}_s+B\bm{v}_t)\right\} = -(A\bm{v}_s+B\bm{v}_t)^\top C\bm{a}$$

$$= -\left\{(\cdots A \cdots B \cdots)\begin{pmatrix}\vdots\\\bm{v}_s\\\vdots\\\bm{v}_t\\\vdots\end{pmatrix}\right\}^\top C\bm{a} = -(\cdots \bm{v}_s^\top \cdots \bm{v}_t^\top \cdots)\begin{pmatrix}\vdots\\A^\top\\\vdots\\B^\top\\\vdots\end{pmatrix}C\bm{a} = -\bm{v}_{[1:n]}^\top\begin{pmatrix}\vdots\\A^\top\\\vdots\\B^\top\\\vdots\end{pmatrix}C\bm{a} \tag{B.40}$$

計算結果の行列の省略部分にはすべてゼロが入ります．最初の変換は，後ろの項を転置して整理して計算しています．転置は，項がスカラーなので可能です．

したがって，1 次の項の係数は

$$\xi_{\bm{v}_{[1:n]}} = -\begin{pmatrix}\vdots\\A^\top\\\vdots\\B^\top\\\vdots\end{pmatrix}C\bm{a} \tag{B.41}$$

となります．これは列ベクトルになります．精度行列の場合と同様，式 (B.35) と同じ形式をもつ複数のガウス分布をそれぞれ同様に変換した後，積をとって分布を作るときは，それぞれこのベクトルを足し合わせることで 1 次の項の係数を計算できます．

B.2 確率分布モデルと特殊関数

B.2.1 ガンマ関数とディガンマ関数

ここではガンマ関数とディガンマ関数の性質について簡単に説明しておきます．ガンマ関数もディガンマ関数も，変数が特別な値でないと，値を直接求められません．数値計算を自身で実装するか，Python の SciPy などのライブラリに頼ることになります．

ガンマ関数は次のような形の関数です．

$$\Gamma(\alpha) = \int_0^\infty t^{\alpha-1}e^{-t}dt \tag{B.42}$$

この式から $\Gamma(\alpha+1)$ を計算すると

$$\begin{aligned}
\Gamma(\alpha+1) &= \int_0^\infty t^\alpha e^{-t} dt \\
&= -\int_0^\infty t^\alpha \left(\frac{d}{dt} e^{-t}\right) dt \quad\quad\text{(部分積分)} \\
&= -\left[t^\alpha e^{-t}\right]_0^\infty + \alpha \int_0^\infty t^{(\alpha-1)} e^{-t} dt \\
&= \alpha \Gamma(\alpha)
\end{aligned} \tag{B.43}$$

という関係が導かれます．また，

$$\Gamma(1) = \int_0^\infty e^{-t} dt = \left[-e^{-t}\right]_0^\infty = 1 \tag{B.44}$$

なので，α が自然数のとき，

$$\begin{aligned}
\Gamma(\alpha) &= (\alpha-1)\Gamma(\alpha-1) = (\alpha-1)(\alpha-2)\Gamma(\alpha-2) \\
&= \cdots = (\alpha-1)(\alpha-2)\ldots 1\Gamma(1) = (\alpha-1)!
\end{aligned} \tag{B.45}$$

となります．

　ディガンマ関数は，

$$\psi(\alpha) = \frac{d}{d\alpha} \log \Gamma(\alpha) = \frac{1}{\Gamma(\alpha)} \frac{d}{d\alpha} \Gamma(\alpha) = \frac{\Gamma'(\alpha)}{\Gamma(\alpha)} \tag{B.46}$$

というものです．この式を解くときは，ガンマ関数のもう一つの表現[注4]

$$\Gamma(\alpha) = \lim_{n\to\infty} \frac{n^\alpha n!}{\prod_{k=0}^n (\alpha+k)} \tag{B.47}$$

の対数をとって微分します．すると，

$$\psi(\alpha) = \lim_{n\to\infty} \left(\log n - \sum_{k=0}^n \frac{1}{\alpha+k}\right) \tag{B.48}$$

と求まります．

　また，ガンマ関数について

$$\Gamma(\alpha+1) = \alpha \Gamma(\alpha) \tag{B.49}$$

の両辺を微分すると，

$$\Gamma'(\alpha+1) = \Gamma(\alpha) + \alpha \Gamma'(\alpha) \tag{B.50}$$

$$\frac{\Gamma'(\alpha+1)}{\Gamma(\alpha+1)} = \frac{\Gamma(\alpha) + \alpha \Gamma'(\alpha)}{\alpha \Gamma(\alpha)} \tag{B.51}$$

となるので，式 (B.46) から，

$$\psi(\alpha+1) = \frac{1}{\alpha} + \psi(\alpha) \tag{B.52}$$

注4　これ以上細かく説明できませんが，この表現は「無限乗積展開」と呼ばれ，式 (B.42) と一致します．

が成り立ちます．この関係は式 (B.48) からも導出できます．

B.2.2 ガンマ分布，指数分布，カイ二乗分布

ガンマ分布は，次のような確率密度関数で定義されます．

$$\text{Gam}(\lambda|\alpha,\beta) = \frac{1}{\Gamma(\alpha)}\beta^\alpha \lambda^{\alpha-1} e^{-\beta\lambda} \tag{B.53}$$

$$\Gamma(\alpha) = \int_0^\infty t^{\alpha-1} e^{-t} dt \tag{B.54}$$

特に，$\alpha = 1$ のとき

$$\text{Gam}(\lambda|\alpha=1,\beta) = \frac{1}{\Gamma(1)}\beta e^{-\beta\lambda} = \beta e^{-\beta\lambda} \tag{B.55}$$

となり（式 (B.45)），これは指数分布となります．また，$\alpha = k/2$，$\beta = 1/2$ とすると，

$$\text{Gam}(\lambda|\alpha=k/2,\beta=1/2) = \frac{1}{\Gamma(2/k)}(1/2)^{2/k}\lambda^{2/k-1}e^{-\lambda/2} = \frac{1}{2^{2/k}\Gamma(2/k)}\lambda^{2/k-1}e^{-\lambda/2} \tag{B.56}$$

となって式 (7.16) と一致し，カイ二乗分布となります．

本書では，指数分布をシミュレーションへの雑音の実装で利用しました[注5]．このときの説明に当てはめると，式 (B.55) の β は道のりあたりに踏みつける小石の個数の期待値，λ は道のりを意味し，式 (B.55) は，小石を踏んでから次に小石を踏むまで λ だけ進む確率の密度を与えます．ガンマ分布は，この指数分布を拡張した形になっていて，式 (B.56) は，小石を踏んでから次に小石を α 個踏むまでに λ だけ進む確率の密度を与えます．

ガンマ分布の期待値は，

$$\begin{aligned}
\langle \lambda \rangle_{\text{Gam}(\lambda|\alpha,\beta)} &= \int_{-\infty}^\infty \lambda \frac{1}{\Gamma(\alpha)}\beta^\alpha \lambda^{\alpha-1} e^{-\beta\lambda} d\lambda \\
&= \int_{-\infty}^\infty \frac{1}{\Gamma(\alpha+1)/\alpha}\frac{\beta^{\alpha+1}}{\beta}\lambda^{(\alpha+1)-1} e^{-\beta\lambda} d\lambda \\
&= \int_{-\infty}^\infty \frac{\alpha}{\beta}\text{Gam}(\lambda|\alpha+1,\beta)d\lambda \\
&= \frac{\alpha}{\beta}\int_{-\infty}^\infty \text{Gam}(\lambda|\alpha+1,\beta)d\lambda \\
&= \frac{\alpha}{\beta}
\end{aligned} \tag{B.57}$$

となります．$\alpha = 1$ として指数分布を考えると，小石を踏む道のりの期待値は $1/\beta$ となりますが，ガンマ分布では α 個石を踏まないといけないので，期待値が α 倍になっています．

また，分散は，

[注5] 式 (4.1) の x と λ は，それぞれこの式の λ と β に相当します．

$$
\begin{aligned}
\langle \lambda^2 \rangle_{\mathrm{Gam}(\lambda|\alpha,\beta)} - \left(\frac{\alpha}{\beta}\right)^2 &= \int_{-\infty}^{\infty} \lambda^2 \frac{1}{\Gamma(\alpha)} \beta^\alpha \lambda^{\alpha-1} e^{-\beta\lambda} d\lambda - \left(\frac{\alpha}{\beta}\right)^2 \\
&= \int_{-\infty}^{\infty} \frac{(\alpha+1)\alpha}{\Gamma(\alpha+2)} \frac{\beta^{(\alpha+2)}}{\beta^2} \lambda^{(\alpha+2)-1} e^{-\beta\lambda} d\lambda - \left(\frac{\alpha}{\beta}\right)^2 \\
&= \frac{(\alpha+1)\alpha}{\beta^2} \int_{-\infty}^{\infty} \mathrm{Gam}(\lambda|\alpha+2,\beta) d\lambda - \left(\frac{\alpha}{\beta}\right)^2 \\
&= \frac{\alpha}{\beta^2}
\end{aligned}
\tag{B.58}
$$

となります．

B.2.3 ディリクレ分布

ディリクレ分布は，次のような式で定義されます．

$$
\mathrm{Dir}(\boldsymbol{\pi}|\boldsymbol{\tau}) = \frac{\Gamma(\sum_{k=0}^{K-1}\tau_k)}{\prod_{k=0}^{K-1}\Gamma(\tau_k)} \prod_{k=0}^{K-1} \pi_k^{\tau_k-1} \tag{B.59}
$$

この分布の ℓ 番目の要素 π_ℓ の期待値は，

$$
\langle \pi_\ell \rangle_{\mathrm{Dir}(\boldsymbol{\pi}|\boldsymbol{\tau})} = \frac{\Gamma(\sum_{k=0}^{K-1}\tau_k)}{\prod_{k=0}^{K-1}\Gamma(\tau_k)} \left[\!\!\left[\pi_\ell \prod_{k=0}^{K-1} \pi_k^{\tau_k-1} \right]\!\!\right]_{\boldsymbol{\pi}} \tag{B.60}
$$

となります．ここで，$\boldsymbol{\tau} = (\tau_0\ \tau_1\ \ldots\ \tau_{K-1})^\top$ について，ℓ 番目の τ_ℓ だけ 1 を足して $\tau'_\ell = \tau_\ell + 1$ として，あとは $\tau'_k = \tau_k$ としたベクトル $\boldsymbol{\tau}'$ を考えると，次の 2 つの関数

$$
\Gamma\left(\sum_{k=0}^{K-1}\tau'_k\right) = \Gamma\left(\sum_{k=0}^{K-1}\tau_k + 1\right) = \left(\sum_{k=0}^{K-1}\tau_k\right)\Gamma\left(\sum_{k=0}^{K-1}\tau_k\right) \tag{B.61}
$$

$$
\prod_{k=0}^{K-1}\Gamma(\tau'_k) = \Gamma(\tau_\ell+1) \prod_{k=0, k\neq\ell}^{K-1}\Gamma(\tau_k) = \tau_\ell \prod_{k=0}^{K-1}\Gamma(\tau_k) \tag{B.62}
$$

が成り立ち，また，積分の部分について，

$$
\left[\!\!\left[\pi_\ell \prod_{k=0}^{K-1} \pi_k^{\tau_k-1} \right]\!\!\right]_{\boldsymbol{\pi}} = \left[\!\!\left[\prod_{k=0}^{K-1} \pi_k^{\tau'_k-1} \right]\!\!\right]_{\boldsymbol{\pi}} \tag{B.63}
$$

となるので，

$$
\begin{aligned}
\langle \pi_\ell \rangle_{\mathrm{Dir}(\boldsymbol{\pi}|\boldsymbol{\tau})} &= \frac{\tau_\ell}{\sum_{k=0}^{K-1}\tau_k} \frac{\Gamma(\sum_{k=0}^{K-1}\tau'_k)}{\prod_{k=0}^{K-1}\Gamma(\tau'_k)} \left[\!\!\left[\prod_{k=0}^{K-1} \pi_k^{\tau'_k-1} \right]\!\!\right]_{\boldsymbol{\pi}} = \frac{\tau_\ell}{\sum_{k=0}^{K-1}\tau_k} \left[\!\!\left[\mathrm{Dir}(\boldsymbol{\pi}|\boldsymbol{\tau}') \right]\!\!\right]_{\boldsymbol{\pi}} \\
&= \frac{\tau_\ell}{\sum_{k=0}^{K-1}\tau_k}
\end{aligned}
\tag{B.64}
$$

となります．

また，付録 A で使った

$$
\langle \log \pi_\ell \rangle_{\mathrm{Dir}(\boldsymbol{\pi}|\boldsymbol{\tau})} \tag{B.65}
$$

については，次のように求めます．まず，

$$\frac{\partial}{\partial \tau_\ell} \prod_{k=0}^{K-1} \pi_k^{\tau_k-1} = \frac{\partial}{\partial \tau_\ell} \pi_\ell^{\tau_\ell-1} \prod_{k=0, k\neq \ell}^{K-1} \pi_k^{\tau_k-1} = (\log \pi_\ell)(\pi_\ell^{\tau_\ell-1}) \prod_{k=0,k\neq \ell}^{K-1} \pi_k^{\tau_k-1} = (\log \pi_\ell) \prod_{k=0}^{K-1} \pi_k^{\tau_k-1} \tag{B.66}$$

となるので，

$$\begin{aligned}
\langle \log \pi_\ell \rangle_{\mathrm{Dir}(\boldsymbol{\pi}|\boldsymbol{\tau})} &= \left[\!\!\left[\frac{\Gamma(\sum_{k=0}^{K-1} \tau_k)}{\prod_{k=0}^{K-1} \Gamma(\tau_k)} (\log \pi_\ell) \prod_{k=0}^{K-1} \pi_k^{\tau_k-1} \right]\!\!\right]_{\boldsymbol{\pi}} \\
&= \left[\!\!\left[\frac{\Gamma(\sum_{k=0}^{K-1} \tau_k)}{\prod_{k=0}^{K-1} \Gamma(\tau_k)} \frac{\partial}{\partial \tau_\ell} \prod_{k=0}^{K-1} \pi_k^{\tau_k-1} \right]\!\!\right]_{\boldsymbol{\pi}} \\
&= \frac{\Gamma(\sum_{k=0}^{K-1} \tau_k)}{\prod_{k=0}^{K-1} \Gamma(\tau_k)} \frac{\partial}{\partial \tau_\ell} \left[\!\!\left[\prod_{k=0}^{K-1} \pi_k^{\tau_k-1} \right]\!\!\right]_{\boldsymbol{\pi}}
\end{aligned} \tag{B.67}$$

となります[注6]．この最後の式の積分は，ディリクレ分布の正規化定数以外の部分を積分したものなので，正規化定数の逆数になります．そのため，

$$\begin{aligned}
\langle \log \pi_\ell \rangle_{\mathrm{Dir}(\boldsymbol{\pi}|\boldsymbol{\tau})} &= \frac{\Gamma(\sum_{k=0}^{K-1} \tau_k)}{\prod_{k=0}^{K-1} \Gamma(\tau_k)} \frac{\partial}{\partial \tau_\ell} \frac{\prod_{k=0}^{K-1} \Gamma(\tau_k)}{\Gamma(\sum_{k=0}^{K-1} \tau_k)} \\
&= \frac{\Gamma(\sum_{k=0}^{K-1} \tau_k)}{\Gamma(\tau_\ell)} \frac{\partial}{\partial \tau_\ell} \left\{ \Gamma(\tau_\ell) \left[\Gamma\left(\sum_{k=0}^{K-1} \tau_k\right) \right]^{-1} \right\}
\end{aligned} \tag{B.68}$$

となり，$\sum_{k=0}^{K-1} \tau_k = \tau_\ell + t$[注7] とおいてさらに計算すると，

$$\begin{aligned}
&\langle \log \pi_\ell \rangle_{\mathrm{Dir}(\boldsymbol{\pi}|\boldsymbol{\tau})} \\
&= \frac{\Gamma(\tau_\ell + t)}{\Gamma(\tau_\ell)} \frac{\partial}{\partial \tau_\ell} \left\{ \Gamma(\tau_\ell) \left[\Gamma(\tau_\ell + t) \right]^{-1} \right\} \\
&= \frac{\Gamma(\tau_\ell + t)}{\Gamma(\tau_\ell)} \left\{ \Gamma'(\tau_\ell) \left[\Gamma(\tau_\ell + t) \right]^{-1} - \Gamma(\tau_\ell) \left[\Gamma(\tau_\ell + t) \right]^{-2} \Gamma'(\tau_\ell + t) \right\} \quad (\text{ここで } \Gamma' = \frac{\partial}{\partial \tau_\ell} \Gamma) \\
&= \frac{\Gamma'(\tau_\ell)}{\Gamma(\tau_\ell)} - \frac{\Gamma'(\tau_\ell + t)}{\Gamma(\tau_\ell + t)} \\
&= \psi(\tau_\ell) - \psi(\tau_\ell + t) \qquad\qquad\qquad\qquad\qquad\qquad (\text{式 (B.46) から}) \\
&= \psi(\tau_\ell) - \psi\left(\sum_{k=0}^{K-1} \tau_k\right)
\end{aligned} \tag{B.69}$$

と，$\log \pi_\ell$ の期待値が求まります．

注6 途中で偏微分と積分を入れ替えており，本来はこの証明が必要です．フビニの定理で ℓ 番目の要素とほかの要素の積分を入れ替えたあと，$\frac{\partial}{\partial \tau_\ell} \int_0^1 \pi_\ell^{\tau_\ell-1} d\pi_\ell = \int_0^1 \frac{\partial}{\partial \tau_\ell} \pi_\ell^{\tau_\ell-1} d\pi_\ell = \tau_\ell^{-2}$ を示して入れ替えるようです．

注7 τ_ℓ の他の数の和を t で置き換えて定数扱いしています．

あとがき

　この本を書くきっかけは，千葉工業大学に勤務するようになったことです．赴任してすぐ，大学院生向けの「確率ロボティクス」という講義をもちました．私の所属する未来ロボティクス学科（大学院は未来ロボティクス専攻）の学生さんの専門は，ロボットの機構から画像処理まで，かなり広い分野にまたがっています．そのため，確率ロボティクスを理解するために必要な確率や統計を扱ったことがない学生さんが講義を受けにきて苦労することが，講義を受け持った当初からの課題でした．

　また，私の研究室では多くのメンバーが学部3年から本書の内容を研究することになりますが，配属されるまで確率や統計をバリバリやってきましたという人は，まずいません．彼らが（申し訳ないけど私自身がなるべく時間をかけないで）研究に使う理論を理解できるような仕組みが必要でした．

　これらの問題を根性論以外の方法で解決するには何が一番必要だろうかと考えたとき，それはサンプルコードだろうと考えました．企業に勤めてソフトウェアの仕事をしていたときに，先進的な人たちの合言葉は「コードを読め」でした．私は「論文も読め」だと思うのですが，1章で書いたように物事を理解するときは教科書の順番を意識するより分かりやすいものから入っていくべきで，おそらく学生にはコードが一番分かりやすいんだろうと考えました．

　「確率ロボティクス関係の分かりやすいサンプルコード」というと，ロボット業界や自動運転業界では，@Atsushi_twi さんのブログ https://myenigma.hatenablog.com/ が有名で，私もちょくちょく参考にしています．短い MATLAB のコードでアニメーションでロボットの動作や観測，計算結果が表現されており，この分野に興味をもったら最初に見るべきサイトの一つだと考えています．このサンプルコードをお手本に，MATLAB よりもカジュアルに使えてコードの中にも解説の書ける Jupyter Notebook でサンプルコードを作っていきました[注1]．最初は研究や3年生の製作物も兼ねて，研究室の佐藤大亮さん，鍬形篤史さん，三上泰史さんにカルマンフィルタや変分推論の解説を作ってもらっていました．その後，様子を見て私自身も講義向けにサンプルコードの作成を開始しました．

　Jupyter Notebook には LaTeX で数式も書いていけるので，最初のうちはサンプルコードの間に解説も書いていきました．しかしこの方式だと，説明の順番に合わせて上から下にひたすら進むコードしか書けません．本学科は C 言語でマイコンの制御コードを書く人が多く，上から下に巨大な main 文を書く風習が一部ではびこっているのですが，Python までそんな書き方をさせて企業に放流すると，たぶんものすごく迷惑な話になります．サンプルコードはちゃんとオブジェクト指向で書かねばなりませんし，ちょうどいい大きさであんまり凝りすぎていないオブジェクト指向の例を示すよい機会なので，上から下にいくコードはすぐやめました．そして，解説も上から下に書けなくなったので，別のリポジトリに分けて書くことにしました．

　こうなると「本にまとめたい」という欲が出てきました．そして，Twitter にこう書き込みました．

注1 @Atsushi_twi さんは現在，Python でロボティクスのサンプルコードを記述する PythonRobotics (https://github.com/AtsushiSakai/PythonRobotics) というプロジェクトを手がけており，世界的に人気になっています．

あとがき

すると，翌朝に講談社サイエンティフィクの横山真吾さんから連絡をいただき，打ち合わせのうえ，執筆を開始しました．そこから二年弱かけて，今みなさまの手元にあるような形になりました．

ただ，「二年弱かけて形にしていきました」と文字にすると造作もないように見えてしまいますが，書いている間は地獄でした．仕事をしているので時間を作る必要があり，そして何か調べごとをするたびに自分の勘違いや不見識と向き合わなければなりません．そしてコードについては不整合のために何度も手戻りし，そのたびに文章の書き換えも繰り返しました．これまでの経験上，出版後にAmazonのレビューに文句を書かれることが頭をよぎることも頻繁にありました．

ちょうどこの部分を書いている前日，研究テーマ選びに悩む学生さんと少し話をして，その中で次のようなことをいいました．この話はよくするのですが，本や音楽，YouTuberの動画などの作品，あるいは成功したベンチャー企業などは，それらを消費，評論する側には，完成した姿しか見えません．一方，作り手は未完成のものと長い間，時間をともにします．未完成品というものは，そこそこ時間をかけてきたにもかかわらず何か物足りなく，間違いも多く，頼りないものです．有名な完成品から見ると絶望的にチープに見えます．完成したって，その未熟だった頃を知ってしまってる以上，公開しても何かダメなところがあるのではないかと不安になります．しかし，バカみたいなテーマを考えて粘り強く形にしていくと，みんなビックリして結果的に面白いテーマに化けます．逆にそれが分かってないと，それっぽい「本格的な」テーマを選ぼうとして金縛りになります．

本書は「自分でコードを書く」ことがコンセプトとなっています．バカ正直にコードを書いていくと，意味不明なコードやバグ，難しい数式と対峙することとなります．前提知識が少なければ最初はちんぷんかんぷんですが，粘り強くやっているとたぶん数年後には，なんで分からなかったのか理解できない状態になると思います．分かったような気になるには数日で済みますが，呼吸をするようにコードが書けるようになるには，おそらく数年かかります．本書で学習することの成果というのは単なる知識ではなく，技術を得た「手」です．手で分かったと感じるレベルに到達するには，先ほどの話と同じく，未完成で頼りない作品（自分自身）と向き合う長い時間が待っています．教材というものは，その時間がなるべく短くなるようにあるべきもので，本書の分量が多く，学習に長い時間がかかるということは，筆者が恥じるべきことです．しかし，技術を身につけるということは神経回路を物理的に変えることでもあるので，数日ではどうにもならないことではないかと考えています．ぜひ，「自分が理解できているか，実装できるか，人に説明できるか」と，一つ一つ自分自身と対話して確認しながら，じっくりとコードを書いていただけると幸いです．本書の分量が多いのは，そのプロセスにしっかりと伴走するためです．

話が変わりますが最近はやたら「発信する」がもてはやされています．また，イノベーションという言葉ももてはやされています．この二つ，何の因果か筆者の仕事なのですが，これらのことがやたら叫ばれすぎることには疑問を感じざるをえません．何かこれらが活発化するように外からコントロールすれば国の経済が発展すると考えている人たちもいるようですが，常識を超えていく人間の発信癖，研究癖というのは本能であり衝動であり，制御不能です．コントロールしようという人たちのことなど視界にも入りません．そして，もしそれで経済を回したいのなら，発信されたものを正しく活かせる受け手側の層が必須であることを忘れてはいけないかと思います．賢い人たちが真摯に未来を語ろうが，まじめに取り組まれた研究で革新的な成果が出ようが，お金が講演会や研究の行われた地点や地域，そして国に流れると考えるのは短絡的すぎます．自身で何も作れないのに誰かが語る未来に酔ってお賽銭を投げている人ばかりだと，せっかくの種が実になりません．また，そういう人ばかりになれば，適当なことをいって商売している人々や病的なアジテーターが「オピニオンリーダーだ」と注目されたり，疑似科学に国の予算が使われたりと，発信側から真摯な人たちが駆逐されて怪しい人だらけになります．結果，そこには空虚なお賽銭の投げ合いしか残らなくなります．根拠のない儲け話

（ねずみ講）がはびこって破綻した国もかつてありました．お金が回っても，なんかかっこよさそうな講演会ばかり聞いていても，それだけではダメなのです．

こういうダメなサイクルに加担しないためには，楽して得をしそうな情報のつまみ食いはやめて，本書の内容のようなソフトウェアでも，あるいはハードウェアでも料理でも音楽でも会社でも工場でも何でもいいので，何かを作る技術を身につけようとすることが必要なのではないかと思います．本書の内容は世界のあらゆることの中のほんの一部なのですが，自分で数式をなぞり，手でコードを書けば，世の中がそんなに単純ではないことを実感できます．また，頭であまり考えなくてもコードが書けるようになれば，本当の理解というものは単に本を読んでも人の話ばかり聞いていても身につかないということも，理解できると思います．それは，また新しく何かを身につけようとするときに役に立つはずです．こっちのよいサイクルの方に一度入ってしまえば，何にすがることもなく，世界のどこでも生きていけます．そうなってしまえば何をしても食べていけるわけですから，誰かのつける点数を稼いで誇ったり他人を煽ったりして自分を良く見せようという気も（人間ですからゼロにはなりませんが）少なくなり，周囲を自然によいサイクルに引き込むように振る舞えるようになるでしょう．その方がたぶん楽しく，疲弊した状態になりません．「日本が」，「他国が」，「論文数が」，「競争力が」，と不安を煽る論調もありますが，そのような煽りは人を創作物への興味や集中から遠ざけるものですし，私自身，20代のときに一度それに殺されてしまいました．ただ，そのときの私には何かしらの職人技が身についており，それに助けられました．本書が誰か一人でもよいので，自由に生きるきっかけになることを願っております．

本書は，例に違わず多くの人に助けていただき，世に出たものです．編集担当の横山さんには，日程のやりくりが大変な中，内容の充実を第一に考えていただき，感謝しております．私が「これでいいや」といってから，「いや，もっと書きましょう」と延長戦になることがあり，これがなかったら，本書は物足りない感じになっていたと思われます．また，以下に挙げるように，多くの方々に手伝っていただいたり，査読いただいたりしたことで，本書が強固になりました．査読については私が無理を承知でお願いしているもので，依頼を受けてくださった方々がどなたも多忙なことは，お名前を見れば分かる人は分かると思います．本書に間違いが残っていたとしたら，その場合，責任はすべて筆者にあります．

千葉工業大学の藤井浩光先生には序盤の基礎の部分，中央大学の池勇勳先生には自己位置推定の部分を丁寧に見ていただきました．お二方は（後輩と呼ぶのは大変失礼なのですが，関係としては）私の後輩や後輩の後輩にあたりますが，紙に赤ペンで情け容赦なく書き込む某研究室スタイルでコメントを入れてくださり，やっぱりうちの研究室でも学生に同じくらい容赦なくやらないとあかんなと思いながら泣きながら修正しました．千葉工業大学の未来ロボット技術研究センター（fuRo）の友納正裕先生には，SLAMの部分についてコメントをいただきました．グラフベースSLAMの部分については，あまり一般的でない筆者の解釈が入っているため，この部分についてはかなり細かいコメントをいただきました．また，今もメールと学食でディスカッションが継続中です．静岡大学の小林祐一先生にはMDPから強化学習の部分を見ていただきました．小林先生は私の先輩（というよりは直接の師匠）にあたり，当然，上記の某研究室スタイルで添削いただいたのですが，「赤ペンは気が引けるから青ペンで」ということで青ペンの入ったPDFをいただきました．実は私も赤だと高圧的に見えるという理由で青ペンを使うことが多いので，よく分かります．内容については，どうしても私は我が強くて放言を書くことがあるのですが，それについて全部指摘がありました．さすがに学部のときのような「てにをは」の直しはありませんでしたが，放言に関しては私は何にも成長しておらんということを確認し，反省しました．東京農工大学の矢野史朗先生には，付録Aについてご助言と指摘をいただきました．また，この部分を書く前に個人レクチャーしていただきました．本当に貴重な時間

でした．

　また，2019 年 3 月に開催されたロボティクスシンポジアでも，自分で主催している夜のライトニングトークセッションを私物化し，原稿を読んでコメントをいただける方を募集しました．結果，東北大学の大野和則先生，名古屋大学の赤井直紀先生，fuRo の入江清先生，原祥尭先生，東京大学の桑田晋作さんと，本来はお一人ずつ依頼しなければならないような方々に応じていただけました．大野先生，桑田さんからは，読者が戸惑いそうなところや，環境を準備するときに情報が足りないところに対して指摘がありました．入江先生からは冷静なコメントとともに「描画される誤差楕円の大きさが間違っている」とバグの指摘がありました．バグに引きずられて実験結果に対しておかしな説明をしている箇所を発見でき，命拾いしました．赤井先生からも自己位置推定の部分に関して多くの指摘をいただきました．原先生には全部目を通していただいて膨大な指摘をいただき，修正に 3 日を要しました．これでかなり原稿が引き締まりました．

　さらに，横山さんのご紹介で，IBM の森村哲郎先生に第 III 部を査読いただく機会をいただきました．説明の足りないところや論理展開の甘い箇所に対して，多くの的確な指摘をいただきました．

　千葉工業大学未来ロボティクス学科の多くの学生のみなさまにも，原稿を渡してコードも試していただき，フィードバックをいただきました．今回の本は内容が難しくて指摘があんまりなかったのですが，その中で誤字や間違い，コードのバグを発見いただいた林原研の岡田眞也さん，上田研の鈴木友崇さん，藤江研の植木文弘さん，ありがとうこざいました．そして，林原靖男先生をはじめ，つくばチャレンジチームのみなさまにも，本書の内容に関する多くの知見をいただき，感謝しております．

　恩師である新井民夫先生には，3 月に原稿を某所で一度お見せしました．その際，いくつかコメントをいただきました．その後，別れ際に「執筆がんばってね」といってくださいました．はたから見ると何気ない一言で帰り際だから一言というのもありますが，過去，私が教員を辞め，アカデミアを去るときも少し話をした後，結論が「尊重しよう」の一言だったことを思い出しました．当時，学生の進路一つだけでも怒り出す教員もまだ多かった中，その一言は非常に重要なものでした．辞めた後，私は特に何か大きなことをする気もなかったのですが，とりあえずくだらない私利私欲に走るのは少しだけにして，あとはまっすぐ生きようと考えたものです．また，他人が自分で選んだことは尊重しなければならない，ということは，その後の私自身の憲法のようなものとなっています．

　最後に家族に対しての謝辞です．ちょうど本書と同じ時期にもう一冊，自著が出版されることになり，そこにも謝辞を書きました．そこには，あろうことか子どもに向けて「家庭なんか大切だと思ったことなんかこれっぽっちもない」と書きました（注意：家族は大切）．これは，子どもにいろいろサービスするよりは，親が社会的な，いや，社会を超越した目的をもって仕事なり人生なりを楽しく進めている姿を見せる方がよほど有用という考えを書いたものでした（強要したり押しつけたりしては絶対にいけませんが）．情報がないと正解に近づけないという本書の主旨に従い，これからも社会の楽しさもエグさもそのまま伝えるよい情報源であろうと思います．また，妻に対しても同じように振る舞っており，子どもたちに対して同じようにするように偉そうに伝えているのですが，その割にたいして稼がず変なことばかりしていて申し訳ないと思っています．私が炎上して売れるような扇情的な本を書けば，老後の貯蓄や子どもの学費のことなどで頭のリソースを割かずに本人の仕事に集中できるのですが，たぶんそういうことは私はしないでしょう．これからも偏屈なのを謝る辞を述べて謝辞といたします．

2019 年 8 月 31 日
上田隆一

参考文献

[Akai 2018] Naoki Akai, Luis Yoichi Morales, and Hiroshi Murase: Simultaneous pose and reliability estimation using convolutional neural network and Rao-Blackwellized particle filter. *Advanced Robotics*, Vol. 32, No. 17, pp. 930–944, 2018.

[Attias 1999] Hagai Attias: Inferring parameters and structure of latent variable models by variational bayes. In *Proceedings of the Fifteenth Conference on Uncertainty in Artificial Intelligence*, pp. 21–30, 1999.

[Barto 1983] Andrew G. Barto, Richard S. Sutton, and Charles W. Anderson: Neuronlike adaptive elements that can solve difficult learning control problems. *IEEE Transactions on Systems, Man, and Cybernetics*, Vol. SMC-13, No. 5, pp. 834–846, 1983.

[Bayes 1763] Thomas Bayes: LII. An essay towards solving a problem in the doctrine of chances. By the late Rev. Mr. Bayes, F. R. S. communicated by Mr. Price, in a letter to John Canton, A. M. F. R. S. *Philosophical Transactions of the Royal Society of London*, Vol. 53, pp. 370–418, 1763.

[Bellman 1957] Richard Bellman: *Dynamic Programming*. Princeton University Press, 1957.

[Bishop 2006] Christopher M. Bishop: *Pattern Recognition and Machine Learning*. Springer, 2006.

[Brooks 1986] Rodony Brooks: A robust layered control system for a mobile robot. *IEEE Journal on Robotics and Automation*, Vol. 2, No. 1, pp. 14–23, 1986.

[Buzsáki 2013] György Buzsáki and Edvard I. Moser: Memory, navigation and theta rhythm in the hippocampal-entorhinal system. *Nature Neuroscience*, Vol. 16, No. 2, pp. 130–138, 2013.

[Chatila 1985] Raja Chatila and Jean-Paul Laumond: Position referencing and consistent world modeling for mobile robots. In *Proceedings of IEEE International Conference on Robotics and Automation (ICRA)*, pp. 138–145, 1985.

[Dellaert 1999] Frank Dellaert, Dieter Fox, Wolfram Burgard, and Sebastian Thrun: Monte Carlo localization for mobile robots. In *Proceedings of IEEE International Conference on Robotics and Automation (ICRA)*, pp. 1322–1328, 1999.

[Fienberg 2006] Stephen E. Fienberg: When did Bayesian inference become "Bayesian"? *Bayesian Analysis*, Vol. 1, No. 1, pp. 1–40, 2006.

[Flavell 1979] John H. Flavell: Metacognition and cognitive monitoring: a new area of congitive-developmental inquiry. *Nature of intelligence*, Vol. 34, No. 10, pp. 906–911, 1979.

[Fox 1999] Dieter Fox, Wolfram Burgard, Frank Dellaert, and Sebastian Thrun: Monte Carlo localization: efficient position estimation for mobile robots. In *Proceedings of the Sixteenth National Conference on Artificial Intelligence (AAAI)*, pp. 343–349, 1999.

[Fox 2003] Dieter Fox: Adapting the sample size in particle filters through KLD-sampling. *International Journal of Robotics Research*, Vol. 22, No. 12, pp. 985–1003, 2003.

[Fukase 2003] Takeshi Fukase, Yuichi Kobayashi, Ryuichi Ueda, Takanobu Kawabe, and Tamio Arai: Real-time decision making under uncertainty of self-localization results. *Gal A. Kaminka, et al. (Eds.) RoboCup 2002: Robot Soccer World Cup VI*, pp. 375–383, 2003.

[Gordon 1993] Neli J. Gordon, David J. Salmond, and Arlette M. Smith: Novel approach to nonlinear/non-Gaussian Bayesian state estimation. In *IEE Proceedings-F*, Vol. 140, No. 2, pp. 107–113, 1993.

[Grewal 2000] Mohinder S. Grewal and Angus P. Andrews: Applications of Kalman filtering in aerospace 1960 to the present. *IEEE Control Systems*, Vol. 30, No. 3, pp. 69–78, 2000.

[Grisetti 2007] Giorgio Grisetti, Cyrill Stachniss, and Wolfram Burgard: Improved techniques for grid mapping with Rao-Blackwellized particle filters. *IEEE Transactions on Robotics*, Vol. 23, No. 1, pp. 34–46, 2007.

[Grisetti 2010] Giorgio Grisetti, Rainer Kümmerle, Cyrill Stachniss, and Wolfram Burgard: A tutorial on graph-based SLAM. *IEEE Intelligent Transportation Systems Magazine*, Vol. 2, No. 4, pp. 31–43, 2010.

[Gutmann 2002] Jens-Steffen Gutmann and Dieter Fox: An experimental comparison of localization methods continued. In *Proceedings of the IEEE/RSJ International Conference on Intelligent Robots and Systems (IROS)*, pp. 454–459, 2002.

[Hara 2013] Yoshitaka Hara, Shigeru Bando, Takashi Tsubouchi, Akira Oshima, Itaru Kitahara, and Yoshinari Kameda: 6DoF iterative closest point matching considering a priori with maximum a posteriori estimation. In *IEEE/RSJ International Conference on Intelligent Robots and Systems (IROS)*, pp. 4172–4179, 2013.

[Hart 1968] Peter E. Hart, Nils J. Nilsson, and Bertram Raphael: A formal basis for the heuristic determination of minimal cost paths. *IEEE Transactions on Systems Science and Cybernetics*, Vol. 4, No. 2, pp. 100–107, 1968.

[Hausknecht 2015] Matthew Hausknecht and Peter Stone: Deep recurrent Q-learning for partially observable MDPs. In *Sequential Decision Making for Intelligent Agents Papers from the AAAI 2015 Fall Symposium*, pp. 29–37, 2015.

[Hinton 2006a] Geoffrey E. Hinton and Ruslan R. Salakhutdinov: Reducing the dimensionality of data with neural networks. *Science*, Vol. 313, No. 5786, pp. 504–507, 2006.

[Hinton 2006b] Geoffrey E. Hinton, Simon Osindero, and Yee-Whye Teh: A fast learning algorithm for deep belief nets. *Neural Computation*, Vol. 18, pp. 1527–1554, 2006.

[Hochreiter 1997] Sepp Hochreiter and Jürgen Schmidhuber: Long short-term memory. *Neural Computation*, Vol. 9, No. 8, pp. 1735–1780, 1997.

[Igl 2018] Maximilian Igl, Luisa Zintgraf, Tuan Anh Le, Frank Wood, and Shimon Whiteson: Deep variational reinforcement learning for POMDPs. In *Proceedings of the 35th International Conference on Machine Leanring (ICML)*, pp. 2117–2126, 2018.

[Jensfelt 2001] Patric Jensfelt and Steen Kristensen: Active global localization for a mobile robot using multiple hypothesis tracking. *IEEE Transactions on Robotics and Automation*, Vol. 17, No. 5, pp. 748–760, 2001.

[Kaelbling 1998] Leslie P. Kaelbling, Michael L. Littman, and Anthony R. Cassandra: Planning and acting in partially observable stochastic domains. *Artificial Intelligence*, Vol. 101, No. 1-2, pp. 99–134, 1998.

[Kalman 1960] Roudolf E. Kalman: A new approach to linear filtering and prediction problems. *Transactions of the ASME, Journal of Basic Engineering*, Vol. 82, pp. 35–45, 1960.

[Kohlbrecher 2011] Stefan Kohlbrecher, Oskar von Stryk, Johannes Meyer, and Uwe Klingauf: A flexible and scalable slam system with full 3D motion estimation. In *Proceedings IEEE International Symposium on Safety, Security and Rescue Robotics (SSRR)*, pp. 155–160, November 2011.

[Latombe 1991] Jean-Claude Latombe: *Robot Motion Planning*. Kluwer Academic Publishers, 1991.

[LaValle 1998] Steven M. LaValle: Rapidly-exploring random trees: a new tool for path planning. In *Technical Report. Computer Science Department, Iowa State University*, pp. TR 98-11, 1998.

[LaValle 2001] Steven M. LaValle and Jr. James J. Kuffner: Randomized kinodynamic planning. *the International Journal of Robotics Research*, Vol. 20, pp. 378–400, 2001.

[LeCun 1998] Yann LeCun, Léon Bottou, Yoshua Bengio, and Patrick Haffner: Gradient-based learning applied to document recognition. In *Proceedings of IEEE*, pp. 2278–2324, 1998.

[Lenser 2000] Scott Lenser and Manuela Veloso: Sensor resetting localization for poorly modelled robots. In *Proceedings of IEEE International Conference on Robotics and Automation (ICRA)*, pp. 1225–1232, 2000.

[Littman 1995] Michael L. Littman, Anthony R. Cassandra, and Leslie P. Kaelbling: Learning policies for partially observable environments: scaling up. In *Proceedings of the Twelfth International Conference on Machine Learning*, pp. 362–370, 1995.

[Lu 1997] Feng Lu and Evangelos Milios: Globally consistent range scan alignment for environment mapping. *Autonomous Robots*, Vol. 4, No. 4, pp. 333–349, 1997.

[Milford 2008] Michael J. Milford and Gordon F. Wyeth: Mapping a suburb with a single camera using a biologically inspired SLAM system. *IEEE Transactions on Robotics and Automation*, Vol. 24, No. 5, pp. 1038–1053, 2008.

[Mindell 1995] David A. Mindell: Anti-aircraft fire control and the development of integrated systems at sperry, 1925-40. *IEEE Control Systems Magazine*, Vol. 15, No. 2, pp. 108–113, 1995.

[Mnih 2015] Volodymyr Mnih, Koray Kavukcuoglu, David Silver, Andrei A. Rusu, Joel Veness, Marc G. Bellemare, Alex Graves, Martin Riedmiller, Andreas K. Fidjeland, Georg Ostrovski, Stig Petersen, Charles Beattie, Amir Sadik, Ioannis Antonoglou, Helen King, Dharshan Kumaran, Daan Wierstra, Shane Legg, and Demis Hassabis: Human-level control through deep reinforcement learning. *Nature*, Vol. 518, pp. 529–533, Feb. 2015.

[Mnih 2016] Volodymyr Mnih, Adrià Puigdomènech Badia, Mehdi Mirza, Alex Graves, Tim Harley, Timothy Lillicrap, David Silver, and Koray Kavukcuoglu: Asynchronous methods for deep reinforcement learning. In *Proceedings of the 33rd International Conference on Machine Learning (ICML)*, pp. 1928–1937, 2016.

[Montemerlo 2003] Michael Montemerlo: *FastSLAM: A Factored Solution to the Simultaneous Localization and Mapping Problem With Unknown Data Association*. Doctor Thesis, Carnegie Mellon University, 2003.

[Moser 2008] Edvard I. Moser and May-Britt Moser: A metric for space. *Hippocampus*, Vol. 18, No. 12, pp. 1142–1156, 2008.

[Mur-Artal 2015] Raúl Mur-Artal, José M. M. Montiel, and Juan D. Tardós: ORB-SLAM: a versatile and accurate monocular SLAM system. *IEEE Transactions on Robotics*, Vol. 31, No. 5, pp. 1147–1163, 2015.

[Murphy 1999] Kevin P. Murphy: Bayesian map learning in dynamic environments. In *Advances in Neural Information Processing Systems (NIPS)*, pp. 1015–1021, 1999.

[Norman 1981] Donald A. Norman: Categorization of action slips. *Psychological Review*, Vol. 88, No. 1, pp. 1–15, 1981.

[Nüchter 2007] Andreas Nüchter, Kai Lingemann, Joachim Hertzberg, and Hartmut Surmann: 6D SLAM: 3D mapping outdoor environment. *Journal of Field Robotics*, Vol. 24, No. 8-9, pp. 699–722, 2007.

[O'keefe 1971] John O'keefe and Jonathan Dostrovsky: The hippocampus as a spatial map: preliminary evidence from unit activity in the freely-moving rat. *Brain Research*, Vol. 34, No. 1, pp. 171–175, 1971.

[Peng 1996] Jing Peng and Ronald J. Williams: Incremental multi-step Q-learning. *Machine Learning*, pp. 283–290, 1996.

[Pierson 2017] Harry A. Pierson and Michael S. Gashler: Deep learning in robotics: a review of recent research. *Advanced Robotics*, Vol. 31, No. 16, pp. 821–835, 2017.

[Pineau 2006] Joelle Pineau, Geoffrey Gordon, and Sebastian Thrun: Anytime point-based approximations for large POMDPs. In *Journal of Artificial Intelligence Research*, pp. 335–380, 2006.

[Raiffa 1961] Howard Raiffa and Robert Schlaifer: *Applied Statistical Decision Theory*. Division of Research, Graduate School of Business Administration, Harvard University, 1961.

[Roy 1999] Nicholas Roy and Sebastian Thrun: Coastal navigation with mobile robots. In *Advances in*

Neural Information Processing Systems (NIPS), pp. 1043–1049, 1999.

[Smith 1986] Randall C. Smith and Peter Cheeseman: On the representation and estimation of spatial uncertainty. *the International Journal of Robotics Research*, Vol. 5, No. 4, pp. 56–68, 1986.

[Sutton 1996] Richard S. Sutton: Generalization in reinforcement learning: successful examples using space coarse coding. In *Advannces in Neural Information Processing Systems (NIPS)*, pp. 1038–1044, 1996.

[Sutton 1998] Richard S. Sutton and Andrew G. Barto: *Reinforcement Learning: An Introduction*. The MIT Press, 1998.

[Sutton 2018] Richard S. Sutton and Andrew G. Barto: *Reinforcement Learning: An Introduction, Second Edition*. The MIT Press, 2018.

[Taketomi 2017] Takafumi Taketomi, Hideaki Uchiyama, and Sei Ikeda: Visual SLAM algorithms: a survey from 2010 to 2016. *IPSJ Transactions on Computer Vision and Applications*, Vol. 9, No. 1, 2017.

[Takeuchi 2006] Eijiro Takeuchi and Takashi Tsubouchi: A 3-D scan matching using improved 3-D normal distributions transform for mobile robotic mapping. In *IEEE/RSJ International Conference on Intelligent Robots and Systems (IROS)*, pp. 3068–3073, 2006.

[Takeuchi 2010] Eijiro Takeuchi, Kazunori Ohno, and Satoshi Tadokoro: Robust localization method based on free-space observation model using 3D-map. In *IEEE International Conference on Robotics and Biomimetics (ROBIO)*, pp. 973–979, 2010.

[Tesauro 1989] Gerald Tesauro and Terrence J. Sejnowski: A parallel network that learns to play backgammon. *Artificial Intelligence*, Vol. 39, No. 3, pp. 357–390, 1989.

[Tesauro 1995] Gerald Tesauro: Temporal difference learning and TD-Gammon. *Communications of the ACM*, Vol. 38, No. 3, pp. 58–68, 1995.

[Tesauro 2002] Gerald Tesauro: Programming backgammon using self-teaching neural nets. *Artificial Intelligence*, Vol. 134, No. 1-2, pp. 181–199, 2002.

[Thrun 2005] Sebastian Thrun, Wolfram Burgard, and Dieter Fox: *Probabilistic ROBOTICS*. MIT Press, 2005.

[Thrun 2006] Sebastian Thrun, Mike Montemerlo, Hendrik Dahlkamp, David Stavens, Andrei Aron, James Diebel, Philip Fong, John Gale, Morgan Halpenny, Gabriel Hoffmann, Kenny Lau, Celia Oakley, Mark Palatucci, Vaughan Pratt, and Pascal Stang: Stanley: the robot that won the DARPA Grand Challenge. *Journal of Field Robotics*, Vol. 23, No. 9, pp. 661–692, 2006.

[Tian 2016] Yang Tian and Shugen Ma: Probabilistic double guarantee kidnapping detection in SLAM. *Robotics and Biomimetics*, Vol. 3, No. 1, p. 20, 2016.

[Ueda 2002] Ryuichi Ueda, Takeshi Fukase, Yuichi Kobayashi, Tamio Arai, Hideo Yuasa, and Jun Ota: Uniform Monte Carlo localization: fast and robust self-localization method for mobile robots. In *Proceedings of IEEE International Conference on Robotics and Automation (ICRA)*, pp. 1353–1358, 2002.

[Ueda 2003] Ryuichi Ueda, Tamio Arai, Kazunori Asanuma, Shogo Kamiya, Toshifumi Kikuchi, and Kazunori Umeda: Mobile robot navigation based on expected state value under uncertainty of self-localization. In *Proceedings of the IEEE/RSJ International Conference on Intelligent Robots and Systems (IROS)*, pp. 473–478, 2003.

[Ueda 2004] Ryuichi Ueda, Tamio Arai, Kohei Sakamoto, Toshifumi Kikuchi, and Shogo Kamiya: Expansion resetting for recovery from fatal error in Monte Carlo localization: comparison with sensor resetting methods. In *Proceedings of the IEEE/RSJ International Conference on Intelligent Robots and Systems (IROS)*, pp. 2481–2486, 2004.

[Ueda 2007] Ryuichi Ueda, Kohei Sakamoto, Kazutaka Takeshita, and Tamio Arai: Dynamic programming for creating cooperative behavior of two soccer robots —part1: creation of state-action map. In

Proceedings of IEEE International Conference on Robotics and Automation (ICRA), pp. 1–7, 2007.

[Ueda 2015] Ryuichi Ueda: Generation of compensation behavior of autonomous robot for uncertainty of information with probabilistic flow control. *Advanced Robotics*, Vol. 29, No. 11, pp. 721–734, 2015.

[Ueda 2018a] Ryuichi Ueda: Searching behavior of a simple manipulator only with sense of touch generated by probabilistic flow control. In *Proceedings of the 2018 IEEE International Conference on Robotics and Biomimetics (ROBIO)*, pp. 594–599, 2018.

[Ueda 2018b] Ryuichi Ueda, Masahiro Kato, Atsushi Saito, and Ryo Okazaki: Teach-and-replay of mobile robot with particle filter on episode. In *Proceedings of IEEE International Conference on Robotics and Automation (ICRA)*, pp. 3475–3481, 2018.

[Watkins 1992] Christopher J.C.H. Watkins and Peter Dayan: Q-learning. *Machine learning*, Vol. 8, No. 3-4, pp. 279–292, 1992.

[Watson 2005] David P. Watson and David H. Scheidt: Autonomous systems. *Johns Hopkins APL Technical Digest*, Vol. 26, No. 4, pp. 368–376, 2005.

[Wiener 1961] Norbert Wiener: *Cybernetics: or Control and Communication in the Animal and the Machine, Second Edition*. MIT Press, 1961.

[Yokozuka 2019] Masashi Yokozuka, Shuji Oishi, Thompson Simon, and Atsuhiko Banno: VITAMIN-E: VIsual Tracking And MappINg with Extremely dense feature points. In *Proceedings of IEEE/CVF International Conference on Computer Vision and Pattern Recognition (CVPR)*, pp. 9641–9650, 2019.

[赤石 2019] 赤石雅典：最短コースでわかる ディープラーニングの数学．日経 BP 社，2019．

[浅田 2000] 浅田稔，北野宏明：ロボカップ戦略 ——研究プロジェクトとしての意義と価値．日本ロボット学会誌，Vol. 18, No. 8, pp. 1081–1084, 2000.

[井手 2015] 井手剛，杉山将：異常検知と変化検知．講談社，2015．

[伊藤 2018] 伊藤真：Python で動かして学ぶ！ あたらしい機械学習の教科書．翔泳社，2018．

[上田 2005] 上田隆一，新井民夫，浅沼和範，梅田和昇，大隅久：パーティクルフィルタを利用した自己位置推定に生じる致命的な推定誤りからの回復法．日本ロボット学会誌，Vol. 23, No. 4, pp. 84–91, 2005.

[上田 2018] 上田隆一：移動ロボットのための ROS パッケージの紹介と実機への導入方法．計測と制御，Vol. 57, No. 10, pp. 715–720, 2018.

[エクセンダール 2012] ベアーント エクセンダール（著），谷口説男（訳）：確率微分方程式 ——入門から応用まで．丸善出版，2012．

[川合 1986] 川合敏雄：自然法則と最適制御．日本物理学会誌，Vol. 41, No. 3, pp. 227–235, 1986.

[北川 1996] 北川源四郎：モンテカルロ・フィルタ及び平滑化について．統計数理，Vol. 44, No. 1, pp. 31–48, 1996.

[国里 2019] 国里愛彦，片平健太郎，沖村宰，山下祐一：計算論的精神医学．勁草書房，2019．

[久保 2019] 久保隆宏：Python で学ぶ強化学習 ［改訂第 2 版］ ——入門から実践まで．講談社，2019．

[小林 2020] 小林祐一：ロボットはもっと賢くなれるか ——哲学・身体性・システム論から学ぶ柔軟なロボット知能の設計．2020 年に森北出版より出版予定．

[小森谷 1993] 小森谷清，大山英明，谷和男：移動ロボットのためのランドマーク観測計画．日本ロボット学会誌，Vol. 11, No. 4, pp. 533–540, 1993.

[齊藤 2019] 齊藤篤志，上田隆一：Particle Filter on Episode における尤度関数の自動決定．第 24 回ロボティクスシンポジア予稿集，pp. 213–218, 2019.

[須山 2017] 須山敦志（著），杉山将（監修）：ベイズ推論による機械学習入門．講談社，2017．

[スラン 2007] Sebastian Thrun, Wolfram Burgard, Dieter Fox（著），上田隆一（訳）：確率ロボティクス．毎日コミュニケーションズ，2007．

参考文献

[筒井 2006] 筒井康隆：日本以外全部沈没 ―パニック短篇集．角川書店，2006．

[登内 1994] 登内洋次郎，坪内孝司，有本卓：移動ロボットにおける空間有限性を考慮した位置推定 ―内界センサ情報と作業領域に関する知識のベイズ的融合法．日本ロボット学会誌，Vol. 12, No. 5, pp. 695–699, 1994．

[友納 2018a] 友納正裕：SLAM 入門 ―ロボットの自己位置推定と地図構築の技術．オーム社，2018．

[友納 2018b] 友納正裕：観測度数をもつ占有格子地図による長時間地図構築のためのデータ削減手法．日本機械学会論文集，Vol. 84, No. 864, pp. 18-00058, 2018．

[中島 2016] 中島伸一：変分ベイズ学習．講談社，2016．

[中村 1983] 中村達也，上田実：カルマンフィルタによる移動ロボットの位置推定．計測自動制御学会論文集，Vol. 19, No. 1, pp. 8–14, 1983．

[夏迫 2016] 夏迫和也，井上裕文，寺戸翔太朗，天野達也，久保田健太，後藤大輝，塩谷椎名，嶋村駿，長島貴之，上田隆一，林原靖男：つくばチャレンジ 2016 における千葉工業大学ロボット設計制御研究室の取り組み．第 17 回システムインテグレーション部門講演会予稿集，pp. 99–104, 2016．

[夏迫 2017] 夏迫和也，井上裕文，寺戸翔太朗，後藤大輝，長島貴之，嶋森尚，鈴木涼太，橋本歩，藤沢祐希，上田隆一，林原靖男：つくばチャレンジ 2017 における千葉工業大学ロボット設計制御研究室の取り組み．第 18 回システムインテグレーション部門講演会予稿集，pp. 1178–1179, 2017．

[野田 1992] 野田一雄，宮岡悦良：数理統計学の基礎．共立出版，1992．

[馬場 2018] 馬場真哉：Python で学ぶあたらしい統計学の教科書．翔泳社，2018．

[ビショップ 2012a] C.M. ビショップ（著），元田浩，栗田多喜夫，樋口知之，松本裕治，村田昇（監訳）：パターン認識と機械学習 上．丸善出版，2012．

[ビショップ 2012b] C.M. ビショップ（著），元田浩，栗田多喜夫，樋口知之，松本裕治，村田昇（監訳）：パターン認識と機械学習 下．丸善出版，2012．

[フィッシャー 2013] R. A. Fisher（著），遠藤健児，鍋谷清治（訳）：研究者のための統計的方法 ―POD 版．森北出版，2013．

[ベルンシュタイン 2003] ニコライ アレクサンドロヴィッチベルンシュタイン（著），工藤和俊（訳），佐々木正人（監訳）：デクステリティ ―巧みさとその発達．金子書房，2003．

[マグレイン 2013] Sharon Bertsch McGrayne（著），冨永星（訳）：異端の統計学ベイズ．草思社，2013．

[マチエヨフスキー 2005] ヤン・M・マチエヨフスキー（著），足立修一，管野政明（訳）：モデル予測制御 ―制約のもとでの最適制御．東京電機大学出版局，2005．

[森村 2019] 森村哲郎：強化学習．講談社，2019．

[油田 2005] 油田信一，大矢晃久，嶋地直広：「知能ロボット用測域センサ」の商品化．日本ロボット学会誌，Vol. 23, No. 2, pp. 181–184, 2005．

[油田 2018] 油田信一：つくばチャレンジ：市街地における移動ロボットの自律走行の公開実験 ―11 年の経緯と成果．第 23 回ロボティクスシンポジア講演論文集，pp. 59–66, 2018．

[吉川 1988] 吉川恒夫：ロボット制御基礎論．コロナ社，1988．

索引

記号・数字

// 34
1-of-K 符号化法 339

欧字

A
A-MCL 172
adaptive MCL 172
`add_patch` 66
`all` 253
`amcl` 153
AMDP 313
`array` 49
`astype` 258
augmented MDP 313

B
belief 109
belief MDP 303

C
`classmethod` 71

D
`diag` 115
dynamic programming 8

E
experimentation-sensitive 290
`expon` 87

F
false negative 95
FastSLAM 181
finite MDP 273
`FuncAnimation` 67

G
global localization 161

H
`hasattr` 72

I
iid 101
independent and identically distributed 101

J
Jupyter Notebook 10, 13

K
kidnapped robot problem 165
KLD サンプリング 153
KL 情報量 153
Kullback-Leibler distance 154
Kullback-Leibler divergence 153

L
LiDAR 18
`linalg.eig` 52
`linspace` 263

M
Markov decision process 250
`math` 65
Matplotlib 20
MCL 9, 107
MDP 250
Monte Carlo localization 9, 107
`multivariate_normal` 48, 115

N
n-step Sarsa 290
`nbagg` 66
NumPy 23, 65

O
occlusion 99
off-policy 290
on-policy 290

P
Pandas 18

385

partially observable Markov decision process ... 301
pass 66
patches 65, 138
pdf 29
plot 65
POMDP 301
pop 67
probability density function 29
pyplot 20, 63
Python 10

»Q

quiver 52, 113
Q 値 280

»R

Rao-Blackwellization 182
Rao-Blackwellized particle filter 182
resetting 166

»S

sampling-importance resampling 135
Sarsa 287
Sarsa(λ) 294
scatter 75
SciPy 29
simultaneous localization and mapping 9
SIR 135
SLAM 9, 181
stats 29
subsumption architecture 327
super 88

»T

T 65

»U

uniform 92

和字

»あ

アクター・クリティック 297

»い

異常 167
一様分布 91
移動エッジ 209
移動ロボット 61
ε-グリーディ方策 283

»う

ウィーナーフィルタ 8

»え

エージェント 71
エピソード 248
エリジビリティ減衰率 295
エリジビリティ・トレース 295
エントロピー 313

»お

オクルージョン 94, 99
重み 124

»か

回転行列 53
カイ二乗分布 156, 371
ガウス–ガンマ分布 331
拡張カルマンフィルタ 137
確率 24
確率質量関数 25
確率的方策 283
確率の加法定理 38
確率の乗法定理 40
確率分布 25
確率密度関数 29
確率モデル 29
過失誤差 94
仮想移動エッジ 209
偏り 21
価値 248
価値反復 245, 268
カテゴリカル分布 339
カルバック・ライブラー距離 154
カルバック・ライブラー情報量 153
カルマンゲイン 148
カルマンフィルタ 8, 137
環境 62
完全 SLAM 問題 208
観測関数 77
観測方程式 77
観測モデル 101
ガンマ関数 156, 369
ガンマ分布 331, 371

»き

偽陰性 95
期待値 31
逆行列の補助定理 359
共分散 47
共分散行列 46

» く

偶然誤差 21
グラフベース SLAM 207
グリーディ方策 282

» け

系 82
系統誤差 21
系統サンプリング 131
結合確率分布 37
決定論的方策 249

» こ

航海術 5
拘束 209
行動 246
行動価値関数 268
誤差 21
誤差楕円 54
混合ガウス分布 340
混合比率 340

» さ

最適状態価値関数 269
最適性の原理 274
最適方策 269
最頻値 33
雑音 21
サブサンプションアーキテクチャ 327
残差関数 210
サンプリング 26
サンプリングバイアス 131

» し

ジェームズ・ワット 6
次元の呪い 275
自己位置推定 107
事後分布 330
事象 35
指数分布 87, 371
姿勢 64
事前分布 330
時不変系 82
終端状態 247
終端状態の価値 247
周辺化 38
周辺確率 38
周辺分布 38
周辺尤度 167
出力方程式 77
条件付き確率 35
条件付き独立 41

» し (続き)

状態 64
状態価値関数 248
状態空間 64
状態行動対 280
状態遷移 70
状態遷移関数 70
状態遷移モデル 94
状態方程式 70
情報行列 47
自律移動ロボット 61
自律ロボット 61
心身問題 83
信念 109
信念状態 303
信念分布 109

» す

スイープ 266
ステップサイズ・パラメータ 280

» せ

正規化 43
正規化定数 43
正規分布 28
制御 6
制御系 82
制御指令 69
正則化パラメータ 211
精度行列 47
世界座標系 62
セル 13
線形近似 141
線形系 82
潜在変数 340
センサ値 76
センサリセット 170
占有格子地図 204

» た

大域的自己位置推定 161
対角行列 52, 115
対向2輪型ロボット 62
多項分布 155
タプル 78

» ち

逐次 SLAM 181
地図 75
中心極限定理 58

» て

提案分布 135
ディガンマ関数 351, 369

387

» て

テイラー展開 141
ディリクレ分布 340
デコレータ 71

» と

同時確率 35
同時確率分布 37
動的計画法 8, 245
独立 40
独立同分布 101
トラッキング 161
トレース 361
ドロー 26

» な

ナビゲーション 5

» に

二項分布 58

» の

ノートブック 13

» は

バイアス 21
パーティクル 111
パーティクルフィルタ 8, 107
ハミルトン–ヤコビ–ベルマン方程式 274
半正定値 361
半正定値対称行列 361

» ひ

非線形系 82
標準偏差 21, 23
標本分散 22, 23
ビン 154
頻度 20

» ふ

ファントム 94
フィードバック制御 7
負担率 345
部分観測マルコフ決定過程 301
不偏分散 23
分散 21, 23
分散共分散行列 46

» へ

平均値 21, 22
ベイズの定理 6, 42, 110
ベイズフィルタ 110
ベルマン方程式 274
変分推論法 329, 338

» ほ

方策 247
方策オフ型 290
方策オン型 290
方策改善 268
方策評価 265
報酬 247
報酬モデル 247
膨張リセット 173
ポーズ調整 207
ポントリャーギンの最大（値）原理 275

» ま

マハラノビス距離 212
マルコフ決定過程 245, 250
マルコフ性 246
マルチモーダル 33

» み

密度 29

» め

メタ認知 6, 180

» も

目標分布 135
モジュール 19
モデル化 29
モデル予測制御 274
モード 33

» ゆ

誘拐ロボット問題 165
有限 MDP 273
有限マルコフ決定過程 245, 273
尤度 124
尤度関数 124
尤度比 124

» り

離散時間系 82
離散状態 257
リサンプリング 129
リスト内包表記 23
リセット 166

» る

累積分布関数 30

» わ

割引率 280

著者紹介

上田隆一 博士（工学）

2001年 東京大学工学部精密機械工学科卒業
2003年 東京大学大学院工学系研究科精密機械工学専攻修士課程修了
2004年 同専攻博士課程中退
2004年 東京大学大学院工学系研究科 助手～助教
2007年 東京大学にて博士（工学）の学位取得
2009年 USP研究所 技術研究員
2013年 産業技術大学院大学産業技術研究科 助教
2015年 千葉工業大学工学部未来ロボティクス学科 准教授
現 職　千葉工業大学先進工学部未来ロボティクス学科 准教授
著 書　『シェルプログラミング実用テクニック』（技術評論社）
　　　　『Raspberry Piで学ぶROSロボット入門』（日経BP社）
　　　　『シェルスクリプト高速開発手法入門 改訂2版』
　　　　（KADOKAWA／アスキードワンゴ）

NDC548.3　　396p　　26cm

詳解　確率ロボティクス
Pythonによる基礎アルゴリズムの実装

2019年10月25日　第1刷発行

著　者　上田隆一
発行者　渡瀬昌彦
発行所　株式会社　講談社
　　　　〒112-8001　東京都文京区音羽2-12-21
　　　　　　販　売　(03)5395-4415
　　　　　　業　務　(03)5395-3615
編　集　株式会社　講談社サイエンティフィク
　　　　代表　矢吹俊吉
　　　　〒162-0825　東京都新宿区神楽坂2-14　ノービィビル
　　　　　　編　集　(03)3235-3701
本文データ制作　藤原印刷株式会社
カバー・表紙印刷　豊国印刷株式会社
本文印刷・製本　株式会社　講談社

落丁本・乱丁本は、購入書店名を明記のうえ、講談社業務宛にお送り下さい。送料小社負担にてお取替えします。なお、この本の内容についてのお問い合わせは講談社サイエンティフィク宛にお願いいたします。定価はカバーに表示してあります。
©Ryuichi Ueda, 2019
本書のコピー、スキャン、デジタル化等の無断複製は著作権法上での例外を除き禁じられています。本書を代行業者等の第三者に依頼してスキャンやデジタル化することはたとえ個人や家庭内の利用でも著作権法違反です。

[JCOPY]〈(社)出版者著作権管理機構 委託出版物〉
複写される場合は、その都度事前に(社)出版者著作権管理機構（電話03-5244-5088、FAX 03-5244-5089、e-mail: info@jcopy.or.jp）の許諾を得てください。

Printed in Japan

ISBN 978-4-06-517006-9

講談社の自然科学書

機械学習プロフェッショナルシリーズ

深層学習	岡谷貴之／著	本体	2,800 円
サポートベクトルマシン	竹内一郎・烏山昌幸／著	本体	2,800 円
確率的最適化	鈴木大慈／著	本体	2,800 円
異常検知と変化検知	井手 剛・杉山 将／著	本体	2,800 円
劣モジュラ最適化と機械学習	河原吉伸・永野清仁／著	本体	2,800 円
スパース性に基づく機械学習	冨岡亮太／著	本体	2,800 円
変分ベイズ学習	中島伸一／著	本体	2,800 円
ノンパラメトリックベイズ	佐藤一誠／著	本体	2,800 円
深層学習による自然言語処理	坪井祐太・海野裕也・鈴木 潤／著	本体	3,000 円
画像認識	原田達也／著	本体	3,000 円
音声認識	篠田浩一／著	本体	2,800 円
ガウス過程と機械学習	持橋大地・大羽成征／著	本体	3,000 円
強化学習	森村哲郎／著	本体	3,000 円
ベイズ深層学習	須山敦志／著	本体	3,000 円

機械学習スタートアップシリーズ

これならわかる深層学習入門	瀧 雅人／著	本体	3,000 円
ベイズ推論による機械学習入門	須山敦志／著　杉山 将／監修	本体	2,800 円
Pythonで学ぶ強化学習　改訂第2版	久保隆宏／著	本体	2,800 円

イラストで学ぶシリーズ

イラストで学ぶ 人工知能概論	谷口忠大／著	本体	2,600 円
イラストで学ぶ ロボット工学	木野 仁／著　谷口忠大／監	本体	2,600 円
イラストで学ぶ ディープラーニング　改訂第2版	山下隆義／著	本体	2,600 円
イラストで学ぶ ヒューマンインタフェース　改訂第2版	北原義典／著	本体	2,600 円
ディープラーニングと物理学　原理がわかる、応用ができる	田中章詞・富谷昭夫・橋本幸士／著	本体	3,200 円
RとStanではじめる ベイズ統計モデリングによるデータ分析入門	馬場真哉／著	本体	3,000 円
はじめてのロボット創造設計　改訂第2版	米田 完・坪内孝司・大隅 久／著	本体	3,200 円
ここが知りたいロボット創造設計	米田 完・大隅 久・坪内孝司／著	本体	3,500 円
はじめてのメカトロニクス実践設計	米田 完・中嶋秀朗・並木明夫／著	本体	2,800 円
これだけは知っておきたい！機械設計製図の基本	米田 完・太田祐介・青木岳史／著	本体	2,200 円

※表示価格は本体価格（税別）です。消費税が別に加算されます。　「2019年10月現在」

講談社サイエンティフィク　https://www.kspub.co.jp/